DIE URGEWALTEN DER NATUR

DIE URGEWALTEN DER NATUR

ORBIS VERLAG

AUTOREN
Rolando Armijo, Pierre Avérous, Jean-Philippe Avouac, Michel Bakalowicz, René Battistini, Gérard Beltrando, Nicolas Binard, Bernard Bomer, Jacques Bonvallot, Jean-Jacques Cheminée, Brigitte Coque, Roger Coque, Jean Dejou, Francois Durand-Dastès, Jean Francheteau, Robin Lacassin, Charles Le Coeur, Cluade Lepvrier, Bertrand Meyer, Alain Person, Annie Reffay, Josyane Ronchail, Jean-Christophe Sabroux, Paul Taponnier, Jacques Thibiéroz, Jean-Claude Thouret, Pierre Vincent, Robert Vivian

ILLUSTRATOREN
Yves Gretener, Catherine Robin, Jacques und Philippe Sablayrolles (Editerra)

KARTOGRAPHIE
Yves Gretener, Catherine Robin, Jacques und Philippe Sablayrolles (Editerra)

ISBN 3-572-01371-2

www.orbis-verlag.de

Druck und Bindung: Neografia, Martin
Umschlaggestaltung: Büro Norbert Pautner, München

Printed in Slovakia

VORWORT

Staunend steht der Mensch vor den einzigartigen Naturdenkmälern und Landschaften, die im Lauf von Milliarden Jahren auf der Erde entstanden sind. Unser Planet ist kein toter Himmelskörper, sondern ein lebendiges Gebilde, das sich ständig weiterentwickelt und verändert. Doch nicht immer kennen wir die geologischen Mechanismen, die diese Veränderungen herbeiführen.

Deshalb ist dieses Buch erschienen. Es stillt Ihre Neugier, wenn Sie wissen möchten, wie die vier Elemente – Feuer, Wasser, Erde und Luft – das Aussehen des blauen Planeten prägen. Mit der Lektüre begeben Sie sich zugleich auf eine atemberaubende Reise, die Sie mehrmals rund um die Erde und durch sämtliche geologischen Zeiten führt. Ihre Reisebegleiter sind Experten von Rang – Geographen, Geologen, Geophysiker, Meereskundler, Vulkanologen und Klimatologen. Sachkundig erzählen sie die Geschichte der Erde und erklären, welche Kräfte deren Antlitz in der Vergangenheit geformt haben und welche es in Zukunft verändern werden.

Der erste Teil dieses prächtigen Buches, der überwiegend aus Bildern besteht, ist eine Liebeserklärung an die Schönheit unseres Planeten. Großaufnahmen herrlicher Landschaften verleiten zum Schauen und Träumen, und zugleich wecken sie das Interesse für die ewigen Gesetze der Natur. In den weiterführenden Kapiteln erfahren Sie, daß die Erdkugel ein Spielball des Feuers ist, das in ihrem Inneren lodert. Von den gigantischen Gewalten unter der Erdkruste zeugen außerdem die Bewegungen der Kontinentalplatten, das Auffalten von Gebirgszügen, Erdbeben und Vulkanausbrüche. Doch es gibt auch Kräfte, die von außen auf die Erdoberfläche einwirken: die Erosion, mächtige Gletscher, ruhelose Meere oder gewaltige Sandstürme.

Kommen Sie mit auf eine spannende Entdeckungsfahrt! Die üppigen Regenwälder des Amazonas erwarten Sie ebenso wie die karge Namibwüste, die Eisberge Grönlands oder der berühmte Zuckerhut von Rio de Janeiro. Lassen Sie sich vom Anblick der grandiosen Fjorde Norwegens gefangennehmen und von den bunten Korallenriffen der Südsee verzaubern. Treten Sie die Reise gleich an – Sie werden staunend, vielleicht auch nachdenklich, auf jeden Fall aber klüger zurückkommen.

INHALT

LANDSCHAFTEN DER ERDE

Spiegel der Naturgewalten

10–41

DAS FEUER

Schmiede der Planeten

42–89

DIE ERDE
Geburt der Gebirge
90–135

DIE ERDE
Landschaft im Wandel
136–195

DAS MEER

Spiel der Gezeiten

196–247

DIE LUFT

Schutzmantel der Erde

248–297

Die Legenden zu den Fotografien auf den Seiten 10–11, 42–43, 90–91, 136–137, 196–197 und 248–249, die jeweils den Beginn eines neuen Kapitels kennzeichnen, sind auf Seite 319 aufgeführt.

LANDSCHAFTEN DER ERDE

Spiegel der Naturgewalten

Die kalten Regionen – **Rund um die Pole**

Lange Zeit waren die Polargebiete für den Menschen völlig unzugänglich. Nur am Rand der Arktis, wo Eskimos und andere Nordvölker auch heute noch von der Jagd und vom Fischfang leben, hat er sich auf Dauer angesiedelt. Auf der Südhalbkugel dagegen, in der Antarktis, stehen lediglich ein paar Forschungsstationen, die zeitweilig von Wissenschaftlern besetzt sind. Im Winter, wenn es an beiden Polen monatelang auch am Tag dunkel bleibt, sinken die Temperaturen unter –40 °C. Eis und Schnee bedecken das Land.

Die Eiskappe, die in der Antarktis bis zu 4000 m und auf der Insel Grönland bis zu 3000 m mächtig wird, speichert drei Viertel der Süßwasservorräte unseres Planeten. Von unermeßlich großen Gletschern lösen sich Eisberge, die mit der Meeresströmung davontreiben und auf ihrer Reise durch die Ozeane abschmelzen. Gefrorenes Meerwasser bildet das Packeis. In der Arktis türmt es sich oft meterhoch auf. An seinem Saum, wo die Gewässer reich an Plankton und Fischen sind, leben Robben, Eisbären und Wale.

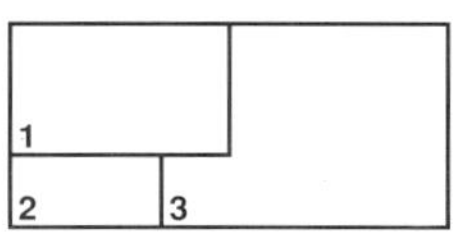

1. Im Westen Grönlands zerbricht das Packeis im Sommer in unzählige Eisschollen, und je nach Windrichtung öffnen sich neue Fahrrinnen. Der Llulissat-Gletscher „kalbt“: von seinem Rand brechen Eisberge ab, die als schwimmende Riesen aufs offene Meer hinausgleiten, wo sie oft jahrelang treiben.

2. Wer auf das Eisplateau im Inneren der Antarktis gelangen will, muß Geländestufen überwinden, deren Gesamthöhe bis zu 2000 m beträgt. Die ersten Expeditionen zum Südpol suchten sich ihren Weg durch die Gebirgskette des Victorialandes. Doch die von vielen Spalten durchzogenen Gletscherzungen und die felsigen Täler mit ihren steilen Hängen sind schwer passierbar.

3. Winterlicher Schnee bedeckt die unendliche Weite im Norden Kanadas. Über zugefrorene Seen und flache Hügel fegt ein eiskalter Wind. Er legt dunkle Felsen frei: Sie wurden erst in der jüngsten erdgeschichtlichen Zeit, vor etwa 10 000 Jahren, von Gletschern abgeschliffen, die heute längst verschwunden sind.

Die kalten Regionen – **KARGE TUNDRA**

Den Rand der Arktis säumt die Tundra, die die nördlichsten Teile Alaskas, Kanadas und Sibiriens bedeckt. In ihren kältesten Abschnitten finden sich nur Moose und Flechten, die auf Steinblöcken wachsen. In wärmeren Gegenden prägt Strauchvegetation das Landschaftsbild, und mancherorts trotzen auch Zwergbirken oder Kriechweiden dem kalten Wind. Für Inseln wie Island und Feuerland, die Falklandinseln oder die Kerguelen, auf denen ein rauhes Meerklima herrscht, sind grasbedeckte Hänge charakteristisch.

Der Wechsel der Jahreszeiten prägt den Boden der Tundra. Der Winter kann bis zu acht Monate dauern; dann gefriert die Erde bis in große Tiefen, und die Flüsse erstarren zu Eis. Im Frühjahr taut alles wieder auf, nur die tiefere Bodenschicht, der Permafrost, bleibt gefroren. Das Wasser kann nicht versickern, wodurch der nasse Oberboden weich und sumpfig wird. Im kurzen Sommer erwacht das Leben: kleine Nager kommen aus ihrem Bau, Rentiere grasen die Flechten ab, Wolf und Polarfuchs gehen auf Jagd.

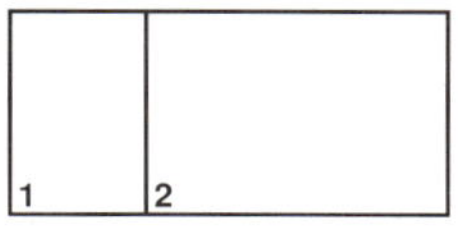

1. Sommerliche Tundralandschaft in Zentralalaska: die Berggipfel sind von Wolken verhüllt, zwischen den Geröllhalden an den Hängen sind noch Schneereste zu erkennen. Davor liegt einsam ein großer, fischreicher See, dessen Ufer vom Eis geformt wurden. Gespeist wird er von im Sand eingeschlossenen Eiskammern, die langsam auftauen. Eine spärliche Vegetation bedeckt den Boden: zwischen Moosen und Flechten wachsen nur wenige krautige Pflanzen und Zwergweiden. Dennoch finden Vögel und kleine Nagetiere dort ausreichend Nahrung.

2. Das Tal Landmannalaugar mitten in Island läßt sich mit dem Auto nur im Sommer erreichen. Die Hochebene im Hintergrund, aus der einige Vulkane herausragen, bleibt auch in der warmen Jahreszeit von Gletschern bedeckt. Deren Schmelzwasser bildet in den Tälern breite und weitverzweigte Flüsse. Die sumpfigen Hänge über dem Basaltuntergrund rutschen unmerklich talwärts. Im kurzen arktischen Sommer nisten hier Heerscharen von Zugvögeln; wenn sie den Rückflug in den Süden antreten, bedeckt oft schon eine Schneedecke die Tundralandschaft.

DIE KALTEN REGIONEN – **WALDREICHE TAIGA**

Der boreale Wald, der mit dem russischen Namen Taiga bezeichnet wird, bedeckt zwei Drittel Sibiriens, einen Großteil Skandinaviens und die Hälfte Kanadas. Typisch für ihn sind schlanke Fichten, Tannen, Kiefern und Lärchen, doch rund um die feuchten Lichtungen gedeihen auch Birken und Weiden. Im Unterholz, zwischen abgestorbenen Ästen, wachsen Moose und Blaubeersträucher. Die Temperaturen sinken im Winter oft unter –35 °C. Schnee bedeckt dann die stille Landschaft, die Flüsse sind zugefroren, und Rentiere und Elche ziehen sich in die Wälder zurück. Wenn bei der Schneeschmelze die Wasserläufe auftauen und die Fluten anschwellen, türmen sich an den Ufern mächtige Eisschollen, unter deren Gewicht sogar ausgewachsene Bäume niederbrechen. Der warme, feuchte Sommer ist die Zeit der Stechmücken. Füchse, Nerze, Marder und Zobel sind jetzt überall anzutreffen und locken Fallensteller in die Wildnis. Die großen Wälder mit ihrem Holzreichtum begründeten den Reichtum der Länder im hohen Norden.

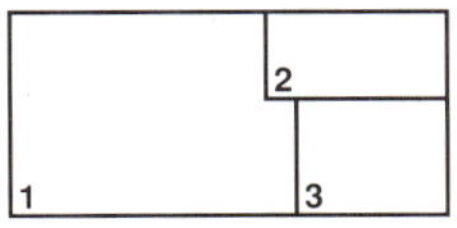

1. Ein Zufluß der Lena schlängelt sich träge durch die lichte Taiga im ostsibirischen Jakutien. Zwischen den Windungen des Flüßchens ist der Boden sumpfig und voller Wasserlöcher. Zu beiden Seiten des Ufers erheben sich flache Sandhügel. Dort stehen schlanke Nadelbäume, die wegen des rauhen Klimas nur sehr langsam wachsen.

2. Dunkler Nadelwald bedeckt die Hochebene in der kanadischen Provinz Québec nördlich der Mündung des St.-Lorenz-Stroms. Der Fluß, den Moospolster und kleine Birken säumen, ist das Reich der Biber. Aus gefällten Bäumen errichten die Tiere Dämme, um den Wasserpegel in ihrem Bau konstant zu halten.

3. Durch die Täler des Yoho-Nationalparks an den Westhängen der Rocky Mountains in British Columbia (Kanada) zieht sich hoher Kiefernwald. Weißschäumend läuft das Schmelzwasser der Gletscher über die nackten, zerfurchten Felsen und läßt zahlreiche kleine Wasserfälle entstehen.

Die gemässigten Breiten – **OZEANISCHES KLIMA**

In der Klimazone der gemäßigten Breiten gibt es keine Extreme. Die Meeresluft sorgt für gleichmäßige Temperaturen und bringt das ganze Jahr über Regen. Ein solch mildes und regenreiches Klima ist typisch für Mitteleuropa und die britischen Inseln, für die Nordwestküste der Vereinigten Staaten oder den Süden Chiles. Die großen Wälder dieser Regionen hat der Mensch schon lange urbar gemacht und auf den fruchtbaren Böden ein buntes Mosaik aus Weide- und Ackerflächen, Obstgärten und Weinbergen geschaffen.

Diese Landschaften verwandeln sich im Lauf der Jahreszeiten. Im Frühling schlagen die Bäume aus, und die Wiesen blühen. In der Regel bleibt die Vegetation im Sommer grün; nur in manchen Gegenden, in denen der Regen gelegentlich ausbleibt, vertrocknen Gräser und Blätter. Der Herbst färbt die Laubwälder bunt, und auf sandigen Böden blüht Heidekraut. Der Winter dauert in den gemäßigten Klimazonen nicht allzu lange, ausgeprägte Kälteperioden und starke Schneefälle sind selten.

1. Wiesen und Weiden bedecken die Täler in Oberbayern, wo die Milchviehhaltung stark verbreitet ist. Der Wald hat sich auf die kargen Böden der Hänge zurückgezogen; zwischen dunklen Fichten wachsen Birken, Buchen und Ahornbäume.

2. Von Hecken begrenzte Terrassen und einsame Gehöfte – ein typischer Anblick im französischen Baskenland. Ein Frühsommerregen hat für Abkühlung gesorgt; sobald die Wiesen wieder trocken sind, kann die Heuernte weitergehen.

3. In weiten Schleifen fließt die Mosel zwischen Hunsrück und Eifel dahin. Eine dünne Schneedecke liegt über dem Land und betont im fahlen Winterlicht die Konturen der Weinberge, aus deren Reben die bekannten Moselweine gewonnen werden.

4. Auf Irland, der grünen Insel am Rand des Atlantik, fällt das ganze Jahr über reichlich Regen. Am Ufer eines kleinen Wasserlaufes wuchern Farne und Sauergräser in vielen Grünschattierungen, aus denen orangerote Blütenrispen herausleuchten.

DIE GEMÄSSIGTEN BREITEN – **FEUCHTWARME SOMMER**

An den Ostküsten der Kontinente kennzeichnet schwüle Sommerhitze das Klima. Feuchte Tropenluft dringt in diese Gebiete vor und läßt Gewitter und Wirbelstürme entstehen. Die Winter bleiben in der Regel recht mild, und wegen des freundlichen Klimas hält das Wachstum der Vegetation das ganze Jahr über an. In den Südstaaten der USA haben sich viele Farmer auf den Anbau von Tabak, Baumwolle und Zuckerrohr spezialisiert, Pflanzen, die Wärme und Feuchtigkeit lieben. Auf den fruchtbaren gelben Böden

Asiens treiben die Bauern schon seit Jahrtausenden Ackerbau, und in Südchina läßt die außergewöhnlich milde Witterung sogar zwei Ernten im Jahr zu. Deshalb wurde der ursprüngliche Wald dort weitgehend zugunsten von Reisfeldern abgeholzt.

Ein Tal in der Provinz Guangxi in Südchina. In der Flußebene wurden Reisfelder angelegt, dazwischen liegen kleine Dörfer. Nur auf den Kalkfelsen, in deren Ritzen sich die Wurzeln der Bäume festklammern, konnte sich der Wald behaupten.

DIE GEMÄSSIGTEN BREITEN – **MEDITERRANES LICHT**

Im mediterranen Klima blüht und grünt die Vegetation im Frühjahr, während sie im Sommer braun und vertrocknet erscheint. Dieses Landschaftsbild ist typisch für die Gebiete am Rand der gemäßigten Zonen, also für die Mittelmeerländer, Teile Kaliforniens und Zentralchiles, aber auch die Kapprovinz in Südafrika. In diesen Regionen mit milden Wintern fällt der meiste Regen im Frühling und Herbst. Der Sommer ist eine Durststrecke für die Natur: Flüsse versiegen, Blätter fallen ab, die Erde trocknet aus. Gelegentlich findet man lichte Wälder aus Steineichen und Kiefern. Vielerorts mußten die Bäume jedoch der Garrigue und der Macchia weichen, einem dichten Gestrüpp aus dornigen Sträuchern. Wo das Land großflächig urbar gemacht wurde oder Buschbrände wüteten, ist der ungeschützte Boden anfällig für Erosion. Heftige Winde wie der Mistral in der Provence oder die Etesien in Griechenland trocknen die Obstkulturen aus und wühlen das Meer auf; besonders während der Herbststürme droht Hochwasser.

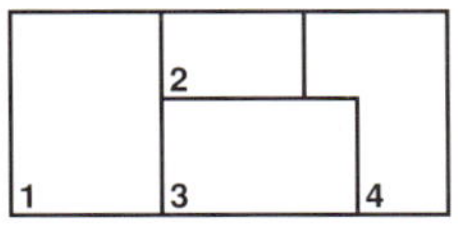

1. Kristallklares Wasser, strahlendblauer Himmel – darin liegt der Reiz der Mittelmeerküste. Zerklüftete Klippen, auf denen Strandkiefern wachsen, sind charakteristisch für die weniger zugänglichen Abschnitte der spanischen Costa Brava.

2. Die neuangelegten Weinberge in der südafrikanischen Kapprovinz liegen auf einer hügeligen Hochebene, auf der große Anbauflächen die Höfe umgeben. Das überaus milde Klima und der gute Boden bringen exzellente Weine hervor.

3. In Süditalien dauert der heiße Sommer sechs Monate. Mitten im Ödland gedeihen Feigenkakteen, die eigentlich aus Mexiko stammen und auf aride Zonen hinweisen. Zwischen blühenden Büschen wachsen nur wenige, kümmerliche Bäume.

4. Im Frühjahr gleicht die Macchia auf Korsika einem bunten Blütenteppich, dessen Farben und Düfte die Vielfalt der Flora widerspiegeln. Auf dem Brachland haben sich Büsche ausgebreitet, die auch vor der Ruine eines Stalles nicht haltmachen.

DIE GEBIRGE – **JUNGE ERHEBUNGEN**

Die jungen Kettengebirge sind noch im Wachsen begriffen. Sie erheben sich häufig dort, wo die Platten der Erdkruste aneinanderstoßen. Beispiele für solche Gebirge sind der Himalaja, die Kordillerenkette, die sich von Alaska bis Feuerland erstreckt, und die Alpen. Auch die Berge Südostasiens und Neuseelands gehören dazu. Dort zeugen Erdbeben und Vulkane davon, daß die Erdkruste auch heute noch in Bewegung ist. Seit Millionen von Jahren wird sie zusammengepreßt, aufgebrochen und hochgehoben.

Das rasche Auffalten der jungen Gebirge geht mit starker Erosion einher, die im Lauf der Zeit grandiose Kontraste entstehen läßt. Zunächst schneiden sich in die Bergketten tiefe Täler ein, die den geologischen Verwerfungen folgen. Von den Gletschern fließt ständig Wasser ab; es bildet Wildbäche, die die tieferliegenden Hänge auswaschen. Auch Erdrutsche, Muren und Steinlawinen verändern unablässig eine Landschaft, die mit ihren unwirtlichen Gipfellagen und ihren einladenden Tälern viele Gesichter hat.

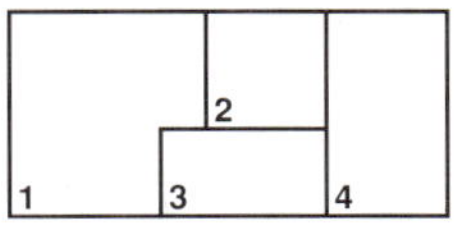

1. Hell scheint die Herbstsonne über den Dolomiten, doch auf den Simsen der Kalkspitzen liegt schon der erste Schnee. Vom dunklen Nadelwald, der sich am Fuß der steilen Felswände entlangzieht, hebt sich deutlich das Rostrot der Lärchen ab.

2. Die Berge Papua-Neuguineas erreichen Höhen von bis zu 4000 m. Über dem Äquatorialwald, der sogar die Kalkfelsen erobert hat, steigen Wolken auf. Tiefe Schluchten, die das Gebirge durchziehen, machen die Region nahezu unpassierbar.

3. Die höchste Erhebung des Kaskadengebirges im Westen der USA ist der Mount Rainier (4392 m). Der eigentliche Gipfel des Vulkankegels wurde bei mehreren Ausbrüchen weggesprengt. Obwohl ein Gletscher den Vulkan bedeckt, ist dieser noch aktiv.

4. Schneefelder liegen auf den meisten Gipfeln der Flathead Range (2800–3000 m) im Norden des US-Bundesstaats Montana. An den schroffen Felswänden, die den Wald überragen, lassen sich die einzelnen geologischen Schichten erkennen.

DIE GEBIRGE – **ALTE MASSIVE**

Die alten Gebirgsmassive zählen zu den stabilsten Teilen der Erdkruste; nur in Ausnahmefällen erreichen sie Höhen von mehr als 3000 m. Es handelt sich um Mittelgebirge, starre Gebirgsrücken mit zumeist breiten, abgeflachten Gipfeln. Vielerorts ist die Landschaft karg. Sie wird nur selten von atemberaubenden Höhenzügen beherrscht, doch oft bieten die Täler einen herrlichen Anblick. Besonders in ihrem Kern bestehen die alten Gebirgsmassive aus harten Gesteinen, die über Millionen von Jahren hinweg der Erosion getrotzt haben. Gelegentlich überragen diese Gebirgskerne die Landschaft als freigelegte Kegel. Am Rand der Kontinente bilden die alten Massive Hochebenen, die von Steilhängen begrenzt sind. In Norwegen, Grönland und Labrador schneiden sich tiefe Fjorde in diese Küstenrandgebirge ein. Andere alte Gebirgsmassive in Europa erheben sich aus Ebenen, die aus Schichtgesteinen bestehen. In Tibet und im amerikanischen Westen wiederum werden alte Massive von jungen Kettengebirgen umschlossen.

1. Eine Landschaft im Northern Territory, wie sie für die ariden Hochebenen Australiens charakteristisch ist: Sandige Böden speichern das Regenwasser, so daß eine Buschvegetation wachsen kann, die auch als *Scrub* bezeichnet wird. Sie besteht überwiegend aus Akazien- und Eukalyptusarten. Nackte Steilhänge aus hartem Gestein säumen die Täler. So weit das Auge reicht, sieht man hier sogenannte Roterde, aus der Büschel von Sauergras sprießen. In der eintönigen Steppe Mittelaustraliens gehen noch heute Aborigines auf die Jagd.

2. Schottische Mittelgebirgslandschaft in den Southern Uplands nahe der Quelle des Tweed: Wenn die Sonne zwischen den Wolken durchscheint, die die höherliegenden Bergkämme verhüllen, überzieht ein malerisches Licht- und Schattenmuster das Land. Auf den Weiden am Fuß der mit Heidekraut bewachsenen Hänge grasen Schafe. Von hohen Bäumen vor den Windböen geschützt, schmiegt sich ein kleiner Bauernhof in den Talkessel des Loch Saint Mary. Steinmäuerchen trennen die bewirtschafteten Flächen von der ursprünglichen Heidelandschaft.

Die Gebirge – **Vulkanische Kunstwerke**

Aktive Vulkane flößen dem Menschen seit jeher Respekt ein. Einst wurden sie mit Göttern in Verbindung gebracht: Die alten Römer vermuteten im Ätna den Sitz des Vulcanus, und die Hawaiianer hielten den Kiiauea für das Haus der Göttin Pele. Auch heute noch werden Vulkane als Heiligtum verehrt, denn Jahr für Jahr strömen Tausende von Japanern zu ihrem heiligen Berg, dem Fudschijama. Vulkane, Anhäufungen von Asche und erkalteter Lava, sind meist große, runde Gebilde; der Kilimandscharo etwa besitzt einen Durchmesser von 50 km. Manche Vulkane sind nur wenige hundert Meter hoch, andere mehrere tausend. Schildvulkane, beispielsweise diejenigen auf Hawaii oder auf Réunion, ragen oft aus den Tiefen des Ozeans empor. Die Aktivität der meisten Vulkane unterliegt einem bestimmten Rhythmus: explosionsartigen Ausbrüchen folgen lange Perioden der scheinbaren Ruhe. Immer wieder bilden sich durch Vulkanismus neue Erhebungen: 1943 entstand der Paricutin in Mexiko, 1963 die Insel Surtsey vor Island.

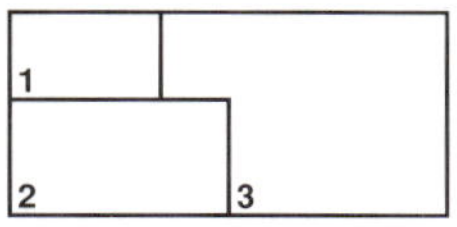

1. Aus dem ostafrikanischen Hochland erhebt sich der Vulkankegel des Kilimandscharo. Ein Gletscher überzieht seinen Hauptkrater, den Kibo (5895 m). In der Trockenzeit, wenn an den oberen Hängen das Eis schmilzt, formen Fumarolen aus der Eisresten auf der schwarzen Asche eigenartige Skulpturen.

2. Der Vulkan Korjakskaja Sopka (3456 m) beherrscht die Stadt Petropawlowsk auf der russischen Kamtschatka-Halbinsel. Zwar bildet sich im ostsibirischen Klima auf dem Gipfel eine scheinbar beruhigende Schneehaube, doch wird der Vulkan ständig von Geologen überwacht. Aus seinen Flanken können jederzeit Lavaströme hervorbrechen, die der Stadt Gefahr bringen.

3. Der aktive Vulkan Guallatiri überragt die Atacamahochebene in Nordchile. Seinen Gipfel ziert eine Eiskappe, die zwischen Ausbrüchen wächst. Mit 6060 m zählt der Berg zu den höchsten der Anden. An seinem Fuß erstreckt sich die Puna, eine kalte Wüste; im Schutz der Steine wachsen Moose und Zwergbüsche.

DIE WÜSTEN – **MEERE AUS SAND UND STEIN**

Wüste und Sand – das gehört für viele Menschen untrennbar zusammen. Unsere Vorstellungen nähren sich oft aus Expeditionsberichten, in denen die Schilderung eines Sandsturms nicht fehlen darf. Schlagartig verdunkelt sich der Himmel, Sand und Staub treffen die Haut wie Nadelstiche und setzen sich in den kleinsten Ritzen von Ausrüstung und Fahrzeugen fest. In Wüsten ist es zwar nicht windiger als anderswo, doch wegen der spärlichen Vegetation und der trockenen Luft kann der Wind den feinen Staub weiträumig aufwirbeln – bei starkem Südwind gelangt er mitunter von Nordafrika bis nach Mitteleuropa. In der Wüste wirken die Sandkörner im Wind wie ein Schleifmittel, das feine Rillen ziseliert. An windstillen Stellen häuft sich der Sand zu Wellen an, und auf Dauer entstehen so hohe Dünen. Dennoch ist der Sand nicht überall das landschaftsbestimmende Element der Wüste. In der Sahara beispielsweise überwiegt die Stein- und Geröllwüste; lediglich 12 % der Gesamtfläche sind von Sand bedeckt.

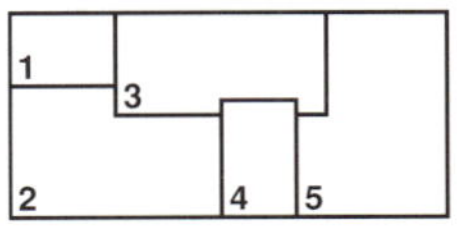

1. Diese Sicheldünen in der iranischen Provinz Sistan, die auch Barchane heißen, wurden vom Flugzeug aus aufgenommen.

2. Eine Karawane durchquert die Wanderdünen von Arakao im Süden der Ténéréwüste von Niger. Die langen Schatten der aufgehenden Sonne arbeiten das Dünenprofil plastisch heraus.

3. Bei Sossusvlei in der Namib, einer typischen Küstenwüste, ragt diese Dünenkette 150 m aus der Sandebene empor.

4. Ein Sandschleier hat sich über ein Steinfeld in der Nähe der Straße gelegt, die von Assiut nach Al Charga in Ägypten führt. Die Steinkugeln, treffend „Wüstenmelonen" genannt, entstanden aus mineralischen Ablagerungen von Grundwasserströmen.

5. Trotzig behauptet sich eine Yucca inmitten der schneeweißen Gipsdünen von White Sands im US-Bundesstaat New Mexico. White Sands ist die größte Gipswüste der Welt. Die Sandkörner bestehen aus dem Sedimentgestein Selenit.

DIE WÜSTEN – GEWALTIGE KRAFT DES WASSERS

Es klingt paradox: Neben dem Wind ist vor allem Wasser für die Entstehung von Wüsten verantwortlich. Auch wenn Wasser nur in geringen Mengen vorkommt, sorgt es zusammen mit dem darin gelösten Salz für eine rasche Verwitterung. Der nächtliche Tau und die Trockenheit am Tag lassen das Gestein abwechselnd feucht werden und austrocknen; kleine Risse im Gestein werden breiter, weil sich die Salzkristalle darin vergrößern. Nebel und Sprühwasser in den sogenannten Küstenwüsten, Frost und Tau in Wüsten

mit kalten Wintern tragen ebenfalls zur starken Erosion bei. Sogar Flüsse gibt es in Wüsten; allerdings führen diese nur kurzzeitig nach einem der seltenen, aber heftigen Regenfälle Wasser. Dann wälzen sich schlammige Fluten durch die Trockentäler, die Wadis.

1732 m hoch ist der Iharen, ein erloschener Vulkan, der im algerischen Hoggar das Wadi Tamanrasset überragt. Wo sich unter dem Sand Feuchtigkeit hält, wachsen Akazien. Die Geröllhalde am Fuß des Berges stammt von den verwitternden Lavasäulen.

DIE WÜSTEN – **LEBEN UNTER HEISSER SONNE**

Wo mehr Feuchtigkeit verdunstet, als Regen fällt, muß die Vegetation mit wenig Wasser auskommen, das zudem oft salzig ist. Die starken Temperaturschwankungen zwischen Tag und Nacht und der scharfe Wind erfordern ebenfalls ein Höchstmaß an Anpassung. Wüstenpflanzen haben daher verschiedene Überlebensstrategien entwickelt. Einige schränken ihre Aktivität ein, leben gewissermaßen im Zeitlupentempo. Um die Verdunstung gering zu halten, reduzieren viele Pflanzen ihre Oberfläche. Manche bilden statt Blättern lediglich Stacheln aus, Kugel- und Kissenwuchs schützen vor Wind, tiefreichende Wurzeln schieben sich zum lebensspendenden Naß unter dem Sand vor. Großwüchsige Kakteen beschränken sich auf Halbwüsten. Mit ihren weitverzweigten, oberflächennahen Wurzeln nehmen sie den Tau und das spärliche Regenwasser auf, ihr schwammartiger Stamm speichert das Wasser. Auch Langschläfer gibt es unter den Pflanzen: Bei Trockenheit überdauern sie als Samen, die erst auskeimen, wenn Regen fällt.

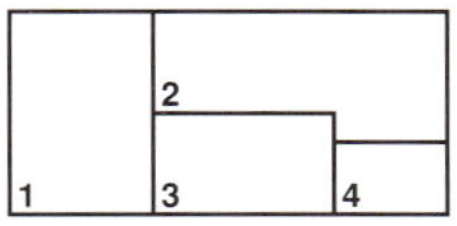

1. Der Saguarokaktus in der Halbwüste des US-Bundesstaates Arizona ist wie ein riesiger Schwamm, der sich mit Wasser vollsaugt. Er wurzelt nicht so tief wie andere Wüstenpflanzen, doch sein knapp unter der Oberfläche verlaufendes, weitverzweigtes Wurzelwerk nimmt den Morgentau auf.

2. In den algerischen Saharaoasen von Souf wachsen Dattelpalmen „mit dem Fuß im Wasser". Die Bewohner haben 20 m tiefe Trichter gegraben, die bis zur Grundwasserschicht reichen.

3. Die Simpsonwüste ist die trockenste Region Australiens. Am Rand der Dünen finden größere Pflanzen ein kärgliches Auskommen. Es regnet nur einmal im Jahr, und der Sand gibt das gespeicherte Wasser an die Wurzeln ab.

4. Eine natürliche Oase in der Wüste Gobi, Nordwestchina: hier sind die Sommer glühend heiß und die Winter eisig. Knorrige Bäume und krautige Pflanzen klammern sich an einen Hügel, an dem die Wanderdünen bislang vorbeigezogen sind.

DIE WARMEN ZONEN – **WÄLDER AM ÄQUATOR**

Der tropische Regenwald ist grüne Hölle und Paradies zugleich. Das Blätterdach hält die Feuchtigkeit zurück und ist so dicht, daß kaum Licht auf den Boden dringt. Daher gibt es im Regenwald wenig Unterholz. Zwar herrscht kein Mangel an Wasser, doch Nährstoffe sind knapp. Die Üppigkeit des Pflanzenwuchses steht im Gegensatz zur Kargheit des Bodens. Ein Heer von Insekten, Würmern, Pilzen und Mikroorganismen baut die abgestorbenen Pflanzenreste ab und sorgt so für Nährstoffnachschub – allerdings nur in der obersten Bodenschicht. Wanzen und Stechmücken übertragen gefürchtete Krankheiten. Im Geäst leben Schlangen, gut getarnt zwischen Lianen, die sich auf der Suche nach Licht an den hohen Stämmen emporwinden. Mit 2500–3000 Baumarten weist der Regenwald am Äquator bis zu 70mal mehr Arten auf als der Wald in den gemäßigten Breiten. Jeder Baum ist ein kleiner Mikrokosmos, denn auf ihm wachsen Hunderte von Aufsitzerpflanzen, die in luftiger Höhe um Licht und Nährstoffe ringen.

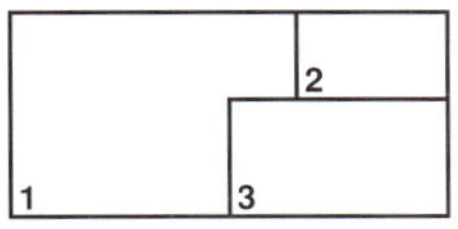

1. In Kalimantan im indonesischen Teil Borneos erstreckt sich das dunkle Grün der tropischen Wälder über die Küstenebenen. Ständig ändert sich der Lauf der Flüsse. Das niedrige, dichte Blätterdach ist typisch für die sumpfige Landschaft. Größere Bäume wachsen nur an trockenen Stellen oder direkt am Ufer.

2. Mangrovenwälder im Mündungsgebiet des Casamance im Senegal. Mangroven sind Überlebenskünstler: sie bevorzugen salziges Wasser, und dem Tod durch Ersticken entgehen sie durch die Ausbildung von Luftwurzeln. Man hat diese Wälder lange Zeit in ihrer ökologischen Bedeutung unterschätzt. Heute weiß man aber, daß Mangrovensümpfe zu den produktivsten Lebensräumen der Erde gehören.

3. Nur am Saum des äquatorialen Regenwaldes haben am Boden wachsende, großblättrige Pflanzen eine Überlebenschance. Viele der bei uns beliebten Zimmerpflanzen stammen aus dieser „untersten Etage" des tropischen Regenwaldes.

Die warmen Zonen – **VOM WALD IN DIE SAVANNE**

Nicht alle Gebiete der Tropen sind von dichtem Regenwald bedeckt. Mit wachsender Entfernung vom Äquator nehmen die Niederschlagsmengen ab, und vielerorts bleibt das lebenspendende Naß monatelang aus. In diesen Gegenden wechseln sich lichte Wälder, deren niedrige Bäume in der Trockenzeit das Laub abwerfen, mit den sogenannten Savannen ab. Das sind weiten Grasflächen, aus denen Dornbüsche und hohe Einzelbäume herausragen. Je nach Jahreszeit färbt sich die Savanne grün oder gelb.

Manche dieser Landschaften sind erst sekundär, nach kontinuierlicher Brandrodung, entstanden. Andere wiederum erhielten ihr Aussehen durch die dort heimische Tierwelt. In Ostafrika beispielsweise, wo die Savannen einen Großteil der touristisch attraktiven Nationalparks ausmachen, folgen riesige Gnu- und Zebraherden einem komplizierten Vegetationszyklus, der das ganze Jahr über für Nahrung sorgt. Dichter Wald kann sich in der Savanne nur an Stellen bilden, wo der Boden vor Erosion geschützt ist.

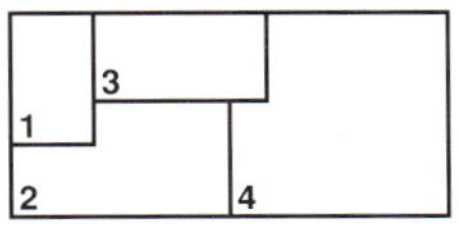

1. Die Victoriafälle an der Grenze zwischen Simbabwe und Sambia: Hier stürzt der über zwei Kilometer breite Sambesi 108 m tief in eine Schlucht. Weil tropische Flüsse nur wenig Kies und Geröll führen, graben sie sich kein durchgängiges Bett. Oft unterbrechen Wasserfälle und Stromschnellen ihren Lauf.

2. Im Serengeti-Nationalpark Tansanias durchstreifen große Herden von Gnus, Gazellen und Zebras die Savanne. Die Marabus in den Schirmakazien leben hauptsächlich von Aas.

3. Im Herzen der philippinischen Insel Bohol widerstanden 1268 Hügel der Verkarstung. Den Namen „Schokoladenhügel" verdanken sie dem krautigen Bewuchs, der sich in der kurzen Trockenzeit braun färbt. Die heute sichtbare Vegetation trat an die Stelle der vom Menschen abgeholzten Wälder.

4. Auch auf der indonesischen Insel Bali mußte der lichte Wald weichen. An den Berghängen, wo die fruchtbare Vulkanerde reiche Ernten garantiert, wurden Reisterrassen angelegt.

Die warmen Zonen – **Inselwelt der Tropen**

Gewürzdüfte, exotische Früchte, üppige Blumen, klares türkisblaues Wasser, weiße Sandstrände, und in den Wedeln der Kokospalmen spielt sanft der Passatwind: der Gedanke an eine tropische Insel weckt bei vielen Menschen Träume. Aus geologischer Sicht bestehen die meisten dieser Inseln aus den Gipfeln unterseeischer Vulkane, aus Korallenriffen oder angeschwemmtem Sand, der die Rifformationen bedeckt. Diese Sandinseln sind sehr flache Erhebungen, die selbst bei Ebbe kaum den Wasserspiegel überragen.

In Wahrheit handelt es sich bei den wenigsten tropischen Trauminseln um echte Paradiese. Wirbelstürme richten immer wieder schwere Verwüstungen an, verheerende Vulkanausbrüche zerstören Siedlungen und Felder, und auf der dem Wind zugewandten Seite der Inseln sorgt ausgiebiger Regen für Erosion und Erdrutsche. Dagegen herrscht auf der windabgewandten Seite oft Trockenheit. Dies trifft auch auf die flachen Sandinseln zu, die außerdem bei heftigen Stürmen häufig von Flutwellen heimgesucht werden.

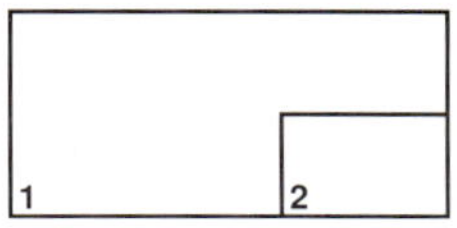

1. Der Archipel der Grenadinen im Süden der Kleinen Antillen besteht aus 600 Inseln. Auf den größeren gibt es Fischerdörfer und einige Hotels. Die bevölkerungsreichste und touristisch am besten erschlossene Insel heißt Union – ihr verleiht ein erloschener Vulkan die charakteristische Silhouette. Die kleine Insel Palm Island im Vordergrund ist von einem Korallenriff umgeben, das aufgrund seiner Nähe zum Ufer als Saumriff bezeichnet wird. Es tritt bei Ebbe kaum zutage und bildet Untiefen, an denen sich die Brandungswellen brechen.

2. Zehn Kilometer östlich von Neukaledonien erstreckt sich ein ausgedehntes Barriereriff. Es war ursprünglich ebenfalls ein Saumriff – seine Ausmaße und seine Form lassen vermuten, daß die Hauptinsel, die es gesäumt hatte, im Lauf vieler Jahrtausende abgesunken ist. Heute ist das Riff für seine *Cays* berühmt, flache Aufschüttungen aus Sand und Korallenresten; diese werden von den Wellen des Meeres angeschwemmt, das der Passatwind aufwühlt. Meist sind die kleinen Inseln, auf denen Kokospalmen wachsen, der einzig bewohnbare Teil der Atolle.

DAS FEUER

Schmiede der Planeten

Wenn aus den Fluten Feuer schlägt

VULKANINSELN

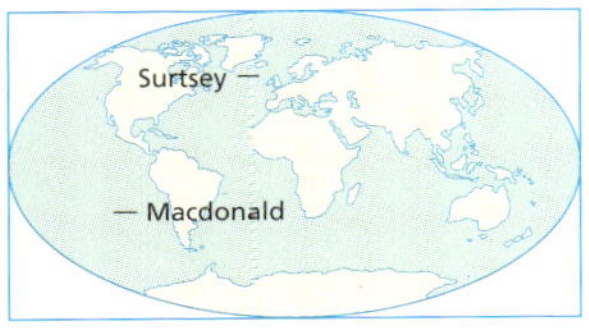

Ein ungemein spannendes Schauspiel läuft ab, wenn aus der Tiefe des Meeres ein Vulkan auftaucht und innerhalb weniger Stunden eine neue Insel entstehen läßt. Die Premiere dieses dramatischen Naturereignisses fand vor mehr als 3,5 Milliarden Jahren statt, als sich die ersten Landmassen aus dem Urozean erhoben.

Die Insel Surtsey taucht aus dem Meer auf

Die isländischen Fischer, die in der Nacht zum 14. November 1963 vor den Westmännerinseln unterwegs waren, nahmen zunächst nur beißenden Schwefelgeruch wahr. Gegen 7.30 Uhr schoß jedoch plötzlich eine Wasserdampffontäne 60 m in die Höhe! Deutlicher hätte ihnen die Erde nicht vor Augen führen können, daß das Meeresgebiet südlich von Island zu den aktivsten Vulkanzonen zählt.

Einen Tag lang rumorte es unter Wasser, und am Morgen des 15. November tauchte ein kleiner Berg aus den Fluten auf. Den Wasserspiegel überragte er nur um 10 m, doch seine Basis lag in 300 m Tiefe. Vom Druck des Wassers befreit, stieg eine Säule aus Rauch und Asche 8000 m explosionsartig hoch in den Himmel. Am nächsten Morgen hatte der Vulkangipfel eine Höhe von 50 m erreicht. Eine längliche Insel war entstanden, durchzogen von einer 500 m langen Eruptionsspalte.

Am 30. Dezember ragte der Vulkan dann 140 m empor, und noch immer versprühte er Asche, vulkanische Bomben und Steine jeglicher Größe. Je nachdem, ob Wellen in den Eruptivschlund eindrangen oder nicht, spie der Vulkan einmal schwarze und weiße Fontänen, dann wiederum quollen in unregelmäßigen Abständen große Mengen Schlacke aus ihm hervor. Geologen sprechen im ersten Fall von einer phreatomagmatischen, im zweiten von einer magmatischen Tätigkeit.

Die Geburt der Vulkaninsel Surtsey wurde von Unterwassereruptionen begleitet, bei denen die Vulkanschlote verschluckt wurden. Erst im November 1966, nach ziemlich genau drei Jahren, kam die Vulkaninsel zur Ruhe.

An Surtsey ließen sich die Eruptionsphänomene bei der Entstehung einer Insel zum ersten Mal beobachten und beschreiben. Diese Art von Vulkanausbrüchen wird heute als surtseysche Tätigkeit bezeichnet. ■

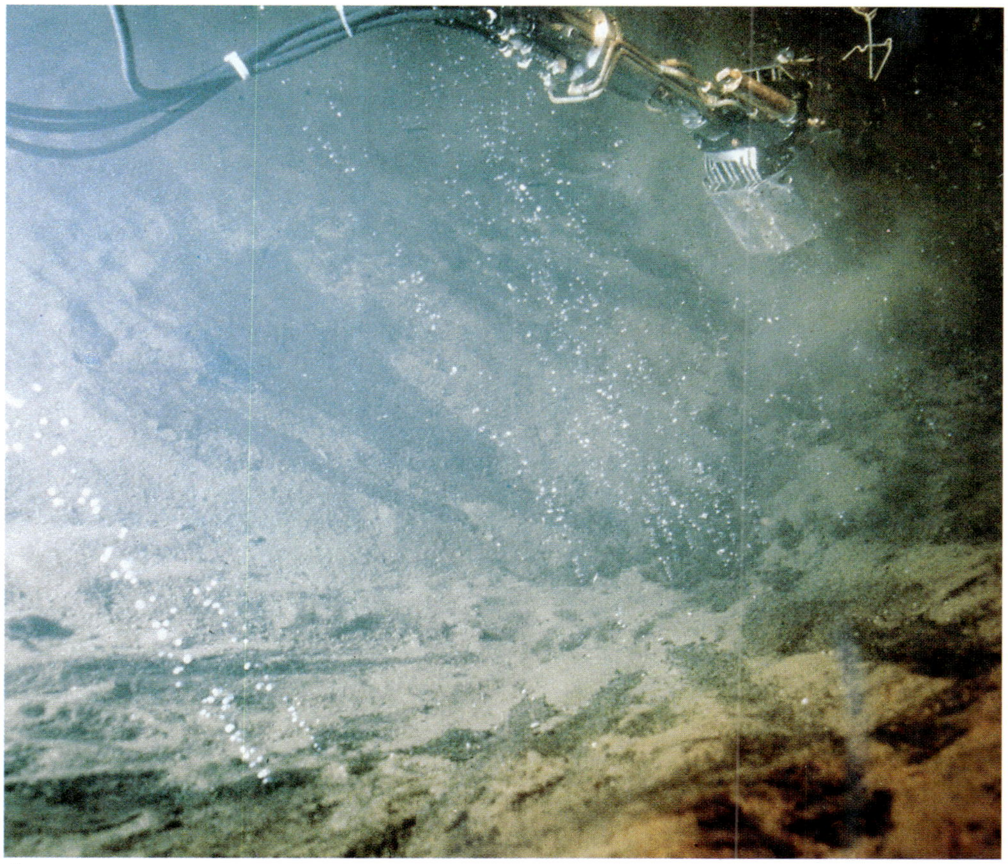

△ *Diesen Ausbruch des Unterwasservulkans Macdonald im äußersten Osten des Tuamotu-Archipels konnten Meeresforscher vom Tauchboot* Cyana *aus beobachten. Die Freisetzung vulkanischer Gase am 26. Januar 1989 war das Vorzeichen für einen weiteren Ausbruch am Meeresgrund, der dann einige Tage später vom Forschungsschiff* Suroît *aus verfolgt wurde.*

◁ *Die Insel Surtsey tauchte am 14. November 1963 vor der isländischen Küste aus dem Meer auf. Sie liegt auf dem Mittelatlantischen Rücken und bildet einen aus dem Wasser ragenden Gipfel entlang einer Eruptionsspalte. Bei der Geburt der Insel stieg die Eruptionssäule aus Rauch und Asche 8000 m hoch in den Himmel.*

Unterwasserausbruch des Vulkans Macdonald

Entdeckt wurde er 1967, als amerikanische Erdbebenforscher im Südpazifik seismische Wellen registrierten, die von einem Vulkanausbruch am Meeresboden stammten. Die Rede ist vom Macdonald, einem Unterwasservulkan östlich des Tuamotu-Archipels. 1989 untersuchten französische Meeresforscher in einem Tauchboot den Vulkan, dessen Tätigkeit zuvor einige Jahre lang von Erdbebenwarten auf Polynesien verfolgt worden war.

Schon bei den ersten Tauchfahrten in eine Tiefe von gut 3000 m zeigten die geologischen Beobachtungen an den Bergflanken des Macdonald, daß eine dicke Ascheschicht die Umgebung des Vulkans bedeckte. Diese Asche unterschied sich deutlich von den Sedimenten, die sich normalerweise dort ablagerten. Die folgenden Tauchfahrten führten in eine geringere Meerestiefe. Weil Asche im Wasser schwebte, konnten die Forscher statt der erwarteten 10 m nur 2 m weit sehen – ein Hinweis, daß sie nahe der Ausbruchstelle waren. Am 26. Januar 1989, eine Woche nach den ersten Tauchgängen, wurde diese dann auch entdeckt. Rund um das Forschungs-U-Boot strömten in 150 m Wassertiefe Gase aus, während sich der Hauptgipfel 40 m unter dem Meeresspiegel befand.

Gaseruptionen verrieten, daß sich in dem Vulkan ein hoher Druck aufgebaut hatte. Und einige Tage später erbebte der Rumpf des Forschungsschiffes unter den dumpfen Schlägen einer Unterwasserexplosion. Gasstrudel und graue Asche schossen an die Oberfläche, später trieben zahlreiche Fische mit dem Bauch nach oben im Wasser. Der Ausbruch des Macdonald dauerte mehrere Stunden, doch gemessen an seiner Gesamtaktivität, war dies nur ein kleines Ereignis. Ein größerer Ausbruch könnte innerhalb weniger Tage eine neue Insel mitten im Pazifik entstehen lassen. ■

Die Entstehung einer Vulkaninsel ist der Abschluß eines Aufwölbungsprozesses am Meeresboden (1). Die erste aus dem Wasser ragende Erhebung ist ein Aschekegel, der durch eine Mischung von Wasser und Magma entsteht (2). Die spätere Vulkantätigkeit an der Oberfläche führt zur Bildung eines Schildvulkans, der mehrere tausend Meter hoch werden kann (3). Nach Ende der Eruptionen ist der Vulkan einer starken Erosion ausgesetzt (4 und 5). ▷

Die Entstehung einer Vulkaninsel

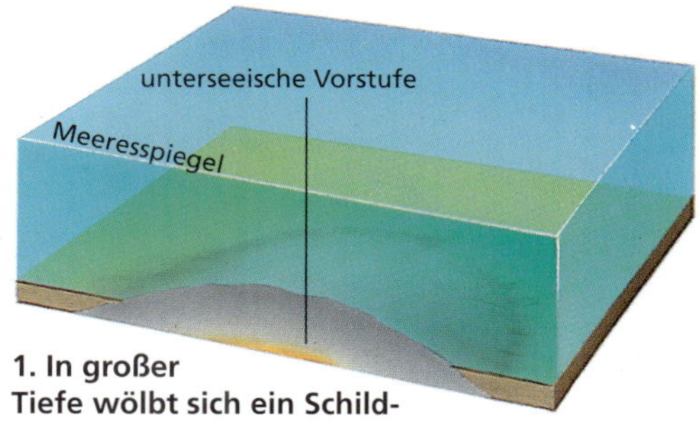

1. In großer Tiefe wölbt sich ein Schildvulkan des hawaiianischen Typs auf.

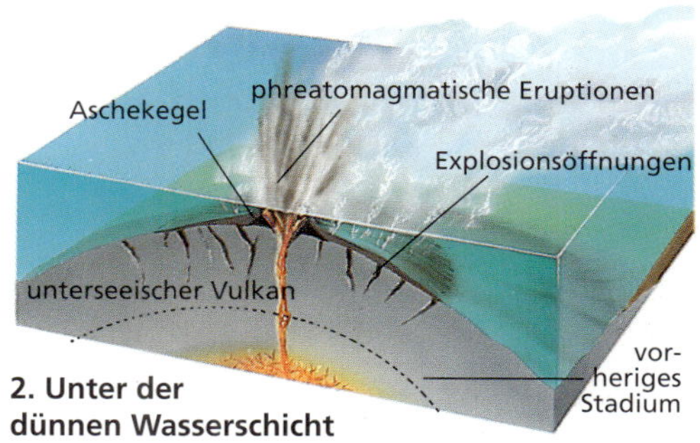

2. Unter der dünnen Wasserschicht kommt es zu einer heftigen Eruption.

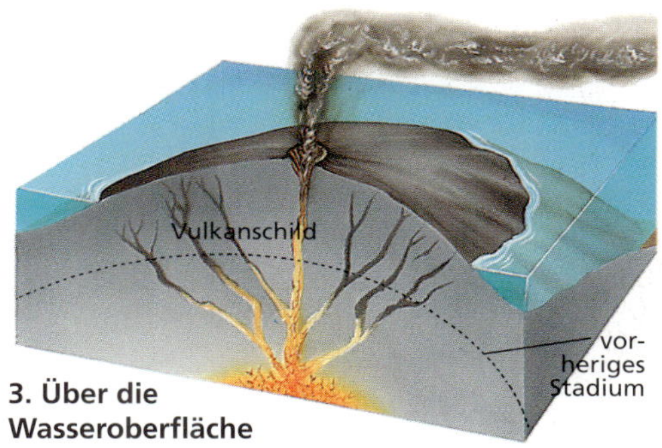

3. Über die Wasseroberfläche erhebt sich allmählich ein Schildvulkan.

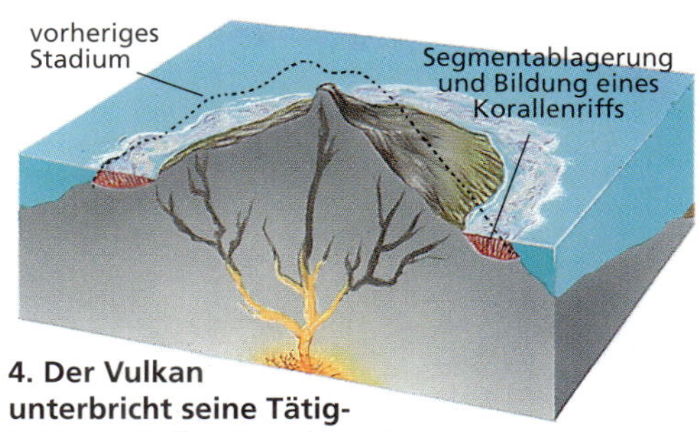

4. Der Vulkan unterbricht seine Tätigkeit, am Vulkankegel setzt Erosion ein.

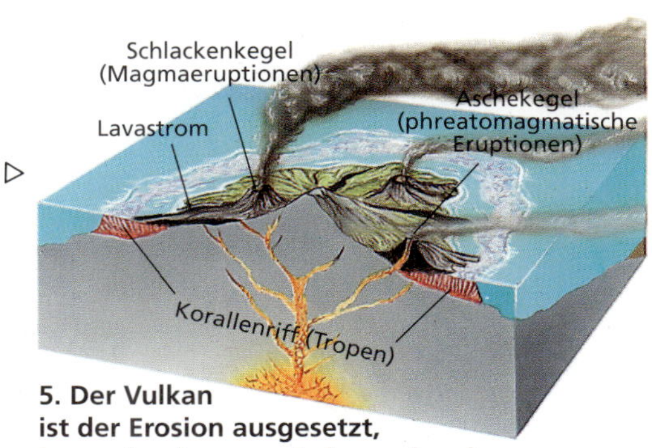

5. Der Vulkan ist der Erosion ausgesetzt, kann aber immer wieder ausbrechen.

Meerwasser und Magma

Vulkane, die in der Tiefe des Meeres ausbrechen, also unter einer hohen Wassersäule, bringen abgerundete Lavaströme hervor, die sogenannten Kissenlaven.

Findet der Ausbruch dagegen in nur wenigen hundert Meter Tiefe statt, kann im Magma gelöstes Gas freigesetzt werden. Dann kommt es zu explosiven Eruptionen. Beim Kontakt des 1100 °C heißen Magmas mit Meerwasser bildet sich heißer Dampf, dessen Volumen zu dem der Magmagase hinzukommt. Die Ausdehnung dieser Gasmassen hat besonders heftige Explosionen zur Folge, die das Magma und die Gesteine mehrere hundert Meter hoch aus dem Wasser schleudern. Diese Art von Eruption heißt phreatomagmatisch, da sie durch das Zusammenspiel von Wasser und Magma bewirkt wird. Die freigesetzten Produkte häufen sich an und bilden um den Schlot einen Kegel, der eines Tages aus dem Wasser auftaucht.

Bei den Explosionen werden in der Regel entgaste Lavaströme frei, die sich über die unterseeischen Flanken der neuen Insel ergießen. Bald bilden die Ascheablagerungen und die Lava einen Gürtel um den Schlot und schirmen ihn vom Wasser ab. Bei weiteren Eruptionen kann der Vulkan sein Material dann an der Oberfläche ungehindert ausstoßen. Dabei kann sich ein so regelmäßiger Kegel bilden, wie ihn der berühmte Stromboli auf den Äolischen Inseln nördlich von Sizilien besitzt.

Das Leben erobert die Vulkaninsel Surtsey

Moose und Flechten siedeln sich auf Surtsey an.

Auch 30 Jahre nach ihrer Entstehung steigt von der Insel Surtsey Rauch empor. Der Kern der Insel ist immer noch heiß, und deshalb dringen große Mengen an Schwefel, Kohlendioxid und Wasserdampf durch die schwarze Basaltasche an die Oberfläche. Doch in dieser unwirtlichen Welt hat sich bereits wenige Jahre nach dem Auftauchen der Insel Leben ausgebreitet. Nur wenige Botaniker, Zoologen und Geologen dürfen dieses einzigartige Freilandlabor besuchen. Sie beobachten aufmerksam, wie sich auf dieser Vulkaninsel im Nordatlantik das erste Leben ansiedelt. Wer kam zuerst? Das Rennen machte der Meersenf *Cakile edentula,* dessen Samen vom Wind oder von vorbeifliegenden Vögeln herbeigetragen wurde. Er siedelte sich lange vor den Moosen und Flechten an, die sonst als Pionierpflanzen auftreten. 1966 kam auf einem Stück Treibholz die erste Spinne. Danach nisteten die ersten Vögel. Das Leben hatte von Surtsey Besitz ergriffen.

Auf der Meeresbodenkarte, die mit Hilfe von Satellitendaten erstellt wurde, kann man die meisten unterseeischen Erhebungen erkennen. Die roten Punkte kennzeichnen Unterwasservulkane; die grauen Linien symbolisieren die mittelozeanischen Rücken sowie Verwerfungs- und Subduktionszonen. Die meisten unterseeischen Vulkane findet man im Westpazifik.
▽

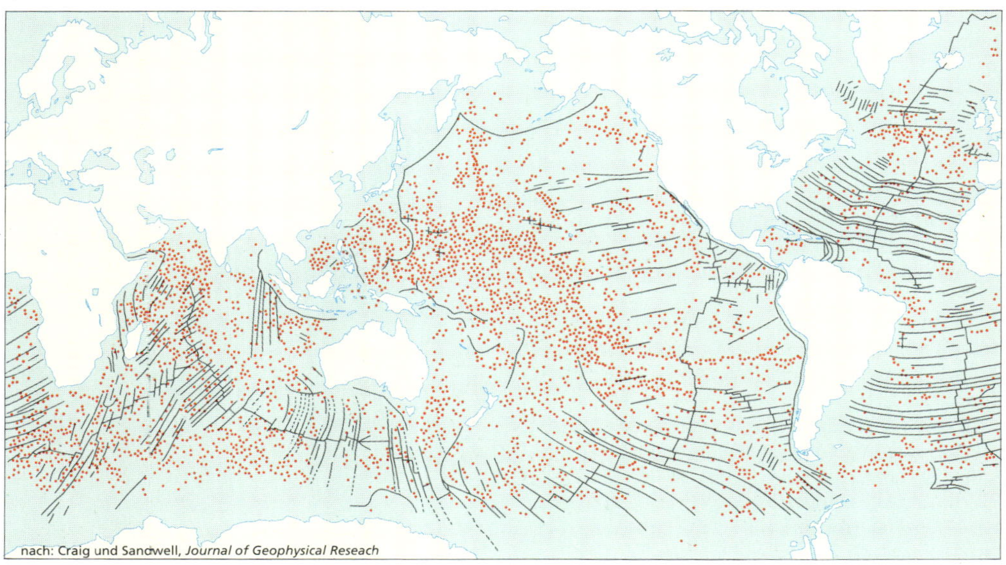

Wenn die Erde aufbricht

DIE GEBURT DER OZEANE

Die Lebensdauer der Ozeane ist eng mit der Kontinentalverschiebung verbunden. Ozeane erreichen ein Alter von rund 500 Millionen Jahren, werden also etwa ein Zehntel mal so alt, wie die Erde heute ist. Der älteste Ozean ist der Pazifik. Er öffnete sich vor 300 Millionen Jahren – und ist bereits dabei, sich wieder zu schließen.

△
In der Meerenge von Bab Al Mandab, die das Rote Meer mit dem Golf von Aden verbindet, befindet sich der Archipel der Sieben Brüder. Im Vordergrund sehen wir die Insel Rasiane, eine der kleinen Vulkaninseln, die aus jüngeren Basaltergüssen bestehen.

Das Rote Meer – ein noch junger Ozean

Die Inseln der Sieben Brüder sind die Wächterinnen am südlichen Eingang des Roten Meeres. Sie liegen in der Meerenge von Bab Al Mandab, die wegen der dort herrschenden starken Strömungen auch Pforte der Klagen heißt. Einige der ersten abendländischen Forscher und Seefahrer, die in diese Gegend kamen, hielten die Inseln für die Gipfel eines längst versunkenen Gebirges. In Wahrheit freilich handelt es sich bei den Sieben Brüdern um die Zeugen einer Vulkantätigkeit, die das Entstehen eines neuen Ozeans begleitet.

Geologen haben schon lange nachgewiesen, daß auf den Kontinenten der Bildung einer Grabenzone oft eine Aufwölbung der Erdkruste vorausgeht. Dieses Phänomen rührt von einem heißen Fleck im Erdmantel her, über dem die Lithosphäre, also die Erdkruste und der obere Erdmantel, besonders dünn ist. Liegt nun eine Reihe heißer Flecken nebeneinander, kann eine Bruchlinie entstehen, die sich durch den gesamten Kontinent zieht. Jeder heiße Fleck verbindet auf diese Weise Grabenzonen, die auch als Rifts bezeichnet werden. So brachte vor 30 Millionen Jahren ein heißer Fleck unter der Afarsenke im Osten Äthiopiens zwei Rifts hervor, die sich zu zwei Meeren entwickelten: dem Golf von Aden nach Osten und dem Roten Meer nach Norden. Ein drittes Rift, die afrikanische Grabenzone, hat sich nicht weiterentwickelt.

Die ozeanische Kruste des Roten Meeres tauchte erst vor 5 Millionen Jahren im südlichen Abschnitt auf. Unklar ist, ob sie eines Tages den gesamten Meeresgrund bedecken wird. Im nördlichen Teil des Roten Meeres hat sie sich noch nicht gebildet. ■

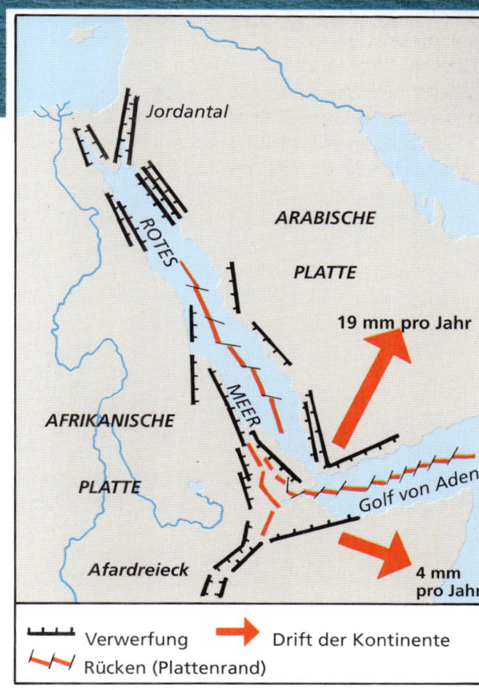

△
Afrika und Arabien driften allmählich auseinander, und das Rote Meer wird zum Ozean.

Die Umgebung des Roten Meeres hat nur selten jemand so ausführlich und detailliert beschrieben wie Henry de Monfreid. Der französische Schriftsteller kannte die Meeresregion wie seine eigene Westentasche, weil er sie jahrelang als Forscher und Abenteuerer, Waffenschieber und Perlenverkäufer durchstreift hat. Die Schilderung der Ankunft auf den Inseln der Sieben Brüder mit dem Schiff verrät überdies großes erzählerisches Talent.

„Vor mir ragen am Horizont große Felsen auf, die an ihrem Fuß 200 bis 300 m breit sind. Die Gipfel sind weiß, und auf den ersten Blick glaubt man, sie wären von Schnee bedeckt. Aber es handelt sich um Guano. Die Küste fällt hier so steil ins Meer ab, daß ich in wenigen Metern Entfernung an den Klippen vorbeifahren kann (...) Die letzten Gipfel scheinen darum zu ringen, welcher von ihnen am höchsten zu Sonne und Wind hinaufragen darf. Es handelt sich um sieben weit auseinanderliegende Inseln, aber sie sind alle gleichzeitig sichtbar, wenn man sich in ihrer Mitte befindet. Die Einheimischen nennen sie die Brüder."

△

Der Golf von Kalifornien an der mexikanischen Westküste ist ein noch junger Ozean, der entstand, als die Halbinsel Niederkalifornien vom mexikanischen Festland abgetrennnt wurde. Er bildet die südliche Verlängerung des Verwerfungssystems der San-Andreas-Spalte. Diese Bruchlinie zerreißt ganz Kalifornien und löst in dieser Region immer wieder Erdbeben aus.

Auf Tauchfahrt im Golf von Kalifornien

Im Rahmen der Expedition Cyamex erforschten amerikanische, mexikanische und französische Wissenschaftler 1973 vor Mexiko zum ersten Mal mit einem Unterwasserfahrzeug den Zugang zum Golf von Kalifornien.

In einer Tiefe von 2600 m sahen sie durch das Bullauge des U-Bootes *Cyana* zahlreiche röhren- und kissenförmige Felsen, deren schwarze Oberflächen wie Glas schimmerten. Die Mannschaft der *Cyana* befand sich genau über dem Kamm eines ozeanischen Rückens, auf dem sich neuer Meeresboden bildet und wo Lavaströme den Hauptteil des Unterwasserreliefs ausmachen.

Der Golf von Kalifornien ist ein recht junges Meeresbecken. Entstanden ist es durch das Auseinanderdriften zweier Platten, der nordamerikanischen und der pazifischen. Vor etwa 4 Millionen Jahren begann sich das Becken zu öffnen, und jedes Jahr wird es etwa 6 cm breiter. Wie das Rote Meer ist auch der Golf von Kalifornien der Prototyp eines jungen Ozeans. Die Küsten dieses langgestreckten, schmalen Meeres verlaufen erstaunlich parallel. Entlang seiner Küsten ist der Kontinentalhang sehr steil – er hat eine Neigung von mehr als 20°. Zum Vergleich: Die Atlantikküste, die durch Erosion und Ablagerungen seit mehr als 100 Millionen Jahren eingeebnet wird, ist durchschnittlich um 4° geneigt.

Fast alle Ablagerungen, die das Forscherteam der *Cyana* sehen konnte, bestanden aus Planktonresten. Dabei handelt es sich um mikroskopisch kleine Lebewesen, die nach ihrem Tod auf den Meeresgrund sinken und sich anreichern. Inzwischen hat man entdeckt, daß diese Sedimente sehr reich an den Metallen Zink, Kupfer und Kadmium sind und auch Gold, Silber und Platin enthalten. ■

Der Golf von Kalifornien einst und heute: Die obere Karte zeigt ihn im Frühstadium seiner Öffnung. Niederkalifornien war nur 100 km vom Kontinent getrennt, vor allem aufgrund der Verschiebung auf den Verwerfungen, die in nordwestlicher – südöstlicher Richtung laufen. Die untere Karte zeigt den Golf in seiner heutigen Form nach einer Verlagerung von 300 km.

▽

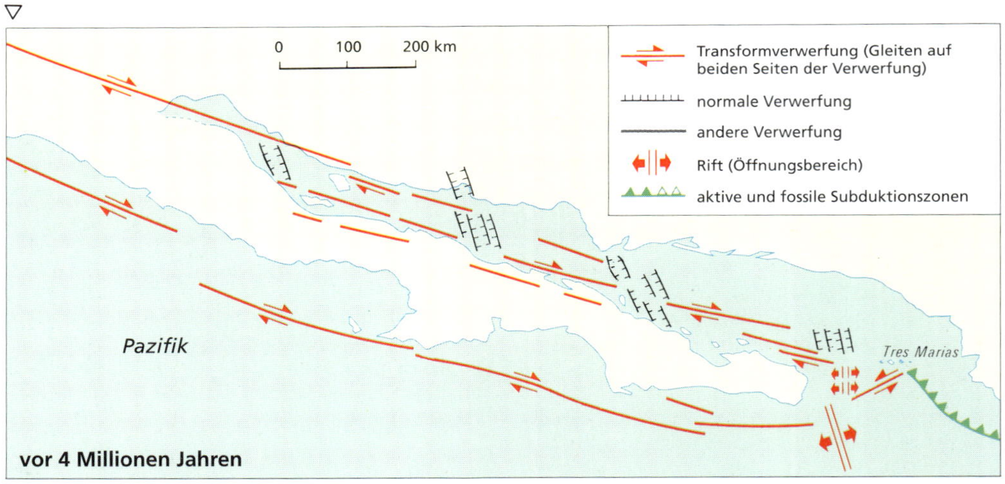

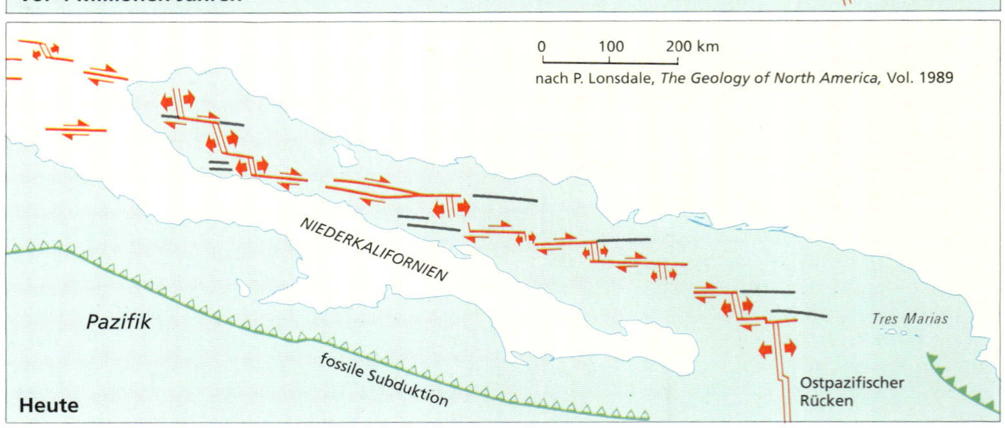

Korallen im Roten Meer

Unvergleichliche Farbenpracht der Korallen

Taucher, die sich in die warmen Tiefen des Roten Meeres vorwagen, finden sich urplötzlich in einem phantastischen Unterwassergarten wieder, der vor merkwürdigen Kreaturen wimmelt. Im flachen Wasser leben verschiedene Korallenarten, die sich durch ihre schillernden Farben auszeichnen. Kein Wunder, wenn Taucher aus der ganzen Welt anreisen, um die Schönheit dieses Gewässers zu erleben. Die Korallenriffe am Rand einer unterseeischen Schlucht – der Verlängerung einer riesigen Verwerfung – bilden ein dünnes Band entlang der Küste. Diese sogenannten Saumriffe, in denen mehr als 1000 Tierarten leben, zählen zu den schönsten Korallenformationen der Welt.

Wie ein Ozean entsteht

Die Entwicklung eines ozeanischen Rückens – die Grenze zwischen zwei auseinanderdriftenden Platten – führt zur Entstehung eines Ozeans. Die Rücken bilden Unterwasserketten mit einer Länge von mehr als 60000 km und einer Breite zwischen 1000 und 4000 km. Ihre Gipfel überragen die angrenzenden Ozeanbecken in der Regel um 2 bis 3 km.

Die ersten Stadien bei der Entstehung eines solchen Rückens sind leichter zu beobachten, wenn sie auf einem Kontinent entstehen und nicht – wie im Pazifik – in der Mitte einer ozeanischen Platte. Daher bevorzugen Forscher die intrakontinentalen Gräben, um die ersten Phasen bei der Öffnung eines Ozeans zu untersuchen.

Damit es zu einem Bruch in der kontinentalen Lithosphäre (Kruste und oberer Erdmantel) und zur Entstehung eines Ozeans kommt, müssen zwei Bedingungen erfüllt sein. Zum einen muß ein Gebiet mit ausreichend starker Belastung vorliegen, zum anderen muß basaltisches Magma aus dem oberen Erdmantel herangeführt werden. Die Energie für die Bildung der ozeanischen Kruste stammt aus dem Erdinnern: Der radioaktive Zerfall von Elementen im Erdinnern erzeugt Wärme, die durch Materietransport (Konvektion) im Mantel an die Oberfläche gelangt.

Im Atom-U-Boot unter dem ewigen Eis

Die Arktis ist wegen ihrer Eisdecke das am wenigsten erforschte Meeresgebiet. Schon um 320 v. Chr. hatte sich der griechische Geograph und Astronom Pytheas von der Kolonie Massilia (Marseille) aus weit in die Nordsee vorgewagt. Sechs Tagesreisen nördlich der Britischen Inseln entdeckte er Thule: War dies Island, oder der Norden von Norwegen?

Auch nach ihm segelten Entdecker ins Nordpolarmeer und suchten dort nach der Nordost-Passage in den Fernen Osten. Diese ist heute zwar bekannt, doch ein großer Teil des Nordpolarmeers bleibt trotz zahlreicher Expeditionen noch zu erforschen.

Die Topographie der Arktis kennt man heute sehr genau, unter anderem dank der Beobachtung von amerikanischen Atom-U-Booten aus. Die Untersuchungen magnetischer Anomalien durch amerikanische und sowjetische Flugzeuge lieferten wertvolle Anhaltspunkte über das Alter der Ozeankruste im eurasischen Becken zwischen der Lomonossov-Störung und Spitzbergen.

Die Geburt des Ozeans begann vor etwa 80–130 Millionen Jahren mit der Öffnung des amerasischen Beckens zwischen der Lomonossov-Störung und Alaska. Zu Beginn wurde die Lomonossov-Störung, ein Fragment des Kontinents, vom übrigen Eurasien abgetrennt. Vor ungefähr 60 Millionen Jahren öffneten sich dann das norwegische und das grönländische Meer sowie das eurasische Becken; diese Öffnung vollzog sich mit weniger als 2 cm pro Jahr allerdings äußerst langsam. ■

Diese Karte zeigt die Platten in den nördlichen Regionen. Der mittelarktische Rücken oder Nansen-Rücken, der eine Verlängerung des Mittelatlantischen Rückens nach Norden ist, öffnete das eurasische Becken zwischen der euroasiatischen und der nordamerikanischen Platte. Seine Ausdehnung bis in die Laptewsee wurde durch aeromagnetische Daten und das Auftreten von Erdbeben bestätigt.
▽

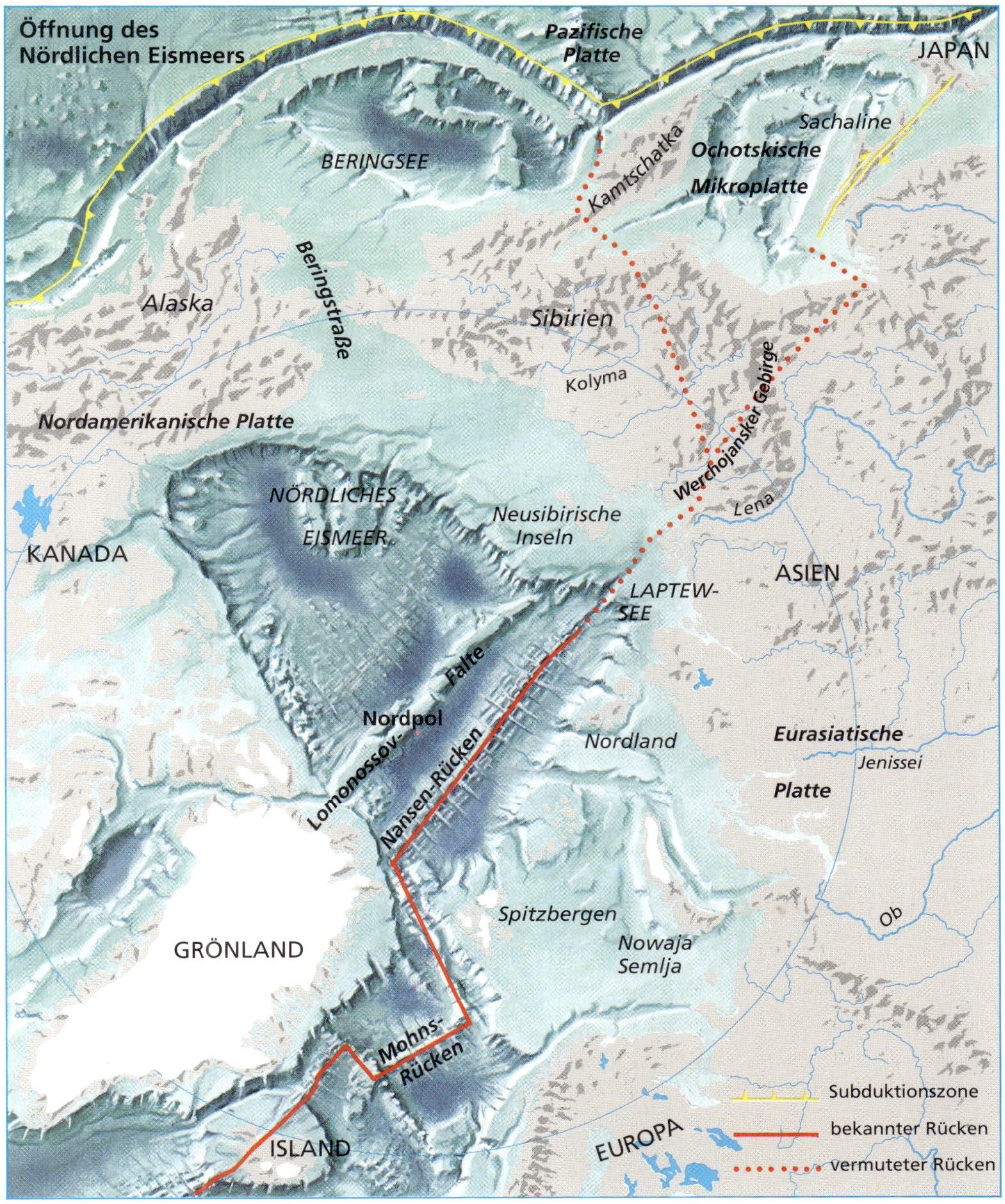

Vulkane mit ständigen Ausbrüchen

DAUERBRENNER

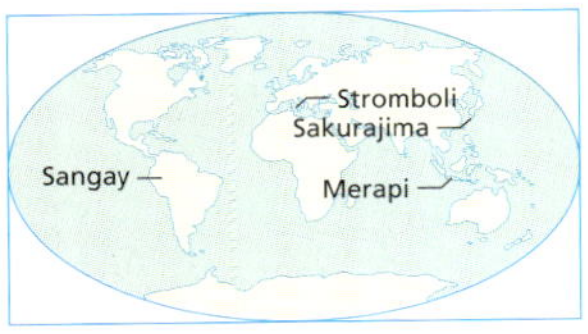

Die meisten feuerspeienden Berge gelten als ausgesprochene Langschläfer, die nur höchst selten ausbrechen. Doch einige wenige sind ständig aktiv: die ausgestoßenen Lavamassen erhalten sofort Nachschub aus der Tiefe. Diesen gefährlichen Ausnahmeerscheinungen im Reich der Vulkane gilt das besondere Interesse der Forscher.

Der Stromboli kommt selten zur Ruhe

Er ist das schönste Beispiel eines Vulkans mit einer seit der Antike andauernden Tätigkeit. Schon drei Jahrhunderte vor unserer Zeitrechnung hatte ihn Aristoteles in seinen Schriften erwähnt. Erstaunlich ist die Art und Weise, in welcher der Vulkan ausbricht – die Beschreibung von Plinius d. Ä. aus dem 1. Jh. n. Chr. ist heute noch aktuell: Einen Vulkan mit strombolianischer Tätigkeit kennzeichnet der rhythmische Ausstoß von Gasen, die Magmaklumpen mit sich führen. Diese gehen dann in Form von vulkanischen Bomben, Schlackenfetzen und grober Asche auf die Erde nieder. Die Schlackenausstöße sind von einer weißlichen Gas- und Rauchsäule begleitet und erfolgen regelmäßig im Abstand von Minuten bis Stunden. In der Nacht bewirken sie ein weithin sichtbares, rötliches Blinken, das dem Stromboli bei den Seefahrern des Tyrrhenischen Meeres den Namen „Leuchtturm des Mittelmeers" eingetragen hat.

Der Stromboli ist die nördlichste der Liparischen oder Äolischen Inseln. Sie liegen nördlich von Sizilien und sind alle Vulkaninseln. Bei den Römern galt der Stromboli als Sitz des Windgottes Äolus. Dieser konnte der Sage nach anhand der Rauchsäule aus dem Vulkan das Wetter vorhersagen. Andere Völker der Antike hielten nicht den Stromboli, sondern Vulcano, einen anderen Vulkan des Archipels, für den Sitz des Feuergottes.

Der Stromboli ragt 926 m aus dem Meer. Die beiden Gipfel liegen am Rand eines alten Kraters, der auf dem Foto gut zu erkennen ist. Seine Hänge fallen steil und gleichmäßig ab. Das Fundament steht 2000 m tief im Wasser, was dem Stromboli eine Gesamthöhe von rund 3000 m gibt. Er ist somit der höchste aktive Vulkan Europas, denn der Ätna steht auf einem Sedimentsockel, der seine relative Höhe deutlich verringert.

Der heutige Krater liegt in einer Nische unterhalb des Gipfels (das Foto zeigt nur die Rauchsäule). Die Nische bildet ein hufeisenförmiges Halbrund, das die Westflanke einschneidet und sich bis zum Meer hinabzieht. Steile Wände umgeben den Krater. Einzige Ausnahme ist die dem offenen Meer zugewandte Seite, dort beträgt das Gefälle 35 %. Das ist Sciara del Fuoco, die Feuerrutsche.

Mit seinem ebenmäßigen Kegel und dem Krater ▷ am Gipfel entspricht der Sangay in Ecuador in der Andenkette genau dem Bild, das man sich in der Regel von einem Vulkan macht. Er ist immer schneebedeckt (der dunkle Hang links ist von frischer Asche überzogen). Wenn im Krater der Schnee längere Zeit nicht schmilzt und dann mit Magma in Berührung kommt, ereignen sich heftige Explosionen, bei denen die dunkle Rauchsäule wie hier mit Aschefetzen angereichert ist.

Die meisten aktiven Vulkane der Welt befinden sich in Indonesien, insgesamt 129 werden in dem auf viele Inseln verteilten Staat gezählt. Allein auf der Insel Java sind 25 Vulkane aktiv. Der gefährlichste von ihnen, der Merapi, bedroht ständig die Halbmillionenstadt Jogjakarta.

◁ Der Stromboli, von Süden gesehen: Der Vulkan beherrscht die nördlichste der Liparischen Inseln. Seine beiden Gipfel liegen am Rand eines früheren Kraters. Der aktive Krater befindet sich 300 m unterhalb auf der Nordwestseite. Schon seit der Antike leitet der „Leuchtturm des Mittelmeers" mit seinem roten Feuerschein nachts die Seefahrer, und seine Rauchsäule gibt ihnen Aufschluß über die Wetterlage. Das Dorf San Vincenzo (im Hintergrund rechts) liegt in der einzigen kleinen Küstenebene.

Manchmal gerät auch am Stromboli der regelmäßige Rhythmus der Schlackenausstöße durcheinander. Stürzt etwa der Kraterrand ein, kann dies die Vulkanaktivität zeitweise unterbrechen und Vorspiel für eine heftige, explosionsartige Wiederöffnung des Vulkanschlots sein. Ist das Magma im Schlot ausreichend angestiegen, schwappt es zuweilen über und läßt Lavaströme auf der Sciara del Fuoco ausfließen. Die heiße Lava rutscht dann ins Meer, ohne die Bevölkerung zu bedrohen.

In der Geschichte des Stromboli gab es aber auch einige sehr heftige Ausbrüche, bei denen vulkanische Bomben und Brocken so weit geschleudert wurden, daß sie in den bewohnten Gebieten Opfer forderten. Danach folgte dann häufig eine lange Ruhephase, in welcher der typische rhythmische Ausstoß von Gas und Magma ausblieb – auch der Stromboli schlummert von Zeit zu Zeit. ■

Der gutmütige Riese Sangay

Im Zentrum Ecuadors, rund 200 km südlich von Quito, gehört der Sangay mit seiner Höhe von 5230 m zu den Riesen der Anden, die stets mit Eis und Schnee bedeckt sind. Wenn er aus den Wolken auftaucht – was allerdings nur selten der Fall ist –, kann man seine ebenmäßige Kegelform mit den schneebedeckten steilen Hängen bewundern.

Der Sangay ist ein typischer Stratovulkan: er besteht aus abwechselnden Schichten aus andesitischen, also sehr zähflüssigen Lavaströmen und aus Materialien, die bei den Ausbrüchen herausgeschleudert wurden. Seit gut 60 Jahren ist der Sangay nahezu ständig aktiv: In relativ langen Abständen stößt er weißglühende Schlackenpakete aus. Manchmal sind seine Explosionen auch heftiger, seine Eruptionssäule ist dann voller Aschefetzen, die den Rauch wie hier auf dem Foto verdunkeln. Ausgelöst wird die verstärkte Explosionsneigung, wenn große Schneemassen im Kraterbereich auf heißes Magma treffen und verdampfen.

Ein besonderes Risiko bei Ausbrüchen von Vulkanen, die mit Eis bedeckt sind, ist die Entstehung von Lahars. Das sind Ströme aus Ascheschlamm, die Vulkanhänge hinabstürzen und neben kleineren Gesteinstrümmern mitunter auch riesige Felsblöcke mitreißen. Die größten Lahars legen sogar bis zu 100 km zurück. Ein erschütterndes Beispiel für die tödliche Wirkung der Lahars ist die Katastrophe am Nevado del Ruiz, die 1985 in Kolumbien 23 000 Menschen das Leben kostete und deshalb bis heute nicht vergessen ist. Auch ein anderer Gigant, der Cotopaxi in Ecuador, hat bei rund 30 Eruptionen verheerende Lahars verursacht.

Erstaunlich aber ist, daß der Sangay keine Lahars mehr erzeugt, seitdem er ständig aktiv ist. Vermutlich verhindern die permanenten Ausbrüche, daß sich überhaupt genügend Schnee im Krater ansammelt. Obwohl der Sangay innerhalb der Andenkette seit Jahrzehnten am regelmäßigsten aktiv ist, hat er bis 1976 keine Opfer gefordert. Damals versuchte eine britische Seilschaft aus sechs Bergsteigern den Aufstieg. Doch dreihundert Meter unterhalb des Gipfels wurden die Kletterer von einem Ausbruch überrascht, bei dem es zwei Tote und drei Verwundete gab. ■

Magma im Überfluß

In einem Vulkan mit dauernder Tätigkeit bleibt der Schlot, der die unterirdische Kammer mit der Oberfläche verbindet, immer in Betrieb, so daß wie bei einer Quelle ständig Magma nachfließen kann. Allerdings muß das Magma im Gegensatz zu Wasser sehr heiß bleiben, damit es fließfähig ist und an die Oberfläche aufsteigen kann. Heiße Gase, die sich unablässig in der Magmakammer bilden und im Schlot rascher aufsteigen als das Magma selbst, heizen dieses im oberen Bereich des Schlotes auf und gleichen so den Wärmeverlust aus. In einigen Fällen bilden die Gase Blasen und bewirken dadurch die rhythmischen, aber schwachen Eruptionen bei Vulkanen des strombolianischen Typs.

Im Prinzip unterscheidet sich dieser Mechanismus kaum von einem Lavasee an der Oberfläche, der mit relativ dünnflüssigem Magma gefüllt ist und eine direkte Verbindung zur unterirdischen Magmakammer hat. Wie bei einem großen Thermometer spiegeln hier die Schwankungen des Seepegels direkt die Volumenschwankungen in der Kammer wider.

Eine dauerhafte Vulkantätigkeit und zähflüssiges, also andesitisches Magma schließen sich in der Regel aus. Das Beispiel des Merapi in Java zeigt jedoch, daß auch ein andesitischer Vulkan unter gewissen Bedingungen über einen langen Zeitraum hinweg ständig aktiv sein kann.

Der Sakurajima atmet tief ein und aus

Die japanischen Inseln beherbergen 67 der etwa 700 aktiven Vulkane unseres Planeten. Der Sakurajima (1118 m) auf der südlichen Hauptinsel Kyushu gehört zu den berühmtesten, unter anderem wegen seiner bemerkenswerten Lage. Er bildet nämlich eine Halbinsel, welche die Bucht von Kagoshima nahezu vollständig verschließt. Nur ein schmaler Meeresarm trennt die Stadt Kagoshima mit ihren mehr als 500 000 Einwohnern vom Vulkan. Hinter der Meerenge erweitert sich die Bucht und erreicht im nördlichen Teil einen Durchmesser von 22 km. Bei diesem Bereich der Bucht handelt es sich um eine vom Meer überflutete Caldera, einen vulkanischen Kessel, der entstand, als der Vulkan vor 22 000 Jahren nach einer Eruption in sich zusammenstürzte.

Der heutige Vulkan erhebt sich auf einer kreisförmigen Verwerfung an der Südseite der riesigen Caldera. Er ist ein junger Vulkan, weniger als 20 000 Jahre alt. Kennzeichnend für ihn sind lange Perioden ständiger Aktivität, unterbrochen von heftigen Ausbrüchen mit starken Lavaströmen.

Die jüngste Periode mit dauernder Aktivität begann vor 37 Jahren. Im Durchschnitt können die Bewohner von Kagoshima jährlich 150 bis 400 explosive Ausbrüche beobachten. Das sind wesentlich weniger als beim Stromboli, doch dafür sind die Eruptionen hier eindeutig stärker, weil die andesitische Lava des Sakurajima sehr zähflüssig ist. Bei Ostwind treiben die Aschenwolken vom Krater über die Bucht westwärts nach Kagoshima und laden ihre schwarze Fracht über der Stadt ab.

Im Lauf der vergangenen 1700 Jahre gab es fünf große Ausbrüche, bei denen Lavaströme aus den Flanken des Vulkans quollen, zu Gestein erstarrten und so die Halbinsel allmählich vergrößerten. Die heftigste Eruption erschütterte den Sakurajima im Jahr 1914. Selbst im mehr als 1000 km entfernten Tokio ging damals der Aschenregen nieder. Insgesamt förderte dieser Ausbruch rund 2 km^3 Lava und Schlacke zutage.

Nach dem Ausbruch von 1914 senkte sich die Erdkruste unter der Bucht um fast 1 m, denn die unterirdische Magmakammer hatte sich durch die Eruption teilweise entleert. Ist der Zustrom von Magma aus dem Erdinnern größer als der Aschenausstoß an die Luft, schwillt der Vulkan dagegen leicht an. Er atmet gewissermaßen tief ein, um dann bei der nächsten Eruption wieder kräftig auszuatmen. Dieses Phänomen haben Wissenschaftler auch schon bei mehreren anderen Vulkanen beobachtet und ziehen es nun zur Vorhersage von Ausbrüchen heran. ■

Der Sakurajima auf der japanischen Insel Kyushu gehört zu den jüngeren Vulkanen des Inselreichs. Von den drei Kratern am Gipfel ist derzeit nur der südlichste, der Minamidake, tätig. Seine Aktivität äußert sich in mehr oder weniger heftigen Ascheeruptionen, deren Rhythmus sich in den letzten Jahren auf durchschnittlich einen Ausbruch am Tag eingependelt hat. Aschelawinen und Rinnsale haben die Flanken des Vulkans tief eingekerbt. ▷

Der Merapi erhebt sich fast 3000 m über den dichtbesiedelten Ebenen im Zentrum der indonesischen Insel Java. Aus dem Gipfelkrater steigen ständig Dampfwolken auf. An der Westseite (im Bild links) ist der Krater durch eine tiefe Bresche unterbrochen. Durch diese stürzen die Trümmer der vulkanischen Kuppe immer wieder zu Tal. Die Ablagerungen an den Bergflanken verwandeln sich nach Regen häufig in Lahars. Diese Ströme aus Schlamm und Asche können ganze Dörfer unter sich begraben. ▽

Der Merapi bedroht ständig die Insel Java

Von den 25 aktiven Vulkanen der Insel Java hat der Merapi, der „Berg des Feuers", den schlechtesten Ruf. In den letzten 200 Jahren zählte man 64 Eruptionen, bei denen er meist Glutwolken ausstieß. Ein trauriger Rekord, denn ungefähr ein Dutzend der Ausbrüche forderte Menschenleben.

Am Fuß des 2950 m hohen Feuerberges zieht sich eine der am dichtesten besiedelten Ebenen der Erde hin; an der Südflanke liegt die Halbmillionenstadt Jogjakarta. Ein tätiger Vulkan in einer so dichtbevölkerten Gegend stellt zweifellos ein enormes Risiko dar.

Der Merapi ist fast immer aktiv, was bei Vulkanen, die zähflüssige andesitische Lava fördern, nur selten der Fall ist. Bei normaler Vulkantätigkeit staut sich die Lava in den Förderkanälen und bildet eine Kuppe aus. Sobald die Kuppe eine gewisse Größe erreicht hat, bröckelt sie ab. Ihre Trümmer stürzen durch eine Bresche zu Tal, manchmal als glühende Steinlawine, häufiger jedoch als verheerende Glutwolke. Anschließend bildet sich im selben

Krater erneut eine Lavakuppe. An manchen Tagen registrieren die Bewohner Jogjakartas Dutzende von Lawinen und Glutwolken. Vulkanologen sprechen von einem richtigen Ausbruch jedoch erst dann, wenn eine vulkanische Kuppe wie 1984 und 1992 ungewöhnlich schnell wächst und dann vollständig zerbirst.

Der heutige Krater entstand 1961 bei einer jener katastrophalen Eruptionen, bei denen Todesopfer zu beklagen sind. In unserem Jahrhundert war der Ausbruch im Dezember 1930 der bisher folgenschwerste: 1370 Menschen kamen dabei ums Leben.

Die spektakulären Ausbrüche des Merapi sind Etappen eines Prozesses, der mehr oder weniger kontinuierlich abläuft. Diese ständige Aktivität unterscheidet den Merapi von anderen Andesitvulkanen. Während der zwei letzten großen Eruptionen konnten Wissenschaftler die Erschütterungen im Inneren des Vulkans genau registrieren. Wie seismologische Untersuchungen zeigten, befindet sich im zentralen Förderschlot in etwa 2 km Tiefe eine Kammer, in der sich das Magma ansammelt. Die Kammer wirkt als Ausgleichsbehälter, der den Zustrom aus der Tiefe und den Lavafluß zur Erdoberfläche reguliert. ■

Dank moderner Maschinen können die Lavaströme besser gebändigt werden als früher.

Der Kampf gegen die Lavaströme des Ätna gleicht einer Sisyphusarbeit. Während der verheerenden Ausbrüche 1669 versuchten die Anwohner des italienischen Vulkans erstmals die Lavaströme aufzuhalten, die sich an den Bergflanken talwärts wälzten.

Nachdem die Lava schon nach einem Tag das Städtchen Malpasso unter sich begraben und mehrere andere Orte zerstört hatte, bedrohte sie Catania. Etwa 50 Einwohner entschlossen sich deshalb, den Strom zum Stillstand zu bringen und ihre Stadt zu retten. Als Schutzkleidung besaßen sie nur ein paar Tierfelle und als einzige Geräte Kreuzhacken und Brechstangen. Mit dem Mut der Verzweiflung brachen sie ein Loch in die bereits erstarrte Flanke des Lavastroms. Die weißglühende Schmelze ergoß sich nun seitwärts aus der Öffnung, der Nachschub für die Front des Hauptstroms stockte, und die Lava kam zum Stillstand.

Dies währte aber nur kurz, denn die erstarrte Lava verstopfte das Loch wieder. Der Hauptstrom setzte sich erneut in Bewegung und begrub Teile von Catania unter sich.

Nomadische Vulkane

DIE HEISSEN FLECKEN

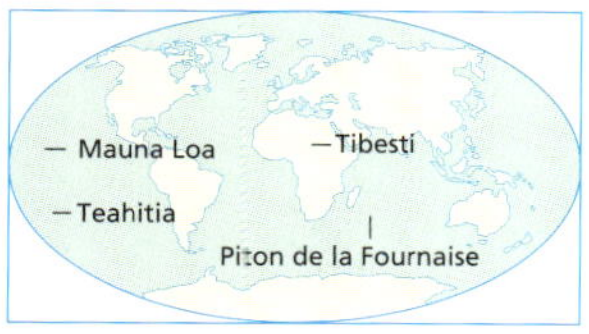

Weshalb sich die Vulkane gerade an den brüchigen Grenzen der Kontinentalplatten aufreihen wie an einer Perlenschnur, ist ohne weiteres verständlich. Aber warum kommen sie auch mitten auf den Platten vor? Geologen erklären sich diese Tatsache mit dem Modell der sogenannten „Hot spots", in deren Nähe der Erdmantel aufschmilzt.

Hawaii: ein sehr aktiver heißer Fleck

Der amerikanische Schriftsteller Mark Twain nannte den Archipel von Hawaii „die wunderbarste Inselflotte, die jemals in einem Ozean verankert war". Auch aus wissenschaftlicher Sicht teilen Vulkanologen Twains poetische Sicht des Inselparadieses. Für Urlauber besteht Hawaii nur aus ein paar touristisch erschlossenen Inseln. Doch für den Geologen erstreckt sich dieser Archipel über 2500 km nach Nordwesten bis Midway und umfaßt unzählige Atolle, Riffe oder erodierte untermeerische Formationen. Nur auf Hawaii, der großen Hauptinsel am Südostrand der langgestreckten Kette, finden sich aktive Vulkane.

Im Herzen der Insel liegt der 4171 m hohe Mauna Loa. Da er in 5000 m Tiefe gründet, beträgt seine Gesamthöhe mehr als 9000 m. Damit ist er der höchste aktive Vulkan der Erde. Seit einigen Jahrzehnten scheinen seine Ausbrüche seltener zu werden – vielleicht ein Indiz seines Erlöschens. An seiner Südostflanke jedoch liegt der nur 1247 m hohe Kilauea. Er wächst derzeit sehr schnell und gilt als der aktivste Vulkan der Erde.

28 km vor der Südostküste der Insel entsteht in 1000 m Meerestiefe der Vulkan Loihi. Erst 1971 haben Ozeanologen seine Aktivität entdeckt. Vom U-Boot aus konnte man diesen jüngsten Sproß der hawaiianischen Vulkanfamilie beobachten. Seine Entdeckung ließ zunächst vermuten, daß Hawaiis Vulkane bis zum heutigen Tag wandern, und zwar nach Südosten. Tatsächlich verschiebt sich aber die Kontinentalplatte, auf der sich Hawaii befindet, in nordwestliche Richtung. Der Hot spot, der all diese Vulkane erschaffen hat, bleibt seinem Standort seit Jahrmillionen treu und hat offenbar nichts von seiner Kraft verloren.

1984 brach der Mauna Loa nach einer neunjährigen Ruhepause aus. Sein Erwachen kam für Seismologen nicht überraschend, denn sie hatten den „unruhigen Schlaf" des Vulkans mehrere Jahre lang beobachtet. Seit Anfang 1983 war seine seismische Aktivität so stark angestiegen, daß die Forscher für Ende 1983 oder Anfang 1984 einen Ausbruch vorhersagten. Dieser ereignete sich dann am 25. März 1984 und dauerte bis zum 14. April. In Hawaii und an anderen Orten ist die Zunahme der seismischen Aktivität das früheste und verläßlichste Vorzeichen für einen Ausbruch. Im vorliegenden Fall kamen weitere Indizien hinzu: der Gipfel war angeschwollen und der ganze Vulkan horizontal aufgebläht.

Der Ausbruch von 1984 ist ein Lehrbuchbeispiel für eine Eruption des hawaiianischen Typs. 24 Stunden vor dem Ausbruch ging die Zahl der Mikrobeben stark zurück. Diese Ruhe vor dem Sturm wird häufig beobachtet, ohne daß es dafür eine Erklärung gibt. Bevor allerdings die erste Magma aus dem Schlot drang, ereigneten sich mehrere Erdbeben, die auch die Inselbewohner spürten. So mußten die Astronomen vom Observatorium auf dem 42 km entfernten Mauna Kea wegen der Erdvibrationen ihre Beobachtungen bereits einige Stunden vor dem Ausbruch einstellen. Die Aktivität, die in der Caldera des Gipfels begann, verlagerte sich seitwärts in eine 25 km lange, unregelmäßig verlaufende Spalte. Anzeichen dafür waren spektakuläre Lavafontänen, die für Ausbrüche des hawaiianischen Typs charakteristisch sind. Das bis zu 1200 °C heiße, basaltische Magma ist so flüssig, daß die Gasblasen im Schlot schneller als das flüssige Gestein aufsteigen können. An der Oberfläche erzeugen diese Gasblasen einen ständigen Gasstrom, der die glühenden Partikel

mitreißt. Dieser Vorgang gleicht eher dem Ausbruch eines Geysirs als einer Explosion. Zu Beginn der Eruption sprudeln die Fontänen am heftigsten. Da sie sich am Rand der Spalten aneinanderreihen, entstehen „Feuervorhänge". Der Feuervorhang auf dem Foto unten ist zwischen 60 und 100 m hoch – ein Schauspiel von seltener Erhabenheit. Die größte Lavafontäne mit 580 m Höhe bildete sich 1959 am Kilauea. ■

Vulkan mit unauffälligem Hot spot: der Teahitia

Der Teahitia ist ein konischer Berg, dessen Gipfel sich 2000 m unter dem Meeresspiegel befindet. Er liegt 40 km östlich von Tahiti bei den Gesellschaftsinseln. Erst 1982 erkannte man, daß es sich bei ihm um einen aktiven Vulkan handelt, denn in solcher Tiefe zeigen Vulkane nicht die sonst typischen Merkmale. Durch den enormen Wasserdruck kann weder das Wasser verdampfen noch eine Explosion stattfinden. Austretende Gase sind gelöst, bevor sie die Wasseroberfläche erreichen. Die Lava fließt lediglich langsam aus, man spricht von Effusivtätigkeit, und zwar meist in Form von „Kissenlava" (Pillow Lava). Die Basaltflüssigkeit bildet dabei Kugeln im Wasser, die wie Essigperlen im Öl schwimmen.

1982 registrierte das Erdbebenforschungsnetz in Französisch-Polynesien eine starke, von Erschütterungen begleitete Krise über dem Teahitia – ein Vibrieren, wie es für den Aufstieg von Magma typisch ist. Dies wiederholte sich, und 1985 konnte man auf Tahiti die Erdbeben deutlich spüren. Bei der anschließenden Inspektion des Unterwasservulkans entdeckte man dann die sehr jungen Lavaergüsse und eine Reihe heißer Quellen.

Bekannt war, daß die Erhebungen des Meeresbodens in dieser Region und der Archipel der Gesellschaftsinseln parallel zu Hawaii verlaufen und ebenso Spuren eines heißen Flecks aufweisen. Doch die Ozeanographen glaubten, die Region hätte sich bereits vom heißen Fleck entfernt. Schließlich waren seit den letzten Eruptionen in Tahiti 200 000 Jahre vergangen.

Der ebenfalls im Südpazifik liegende Vulkan Macdonald befindet sich wie der Teahitia im Südosten der Südpazifikinseln. Seismische und akustische Messungen im Jahr 1967 wiesen ihn als aktiven Vulkan aus. Zwischen diesem Datum und dem Jahr 1989 gab es 13 seismische Ereignisse, die Geologen als Folgen unterseeischer Ausbrüche werten. Daß dies zutrifft, spürte 1987 die Besatzung des französischen Forschungsschiffes *Melville* am eigenen Leib: Nach einer Eruption, die sich erstmals über dem Meeresspiegel ereignete, erlitt die Besatzung der *Melville*, die sich just über dem Vulkan befand, Schiffbruch, kam aber mit dem Leben davon. Der Vulkangipfel, der 1973 noch 50 m unter dem Wasserspiegel lag, hatte sich der Wasseroberfläche bis auf 27 m genähert und war vom Schiff aus durch eine andere Färbung des Wassers sichtbar. ■

1984 kam es bei dem Ausbruch des Mauna Loa auf der Insel Hawaii zu spektakulären, bis zu 2 km langen „Feuervorhängen". Sie entstehen, weil sich die Lavafontänen an den offenen Spalten aneinanderreihen. Die Gasausstöße führen flüssiges Magma mit sich, das wie in diesem Fall bis zu 100 m in die Höhe schießen kann. Wenn der Gasdruck abnimmt, konzentriert sich die Aktivität auf einige Punkte, und dann überwiegen die Lavaströme.
▽

△
Der Vulkan Teahitia liegt 40 km östlich von Tahiti im Pazifik. Die Zirkulation des Meerwassers im Innern des Vulkans führt zu einer sogenannten hydrothermalen Aktivität: in Form von 30 °C warmen Fluiden und Ablagerungen von Eisenhydroxiden.

Der größte aktive Vulkan der Welt liegt auf einem Hot spot: der Mauna Loa auf Hawaii. Vom Grund des Pazifiks erhebt sich der Berg mehr als 9000 m und hat an der Basis einen Durchmesser von 250 km. Sein Lavavolumen umfaßt 40 000 km³. Seit weniger als einer Million Jahren liegt sein jährlicher Ausstoß bei zirka 40 Millionen Kubikmeter Basalt, womit man ganz Berlin mit einer Schicht aus 50 cm schmelzendem Gestein bedecken könnte.

Über einer ortsfesten Säule mit aufgeschmolzenem Material erhebt sich der Vulkan über dem heißen Fleck. Er versorgt eine Magmakammer nahe der Oberfläche mit Magmanachschub. Durch die Plattenbewegung entfernt sich der Vulkan vom Hot spot, bis er schließlich ganz von ihm getrennt wird. Er erlischt, wenn das Material der Magmakammer erschöpft ist.
▽

Entstehung einer Vulkankette über einem heißen Fleck

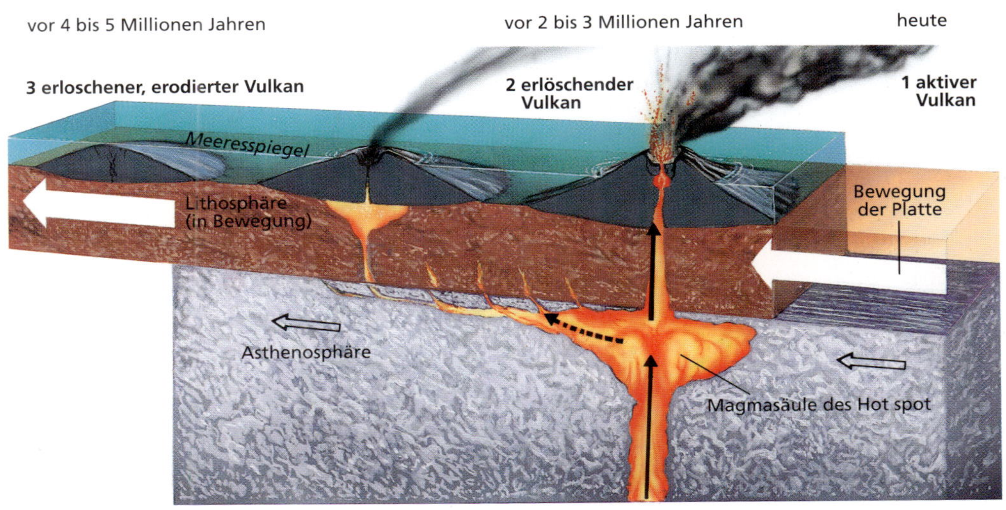

△

Die Eruptionen des Piton de la Fournaise auf der Insel Réunion beginnen mit Lavafontänen. Durch den Gasstrom kommt es zu rhythmischen Ausstößen von Lava, die ein faszinierendes Schauspiel bieten. An den Farben der Lavafontänen, deren Palette von Hellgelb bis Dunkelrot reicht, kann man die Temperatur ablesen.

Der Piton de la Fournaise: ein Vulkan als Labor

Die französische Insel Réunion im Indischen Ozean, 700 km östlich von Madagaskar, gehört zu den schönsten vulkanischen Erhebungen der Welt. Hier sind zwei Vulkane eng benachbart. Der 3069 m hohe Vulkan Piton des Neiges gipfelt mehr als 7000 m über dem Meeresboden. Er brach zum letzten Mal vor 12 000 Jahren aus. An seinen bis zu 1200 m hohen Steilwänden kann man die komplexe innere Struktur eines Schildvulkans sehr gut betrachten.

Das Massiv des Piton de la Fournaise ist ebenfalls ein Schildvulkan des hawaiianischen Typs, der über einem Hot spot entstanden ist. Es besitzt drei Einsturzkessel, sogenannte Calderen. An der Ostseite öffnet sich zum Meer hin die jüngste von ihnen – Enclos – zwischen ungewöhnlich steilen Wänden mit dem Namen Grandes Pentes. In dieser Caldera befindet sich der 2631 m hohe Vulkankegel mit seinen beiden Kratern.

Mit über 20 Eruptionen innerhalb von zehn Jahren gehört der Piton de la Fournaise zu den aktivsten Vulkanen der Welt. Die meisten Ausbrüche finden in der Caldera statt, nur die heftigsten Ergüsse fließen über die Grandes Pentes ab und erreichen das Meer. Da diese Gebiete unbewohnt sind, richten die Eruptionen kaum Schaden an. Und deshalb können auch Vulkantouristen und Einheimische dem Spektakel beiwohnen.

Ein- bis zweimal in jedem Jahrhundert bietet sich noch ein anderes Schauspiel. So setzte sich im März und April 1977 die im Enclos auf 2000 m Höhe einsetzende Eruption außen an der Nordostflanke fort. Der Hauptstrom schoß aus einem in 600 m Höhe liegenden Schlund und erreichte das Meer, nachdem er das Dorf Piton-Sainte-Rose bis auf Kirche und Polizeistation unter sich begraben hatte. Menschen kamen nicht zu Schaden. Bei diesem Ausbruch schossen mehr als 100 Millionen m³ einer seltenen Lava aus dem Vulkan. Es handelt sich um Ozeanit, das zu 30 % aus großen Olivinkristallen besteht.

Die Eruption von 1977 war die erste außerhalb des Enclos seit 170 Jahren. Sie erinnerte die Bewohner Réunions daran, daß der Vulkan nicht nur herrliche Feuerwerke veranstaltet. Man beschloß daraufhin, ein vulkanologisches Observatorium einzurichten, das 1979 fertiggestellt wurde und inzwischen ein Magnet für Vulkanologen aus aller Welt ist. La Fournaise wurde zu einem natürlichen Labor für die Erforschung der Eruptionsmechanismen. Die Wissenschaftler können hier das Ansteigen des Magmas im Hauptkanal verfolgen. Wer Glück hat, kann sogar das seltene Wandern des Magmas entlang einer Spalte und einen seitlichen Ausbruch mitverfolgen. Eine solche Eruption außerhalb des Enclos fand zuletzt im Jahr 1986 statt. ■

Das Natronloch im Tibesti

Das imposante Tibestimassiv erstreckt sich über 100 000 km² im Norden des Tschad bis zu der umstrittenen Grenze nach Libyen. Manche Gipfel dieses Saharagebirges sind mehr als 3000 m hoch. Der Emi Kusi etwa bringt es auf eine Höhe von 3415 m.

Das mächtige Massiv, das sich aus der Ebene der Sahara erhebt, entstand durch die Aufwölbung eines alten Sockels, der mit dicken Lavaschichten bedeckt ist. Geologisch ist der Tibesti, der wie keine zweite Gegend auf der Welt einer Mondlandschaft gleicht, in jeder Hinsicht hoch interessant. Der Vulkanismus in diesem Gebirge ist typisch für einen kontinentalen Hot spot, der wahrscheinlich noch nicht völlig erloschen ist: ein Vulkan wie der Tusside mit seinen recht jungen Formen und den Fumarolen wird sicherlich nur mangels Augenzeugen nicht als aktiv angesehen. Der bekannteste Ort im Tibesti heißt Soborom – zu deutsch: „Heilendes Wasser“. Mit seinen Solfataren, den heißen Quellen und Schlammkesseln steht er bei den wenigen Bewohnern der Region hoch im Kurs, denn die Badegäste nehmen selbst die sehr anstrengende Anreise in Kauf, um sich in diesem Kurort behandeln zu lassen.

Soborom ist ein Natronloch, bei dem es sich um eine völlig geschlossene Caldera von 6–8 km Breite handelt. Die Wände, die sie begrenzen, sind zwischen 700 und 1000 m hoch. Seinen Namen verdankt dieser Ort dem Natron oder Natriumcarbonat, das den Boden bedeckt. Dessen blendendweiße Flächen sind auch auf Satellitenbildern gut erkennbar. Das Natron entstand, als in dieser Region noch ein feuchteres Klima herrschte, in dem die alkalihaltige Lava der Vulkanhänge durch Niederschläge ausgewaschen wurde.

Auf dem Kesselgrund findet man in etwa 1450 m Tiefe sogenannte lakustrische Ablagerungen mit vielen Fossilien, die bestätigen, daß es hier vor vielen Jahrtausenden sogar Seen gegeben hatte. Die Steilwand besteht ausschließlich aus Rhyolith. Dieses Gestein ist das vulkanische Pendant zu Granit. Es hat sich durch Aufschmelzen der Kontinentalkruste gebildet. Deshalb findet man es nicht bei den unterseeischen Hot spots. ■

Das Natronloch ist der bekannteste Ort im Tibestigebirge (Sahara im Tschad). Es handelt sich um eine 6–8 km breite Caldera, die von durchgehenden, bis zu 1000 m hohen Wänden umgeben ist. Die drei kleinen Vulkane am Grund heben sich gut von dem blendenden Weiß des Natrons (Natriumkarbonat) ab; rechts neben dem am weitesten entfernten erkennt man einen ausgetretenen dunklen Lavastrom. ▷

Ein vulkanischer Eindringling ins Paradies

Der Lavastrom des Kilauea (Hawaii) im Mai 1990.

Der Ausbruch des Kilauea auf der Insel Hawaii, der am 3. Januar 1983 begann, dauert bis heute an: er ist bei weitem die längste bekannte Eruption des Vulkans und brachte schon mehr als 1 km³ Lava hervor. Die Lavaströme ergossen sich über eine Fläche von 50 km², mehrere Lavazungen reichen bis ins Meer. Besonders im Küstengebiet um Kalapana im Südwesten der Insel hat die Lava mehrere Dutzend Häuser zerstört. Das Foto oben entstand sieben Jahre nach Beginn des Ausbruchs. Der graue Lavastrom, der gerade in einen Garten vordringt, besteht aus dem in Hawaii als „pahoe-hoe" bezeichneten Fladenlavatyp; es handelt sich um eine dünnflüssige Lava mit glatter Oberfläche, deren Haut nach dem Abkühlen glasartig aushärtet. Die erkaltete Außenschicht isoliert die Wärme des darunterliegenden, flüssigen Gesteins so gut, daß Pflanzen, die nicht direkt in den Lavastrom geraten, nicht verbrennen.

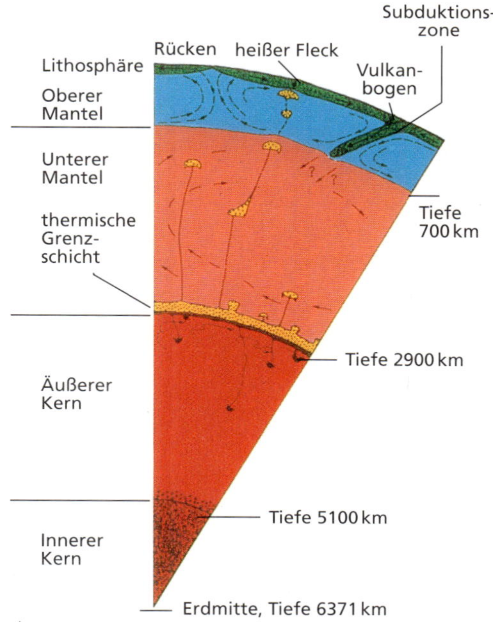

△

Durch die Hitze des Erdkerns bildet sich am Grund des Erdmantels eine thermische Grenzschicht. Sie ist leichter und weniger zähflüssig als der Mantel. Von hier aus steigen Säulen mit flüssigem Gestein nach oben, wo die feste Lithosphäre eine Barriere darstellt. Das Magma breitet sich pilzförmig aus und kann dort einen heißen Flecken (Hot spot) bilden.

Vulkane vom Fließband

Ein heißer Fleck oder Hot spot bildet sich beim Aufsteigen von flüssigem Gestein, das heißer als der Erdmantel ist, den es durchquert. Es breitet sich pilzförmig unter einer Platte der Erdrinde aus, durchbricht diese wie ein Schweißbrenner und speist so einen Vulkan an der Oberfläche. Der Hot spot ist ortsfest, während die Erdplatte mit dem Vulkan wandert. Irgendwann entfernt sich der Vulkan zu weit vom Hot spot, so daß er von ihm kein weiteres Magma erhält. Dennoch bleibt der Vulkan dank seiner Magmakammer aktiv. Unterdessen entsteht über dem Hot spot ein weiterer Vulkan – eine gerade Kette von Vulkanen bildet sich.

Da die kontinentalen Platten dicker als die marinen sind, braucht der Hot spot länger, um sie zu durchdringen. Dies gelingt nur, wenn sich die Platte sehr langsam verschiebt. Im Tertiär war dies bei der Afrikanischen und der Eurasischen Platte der Fall, nachdem beide miteinander kollidiert waren. Dadurch konnten sich unter anderem die Vulkane des Hoggar, des Tibesti und des Zentralmassivs bilden.

Heute wissen wir, daß Hot spots ihren Ursprung in 2900 km Tiefe an der Basis des Erdmantels haben. Hier erzeugt die Hitze des Erdkerns die heißere und damit auch leichtere thermische Grenzschicht. Im Prinzip speist also die thermische Energie des Erdkerns die Vulkane der Hot spots.

Berge wie Kanonen

EXPLOSIVE VULKANE

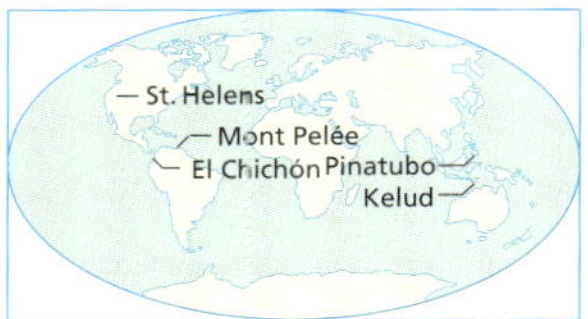

Farbenprächtige Fotos träge dahinfließender Lavaströme, aus unmittelbarer Nähe aufgenommen, machen leicht vergessen, daß drei von vier aktiven Festlandsvulkanen brandgefährlich sind. Fast alle verheerenden Katastrophen gehen zu ihren Lasten. Über das Verhalten unterseeischer Vulkane ist indes noch wenig bekannt.

◁ ***Saint-Pierre, die einstmals prächtige Hauptstadt der französischen Karibikinsel Martinique, ist nur noch ein großer Marktflecken, in dem viele Ruinen an den Ausbruch von 1902 erinnern. Aus den Wolken taucht der Gipfel des Mont Pelée auf; er besteht aus einer Kuppe, die sich bei dem Ausbruch von 1929 bildete.***

Die Zerstörung von Saint-Pierre durch den Mont Pelée

Mit Bestürzung erfuhr die Welt am 8. Mai 1902 von dem furchtbaren Ausbruch des Vulkans Mont Pelée auf der Karibikinsel Martinique. Saint-Pierre, die damals größte und schönste Stadt der Antillen, wurde restlos zerstört. In den Ruinen fanden 28 000 Menschen binnen weniger Minuten unter einer dünnen Schicht glühender Asche den Tod. Den Vulkanologen war bald klar, daß sich der Ausbruch mit keiner der bekannten geologischen Theorien erklären ließ.

Bis zu diesem Schicksalsdatum hatten sich am Mont Pelée seit Menschengedenken nur zwei phreatomagmatische Eruptionen ereignet, bei denen Magma mit Grundwasser in Berührung kommt. Es handelte sich um kleinere Ausbrüche, die kaum Schaden angerichtet hatten. Daher hielt man den Antillenvulkan nicht mehr für gefährlich. Auch die Eruption von 1902, die in den letzten Apriltagen begann, beruhte auf phreatomagmatischen Prozessen. Am 6. Mai jedoch deutete sich im Krater eine neue Kuppe an.

Dieser Typ wird seither auch peleanische Kuppe genannt. Er entsteht, wenn die Lava zu zähflüssig ist, um als Strom abzufließen. Die Lava häuft sich an, und die Kuppe wächst durch den Innendruck des Magmas im Schlot. Ist die Lava reich an Gasen, können diese explosionsartig über seitliche Risse entweichen. Aus dem Riß quillt eine Glutwolke, welche die Hänge mit der Geschwindigkeit eines Hurrikans hinabrast. Was sich ihr in den Weg stellt, wird unweigerlich zerstört.

Die Glutwolke enthält zudem große Festkörper, die gleichsam auf einem Kissen sich ausdehnender Gase schweben, das sich talwärts hinabwälzt. Die Gase breiten sich auch horizontal aus. So kann eine Glutlawine im Extremfall Flächen von mehr als 100 km² verwüsten. Bei dem Ausbruch auf Martinique gab es gleich vier dieser großen Glutwolken – darunter jene, die am 8. Mai 1902 Saint-Pierre zerstörte. In den Jahren zwischen 1929 und 1932 entwichen aus der neugebildeten Kuppe weitere Glutwolken, die indes keine Opfer forderten.

Seitdem hat es viele Beispiele für solche Glutwolken bei Vulkanausbrüchen gegeben, und heute weiß man, daß sie eine logische Begleiterscheinung sind, wenn sich eine peleanische Kuppe bildet. Glücklicherweise erreichten Glutwolken nie wieder den Umfang wie beim Ausbruch des Mont Pelée. ■

Pinatubo 1991: einer der großen Ausbrüche dieses Jahrhunderts

Der Ausbruch des Pinatubo auf den Philippinen im Jahr 1991 war der stärkste seit fast 80 Jahren. 200 000 Menschen mußten evakuiert werden – eine Rekordleistung auf diesem Gebiet, aber auch eine Maßnahme, die Schlimmeres verhinderte. Zwar kamen mindestens 400 Menschen ums Leben, doch die Bilanz wäre verheerender ausgefallen, wenn Vulkanologen den Ausbruch nicht vorhergesehen hätten. Die Behörden hatten dadurch genug Zeit, das Gebiet mit der Unterstützung amerikanischer Verbände zu räumen.

In den Aufzeichnungen aus historischer Zeit sind keine Aktivitäten des Pinatubo vermerkt. Dies ist kein Einzelfall, denn die heftigsten Ausbrüche ereignen sich häufig bei jenen Vulkanen, die als ruhend oder gar als erloschen gelten. Der Pinatubo wurde daher nicht überwacht – auf der philippinischen Insel Luzon hatten die Vulkanologen ohnehin genug mit anderen aktiven Vulkanen wie dem Mayon oder dem Taal zu tun.

Der Ausbruch des Pinatubo begann sehr verhalten am 2. April. Er stieß Dampf und Asche aus. Dann wurden die Eruptionen heftiger, und starke Beben erschütterten die Erde. Am 14. und 15. Juni erreichte der Ausbruch seinen

△
Beim Ausbruch im Jahr 1982 stieß der Vulkan El Chichón im Südosten Mexikos riesige Aschenmengen aus. Die Asche wurde bis in die Stratosphäre geschleudert und verteilte sich rasch um den ganzen Erdball. Mächtige Aschenschichten rund um den Vulkan zerstörten weiträumig die Vegetation. Das Vieh, das von den Überlebenden nicht gerettet werden konnte, war zum langsamen Dahinsiechen verurteilt.

◁ *Auf dem Höhepunkt des Ausbruchs am 14. und 15. Juni 1991 bildete der Pinatubo auf der philippinischen Insel Luzon eine Rauchsäule, die bis in die Stratosphäre aufstieg. Diese dunklen, den Schlot verlassenden Wolkenspiralen enthalten neben großen Mengen an Aschen auch Schwefelgase, die in der Stratosphäre schwefelsäurehaltige Aerosole bilden. Vor allem sie beeinflussen das Klima. Die Temperatur am Boden sank weltweit in den Folgejahren um bis zu 0,5 °C.*

Höhepunkt, als der Vulkan beim Einsturz einer Caldera buchstäblich enthauptet wurde. Dank der langsam anschwellenden Aktivität hatten die Vulkanologen jedoch ausreichend Zeit, den Behörden Karten der besonders gefährdeten Gebiete an die Hand zu geben, damit diese die Bevölkerung in einem Umkreis von 30 km evakuieren konnten.

Am 15. Juni schließlich bildete sich eine 40 km hohe Säule aus Asche und Rauch, Bimssteinlawinen wälzten sich die Vulkanflanken hinab und ließen Flüsse über die Ufer treten. Ein Aschenregen ging weiträumig auf die Insel nieder, und sogar der 100 km entfernte Flughafen von Manila mußte für mehrere Tage geschlossen werden. Unglücklicherweise zog an diesem Tag auch der Wirbelsturm „Yunya" auf. Sturzbachartige Regengüsse verwandelten die Asche zu schwerem Schlamm, und es bildeten sich die sogenannten Lahars. Unter ihrer Last stürzten viele Dächer ein, was die meisten Todesopfer forderte. ■

El Chichón 1982 – Auswirkung auf das globale Klima

Benjamin Franklin hatte als erster die Idee, daß Vulkanausbrüche das Klima beeinflussen. Er führte den harten Winter von 1783/84 auf die heftigen Eruptionen des isländischen Vulkans Laki zurück. Seine Erklärung fand zunächst wenig Anhänger. Erst der Ausbruch des Krakatau von 1883 brachte Franklins Hypothese wieder ins Gespräch. Weltweit erlebten die Menschen in den darauffolgenden zwei Jahren intensive Sonnenauf- und -untergänge. Die Vermutung, daß die beim Ausbruch in die Stratosphäre gelangten Staubmassen wie ein Graufilter die Sonneneinstrahlung vermindern, gewann an Plausibilität. Der Ausbruch des El Chichón von 1982 bestätigte schließlich die Klimawirkung der Vulkane.

Vom El Chichón im Süden Mexikos sind in geschichtlicher Zeit keinerlei Aktivitäten bekannt. Bei seinem ersten Ausbruch 1982 stieß er 0,5 km³ Material aus – eine verhältnismäßig kleine Eruption, die dennoch 2000 Menschenleben forderte. Das besondere an diesem Ausbruch waren die enormen Mengen an Asche und Gasen, die in die Stratosphäre gelangten. Eine Rauchsäule stieg bis in 26 km Höhe, wo sie von den sogenannten Jetstreams westwärts davongeblasen wurde. Innerhalb von drei Wochen war diese „Rauchfahne" um den gesamten Globus gewandert; in der Atmosphäre der Nordhalbkugel sorgte sie für einen Schleier. Dank neuer Meßmethoden ließen sich dessen Zusammensetzung und Klimawirkung besser als je zuvor untersuchen.

Dabei zeigte sich, daß der Staub nur eine geringe Rolle spielt. Klimawirksam ist vor allem ein Aerosol aus Schwefelsäuretröpfchen. Sie bilden sich, wenn vulkanische Schwefelgase mit atmosphärischem Wasserdampf reagieren. Dieses Aerosol absorbiert Sonnenlicht und senkt dadurch die Durchschnittstemperatur am Boden. Bisher ist es allerdings schwer zu beurteilen, wie stark ein Ausbruch die Temperatur sinken läßt. Beim Ausbruch im Juni 1991 stieß der Pinatubo die 20fache Menge an Materie aus, außerdem handelte es sich um schwefelreiches Magma. Trotz der globalen Erwärmung wegen des Treibhauseffektes senkte der Ausbruch die mittleren Temperaturen weltweit um 0,3–0,5 °C. ■

Der Kelud und sein gefährlicher Kratersee

Der 1731 m hohe Vulkan Kelud im Osten der indonesischen Insel Java bricht etwa alle zwanzig Jahre aus. Seine Ausbrüche verlaufen meist sehr kurz und explosiv. Dabei stößt er relativ wenig Materie aus. Dennoch fordern die Ausbrüche des Kelud regelmäßig Menschenleben. Dies hängt mit dem See in seinem tiefen Krater zusammen. Schon mit der ersten Explosion wird das mit Asche vermischte Wasser aus dem Krater geschleudert. Es stürzt die tief eingeschnittenen Täler hinunter und reißt dabei riesige Gesteinstrümmer mit sich. Ein solcher Strom trägt den javanischen Namen Lahar. Hat er die Ebene erreicht, überschwemmt er die flachen Ufergebiete und begräbt Felder und Dörfer in dieser dichtbesiedelten Region unter sich. Die anfänglich sehr heißen Lahars, auch Primärlahars genannt, sind bei weitem die gefährlichsten.

Je größer das ursprüngliche Volumen des Kratersees, desto mächtiger der Lahar und desto weiter die von ihm zurückgelegte Entfernung. Vor der tragischen Eruption von 1919 faßte der See etwa 40 Millionen m^3 Wasser; die Lahars wälzten sich etwa 40 km weit fort und töteten mehr als 5000 Menschen. 1920 ließen die Behörden einen Tunnel graben, um den See zu entwässern. Es war die erste Maßnahme dieser Art weltweit.

Die folgenden Ausbrüche waren weniger verheerend. Nach dem Ausbruch von 1966, bei dem 120 Menschen ums Leben kamen, ließ sich die Wassermenge des Sees durch einen weiteren Tunnel auf 2,5 Millionen m^3 verringern, und erstmals blieb beim Ausbruch vom 10. Februar 1990 ein Primärlahar aus. Trotz rechtzeitiger Evakuierung waren dennoch 32 Todesopfer zu beklagen, weil viele Hausdächer unter dem Gewicht der Aschen einstürzten.

Der Ausbruch von 1990 war insofern einmalig, als eine Aschen- und Gaswolke explosionsartig aus der Flanke entwich, bevor sich die Rauchsäule bildete. Die Druck- und Hitzewelle verwüstete im Umkreis von 5 km den tropischen Wald. Alle Bäume in der unmittelbaren Umgebung wurden entwurzelt, viele andere verloren ihr Laub. Das Foto oben rechts zeigt die Landschaft in 2 km Entfernung vom Kraterrand. ■

Das Erwachen des Mount Saint Helens

Am 18. Mai 1980 um 8.32 Uhr trifft im Observatorium des Mount St. Helens die letzte Nachricht des Vulkanologen David Johnston ein. Er befindet sich zu dieser Zeit 8 km nördlich des Berges. Einige Minuten später sind die Landschaft und der Vulkan nicht wiederzuerkennen: eine gigantische Explosion, bei der Johnston und 56 weitere Menschen sterben, verwüstet eine Fläche von 700 km^2. Einem Zufall ist es zu verdanken, daß dieses spektakuläre Ereignis in Fotos dokumentiert ist, die eine Rekonstruktion des Ausbruches erleichtern.

Der Mount St. Helens liegt im US-Bundesstaat Washington im Norden des Kaskadengebirges. Vor dem 8. Mai 1980 war er 2975 m hoch. Dokumentiert war von ihm nur ein kleinerer Ausbruch im Jahr 1857, doch geologische Untersuchungen ließen eine hohe Aktivität vermuten. Deshalb begann man am 27. März 1980, nach einer weiteren Explosion, ein Observatorium zu errichten. Zahlreiche Vulkanologen trafen ein, um die Ereignisse vor Ort zu verfolgen.

Die zunächst nur mäßig explosive Tätigkeit hielt an, ohne daß juveniles, also unmittelbar aus dem Erdinnern stammendes Magma ausgestoßen wurde. An der Nordflanke bildete sich jedoch eine auffällige Ausbuchtung, die bis zu 100 m anwuchs. Die Forscher interpretierten sie zutreffend als Folge von eingedrungenem Magma in geringer Tiefe, das zwar Erdrutsche, nicht aber die nun folgende Katastrophe erwarten ließ. Am 8. Mai wird die Nordflanke instabil: Eine Trümmerlawine mit einem Volumen von 3 km^3 rutscht mit bis zu 250 km/h fast 27 km weit. Die damit verbundene abrupte Druckabnahme läßt das überhitzte Wasser verdampfen, die Gase sorgen für eine gigantische Explosion. Eine Druckwelle, die eine Geschwindigkeit von 1000 km/h erreicht, reißt Trümmer mit und entwurzelt alle Bäume des jahrhundertealten Waldes. Der Mount St. Helens weist nun einen nach Norden hin offenen, hufeisenförmigen Einschnitt auf. Sein Gipfel liegt heute 350 m tiefer.

Kein anderer Vulkanausbruch wurde so detailliert untersucht wie derjenige des Mount St. Helens. Er markiert ein wichtiges Datum in der Vulkanologie. Dank der Analyse entdeckte man auch einen neuen Eruptionsmechanismus, durch den zahlreiche frühere Ausbrüche in neuem Licht erscheinen. ■

△ *Man könnte diese Szenerie für eine Winterlandschaft halten. Tatsächlich zeigt sie die Westflanke des Kelud in Java. Das Foto entstand nach dem Ausbruch des Vulkans im Jahr 1990. Trockene Asche erscheint weiß wie Schnee; nur die feuchte Asche ist dunkel. Der Regen wäscht die Aschenschichten allmählich aus. Die umgestürzten Baumleichen zeugen von der enormen Druckwelle, die über das Gebiet hinwegfegte.*

Die Thermen von Herculanum

Die in altrömischer Zeit 5000 Einwohner zählende Stadt Herculanum, 15 km vom Vesuv entfernt, ist aufgrund eines Ausbruchs dieses explosiven Vulkans am 24. August im Jahr 79 n. Chr. weltberühmt geworden. Bis heute schlummert im Gegensatz zu Pompeji ein Großteil der antiken Stadt unter dem Boden. Nur einige Gebäude, etwa die Thermen, wurden freigelegt. Ein öffentliches Bad war zu jener Zeit in einer Stadt dieser Größe sehr wichtig. Eine ausgeklügelte Kanalisation heizte das Badewasser und bestimmte Räume. Der Badende begann mit einem heißen Bad *(caldarium),* dann wechselte er in das lauwarme Schwitzbad *(tepidarium)* und schloß den Parcours mit einem kalten Bad *(frigidarium)* ab. Danach ging er zur Massage oder ruhte sich aus. Der Besuch der Thermen war in antiker Zeit weniger eine Frage der Sauberkeit als vielmehr ein Freizeitvergnügen und Genuß für reiche Bürger.

Das erlesene Dekor trug zu Entspannung bei.

Gase – die treibende Kraft des Vulkanismus

Magma ist flüssiges Gestein mit darin gelösten Gasen. Wenn deren Druck beim Aufsteigen sinkt, ist das Magma übersättigt – das Gas bildet in der Flüssigkeit Blasen. Dadurch nimmt das Volumen zu. Der Druck des Magmas auf die Wände wird so stark, daß diese bersten. Es kommt zum plötzlichen Druckabfall, die Gase entweichen explosionsartig – wie bei einer zu hastig entkorkten Sektflasche. Die Explosionsstärke hängt vor allem vom Gasgehalt des Magmas und von seiner Zähigkeit ab: Basaltmagma ist das flüssigste Magma mit dem geringsten Gasgehalt. Da die sich ausdehnenden Blasen beim Aufstieg kaum gebremst werden, setzt die Gasentspannung an der Oberfläche kaum Energie frei – die blasige Lava fließt ab. Nur ein kleiner Teil entweicht beim Herausschleudern durch spektakuläre Lavafetzen.

Das zähflüssige andesitische Magma enthält dagegen viel Gas. An der Oberfläche wird es durch die plötzliche Ausdehnung der unter hohem Druck stehenden Gase gleichsam pulverisiert. Bei starken Eruptionen erzeugt das entweichende Gas eine Fontäne, welche die darin enthaltenen Feststoffe, unterstützt durch thermische Konvektionen, bis in 30 oder 40 km Höhe befördert.

Der Mount Saint Helens im US-Bundesstaat Washington hatte einst einen ebenmäßigen, konischen Vulkangipfel. Am 18. Mai 1980 riß eine riesige Trümmerlawine seine Nordflanke auf, an der sich schließlich eine hufeisenförmige Senke auftat. Das Foto entstand am 20. Juli. Es zeigt den Berg von Südwesten während der dritten Explosionsphase dieses Ausbruchs. Die durch die Eruption zunächst zerstörte Kuppe bildete sich später neu und wächst heute noch. ◁

Schnitt durch einen explosiven Vulkan über einer Subduktionszone

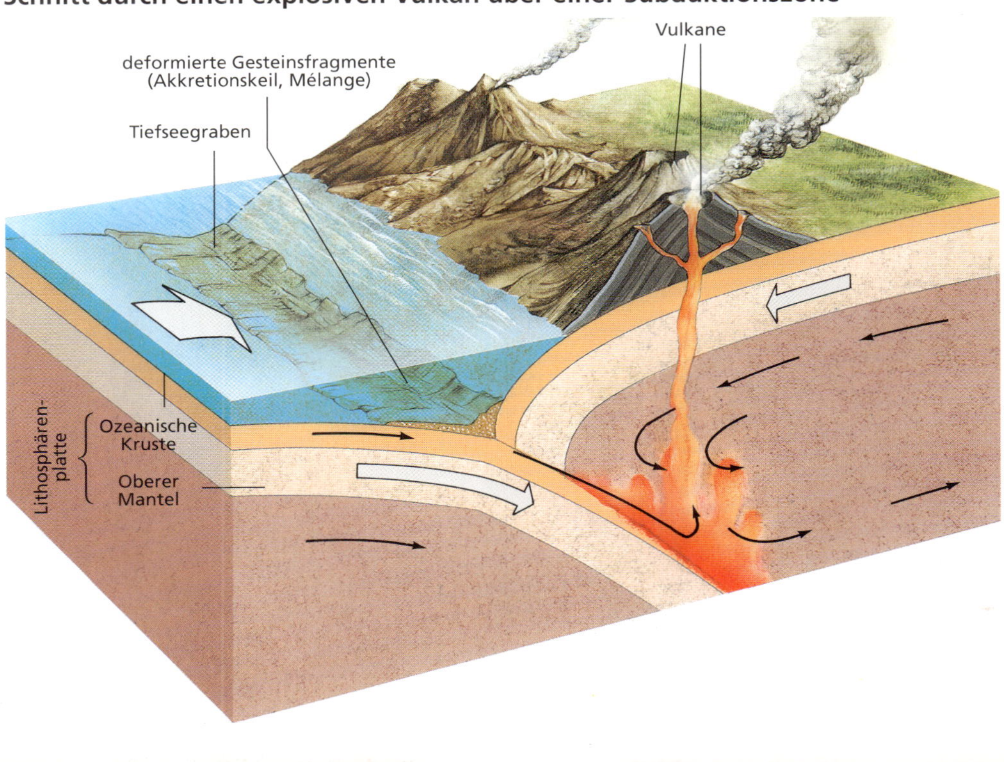

Wenn sich eine Erdplatte unter eine andere schiebt (Subduktion), dann erhitzt sie sich, bis die Basaltkruste des Meeresbodens teilweise schmilzt. Das in der Kruste und den abtauchenden Sedimenten gebundene Wasser beschleunigt diesen Vorgang. Dabei bildet sich Magma, das beispielsweise die explosiven Vulkane der Inselbögen und der Gebirgsketten mit flüssigem Gesteinsnachschub versorgt. ▷

Die Plattentektonik

Seit Ende der 70er Jahre steht die Theorie der Plattentektonik im Zentrum des geologischen Denkens. Mit diesem Modell, das die Bewegungen der Erdplatten in den Mittelpunkt stellt, lassen sich die Zusammenhänge zwischen Erdbeben und Vulkanen, die Entstehung der Ozeane sowie die Vorgänge beim Zusammenstoß von Kontinenten erklären. Die Theorie erlaubt es zudem, Verschiebungen der Platten an der Erdoberfläche mit den großen Materiebewegungen im Erdinnern in Beziehung zu bringen. Mit einem Wort: Die Plattentektonik ist der Schlüssel zum Verständnis der Erdgeschichte von ihren Anfängen an.

Die Theorie der Plattentektonik entstand zwischen 1967 und 1968 durch die Zusammenschau sämtlicher geophysikalischer Daten, die in mehr als 20 Jahren aktiver Forschung in den Ozeanen gesammelt worden waren. Die Idee, daß den Weltmeeren ein einfacher Aufbau und eine einfache Entwicklung zugrunde liegen, veranlaßte Geophysiker zu der globalen Tektoniktheorie, die im wesentlichen auf folgendem Postulat gründet: die Erdoberfläche besteht aus einem Mosaik fester Platten, die gegeneinander beweglich sind und aufgrund dieser Bewegungen an den Rändern auf unterschiedliche Weise zusammenstoßen.

Die Plattenränder stimmen nur sehr selten mit den Grenzen zwischen Kontinenten und Ozeanen überein. Die leichten Kontinente verschieben sich mit den sie tragenden Platten. Driften die Ränder auseinander, öffnet sich ein Ozean; nähern sich zwei Platten einander an, sinken die Platten in den Mantel ein – man nennt diese Bereiche Subduktionszonen – oder lassen zwei Kontinente miteinander kollidieren, wodurch Gebirgsketten entstehen. Bei einer dritten Form von Bewegung reiben die Ränder seitlich aneinander. Dies passiert etwa an der San-Andreas-Verwerfung in Kalifornien. Die Erdkruste und ein Teil des oberen Mantels bilden die lithosphärischen Platten, die sich auf dem zähflüssigeren Teil des oberen Mantels, der Asthenosphäre, bewegen. Sie haben eine Dicke von etwa 100 km und berücksichtigen weder die Teilung zwischen Kontinenten und Ozeanen

heute

vor 140 Millionen Jahren

vor 200 Millionen Jahren

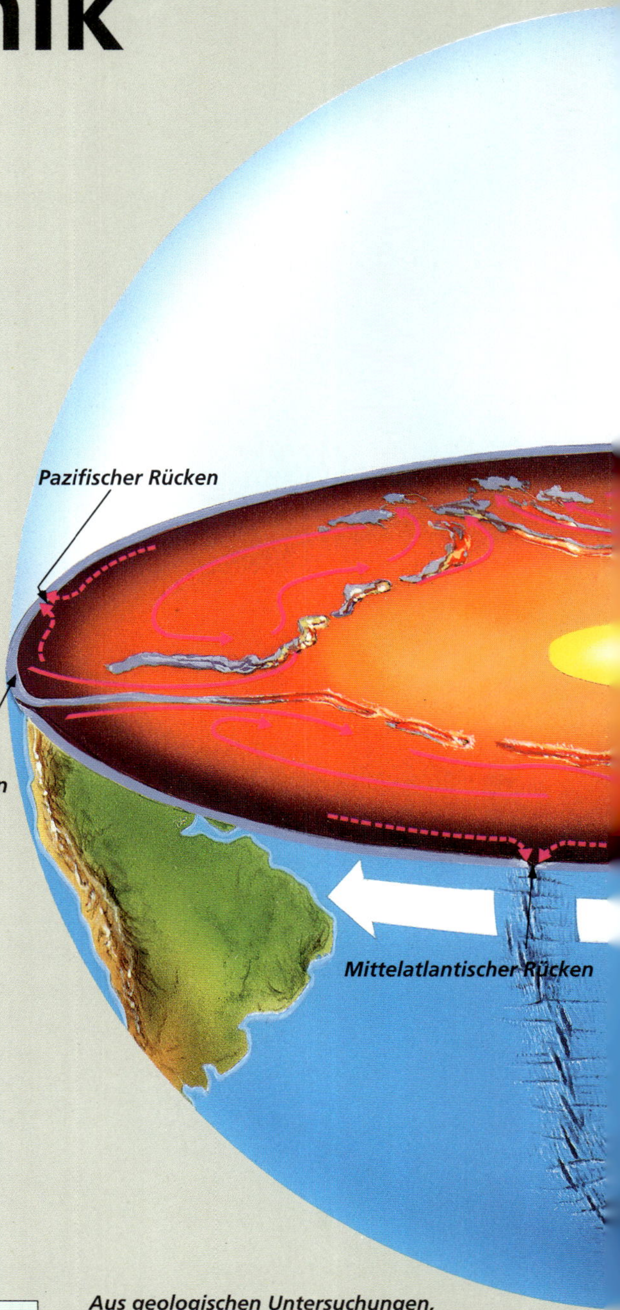

Aus geologischen Untersuchungen, aus den Daten über den fossilen Erdmagnetismus und aus dem Wissen über die Ozeane können Geologen die Position der Kontinente rekonstruieren, als diese zu Beginn des Erdmittelalters noch gemeinsam den Megakontinent Pangäa bildeten. Vor 140 Millionen Jahren hatte sich der Mittelatlantik bereits weit zwischen Afrika und Nordamerika geöffnet. Manche Gebiete von Gondwana (Indien, Australien, Antarktis und Südamerika) begannen, sich von Afrika und Arabien zu lösen.

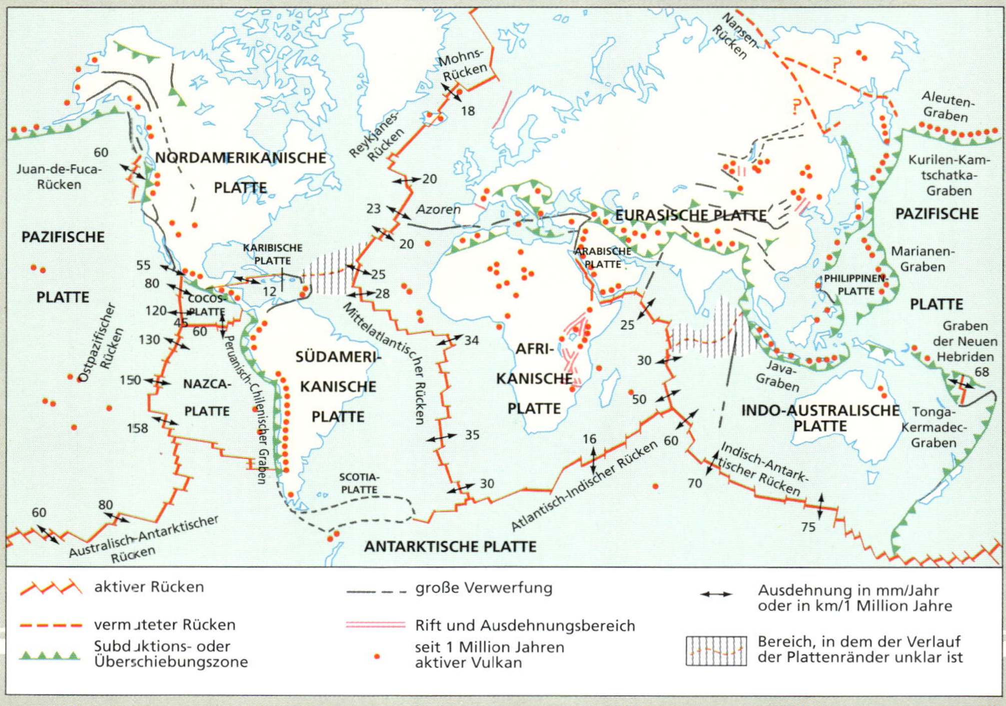

◁ ***Diese Weltkarte zeigt die wichtigsten tektonischen Platten und deren Relativbewegungen.***

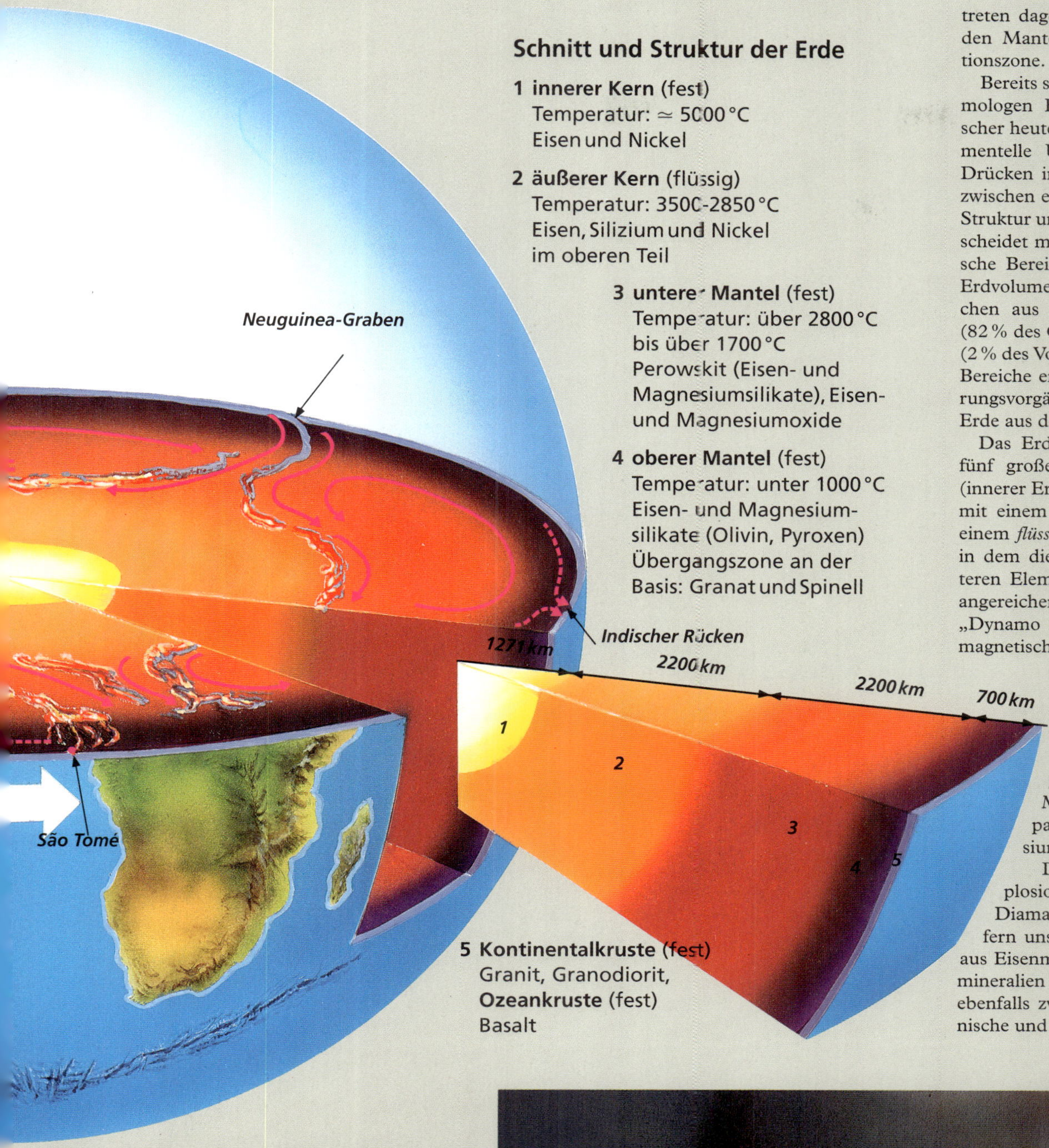

▷ ***Schlackenfontänen schießen aus dem Pu'u O'o, einem Kegel, der 1983 am Osthang des Kilauea aufgetaucht ist. Dieser aktive Vulkan bildet den Südosten der Insel Hawaii. Er ist weit entfernt von einem Plattenrand, und sein Vulkanismus läßt sich auf einen heißen Fleck im Erdmantel zurückführen.***

noch diejenige zwischen Erdkruste und Mantel. Grundelement der Plattentektonik ist die Oberflächenschicht der Lithosphäre. Zwischen dem Öffnen und Schließen von Ozeanen sowie dem Zusammenprall von Kontinenten besteht nach der Theorie der Plattentektonik ein direkter Zusammenhang.

Mit dieser Theorie erhält man auch eine Vorstellung von den geologischen Abläufen bei einem Erdbeben. Meistens ereignet sich ein Beben aufgrund von Relativbewegungen zweier benachbarter Platten in den Oberflächenbereichen der Erdkugel. Erdbeben in mittlerer Tiefe oder gar die sogenannten Tiefbeben treten dagegen dort auf, wo eine Erdplatte in den Mantel abtaucht, also an einer Subduktionszone.

Bereits seit einem Jahrhundert sammeln Seismologen Beobachtungsdaten. Und weil Forscher heute außerdem in der Lage sind, experimentelle Untersuchungen unter sehr hohen Drücken im Labor anzustellen, bietet sich inzwischen ein in sich geschlossenes Bild von der Struktur unseres Planeten dar. Demnach unterscheidet man im Erdaufbau zwei große chemische Bereiche: Der Kern, der etwa 16 % des Erdvolumens einnimmt, besteht im wesentlichen aus Metallen, während der Erdmantel (82 % des Gesamtvolumens) und die Erdkruste (2 % des Volumens) aus Oxiden bestehen. Diese Bereiche entstanden als Folge von Differenzierungsvorgängen, nachdem große Bereiche der Erde aus der Urerde aufgeschmolzen waren.

Das Erdinnere läßt sich darüber hinaus in fünf große Zonen einteilen. Der *feste Kern* (innerer Erdkern) besteht aus fast reinem Eisen mit einem Anteil von 4 % Nickel. Er ist von einem *flüssigen Kern* (äußerer Kern) umgeben, in dem die Eisen-Nickel-Legierung mit leichteren Elementen wie Schwefel und Sauerstoff angereichert ist. Der flüssige Kern enthält den „Dynamo der Erde": er erzeugt das geomagnetische Feld, das sich an der Erdoberfläche messen läßt. In einer Tiefe von 2900 km beginnt der breite, feste Erdmantel. Der *untere Erdmantel* reicht bis zu einer Tiefe von 700 km herauf und enthält das sogenannte Perowskit, ein bestimmtes Magnesiumsilikat mit einer sehr kompakten Kristallstruktur, sowie Magnesium- und Eisenoxid.

Die durch Vulkanausbrüche und Explosionen entstandenen Schlote, die das Diamantgestein Kimberlit enthalten, liefern uns Proben vom *oberen Erdmantel*, der aus Eisenmagnesiumsilikaten und Aluminiummineralien besteht. Bei der *Kruste* kann man ebenfalls zwei Typen unterscheiden: die ozeanische und die kontinentale Kruste.

Wie eine Caldera entsteht

EINSTURZ EINES VULKANS

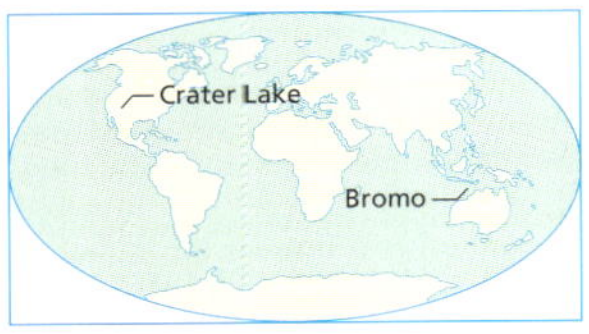

„Kann sich ein Berg in Luft auflösen?" fragte sich Kapitän Boon, als er mit der Batavia am 18. August 1883 die Sundastraße durchquerte. Boon erkannte den Krakatau nicht wieder. Kein Wunder, denn der Vulkan war beim heftigsten Ausbruch seit Menschengedenken in sich zusammengestürzt und teilweise im Meer versunken.

Die Caldera des Crater Lake: ein ideales Beispiel

Die Caldera des Crater Lake liegt im Bundesstaat Oregon in einem der schönsten Nationalparks der USA und gehört wie der Mount St. Helens zum vulkanischen Kaskadengebirge. Diese Caldera wurde sehr genau erforscht und spielte beim wissenschaftlichen Streit um die Entstehung von Calderen eine Schlüsselrolle.

Die Caldera des Crater Lake bildet einen fast perfekten Kreis. Sie entstand durch den Einsturz des Mount Mazama, dessen Andesitgesteine von u-förmigen Gletschertälern eingeschnitten waren, was an den Wänden noch heute gut zu sehen ist.

Der für ihre Entstehung verantwortliche Vulkanausbruch ereignete sich vor 7000 Jahren. Dabei wurden 1,2 Millionen km^2 in Nordamerika mit Aschen bedeckt, die nähere Umgebung lag unter Asche und Bimsstein begraben. Der Vulkanschlot warf 60 km^3 Magma aus, was dem Volumen der Senke entspricht. Dieser hier erstmals angeführte Umstand war das Hauptargument für die Vermutung, daß Calderen durch Einsturz entstehen.

Derzeit ragen die Wände 600 m über dem See empor, der seinerseits 600 m tief ist. Ursprünglich war er fast doppelt so tief, doch er wurde bei späteren Ausbrüchen teilweise wieder aufgefüllt. Von den Ausbrüchen zeugt an der Oberfläche nur noch der Schlackenkegel des Wizzard (links im Bild). Am gegenüberliegenden Ufer sieht man als höchste Erhebung einen mächtigen Lavastrom, der von der Caldera abgeschnitten wurde. ■

Weggesprengt oder eingestürzt?

Die Frage nach der Entstehung von Calderen war lange umstritten. Heute ist klar, daß sich Calderen nicht beim Ausbruch selbst bilden. Dann nämlich müßte man im Umkreis die abgesprengten Überreste des Gipfels finden, was aber nirgendwo beobachtet wurde. Vielmehr entsteht eine Caldera durch einen einstürzenden Hohlraum, der unter dem Vulkan liegt.

Dieser Hohlraum ist die Magmakammer, die sich bei der Eruption teilweise entleert. Deshalb gibt es zwischen der Größe der Magmakammer und dem Volumen der Caldera einen engen Zusammenhang. Die Decke stürzt ein, wenn die Kammer nicht zu tief liegt, der Ausbruch rasch erfolgt und dabei mindestens 1 km^3 Magma ausgeworfen wird. Diese Bedingungen sind nur bei heftigen Eruptionen erfüllt. ■

Vor 7000 Jahren entstand nach einer heftigen Eruption die Caldera des Crater Lake im US-Bundesstaat Oregon. Sie mißt 10 km im Durchmesser, und ihr tiefblauer Kratersee ist mit 600 m einer der tiefsten der Welt. Der Schlackenkegel der Insel Wizzard Island (links am vorderen Bildrand) ist über der Wasseroberfläche der einzige sichtbare Hinweis auf die Eruptionen, die nach der Bildung der Caldera stattfanden.
▽

Die Tengger-Caldera und der Vulkan Bromo

Das vulkanische Tengger-Gebirgsmassiv ist zweifellos das außergewöhnlichste auf der Insel Java. Seine komplexe Geschichte ist noch nicht vollständig geklärt. Bestimmend sind zwei große Vulkane aus zahlreichen Lava- und Aschenschichten, die sich nach aufeinanderfolgenden Ausbrüchen übereinandergelagert haben. Man spricht daher auch von Strato- oder Schichtvulkanen.

Die beiden Calderen überschneiden sich. Die am Horizont sichtbare Caldera des Ngadisari ist an drei Seiten von bis zu 600 m hohen Steilwänden umgeben. Sie ist dicht besiedelt und wird landwirtschaftlich genutzt. Man muß diese Caldera bis zu einer steil abfallenden Wand durchqueren, um unter sich die Mondlandschaft der Tengger-Caldera zu entdecken. Dieser große Kessel hat einen Durchmesser von 9 km und ist von heller Asche bedeckt, die der leiseste Windstoß aufwirbelt. Auf javanisch heißt diese Caldera daher „Sandmeer". In der Mitte erhebt sich eine Gruppe aus fünf Vulkanen, von denen nur noch der Bromo aktiv ist.

Seit 1800 ereigneten sich an diesem Vulkan rund 50 kleinere Ausbrüche. Der Bromo spuckt vor allem feine, oft feuchte Aschen, was auf Wasser hindeutet, das sich in der Tiefe seines Bassins angesammelt hat. Die Asche hat die gesamte Landschaft bedeckt, darunter auch den nahen Vulkan Batok, der für seine regelmäßig geformten Erosionsfurchen, die Barrancos, an den Flanken bekannt ist. Jüngste Studien zeigen, daß die Caldera in Etappen, das letzte Mal vor etwa 2500 Jahren, einstürzte.

Der Bromo ist den Javanern heilig, und jährlich finden hier Zeremonien statt, bei denen große Menschenmassen zusammenströmen. Für sie wurde ein Zugang zum Krater geschaffen. Der angenehme Nebeneffekt für die Insel: Die großartige und leicht zugängliche Landschaft gehört zu den touristischen Hauptattraktionen Indonesiens. ■

△
Der Bromo auf der indonesischen Insel Java ist ein heiliger Vulkan, der touristisch erschlossen ist. Stark ausgewaschene Asche hat den Kegel des Batok (links) bedeckt. Beide Vulkane befinden sich in der Tengger-Caldera (Mitte), die sich mit einer älteren Caldera überschneidet, von der sie durch eine Steilwand getrennt ist.

Entstehung einer Caldera

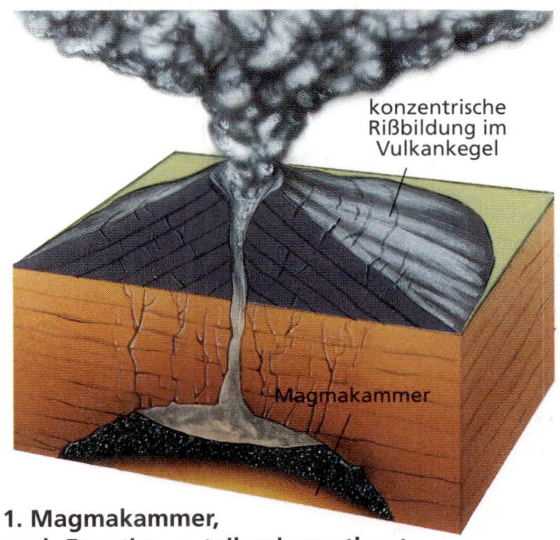

1. Magmakammer, nach Eruptionen teilweise entleert

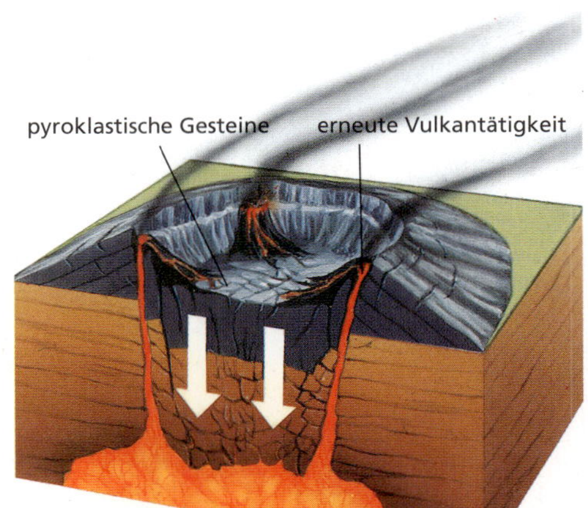

2. Einsturz der Decke der Magmakammer

△
Wenn sich die Magmakammer nach dem Ausbruch teilweise geleert hat, stürzt ihre Decke ein und hinterläßt eine runde Vertiefung. Später bricht der Vulkan oft an den Rändern der Caldera aus, die bei dem Einsturz entstanden ist.

Das Dorf Oia auf der Insel Santorin

Der Archipel von Santorin in der Ägäis war früher eine einzige Insel, in deren Mitte ein Vulkan thronte. Im 16. Jh. v. Chr. kam es zu einer gewaltigen Eruption, vielleicht der größten in geschichtlicher Zeit. Durch sie entstanden fünf kleine Inseln.

Der Ausbruch wird auf das Jahr 1525 v. Chr. datiert. Als der Vulkan explodierte, setzte er eine Energie frei, die der Explosionskraft mehrerer hundert Wasserstoffbomben entspricht. Noch in Ägypten war die Detonation zu hören. Was von der ehemaligen Insel übrigblieb, wurde unter einer 30 m dicken Schicht aus Bimsstein begraben. Der Wind verteilte die Aschen auf etwa 200 000 km^2; offenbar wurden sie vor allem nach Südosten davongeweht, wo man sie noch immer auf dem Meeresgrund nachweisen kann.

Im Anschluß an diese gewaltige Eruption sank der Vulkan 365 m unter den Meeresspiegel und bildete dabei eine 83 km^2 große Caldera. Meerwasser stürzte herein und erzeugte eine enorme Flutwelle. Mit 300 km/h raste diese durch das Mittelmeer, brach sich an Kretas Küsten und überschwemmte nicht einmal drei Stunden später das Nildelta.

Ständige Lavaseen

BRODELNDE HEXENKESSEL

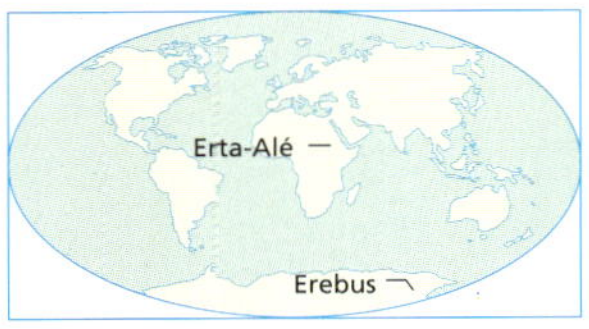

Bei den Hawaiianern heißt der Halemaumau „Haus des ewigen Feuers", denn einst füllte ein glühender Lavasee den Krater des aktiven Vulkans. Lange Zeit zählte der See zu den größten Attraktionen der Hauptinsel, ehe er 1924 nach einem heftigen Ausbruch verschwand. Zuvor lieferte er jedoch der Wissenschaft wichtige Erkenntnisse.

Lavaseen – passiv oder aktiv?

Lavaseen verdanken ihre Entstehung zwei sehr unterschiedlichen geologischen Phänomenen. Passive Lavaseen enthalten Lava, die in einer Senke eingekesselt ist und sich von der Oberfläche her verfestigt. Der Prozeß läßt sich mit einem gefrierenden See vergleichen. Das schönste Beispiel hierfür ist der See des Kilauea Iki im Osten des hawaiianischen Vulkans Kilauea. Es dauerte gut 25 Jahre, bis sich seine 120 m mächtige Lavaschicht allmählich zu Basalt verfestigt hatte.

Aktive Lavaseen sind selten: Bis heute kennt man fünf solcher Seen, diejenigen nicht mitgerechnet, die nur während einer Eruption bestanden. Sie liegen direkt über den Hauptschloten. Ihre Pegelschwankungen beruhen auf Druckveränderungen in der Magmakammer. Strömungen im flüssigen Gestein erneuern ständig die dunkle Haut an der Oberfläche. Obwohl diese den Wärmeverlust begrenzt, geht ständig Wärme verloren. Ein Lavasee bleibt deshalb langfristig nur dann flüssig, wenn der Wärmeverlust durch heiße Gase aus der Magmakammer ausgeglichen wird.

Die launischen Lavaseen des Erta-Alé

Der Halemaumau auf Hawaii offenbarte, wie sich ein Lavasee bildet und wie er mit der Magmakammer verbunden ist. Seine Erforschung war allerdings nur möglich, weil er leicht zugänglich war. Leider liegen die anderen ständigen Lavaseen in Regionen, in denen das Klima oder die politische Lage eine wissenschaftliche Erkundung erschweren. Letzteres gilt etwa für den Lavasee eines Schildvulkans namens Erta-Alé.

Der Erta-Alé erhebt sich in der nordäthiopischen Afarsenke, einer Verlängerung der großen Verwerfung des Roten Meeres. Mit Ausnahme von Island läßt sich nur hier beobachten, wie sich ein ozeanischer Rücken über Wasser bildet. Der Erta-Alé ragt 610 m über die glühendheißen Salzebenen hinaus, die unterhalb des Meeresspiegels liegen. Zwei

△ *Ein Vulkanologe seilt sich in den Krater des antarktischen Vulkans Erebus ab. Meistens ist der Lavasee, wie hier auf dem Bild, aufgrund der austretenden Gase aus dem Vulkankegel nicht zu sehen. Unter günstigen Bedingungen kann jedoch eine am Kraterrand montierte Videokamera Bilder von dem See liefern. Im Vordergrund erkennt man gelbliche Schwefelverkrustungen.*

◁ *Luftaufnahme des Erta-Alé in Nordäthiopien, von Osten betrachtet: In der Caldera, deren Wände in der Mitte und rechts zu sehen sind, hat sich in einem Krater ein ständiger Lavasee gebildet. Zwischen den Spalten der erkalteten Kruste schimmert rotglühende Lava durch. Die jungen Lavaströme links im Bild stammen von dem übergelaufenen Lavasee.*

elliptische Calderen, von denen nur die kleinere mit einer Hauptachse von 1600 m aktiv ist, durchschneiden den Gipfel. Hier befinden sich zwei Krater mit Lavaseen. Sie wurden erst 1960 entdeckt, aber der äthiopische Name Erta-Alé – zu deutsch etwa „rauchender Berg" – deutet darauf hin, daß es die beiden Lavaseen schon seit längerer Zeit gibt.

Ihre Erforschung begann 1967. Wie auf Hawaii beobachteten die Vulkanologen auch hier in Äthiopien, daß sich die Breite der Seen und ihre Pegel ständig verändern. 1969 hatte der größere von ihnen einen Durchmesser von 350 m und lag 200 m unterhalb des Kraterrandes. Drei Jahre später war der Pegel des Sees so weit gestiegen, daß sich die Lava zunächst in die Caldera ergoß und schließlich sogar noch über die Flanken des Vulkans schwappte. In der Folgezeit sank der Pegel wieder. Die Temperatur der rotglühenden Lava lag bei 1110 °C, die dünne dunkle Kruste war noch 600 °C heiß, so daß sich die Lava nur langsam abkühlen konnte.

Die politischen Wirren in der Region verhinderten ab 1976 die weitere Erforschung vor Ort. Infrarotmessungen per Satellit zeigen, daß der Vulkan nach wie vor aktiv ist: 1986 lag die Temperatur bei 1150 °C. ■

Der Mount Erebus: ein Vulkan im ewigen Eis

Der 4023 m hohe Mount Erebus – weitere 200 m des Berges liegen unter Wasser – in der Antarktis ist der südlichste aktive Vulkan der Erde. Bis heute ist er kaum erforscht, doch man weiß, daß er sich von allen anderen Vulkanen unterscheidet. Seinen Namen trägt er nach einem der Schiffe des Forschers James Ross, der ihn 1841 entdeckte.

Der Mount Erebus muß bereits zu jener Zeit einen Lavasee aufgewiesen haben, denn in den alten Berichten ist von einem ständigen rötlichen Schein die Rede, der am Fuß seiner Rauchsäule zu sehen war. Lange schlugen alle Versuche fehl, den Vulkan zu besteigen, und so wurde der wohl am schwersten zugängliche Lavasee der Erde erst 1974 entdeckt. Zwar erspart der Hubschrauber den Vulkanologen heute die schwierige Besteigung, doch das rauhe antarktische Klima, das in dieser Höhe noch abweisender ist, die schlechten Sichtverhältnisse und die gesundheitsschädlichen Gasnebel, die aus den Fumarolen hochsteigen, machen jede Expedition zu einem waghalsigen Unternehmen. Mehreren Forschern gelang der Abstieg in den Krater, aber keiner erreichte bisher den Kratersee.

Die Lava des Mount Erebus enthält große, rautenförmige Feldspatkristalle, die man sonst nur am Mount Kenya und im Tschad am Pic Tousside im Tibestigebirge findet. Aufgrund ihrer Zusammensetzung ist die Lava zähflüssiger als die anderer Lavaseen, was die zuweilen heftigen Gasexplosionen erklärt. ■

Die Flanken des Nyiragongo in Zaire brechen am 10. Januar 1977 um 10.01 Uhr plötzlich auf. Durch fünf Spalten entweicht die rotglühende Lava des ständigen Lavasees in seinem Krater. Eine 1100 °C heiße Flutwelle aus 22 Millionen m^3 Lava überrollt mit einer Geschwindigkeit von 60 km/h Wälder, Felder, Straßen und Häuser. Die Einwohner der Stadt Goma am Fuß des Vulkans fliehen mit allen verfügbaren Transportmitteln. In ihrer panischen Angst stürmen sie sogar die Bulldozer der Flughafenbaustelle und benutzen sie als Fluchtfahrzeuge. Dennoch kommen fünfzig Menschen in der erbarmungslosen vulkanischen Lawine ums Leben.

Der Lavastrom vernichtet eine Fläche von 22 km^2. Die Landschaft bietet einen Anblick der totalen Verwüstung: kilometerweit ist alles plattgewalzt und unter der erstarrten grauen Lava begraben. Basalthügel türmen sich hinter verkohlten, noch rauchenden Baumstämmen auf. Die Glutwelle überrascht eine Elefantenherde. Rumpf, Beine, Kopf und Rüssel der armen Tiere werden von einem steinernen Leichentuch bedeckt.

Es dauert nicht lange, und der Nyiragongo macht erneut von sich reden: 1982 kehrt der Lavasee nach einer Eruption zurück. Das Drama von 1977 kann sich also jederzeit wiederholen.

Todbringende Lahars

GEFÄHRLICHES GEMISCH

Wenn beim Ausbruch eines Vulkans Feuer und Wasser aufeinandertreffen, entstehen Lahars, jene verheerenden Schlammströme, vor denen es kaum ein Entkommen gibt. Vor allem im pazifischen Raum sorgen Lahars für furchtbare Katastrophen, die allein in den letzten Jahrzehnten Tausende von Todesopfern gefordert haben.

Das schreckliche Erwachen des Nevado del Ruiz

Am 13. November 1985 bildeten sich nach dem Ausbruch des Nevado del Ruiz in den kolumbianischen Anden die größten und mörderischsten Lahars dieses Jahrhunderts. Die heißen Schlammassen zerstörten die Stadt Armero fast vollständig, obwohl diese 72 km vom Krater entfernt im Tal des Rio Magdalena liegt. Fast 23 000 Menschen fanden dabei den Tod, 4400 wurden verletzt. Der Schlammstrom zerstörte 5100 Häuser und begrub unter sich 210 000 Hektar Kulturland.

Der Vulkanausbruch begann unter einer Schnee- und Eisdecke, die schmolz und dadurch die vulkanischen Trümmerströme bildete. Der größte Lahar wälzte sich mit einer Geschwindigkeit von 30 km/h und einer Fracht von Tausenden Kubikmetern Schlamm durch das Tal des Rio Azufrado auf Armero zu. Das Foto zeigt das Tal nach der Katastrophe, und zwar vom Vulkan aus gesehen.

Vom Grund der Schlucht aus erheben sich die Steilhänge, die von mächtigen Lavaströmen aufgeschichtet wurden. An den Hängen wächst ein dichter Hochwald. Bis in 30 m Höhe wurden die Sedimente in der Flußrinne so stark abgetragen, daß man stellenweise auf einer Breite von mehr als 100 m den felsigen Untergrund sieht.

Am linken Ufer bedeckt eine 20 cm dicke Aschenschicht die jüngeren Vulkanablagerungen, die eine Terrasse bilden. Am rechten Ufer wird die enorme Erosionskraft der Lahars deutlich. Sie haben die Basis der Steilhänge bis zur kritischen Stabilitätsgrenze unterhöhlt. Dadurch kommt es immer wieder zu Erdrutschen. Das Material fällt in die Flußrinne und kann so weitere Schlammströme verursachen. Daher nimmt das Volumen eines Lahars, der von einem Flußtal eingeengt wird, mit steigender Entfernung von seinem Ursprung zu.

◁ ***Die verheerendsten Lahars beim Ausbruch des Nevado del Ruiz (Kolumbien) im Jahr 1985 flossen durch diese Schlucht des Rio Azufrado und ergossen sich über die Stadt Armero. Sie legten die Rinne des Tales bis zum felsigen Untergrund bloß und unterspülten die steilen, bewaldeten Hänge, so daß es auch noch zu Erdrutschen kam (Bildmitte rechts).***

Ein Rettungshelfer in Armero

„Um 22.45 Uhr kam der Aschenregen. Wir hatten das Radio eingeschaltet, um Nachrichten zu hören. Der Bürgermeister sagte gerade, es bestehe kein Grund zur Beunruhigung. Plötzlich verstummte das Radio. Der Strom fiel in dem Moment aus, als wir auch schon den Lärm von rollendem und herabstürzendem Material hörten. Verängstigt gingen wir auf die Straße.

Eine unglaubliche Flutwelle aus heißem Schlamm brach über uns herein. Die meisten von uns kamen zum Hotel zurück, einem dreistöckigen Gebäude mit einer Terrasse. Plötzlich fühlte ich dumpfe Schläge. Der Schlamm hatte das Gebäude erreicht. Die Decke brach ein, und wir spürten, wie auch der Boden unter uns nachgab. Ich wußte nicht mehr, wo ich war. Schon war ich voller Schlamm, der auf der Haut brannte. Plötzlich merkten wir, wie uns der Schlamm teuflisch schnell vorwärtsschob – wir trieben im Schlamm auf dem Dach eines Wasserspeichers aus Zement.

Gasrohre explodierten. Um uns herum schwammen die Trümmer. Mehrmals zerschellten wir fast an irgendeinem Hindernis. Plötzlich wurde der Schlammstrom langsamer, und unser seltsames Floß saß fest. Es war fast Mitternacht ...“

(Auszug aus einem Interview vom 12. Dezember 1985 mit dem Studenten J.-L. Restrepo, einem von 3000 Überlebenden der Katastrophe von Armero. Nach einem Beitrag von T. Pierson, R. Janda, J.C. Thouret und C. Borrero, 1990.)

Der rasende Schlamm des Kelud

Der Vulkan Kelud im Osten Javas ist für das häufige Auftreten von Lahars bekannt. Sie entstehen nach Ausbrüchen durch heftigen Monsunregen oder weil sich der Kratersee entleert. 1990 bildeten sich hier wenige Tage nach dem Ausbruch vom 10. Februar gewaltige Lahars. Nach anhaltendem Regen riß das abfließende Wasser die lockeren Ablagerungen der Glutwolken mit sich. Die Zerstörungskraft der Lahars war um so verheerender, als sie bereits mit Wasser aus dem Krater vermischt und von flußaufwärts liegenden Tälern in eine Richtung gelenkt worden waren.

Das Foto zeigt einen bis zu 2 m mächtigen, dünnflüssigen Lahar, der bei Mangli an der Nordostflanke des Kelud Bananen- und Kaffeeplantagen verwüstet hat. Gesteinsbrocken auf der rechten Terrasse zeigen an, daß sich zuvor noch ein dickflüssigerer Lahar hindurchgewälzt hatte, der mit Sedimenten angereichert war. Die schrägen Wellen links im Bild verraten die turbulente Strömung.

Bereits beim Ausbruch von 1919 hatten sich 38 Millionen m^3 Wasser aus dem Kratersee mit Eruptionsgestein vermischt und Lahars erzeugt, die mit einer Geschwindigkeit von etwa 65 km/h 38 km weit flossen. Damals starben 5110 Menschen; 104 Dörfer wurden zerstört. Eine Fläche von 131 km^2 versank unter bis zu 100 Millionen m^3 Ablagerungen.

Selbst mittelstarke Eruptionen wie die vom 10. Februar 1990 lösen auch heute noch Lahars aus, obwohl die Niederländer nach dem Ausbruch von 1919 zahlreiche Tunnel zwischen dem Krater und dem Tal gegraben hatten, das vom Vulkan aus nach Südwesten verläuft. Vor allem die starken Monsunregenfälle können hier das Eruptionsgestein immer wieder in Bewegung versetzen. ■

△
Die Lahars des Vulkans Kelud im Osten von Java verwüsteten eine Woche nach dem Ausbruch vom 10. Februar 1990 die mit Bananenstauden und Kaffeesträuchern bepflanzten Terrassen. In der Region Mangli führten die Schlammströme an ihrer Oberfläche Gesteinsbrocken (rechte Terrasse) mit. Wellen (linke Terrasse) sind ein Anzeichen für eine starke Konzentration der Sedimente, für die Turbulenz des Stromes und für die Geschwindigkeit des Abflusses.

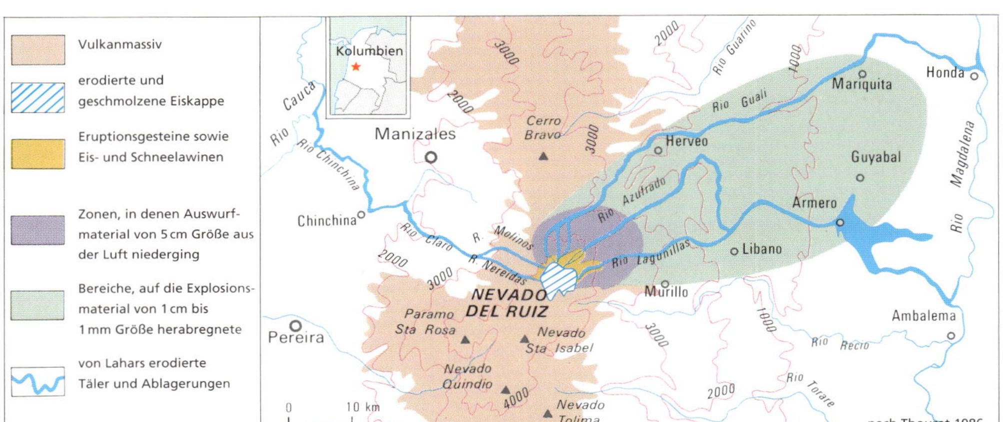

◁ ***Die Karte zeigt die Auswirkungen der Eruption des Nevado del Ruiz von 1985: Glutwolken aus Gasen und pulverisiertem Gestein, herabregnende Gesteinsbrocken und Lahars zerstörten Armero. Einen Monat zuvor hatten Geologen besonders gefährdete Zonen ausgewiesen.***

△
Diese breite Schneise liegt oberhalb des Flusses South Fork Toutle River am Fuß des Mount St. Helens im US-Bundesstaat Washington. Die Schlammströme, die nach der Eruption verdünnt worden waren, bilden noch immer ein Geflecht aus Rinnen. Im Hintergrund bedecken die mächtigen Ablagerungen der mit Wasser gesättigten Lahars die gesamte Mulde des Tals, in der Mitte sieht man den von der anfänglichen Explosion stark geschädigten Wald.

Die Schlammlawinen des Mount St. Helens

Am 18. Mai 1980 stürzten wenige Stunden nach dem Ausbruch des Mount St. Helens im US-Bundesstaat Washington Lahars die Flanken des Vulkans hinab. Sie verwüsteten im Umkreis von 120 km alle umliegenden Täler und überschwemmten das Gebiet bis zum Columbia River, dem zweitgrößten Fluß der Vereinigten Staaten.

Am South Fork Toutle River, der nach Westen abfließt, hatte sich das Eruptionsgestein und das Material der Glutwolken mit Wasser vollgesogen, nachdem über die Schneeflächen des Vulkans hinweggefegt war. Durch den Einsturz der Nordflanke des Vulkans ergoß sich außerdem eine Trümmerlawine in den South Fork Toutle, so daß sich ein weiterer Schlammstrom bildete.

Die Luftaufnahme zeigt einen breiten Kegel aus Bomben, Aschen und dickem weißem Bimsstein. Die Oberfläche ist von einem Geflecht aus Rinnen zerfurcht, durch die der Schlamm fließt. Im Hintergrund sieht man die mit Wasser gesättigten Ablagerungen, die den Grund und die Flanken des Tals bedecken. Sie wurden mit den größten Lahars dort hinbefördert. Links in der Bildmitte ist eine Talmulde teilweise kahl: Hier wurde der Wald durch den Ausbruch zerstört. An den steilen Hängen wird das Eruptionsgestein immer wieder in Bewegung versetzt. ■

Ursachen der tödlichen Ströme

Lahars sind Ströme aus vulkanischem Material, die zu 40–85 % aus Blöcken und Aschen sowie zu 15–60 % aus Wasser und Luft bestehen. Die Mischung hat die Konsistenz von feuchtem Zement. Ein Lahar kann mühelos ein Gebäude niederreißen.

Lahars fließen oft rasch dahin – an Steilhängen mit 60–100 km/h. Werden sie in eine Bahn gelenkt, können sie sehr weite Strecken zurücklegen.

Lahars haben zahlreiche Ursachen:

- Während oder nach einem Ausbruch fällt starker und lang anhaltender Regen. So ließ im Juni 1991 der Taifun Yunya beim spektakulären Ausbruch des Pinatubo auf den Philippinen Lahars entstehen, die im Umkreis von 60 km Ackerland verwüsteten und Brücken und Straßen zerstörten.
- Ein Kratersee entleert sich plötzlich durch einen Ausbruch oder den Einsturz der Ränder. Dies geschah bei den Kelud-Ausbrüchen in Java während der Jahre 1919, 1951, 1966 und 1990.
- Mit Wasser gesättigtes Gestein gerät plötzlich durch Einstürzen eines Teils des Vulkans in Bewegung, wie dies im Mai 1980 beim Mount St. Helens in den USA geschah.
- Eine sogenannte phreatomagmatische Explosion ereignet sich, bei der plötzlich Gas, Wasserdampf und Lavagestein ausgestoßen werden. Dies geschah im Mai 1792 bei der Katastrophe am Vulkan Unzen in Japan, die 15 900 Todesopfer forderte.
- Heißes pulverisiertes Material aus Glutwolken vermischt sich mit Wasser. Am Vulkan Asama in Japan legte im August 1783 ein Lahar, der an die 100 °C heiß war, 80 km zurück.
- Beim Ausbruch eines mit Eis und Schnee bedeckten Vulkans entstehen die gefährlichsten Lahars wie etwa in Island oder 1985 in Kolumbien.

Japanischer Schutzwall gegen Lahars

Das Foto zeigt eine der wohl wirksamsten Schutzvorrichtungen gegen Lahars. Die Barriere wurde auf der japanischen Insel Hokkaido an dem aktiven Vulkan Usu errichtet. Die Japaner nennen diese Barriere *Sabo*. Sie besteht aus einer mächtigen Betonplatte, die in das Flußbett eingelassen und an beiden Ufern mit bepflanzten Steindämmen verankert wird. In der Mitte der Rinne sind 1,80 m hohe Metallstreben (hier zur Hälfte zu sehen) versetzt in zwei Reihen angeordnet, die parallel zur Strömung stehen. Der obere Teil kann ausgetauscht oder sogar auf das doppelte Maß erhöht werden. Die Rohre sollen die großen Gesteinsbrocken und Trümmer aufhalten, so daß nur feineres Material mit dem Schlamm talwärts weiterfließen kann.

Die Lahar-Barriere am japanischen Vulkan Usu.

Mofetten, Fumarolen und Solfataren

DER ATEM DES VULCANUS

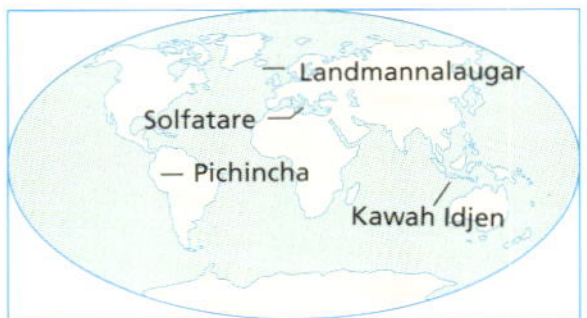

Ein Vulkan, aus dessen Flanken dünne Rauchfahnen aufsteigen, ist mit Sicherheit nicht erloschen. Die austretenden Dämpfe bestehen aus giftigen Gasen und sind ein Indiz dafür, daß sich im Innern des Vulkans noch nicht vollständig erkaltetes Magma befindet. Mofetten, Solfataren und Fumarolen verraten unterirdische thermische Prozesse.

Die Zukunft lesen aus dem Gas des Vulkans Pichincha

Der Pichincha, der Ecuadors Hauptstadt Quito um rund 2000 m überragt, ist einer der Meilensteine an der langen „Straße der Vulkane", wie der Forschungsreisende Alexander von Humboldt die Andenkette von Kolumbien bis Chile zu Beginn des vergangenen Jahrhunderts genannt hat. Von Humboldt bestieg den Pichincha 60 Jahre nach Charles Marie de la Condamine; wie von Humboldt hatte sich auch der Franzose nur bis an den Rand des Vulkankraters vorgewagt. Damals, im Jahr 1742, war das Klima noch rauher als heute, und den 4794 m hohen Pichincha zierte eine Decke aus Eis und Schnee.

Inzwischen ist der schneefreie Gipfel zwar leichter zu erreichen, doch der Abstieg in den Krater gilt immer noch als Abenteuer. „Trostlos, düster und erschreckend" – so hatte von Humboldt das Kraterinnere vom Gipfel aus beschrieben. Tatsächlich glaubt man beim Abstieg in den Krater, bei dem 800 Höhenmeter zu bewältigen sind, in das Innere der Erde einzutauchen. Zum Glück ist das Wagnis heute weniger gefährlich als zu von Humboldts Zeiten, da die Fumarolentätigkeit seit dem letzten Ausbruch des Vulkans im Jahr 1881 allmählich zurückgegangen ist.

Zu den Methoden, die Vulkanologen am Pichincha nutzen, um künftige Ausbrüche vorherzusagen, gehört neben den üblichen seismischen Messungen auch die Analyse der Fumarolengase. Man hofft, dabei geochemische Anzeichen zu finden, die ein unvermutetes Erwachen des Vulkans anzeigen. Die Gasentnahme ist allerdings schwierig: Asbesthandschuhe, die wegen der enormen Hitze getragen werden, Gasmasken als Schutz vor den giftigen Gasen und der Aufenthalt in großer Höhe erschweren es den Forschern, mit präzisen und durchdachten Handgriffen ihre Proben zu gewinnen. ■

Das Gas, das aus der Tiefe kommt

Gase, die aus dem Inneren von Vulkanen aufsteigen, treten mit ganz unterschiedlichen Temperaturen an der Erdoberfläche aus. Die kältesten unter ihnen haben die durchschnittliche Bodentemperatur und bestehen hauptsächlich aus Kohlendioxid. Ihre Austrittsöffnung heißt Mofette.

Sobald sich die Temperatur der Gase dem Siedepunkt von Wasser nähert, wird ihr Austreten deutlich sichtbar, denn der darin enthaltene Wasserdampf kondensiert dann an der Luft. Eine solche Erscheinung heißt Fumarole. Die Zusammensetzung des Gasgemischs hängt dabei von der Temperatur der Fumarolen ab, die zwischen 100 °C und 1200 °C liegen kann. Den Temperaturrekord hält eine Fumarole über einem Lavasee.

Mit steigender Temperatur nehmen die Anteile von Wasserstoff und Kohlenmonoxid sowie von Sauergasen zu. Diese Gase machen die Fumarolen so gefährlich und verleihen ihnen den typischen Geruch. Die Austrittsöffnung der Fumarolen ist in der Regel mineralisch verkrustet. Ein Fumarolenfeld in Verbindung mit einer starken Schwefelablagerung aus dem Vulkan bezeichnen Geologen als Solfatare.

Hier nimmt einer der Autoren in 4000 m Höhe Proben von vulkanischen Gasen am Grund des Kraters des Pichincha in Ecuador. 1981 ließ eine verstärkte Fumarolenaktivität in Verbindung mit dem Ausstoß von Vulkanaschen einen Ausbruch dieses großen Andenvulkans befürchten, an dessen Fuß die Hauptstadt Quito liegt. ▷

Eis, Dampf und Feuer – in Island aufs engste verbunden

Der brennendheiße, übelriechende Dampf, der an vielen Stellen aus Islands Boden entweicht, ist – zumindest für Besucher mit weniger empfindlicher Nase – ein unvergleichliches Schauspiel. So wie hier auf dem Foto im südisländischen Landmannalaugar liegen auf der ganzen Insel Eis und Schnee nie sehr weit vom unterirdischen Feuer entfernt.

In der unmittelbaren Nähe der Fumarolen bleibt der Boden so warm, daß er nicht einmal in der Kälte des Polarwinters gefriert. Zahlreiche mineralische Oasen markieren die großen Risse, die Island von Norden nach Süden durchziehen. Die Insel im Atlantik ist nämlich nichts anderes als der zur Erdoberfläche aufgetauchte Mittelatlantische Rücken, der sich sonst in einer Tiefe von etwa 3000 m am Boden des Meeres dahinzieht. Dieser Umstand macht Island zu einer der außergewöhnlichsten geologischen Zonen der Erde.

Zwei Drittel der Insel gelten zwar als unbewohnbar, trotzdem leben die Isländer in relativ gutem Einvernehmen mit ihren Vulkanen und Gletschern. Doch das unmittelbare Zusammentreffen beider Naturelemente – etwa

Schwefelabbau unter höllischen Bedingungen

In Indonesien wird vulkanischer Schwefel auch heute noch in Handarbeit gewonnen. Im Krater des Kawah Idjen bauen die Männer den Naturstoff mit einfachsten Mitteln und unter höllischen Bedingungen ab. Meist tragen sie nur zerrissene Sandalen an den Füßen, die kaum gegen den heißen Boden schützen. Wegen der großen Höhe ist die Luft bereits sehr dünn; giftige Gase und der saure Nebel, die mit 300 °C aus Fumarolen und von der Oberfläche des benachbarten Kratersees entweichen, lassen die Männer fast ersticken. Hat ein Schwefelarbeiter seine beiden, mit einem Bambusstock verbundenen Körbe gefüllt, bringt er seine 50-kg-Last nicht nur bis zum Kraterrand, sondern steigt schließlich auf einem beschwerlichen Pfad 15 km bis zum Dorf hinab. Dort laden die erschöpften Arbeiter das goldgelbe Mineral auf veraltete Lastwagen um. Buchstäblich unter Blut, Schweiß und Tränen entreißen die Arbeiter auf diese Weise dem Vulkan täglich vier Tonnen Schwefel.

Ein Schwefelträger beim Abstieg vom Idjen.

bei einem Ausbruch unter einem Gletscher – führt oft zu einer Katastrophe, denn es bilden sich riesige, mit Schmelzwasser vermischte Schlammströme; sie zerstören alles, was sich ihnen in den Weg stellt.

Die Erdwärme hingegen bietet den Isländern greifbare Vorteile: sie dient zur Beheizung der Hauptstadt Reykjavik und anderer Städte, zur Stromerzeugung in den Erdwärmekraftwerken von Svartsengi, Nesjavellir und Krafla sowie zum Beheizen vieler Treibhäuser, in denen sogar subtropische Bananenstauden gedeihen. Thermalbäder, Geysire, Fumarolen und Solfataren gehören außerdem zu den touristischen Attraktionen Islands und tragen so zum Wohlstand des Landes bei. ■

◁ ***Diese Fumarolen in Landmannalaugar (Island) belegen, daß das Land ebenso viele Gletscher wie Vulkane besitzt. Die Fumarolenfelder liegen an einer großen Spalte in der Erdkruste. Man erkennt sie sowohl am Wasserdampf als auch an den farbigen Verkrustungen der Metallsalze. Fumarolen bilden sich entlang der Gaskanäle, die aus der Tiefe aufsteigen.***

Der Weg auf dem flachen Boden des Kraters der „Solfatara" in den Phlegräischen Feldern, 15 km westlich von Neapel, ist mit Zäunen gesichert, damit die Besucher gefahrlos zwischen den Fumarolen und den Schlammlöchern umhergehen können. Dieser Ort hat sich seit der Römerzeit kaum verändert, als die Solfatare unter dem Namen „Forum Vulcani" bekannt war. ▽

Die „Solfatara" bei Neapel – das antike Tor zur Hölle

Der Vulkanismus in der Gegend von Neapel ist nicht auf den Vesuv beschränkt. Im Westen der berühmten Bucht, an der die große kampanische Stadt liegt, öffnet sich mit dem Golf von Pozzuoli noch eine kleinere Bucht in der vulkanreichsten Gegend der italienischen Halbinsel. Der Golf erstreckt sich von der Halbinsel Nisida bis zum Kap Miseno. Am Horizont ist die ebenfalls vulkanische Insel Ischia zu sehen. Nördlich der Stadt Pozzuoli mit ihren Industriegebieten und Militärstützpunkten liegen die 80 km^2 großen Phlegräischen Felder (Campi Flegrei) mit mehreren Dutzend Vulkankegeln und Kratern, von denen manche mit einem See gefüllt sind.

Der letzte Ausbruch des Monte Nuovo auf den Phlegräischen Feldern ereignete sich bereits im Jahr 1538. Dennoch gelten viele dieser Vulkane bis zum heutigen Tag als aktiv, denn es herrscht nur scheinbar Ruhe. Seit der Antike hebt und senkt sich der Boden regelmäßig, je nach Schubkraft der unterirdischen Massen. Über lange Zeit gemessen, ergeben sich Höhenunterschiede von bis zu 10 m. Die Geologen bezeichnen dieses Phänomen als langsames Erdbeben mit langer Periode.

Berühmt ist diese Gegend für ihre Thermentätigkeit. Am stärksten ist sie am Grund des kreisförmigen Kraters der sogenannten „Solfatara", die diesem geologischen Phänomen den Namen gegeben hat. Hier sorgen die

beiden Fumarolen Soffione und Bocca Grande seit Jahrhunderten für einen ständigen Gas- und Dampfausstoß. Obwohl die Temperatur 165 °C nicht übersteigt, reicht der Druck aus, um Sand und Kiesel zu lösen, welche die mit Schwefel verkrusteten Spritzlöcher bedecken.

Der Weg, der die zahllosen Besucher durch den Kratergrund der „Solfatara" führt, ist mit Abschrankungen versehen, so daß der Zugang zu den schwärzlichen und schwefeligen, brodelnden Schlammkesseln versperrt ist. An vielen Stellen ist der vulkanische Boden nämlich durch unterirdische Ströme aus korrodierenden Gasen und Flüssigkeiten zersetzt und gibt unter den Füßen nach. Ein falscher Tritt würde den Absturz in einen Kessel kochenden Wassers bedeuten. Nicht umsonst galt die „Solfatara" in der Antike als das Tor zur Hölle. ■

Das furchtbare Geheimnis des Kawah Idjen

Indonesien blieb in der Vergangenheit gewiß nicht von Vulkankatastrophen verschont. Allein im 19. Jahrhundert forderten der Krakatau und der Tambora etwa 100 000 Todesopfer. Im 20. Jahrhundert starben mehrere tausend Menschen bei Ausbrüchen am Merapi, am Kelud und am Agung. Aber es droht vielleicht noch eine Katastrophe viel größeren Ausmaßes – sie lauert im blaugrünen Kratersee des Idjen.

Bereits bei einem mittelstarken Ausbruch des Vulkans könnte sich der Kratersee entleeren und die Umgebung mit 36 Millionen m^3 sauren und kochendheißen Wassers überschwemmen. Zwar ist die Umgebung des Idjen sehr viel dünner besiedelt als die vulkanischen Regionen auf Java oder Bali, aber von seinen fünf Ausbrüchen seit dem 18. Jahrhundert läßt keiner auch nur erahnen, wie ein großer Ausbruch aussehen könnte.

Die Geheimnisse dieses Vulkans sind noch nicht gelüftet. Doch der Aufschub, den der Idjen den Menschen seit seinem letzten Ausbruch im Jahr 1952 gewährt, nutzen die Javaner, um Schwefel abzubauen. Er tritt aus den unzähligen Fumarolen zutage, die den Krater des Idjen zu einer der aktivsten Solfataren der Welt machen. Dort wird der Schwefel nämlich nicht aus einer Lagerstätte, sondern aus einer regelrechten Quelle gewonnen. Die Arbeiter bauen das wertvolle goldgelbe Mineral in dem Umfang ab, wie es der Vulkan nachliefert und in seinem Krater ablagert.

Die Männer, die Tag für Tag den beschwerlichen Weg zum Vulkan hinauf- und in den Krater hinabsteigen, um den Schwefel zu fördern, beachteten den benachbarten See mit seinem fast zähflüssigen, smaragdfarbenen Wasser kaum. Dabei enthält auch der See neben kolloidalem Schwefel zahlreiche andere nutzbare chemische Verbindungen. Zwar gab es Versuche, Aluminium und im Wasser gelöstes Natrium- und Kaliumsulfat industriell zu gewinnen, doch leider ohne Erfolg.

Dabei würde die mit dem Abbau einhergehende Dränage des Kratersees gleichzeitig die möglichen Folgen einer Eruption mildern. Ehrgeizige Wasserbauten, wie man sie etwa am Kelud vornahm, erwiesen sich jedoch als nicht durchführbar. Bei diesem Vulkan im Osten Javas gelang es nämlich, durch ein ausgeklügeltes Dränagesystem den Wasserspiegel zu senken, so daß die Schlammströme, die bei einem Ausbruch entstehen, inzwischen besser regulierbar sind. Dagegen hat es der Kawah Idjen, der „Grüne Krater", wohl auch in Zukunft in der Hand, welches Schicksal er den Menschen in seiner Nachbarschaft beschert. ■

△
Der Krater des Idjen am östlichen Ende der Insel Java ist einer der ungewöhnlichsten Orte im indonesischen Archipel. Neben einer äußerst aktiven Solfatare, die seit Jahrzehnten die Schwefelgewinnung in Handarbeit ermöglicht, befindet sich in diesem Krater ein grüner See mit 36 Millionen m^3 Wasser, das ein Gemisch aus Schwefel- und Salzsäure sowie kolloidalem Schwefel enthält. Die Temperatur im See beträgt mehr als 50 °C.

Vulkanseen und ihre Gefahren

KEINE STILLEN WASSER

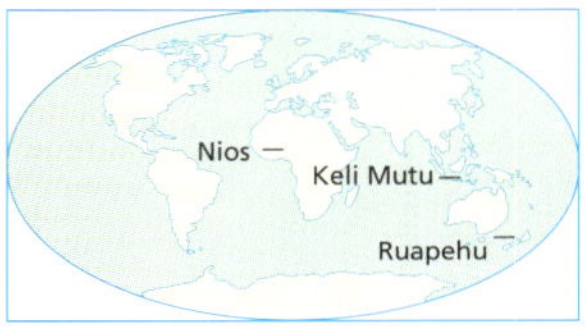

Wer einen aktiven Vulkan besteigt, trifft nicht immer auf brodelnde Lava oder fauchende Fumarolen. Statt dessen erwartet den Besucher manchmal ein Kratersee, dessen Wasser gefärbt ist. Eingebettet in die schroffe Kraterlandschaft, wirken die still daliegenden Seen malerisch. Doch in ihnen schlummert erhebliche Gefahr.

Die Wutausbrüche des Niossees

Erdrutsche, Überschwemmungen, Vulkanausbrüche, Erdbeben, Epidemien und Wirbelstürme – man sollte meinen, das Katastrophenarsenal der Natur wäre schon mehr als ausreichend bestückt. Doch im August 1986 führte Mutter Natur der Welt vor Augen, daß sie etwas noch Hinterhältigeres auf Lager hat: Giftgasattacken. Denn damals entdeckte man 25 km unterhalb des Niossees in Kamerun die Leichen von 1700 Menschen, die unter rätselhaften Umständen – durch Ausgasungen dieses Vulkansees – gestorben waren.

Anders als die meisten Kraterseen ist der Niossee nicht rund. Dennoch ist seine Einfassung eindeutig vulkanischen Ursprungs. Der letzte Ausbruch des Vulkans Nios liegt nach Einschätzung der Vulkanologen erst einige hundert Jahre zurück. Daher ist es gut möglich, daß auch die Katastrophe vom August 1986 von einem Ausbruch begleitet wurde, der sich unter dem See ereignete. Dabei wurden – ähnlich wie 1979 in der Hochebene von Dieng auf Java – große Mengen an Kohlendioxid ausgegast.

Wahrscheinlich hatte der Niossee das Gas in gelöster Form schon länger gespeicherte. Aus bisher ungeklärtem Grund stiegen die unteren Wasserschichten des 200 m tiefen Sees zur Oberfläche auf, so daß sie einem Druckabfall ausgesetzt waren. Das gelöste Kohlendioxid entwich daraufhin aus dem Wasser und ergoß sich in die umliegenden Täler.

Art und Herkunft des Gases – nämlich Kohlendioxid aus einer tiefliegenden Magmaquelle – sind zwar inzwischen bekannt, doch welcher Mechanismus diesen heftigen Gasausstoß und damit die Katastrophe in Gang setzte, ist umstritten. Einig sind sich die Experten indes darüber, daß mit dieser Katastrophe der See seine Gefährlichkeit noch nicht verloren hat: Man schätzt, daß die oberen, kohlendioxidfreien Wasserschichten auf die tieferliegenden einen hohen Druck ausüben, der ausreicht, um dort 600 000 t Kohlendioxid in Lösung zu halten. Die Gefahr, daß erneut große Mengen des gefährlichen Gases freiwerden, ist also nicht gebannt. Daher wurde ein internationales Projekt unter der Bezeichnung „die Orgeln von Nios“ ins Leben gerufen. Die Experten wollen mit senkrecht in den See getriebenen Entlüftungsrohren das Gas kontrolliert entweichen lassen. ■

Selbst aus größerer Entfernung und aus der Luft betrachtet, erscheint der Niossee alles andere als vertrauenserweckend. Am 21. August 1986 entströmte dem See Kohlendioxid und tötete 1700 Kameruner. Das Foto wurde kurz nach der Katastrophe aufgenommen: Noch ist das Wasser mit Schwebestoffen angereichert, die mit dem entweichenden Kohlendioxid aus der Tiefe nach oben gewirbelt wurden.
▽

Die Farbseen des Keli Mutu

Große Stratovulkane bilden sich während aufeinanderfolgender Eruptionen aus zahlreichen Schichten von Lava und Vulkanaschen. Solche Vulkane besitzen in der Regel mehrere Krater, die jeweils unabhängig voneinander aktiv sind. Dieses recht häufig beobachtbare Aktivitätsmuster wirft für Vulkanologen viele Fragen auf.

Nirgendwo auf der Welt läßt sich das Phänomen besser veranschaulichen als am Vulkan Keli Mutu auf der indonesischen Insel Flores. In jedem der drei Gipfelkrater befindet sich ein See. Einer erstrahlt in einem einladenden Blau, ein anderer – der tiefste der drei Seen – in Grün. Der dritte schließlich ist tief dunkelrot gefärbt, was selbst für einen See vulkanischen Ursprungs ungewöhnlich ist.

Das Wasser aller drei Seen ist sauer. Die verschiedenen Färbungen, die mitunter sogar wechseln, beruhen auf dem unterschiedlichen Gehalt an feinsten Schwefelpartikeln. Auch die Mengenverhältnisse der im Wasser gelösten zwei- und dreiwertigen Eisenionen spielen bei der Färbung eine Rolle.

In regelmäßigen Abständen entleert sich einer der Seen durch Eruptionen, die trotz ihrer vergleichsweise geringen Stärke sehr gefährlich sind. Das Wasser verbindet sich nämlich mit der Asche zu Schlammströmen oder Lahars, die sich auf die am Fuß des Vulkans liegenden Dörfer niederwälzen. So tragen die Seen denn auch Namen, die an die Seelen der Verstorbenen erinnern.

Die steilen Wände der Krater, die übrigens den Abstieg zum Ufer dieser Seen beinahe unmöglich machen, weisen Spuren der heftigen Explosionen auf, welche die Krater entstehen ließen. Düster ist hier die fast vegetationslose Landschaft, deren Bedrohlichkeit durch die tiefhängenden Wolken noch unterstrichen wird. Der Keli Mutu hat eine der kargsten und vielleicht ungewöhnlichsten Vulkanlandschaften der Erde geschaffen. ■

Nur selten Wasser im Krater

In jeder Senke der Erdoberfläche kann sich Wasser sammeln und mit der Zeit einen See bilden, vorausgesetzt, daß Niederschläge und Zuflüsse mehr Wasser nachliefern, als durch Verdunstung und Versickerung in derselben Zeit verlorengeht.

Ein schlummernder oder erloschener Vulkan eignet sich aufgrund seiner Kraterform sehr gut als Becken eines Sees, vor allem wenn er in niederschlagsreichen, tropischen Regionen liegt. Dennoch sind vulkanische Kraterseen selten, denn Vulkangestein weist meist zu viele Klüfte auf. Es ist schlicht zu durchlässig, um auch nur eine Pfütze Wasser für längere Zeit zurückzuhalten.

Gibt allerdings das unter dem Krater liegende Magma auch zwischen den Eruptionsperioden viel Wärme ab, lagern sich durch die zirkulierenden Gase und Flüssigkeiten im Vulkankegel Mineralien ab. Sie sorgen dafür, daß sich die Risse nach und nach schließen und das Gestein somit allmählich wasserdicht wird. Diese Fluide höhlen nämlich die Wände und den Grund des Kraters regelrecht aus und verwandeln das Material langsam in einen wasserundurchlässigen Ton. Dadurch kann sich das Regenwasser, das sich mit dem Kondenswasser aus den Fumarolen rasch vermischt, ansammeln: ein Vulkansee entsteht.

Vergleichbares geschieht, wenn sich ein Vulkanausbruch in einem stark mit Wasser durchtränkten Gelände ereignet. Dabei entsteht kein Kegel, sondern es wird ein Loch freigesprengt, das die Grundwasserschicht zutage treten läßt. Krater (oder Maar) und Kratersee entstehen dann gemeinsam.

Ein See kann sich aber auch nach einem Ausbruch in einem Krater bilden und dort bis zur nächsten Eruption bestehen. Wenn sich dann im See die Pegelhöhe, die Temperatur oder die chemische Zusammensetzung des Wassers verändern, können dies wichtige Anzeichen für ein bevorstehendes Wiedererwachen des Vulkans sein.

Der Kratersee des neuseeländischen Vulkans Ruapehu ist vom ewigen Eis der Gletscher umgeben. Bei einem größeren Ausbruch strömt das mit Schmelzwasser, Aschen und Vulkangestein vermengte Wasser aus dem Kratersee die Hänge des 2497 m hohen Vulkans hinab und vernichtet alles, was sich ihm in den Weg stellt. ▷

Zum Gipfel des aktiven Vulkans Keli Mutu auf der indonesischen Insel Flores führt ein Pfad. Von einem Vorsprung aus sieht man zwei der drei 1400 m hoch liegenden, eng benachbarten Krater. In jedem der drei Krater befindet sich ein See; die unterschiedliche Färbung der Seen läßt Rückschlüsse auf die besondere Vulkanaktivität zu, die unter ihnen abläuft. ▽

Japans flammender See

Der japanische See Ashi heißt ins Deutsche übersetzt „See des Schilfrohrs". Er liegt in 723 m Höhe und bedeckt einen Großteil des Kraters des ruhenden Vulkans Hakone, nach dem auch eine von Touristen vielbesuchte Region in der Nähe Tokios benannt ist. Der 690 ha große See mit seinem fischreichen Wasser ist bei Badegästen, Freizeitkapitänen und Anglern gleichermaßen beliebt. An seinem Ufer liegt die schintoistische Stätte von Hakone, die im 8. Jahrhundert von dem Priester Mangan gegründet wurde. Sie ist Anziehungspunkt für viele Besucher. Jedes Jahr am 31. Juli findet eine Zeremonie statt, bei der man dem Gott des Sees, einem Drachen, Opfergaben darbietet. Bei Einbruch der Dunkelheit taucht der Ort in glutrote Farbe: Das Wasser reflektiert nicht mehr wie tagsüber die majestätische Silhouette des Fuji, sondern funkelt magisch unter dem Feuerwerk und dem Leuchten Tausender schwimmender Laternen.

Ein prachtvolles Feuerwerk zum Fest am 31. Juli über dem See Ashi in Japan

Der Kratersee des Ruapehu und seine üblen Launen

Der Ruapehu bildet das wohl imposanteste Vulkanmassiv Neuseelands. Er ist seit einigen hunderttausend Jahren aktiv. Die Gletscher auf dem Vulkan formen die bizarre Landschaft ebenso, wie die unterirdische Wärme die Gletscher verändert. Daher weist der Ruapehu ein ganz anderes Bild auf als etwa der fast perfekte Kegel des benachbarten Vulkans Ngauruhoe, der trotz seines geringen Alters von 2500 Jahren bereits 2300 m hoch ist. Ruapehu und Ngauruhoe bilden zusammen mit den heißen Quellen von Ketetahi die Hauptattraktionen des Nationalparks Tongariro, der seit mehr als einem Jahrhundert diese einzigartige Vulkanlandschaft schützt.

Die Neuseeländer, die die Hänge des Ruapehu seit 1919 zum Skifahren nutzen, wissen nur zu gut, daß sich der Mensch hier den Abfahrtsfreuden nur mit Billigung des Vulkans hingeben darf. In regelmäßigen Abständen entleert sich der Kratersee des Ruapehu bei mehr oder weniger heftigen Eruptionen. Zusammen mit dem Wasser der abschmelzenden Gletscher bilden sich oftmals vernichtende Schlammströme oder Lahars, die zu Tal fließen. Ein solcher Lahar verursachte am Weihnachtsmorgen 1953 eine Katastrophe: er riß die Brücke über den Fluß Wangaehu mit, kurz bevor der Zug von Wellington nach Auckland diesen Streckenabschnitt passierte. Der Zug stürzte in die Tiefe, 151 Menschen starben.

Inzwischen überwachen Geologen den Ruapehu. Änderungen des Wasserspiegels, der Temperatur und der chemischen Zusammensetzung des Wassers im Kratersee geben Aufschluß über die Tätigkeit des Vulkans. In Zukunft, so hofft man, kann man rechtzeitig Alarm geben, bevor sich der See über die schützenden Wände seines Beckens ergießt und die Menschen der Umgebung bedroht. ■

Heißes Wasser mit heilender Wirkung

THERMALQUELLEN

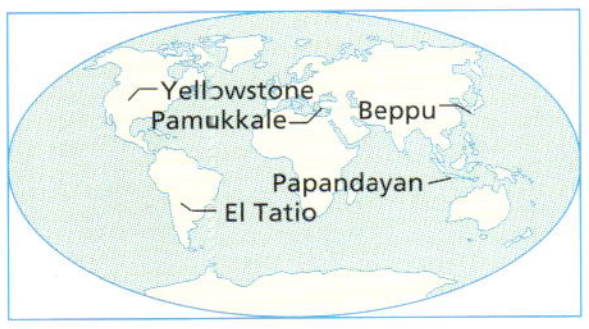

Wer eine Münze in das Becken einer Quelle wirft, tut – unbewußt – das gleiche wie die alten Kelten, Griechen, Chinesen oder die Apachen: er huldigt der Schutzgottheit der Quelle, dem Quellgeist. Thermalquellen gelten von jeher als heilsames, manchen gar als magisches Wasser. Die Wärme verdanken sie dem „Feuer" im Innern der Erde.

Die heißen Quellen von Beppu

Die alte japanische Stadt Beppu, eine Flugstunde von Tokio entfernt, kann einen stolzen Rekord aufweisen: Sie besitzt mehr als 3000 heiße Quellen. Hier, im Thermalzentrum Japans, erholen sich jährlich 12 Millionen Gäste. Ihnen steht ein natürlicher, flüssiger Schatz zur Verfügung: Die Thermalquellen fördern pro Tag rund 80 000 m³ Wasser, das über 37 °C warm ist. Viele Thermalquellen lassen sich erst nach dem Abkühlen nutzen, denn das Wasser kommt siedend heiß aus der Erde.

Trotz ihrer wohltuenden und therapeutischen Eigenschaften gelten diese Quellen auch als diabolisch: Die Japaner nennen sie *jigoku*, „Hölle", und dieser Name läßt sich durchaus mit den geologischen Gegebenheiten in Verbindung bringen. Denn daß in dem asiatischen Land neben Vulkanen und Erdbeben auch Thermalquellen häufig sind, ist kein Zufall. Alle drei Phänomene hängen mit der Lage Japans über dem pazifischen Feuergürtel, dem „ring of fire", zusammen.

Er bildet im Osten von Alaska bis nach Feuerland und im Westen von der russischen Halbinsel Kamtschatka bis nach Indonesien unterseeische Gebirgsketten, in denen es oft zu Vulkanausbrüchen und Erdbeben kommt. Bei Japan schiebt sich nämlich die ozeanische Pazifische Platte unter die kontinentale Asiatische Platte. Das in der Tiefe aufgeschmolzene Gestein steigt nach oben und sorgt so für einen starken Vulkanismus. Dadurch erhitzt sich auch das Grundwasser. Hitze, hoher Druck und große Mengen an gelösten Gasen erleichtern es dem Wasser, nach oben zu steigen und eine Thermalquelle zu speisen. Die Vielzahl der japanischen Thermalquellen läßt erahnen, welch ungeheure Energien bei den Plattenbewegungen freigesetzt werden. ■

Zu den Thermalquellen von Beppu im Nordosten der Insel Kyushu (Japan) gehört auch der Teufelsteich. Sein Wasser ist etwa 100 °C heiß und aufgrund des hohen Eisengehalts rot gefärbt. Für den ekelerregenden Geruch sorgen die aufsteigenden, schwefelhaltigen Gase. Obwohl man in diesem wahrhaft teuflischen Teich nicht baden kann, zieht er viele Besucher an. ▽

Die Terrassen von Pamukkale

Das türkische Wort Pamukkale bedeutet „Baumwollschloß", und genau dieses Bild bietet sich dem Besucher, wenn er sich dem Naturdenkmal im Tal des Kara Menderes flußaufwärts nähert. Mehr als 100 m über dem Fluß erhebt sich eine weiße, natürliche Festung. Aus der Nähe betrachtet, erweisen sich ihre Türme und Mauern als Kalksinterterrassen, an denen das Wasser in Kaskaden hinunterfließt. Sie werden überragt von den Ruinen eines antiken Tempels; dieser steht auf einer Hochfläche aus Süßwasserkalk oder Travertin, einem leicht zu bearbeitenden und seit der Antike begehrten Baumaterial.

In der Tiefe der Erde hat sich Wasser mit Kohlendioxid und Kalk angereichert. An der Erdoberfläche angekommen, fällt ein Großteil des gelösten Kalks aus. In Jahrtausenden entstand so eine Zauberlandschaft, in welcher der Kalk alles bedeckt, was mit dem Wasser in Berührung kommt. Selbst pflanzliche Überreste und manchmal sogar kleine Tiere werden auf diese Weise versteinert.

Das Wasser, das von oben herabströmt, ist fast 40 °C heiß. Die Kalksinterterrassen von Pamukkale sind daher beliebte, natürliche Schwimmbecken. Schon in der Antike waren die Terrassen berühmt; damals erhob sich in der Nähe der heißen Quellen die heilige Stadt Hierapolis, die mit dem benachbarten Ephesos verbündet war, der Hafen-, Handels- und Finanzmetropole Kleinasiens. Die Thermen und Tempel von Hierapolis waren ein beliebter Anziehungspunkt für die reiche Bürgerschaft der antiken Großstadt.

Nach der griechischen und römischen Mythologie befand sich hier ein Tor zum Hades, dem Reich der Unterwelt und dem Sitz der Seelen der Verstorbenen. Das starke Ausgasen von Kohlendioxid, das die Kalkabscheidungen verursacht, hat diese Vorstellung ebenso verstärkt wie die häufigen und oft verheerenden Erdbeben. So wurden Hierapolis und Ephesos im Jahr 17 n. Chr. durch ein heftiges Erdbeben zerstört, und bis heute ist die Erde hier nicht zur Ruhe gekommen. ■

Im Wasser gelöster Kalk bildet die Terrassen von Pamukkale im Norden der türkischen Stadt Denizli. Wenn sich die so entstandenen natürlichen Becken mit Kalkablagerungen gefüllt haben, sucht sich das Wasser einen anderen Weg. Die Vegetation erobert nur ganz langsam den Stein, der dann seine weiße Farbe verliert. ▽

Kostenlose Energie von Mutter Natur

Eierkochen im Thermalwasser von Beppu

Es ist sicherlich verlockend, die natürliche Energie von Thermalquellen nicht nur zum Baden zu nutzen, vor allem dann, wenn das Wasser zu heiß oder aufgrund eines penetrant schwefeligen Geruchs wenig einladend zum Kuren ist.

Mitunter haben Menschen das kostenlose Warmwasserangebot genutzt, um ihre Wäsche zu waschen. Häufig kocht man sogar Nahrungsmittel darin. Auch dies ist eine naheliegende Maßnahme zum Energiesparen, aber vielleicht auch ein Anknüpfen an alte Bräuche. So warb man früher um die Gunst der Quellgeister mit einem nahrhaften Opfer.

Im japanischen Thermalbad Beppu werden noch heute Eier im fast kochenden Thermalwasser gegart – angeblich überträgt das Wasser bei diesem Vorgang seine Heilwirkung auch auf die Nahrungsmittel.

Heiß und mineralisch

In wasserführenden Gesteinsschichten wie Kalk, Sanden, Sandstein usw. zirkuliert das Grundwasser ebenso wie in klüftigen Vulkangesteinen. Mancherorts reicht es einige tausend Meter tief, und mit zunehmender Tiefe erwärmt es sich um etwa 1 °C pro 30 m. Je rascher es aufsteigt, desto heißer verläßt es die Quelle. In Vulkangebieten erhitzt Magma in geringer Tiefe das Grundwasser zusätzlich, so daß Thermalquellen hier häufiger sind.

In heißem Wasser lösen sich zudem Mineralsalze schneller und in größeren Mengen. Deshalb ist eine Thermalquelle in der Regel auch reich an Mineralien. Fachleute sprechen dann auch von Thermomineralwasser, das häufig mit in der Tiefe erzeugten Gasen angereichert ist.

Beim Austreten erkaltet das Wasser und verliert die gelösten Gase. Daher lagert sich ein Teil der gelösten Mineralsalze um die Quelle herum ab und bildet dann oft spektakuläre Gesteinsformationen.

Thermalbäder locken seit jeher die Menschen an. Die georgische Hauptstadt Tiflis, ein traditionsreiches Thermalbad, wirbt für sich mit einer uralten Legende: Eines Tages traf Vakhtang Gorgassali, der König des ostgeorgischen Reiches Iberien, bei der Jagd eine Hirschkuh (oder einen Fasan) mit einem Pfeil. Während das Tier verblutete, fiel es in eine heiße Quelle und war im Nu gar. Eine zweite Version besagt, daß das Tier im heißen Wasser genas und seinem Jäger entkam. Der König begriff, welchen Nutzen er aus diesem Ort und seinem außergewöhnlichen Wasser ziehen könnte. Daher beschloß er, hier seine Hauptstadt zu bauen.

Tiflis, für seine Schwefelthermen bekannt, verdankt diesen Quellen auch seinen georgischen Namen Tbilissi: *tbili* bedeutet auf georgisch „heiß". Schon zur Zarenzeit gehörte die Stadt zu den beliebtesten Thermalbädern Europas. Dichter, Künstler und Männer von Welt liebten die orientalische Stadt mit ihren prächtigen Bädern. Für Puschkin war sie die Perle des Orients.

Eine vollständige Badesitzung umfaßte mehrere Duschen, Massagen und Abreibungen mit Teppichen. Auch Chiropraktiker hatten sich hier niedergelassen und rückten ausgerenkte Wirbel wieder ein. Doch die Bäder dienten nicht nur therapeutischen Zwecken. Kupplerinnen boten den Gästen Heiratskandidatinnen an, die sich im Schutz des Bades – wenn auch heimlich – den Männern hüllenlos präsentierten.

Seit Jahrhunderten ist die georgische Hauptstadt Tiflis für ihre Bäder berühmt.

Hydrothermale Zirkulation

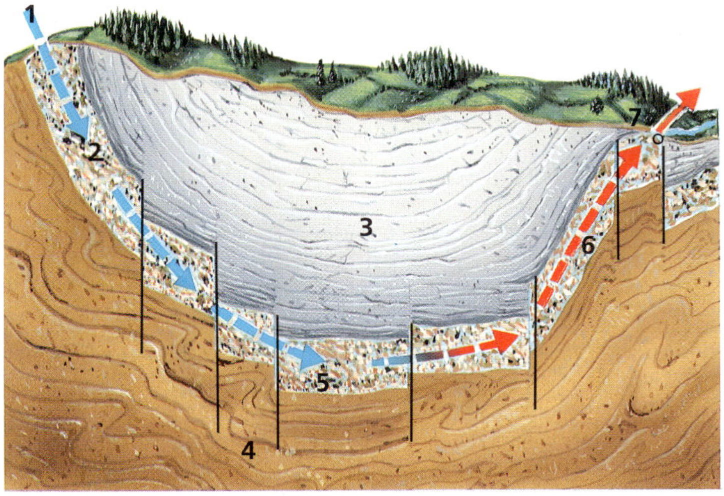

1 Versickern im durchlässigen Boden (etwa Sand)

2 Durchlässiger Boden mit Wasser; wasserführend

3 Undurchlässiger Boden (etwa Ton) oberhalb einer wasserführenden Schicht

4 Darunterliegender, undurchlässiger Boden

5 Zirkulation des Wassers in der wasserführenden Schicht

6 Rasches Aufsteigen des heißen Wassers

7 Thermalquelle

◁ *Wenn Wasser in durchlässige Bodenschichten einsickert, erwärmt es sich mit zunehmender Tiefe um etwa 1 °C pro 30 m und löst dabei Mineralien. Um die Wärme und die gelösten Salze bis zum Austritt an der Quelle nicht zu verlieren, muß es in der wasserführenden Schicht in einem senkrechten Kanal rasch nach oben steigen.*

△
Im Yellowstone-Nationalpark, Wyoming, USA, steigt mit Kohlendioxid und gelöstem Kalk angereichertes Grundwasser auf und sprudelt in Kaskaden talwärts. Turbulenzen begünstigen die Freisetzung des Kohlendioxids. Der gelöste Kalk lagert sich rasch ab. Die weißgelblichen Gebilde ähneln aus der Ferne Mammutrücken.

△
Aus den Fumarolen des Vulkans Papandayan auf Java (Indonesien) strömt das übelriechende, giftige Gas Schwefelwasserstoff aus. Es reagiert schnell mit Luftsauerstoff und bildet dabei weiße Wasserdampfwolken sowie gelbe oder orange Ablagerungen von reinem Schwefel, der mancherorts von Hand abgebaut wird.

Die mystischen Formen von Mammoth Hot Springs

Indianer – so berichteten Naturforscher zu Beginn des 19. Jahrhunderts – würden das Gebiet von Yellowstone im US-Bundesstaat Wyoming strikt meiden; ihrer Meinung nach konnte das unablässige, donnernde Grollen in dieser Gegend, das die Kinder nicht einschlafen ließ, nur von Geistern herrühren. Diese, so erklärten die Indianer, duldeten offenbar die Nähe des Menschen nicht. Dennoch drangen 40 Jahre später die Stämme der Schoschonen und der Bannocks immer häufiger in das Gebiet von Yellowstone vor. Sie stellten dort den Bisons nach, weil die ursprünglich riesigen Herden in der Prärie des Mittleren Westens bereits dezimiert waren.

Über 60 Jahre lang durchstreiften nur Indianer und Trapper diese Region, und Goldsucher durchquerten sie auf dem Weg nach Idaho und Montana. Doch 1869 begann die systematische Erforschung des Yellowstone. Die Mitglieder einer Expedition zeichneten eine Karte von der Gegend und vermerkten darauf all die Naturwunder, die sie bisher nur aus den Erzählungen der Pioniere gekannt hatten – heiße Quellen, Geysire und deren mineralische Ablagerungen, kristallklare Seen, Canyons und Wasserfälle. Ihr schwärmerischer Bericht überzeugte schließlich die amerikanische Regierung davon, daß man in Zukunft alles unternehmen müsse, um diese Landschaft zu schützen.

So entstand 1872 mit dem Yellowstone der erste Nationalpark der Welt. Hier hatten die heißen Quellen im Lauf der Zeit enorme Mengen an Travertin angehäuft, blasige und leichte Kalkablagerungen, wie sie an allen kohlendioxidreichen und kohlensauren Gewässern vorkommen. Der Travertin türmt sich zu dicken, grauen und rundlichen Gebilden auf, die an Herden von Elefanten erinnern, oder mehr noch an ihre vorgeschichtlichen Ahnen, die Mammuts. Überreste dieser Eiszeittiere waren damals gerade entdeckt worden; deshalb gab man diesem Ort den Namen Mammoth Hot Springs, also „die heißen Quellen des Mammuts“.

Ein konstanter Zustrom von etwa 3000 m^3 Wasser pro Tag speist die Quellen. In der Nähe aktiver Quellen – dort, wo kein Wasser mehr fließt – gibt es auch Travertinformationen, die bereits von Pflanzen besiedelt wurden. Travertinablagerungen bilden sich nämlich oft im Innern von Klüften, in denen das Wasser bis an die Oberfläche gelangen kann. Verschließen mineralische Ablagerungen diese Klüfte, so versiegen die Quellen oder suchen sich einen anderen Weg. ■

Der Schwefel aus der Tiefe am Gipfel des Papandayan

Im Westen der Insel Java, die zu Indonesien gehört, liegt der Papandayan – einer der zahlreichen Vulkane dieser Gegend, allerdings beileibe nicht der gefährlichste. Java ist ein Glied in der 4000 km langen Kette der Sunda-Inseln, die zusammen mit den anderen indonesischen Inseln weltweit die höchste Dichte an Vulkanen aufweist. Die Vulkantätigkeit äußert sich jedoch nicht nur in katastrophalen Ausbrüchen, Lavaströmen und Lahars. Aus offenen Vulkanspalten entweichen aus Fumarolen ständig Gase.

In dieser Region sind die Lava und die vulkanischen Gase stark schwefelhaltig, was man am „Schwefelgipfel" des Papandayan sehr gut erkennen kann. Manche Fachleute glauben, daß der Schwefel aus dem Erdmantel und damit aus einer Tiefe von rund 25 km stammt, wo er reichlich vorhanden ist.

Die stark mit Schwefelwasserstoff oder Schwefeldioxid angereicherten, übelriechenden Gase reagieren an der Erdoberfläche mit der Luft und bilden Wasserdampf und Schwefel, der sich um die Fumarolen herum absetzt. Solche Vorkommen werden nach einem italienischen Begriff Solfataren genannt, was soviel wie „Schwefelmine" bedeutet. Auf den Antillen in der Karibik wird ein stark schwefelhaltiger Vulkan daher auch *soufrière*, „Schwefelgrube", genannt.

Auf Java haben die Solfataren zuweilen einem herrlich grünen See Platz gemacht – so etwa am Kawah Idjen, dem See des „Grünen Kraters", der Hunderttausende von Kubikmeter an Schwefelsäure, Salzsäure und Eisensulfat enthält. Diese Schwefelablagerungen sind sehr viel ergiebiger als die des Papandayan und werden dort unter schwersten Bedingungen in Handarbeit abgebaut, denn Schwefelwasserstoff ist ein hochgiftiges Gas. Doch die unerschöpflichen Minen, in denen das geförderte Mineral ständig erneuert wird, sichern den indonesischen Arbeitern ein bescheidenes Einkommen. Der Schwefel wird zum Bleichen von Zucker und vor allem zum Vulkanisieren von Kautschuk eingesetzt. ■

Die Geysirit-Terrassen von El Tatio

Die Hochebene El Tatio im Westen der nordchilenischen Atacamawüste weist die größte Gruppe von Geysiren in den Anden auf. Gleichzeitig ist sie mit bis zu 4500 m die weltweit höchste Region, in der Geysire emporschießen. In diesem Teil Chiles gibt es zahlreiche aktive Vulkane. Sie bilden den Abschluß eines langen Streifens, der von Alaska an südwärts von Vulkanausbrüchen und Erdbeben erschüttert wird. Der Grund dafür ist das Aufeinandertreffen der Pazifischen Platte mit der Südamerikanischen Platte, was in dieser Region auch zu einer starken geothermalen Aktivität führt. Ein Beispiel hierfür sind die Geysire von El Tatio, die am frühen Morgen am imposantesten sprudeln.

Unter dem Druck von Gasen und Wasserdampf schießt das Wasser in spektakulären Fontänen in die Höhe. Dabei wird es gestreut und in der kalten Höhenluft so stark abgekühlt, daß die im Thermalwasser gelösten Mineralsalze sofort ausgefällt werden.

Bei El Tatio bestehen die Gesteine, die mit dem Wasser in Berührung kommen, ausschließlich aus Silikaten und nicht aus Kalk, wie etwa in Pamukkale. Das an Kieselsäureanhydrid reiche Wasser bildet weiße, leichte Mineralablagerungen, die eine Spielart des Kieselsinters darstellen, nämlich Opal. Algen und Bakterien siedeln sich gern auf dem warmen mineralischen Untergrund an, der auch Geysirit genannt wird. Aufgrund der Temperatur können sie hier sogar im Hochgebirge gedeihen. Ihre lebhaften Farben verwandeln die Geysirfelder und Heißwasserbecken von El Tatio in eine märchenhafte Welt. ■

△ *In der nordchilenischen Gebirgskette von Antofagasta, in der Nähe der riesigen Kupfervorkommen von Chuquicamata, brodeln die 40 Geysire von El Tatio seit Zehntausenden von Jahren. Beim Emporschießen erkaltet das Thermalwasser und scheidet gelöstes Kieselsäureanhydrid ab. So entstehen kleine Barrieren, an denen sich Geysirit bildet. Auf dem Stein entwickeln sich Algen- und Bakterienrasen, für deren Färbung Metallsalze verantwortlich sind.*

Ungarische Badekultur

Schon seit der Antike setzt der Mensch auf die Heilkraft von Thermalquellen. Gelegentlich wurde sie mystisch überhöht – so stammt die Sage vom Jungbrunnen etwa aus dem alten Ägypten. Doch selbst wenn Wunderheilungen selten sind und nur auf Einbildungskraft beruhen, bleibt der therapeutische Nutzen von Badekuren auch im Licht der modernen Medizin unbestritten.

Thermalwasser wird zumeist für Bäder genutzt. Bereits im 1. Jahrhundert unserer Zeitrechnung entstanden im ungarischen Budapest Bäder, in denen sich die römischen Legionäre von Pannonien erholten. Heute zählen die Bäder von Szécsény, welche die türkischen Bäder abgelöst haben, zu den größten Thermaleinrichtungen Europas. In den Becken kurieren die Gäste die unterschiedlichsten Leiden.

Die prächtigen Szécsény-Bäder in Budapest

Unberechenbare Geysire
WASSER MIT SCHUSS

1880 hatte ein chinesischer Einwanderer in den USA eine glänzende Idee: er baute im Yellowstone-Nationalpark bei einer heißen Quelle eine Wäscherei. Doch die Seife senkte den Siedepunkt des Wassers, und so entstand unvermutet ein Geysir, der die geschäftlichen Träume des Chinesen wie eine Seifenblase platzen ließ.

Islands Geysire

Island liegt am Rand des Mittelatlantischen Rückens – einer 20 000 km langen Kette unterseeischer Vulkane, die am Meeresgrund des Atlantiks zwischen Europa und Amerika verläuft. Die Insel im Nordatlantik ist ein wahres Feuerland. Der Vulkanismus läßt hier viele thermomineralische Quellen sprudeln.

Im Gegensatz zu den Sagen vieler anderer Völker sieht die isländische Volkssage, die Edda, Erdbeben, Vulkanausbrüche und Geysire nicht als Zeichen der Hölle an. Zwei berühmte Geysire tragen sogar lustige Namen: *Strokkur*, das hier abgebildete „Butterfaß", und *Smidur*, „der Koch". Geysire gehören für die Isländer zum alltäglichen Leben, das durch ein rauhes Klima geprägt ist. Seit langem beherrschen die Inselbewohner die Kunst, die natürliche Energie aus der Tiefe zu zähmen.

Bereits im 16. Jahrhundert nutzte man das Thermalwasser, um Saunen und Häuser zu beheizen. Seit 1930 bringt man bis zu 3000 m tiefe Bohrungen nieder, um Wasserdampf zu gewinnen. In Island hat die Nutzung erneuerbarer Energiequellen Tradition. So gibt es ein geothermales Fernheiznetz, und in Treibhäusern gedeihen Obst und Gemüse mit Hilfe von Erdwärme. In Sachen Geothermie gelten isländische Geologen und Ingenieure weltweit als die führenden Experten.

Geysire gibt es nur an wenigen Stellen auf der Erde, dafür bieten sie fast immer einen spektakulären Anblick. Bei manchen schießen die Wasser- und Dampffontänen 100 m in die Höhe. „Touristenfreundliche" Geysire erzeugen ihre Fontänen regelmäßig – sie melden sich stündlich für einige Minuten. Doch häufig sind sie nur sporadisch oder in unregelmäßigen Abständen aktiv. Ungeduldige Fremdenführer werfen dann schon einmal ein Seifenstück ins Spritzloch. Dadurch sinkt die Siedetemperatur des Wassers, und der Geysir meldet sich scheinbar auf Befehl. ■

Eigenwillige Sprudler

Geysir – zu deutsch „Sprudler" – hieß zunächst nur ein berühmter Vertreter dieser auf Island häufigen Gattung. Der Namenspatron ist allerdings schon lange versiegt.

Geysire werden seit dem 19. Jahrhundert gründlich erforscht. In der Tiefe erreicht die Wassertemperatur 120–130 °C. Da das Wasser unter hohem Druck steht, siedet es nicht. Doch kleinste Störungen bringen es zum Kochen, und es schießt als Fontäne aus dem Quellschacht. Auf natürliche Weise geschieht dies etwa, wenn kälteres Wasser in der Nähe der Oberfläche hinzufließt. Hineingeschüttete Seife oder aufsteigende Gasblasen haben indes die gleiche Wirkung.

Geysire brauchen bestimmte Bedingungen: sehr heißes Wasser mit hohem Gasgehalt und den Zustrom von kälterem Wasser. Daher kommen Geysire auch nur auf einigen hydrothermalen Feldern vulkanischen Ursprungs vor, nämlich auf Island, in den USA, in Chile, Neuseeland, Japan, Äthiopien und auf der russischen Kamtschatka-Halbinsel.

In der Nähe von Reykjavik liegt das Thermalfeld ▷ Haukadalur. Dort befand sich einst auch der Geysir, der allen anderen den Namen gab. Im letzten Jahrhundert spritzte er kochendes Wasser und Dampf noch bis in eine Höhe von 60 m, doch heute hat er dem hier abgebildeten Strokkur, dem „Butterfaß", den Rang abgetreten.

Die künstliche Lady Knox

Noch im letzten Jahrhundert gab es in Neuseeland erheblich mehr und aktivere Geysire als auf Island. Ausgehend vom Vulkan Tongariro – er befindet sich auf der Nordinsel zwischen den Städten Rotorua und Wellington – bis zur Insel White in der Bucht von Plenty klafft eine 250 km lange Erdspalte. Entlang dieser Spalte liegen Geysire, „Hitzestrahler", die heftig Gas und Dampf ausstoßen, heiße Quellen, Solfataren und Schlammkessel.

Allein im Waikato-Tal stießen 76 Geysire regelmäßig ihre Fontänen mit kochendem Wasser aus. Heiße Wildbäche stürzten inmitten der Geysirit-Ablagerungen als Wasserfall in einen See. 1886 zerstörte eine Vulkanexplosion diese wundervolle Landschaft.

Noch heute trifft man in diesem Vulkangebiet in der Nähe des Naturparks Waiotapu auf den Geysir „Lady Knox", der 1904 nach der Tochter des neuseeländischen Generalgouverneurs benannt wurde. Die Fontänen des Geysirs wurden zufällig ausgelöst. Zuerst handelte es sich nämlich nur um ein Becken mit kochendem Wasser. Doch dann begannen die Bewohner eines benachbarten Hofes und Gefängnisses hier ihre Wäsche zu waschen. Erstaunt erlebten sie, wie – ausgelöst durch das Seifenpulver – eine Fontäne hochschoß. Um das Spektakel noch eindrucksvoller zu machen, ließ der Gefängnisdirektor das Austrittsloch mit einer gußeisernen Röhre auskleiden, so daß die Fontäne noch an Höhe gewann. Anschließend tarnte er sein Werk unter Bimssteinblöcken, auf denen sich nach und nach Kieselsäureanhydrid ablagerte. Deshalb sieht der Geysir heute völlig natürlich aus.

Auf der Hochebene der neuseeländischen Nordinsel sind alle Bedingungen für die Entstehung von Geysiren vereint: Vulkanismus, Grundwasser und geologische Verwerfungen. Neuseeland, das isoliert im Südpazifik liegt, bietet einen Anhaltspunkt dafür, wo sich die Pazifische Platte unter die benachbarte Kontinentalplatte schiebt. Von den 600 aktiven Vulkanen der Erde liegen 300 im Feuergürtel oder „ring of fire" rund um den Pazifik. Fünf davon finden sich auf Neuseelands Nordinsel.

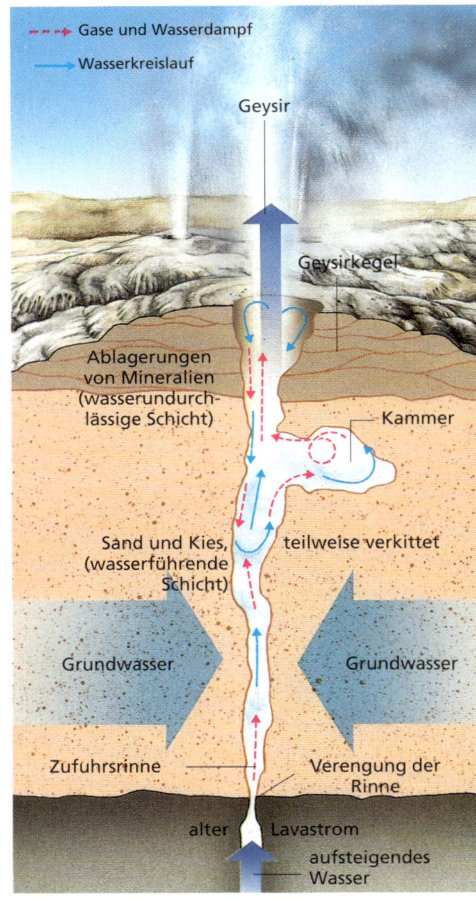

Der Aufbau eines Geysirs

△
Sehr heißes Grundwasser steigt an einer Verwerfung in einem alten Lavakanal empor. Ausbuchtungen in diesem Kanal und der Kontakt mit kälterem Wasser sorgen dafür, daß Gase und Wasserdampf den weiteren Aufstieg des Wassers blockieren. Es beginnt zu kochen, und der Druck nimmt so stark zu, daß Gas und Wasser hochschießen – ein Geysir ist entstanden.

Der höchste Geysir aller Zeiten war der Waimangu in Neuseeland. Aus der Maori-Sprache übersetzt, bedeutet der Name „die schwarzen Wasser". Im Januar 1900 tauchte der Waimangu plötzlich in einem Explosionskrater auf und spie regelmäßig Wasser, Gase und Dampf bis in eine Höhe von 500 m – ein nie wieder erreichter Weltrekord. Im Durchschnitt meldete er sich alle 30 Stunden. Zum Jahresende 1904 stellte er seine Tätigkeit unvermittelt ein.

◁ ***Auf der vulkanischen Hochebene der Nordinsel Neuseelands liegt der Geysir „Lady Knox". Wie alle Geysire ist er ein empfindliches System, das sich selbst zerstören kann. Er lagert um das Spritzloch herum Geysirit ab, das einen Kamin bildet. Ist dieser hoch genug geworden, wird sein hoher Druck auf die Wassersäule das Weitersprudeln verhindern. Der Geysir wird wie seine Nachbarn versiegen.***

Erdwärmefelder

NÜTZLICHE HITZE

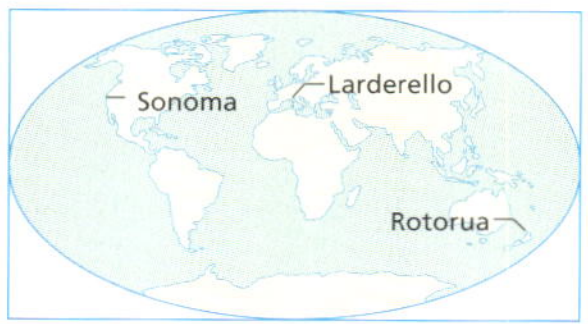

Wenigstens für etwas Gerechtigkeit scheint die Erde bei ihren Bewohnern zu sorgen. So sind zwar die Menschen in manchen Regionen besonders häufig Erdbeben oder Vulkanausbrüchen ausgesetzt, doch werden sie dafür durch Erdwärmefelder entschädigt, die ihnen gestatten, die kostenlose Energie aus dem Erdinnern anzuzapfen.

△ ***Nur mühsam bahnen sich die Fumarolengase einen Weg durch den schwärzlichen, tonigen Schlamm, der wie hier im neuseeländischen Ort Rotorua aus der Verwitterung vulkanischen Gesteins entsteht. Solche hydrothermalen Erscheinungen sind in der Umgebung ruhender, aber noch aktiver Vulkane sehr häufig und zeugen von einem anormalen Wärmestrom in der Erdkruste. Sie lassen häufig auf ein nutzbares Erdwärmevorkommen schließen.***

In Rotorua kommt der Strom aus dem Erdboden

Die nördliche Hauptinsel Neuseelands, North Island, ist fast ausschließlich vulkanischen Ursprungs, was die manchmal katastrophalen Ausbrüche und die zahlreichen Erdwärmefelder belegen. Wie die Isländer haben auch die Neuseeländer gelernt, ihre geothermischen Ressourcen systematisch auszuschöpfen. Die meisten Geothermieanlagen befinden sich auf einer Linie zwischen den beiden aktiven Vulkanen Tarawera bei Rotorua und dem Ruapehu im Zentrum der Insel. Die starke geothermische Aktivität zeigt sich hier an zahlreichen heißen Quellen, brodelnden Seen und fauchenden Fumarolen.

Bereits lange bevor man an eine industrielle Nutzung der geothermischen Kraft dachte, kochten die ersten Bewohner der Insel, die Maoris, mit dem natürlich vorkommenden heißen Wasser ihre Speisen. Die systematische Erschließung der kostenlosen Energie begann erst 1940, als man in Rotorua öffentliche Gebäude und Wohnhäuser geothermisch beheizte. Damals mußten die neuseeländischen Ingenieure das Thermalwasser noch nicht einmal aus großer Tiefe fördern, da zahlreiche Teiche rund um die Stadt die Idealtemperatur von 100 °C aufwiesen. Tiefe Förderbrunnen waren erst erforderlich, als die geothermische Stromgewinnung mit der raschen industriellen Entwicklung des Landes nicht mehr Schritt halten konnte.

Die Erdwärmeanlagen von Wairakei und Broadlands beziehen den Wasserdampf heute aus einer Tiefe von bis zu 1000 m. Der aus Dampfabscheidern und Kühlkondensatoren entweichende Dampf vermischt sich mit jenem, der seit Jahrtausenden die Erdwärmefelder von Ketetahi, Tauhara, Waiotapu und Kawerau in dichten Nebel hüllt. Den heißen Schlammkesseln in diesem Gebiet hat das Anzapfen der Erdwärme durch den Menschen nichts von ihrer Kraft genommen. ■

Die kleinste Eruption eines Vulkans ereignete sich 1977 auf Island. Eines Nachts spritzten aus einem Erdwärmeschacht in Namafjall nur 1,2 m³ Basaltschmelze. Diese Kleinsteruption ist bisher der einzige Lavaausstoß der Welt, den der Mensch durch das Graben eines Schachtes ausgelöst hat.

Grüße aus dem Untergrund

Die Erdwärme resultiert nur zu einem kleinen Teil aus Vorgängen während der Entstehung der Erde vor rund 4,5 Milliarden Jahren. Der Löwenanteil dieser Energie stammt aus dem Zerfall von Uran und radioaktivem Kalium im Erdinnern. Die Gesamtenergie der Erdwärme entspricht an der Oberfläche etwa einem Promille der Energie, die uns die Sonne spendet.

Theoretisch könnte die Energie der Erdwärme auf der Welt eine Leistung von rund 10 Milliarden MW liefern – ein beachtliches Energiepotential, das sich jedoch nur selten nutzen läßt, weil die Energiedichte an den meisten Stellen des Globus viel zu gering ist. Nur an einigen Stellen der Erde existieren im Untergrund regelrechte Erdwärmespeicher. Analog zu dem Begriff Erdölfeld werden sie als Erdwärmefelder bezeichnet. Fumarolen und andere hydrothermale Erscheinungen sind oberirdische Anzeichen solcher im Untergrund liegender Heißwasserspeicher.

Am häufigsten liefern Erdwärmefelder Heißwasser, doch in besonders günstigen Fällen erhält man aus der Tiefe sogar Dampf, der zur Stromerzeugung eingesetzt werden kann. 1990 betrug die weltweit installierte Leistung von Erdwärmekraftwerken 10 000 MW. Die industrielle Nutzung der geothermischen Energie umfaßt zuweilen auch das Gewinnen verwertbarer chemischer Verbindungen.

Ein Erdwärmefeld macht Kalifornien Dampf

150 km nördlich von San Francisco, im kalifornischen Sonoma County, liegt ein Erdwärmefeld, das zu Unrecht als Geysirgebiet bezeichnet wird. Bis 1921 nutzte man lediglich die Quellen des Erdwärmefeldes, die nur durch unauffällige Fumarolen auszumachen waren. Das heiße Wasser speiste Thermalbäder, die zahlreiche Kurgäste anzogen.

Doch dann gingen Ingenieure dem natürlichen Schatz buchstäblich auf den Grund. Sie brachten eine erste Bohrung nieder. Das Erdwärmefeld sollte unterirdisch angezapft werden, um mit dem geförderten Dampf Strom zu erzeugen. Bereits in 100 m Tiefe stieß man auf ein ergiebiges Vorkommen. Dennoch geriet das Projekt zunächst wieder ins Stocken, weil die Nachfrage nach der damals noch neuen Elektrizität zu gering war. Erst nach dem Zweiten Weltkrieg schöpfte man das Potential des Erdwärmefeldes aus. Heute gibt es hier rund 200 Bohrungen – der Rekord liegt bei etwa 3000 m Tiefe. Dort herrschen bereits Temperaturen von fast 250 °C. Dieser Wert liegt deutlich über der sogenannten geothermischen Tiefenstufe – so bezeichnet man die durchschnittliche Temperaturerhöhung im Boden in Abhängigkeit von der Tiefe, die üblicherweise um etwa 3 °C pro 100 m zunimmt.

Die geothermischen Kraftwerke auf dem Erdwärmefeld von Sonoma County liefern heute 1000 MW Strom, was der Leistung eines Kernkraftwerkes entspricht. Die Anlagen lassen erahnen, welche Bedeutung die geothermische Nutzung in Zukunft spielen könnte, wenn es gelänge, nicht zu tief liegende Erdwärmefelder aufzuspüren, selbst wenn an der Oberfläche kein Anzeichen dafür zu entdecken ist. Geologen orientieren sich dabei an Anomalien der geothermischen Tiefenstufe, die häufig dort auftreten, wo die Lithosphäre instabil ist. Dies ist in Kalifornien entlang der San-Andreas-Verwerfung der Fall. ■

Unterhalb von undurchlässigen Schichten speichert durchlässiges Gestein Wasser und Wasserdampf. Die geologische Bodenstruktur begünstigt ihr Einströmen. Unter diesen Bedingungen, die denen eines Erdölfeldes ähneln, entstehen mancherorts geothermische Felder. Auch die Bohrtechniken sind in beiden Fällen verwandt. Ungewöhnlich ist allerdings der große Wärmestrom, der nur bei Erdwärmefeldern auftritt. ▽

Erdwärmefeld

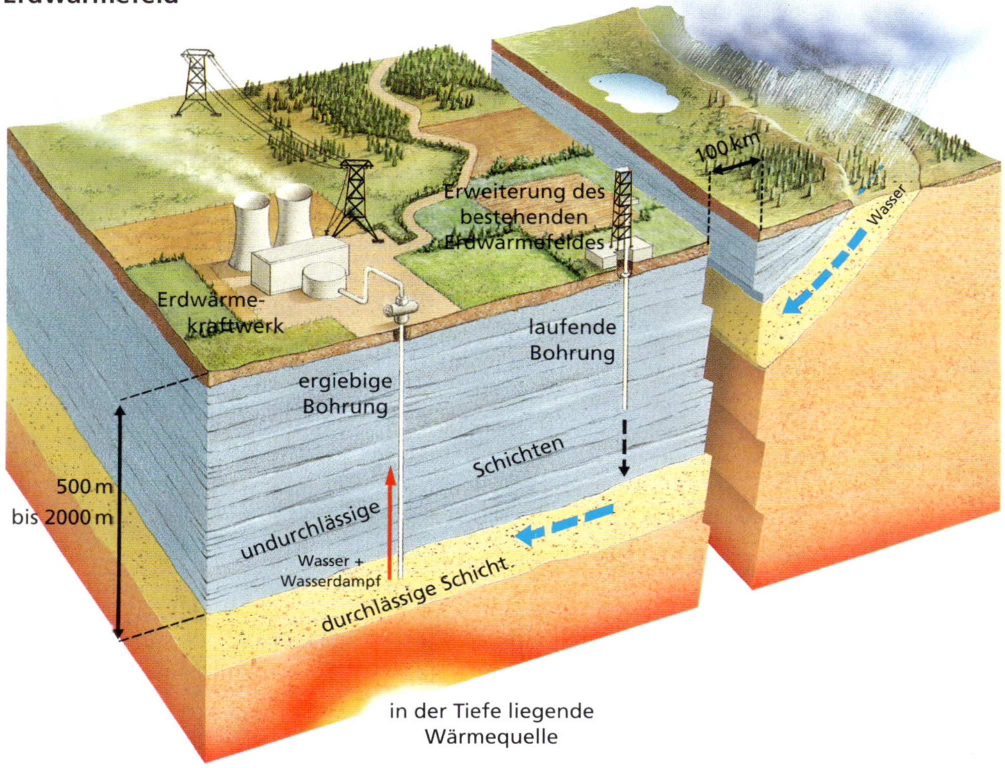

Nicht nur Straßen winden sich durch die Toskana

Italientouristen lieben an der Toskana das Dreieck Pisa-Siena-Florenz. Doch wer nicht nur an römischen und etruskischen Ruinen oder an der Eleganz der italienischen Renaissance interessiert ist, sollte einen Abstecher zum Erdwärmefeld von Larderello machen.

Zwischen Hügeln, auf denen Pinien, Eichen und Zypressen nur spärlich wachsen, liegt ein Tal, das sich vom Landschaftsbild her kaum von den Nachbartälern mit ihrer traditionellen Landwirtschaft unterscheidet. Doch statt Feldfrüchten erntet man im Tal von Larderello heißen Dampf, denn hier befindet sich

das wohl älteste Erdwärmekraftwerk der Welt. Bereits 1904 gewann man in Larderello mittels einer Dampfturbine elektrischen Strom. Heute zapfen mehrere hundert Schächte das Erdwärmefeld an, das pro Stunde Tausende von Tonnen an heißem Dampf liefert. Die wertvolle Energie aus der Tiefe gelangt über Rohrleitungen zu den Dampfturbinen der Elektrizitätswerke, die zusammen eine stattliche Leistung von 650 MW vorweisen.

Obwohl die Kraftwerke so nahe wie möglich an den Schachtöffnungen gebaut wurden, ist das Rohrnetz Hunderte von Kilometern lang. Jedes Rohr windet sich – scheinbar ziellos – durch die Landschaft. Doch in gekrümmten Rohren kann sich der Dampf besser ausdehnen. Daher läßt sich so dessen Energie noch ökonomischer nutzen.

Die Erschließung des Erdwärmefeldes reicht sogar bis ins 18. Jahrhundert zurück. Damals gewann man zunächst in Handarbeit, später auch industriell, Borsäure aus den toskanischen *lagoni*. So bezeichnete man schlammige, heiße Tümpel, aus denen brodelnd Gas ausströmte. Sie sind heute ebenso wie die Fumarolen oder *soffionis* selten geworden, während sie diese Gegend in der Römerzeit überhaupt erst bekannt gemacht haben.

Geblieben ist nur der an vielen Stellen austretende Wasserdampf, der manchmal mit gefährlichen und übelriechenden Gasen „gewürzt" ist. Nur noch selten entweicht er den *soffionis*. Viel häufiger stammt er aus Lecks am oberen Teil der Schächte, aus oberirdischen Rohrleitungen oder aus den Kühltürmen in der Nähe der Wärmekraftwerke. ■

◁ ***Obwohl man ein genutztes Erdwärmefeld oberirdisch am ehesten an einem Netz von Rohren erkennt, bleibt der Hauptteil der Anlage unsichtbar. Zahlreiche Bohrschächte – hier im toskanischen Larderello sind es mehr als 600 – holen den Dampf aus Tiefen bis zu 1000 m.***

◁ ***Dampfsäulen steigen nördlich von San Francisco in den kalifornischen Himmel auf. Sie sind in dieser von Erdbeben heimgesuchten Region ein untrügliches Zeichen für eine Anomalie im Wärmestrom der Erdkruste. Die Kalifornier nutzen diese besondere geologische Bedingung sehr geschickt. Das installierte Erdwärmekraftwerk liefert fast 4000 MW an elektrischem Strom.***

Die Schlammbäder von Vulcano

Während so mancher Schulmediziner die Heilkraft von Thermalwasser bezweifelt, schwören die Anhänger der Balneotherapie auf die Wirkung des heißen Wassers bei vielen Leiden. Die Kurgäste, die sich auf Vulcano, der südlichsten der Liparischen oder Äolischen Inseln vor Italien, Heilung versprechen, müssen allerdings unerschrocken an den Nutzen eines Bades im Wasser der übelriechenden, versickernden Flußarme der Insel glauben.

Die Wassertemperatur beträgt mindestens 50 °C, und manche Kurgäste halten sogar Temperaturen von bis zu 70 °C aus. Die Heilkraft beruht nach Ansicht der Kurärzte sowohl auf dem feinen Ton im Untergrund als auch auf den schwefeligen Dämpfen, die dem stark sauren Wasser entweichen. Selbst das radioaktive Gas Radon soll sich nach Ansicht mancher Naturheilkundler bei Rheuma, Hautkrankheiten und Atembeschwerden günstig auswirken.

Die Kurgäste auf Vulcano mögen's heiß.

Die Wacht am Vulkan

Vulkanologen, die einen Ausbruch vorhersagen wollen, müssen etwas im Auge behalten, was sie gar nicht sehen können – nämlich den Füllungsgrad der Magmakammer im Berginnern. Deshalb richten sie ihr Augenmerk auf Ereignisse, die sie von außen mit Instrumenten messen können und die möglichst genau die Situation in der Magmakammer widerspiegeln. Dazu gehören Formveränderungen des Vulkans, Änderungen seines Magnetfeldes und Konzentrationsschwankungen von Gasen, die aus dem Vulkan ausströmen. Gar nicht zynisch gemeint ist ein geflügeltes Wort unter Vulkanexperten, wonach vor allem die Beobachtung eines Ausbruchs selbst die wichtigsten Anhaltspunkte dafür liefert, wann der „Gott Vulcanus" erneut zuschlagen wird.

△ *Bricht der steigende Druck in einer Magmakammer das Gestein auf, dann schleudert durch den Gasdruck Magma hoch. Ein Ausbruch am Piton de la Fournaise auf der Insel Réunion beginnt mit Lavafontänen entlang einer Spalte und heftigem Gasausstoß. Die Fontänen versiegen rasch; der Ausbruch konzentriert sich an einem Punkt. Ein kontinuierlicher Lavastrom ergießt sich und bildet einen Kegel.*

Erdbeben in Vulkannähe sind in der Regel untrügliche Anzeichen für eine bevorstehende Eruption. Bei häufig ausbrechenden Vulkanen treten sie meist zwischen einer Woche und einem Monat vor dem Ereignis auf. Vulkane, die sich jahrzehnte- oder gar jahrhundertelang ruhig verhalten, melden sich schon viel früher, nämlich Monate bis zu einem Jahr vor der Eruption, mit einem Beben zurück.

Je nach äußerer Gestalt und Größe des Vulkans besteht das Überwachungsnetz der Vulkanologen aus unterschiedlich vielen seismischen Stationen. Deren Aufgabe ist es, die Bebenaktivität rund um den Vulkankegel zu registrieren.

Diese Daten geben nicht nur Aufschluß über die Stärke der seismischen Aktivität, sondern auch über deren räumliche Verlagerung. In Observatorien mit schnellen Computern geschieht dies in Echtzeit. Das heißt: Die Wissenschaftler verfolgen das seismische Geschehen gewissermaßen live. Daher können sie viel früher Alarm geben, nämlich sobald die Meßwerte einen als

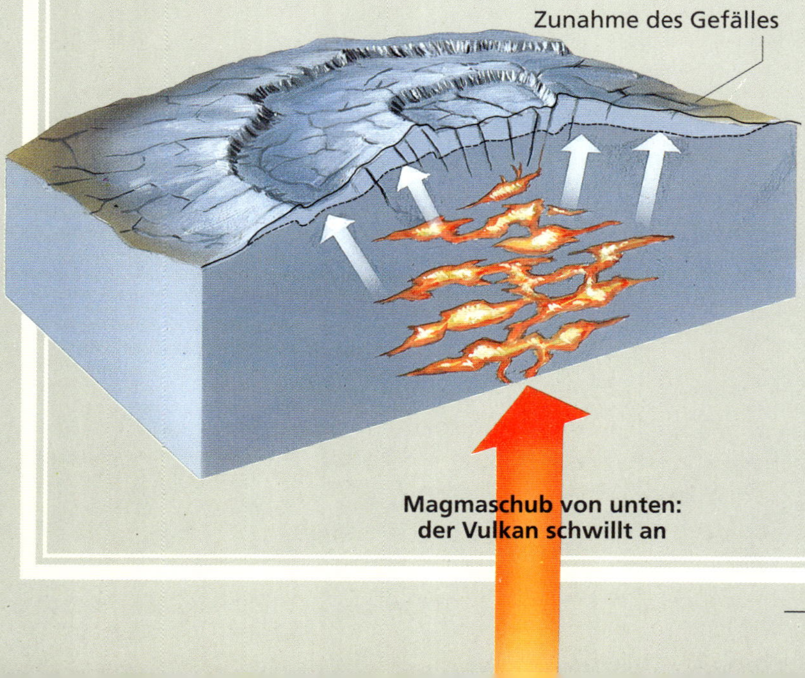

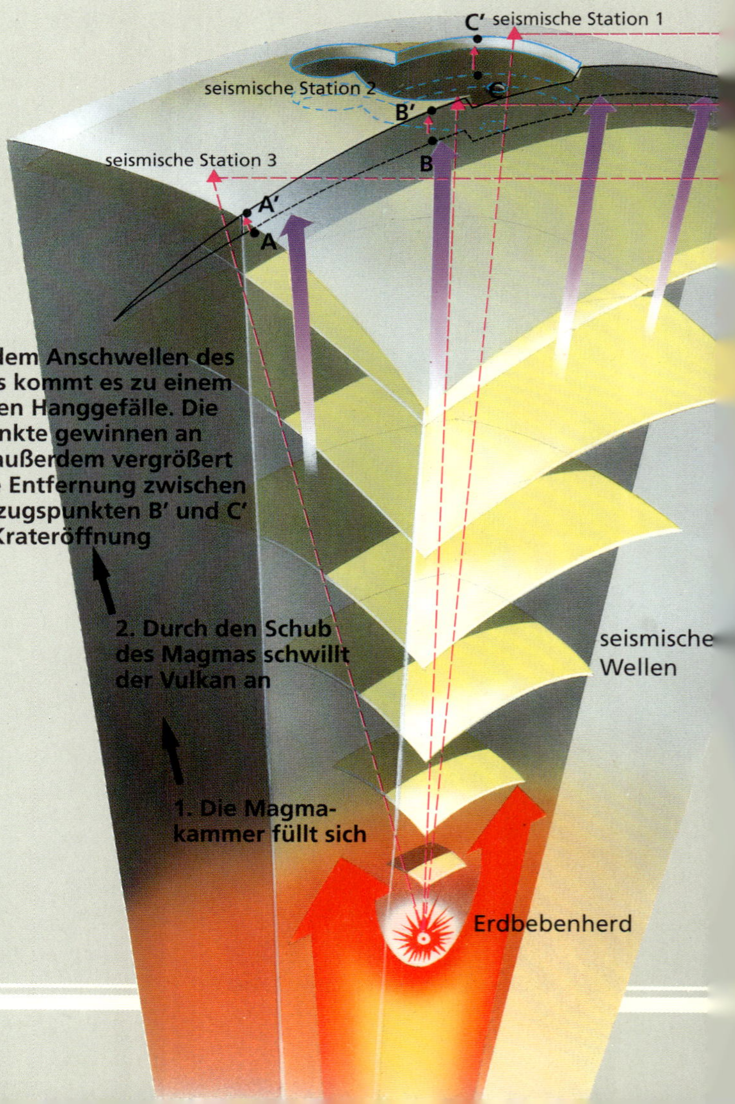

Gut geschützt entnimmt ein Geologe einer 940 °C heißen Fumarole auf dem costaricanischen Vulkan Poas eine Gasprobe.

Nicht nur im räumlichen Sinn überwachen Vulkanologen einen Vulkan mit einem Meßnetz. Die Prognosen stützen sich auf unterschiedliche Methoden, die erst zusammengenommen ein genaues Bild über die Vorgänge im Berginnern vermitteln:

1. Seismische Stationen sind mit Seismometern ausgestattet. Diese Meßgeräte registrieren die von den Erdbebenwellen verursachten Bodenbewegungen.
2. Querneigungsmeßstationen arbeiten mit zwei Querneigungsmessern, die rechtwinklig zueinander fest im Gestein verankert sind. Die Radial- und Tangentialmesser reagieren selbst auf kleinste Neigungsänderungen.
3. Für Magnetfeldmessungen setzt man das Protonen-Magnetometer ein.
4. In Radon-Stationen ist eine Sonde installiert, welche die Strahlung des radioaktiven Edelgases mißt.

Zusätzlich angebrachte Fühler messen die Temperatur der Fumarolen; Dehnungsmesser ermitteln Rißbreiten. Elektrooptische Lasergeräte messen permanent die Entfernung zwischen dem Gerät und verschiedenen Reflektoren, welche die Vulkanologen an neuralgischen Punkten des Vulkanmassivs angebracht haben.

Per Funkverbindung gelangen die Meßwerte jeder Station ins zentrale Observatorium, wo sie in digitalisierter Form in den Hauptrechner zur weiteren Analyse eingespeist werden. Von Solarzellen aufgeladene Batterien versorgen die Meßstationen mit dem nötigen Strom.

Ein Dehnungsmesser registriert die Rißbreite im Krater Dolomieu des Vulkans Piton de la Fournaise.

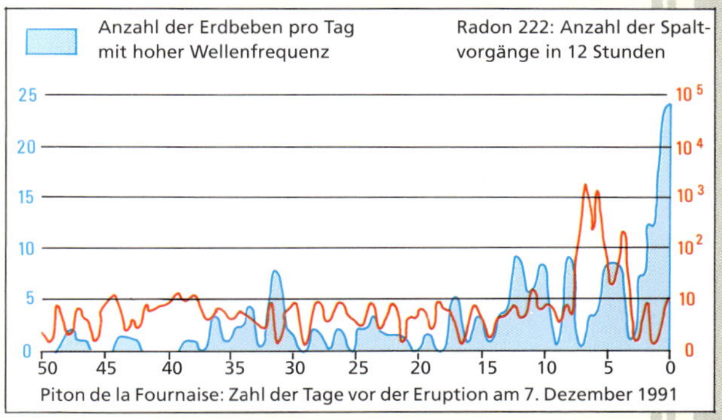

Schon mehrere Tage vor dem Ausbruch kündigte der Anstieg der Radonkonzentration an der Oberfläche ein Erdbeben und den Ausbruch vom 7.12.1991 an.

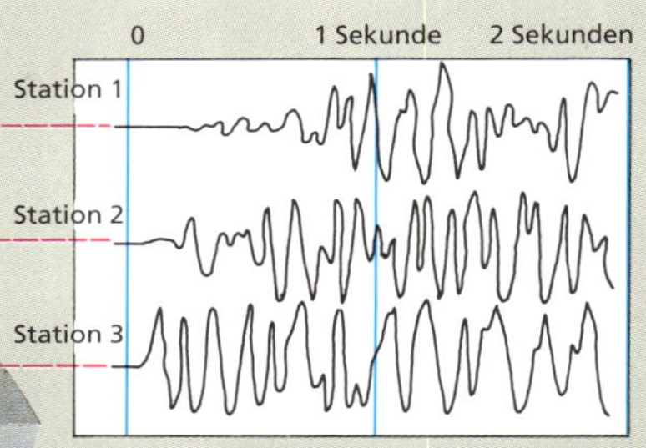

Aufzeichnung der seismischen Wellen an den drei Stationen: Die dem Erdbebenherd nächstliegende Station verzeichnet das Signal auch als erste.

Vor einem Ausbruch führt der Schub des Magmas zum Anschwellen des Vulkans. Das Gestein bekommt Risse (Grafik ganz links). Nach dem Ausbruch nimmt das Gefälle an den Flanken wieder ab, und der Vulkan kehrt zu seiner ursprünglichen Form zurück (untere Grafik).

Die Bebenwellen treffen wegen der unterschiedlich langen Laufzeiten nacheinander bei den Meßstationen ein. Aus dem Laufzeitunterschied läßt sich dann der genaue Ort des Erdbebenherdes bestimmen (mittlere Zeichnung).

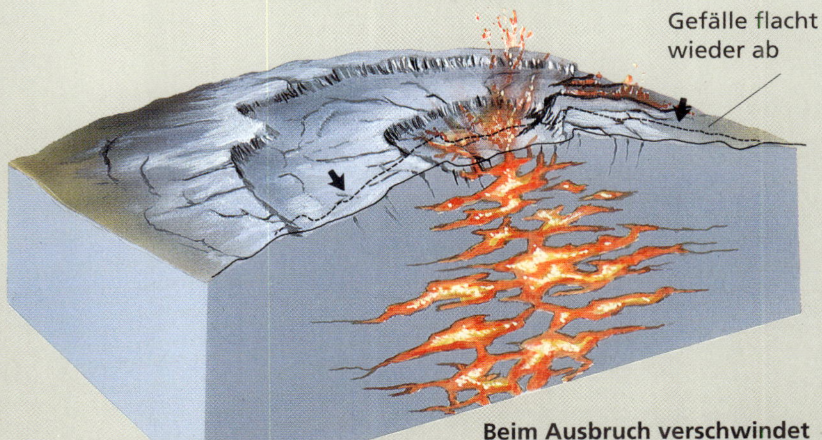

Beim Ausbruch verschwindet die Verformung wieder

kritisch angesehenen Schwellenwert überschreiten. Außerdem verändert ein Vulkan vor einem Ausbruch seine Form und sein „Gesicht", also seine Oberfläche: Der zunehmende Druck in der Magmakammer bläht das Bergmassiv regelrecht auf – dadurch entstehen Risse im Gestein. Aus der Ferne betrachtet fallen weder das Aufblähen noch die Risse auf, doch sogenannte Querneigungsmesser registrieren solche Ereignisse sehr genau. Ort, Richtung und Intensität der Verformungen lassen erkennen, wo sich der Vulkan voraussichtlich am stärksten verändern wird. Fließt Magma von unten in einen Riß, so läßt sich anhand der Ausbreitungsrichtung des Risses vorhersagen, wo sich der Ausbruch wahrscheinlich ereignen wird.

Elektrooptische Geräte registrieren das Anschwellen des Vulkans. Steht mehr Zeit zur Verfügung, ergänzen topographische Messungen das Bild. An bestimmten Meßpunkten werden hierzu die Höhenveränderungen registriert. So verformte sich der Gipfel des Mount St. Helens vor seinem Ausbruch im Mai 1980 um bis zu 200 m. Beim Piton de la Fournaise machen dagegen die Formveränderungen nur wenige Dezimeter aus.

Der Einstrom von zusätzlichem Magma in die Magmakammer und das stärkere Ausgasen führen zu einem Temperaturanstieg, der wiederum die Zirkulation der flüssigen und gasförmigen Materie beeinflußt. Ablesbar sind die verborgenen Vorgänge an Änderungen im Magnetfeld um den Vulkan. Für die Analyse muß man die am Vulkan gewonnenen Meßwerte mit denen einer Referenzstation außerhalb seines Einflußbereiches vergleichen.

Wichtig ist auch, die Tätigkeit der Fumarolen und der heißen Quellen im Auge zu behalten. Ändert sich die chemische Zusammensetzung der Gase, die an der Oberfläche austreten, ist dies ein deutliches Indiz für einen bevorstehenden Ausbruch. Da solche Gasanalysen nur punktuell möglich sind, werden sie durch Radonmessungen der Luft ergänzt. Das chemisch inaktive Gas entweicht zusammen mit anderen Gasen aus der Magmakammer. Einige Tage vor einem Ausbruch, so hat man herausgefunden, schwankt die Radonkonzentration in der Luft erheblich.

Leider lassen sich auch mit diesen Überwachungsmethoden hundertprozentige Voraussagen noch nicht treffen. Doch je besser Vulkanologen die Mechanismen eines Ausbruchs verstehen, desto präziser werden ihre Prognosen in der Zukunft sein.

DIE ERDE

Geburt der Gebirge

Bedrohliche Erdbeben

KRAFTAKTE DER KRUSTE

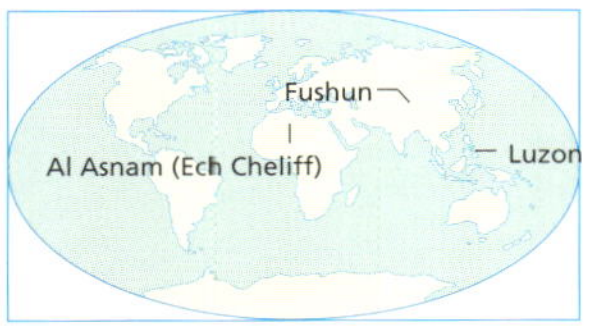

Vom Menschen meist unbemerkt, ist die Erdkruste ständig in Bewegung. Ihre Platten verschieben sich im Zeitlupentempo, doch gelegentlich gibt es im Erdinneren einen plötzlichen Ruck. Wer sich dann auf der Erde zur falschen Zeit am falschen Ort aufhält, gerät mitten in eine Katastrophe. Und bislang ist gegen Beben kein Kraut gewachsen.

△
Der Bruch, der die Südwestflanke des Altai an der Grenze zwischen China und der Mongolei durchschneidet, ist der größte Steilhang, den ein einziges Erdbeben erzeugt hat. Das Beben vom 11. August 1931 hatte eine Stärke von 8,0. Der Bruch ist stellenweise 14 m breit.

Eine Kollision bricht einen Kontinent entzwei

Am 11. August 1931 erschütterte ein Erdbeben mit dem Epizentrum bei Fushun die chinesische Provinz Sinkiang. Die Spuren sind noch heute sichtbar: ein 200 km langer Bruch durchschneidet die dsungarische Steppe. Er spiegelt vor allem ein horizontales Gleiten zweier Erdplatten wider. Die steilen Böschungen des Bruches enthalten noch die meisten Informationen über dieses Beben, da zu jener Zeit das Netz der seismischen Stationen viele „Löcher" aufwies. Wenn man im Geist die obere Hälfte des Fotos mit der unteren „zusammenschiebt", wird deutlich, daß beim Beben der untere Block im Vergleich zum oberen nach links unten rutschte. Länge und Breite des Bruches zeigen klar, daß es sich um ein starkes Beben gehandelt hat – verblüffenderweise in der Mitte einer Kontinentalplatte.

Das Beben von Fushun ist nur eines von sechs mit einer Stärke von 8,0 oder mehr, die Turkestan und die Mongolei zwischen 1900 und 1935 heimgesucht haben. Bei allen Beben erzeugte die Kollision der Indischen mit der Eurasischen Platte entlang des Himalajas, also rund 2500 km weiter südlich, einen so starken Druck, daß sogar die Mitte eines Kontinents teilweise auseinanderbrach. ■

Die Reisfelder von Luzon auf dem Verschiebebahnhof

Meistens ereignen sich Erdbeben an Plattenrändern. Das sind lange, schmale Gürtel, an denen die beweglichen kontinentalen oder ozeanischen Platten aneinanderstoßen.

Was dabei passieren kann, zeigt das Erdbeben vom 16. Juli 1990, das Luzon, die Hauptinsel des Philippinenarchipels, verwüstete. Es forderte insgesamt 1621 Todesopfer, 90 000 Menschen wurden obdachlos, und es entstand beträchtlicher Sachschaden. Der Archipel liegt über einer der größten Verwerfungen im Westpazifik, die durch eine Querverschiebung entstanden sind: sie ist immerhin 1200 m lang. Bei dem Beben auf Luzon geriet die Erde auf einer Länge von mehr als 100 km in Bewegung.

An dieser Verwerfung mit den angrenzenden Subduktionszonen bewegt sich die Philippinische Platte im Verhältnis zur Asiatischen Platte in nordwestlicher Richtung um etwa 7 cm pro Jahr. Bei einem Beben treten plötzliche Verschiebungen von bis zu 5,1 m auf. Die Art der Verschiebung zeigt Geologen an, daß die Verwerfung durch horizontales Gleiten von Erdplatten zustande kam. Obwohl sich der Mensch seit jeher Gedanken über das Zustandekommen von Erdbeben macht, erkannten Geologen erst bei dem großen Erdbeben in San Francisco im Jahr 1906, daß es zwischen einer Verwerfung und einem Beben einen engen Zusammenhang gibt. Das eine ist ohne das andere nicht denkbar. ■

△
Der Bruch, der auf der Insel Luzon (Philippinen) die Reisfelder im Norden Manilas durchtrennt, entstand am 16. Juli 1990 bei einem Beben mit der Stärke 7,7. Die gerade Bruchlinie und die Versetzung der Feldränder um etwa 3,50 m zeigen, daß es sich um eine linksgerichtete Horizontalverschiebung handelt.

Aus leidvoller Erfahrung baut man in Japan größere Gebäude heute meist erdbebensicher. Das erste, speziell im Hinblick auf diese Gefahr geplante Gebäude, das „Imperial Hotel" in Tokio, stammt von dem amerikanischen Architekten Frank Lloyd Wright. Es wurde zwischen 1916 und 1922 gebaut. Der Architekt versuchte die geologischen Erkenntnisse des Japaners Riki Sano über den Ablauf eines Bebens mit seinen eigenen ästhetischen Vorstellungen in Einklang zu bringen.

Auf lockerem Untergrund setzte Frank Lloyd Wright das Hotel auf Fundamente, die den Erdstößen eines Bebens standhalten konnten. Das Gebäude verjüngt sich zudem nach oben, damit der Schwerpunkt möglichst tief liegt. Vor dem Hotel ließ Wright einen künstlichen See anlegen, denn er wußte, daß bei einem heftigen Erdbeben die ganze Stadt brennen und die Wasserleitungen bersten würden.

Am 1. September 1923 sollte die offizielle Einweihung des Hotels stattfinden. Zwei Minuten vor Mittag erschütterte ein ungewöhnlich starker Erdstoß die Erde. Kurz darauf bot die Metropole ein Bild der Verwüstung: Was das Erdbeben, dessen Epizentrum in der Bucht von Tokio lag, verschont ließ, wurde ein Raub der Brände und Flutwellen. In Tokio und Yokohama fanden 100 000 Menschen den Tod. Später stellte man fest, daß sich der gesamte Küstenabschnitt von Sagami im Südwesten von Tokio um bis zu 2 m, der Meeresgrund der Bucht stellenweise gar um 260 m angehoben hatte.

Im Hotel herrschte eine unbeschreibliche Panik: Personal und Gäste kauerten unter den Tischen, an verschiedenen Stellen flammten Brände auf. Aber insgesamt hielt sich der Schaden in Grenzen. Die Fundamente hatten dem Beben widerstanden, und der künstliche See hatte sich bei der Brandbekämpfung als nützlich erwiesen.

Wright, der sich zum Zeitpunkt des Bebens in den USA aufhielt, erfuhr aus den Zeitungen von der Katastrophe, der angeblich auch sein neues Hotel zum Opfer gefallen war. Doch ein Telegramm des Hoteldirektors ließ den enttäuschten Architekten aufatmen: „Dank Ihrer Genialität Hotel unversehrt. Glückwunsch!"

Das erdbebensichere „Imperial Hotel" in Tokio

Größere Erdbeben (Stärke über 7,5) in der zweiten Hälfte des 20. Jahrhunderts

Jahr	Ort	Stärke	Tote	Jahr	Ort	Stärke	Tote
1950	Indien	8,6	1 526	1976	China	8,0	650 000
1951	Tibet	8,0	?	1976	Philippinen	7,8	6000
1952	Japan	8,3	?	1978	Iran	7,7	20 000
1957	Mongolei	8,3	30	1979	Ecuador	7,9	600
1958	Kurilen	8,7	?	1985	Chile	8,0	180
1958	Alaska	7,9	?	1985	Mexiko	8,1	35 000
1960	Chile	8,3	5000	1986	Taiwan	7,8	15
1964	Alaska	8,6	130	1990	Iran	7,7	50 000
1968	Japan	7,9	48	1990	Philippinen	7,7	1621
1970	Peru	7,8	66 794	1995	Sachalin	7,6	2000

Untergrundforschung im Boden von Al-Asnam

10. Oktober 1980: Ein Beben der Stärke 7,4 zerstört die algerische Stadt Al-Asnam, die bereits 26 Jahre zuvor von einem Erdbeben heimgesucht worden war. Ihr Name enthält den arabischen Wortstamm für „Ruinen“, der auf frühere Beben schließen läßt. Die Stadt heißt heute Ech-Cheliff und damit genauso wie der Fluß, der sich hinter einem Steilhang staute. Diese natürliche Staumauer, die sich erst bei dem Erdbeben bildete, entstand durch eine Überschiebung. Bei dieser Spezialform einer Verwerfung schiebt sich eine Flanke der Verwerfung über die andere.

Solche Steilhänge sind selten, denn Überschiebungen reichen nur selten bis an die Oberfläche. Vielmehr bleiben sie unter Erdfalten verborgen, die ebenfalls ein Zusammenschieben der Erdkruste anzeigen. In Ech-Cheliff erreicht die Überschiebung die Oberfläche, weil sie sehr schräg verläuft.

Um den Ursprung einer Verwerfung in der Tiefe zu erkunden, muß man die schwächeren Nachbeben analysieren, die auf ein Hauptbeben folgen. Je dichter das seismographische Meßnetz in der Bebenregion ist, desto genauer kann man die Epizentren der Nachbeben lokalisieren. Bestimmt wird der Ort anhand der Laufzeit, die eine Welle mit bekannter Geschwindigkeit braucht, um bei einer Station einzugehen. Im Prinzip reichen drei optimal positionierte Stationen aus, um einen Bebenherd mittels Peilung zu ermitteln. ■

◁ ***Noch frisch ist dieser Wall bei Al-Asnam, der bei dem Erdbeben vom Oktober 1980 entstand. Die Riefen in der Wand sind der Beweis: Der Boden wurde zusammengepreßt, und der rechte Block schob sich über den linken. Geologen betrachten diese Art von Beben als Folgeerscheinung der Nord-Süd-Annäherung zwischen Afrika und Europa, die jährlich etwa 1 cm beträgt.***

Unterrichtsfach Erdbeben

Japan liegt auf dem gefürchteten *ring of fire*, dem sogenannten Feuergürtel des Pazifiks, und damit in einer der geologisch instabi sten Regionen der Erde. Das vorläufig letzte, größere Beben ereignete sich im Januar 1995 in der Stadt Kobe.

Um nicht in Panik zu geraten, erhalten Japaner schon in der Schule „Erdbebenunterricht“. Die Feuerwehr verfügt über Fahrzeuge mit Spezialaufbau, in denen den Schülern gezeigt wird, wie sie sich bei Erdbeben richtig verhalten. Beispielsweise lernen sie, zunächst alle elektrischen Geräte abzuschalten, um die Brandgefahr zu verringern. Danach – so empfiehlt der Feuerwehrlehrer – sollte man sich unter ein Möbelstück flüchten und den Kopf mit einem dicken Kissen schützen.

Die Feuerwehr unterrichtet Tokios Schüler über richtiges Verhalten bei einem Erdbeben. ▷

Die Grafik zeigt den Bebenherd in etwa 20 km Tiefe sowie die Zonen gleicher Schadensintensität (isoseismische Linien) des Erdbebens von Loma Prieta („Schwarzer Hügel"), das sich am 17. Oktober 1989 ereignete. Es hatte eine Stärke von 7,1 auf der Richter-Skala und brach einen fast 50 km langen Abschnitt entlang der San-Andreas-Verwerfung südlich von San Francisco auf. Der Riß erreichte nicht die Oberfläche, aber dank der seismographischen Daten sowie derjenigen der Landvermesser läßt sich das Beben gut nachvollziehen. Der Bruch begann unterhalb von Loma Prieta, wo sich vier Monate zuvor ein schwächeres Vorbeben ereignet hatte. In nur 8 Sekunden breitete er sich in einem Gebiet von etwa 1000 km² entlang der San-Andreas-Verwerfung aus. Während der Verschiebung glitt die Pazifische Platte im Verhältnis zur Nordamerikanischen Platte und den Bergen von Santa Cruz nach Norden ab. An diesen Bergen macht die Verwerfung einen Bogen. Außerdem ist ihre Ebene leicht zum Pazifik hin geneigt.

Folgenschwere Brüche

Erdbeben entstehen tief in der Erdkruste. Der Ort, an dem sich der Bruch auf der Verwerfungsebene ereignet, heißt Erdbebenherd oder Hypozentrum. Der Oberflächenpunkt, der senkrecht über dem Erdbebenherd liegt, ist das Epizentrum. Der Bruch pflanzt sich in einem mehr oder weniger großen Gebiet mit etwa 2,5 km/s rasch fort.

Die Größe des betroffenen Gebietes (in Quadratkilometern) und das Ausmaß der Verschiebung (in Metern) bestimmen die Stärke des Erdbebens oder seine Magnitude. Sie wird meistens mit der nach oben offenen Richter-Skala gemessen, wobei selbst die schwersten Erdbeben bisher nicht über den Wert 9 der logarithmischen Richter-Skala hinausgingen. Ein Erdbeben mit dem Wert 7 ist 33mal stärker als eines mit dem Wert 6. Neben der Richter-Skala gibt es noch die Mercalli-Skala, deren Maximalwert bei 12 liegt.

Ein Beben erzeugt zweierlei elastische Wellen oder Erschütterungen: die sogenannten Raum- und die Oberflächenwellen. Letztere haben eine große Amplitude und sind für den Großteil der Zerstörungen verantwortlich. Das Ausmaß der Schäden nimmt mit der Entfernung vom Epizentrum ab. In der Regel lassen sich konzentrische Zonen festlegen, innerhalb derer die Zerstörung etwa gleich stark ist. Die Grenzen bezeichnet man als Isoseisten oder isoseismische Linien.

Die Bewertung der Zerstörungen war lange Zeit die einzige Möglichkeit, um ein Erdbeben zu lokalisieren und seine Stärke zu bestimmen. Je nach Tiefe, Umfang und Bewegungsrichtung der Verschiebung wirken sich Erdbeben unterschiedlich stark aus.

Das Erdbeben von Loma Prieta

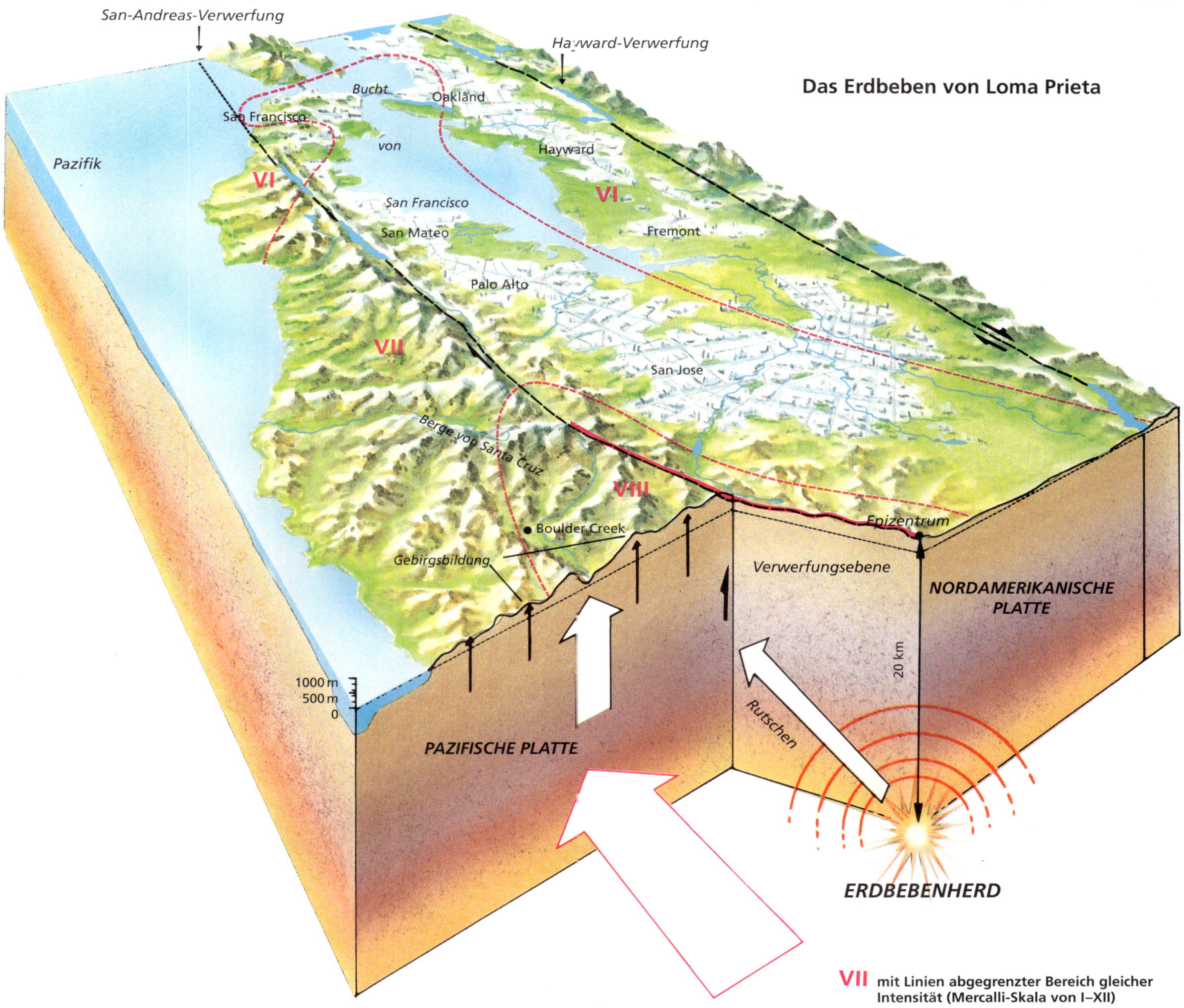

VII mit Linien abgegrenzter Bereich gleicher Intensität (Mercalli-Skala von I–XII)

Große Verwerfungen

ERDE IM UMBRUCH

Die tektonischen Platten der Erde sind ständig in Bewegung. An den meisten Stellen verschieben sie sich nur um wenige Zentimeter im Jahr, doch auf Dauer reicht dies aus, um die Gipfel des Himalaja auf über 8000 m hochzudrücken oder einen 4000 km langen Graben entstehen zu lassen, der sich wie ein breiter Riß durch Afrika zieht.

Der Ostafrikanische Graben – groß und doch ganz klein

Ostafrika breitet dem Besucher ein Füllhorn an Naturwundern aus. Das aus geologischer Sicht interessanteste ist der Ostafrikanische Graben, das *Rift Valley*. Über 4000 km hinweg verläuft der Graben annähernd in Nord-Süd-Richtung durch Ostafrika und teilt gewissermaßen den Kontinent. Er reicht von Äthiopien bis nach Mosambik und gabelt sich zu beiden Seiten des Viktoriasees in zwei Arme.

Wer in der Talsohle des Grabens steht, sieht sich zu beiden Seiten von etwa 100 m hohen, natürlichen Mauern eingeschlossen. Die Steilwände sind die stummen Zeugen eines Plattenbruchs, der vor 40 Millionen Jahren einsetzte und sich in der Folge immer weiter ausbreitete. Die meisten afrikanischen Seen liegen in den so entstandenen Senken. An ihren Rändern erheben sich auch die höchsten Berge des Kontinents – zumeist sind es Vulkane wie der 5895 m hohe Kilimandscharo.

Weiter im Nordosten des Kontinents tat sich ein Graben zwischen Afrika und Arabien auf. Er verbreiterte und vertiefte sich mit der Zeit und schuf schließlich den Platz für das Rote Meer. Im Südosten des Kontinents hat sich Madagaskar von Afrika getrennt – ebenfalls eine Folge der Grabenbildung. Schließlich öffnete sich zwischen Afrika und Indien ein weiterer Graben; er ließ den westlichen Teil des Indischen Ozeans entstehen und ist bis heute dafür verantwortlich, daß der indische Subkontinent auf Asien zuwandert.

Obwohl uns der Ostafrikanische Graben gewaltig erscheint, stellt seine Entstehung – in geologischen Zeiträumen gemessen – nur eine Episode dar. Sie ist Teil eines globalen Vorgangs, der den einstigen südlichen Superkontinent Gondwana auseinanderbrechen ließ. Dieser bestand vor etwa 130 Millionen Jahren aus Südamerika, Afrika-Arabien, Madagaskar, Indien, Australien und der Antarktis. ■

Diese Luftaufnahme zeigt einen Abschnitt des Ostafrikanischen Grabens, der durch die kenianische Savanne verläuft. Im Hintergrund (Bildmitte) erhebt sich ein Berg, die die Sohle des Einsturzgrabens deutlich überragt. Die langen Schatten der Morgensonne unterstreichen die Konturen des etwa 100 m tiefen Grabens.
▽

△
Das Satellitenfoto zeigt das von einer Verwerfung (Bilddiagonale) eingekerbte Gebirgsmassiv Altun Shan am Nordrand Tibets. Bei dieser Verwerfung haben sich zwei aneinanderstoßende Platten horizontal gegeneinander verschoben. Im Altun Shan erstreckt sich diese sogenannte Blattverwerfung über 1800 km. Der Graben ist stellenweise mehrere hundert Kilometer breit.

Die Horizontalverschiebung im Altun Shan

In Westchina, an der Grenze zwischen den Provinzen Qinghai und Sinkiang, begrenzt das Gebirgsmassiv Altun Shan die riesige Wüste Takla-Makan im Südosten. Das Massiv am Nordrand des tibetanischen Hochlandes entstand durch die Auffaltung des Himalaja. Mit Ausnahme einiger Oasen am Rand der Wüste, denen zeitweilig Wasser zufließt, ist diese Region kaum besiedelt.

Die geologischen Vorgänge im Altun Shan lassen sich am besten auf dem Foto des Satelliten „Spot“ nachvollziehen: Quer durch das Bild verläuft ein Graben. Er entstand durch eine Verwerfung, weil sich zwei Erdplatten horizontal gegeneinander verschoben haben. Geologen sprechen von einer Blattverwerfung. Im Altun Shan ist sie 1800 km lang. Sie wird als linksgerichtet bezeichnet, da sich die eine Platte gegen die andere nach links bewegt hat. Beide Grabenränder sind mehrere hundert Kilometer voneinander entfernt. Diese Breite kam durch eine Vielzahl aufeinanderfolgender Erdbeben zustande. Schon ein einziges Beben kann den Graben um 8–10 m verbreitern.

Da beide Platten nicht einfach horizontal auseinanderdriften und die Verwerfung nicht überall geradlinig verläuft, entstanden auch Berge. Neben der horizontalen Verschiebung kommt es zudem zu sekundären Deformationen, die sich auf den Satellitenbildern gut als Berge und Hügel ausmachen lassen.

Sie entstehen, wenn sich oberflächennahe Schichten in einer Zone auffalten, die unter Druck steht. Besonders deutlich sind sie dort zu sehen, wo die Verwerfung etwas nach rechts abknickt. Wo sie sich wieder nach links wendet, finden sich dagegen rautenförmige Kessel, die aufgrund einer lokalen Verwerfung durch kleine Risse begrenzt sind. In diesen Kesseln sammelt sich Wasser, das verdunstet und salzige, sehr helle Sedimente hinterläßt. Sie heben sich auf dem Satellitenbild deutlich vom dunklen Untergrund ab. ■

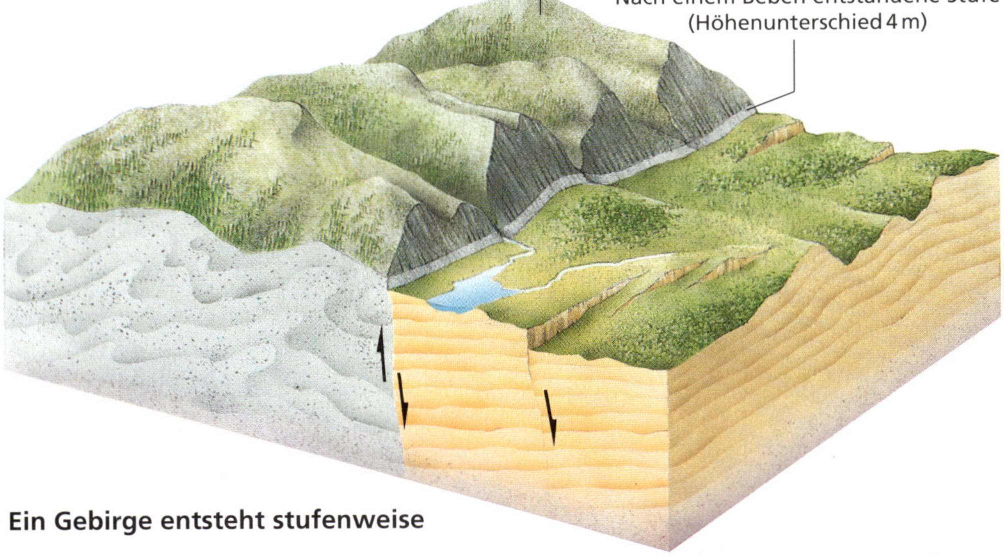

Ein Gebirge entsteht stufenweise

Bei wiederholten Erdbeben in einer Verwerfungszone summieren sich die Höhenunterschiede in geologischen Zeiträumen schließlich zu stattlichen Höhen. Lediglich der jüngste Teil der Erhebung am Fuß des Gebirges – in der Regel ist er jünger als 10 000 Jahre – zeigt eine durchgehende Stufe. Die älteren, darüberliegenden Abschnitte sind meist von Flüssen tief eingeschnitten, die Täler bilden. Die Stirnseite des Gebirges an der Bruchkante weist deshalb nach mehreren hunderttausend Jahren oft Steilhänge auf, die eine dreieckige Form haben.

△ *Im Süden des Peloponnes (Griechenland) überragt ein 80 m hoher Steilhang das Fischerdorf Gerolimenas, etwa 15 km nordwestlich vom Kap Matapan. Der Hang entstand durch die kumulierte Bewegung an der Verwerfung über Hunderttausende von Jahren hinweg. Am Fuß ist eine helle, 3 m hohe Stufe deutlich sichtbar. Sie entstand durch die bebenbedingten Verschiebungen während der letzten 10 000 Jahre.*

Tibet und Himalaja – das Dach der Welt bröckelt

Beim Anblick des Himalaja gewinnt man leicht den Eindruck, die Berge wüchsen in den Himmel. Doch Geologen sind sich sicher, daß dieses Gebirge mit seinen mehr als 8000 m hohen Gipfeln ebenso seine Obergrenze erreicht hat wie das tibetanische Hochplateau auf durchschnittlich 5000 Höhenmetern.

Diese gigantischen Auffaltungen der Erdkruste waren nur möglich, weil die gesamte Region von der Indischen und der Asiatischen Platte in die Zange genommen wird. Die beiden Platten schieben sich seit vielen Millionen Jahren aufeinander zu und pressen die Erdkruste so stark zusammen, daß diese in ihrer heutigen Höhe gegenüber dem Urzustand fast doppelt so dick ist.

Seit etwa 2 Millionen Jahren gibt es jedoch einen gegenläufigen Prozeß: Zahlreiche Verwerfungen brechen das tibetanische Hochplateau auf. Obwohl bei diesen sogenannten normalen Verwerfungen bis zu 2000 m hohe Berge entstehen, sind sie Anzeichen für eine Ausdehnung der Erdkruste; sie markieren also den Beginn der Senkung des Plateaus.

Überschwemmungen müssen die Tibeter allerdings frühestens in 10 Millionen Jahren befürchten, wenn sich das Plateau bis auf Meereshöhe herabgesenkt hat. Dies geschah einst in der Ägäis, wo eine Hochebene mit einer Gebirgskette versank. Tröstlich für die Hochlandbewohner mag sein, daß die indische Platte weiterhin mit 2 cm pro Jahr unter die asiatische Platte vorrückt. Durch diese Überschiebung oder inverse Verwerfung verzögert sich wiederum die Senkung des Plateaus. ■

Im Süden des tibetanischen Hochlandes, 80 km nordwestlich des Mount Everest, folgt eine Verwerfung der Grenze zwischen den Bergen und dem Tal im Vordergrund. Die mehr als 2000 m über den Talboden aufragenden Berge entstanden stufenweise durch Erdbeben während der letzten 2 Millionen Jahre. Die dreieckige Gebirgsflanke und das Gletschertal bildeten sich während der letzten 100 000 Jahre. ▽

Der Korkeneffekt auf dem Peloponnes

Topographische Karten zeigen zwischen den bergigen Halbinseln des Peloponnes, die wie Finger ins Meer ragen, tiefe Einschnitte. Die Südspitze des griechischen Festlandes verdankt ihre Struktur normalen Verwerfungen. Sie trennen die Bergketten des Peloponnes, die meist an der Basis der Halbinseln in flachen Buchten auslaufen. Das Foto zeigt eine dieser Verwerfungen. Sie liegt oberhalb des Dorfes Gerolimenas an der Westküste der mittleren Halbinsel Mani.

Um die Berglandschaft zu verstehen, muß man die geologische Geschichte der Gebirgsketten und Hochplateaus kennen, die diese Region formten. Vor mehr als 5 Millionen Jahren war die Erdkruste hier sehr dick. Doch dann entstanden durch den Zusammenstoß der Afrikanischen mit der Eurasischen Platte Verwerfungen. Sie dehnten die Erdkruste und machten sie dadurch dünner.

Die Erdkruste besteht aus verhältnismäßig leichten Gesteinen. Daher schwimmt sie wie ein Korken auf den plastischen, dichteren und daher schwereren Gesteinen des Erdmantels. Ist die Erdkruste dick, ragt sie mit ihren Gebirgen aus dem Meer. Ist sie dünner, erhebt sie sich kaum über den Wasserspiegel, und wird sie schließlich sehr dünn, erreicht sie noch nicht einmal den Meeresspiegel. Geologen bezeichnen diesen Vorgang als isostatische Kompensation. Sie zeigt sich in Griechenland, insbesondere zwischen dem Peloponnes und Kreta, wo sich die dünne Erdkruste senkte und mit den Gebirgen vom Meer verschlungen wurde. ■

Einschneidende Kräfte formen das Bild der Erde

Verwerfungen sind Brüche in der Erdkruste, die dadurch zustande kommen, daß die beweglichen tektonischen Platten Zug-, Druck- und Scherkräften ausgesetzt sind. Diese Kräfte bestimmen die topographische Gestalt der Erde am deutlichsten. Doch nur Verwerfungen in vertikaler Richtung bilden direkt Erhebungen der Erdkruste. Sie werden als inverse oder normale Verwerfungen bezeichnet, je nachdem, ob die Kruste zusammengepreßt oder ausgedehnt wird. Bei normalen Verwerfungen können maximal Höhenunterschiede von 4000 m entstehen. Dies geschah etwa im Ostafrikanischen Graben am Ruwenzori-Massiv zwischen Uganda und Zaire. Inverse Verwerfungen können – wie der Himalaja zeigt – Gebirge auffalten, die mehr als 8000 m hoch sind.

Die Abläufe bei solchen Verwerfungen sind relativ einfach: Bewegungen der tektonischen Platten äußern sich meist als Beben. An der Bruchkante entsteht ein Steilhang, dessen Höhe und Länge von der Bebenstärke abhängen. Ein Beben der Stärke 5,8 erzeugt einen Höhenunterschied von 10–20 cm; bei Stärke 7 sind es bereits 2–4 m. Mit jedem weiteren Beben addiert sich die Höhendifferenz. Bewirkt etwa an einer normalen Verwerfung ein Beben der Stärke 7 alle 2000 Jahre eine Verschiebung um 4 m, so ist nach einer Million Jahren ein 2000 m hohes Gebirge entstanden.

Jeder Verwerfungstyp hat andere Konsequenzen

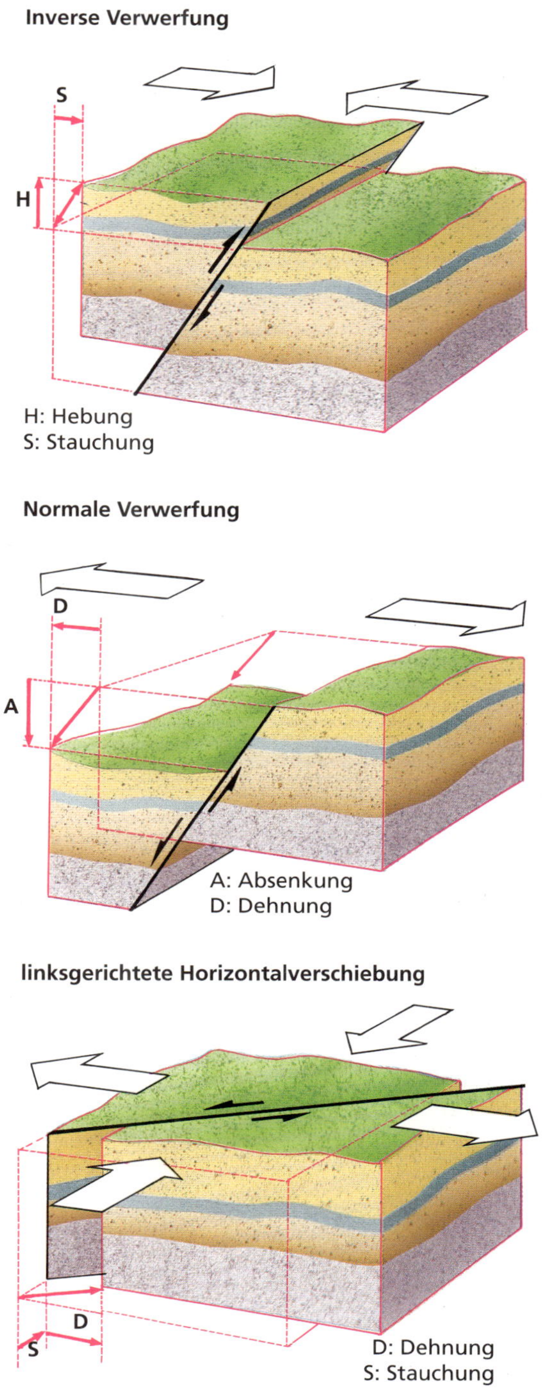

△
Störungen der Erdkruste (schwarze Pfeile) enthalten immer zwei Bewegungskomponenten (rote Pfeile). Inverse Verwerfungen führen zu einer Hebung und Stauchung; normale Verwerfungen zu einer Dehnung und Absenkung. Bei Horizontalverschiebungen kommt es sowohl zur Dehnung wie zur Stauchung. Stoßen zwei Platten zusammen, führen inverse Verwerfungen zu einer Verdickung und Auffaltung der Kruste (Himalaja). Beim Auseinanderrücken zweier Platten dehnen normale Verwerfungen die Erdkruste. Sie wird dünner und sinkt ab (Rotes Meer).

△
Von zahlreichen Rinnen zerfurchte Landschaft zwischen Los Angeles und San Francisco: Das Luftbild zeigt einen kleinen Abschnitt der San-Andreas-Verwerfung, der als waagerechter Streifen in der Bildmitte erkennbar ist. Hier wurde der Wallace Creek, ein Bach, der senkrecht zur Verwerfung verläuft, nach zahlreichen Erdbeben um 130 m nach rechts verschoben. Bereits ein starkes Beben verrückt die beiden Schollen an der Verwerfung um bis zu 9 m.

Schiebung mit Flüssen

Die Störungszone der San-Andreas-Verwerfung läßt sich an der Erdoberfläche vom Kap Mendocino, das 330 km nordwestlich von San Francisco liegt, über mehr als 1000 km bis fast zum Golf von Kalifornien verfolgen. Sie ist lediglich ein Teilstück eines viel größeren Verwerfungssystems, das die Grenzen zwischen der Nordamerikanischen Platte und der Pazifischen Platte markiert. Aufgrund dieser geologischen „Grenzlage" wird Kalifornien regelmäßig von starken Erdbeben erschüttert, die von Forschern seit mehr als 100 Jahren gründlich untersucht werden.

Da sich die beiden aneinanderstoßenden Platten horizontal verschieben, handelt es sich hier wieder um eine Blattverschiebung. Anders als im chinesischen Altun Shan ist diese jedoch rechtsgerichtet, weil sich eine Platte gegenüber der anderen nach rechts wegbewegt. Auf dem Foto ist dies etwa an dem „Rechtsruck" des Flußlaufes zu sehen.

Ein Fluß, der eine Verwerfungszone kreuzt, hat keinen festgelegten Lauf, denn mit jedem Erdbeben wird sein Bett zerschnitten und seitlich verschoben. Das Wasser muß sich also nach jeder bebenbedingten Deformation einen neuen Weg suchen. Handelt es sich um eine Blattverschiebung, sind kleinere Flüsse gezwungen, einen „Haken zu schlagen". Je stärker sich die Platten gegeneinander verschieben, desto weiter wird natürlich auch der Flußlauf diesseits und jenseits der Verwerfung versetzt – der „Haken" wird größer.

Dieser Prozeß kann dazu führen, daß der obere Abschnitt eines Flusses plötzlich in das untere Teilstück eines anderen Wasserlaufs mündet. Es gibt sogar Flüsse, die sich auf diese Weise vergrößerten, weil es ihnen gelang, ein paar Nachbarflüsse „einzufangen". ■

Am 18. April 1906 um 5.13 Uhr verschob sich die San-Andreas-Verwerfung auf einer Länge von 470 km. San Francisco erlebte ein Erdbeben von bisher unerreichter Stärke. Augenzeugen berichteten, daß sich der Boden unter der Stadt mehrmals wie eine Welle im Sturm hob und die Gebäude wie Kartenhäuser einstürzen ließ.

Der Höhenunterschied zwischen den beiden Flanken der Verwerfung erreichte stellenweise 1 m, in horizontaler Richtung verschob sich der Boden um 0,25–7 m. Dadurch barsten die Gas- und Wasserleitungen in der Stadt. Ein enormer Flächenbrand breitete sich aus, der in drei Tagen über 1000 ha vernichtete. 28 000 Häuser verbrannten, wobei das Geschäftszentrum San Franciscos besonders stark betroffen war. Obwohl die meisten Bewohner der Stadt glücklicherweise den Flammen entkamen, gab es 700 bis 1000 Todesopfer. 250 000 Menschen wurden obdachlos. Die meisten von ihnen fanden in einem Park an der Golden-Gate-Brücke, wo eine Zeltstadt entstand, eine provisorische Zuflucht.

Falten und Überschiebungen

DER KNACKS IM GESTEIN

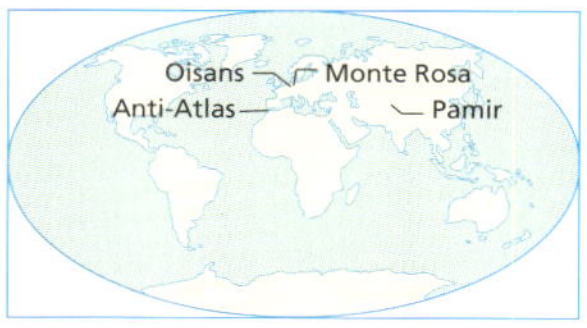

Gemessen an einem Menschenleben sind die Zeiträume, in denen Gebirge entstehen, unendlich lang. Dennoch können Geologen den Prozeß der Gebirgsbildung über Millionen von Jahren hinweg nachvollziehen. Sie interpretieren die deutlich sichtbaren Spuren der Kräfte, die beim Auffalten der Gebirge am Werk sind.

Falten im Gewand der Erde – Geologie aus dem All

Beim Betrachten großformatiger Kunstwerke tritt man einfach einen Schritt zurück, um einen Gesamteindruck zu bekommen. Doch was macht ein Geologe, wenn er sich einen Überblick über ein Gebiet verschaffen will, das Tausende von Quadratkilometern umfaßt? Ein Glück für ihn, daß es die Raumfahrt gibt: Erdbeobachtungssatelliten gewähren den Wissenschaftlern sein einigen Jahren faszinierende Einblicke in den Aufbau unseres Planeten.

Der französische Satellit „Spot“ beispielsweise umkreist die Erde in 832 km Höhe; seine Kameras können auf der Erdoberfläche Objekte noch bis zu einer Größe von 10 m ausmachen. Aus dieser Perspektive erscheint der Südrand des marokkanischen Atlasgebirges wie ein abstraktes Gemälde, das mit kühnen Pinselstrichen und pastos aufgetragener Farbe auf zarte Leinwand gezaubert wurde.

Geologen deuten dieses Kunstwerk natürlich anders. Auf dem Foto erkennen sie in den Grüntönen Sedimentschichten, während die helleren Pastelltöne junge, horizontal geschichtete Schwemmsande darstellen, sogenannte Alluvionen, die von Flüssen und dem Wind herangetragen wurden. Das aus dem All gewonnene Bild über Lage, Form und Geometrie der Falten benutzen Geologen, um das Gelände genau zu kartieren.

Die spektakulärsten Falten auf dem Foto sind die fast weißen Alluvionen am rechten unteren Bildrand. Die Schichten im Sand sind leicht auszumachen; an einigen Stellen bilden sie Schleifen und schienen in entgegengesetzter Richtung weiterzulaufen. Die Sedimente, die sich in diesen engen Falten ursprünglich horizontal ablagerten, stehen nun fast senkrecht. Durch die Erosion wurde ihre Oberfläche abgeschliffen und sieht wie ein waagrecht geschnittener Marmorkuchen aus.

Alle sichtbaren Strukturen entstanden durch einen nach Südosten (auf dem Foto rechts unten) gerichteten Schub der zentralen Teile der Atlas-Kette (auf dem Foto links oben erkennbar). Der Schub löste die Sedimente an den Stirnseiten der Kette und faltete sie auf dem darunterliegenden, starren Sockel auf – etwa so, als schöbe man auf einer Tischplatte die Tischdecke zusammen, so daß diese wellenförmige Falten wirft. ■

△ **Das Satellitenfoto zeigt die engen Falten des Anti-Atlas im Süden Marokkos aus 800 km Höhe. An manchen Stellen sind sie von Alluvionen und dem weißen Sand der Sahara bedeckt. Die von der Erosion freigelegten Sedimentschichten heben sich durch ihr dunkles Grün ab, während die Oasen in den Wadis als rote Flecken zu erkennen sind. Das Falschfarbenbild zeigt Pflanzen in Rottönen an.**

Bildung einer Überschiebungsdecke

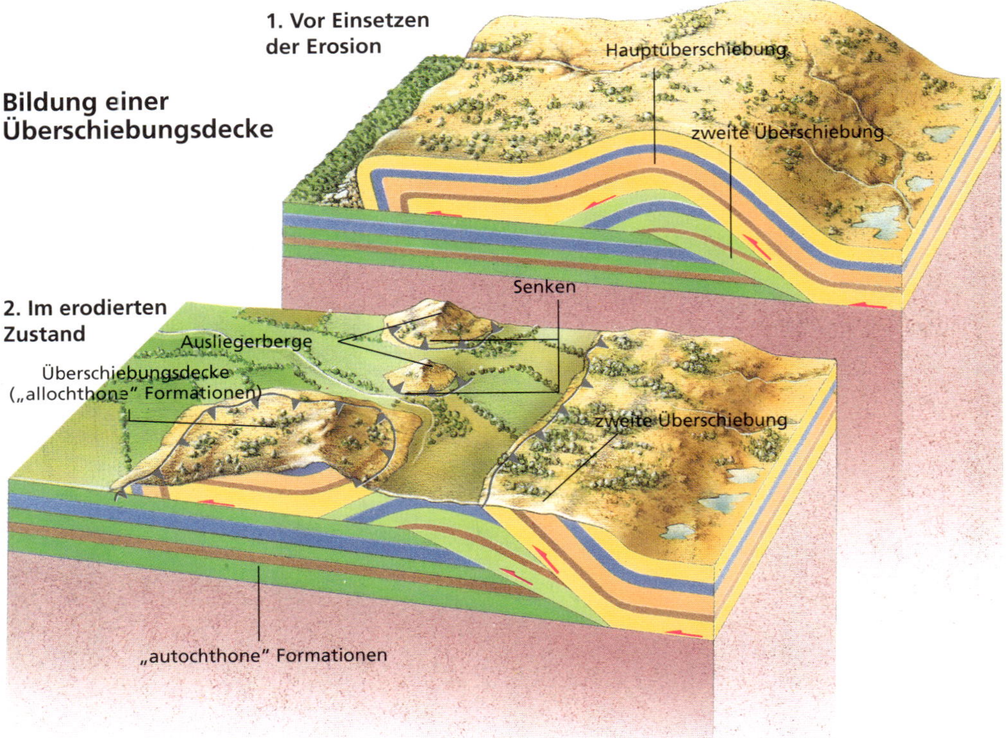

Durch Überschiebung entsteht eine Überschiebungsdecke, wenn die Stauchung sehr stark ist. Hier faltete eine zweite Überschiebung die Decke erneut auf. Durch Erosion blieben Ausliegerberge stehen, deren Gestein von anderswo stammenden (allochthonen) Schichten gebildet wurde. Sie läßt auch die sogenannten autochthonen, unter der Decke liegenden Schichten zutage treten.

Eine Falte entsteht

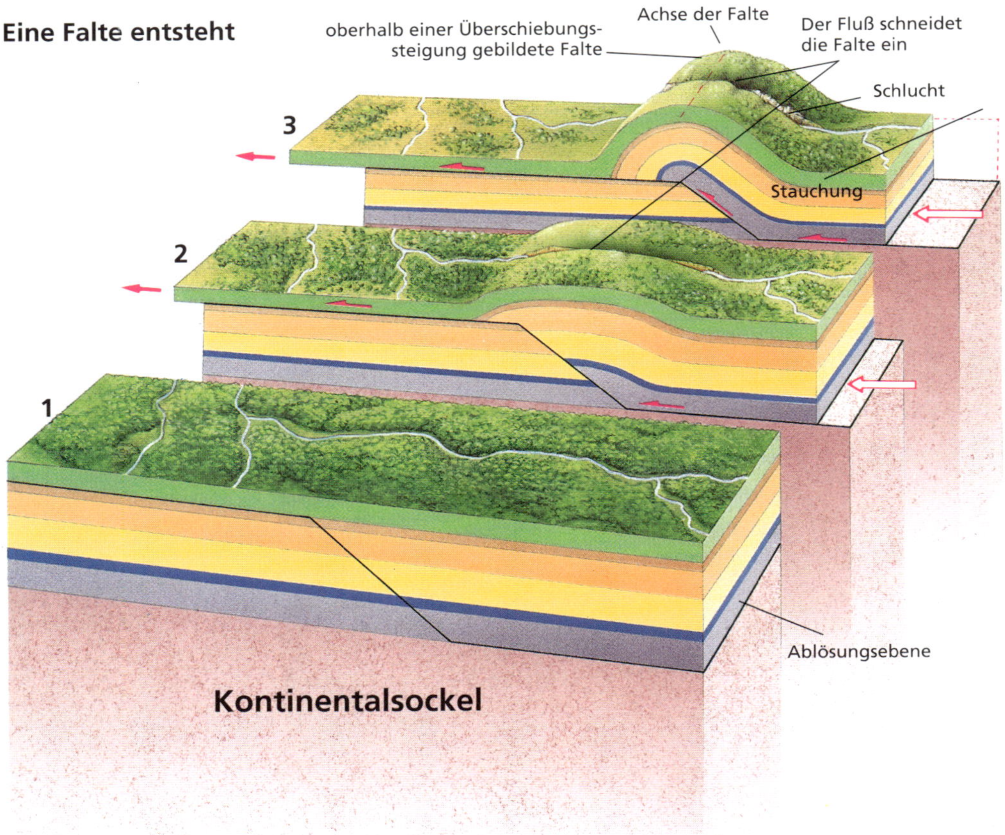

Wird ein Bereich der Erdkruste durch Stauchung zusammengeschoben, falten sich Sedimentschichten auf, die locker auf dem Sockel liegen. Die Überschiebung reicht bis zur Oberfläche und bildet schließlich einen Sattel. Die Grafik zeigt die Entstehung einer Falte in drei Phasen.

△
Die Schichten der Pré-Gentil-Felswand oberhalb von Bourg-d'Oisans in den französischen Alpen wurden beim Entstehen der Alpen stark gefaltet. Das Foto zeigt eine Überschiebung entlang einer quer nach rechts verlaufenden Störung.

Falten im Tal der Romanche

Auf den Hängen des französischen Wintersportortes Alpe-d'Huez ziehen die Skifahrer kunstvoll verschlungene Spuren in den Tiefschnee. Auf der gegenüberliegenden Seite des Tales der Romanche überragt die Felswand Pré-Gentil die Stadt Bourg-d'Oisans. Auch sie weist ein kompliziertes Muster auf, das mit dem der Skifahrer zu konkurrieren scheint.

Wer hier Urlaub macht und nicht nur rasante Abfahrten im Sinn hat, sollte sich die auffallend deformierten Faltungen im Schiefer- und Kalkgestein einmal anschauen. Eine dicke Gesteinsschicht hatte sich vor ungefähr

180–190 Millionen Jahren in einem kleinen Senkungsbecken horizontal abgelagert. Später, vor etwa 20 Millionen Jahren, schrumpfte die Senke, weil sich die italienische Halbinsel weiter an das europäische Festland heranschob. Dadurch bildeten sich Falten und Überschiebungen, denen unter anderem auch die Alpen ihren Ursprung verdanken.

Das Foto zeigt die Felswand im Bereich einer diagonal von links unten nach rechts oben verlaufenden Störung, welche die Schichten deutlich durchtrennt. An dieser Störung kam es zur Überschiebung: Das Gestein links schob sich entlang der Störung über das Gestein im rechten Bildteil.

Bei einer Überschiebung neigen die oberen Schichten (oben links) dazu, die Schichten unterhalb der Verschiebungslinie (rechts) teilweise zu überdecken. Die gesamte westliche und nördliche Stirnseite der Alpen besteht aus Sedimentschichten, die sich im Erdmittelalter ablagerten und anschließend zahlreiche Faltungen und Überschiebungen erlebten. ■

Druck sorgt für Unordnung

Falten und Überschiebungen bilden sich in Regionen, auf die ein seitlicher Druck einwirkt. Dies vollzieht sich typischerweise an Gebirgsketten, unter denen die Erdkruste zusammengepreßt wird.

An der Stirnseite der Gebirge liegen mehrere Kilometer mächtige Sedimentschichten locker auf dem Kontinentalsockel auf. Werden sie zusammengepreßt, entstehen Überschiebungen und Falten, die häufig eng miteinander verbunden sind (siehe untere Grafik auf Seite 102). An der Oberfläche werden die Schichten brüchig. Beim starken Biegen bilden sie schließlich Falten, ähnlich wie auf einer Spielkarte, die man beim Mischen zu stark durchbiegt.

In der Kontinentalkruste unterhalb von 10 km Tiefe verformen sich die Gesteine plastisch, da sie Temperaturen von einigen hundert Grad und starkem Druck ausgesetzt sind. Im Bereich der Überschiebung entstehen dann Scherflächen, die auf die gesamte Erdkruste unterhalb der Gebirgsketten einwirken. In solchen Bereichen dehnt sich das Gestein stark aus; es bilden sich unterschiedlich große Falten. Als Mikrofalten bezeichnet man Falten, die nicht größer als wenige Meter sind.

Bei extremen Überschiebungen können sich Gesteinsschichten über weite Strecken verlagern. Dann bilden sich Überschiebungsdecken; ein Beispiel für diese Entwicklung sind die Sedimentschichten zwischen Afrika und Europa, die sich zu den Alpen aufgefaltet haben. Als sogenannte allochthone Schichten schieben sie sich auf mehreren hundert Quadratkilometern über die als autochthon bezeichneten Schichten. Sie weisen die auffälligsten Verformungen auf.

Eine Oase im Himalaja

Das Dorf Lamayuru hebt sich mit seinen grünen Feldern von der Steinwüste Ladakhs ab.

Lamayuru ist eine obligatorische Etappe für Trekkingtouristen im westlichen Himalaja. Das Dorf liegt östlich von Leh, der „Hauptstadt" Ladakhs. Eingeschlossen von Felswänden, fügt sich das Dorf in eine atemberaubende Wüstenlandschaft ein.

Die Bewohner von Lamayuru haben ein Kanalnetz gebaut, um das bei der Schneeschmelze von den Gipfeln herabstürzende Wasser zu nutzen. Ein ausgeklügeltes System von Bewässerungsrinnen verteilt das kostbare Naß über die Ackerflächen. So entstand unterhalb des Dorfes in 3800 m Höhe eine grüne Insel im Felsenmeer. Das Kloster auf der Anhöhe oberhalb des Dorfes verstärkt noch den Zauber dieses unwirklichen Ortes.

Unentschiedener Kampf im Pamir-Hochland

Im chinesischen Pamir-Hochland wie auch entlang der gesamten Kollisionszone zwischen Indien und Asien ist die asiatische Kontinentalkruste ungeheuren Drücken ausgesetzt. Diese Kräfte führten dazu, daß sich auf der gesamten Kontinentalkruste stattliche Gebirge auftürmen, die eigentlich große Falten in Form von Bergen sind. Die Auffaltung hält bis heute an, so daß sich die Gebirgsgipfel auch weiterhin heben.

Diesem Prozeß verdanken beispielsweise die Berge Mustagh Ata (7546 m) und der benachbarte Kongur (7719 m) ihre imposanten Höhen. Beide Berge säumen eine der wenigen Paßstraßen, die seit jeher zur Überquerung der Himalajakette benutzt wurden. Früher sahen diese Gipfel die Karawanen der Seidenstraße an sich vorüberziehen.

In den Steppen am Fuß der Gletscher weiden in einer Höhe von etwa 4000 m die Schafherden und Kamele der tadschikischen und kirgisischen Nomaden. Selbst die Straße durch das Karakorum-Massiv, das China mit Pakistan über den 4700 m hohen Khunjerab-Paß verbindet, und die vielen Expeditionen von Wissenschaftlern oder Alpinisten haben die absolute Stille dieser hochalpinen Landschaft kaum stören können.

Kürzlich kartographierte und vermaß eine Expedition von Geologen und Geographen die gefalteten Gesteine an den Flanken des Mustagh Ata und des Kongur. Mit Hilfe von-

Gesteinsanalysen konnten sie die Geschwindigkeit bestimmen, mit denen sich die Berge heben. Aufgrund der Daten weiß man, daß die Falten durch eine Überschiebung der Kontinentalkruste entstanden sind, die das Gestein um mehr als 1 cm pro Jahr anhebt.

Diese im geologischen Sinn schnelle Auffaltung ruft allerdings einen Gegenspieler auf den Plan: die Erosion. Sie sorgt dafür, daß die Gipfelhöhen mehr oder weniger konstant bleiben. Auffaltung und Erosion halten sich kräftemäßig gewissermaßen die Waage.

In den von Gletschern überzogenen und von Eisströmen stark zerfurchten Massiven tragen vor allem Frost und gleitende Eismassen das Gebirge ab. Von Zeit zu Zeit kommt es an den Bergflanken zu katastrophalen Erdrutschen. Manchmal versperren sie ganze Täler und bilden Barrieren, hinter denen sich Flüsse zu Seen auftstauen. Geologen, die sich auf das Erdzeitalter des Quartärs spezialisiert haben, konnten hier anhand der Analyse und Datierung der abgelagerten Sedimente den Werdegang solcher Seen über viele Millionen Jahre hinweg verfolgen. Heute durchschneiden Verwerfungen die Sedimente. Sie sind eine Folge der sich hebenden Gebirgsmassive. ■

Der Mustagh Ata im äußersten Westen Chinas ist einer der schönsten Gipfel im Pamir-Hochland. Das 7546 m hohe Massiv ist eine riesige Falte, unter der sich praktisch die gesamte Erdkruste verformt hat. In solchen Falten bilden die Schichten eine Kuppe. Der Mustagh Ata läßt diese Kuppenform recht gut erkennen.
▽

Bis heute ist die Reise durch das Pamir-Hochland für Karawanen beschwerlich geblieben.

Die Seidenstraße ist der berühmteste aller alten Handelswege zwischen den Ländern des Mittelmeers und China. Auf ihrem langen Weg mußten die Karawanen auch das gefährliche Hochland von Pamir passieren. Das 5000 m hohe Plateau besitzt die weitläufigsten Gletscher der Erde.

Schwieriges Terrain und das rauhe Klima machten diesen Abschnitt der Seidenstraße zur schwierigsten Etappe. So berichtet der Venezianer Marco Polo in seiner Erzählung über die Reise ins Reich des Mongolenherrschers Kublai Khan von eisigen Winden, die ihm im Pamir entgegenschlugen. Im dichten Schneetreiben wiesen dem Entdeckungsreisenden nur die Hörner von Schafschädeln den Weg, die von Einheimischen als Orientierungshilfe am Rand der Karawanenstraße aufgestellt worden waren. Zu jener Zeit gab es mitten im Pamir auch einen Ort namens „Steinturm". Dort trafen sich die Kaufleute aus Ost und West, um Waren zu tauschen.

In der Nähe des Monte Rosa in den Walliser Alpen (Schweiz) bildet ein unter Hitze verformtes Marmorgestein kühne Falten. Derartige Strukturen liefern wertvolle Informationen über die Scherkräfte, die in den tiefliegenden Schichten unterhalb der Gebirgsketten walten.

Die krummen Falten am Monte Rosa

Wer in den Walliser Alpen von Saas Fee aus den Fuß des Monte Rosa-Massivs erreichen will, muß sich auf eine mehrstündige Bergtour gefaßt machen. Doch nicht nur dem geologisch interessierten Wanderer bietet sich dann ein besonderer Anblick: Hier bildeten sich durch großräumige Überschiebungen spektakuläre Deformationen, die nirgendwo anders in den Zentralalpen zu finden sind. Scherkräfte haben das Gestein mitsamt den Fossilien und Geröllen, die es enthält, stark ausgedehnt. Ablesbar ist dieser Prozeß an den vielerorts gut sichtbaren, parallelen Linien.

Vor einigen Jahren untersuchten Geologen dieses Gebiet, um den Linienverlauf zu bestimmen. Er liefert Aufschluß über den Ablauf der Überschiebungen. Eine Besonderheit am Monte Rosa sind die zahlreichen Mikrofalten – Falten, die oft nur wenige Zentimeter stark sind. Sie hinterlassen nicht nur ein besonders schönes Muster, sondern verweisen auch auf die Umstände, unter denen das Gestein sein heutiges Aussehen erhalten hat. Während an anderen Orten die Faltenachsen gerade verlaufen, folgen am Monte Rosa viele Falten Kurvenlinien. Dadurch sehen sie wie gekrümmte Finger aus.

Derartig krumme Falten können nur in Gesteinen entstehen, die in der Tiefe der Erdkruste „heiß", nämlich bei einer Temperatur von mindestens 300 °C, plastisch verformt wurden. Die Falte entsteht dann nicht mehr dadurch, daß sich die Gesteinsschichten wie Spielkarten beim Mischen übereinanderschieben, sondern durch Scherung und Umbildung der Minerale im Gestein.

Die Analyse solcher Mikrostrukturen liefert nicht nur in den Alpen Hinweise darauf, wie die tektonischen Kräfte – etwa die Scherkräfte – in der Vergangenheit wirkten. Auch im Himalaja und in den viel älteren, heute bereits stark erodierten Gebirgsketten wie dem französischen Zentralmassiv sind Mikrostrukturen beredte Zeugen einer im wahrsten Sinn des Wortes bewegten Vergangenheit. ■

Der Blick vom Gornergrat (3131 m) in der Schweiz auf den Monte Rosa

Der Monte Rosa hat für jeden etwas zu bieten

Zwischen der Schweiz und Italien bilden die Walliser Alpen, die auch Penninisches Gebirge genannt werden, eine natürliche Grenze. Hier finden Bergtouristen eine stattliche Ansammlung von Viertausendern. Besonders beliebt ist das Massiv des Monte Rosa. Und wer einmal das Glück hatte, dessen Gipfel in der auf- oder untergehenden Sonne „glühen" zu sehen, kann nachvollziehen, woher der Berg seinen Namen hat. Rund um die 4634 m hohe Dufourspitze liegt eine Reihe von Skigebieten der Superlative.

Auf schweizerischer Seite lockt Zermatt, von wo aus man nicht nur das Matterhorn, einen der „Charakterberge" der Alpen, sondern dank der höchsten Seilbahn Europas vom Gornergrat aus auch den Monte Rosa bewundern kann. Auf italienischer Seite sind die Wintersportorte in den Tälern von Ayas, Gressoney und Sèsia für ihre langen Abfahrten auf Pisten mit unterschiedlichem Schwierigkeitsgrad bekannt.

Auch im Sommer geizt die Region um den Monte Rosa nicht mit Reizen. Unter den Gletschern liegen malerische Dörfer und Almen. Bunte Wiesen, Kastanienhaine und Kiefernwälder laden zu ausgiebigen Touren ein. Immer wieder trifft man auf Wildbäche, Wasserfälle, die idyllische Kirche eines Bergdorfes, eine alte Brücke oder ein kleines Schloß. Beliebter Treffpunkt der Wanderer am Monte Rosa ist auf italienischer Seite die Mezzalama-Hütte, ein idealer Ausgangspunkt für zahlreiche Bergtouren.

Inselbogen in den Meeren
ZEUGEN DER TIEFE

Ob Krakatau, Mount St. Helens oder Santorin: überall, wo tektonische Platten absinken, brechen Vulkane mit besonderer Vehemenz aus. In den Ozeanen erkennt man diese sogenannten Subduktionszonen an Inselbogen, die von den verschluckten Platten zeugen. Als herausragender Vertreter gilt dabei der „ring of fire" im Pazifik.

Kreta, Insel am Rand des Abgrundes

Würde in der Ägäis nicht die Afrikanische Platte im 5093 m tiefen hellenischen Graben unter die Eurasische Platte abtauchen, gäbe es hier kein Kreta, kein Santorin und auch keine Kykladen.

Als das in der Tiefe aufgeschmolzene Gestein um 1500 v. Chr. nach oben drang, zerriß es Santorin in einer gigantischen Explosion und führte zum Untergang der minoischen Kultur. Fresken und Keramiken der minoischen Siedlung Akrotiri auf der Hauptinsel Thera, die damals unter meterdicken Bimssteinlagen begraben wurde, zeugen noch heute von der einstigen Blüte der Minoer.

Eine 30 m hohe Flutwelle, die damals über die Küsten Kretas und den gesamten Mittelmeerraum fegte, prägte entscheidend die gesamte griechische Mythologie. Die Deukalionische Flut sowie wesentliche Elemente in der Sage der Argonauten haben hier wohl ebenso ihren Ursprung wie der Mythos von Atlantis.

Betrachtet man die Region von oben, so erkennt man einen typischen Inselbogen, der entlang der abtauchenden Platte durch das hier aufgeschmolzene und zusammengepreßte Gestein gebildet wurde. Streng genommen beschreibt der Inselbogen sogar zwei Halbkreise: der äußere Bogen besteht weitgehend aus Kalkgestein und folgt über Rhodos, Karpathos und Kreta dem Graben der Ionischen Inseln, während der innere – um 200 km zurückversetzt – vulkanischen Ursprungs ist und sich von Thessalien bis zur türkischen Küste erstreckt. Er umfaßt vor allem die südlichen Kykladeninseln. Hierzu gehört auch Milos, wo unter anderem die kunstvoll gearbeitete Venusstatue gefunden wurde, die heute im Louvre in Paris steht. Der ägäische Bogen ist zusammen mit dem äolischen Bogen im Tyrrhenischen Meer beispielhaft für die Inselbogen im Mittelmeer. ■

◁ ***Von Hagia Triada auf Kreta, dessen Ruinen von der minoischen Kultur um 2000–1800 v. Chr. zeugen, hat man einen herrlichen Blick auf das 2456 m hohe Ida-Gebirge. Es vermittelt einen Eindruck von den Kräften, die hier wirken: Die Schichten, die am Fuß der Berge vorherrschen, findet man auch in den Gipfellagen wieder.***

△
Im Süden des Inselbogens der Kleinen Antillen befinden sich die Grenadinen. Diese Aufnahme zeigt die paradiesischen Inselchen Petit Saint-Vincent und Petite-Martinique; sie liegen vor Carriacou, der größten Insel des Archipels.

Glutwolken im Paradies der Kleinen Antillen

Als am 8. Mai 1902 eine Glutwolke die Hänge des Mont Pelée auf der Antilleninsel Martinique herabrast, löscht sie die Stadt St. Pierre in Sekundenschnelle aus: Von 28 000 Einwohnern kommen nur zwei mit dem Leben davon.

Ähnlich wie im Mittelmeer taucht auch hier eine Erdplatte unter die andere. So liegt der 600 km lange Bogen der Kleinen Antillen am Ostrand der Karibischen Platte, unter die sich die ozeanische Kruste des Atlantiks schiebt. Im südlichen Teil des Bogens zwischen St. Vincent und Grenada, die auch „Gewürzinsel" genannt wird, bilden die Grenadinen einen regelrechten Inselschwarm. Carriacou ist die größte Insel dieses Archipels. Das Labyrinth des zerklüfteten Meeresbodens gilt als tückisch. Der beste Beweis hierfür ist das Wrack des Kreuzfahrtschiffes *Antilles*, das für immer in einer engen Passage nördlich der Insel Mustique festliegt.

Der Bogen selbst setzt sich aus einem Inselkranz zusammen, der sich von Puerto Rico und den Jungferninseln bis zur Küste Venezuelas erstreckt. Die weiter östlich liegende Insel Barbados besteht aus Sedimenten, doch der innere Bogen ist vulkanischen Ursprungs; hier finden sich neun aktive Vulkane.

Außer dem Mont Pelée auf Martinique, der mit der Eruption von 1902 den verheerendsten Ausbruch dieses Jahrhunderts verzeichnet, gelten auch die anderen Vulkane als äußerst gefährlich. So schlug im Jahr 1902 auch der Soufrière auf St. Vincent zu und forderte 1500 Menschenleben. Als 1976 sein Namensvetter auf der benachbarten Insel Guadeloupe durch kräftiges Rumoren auf sich aufmerksam machte, fürchteten die Geologen schon das Schlimmste. Zum Glück blieb dieses Zwischenspiel jedoch ohne Folgen. ■

△
600 km nordöstlich von Neukaledonien liegt die Insel Tana (549 km²). Sie gehört zum Inselbogen von Vanuatu. Der rein durch Subduktion entstandene Vulkan Yasur im Südosten der Insel hat Krater von rund 1000 m Höhe aufgeworfen.

Vanuatu, ein vulkanischer Archipel im Pazifik

Die Vulkane des südwestlichen Pazifiks beeindruckten im Jahr 1774 bereits James Cook. Dem Archipel, der rund 2000 km östlich von Australien liegt und heute als Vanuatu bekannt ist, gab der britische Seefahrer damals den Namen Neue Hebriden. Es handelt sich dabei um einen vulkanischen Inselbogen, der den äußersten Süden des pazifischen Feuergürtels, des *ring of fire*, bildet. Die Plattengrenzen sind in diesem Bereich noch unklar. Aber viele Anzeichen deuten darauf hin, daß hier ein Teil der Indisch-Australischen Platte unter die Fidschi-Platte taucht. Östlich der Fidschi-Inseln liegen die Inselbogen und Tiefseegräben von Tonga und Kermadec, wo ozeanische Kruste verschluckt wird.

Auf fünf Inseln von Vanuatu, darunter Tana, gibt es aktive Vulkane. An der Südostküste von Tana erhebt sich der Yasur, der schon bei Cooks Besuch aktiv war und zu den wenigen Vulkanen gehört, die einen ständigen Lavasee in ihrem Krater beherbergen. Tana ist die fruchtbarste Insel des Archipels. Dank des tropischen Klimas gedeihen außer Kokospalmen auch Kakao, Kaffee, Yam-Wurzeln, Bananen, Maniok und andere Früchte. ■

Vor 4000 Jahren war Kreta die Wiege einer hochentwickelten Kultur. Händler und Seefahrer nutzten die Insel damals als Knotenpunkt für ihre Fahrten zu den Mittelmeerküsten – mehrere Jahrhunderte bevor die Kultur auf dem griechischen Festland aufblühte. Dem britischen Archäologen Arthur Evans ist es zu verdanken, daß die minoische Kultur zu Beginn des 20. Jahrhunderts wieder in Erinnerung gerufen wurde.

Am 23. März 1900 begann Evans am Fuß des Hügels Kefala in der Nähe von Heraklion mit archäologischen Ausgrabungen. Er stieß auf ein Haus mit Fresken und hob innerhalb weniger Tage einen wahren Schatz: Tongegenstände, Scherben von Tonkrügen und Tafeln mit einer unbekannten Schrift. Weitere Entdeckungen folgten, und bereits am Ende der ersten Ausgrabungsserie hatte man einen Palastkomplex von 8000 m² freigelegt, der größer war als der von Mykene. Der Palast von Knossos bestand aus einer Vielzahl mehrstöckiger Gebäude, die um einen Innenhof angeordnet waren. Manche der 1300 Säle waren prächtig dekoriert. Ein ausgeklügeltes Kanalisationssystem versorgte Tausende von Bewohnern mit Trinkwasser.

Nach der griechischen Sage beauftragte König Minos das Genie Dädalus mit dem Bau des sagenhaften Labyrinths, um darin das menschenfressende Ungeheuer Minotaurus einzusperren. Ob es Minos jemals wirklich gegeben hat oder ob er eine ähnliche Sagengestalt wie König Priamos ist, bleibt ungewiß. Der Archäologe Arthur Evans zumindest fackelte nicht lange und taufte die Menschen, die diese antike Kultur geschaffen hatten, auf den Namen Minoer.

Die Entstehung der Archipele

Als der deutsche Geophysiker Alfred Wegener zu Beginn des Jahrhunderts die Theorie der Kontinentalverschiebung begründete, bezeichnete er die Inselbogen noch als Fragmente, welche die Kontinente in ihrem Kielwasser zurückgelassen hatten. Tatsächlich aber entstehen die Bogen entlang von Tiefseegräben beim Abtauchen tektonischer Platten, etwa wenn sich eine ozeanische Platte unter eine andere Platte oder unter den Rand eines Kontinents schiebt. Unter anderem bilden sich dabei auch Randmeere.

Die abtauchende ozeanische Kruste muß eine Tiefe von 80–100 km erreichen, damit der Mantel teilweise aufgeschmolzen werden kann. Er bringt leichtere Magmen hervor, die wie Luftblasen zur Oberfläche aufsteigen und die vulkanischen Inseln bilden.

Manchmal entsteht näher am Graben ein zweiter Bogen, der sich allerdings aus Sedimenten zusammensetzt. Sedimente, die im Graben eingeschlossen sind, geraten nämlich nicht ins Mahlwerk der tektonischen Platten. Wie Papierfetzen, die am Ende einer Rolltreppe zurückgehalten werden, bilden sie Gesteinsschuppen, die sich aufeinanderstapeln und so Inseln bilden.

Eines der berühmten Fresken, die im Palast von Knossos entdeckt wurden ▷

Japans Ritt auf den Plattengrenzen

Nirgendwo sonst tritt die geologische Herkunft eines Inselbogens offensichtlicher zutage als im japanischen Archipel mit seiner typischen Halbmondform. Das Wahrzeichen Japans, der Vulkan Fudschijama, und die verheerenden Erdbeben, die das Land immer wieder erschüttern, sind deutliche Anzeichen dafür, daß hier Erdplatten aufeinanderprallen.

Der östliche Teil des Bogens mit der Insel Hokkaido und dem Norden von Honshu entstand durch das Abtauchen der Pazifischen Platte, die sich beim japanischen Tiefseegraben unter die Eurasische Platte schiebt. Diese Subduktion, bei der die Erdplatten hart aneinandergepreßt werden und mitunter ihre Energie als Erdbeben freisetzen, verläuft mit einer Geschwindigkeit von 9 cm pro Jahr erstaunlich rasant. Zugleich zieht die Bewegung einen Teil des Kontinents mit in die Tiefe: Noch vor rund 20 Millionen Jahren war Japan fest mit Eurasien verbunden, doch heute ist es von dem Kontinent durch das Japanmeer getrennt, ein typisches Randmeer.

Der rund 9000 m tiefe Japangraben, der in mehrere Teilabschnitte untergliedert wird, ist sehr gefräßig. Gegenwärtig fällt ihm der Vulkan Erimo zum Opfer, ein unterseeischer Berg, der auf dem Rücken der Pazifischen Platte 120 Millionen Jahre lang auf Japan zugedriftet war. Der Tiefseegraben verschlingt aber auch Fragmente vom Rand Japans, das somit nach und nach in der Tiefe verschwindet.

Der westliche Inselbogen mit dem Südteil der Insel Honshu grenzt an die Philippinische Platte, die erst knapp 20 Millionen Jahre alt ist. Sie verschwindet nur langsam, mit einer Geschwindigkeit von 4 cm pro Jahr, unter der Eurasischen Platte. Im Nankai-Graben, der hier bis zu 4500 m tief ist, häufen sich Sedimente an, die aus den Flüssen des Kontinents stammen. Da sie wie Hobelspäne bei der Subduktion nach oben gedrängt werden, entsteht langsam ein zusammengequetschter Akkretionskeil, der gegen das Festland drückt.

Derselbe Prozeß verhindert, daß der Vulkanbogen der Bonin-Inseln, der durch das Abtauchen der Pazifischen Platte unter die Philippinische Platte entstanden war, nicht vom Tiefseegraben verschluckt wird. Das hat allerdings Folgen, denn dadurch kollidiert die Halbinsel Izu in der Nähe des Fudschijama mit der Hauptinsel Honshu. Dies bedeutet eine erhebliche Erdbebengefahr für die Großstadt Tokio, die zuletzt 1930 schwer getroffen wurde, sowie die Region von Tokai. Zugleich steigt die Erdkruste hier sehr rasch nach oben und bildet die Japanischen Alpen. ■

Das Schnittbild zeigt den japanischen Inselbogen, bei dem die Pazifische, die Philippinische und die Eurasische Platte zusammentreffen. Außergewöhnlich ist das Aneinanderstoßen dreier großer Gräben vor Honshu. Zudem beschwört die Kollision der Halbinsel Izu mit Honshu stets verheerende Erdbeben herauf.

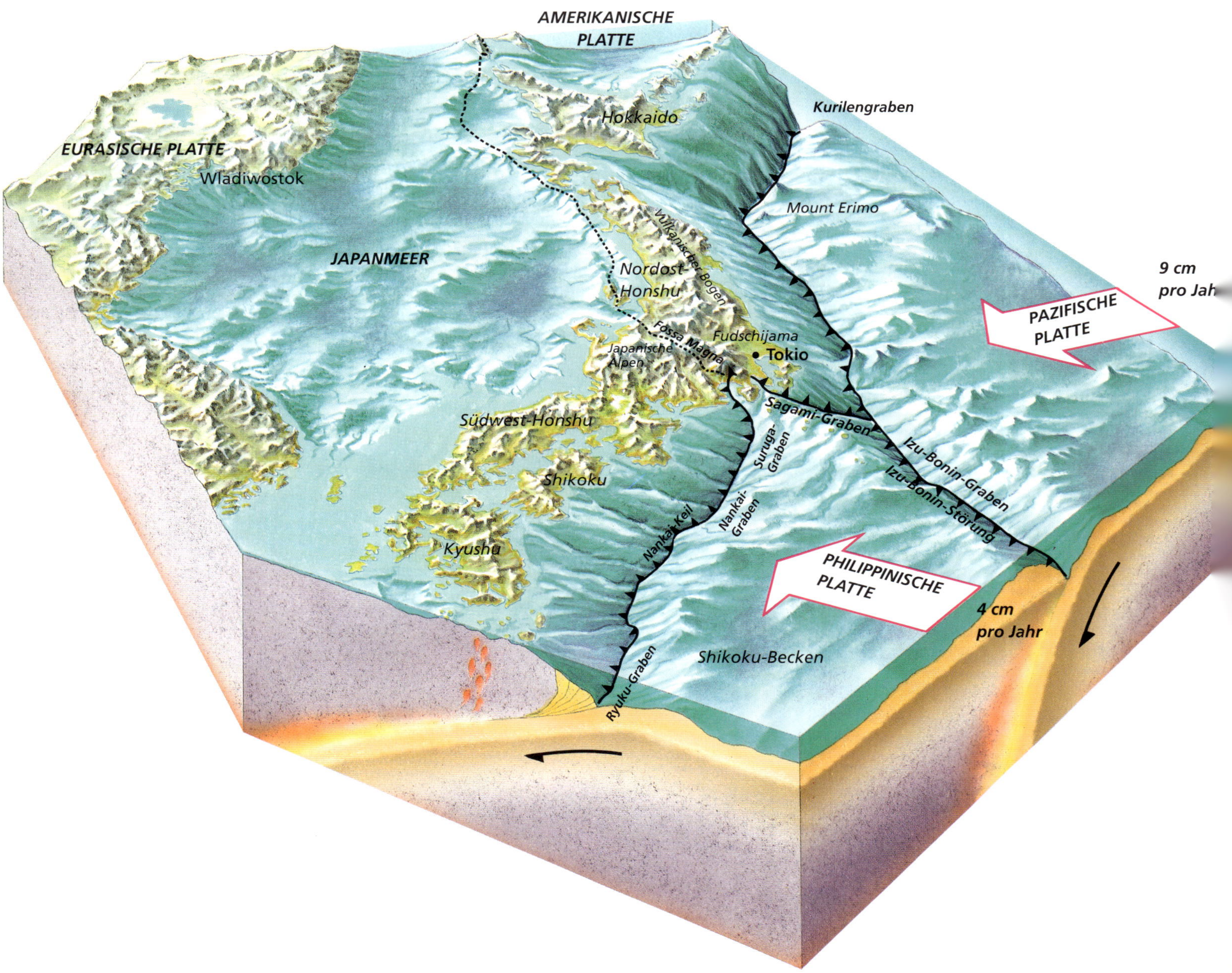

Kettengebirge und Tiefseegräben

GIRLANDEN DES ERDBALLS

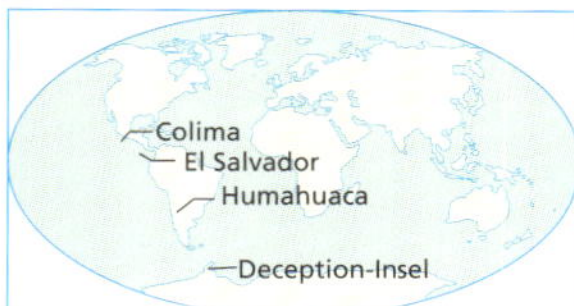

Wenn sich die Ozeane öffnen, schieben sie ihre Platten mit Gewalt unter die Ränder des Festlandes. Steigt das in den Tiefseegräben verschluckte und gepreßte Gestein schließlich wieder nach oben, entstehen Kettengebirge wie die Anden oder die Rocky Mountains; wie lange, schmale Bänder säumen sie die Küsten der Kontinente.

△
Der Strand El Tamarinda im Süden El Salvadors: In einigen Abschnitten der Pazifikküste prägen aktive Vulkane – hier etwa der Conchagua unweit der Stadt La Unión – das Landschaftsbild.

Land im Bann der Vulkane

Wie ein Damoklesschwert schwebt über El Salvador ständig die Gefahr, die aus dem Innern der Erde kommt: entweder sind es Vulkane oder Erdbeben, die das Land bedrohen. So haben schon mehrmals in der Geschichte des Landes Erdbeben die Hauptstadt San Salvador in Schutt und Asche gelegt.

Ursache der Katastrophen ist das Aufbrechen des Pazifiks. Diese Bewegung drückt vom Ostpazifischen Rücken her die kleinere Cocos-Platte gegen die Karibische Platte. Die Cocos-Platte sinkt dabei unter die Karibische, das Gestein schmilzt, es kommt zu Vulkanausbrüchen und Erdbeben.

El Salvador ist durch zwei parallele Gebirgszüge geprägt, die das Land von Westen nach Osten durchziehen. Der äußere Höhenzug, der entlang der Küste verläuft, besitzt die höchsten Gipfel: Der Santa Ana ist 2386 m hoch. Viele der Vulkane dieses Höhenzuges sind noch aktiv. Die innere Kette besteht dagegen aus älteren Vulkanen.

Die Hochebenen zwischen den beiden Gebirgszügen sind aufgrund der mit der mineralreichen Vulkanasche bedeckten Böden ungewöhnlich fruchtbar. Wirtschaftlich bedeutsam sind vor allem der Kaffeeanbau und die Rinderzucht. El Salvador ist das kleinste Land in Mittelamerika; es mißt von Westen nach Osten rund 300 km, von Norden nach Süden nur etwa 100 km. ■

Der gefiederte König der Anden

Der Andenkondor zählt zu den größten Vögeln der Erde. Seine Flügelspannweite kann mehr als 3 m betragen. Er beeindruckt nicht nur durch seine imposante Größe, sondern auch durch sein glänzendes, schwarzes Gefieder mit den weißen Armschwingen. Der kahle Kopf, der leichte Flaumkragen um den weißen Hals und sein robuster Schnabel lassen ihn schon von weitem als typischen Geier erkennen.

Der Andenkondor lebt gewöhnlich in Höhen zwischen 3000 und 5000 m, nistet jedoch auch am Rand der Küste an Steilhängen hoch über dem Meer. Die Verbreitung des Aasfressers, der leider selten geworden ist, umfaßt das gesamte Andengebiet von Nordkolumbien bis in den Süden von Feuerland; auch im Osten Südamerikas trifft man ihn noch an der argentinischen Atlantikküste an.

Majestätischer Herrscher der Lüfte: Ein Andenkondor setzt zur Landung an. ▽

Wenn eine Platte versinkt…

Die ozeanische Lithosphäre, die aus ozeanischer Kruste und oberem Erdmantel besteht, wird mit zunehmendem Alter schwerer als die kontinentale Lithosphäre und drückt dann in den unteren Mantel, die Schicht zwischen Erdmantel und Erdkern. Dieses Phänomen bezeichnen Geologen als Subduktion.

Das Abtauchen einer Lithosphäre unter eine andere ereignet sich am Rand der Kontinente. Dieser Bereich ist geologisch äußerst aktiv, was sich an den dort häufigen Erdbeben und explosiven Vulkanausbrüchen zeigt. Solche Zonen befinden sich unter anderem an der Pazifikküste der amerikanischen Kontinente, wo tiefe Gräben und hohe Gebirge dicht nebeneinanderliegen. Eine Ausnahme stellt das Gebiet der San-Andreas-Verwerfung dar, in dem sich die Platten aneinander vorbeibewegen.

Die Tiefseegräben entstehen durch das Abtauchen der ozeanischen Lithosphäre. Die Gebirge der Kontinente sind eine Folge der Stauchung und Verdickung der Erdkruste aufgrund der Annäherung der beiden Platten. Weiteres Material liefert das aufschmelzende Gestein der beiden sich überschiebenden Platten. Das Magma bildet die Granitkuppen und mächtigen Vulkane, aus denen die Gebirge zum großen Teil bestehen.

Von der Beringstraße zum Kap Hoorn

Die Kordilleren Amerikas durchziehen – wie kein anderer Gebirgszug der Erde – gleich zwei Kontinente. Anders als die Alpen oder der Himalaja zeichnen sie dabei von der Beringstraße im hohen Norden bis zum Kap Hoorn im Süden die Küstenlinie nach, an der die ozeanische Kruste des Pazifischen Ozeans unter die leichteren kontinentalen Erdplatten gedrückt wird.

Allein die Kordilleren Südamerikas, die Anden, erstrecken sich über eine Länge von 7500 km. Das Kettengebirge selbst erreicht dabei eine Breite von bis zu 600 km, seine Hochflächen liegen um die 4000 m hoch. Zugleich bildet es eine klimatische Barriere. So liegt die Schneegrenze als Folge der Trockenheit bei 27° südlicher Breite in 6500 m Höhe und erreicht so die höchsten Werte der Welt.

Das Abtauchen der ozeanischen Nazca-Platte unter Südamerika schuf neben den hohen Gipfeln auch die bis zu 8000 m tiefen Peru- und Atacamagräben. Zugleich verdichtet sich hier das Gestein durch das Aufeinanderschieben der Schichten zu einer bis zu 70 km dicken kontinentalen Kruste.

Der größte Teil der Anden entstand in den letzten 20 Millionen Jahren. Entscheidenden Anteil hatten dabei der andesitische Vulkanismus sowie die Stauchung des Kontinents von Ost nach West. Zwischen Kompressionsperioden, die Falten und Überschiebungen bewirkten, lagen Zeiträume, in denen sich das Kettengebirge in Nord-Süd-Richtung ausdehnte. Verwerfungen durchziehen die Täler, erfassen Gletschermoränen und schneiden tiefe Schluchten in das Gestein. Besonders häufig sind sie in der Cordillera Blanca Perus mit über 6500 m hohen Gipfeln. ■

◁ ***In den Anden mit ihren Sechstausendern setzen sich die Kordilleren Nordamerikas fort.***

Auf der argentinischen Seite, unweit vom Altiplano in Bolivien, überragen alte Formationen, die angehoben wurden, die kleine Stadt Humahuaca am Rio Grande in der Provinz Jujuy. ▽

Als Francisco Pizarro 1532 die Anden überquerte, traute er seinen Augen nicht. Während man in Europa zur damaligen Zeit allenfalls die Reste römischer Straßen oder ausgefahrene Fahrspuren nutzte, entdeckte der spanische Eroberer im Land der Inkas die unglaubliche *Nan Cuna*, „einen von Hand gestalteten, gut angelegten und an vielen Orten gepflasterten Weg". Pizarro wußte nicht, daß die königliche Straße im Inkareich insgesamt 40 000 km lang ist. Noch heute findet man ihre Spuren überall in Kolumbien, Chile, Argentinien, Ecuador, Peru und Bolivien.

Das für Fußgänger und Lamas bestimmte präkolumbianische Straßennetz durchquerte ein Gebiet von 2 600 000 km² mit völlig unterschiedlichen Landschaftstypen. Die Inkas scheuten bei den langwierigen Bauarbeiten weder die extreme Kälte auf den Gipfeln der Anden mit den vereisten Pässen noch tiefe Schluchten mit reißenden Flüssen.

Der Weg über die Anden erreichte stellenweise mehr als 6000 m Höhe. Er war zwischen 4 und 6 m breit und bestand mancherorts nur aus losen Platten, mit denen Abgründe überbrückt wurden. Kühn angelegte, in den Felsen gemeißelte Treppen halfen den Tragetieren und Menschen, die steilen Schluchten zu überwinden. Die Inkas schlugen sogar Tunnel in die Berge, die sie mit Schächten zur Beleuchtung und Belüftung versahen. Und aus einer kleinen Wasserrinne entlang des Weges konnten die Reisenden ihren Durst löschen.

Der Nan Cuna, *der längste Weg der Welt.*

△
Der Vulkankegel des Colima (vorne) entstand vor etwa 50 000 Jahren aus der Südflanke des Nevado (im Hintergrund). Dieser vor 3000 Jahren erloschene „ältere Bruder" des Colima ist von dichter Vegetation bewachsen und überragt mit 4339 m Höhe den Colima-Graben.

Der Colima, die geologische Zeitbombe Mexikos

Mexiko war in der Erdgeschichte Schauplatz verheerender Vulkanausbrüche, die heute Millionen Menschenleben kosten würden. Zeugnis hierfür legen die beiden Vulkane Colima (3842 m) und Nevado de Colima (4339 m) ab, die im Südwesten Mexikos liegen. Vor etwa 3000 Jahren war der 600 000 Jahre alte Nevado zuletzt aktiv, der erst 50 000 Jahre alte Colima zeigt noch heute, daß er jederzeit ausbrechen kann. 1941 forderte eine kleinere Eruption mehrere Menschenleben.

Die Lavaspuren zeigen, daß beide Vulkane ein gewaltiges zerstörerisches Potential haben: In der Vergangenheit sandten sie mindestens zweimal riesige Trümmerlawinen in die Täler, die über eine Distanz von 100 km alles Leben auslöschten. Die letzte große Lawine aus dem Colima ergoß sich vor 4300 Jahren.

Sämtliche Vulkane der Region entstanden durch die Subduktion der ozeanischen Cocos-Platte unter Mexiko. Im Norden von Colima bilden drei Gräben einen Stern. Solche Strukturen sind typisch für das Aufbrechen einer Platte. Möglicherweise wird sich in ferner Zukunft ein Teil der mexikanischen Kontinentalkruste ablösen. ■

△ ***Die Deception-Insel liegt im äußersten Süden der Süd-Shetland-Inseln am Rand der Antarktis. Die Vulkaninsel hat einen hufeisenförmigen Umriß. Vom Kraterrand aus sieht man die Telephone Bay, einen natürlichen Schutz für das vor Anker gegangene Schiff. Weiter hinten erheben sich die eisbedeckten Gipfel der Antarktis.***

Verschluckte Platten unter Mittelamerika

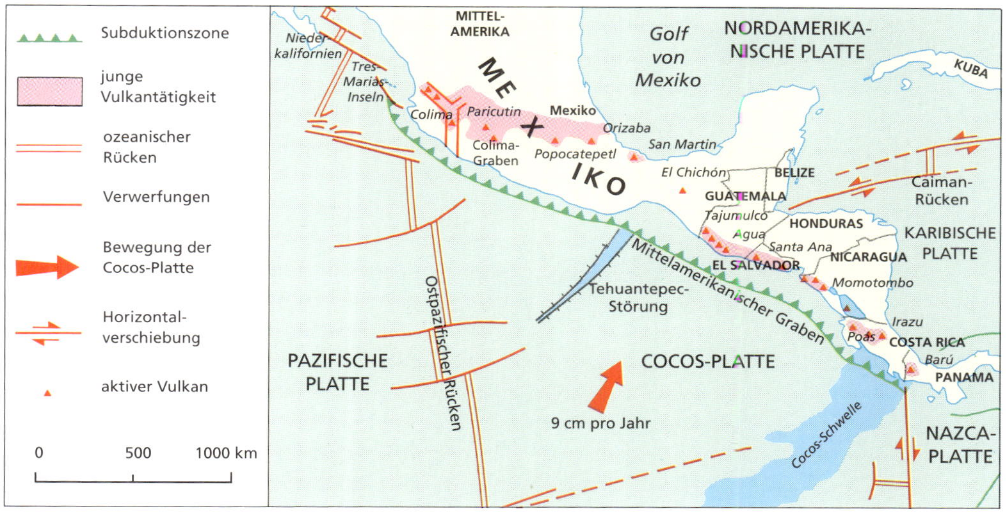

◁ ***Der mittelamerikanische Graben mit einer Länge von 3000 km ist ein deutlicher Hinweis für die Subduktion der Cocos-Platte unter den Kontinentalrand der Nordamerikanischen Platte und unter die Karibische Platte. Der Graben ist die Verlängerung des Atacama- und des Perugrabens, endet jedoch am Golf von Kalifornien.***

Höchstgelegene Städte und Dörfer der Welt	Höhe
Chacaltaya (Bolivien)	5131 m
Minasragra (Peru)	5100 m
Jiachan (Tibet)	4837 m
Cerro de Pasco (Mexiko)	4375 m
Potosi (Bolivien)	3960 m
Lhasa (Tibet)	3630 m
Cuzco (Peru)	3360 m
Quito (Ecuador)	2890 m

Die Vulkane der Deception-Insel

Einst war die unwirtliche Deception-Insel, die zu den Süd-Shetland-Inseln vor der Antarktischen Halbinsel gehört, mit ihrer geschützten Bucht nur als Stützpunkt für Walfänger interessant. Heute ist das vulkanische Eiland ein wissenschaftliches Forschungszentrum.

Die Insel offenbart ihre Herkunft, wenn man von der südamerikanischen Küste aus eine Linie zur Antarktis zieht. Tatsächlich bildete die westantarktische Subduktion vor der Öffnung der Drake-Meerenge die Verlängerung der Subduktion der Anden. Die Meerenge isolierte schließlich den Kontinent, der heute völlig von Wasser umschlossen ist.

Der Archipel Süd-Shetland ist nichts anderes als ein Inselbogen, den der Bransfield-Graben von der Antarktischen Halbinsel abtrennt. Der Westrand der Antarktis von der antarktischen Halbinsel bis zum Rossmeer weist mit den Granitkegeln und den rund 10 Millionen Jahre alten Vulkanen typische Landschaftsformen auf, die denen der Anden gleichen. Manche der Vulkane sind noch aktiv.

Obwohl die Reise beschwerlich ist und das rauhe Klima viele Touristen abschreckt – die Antarktis hält die Weltrekorde der Tiefsttemperaturen –, ziehen die Südküsten wegen ihrer unberührten und wilden Landschaft immer mehr Besucher an. Sie folgen den Spuren des britischen Seefahrers, der die Antarktis 1821 entdeckte. Seit Jahrhunderten hatte man bis dahin nur vermutet, daß im Süden der Erdkugel eine *Terra incognita* existiere. Heute trägt ein Teil der Halbinsel den Namen ihres Entdeckers: Palmer Land. ■

Die Bebenherde der Erde

Betrachtet man die geographische Verteilung von Erdbeben, so zeigt sich ein deutliches Muster, das die Anordnung der tektonischen Platten auf der Erde widerspiegelt. Überall dort, wo diese aufeinandertreffen oder auseinanderdriften, kommt es zu zahlreichen kleinen Erdbeben, die man meist nicht einmal wahrnimmt. In regelmäßigen Abständen von etwa 100 Jahren ereignen sich jedoch starke und häufig dramatische Erdstöße: Sie setzen in wenigen Sekunden Spannungen frei, die sich über die Jahre hinweg durch die langsame Bewegung der Platten aufgestaut haben.

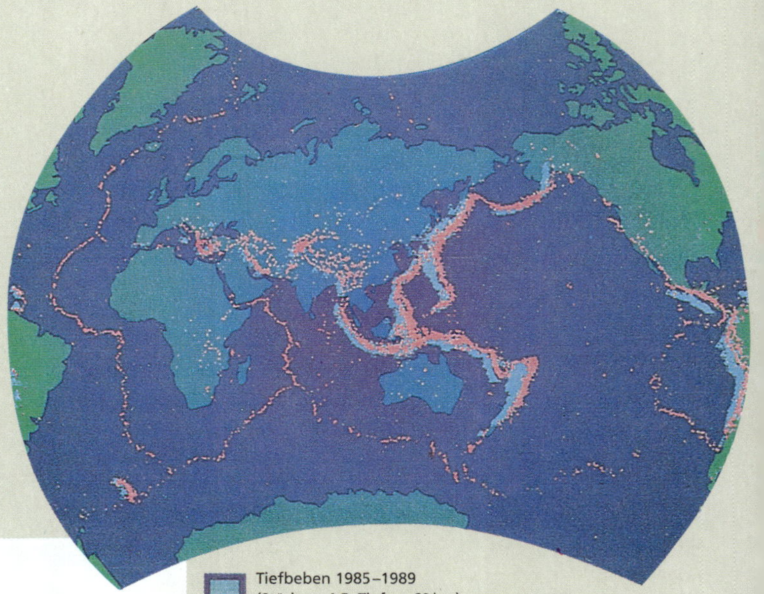

△ **Die meisten Erdbeben ereignen sich an den Plattenrändern. In Japan, Chile, Mexiko oder in Alaska taucht die ozeanische Kruste des Pazifiks unter die kontinentale ab und verursacht starke Erschütterungen. Hier reichen die Bebenherde immerhin bis in eine Tiefe von 700 km hinab. In Kalifornien gleitet die Pazifische Platte entlang der San-Andreas-Verwerfung nach Norden und bedroht so die Großstädte Los Angeles und San Francisco. Auch an den ozeanischen Rücken im Atlantik, im Pazifik und im Indischen Ozean ereignen sich Erdbeben, die jedoch weniger gefährlich sind. In Europa wurde zuletzt die Region Umbrien von einem schwereren Beben heimgesucht (September 1997).**

Erdplatten wandern mit einer Geschwindigkeit von einigen Zentimetern pro Jahr. Dort, wo eine Platte an die andere stößt, wird die Bewegung behindert, und das Gestein verformt sich elastisch – ähnlich wie ein zusammengedrückter Gummiball. Die so gespeicherte Energie wird in regelmäßigen Abständen durch Erdbeben freigesetzt. Bei einem großen Erdbeben verschieben sich in wenigen Sekunden die Erdschichten zu beiden Seiten einer Verwerfung relativ zueinander um mehrere Meter. Da sich der Bruch entlang der Verwerfung über Dutzende oder Hunderte von Kilometern erstreckt, summiert sich so eine ungeheure Energiemenge, die häufig der vieler Atombombenexplosionen gleichkommt. Daß Atombombenversuche schwere Erdbeben auslösen, konnte bisher jedoch nicht nachgewiesen werden.

Gehäuft treten Erdbeben in Subduktionszonen auf, wo die ozeanische Kruste unter die kontinentale abtaucht. Auch in der Nähe der mittelozeanischen Rücken ereignen sie sich, wo sich die Ozeane öffnen, ebenso an großen Horizontalverschiebungen, wo zwei Erdplatten seitlich aneinander vorbeigleiten, sowie in Kollisionszonen, wo Kontinente aufeinanderprallen und sich hohe Gebirge wie der Himalaja bilden.

Die stärksten Erdbeben verzeichnen Geologen an den Subduktionszonen des Pazifiks, wo ozeanische Plattenteile unter kontinentale abtauchen. Ähnlich schwer trifft es Regionen, die an den Grenzen zweier Kontinentalplatten liegen, etwa im Kaukasus und im Himalaja.

Risse in den Straßen erschweren die Rettungstransporte nach dem Erdbeben vom 21. Juni 1990 im Bergland des Iran. Wie 1988 in Armenien war die Ursache des Erdbebens die Kollision Arabiens mit der Eurasischen Platte. ▽

1906 zerstörte ein Erdbeben an der San-Andreas-Verwerfung einen großen Teil San Franciscos. ▽

△
Gekrümmte Eisenbahnschienen nach einem Erdbeben in Neuseeland im März 1987: Sie zeigen deutlich, wie die darunterliegenden Gesteinsschichten verformt wurden.

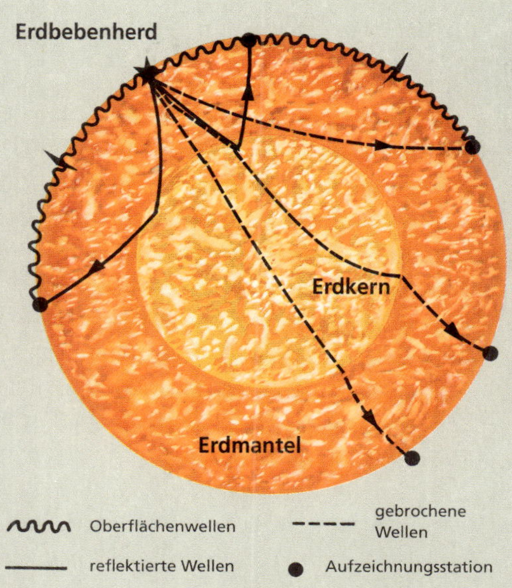

△
Das Aufbrechen einer Verwerfung erzeugt unterschiedliche seismische Wellen: longitudinale Wellen (P-Wellen), Transversal- oder Scherwellen (S-Wellen) und Oberflächenwellen (L-Wellen). Die Erschütterungen pflanzen sich mit einer Geschwindigkeit von mehreren Kilometern pro Sekunde in den Gesteinen fort. Geophysiker können mit Seismometern die Ausbreitungsgeschwindigkeit messen und so die Dicke und Zusammensetzung der jeweiligen Schichten in der Erde berechnen.

Die Kaianlagen in Jokohama wurden bei dem Erdbeben vom 1. September 1923 völlig verwüstet. Die darauffolgenden Brände wüteten mehrere Tage und zerstörten das Ballungsgebiet von Tokio. 140 000 Menschen kamen ums Leben. Das Absinken des Meeresgrundes an den Subduktionszonen unter Japan stellt für die Menschen, die am Ostrand des Archipels wohnen, eine ständige Gefahr dar.
▽

Mexiko City, das in einem alten Sedimentbecken und ausgetrockneten Sümpfen erbaut wurde, leidet besonders schwer unter Erdbeben. 1985 rissen die Erdstöße Gebäude und Straßen auseinander (Bild ganz oben).
Eines der stärksten Erdbeben, mit der Stärke 8,6, ereignete sich im März 1964 in Alaska. Die Energie der Erdstöße sprengte den gefrorenen Boden, der wie eine Glasplatte in mehrere Splitter zerbrach (Bild oben).

Kettengebirge auf dicker Kruste

DER KRIEG DER PLATTEN

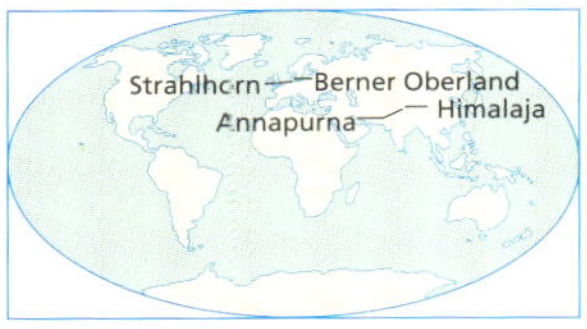

Treffen zwei Kontinentalblöcke aufeinander, quetschen sie dazwischenliegende Meeressedimente nach oben und formen so die höchsten Gebirge der Erde. Als sich vor rund 70 Millionen Jahren der indische Subkontinent von Afrika löste und mit der eurasischen Landmasse zusammenstieß, schlug die Geburtsstunde des Himalaja.

Der Annapurna: Kind zweier Kontinentalplatten

In Sanskrit, der Ursprache der indischen Sprachen, bedeutet Annapurna „Göttin des Überflusses". Die Südseite des imposanten Berges hält, was der Name verspricht: Schnee, Eis und spitze Felsen im Überfluß bieten ein schlichtweg grandioses Schauspiel.

Der Annapurna mit einer Gipfelhöhe von 8078 m gehört zum nepalesischen Teil des Himalaja-Gebirges und ist das Resultat der Kollision zweier Kontinente. Weil beide Kontinentalplatten – im Fall des Himalaja die Eurasische und die Indische Platte – wegen ihrer geringen Dichte nicht nach unten absinken können, weichen sie nach oben aus, es entsteht ein großes Kettengebirge. Die abgelagerten Sedimente des einst zwischen den beiden Platten gelegenen Meeres wurden nach oben gedrückt und bildeten große Deckenüberschiebungen. So kommt es, daß man heute auf den schneebedeckten Gipfeln des Himalaja Meeresfossilien findet.

Hinter der eigentlichen Plattengrenze entstanden weitere „Knautschzonen", etwa das Hochland von Tibet mit seinem Oberflächenvulkanismus. Je stärker die Kruste an diesen Stellen jedoch verdichtet wird, desto mehr widersetzt sie sich der Stauchung. Irgendwann verschmelzen die Kontinente miteinander und reißen möglicherweise in einigen Millionen Jahren an anderen Stellen wieder auseinander.

Die große Höhe der Berge im Himalaja ist hauptsächlich durch das archimedische Prinzip bedingt. Im Himalaja ist die Kontinentalkruste 80 km dick, also doppelt so dick wie die indische Kruste im Süden. Je dicker jedoch die Kruste ist, desto höher hebt sie sich über den Erdmantel hinaus – ebenso wie ein großer Eisberg, der höher als ein kleiner aus dem Wasser ragt.

Der Annapurna war der erste Achttausender, der von Menschen bezwungen wurde. Die Franzosen Maurice Herzog und Louis Lachenal erreichten am 3. Juni 1950 den Gipfel, mußten aber den Sieg mit schweren Erfrierungen bezahlen. Als schließlich einer britischen Seilschaft 1970 auch die Besteigung der gefürchteten Südwand gelang, war dies der Auslöser für den Sturm auf die höchsten Himalajagipfel. ■

Die hohen Gipfel der Schweizer Alpen im Berner ▷ Oberland stehen in starkem Kontrast zu den Almen im Tal von Grindelwald. Rechts sieht man die von allen Bergsteigern gefürchtete Nordwand des Eiger, der 3970 m hoch ist.

Die Südseite des 8078 m hohen Annapurna legt einen mehrere Kilometer tiefen Querschnitt durch die indische Kontinentalkruste frei. In der vereisten Wand sieht man deutlich die Schichtung der Gesteine. Wie die meisten Gipfel des nepalesischen Himalaja-Gebietes gehört auch der Annapurna zu einer riesigen Scheibe der eurasischen Kontinentalkruste, die sich über die Indische Platte schiebt. ▽

Die Meeresablagerungen im Berner Oberland

Der Name Grindelwald läßt die Herzen der Bergsteiger höher schlagen: Der kleine Ort im schweizerischen Kanton Bern lädt geradezu ein, die grandiose Felsbarriere zu bewundern, die sich vom Wetterhorn bis zur Pyramide des Eiger erstreckt. Beide Berge gehören zu den großen Gipfelzielen im Berner Oberland.

Unter anderem zeigt sich hier klar die äußerste und jüngste Überschiebung der kontinentalen Kruste in den Alpen. Es ist dieselbe, die auch das Massiv des Mont Blanc in den französisch-italienischen Alpen nach oben gedrückt hat. Dort, wo sich heute die Alpen erheben, breitete sich einst ein mehr als 1000 km breiter Ozean aus – vollständig ausgeprägt mit mittelozeanischem Rücken, Tiefseebecken und Kontinentalrändern und eingeschlossen zwischen den zwei Kontinentalplatten Afrika und Eurasien. Das Meer, die Tethys, wurde auf weniger als 100 km zusammengedrückt, seine Sedimente wild gefaltet und zu den Alpen aufeinandergetürmt.

So ist es kein Wunder, daß die Kalkgesteine des Eiger (rechts im Bild die berüchtigte Nordwand) nicht sehr fest gefügt sind, sondern eher einem instabilen Tellerstapel gleichen. So ist die Wand neben ihrem Schwierigkeitsgrad von den Bergsteigern auch aufgrund der häufigen Steinschläge gefürchtet.

Mit anderen Nordwänden wie der des Monte Cervino im Wallis, Schweiz, und den Grandes Jorasses im Massiv des Mont Blanc galt die riesige, 1800 m hohe Wand lange Zeit als unbezwingbar. Den Deutschen Heckmair und Vörg sowie den Österreichern Kasparek und Harrer gelang 1938 der Durchstieg durch die Eigernordwand. Ihren Todesängsten verliehen die Bergsteiger auf ihre Weise Ausdruck: Nicht ohne Grund heißen die Stationen auf dem Weg nach oben „Weiße Spinne", „Todesbiwak" und „Götterquergang". Von den zahllosen Tragödien, die sich hier abspielten, zeugen auch die Grabsteine auf den Friedhöfen. ■

Alle Achttausender des Himalaja auf einen Blick

Mount Everest	8848 m
K2	8611 m
Kangchendzönga	8598 m
Lhotse	8501 m
Ya-lung Chiang	8496 m
Makalu	8481 m
Lhotse Shar	8400 m
Dhaulagiri	8172 m
Manaslu	8156 m
Cho Oyu	8153 m
Nanga Parbat	8126 m
Annapurna	8078 m
Gasherbrum	8068 m
Broad Peak	8047 m
Xixabangma Feng	8012 m

Die Ausrüstung von Christine Janin beim Gipfelsturm im Oktober 1990

Mount-Everest-Besteigungen heute

Am Mount Everest testeten mehrere Generationen von Bergsteigern das jeweils neueste technische Gerät. Heute werden die Wände, an die man sich vor zehn Jahren kaum heranwagte, mitunter sogar im Alleingang bezwungen. Bergsteiger stehen geradezu Schlange, um den Berg in immer schwierigeren Routen zu besteigen. Die Leistungsfähigkeit wurde nicht zuletzt durch ein individuell abgestimmtes Training gesteigert. Seit Reinhold Messner und Peter Habeler den Everest ohne künstlichen Sauerstoff bestiegen, hat selbst die sogenannte „Todeszone" ihren Schrecken verloren – vorausgesetzt, der Bergsteiger akklimatisiert sich langsam an die Höhe. Der moderne Abenteurer nutzt bequeme Kleidung, superleichte Zelte und Kletterausrüstungen sowie Spezialnahrung. Der Gewichtsvorteil erlaubt ihm dann, Routen schneller zu klettern. Dies ist vor allem in der Wetterküche des Himalaja ein entscheidender Sicherheitsvorteil.

Verlagerung von Afrika und Indien in Richtung Asien

Regionen, die durch die Kollision der Kontinente verformt wurden

vor 20 Millionen Jahren

vor 40 Millionen Jahren

vor 60 Millionen Jahren

vor 100 Millionen Jahren

◁ ***Seit 100 Millionen Jahren drücken Afrika, Arabien und Indien gegen den eurasischen Kontinent. Indien hat so mehrere tausend Kilometer mit einer Geschwindigkeit von 15 cm pro Jahr zurückgelegt, bis es vor etwa 50 Millionen Jahren mit Asien zusammenstieß. Die Annäherung dauert bis heute mit einer Geschwindigkeit von 5 cm pro Jahr an und führte zur Entstehung des Himalaja. Ähnlich bildeten sich die Alpen und die Gebirgsketten im Mittelmeerraum, weil sich Afrika und Europa aufeinander zu bewegten.***

Blick von der Raumfähre **Challenger** ***auf den schneebedeckten Himalaja. Die Gebirgskette mit ihren Achttausendern entstand durch die Kollision der beiden Kontinente Indien und Asien.*** ▷

Blick von oben auf das Dach der Welt

Den Astronauten der NASA verdanken wir eines der beeindruckendsten Bilder des Himalaja. Das Kettengebirge erstreckt sich nach Westen vom Mount Everest (8848 m), der unten sichtbar ist, bis zu den Gebirgsstöcken des Karakorum und des Pamir, die am Horizont auftauchen. In der Mitte liegen der Annapurna (8078 m) und der Dhaulagiri (8172 m) zu beiden Seiten des tiefen Tals von Kali Gandak, das sich quer durch die gesamte Kette zieht. Rechts am Horizont erkennt man den Rand des tibetanischen Hochlandes und das Tarim-Becken, in dem die Wüste Takla-Makan liegt. Links erscheinen blau die fruchtbaren Ebenen des Indus und des Ganges mit ihren zahlreichen Nebenflüssen.

Die Indische Platte ist vor rund 50 Millionen Jahren mit der Eurasischen Platte kollidiert, nachdem sie Tausende von Kilometern nach Norden gedriftet war. In Tibet, in den Tälern des Indus und des Brahmaputra findet man heute noch Spuren des Ozeans, der die Kontinente einst trennte. Es handelt sich um

parallel zur Himalajakette verlaufende Schichten, die in der rechten Ecke des Bildes zu sehen sind. Die Kollisionsbewegung hält nach wie vor an, und noch immer wächst der Himalaja nach oben.

Die Geburt des Himalaja gleicht der Entstehung der Alpen. Beide Kettengebirge setzen sich aus übereinandergeschichteten Gesteinspaketen zusammen. Im Himalaja stapeln sich zwei große Gesteinsdecken über der Indischen Platte. Das Gestein wurde teilweise um mehrere hundert Kilometer verschoben. Das höchste Gesteinspaket bildet den Hohen Himalaja, der alle großen Gipfel Nepals beherbergt. An der Stirnseite des Himalaja erzeugen der Druck der Indischen Platte und das Widerlager der Eurasischen Platte eine Überschiebung. Sie ist für die Erdbeben verantwortlich, die den Norden Indiens erschüttern. ■

Zusammenstoß der Kontinente

Das spektakulärste tektonische Ereignis für die Erdkruste ist die Kollision zweier Kontinente, verbunden mit dem Auffalten einer Gebirgskette. Die Kontinente sind dünne Schichten der Kontinentalkruste, die auf der Oberfläche des zähflüssigen Mantels „treiben", der in über 100 km Tiefe liegt: Dieser zähflüssige Bereich heißt auch Asthenosphäre. Driften die tektonischen Platten auseinander, öffnen sich auch die Ozeane. Gleichzeitig nähern sie sich dadurch jedoch wieder anderen Erdplatten – und zwar mit einer Geschwindigkeit von mehreren Zentimetern pro Jahr. Derzeit bewegt sich etwa Afrika jährlich um 1 cm auf Europa zu. Indien strebt seit seiner Kollision mit Asien jährlich um 5 cm weiter nach Norden. Schließen sich bei solchen Bewegungen die Ozeane, geschieht es oft, daß Teile der ozeanischen Kruste – die Ophiolithe – auf die Kontinente geschoben werden.

Die Kollision der Kontinentalplatten schabt riesige Sedimentdecken vom Grundgebirgssockel entlang von Überschiebungen nach oben. Die Granitgesteine der kontinentalen Kruste wiederum sind so leicht, daß sie nicht in den Erdmantel hinabgedrückt werden, wie dies mit der ozeanischen Kruste bei einer Subduktion geschieht. Unter Gebirgen wie dem Himalaja kann deshalb die kontinentale Kruste doppelt so dick werden.

Die Geburt der Alpen

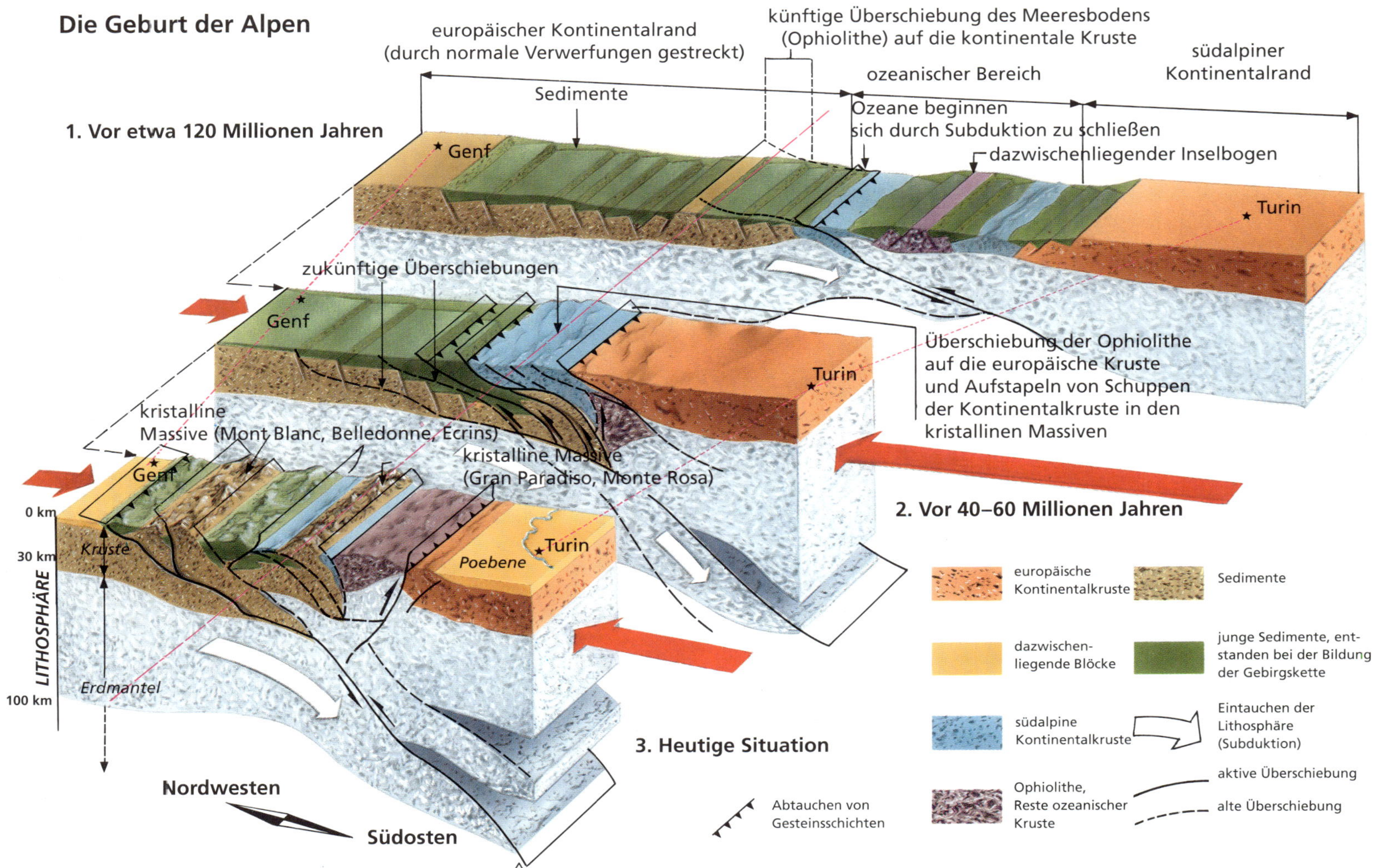

Die Grafik erklärt die Entstehung der Alpen am Beispiel des Mont-Blanc-Massivs. Vor etwa 120 Millionen Jahren war Italien als Vorgebirge von Afrika durch mehrere ozeanische Becken von Europa getrennt. Die Annäherung der Kontinente schloß die Becken allmählich. Teile der Ozeankruste – die Ophiolithe – wurden auf die Kontinentalkruste geschoben. Dadurch verdickte sich der Rand Europas und bildete Stapel aus Gesteinsdecken. Wie groß die Gesteinspakete waren, die hier zusammengequetscht wurden, illustriert die Verkürzung der Distanz Turin–Genf um mehrere hundert Kilometer.

Terrassen im Himalaja

Shandrung vor der Südseite des Annapurna

In Nepal haben Generationen von Bauern unzählige Terrassen in die steilen Flanken der Berge geschnitten. Ohne diese Art von Ackerbau würde die Erosion sehr schnell den wertvollen Boden ins Tal schwemmen. Auf den großen Treppen baut man je nach Höhenlage Reis, Gerste, Mais, Kartoffeln, Baumwolle, Hirse oder Buchweizen an. In Shandrung unterhalb des schneebedeckten Annapurna hat man jede Terrasse mit einer schmalen Mauer und einem ausgeklügelten Bewässerungssystem versehen. Die Bauernhöfe selbst sind sehr klein, weil das Land unter einer Vielzahl von Pächtern aufgeteilt ist.

Ozeanboden auf den Gipfeln des Wallis

Im Kanton Wallis im Süden der Schweiz überragen das Strahlhorn mit 4190 m Höhe und sein Nachbar, das Fluchthorn mit 3790 m, eine märchenhafte Landschaft mit ausgedehnten Gletschern und grünen Almen.

Geologen, die diese Region untersuchen, stellen fest, daß viele Gipfel aus ozeanischem Krustengestein aufgebaut sind, das einst an einem mittelozeanischen Rücken aus der Erde gequollen ist. Die ozeanische Kruste ist gewöhnlich sehr viel dünner als die der Kontinente, nämlich nur einige Kilometer gegenüber der 30-40 km dicken Kontinentalkruste. Wo der Meeresboden auseinanderklafft, entstehen unterseeische Vulkane und Spalten. Das Magma bildet die typische Kissenlava, deren abgerundete Gestalt sich bei der abrupten Abkühlung mit Wasser formt.

Als sich vor etwa 100 Millionen Jahren die Adriatische Platte, eine Mikroplatte zwischen Afrika und Europa, nach Norden bewegte, gerieten die ozeanischen Gesteine zwischen Italien und dem Rest Europas in die Klemme. Die von Süden drückende Platte schob die marinen Gesteine durch große Überschiebungen auf die Kontinentalkruste. Teilweise wurden dabei sogar Teile des oberen Mantels nach oben gepreßt.

Die Geologen können so in den Alpen Gesteine untersuchen, die normalerweise kilometertief im Innern der Erde liegen. Die dunklen Steilhänge unter den Eiskappen von Strahlhorn und Fluchthorn bestehen etwa aus Peridotiten und Serpentiniten, die sich nur bei extrem hohen Drücken und Temperaturen bilden. Unterhalb der dunklen Gesteine findet man helle Sedimente, die sich am Rand des europäischen Kontinents abgelagert hatten.

Geraten Gesteine an die Oberfläche, entspannen sie sich von dem großen Druck, der sie zusammengebacken hat. Eine natürliche Gesteinssprengung ist die Folge, verbunden mit der Gefahr von Geröllawinen. Da man heute aufgrund des Tourismus auch in gefährdeten Bereichen siedelt, ist ein immenser Aufwand nötig, um die Dörfer vor dem Gestein des uralten Ozeans zu schützen. ■

Im französischen Montgenèvre bei Briançon findet man alte Kissenlaven (kleines Bild), die an ozeanischen Rücken entstanden sind. Strahlhorn und Fluchthorn in der Nähe von Saas Fee (Schweiz) zeugen noch heute von dem Ozean, der einst Italien und Europa trennte. Dunkles Basaltgestein und Fragmente des Erdmantels liegen über den helleren Sedimenten. ▽

Der Mont Blanc galt noch im 18. Jahrhundert als unbezwingbar. Zwar hatte man bereits seine Gletscher überquert, sein Massiv umrundet und auch einige Vorstöße auf seine Flanken gewagt – aber an der mangelnden bergsteigerischen Erfahrung und Technik scheiterte jede Besteigung des Gipfels. Horace Bénédict de Saussure, der berühmte schweizerische Gelehrte des 18. Jh., begriff den höchsten Berg der Alpen als Symbol für die Eroberung der Hochgebirge. Saussure setzte deshalb eine hohe Belohnung für denjenigen aus, der den Weg zum Gipfel finden und ihm bei einem Aufstieg helfen würde. Nach einer Reihe vergeblicher Versuche gelang es schließlich am 8. August 1786 dem Arzt Michel Gabriel Paccard und dem Kristallsucher Jacques Balmat, den Gipfel des Mont Blanc zu bezwingen. Der Aufstieg war jedoch zur damaligen Zeit alles andere als ein Spaziergang.

Anders als heutige Bergsteiger mit ihren Leichtmetallpickeln, Steigeisen und Nylonbergseilen hatten die Pioniere außer einigen Stöcken keinerlei Hilfsmittel bei sich. Ihr Erfolg bewies jedoch, daß ein Überleben im Hochgebirge möglich war, wenn man Techniken entwickelte, mit denen man leichter auf Schnee und Eis vorwärtskam. Horace Bénédict de Saussure sah nun die Chance, sich seinen Traum zu erfüllen. Er ließ sich am 3. August 1787 unter der Führung des inzwischen ortskundigen Jacques Balmat und weiteren Bergsteigern zum Gipfel führen.

Intrakontinentale Gebirgsketten

DACHGESCHOSS DER WELT

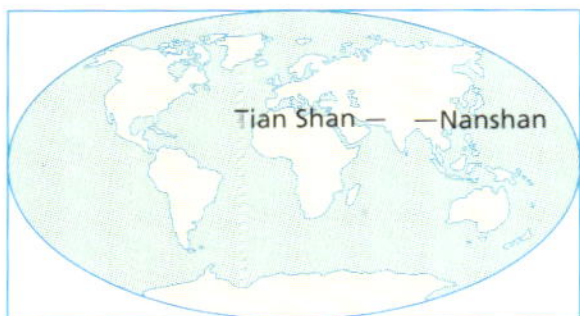

Wo Gebirge an den Grenzen der Kontinentalplatten weit nach oben gepreßt werden, entstehen Landschaften mit extremen Gegensätzen. An die schneebedeckten Berge des Hohen Himalaja beispielsweise grenzen weite Trockengebiete wie die Wüste Gobi und die Takla-Makan. Deshalb zählen diese Gegenden zu den Wetterküchen der Erde.

△
Der Ta Xue Shan – der chinesische Name bezieht sich auf den ewigen Schnee des Gebirges – ist eine der Hauptketten des Nanshan-Massivs, das sich in Tibets Nordosten erhebt. Die Bewohner der Oase Changma, deren Pappeln im Vordergrund zu sehen sind, haben düstere Erinnerungen an das Erdbeben der Stärke 7,6, das 1932 die Region erschütterte.

Das Nanshan: ein nach Osten gequetschtes Kettengebirge

Als vor rund 45 Millionen Jahren die Indische Platte die Eurasische erreichte und die ersten Säugetiere in das neue Land einwanderten, war vom Himalaja noch nichts zu sehen. Erst vor etwa 10 Millionen Jahren kam es hier zur Gebirgsbildung. Die Indische Platte schob sich um mindestens 100 Kilometer unter den asiatischen Kontinent und drückte dabei Tibet nach oben. Noch immer hebt sich das junge Gebirge um etwa 1 cm pro Jahr.

Unter anderem entstand so das Nanshan-Gebirge, das im Nordosten des tibetanischen Hochlandes an die Wüste Gobi grenzt. Seine gewaltigen Gipfel sind in fünf parallelen Bergketten aufgereiht und liegen im Durchschnitt über 5000 m hoch. Zu diesen Massiven gehören etwa der Ta Xue Shan, dessen nördliche Hochebene auf dem Bild zu sehen ist.

Die Gesteine der nördlichen Hochfläche des Ta Xue Shan sind gefaltet und durch eine Überschiebung verrückt. 1932 kam es an dieser Verwerfung zu einem Erdbeben der Stärke 7,6. Die überdurchschnittlich starken Erdstöße sind typisch für das Nanshan-Gebirge.

Im Gegensatz zum Tian Shan-Gebirge folgt das Nanshan-Gebirge nicht direkt dem Nordkurs der Indischen Platte. Wie Zahnpasta wird das Nanshan-Gebirge an großen Blattverschiebungen seitlich aus der Kollisionszone nach Osten herausgequetscht und drückt gegen China und die Wüste Gobi. Die so verursachten schweren Erdbeben sind zugleich ein Hinweis auf die noch andauernde Gebirgsbildung des Himalaja. ■

Der Urozean Tethys trennte einst Indien vom übrigen Asien. Er wurde immer kleiner, als die ozeanische Kruste vom Erdmantel vor Eurasien verschluckt wurde – dort, wo sich heute der Himalaja erhebt. Die Kontinentalmassen von Indien und Sibirien bewegten sich damals mit 10 cm pro Jahr aufeinander zu. Vor 45 Millionen Jahren kollidierten sie. Da sich diese Annäherung mit etwa 5 cm pro Jahr fortsetzt, hebt sich der Himalaja noch immer. Tibet wird nach Osten in Richtung China abgedrängt – die Folge dieser Bewegung sind schwere Erdbeben.
▽

Das Spiel der Verwerfungen

Zahlreiche Gebirgsketten wie die Anden oder die Rocky Mountains bilden sich an den Grenzen aufeinanderprallender tektonischer Platten. Andere liegen weit entfernt von einem Plattenrand. Diese intrakontinentalen Ketten sind das Ergebnis einer Kompression der Kruste. Sie heben sich im rechten Winkel zur Schubrichtung nach oben.

Geprägt sind die Gebirgsketten vom Spiel der Verwerfungen, bei dem sich die Gesteinsschichten der Kruste in Schuppen abschälen und sich überschieben. Das Stapeln dieser Schichten verdickt die Erdkruste, die sich nach dem dem Gesetz der Isostasie in den darunterliegenden oberen Mantel drängt. So sind die intrakontinentalen Gebirgsketten ein Zeichen für die gewaltige horizontale Stauchung der Kontinente, die durch eine dicker werdende Kruste kompensiert wird – in dem jungen Himalaja reicht die Kruste mehr als 70 km tief hinab, während die Gebirgswurzel in den etwas älteren Alpen bei nur rund 50 km Tiefe liegt.

Die Entstehung des Himalaja

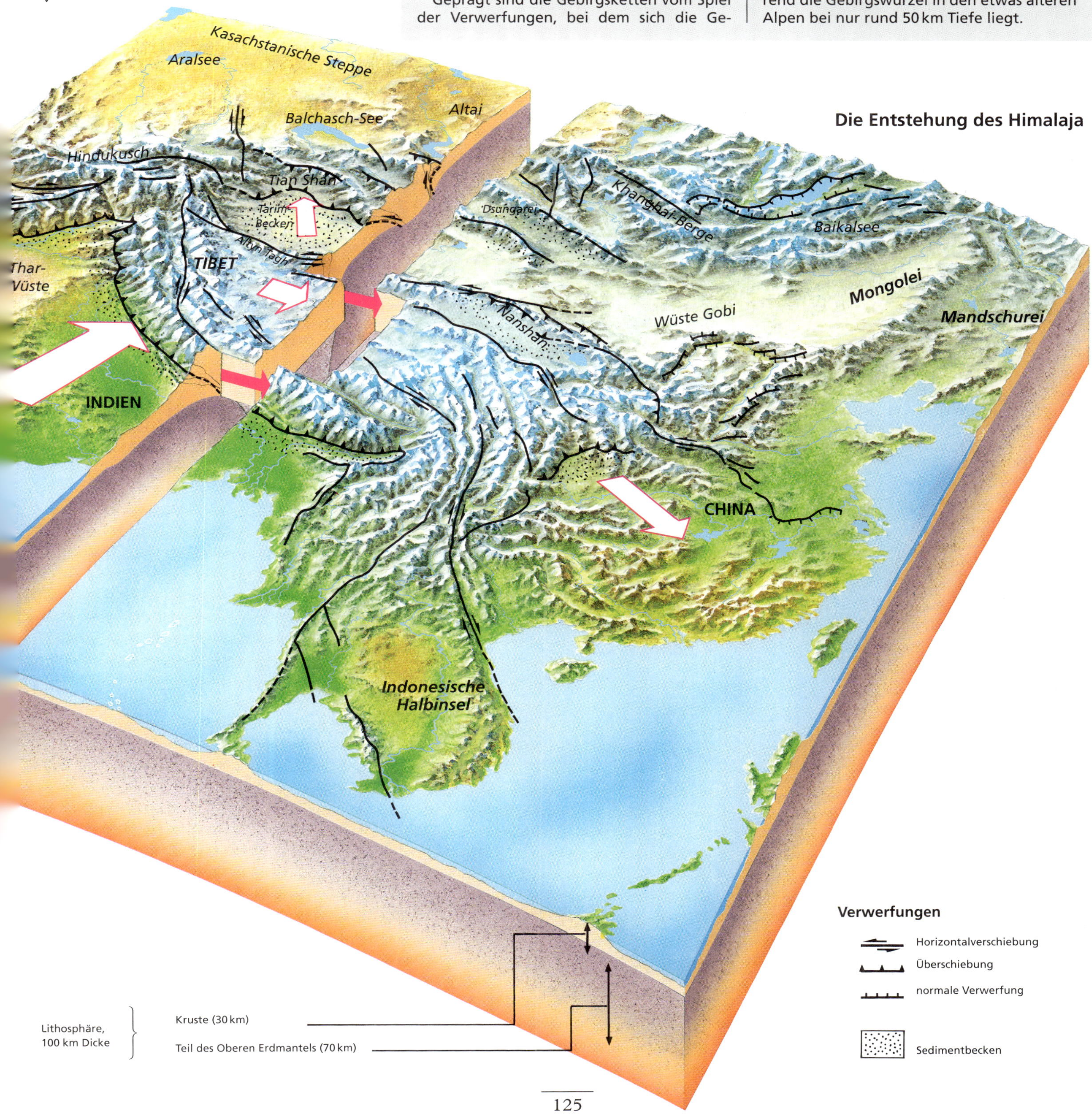

Die grünen Oasen des Tian Shan

Das Gebirge Tian Shan erhebt sich majestätisch über Ebenen und Wüstenplateaus, die es um mehr als 5000 m überragt: im Norden die dsungarische Wüste und die kasachische Hochebene, im Süden das Tarim-Becken mit der Wüste Takla-Makan. Die über 6000 m hohen, schneebedeckten Gipfel reihen sich über eine Strecke von mehr als 2000 km von Osten nach Westen dicht aneinander.

Im Sommer gehen auf den Tian Shan üppige Niederschläge aus Westen und Nordwesten nieder. Da die Region entsprechend hoch liegt, gehört das Tian Shan deshalb zu den gletscherreichsten Gebirgen der Welt. Der Regen und das Schmelzwasser speisen die grünen Oasen der Hochflächen mit ihren Weiden, den Nadel- und den Laubwäldern. Die blühenden Vegetationsinseln bieten dem Auge einen wohltuenden Kontrast zu den hellen, sandigen Wüstenebenen.

Als noch die Karawanen die nördliche Seidenstraße entlangzogen, nutzten sie die weiten Täler des Tian Shan als Passage von der orientalischen zur mediterranen Welt. Der Reisende, der heute die Region überfliegt, sieht zahllose Wildbäche und Flüsse, die sich mit der Hebung des Gebirges in die Bergflanken eingegraben haben. Sie münden entweder in die großen Flußtäler oder in enge, zwischen den Gebirgsketten eingeschlossene Becken. Mitunter fließen sie direkt in die Hochebenen, wo sie die Oasen mit Wasser versorgen, bevor sie im Sand des dsungarischen Beckens oder im abflußlosen Tarim-Becken versickern, das von der Wüste Takla-Makan beherrscht wird.

Die Erdgeschichte des Tian Shan ist sehr komplex: Eine erste Gebirgskette, ähnlich der Anden, muß sich hier bereits vor mehreren hundert Millionen Jahren beim Kontakt einer alten ozeanischen Platte mit der damaligen kontinentalen Platte gebildet haben. Von dieser Subduktion zeugen nur noch die Gesteine. Vor ungefähr 300 Millionen Jahren kam es dann zum Verschmelzen der Tarim-Region mit der Dsungarei, die ursprünglich durch einen Ozean getrennt waren. Viele Millionen Jahre der tektonischen Ruhe folgten; sie ließen der Erosion genügend Zeit, um das alte Gebirgsmassiv einzuebnen.

Vor etwa 10 Millionen Jahren schuf dann die Kollision zwischen Indien und Asien eine neue Gebirgskette, die noch immer – bedingt durch den nordwärts gerichteten Schub Indiens – nach oben wächst. Heftige Erschütterungen zeugen von dieser Bewegung. Eines der katastrophalsten Erdbeben ereignete sich 1902: Es hatte eine Stärke von 8,5 und zerstörte die Oasen Kashgar und Atushi. ■

Ein Dach über dem Kopf, gehalten von 250 Streben

Eine typische Jurte in einer Hochebene von Sinkiang

Auf den hochgelegenen Weiden der Gebirgsmassive in der Provinz Sinkiang im Nordwesten Chinas haben Nomaden eine Jurte errichtet. Die dicke Filzauflage verleiht ihr Ähnlichkeit mit einem Zelt. In Wahrheit handelt es sich jedoch um ein äußerst stabiles Haus, das selbst heftigsten Winden trotzt. Weil Jurten transportabel sein müssen, bestehen die Wände aus einem Holzgeflecht, das auf ein rundes, hölzernes Bodengerüst montiert wird. Das Dach erhält seine Stabilität durch 250 Stangen von 2 m Länge, die in der Mitte über einem Ring zusammengebunden sind. Dieses Holzgebilde bedecken die Nomaden mit Schilfrohrmatten und Filz, der die Wärme zurückhält. Schließlich wird das Ganze fest am Boden mit Seilen vertäut. Die Tür weist immer nach Süden. Obwohl eine Jurte 200 kg wiegt, läßt sie sich in wenigen Stunden auf- oder abbauen.

Im Nordwesten Chinas befindet sich der Tian Shan, das „Himmelsgebirge". Das kompliziert aufgebaute Massiv liegt inmitten des Kontinents, 2000 km von Plattengrenzen entfernt. Es ist nach dem Himalaja die aktivste Bergkette der Welt. Die Gräber der Uiguren, konische und 1,50 m hohe Hügel, liegen in einer Ebene, die eine große Verwerfung von den Bergen trennt. ▷

Gebirgsmassive aus Tiefengestein

FESTGEFAHREN

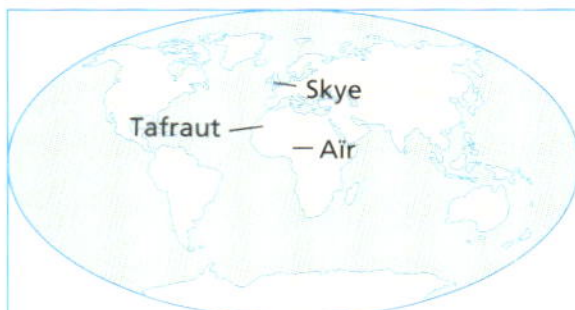

Felsbrocken, wie von Zyklopenhand durcheinandergewürfelt, sind häufig das Kennzeichen von Tiefengesteinen. Zu diesen zählt der Granit. Im Gegensatz zu den Vulkaniten sind die Tiefengesteine nie an die Oberfläche ausgeflossen, sondern im Kern der Gebirgsmassive steckengeblieben. Die Erosion hat sie in Jahrmillionen freigelegt.

Tafraut: ein Tal aus Tausendundeiner Nacht

Südlich der marokkanischen Stadt Agadir liegt ein Tal wie aus Tausendundeiner Nacht: Es heißt Tafraut und ist eingekesselt zwischen steilen und von Schluchten zerschnittenen Bergen. Wer hier im Winter die Mandelblüte bewundern will, sieht sich zunächst dem Anti-Atlas gegenüber, dem Tor zur Sahara, dessen Berge mehr als 2000 m hoch sind.

Jenseits einiger Pässe öffnet sich schließlich das Tal Tafraut, das in sehr altes Granitgestein eingebettet ist. Der aus der Tiefe aufgestiegene Granit zeigt die typische Wollsackverwitterung, bei der das Gestein schalenförmig von außen nach innen verwittert und schließlich in sackartige Blöcke zerlegt wird. Die Verwitterung des Intrusivgesteins schuf gemeinsam mit der Hebung des Gebirges ein weites Becken, in dem sich das Wasser der umliegenden Berge sammelte.

Nicht von ungefähr bedeutet Tafraut in der Sprache der Berber soviel wie „Bewässerungsdamm“. Selbst im Sommer gibt es hier im Tal genügend Wasser, do daß die Bauern Felder und Obstplantagen bewässern können. Die Dörfer befinden sich zwar oft an den Eingängen von Schluchten, liegen aber nicht unmittelbar in den Wadis. Diese Flußtäler laufen bei sintflutartigen Regenfällen schlagartig mit Wasser voll. Beduinen behaupten deshalb mitunter, daß in der Wüste mehr Menschen ertrinken als verdursten.

Im Lauf der Jahrhunderte haben es die Menschen in dieser Oase des Lebens gelernt, sich der feindlichen Umgebung anzupassen. Dennoch halten sie regen Kontakt mit der Außenwelt: Ihre Datteln sind in ganz Marokko als Handelsware begehrt. Kehren die Bewohner von Tafraut von einer Geschäftsreise zurück, nutzen sie den Gewinn unter anderem, um ihre Häuser zu verschönern, die als Statussymbole gelten. ■

Magma aus der Tiefe

Tiefengestein, das auch als Plutonit oder Intrusivgestein bezeichnet wird, findet man sowohl im Kern von jungen Gebirgen wie den Alpen als auch in alten Mittelgebirgen wie dem Schwarzwald. Das Gestein enthält häufig große Kristalle, da die Minerale genügend Zeit hatten, um aus der Schmelze auszukristallisieren. Außerdem veränderte das Magma bei seinem Aufstieg das angrenzende Gestein und wandelte es um. Die Geologen sprechen von Kontaktmetamorphose. Große Intrusivmassen, die Plutone, unterscheidet man nach ihrer Entstehung:

- Manche drangen beim Auffalten von Gebirgen in große Verwerfungen ein. Solche Batholithen, deren Grenzflächen nach unten scheinbar endlos auseinanderweichen, findet man unter anderem in den Anden und den Rocky Mountains. In den Alpen sind bisher nur relativ wenige Massive freigelegt, die meisten stecken noch in der Tiefe.
- Andere Tiefengesteine entsprechen den Magmakammern verschwundener Vulkane. Beispiele finden wir in Südafrika, den Massiven der Sahara, des Hoggar und Aïr sowie auf den schottischen Inseln Skye und Mull.

Typisch sind die schalenförmigen Erosionsformen der Tiefengesteine, die durch den Mineralbestand und die Kluftsysteme bedingt sind. Die natürliche Quaderbildung des Granits nutzten etwa die Inkas beim Bau der Festungsanlage Machu Picchu.

- In den Wurzeln der Faltengebirge bilden die Intrusivkörper hohe Kämme oder Nadeln. In den Schweizer Alpen entstanden so auch die steil abfallenden Wände, die aus riesigen Platten bestehen.

Das Dorf Tafraut liegt inmitten der Berge des Al-Atlas as-Saghir in Marokko. Die Häuser stehen erhöht an den Felshängen, damit sie vom Hochwasser verschont bleiben, das die Wadis immer wieder überschwemmt. Die blühenden Gärten mit den Mandel- und Olivenbäumen im Talgrund begründen den Wohlstand des Dorfes. ▷

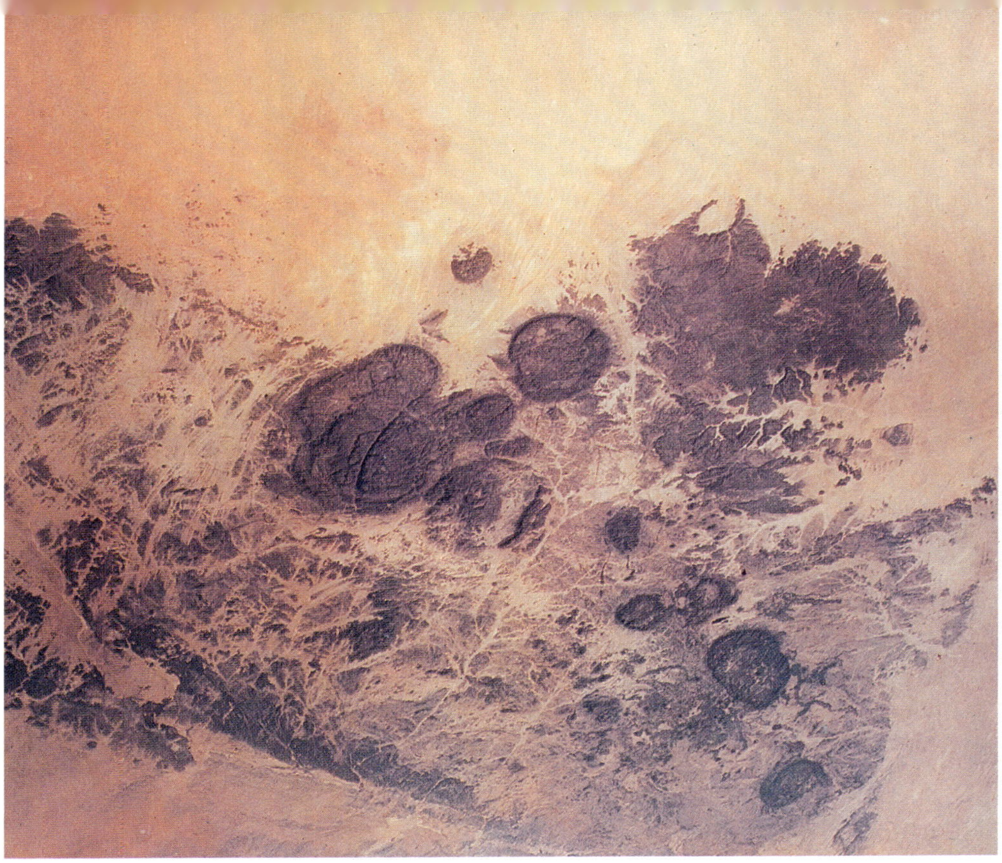

◁ *Dieses Bild, das vom Satelliten Landsat zur Erde gesandt wurde, zeigt die Wüstenflächen der Sahara. Neben den weiten, hellen Sanden der Ténéré-Wüste bilden die Felsenplateaus des Aïr ein 250 km breites Band, durch das sich ausgetrocknete Flußbetten ziehen. Die dunklen Kreise markieren die alten kristallinen Gebirgsmassive, deren Durchmesser zwischen 10 und 50 km beträgt. Es handelt sich um kahle, mit schmalen Gräben durchsetzte Gebirgsstöcke.*

Auf der Insel Skye westlich von Schottland steht der zinnenbewehrte Kamm der Black Cuillins hoch über dem Meer. Die dunklen Hänge des völlig baumlosen Gebirges werden von Wind und Regen gepeitscht und sind von engen Schluchten durchzogen. Unten in der kleinen Bucht schließen sich saftig-grüne Wiesen unmittelbar an den Strand an.
▽

Der Aïr: Quelle des Lebens inmitten der Wüste

Der Aïr, ein 450 Millionen Jahre altes kristallines Gebirgsmassiv inmitten der Sahara, ist das Zufluchtsgebiet der Tuareg, die im Niger als Nomaden leben. Gesäumt wird es vom riesigen Dünenfeld der Ténéré-Wüste. Der Aïr bildete eine Hochebene aus Granit und erstreckt sich 400 km weit von Norden nach Süden. Da er etwas feuchter ist als seine Umgebung –, jährlich fallen hier bis zu 100 mm Niederschlag – gibt es in den Tälern eine geradezu üppige Vegetation und Tierwelt.

Die Berge, die sich über das Hochplateau erheben, sind zwischen 1800 m und 2300 m hoch: Es handelt sich eher um Kuppen, in die sich tiefe Schluchten mit glatten Felswänden eingeschnitten haben. Nicht selten jedoch trifft man auch auf brüchige Felsnadeln, die von verwitterten Granitbrocken umgeben sind. Die großen Geländeunterschiede zwischen den nackten Bergen und den Talkesseln beeinflussen auch die Verteilung des Wassers. Gehen heftige Regengüsse über dem Gebirge nieder, rieselt das Wasser ungehindert über die felsigen Hänge und sammelt sich schließlich in den Tälern. Auf dem Plateau bleiben dagegen stets nur einige Wasserpfützen in Gesteinsmulden übrig.

Besiedelt wurde der Aïr bereits im Paläolithikum. Gegenstände einer jungsteinzeitlichen Kultur stammen aus dem 7. Jahrtausend v. Chr., zahlreiche Felsbilder zeugen von der Jagd auf wilde Tiere. Heute lassen die Tuareg auf den kargen Weideflächen der Hochebenen ihr Vieh grasen. Kommt die Trockenzeit, treiben die Nomaden ihre Herden in die feuchten Täler. Stets legen sie ihre Lager am Rand der Koris an – so heißen hier die weiten Wadis, die ihr Flußbett verändern können und nach den seltenen Regenfällen oft kilometerweit überschwemmt sind. Gärten und Palmenhaine in den Tälern zu pflegen ist Aufgabe der Bella, der Nachfahren der einstigen Sklaven der Tuareg. ■

Die Geburt der Tiefengesteine

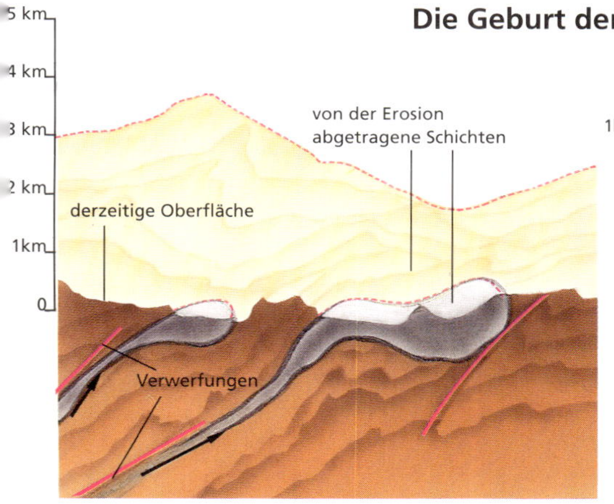

Tiefengesteinsmassiv, das in einem wachsenden Faltengebirge entsteht: die Schmelzmassen dringen in die Verwerfungen ein, das Magma erkaltet langsam und bildet große Gesteinskörper. Die Erosion trägt das aufgefaltete Gebirge ab und fördert so das Intrusivgestein zutage.

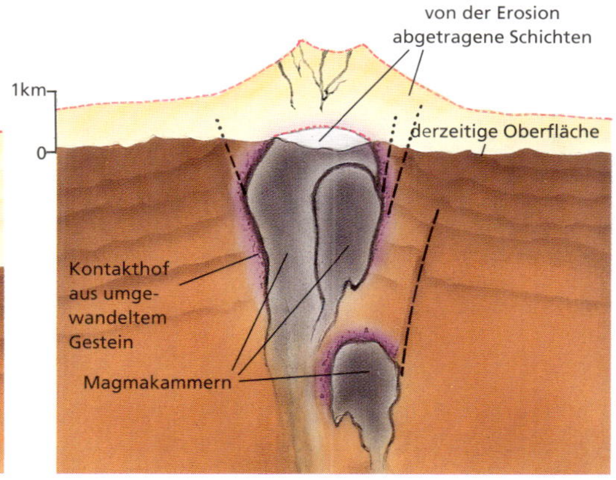

Intrusivmassiv, das in ringförmigen Brüchen unter einem Vulkan entsteht: Wird der Nachschub an neuem Material abgeschnitten, erkaltet die Magmakammer langsam und kann so größere Kristalle bilden. Das Magma erstarrt dann zu kristallinem Gestein, beispielsweise Granit.

Reste eines Vulkans in den schottischen Cuillins

Wer Regen und Wind nicht scheut und einen romantischen Urlaub genießen möchte, ist auf der schottischen Insel Skye bestens aufgehoben. Geprägt wird die Insel durch die karge Landschaft der Cuillins. Ständig peitschen Regen und Stürme vom Atlantik her über den gezahnten Kamm der Berge.

Die Gipfel der Cuillins ragen 1000 m über den Meeresspiegel empor; sie erheben sich über den Tälern mit ihren Torfmooren und den Heidelandschaften, auf denen Schafe grasen. Siedlungen liegen weit verstreut; manche Bauern beschränken sich mit der Viehwirtschaft auf die dränierten Wiesen, die sie auf den Terrassen der Täler angelegt haben.

Der Gebirgskamm beschreibt einen halbmondförmigen Bogen mit einem Durchmesser von 12 km. Im Zentrum des Halbkreises liegt ein See, Loch Coruisk. Geologisch Interessierte können hier zahlreiche Gletscherspuren der letzten Eiszeit entdecken. Bevor man jedoch an dem einsamen See seine Studien beginnen kann, muß man die Cuillins überqueren, die mit schwindelerregenden Zinnen gespickt sind. Ein anderer Weg führt vom Meer aus per Boot zum See – allerdings nur, wenn es der Seegang zuläßt.

Die Cuillins sind der Rest eines Vulkanes, der sich vor 58 Millionen Jahren bei der Öffnung des Atlantiks bildete. Der Vulkankrater ist mittlerweile zerstört, geblieben sind Reste von Lavagestein im Nordteil der Insel. Das Gebirge selbst war Teil der alten Magmakammer: Geologen konnten Gesteinspartien identifizieren, die halbmondförmig angeordnet und stark erodiert sind. Das Relief folgt der ehemaligen Intrusion: Der Hauptkamm, ein erosionsbeständiger Ring, ist klar von dem schneller verwitternden Gestein getrennt. Die Gletscher des Quartärs hatten mit diesem Gestein leichtes Spiel: sie schliffen es entlang des Hauptkammes ab. Auf diese Weise bildeten sich die typischen Kesselstrukturen. ■

Das Yosemite Valley

Mammutbäume im Yosemite Nationalpark

Das in den Granitkern der Sierra Nevada eingeschnittene Yosemite Valley im US-Bundesstaat Kalifornien gilt seit jeher als besonders schöner Fleck. Schon die Miwokindianer verteidigten das Tal, das ihnen heilig war, gegen die Goldsucher. Später schützte es der Staat von Kalifornien, bevor es 1890 in den USA zum Nationalpark erklärt wurde.

Berühmt ist das Yosemite Valley unter anderem für seine Riesen-Mammutbäume, *Sequoia gigantea,* die im Talgrund wachsen. Die über 100 m hohen Bäume haben einen Durchmesser von bis zu 8 m, die ältesten Bäume sind 3500 Jahre alt.

Um das Tal herum liegen schwindelerregende, bis 1000 m hohe Wände, darunter so mächtige Monolithe wie El Capitan, der mit seinen Rissen in den glatten Granitplatten eine Herausforderung für zahlreiche Bergsteiger darstellt. Das Yosemite Valley ist in der Hochsaison mitunter so überlaufen, daß die Ranger den Zutritt zu dem Tal beschränken.

Wiedergeborene Gebirgssysteme
IRDISCHER JUNGBRUNNEN

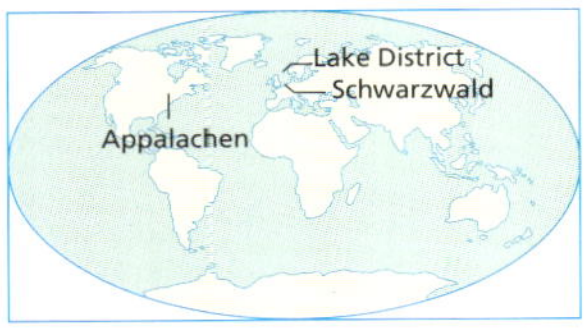

Der Schwarzwald, der englische Lake District und die Appalachen in Nordamerika waren vor einigen hundert Millionen Jahren mächtige Gebirgszüge wie der Himalaja oder die Anden. Die Erosion hatte sie bereits eingeebnet, als junge Prozesse wie das Öffnen des Oberrheingrabens ihre Gebirgswurzeln wieder nach oben drückten.

Miniatur-Schweiz im englischen Lake District

Der Nationalpark des Lake District ist so etwas wie ein touristisches Juwel. Er beherbergt nicht nur den höchsten Gipfel des Landes, den 978 m hohen Seafell Pike, sondern mit Lake Windermere auch den größten See. Er ist 16 km lang und wurde gegen Ende des 18. Jahrhunderts durch die Dichter der Romantik bekannt, die von „der Sanftheit der stillen Wasser“ und den „erhabenen Schrekken“ der Abgründe schwärmten. Denn trotz der geringen Meereshöhe überrascht die Region ihre Besucher mit alpinen Landschaften.

Wer will, kann diese „Miniatur-Schweiz“ an einem Tag durchwandern. Gute Rastmöglichkeiten bieten sich jedoch in einem der herrlichen Täler oder an einem der 14 großen Seen, deren Wasserspiegel teilweise unter Meereshöhe liegt. Die Landschaft ist das Erbe des inzwischen erodierten Kaledonischen Gebirges, das die Geologen nach dem römischen Namen für Schottland, Caledonia, bezeichneten. Rund 400 Millionen Jahre nach der kaledonischen Gebirgsbildung, im Quartär, bedeckten Gletscher mindestens zweimal die Gipfel des Lake District. Sie schufen kahle Gipfel, zerrissene Grate, steile Felswände und Gletschertrogtäler. Große Trümmerhalden, die von den winterlichen Frösten immer wieder mit neuen Steinen versorgt werden, bilden einen scharfen Kontrast zu den Tälern, wo blühende Gärten die weißen Cottages zieren und auf den grünen Wiesen die Schafe grasen.

Da der Lake District nahezu alle alpinen Landschaftsformen aufweist, trainierten hier die britischen Erforscher des Himalaja das Bergsteigen. Freizeitsegler nutzen vor allem die Seen Coniston und Windermere im Süden. Die sanften und bewaldeten Hänge zeigen an, daß im Untergrund das relativ weiche Gestein Schiefer zu finden ist. Altes, härteres und dunkles Lavagestein wiederum zeugt von der längst vergangenen Zeit, als in der Kaledonischen Kette die Vulkane noch Magma spuckten und das damalige Gebirge den Anden glich.

Zieht ein Gewitter herauf und peitscht der Wind den Regen über das Land, findet der Besucher in einem der zahlreichen Cottages Zuflucht, in denen bereits die Dichter der Romantik Ruhe und Inspiration gesucht hatten. Und wie so oft in der Literatur kam ihre Schwärmerei nicht von ungefähr. Denn die Begeisterung für diese Region war von dem berühmten Romantiker William Wordsworth (1770–1850) ausgelöst worden. Er hatte dieser Landschaft einen Führer in Prosa sowie zahlreiche Gedichte gewidmet, in denen er seinen Werdegang zum Dichter beschrieb. Zeitlebens hatten ihn die faszinierenden Berge und Seen des Lake District inspiriert. ■

Die Gipfel des Lake District im Nordwesten Englands haben alpinen Charakter. Trotz ihrer geringen Höhe sind sie häufig schneebedeckt und bieten so gute Möglichkeiten zum Skilaufen. Dort, wo sich die Steilhänge in den stillen Seen der Gletschertäler spiegeln – hier der See Coniston, dessen Anblick bereits die Herzen der Romantiker höher schlagen ließ –, erinnert die Landschaft ganz besonders an das Hochgebirge. ▽

Die Gletscher der Eiszeit setzten auch dem Schwarzwald zu, obwohl hier nur kleine Hängegletscher an den Bergflanken entstanden. Vor allem an den Nordosthängen kerbten sie tiefe Kessel ein, Kare genannt. Nach dem Abschmelzen des Eises bildeten sich natürliche Stauseen, die teilweise verlandeten. Die Torfgebiete im Schwarzwald sind die Reste dieser Seen. Andere alte Karseen wie Feldsee, Glaswaldsee, Wildsee und Mummelsee führen noch Wasser und sind nicht zuletzt dank der Legenden, die sich um sie spinnen, beliebte Ausflugsziele.

Dort, wo die Schmelzwasserflüsse der Gletscher ins Tal strömten, kann man noch die alten Schotterterrassen entdecken. Im Wutachtal liegt die alte Terrasse mehr als 120 m über der heutigen Talsohle. Allerdings floß das Wasser dieses alten Flusses damals nicht zum Rhein, sondern zur Donau. Weil jedoch die untere Wutach ihr Bett zum Oberlauf hin einschnitt, zapfte sie schließlich auch das Quellgebiet des alten Donaunebenflusses an und lenkte ihn zum Rhein hin um.

△
Der Belchen ist mit seinen steilen und hügeligen Flanken wohl der schönste Berg des Schwarzwaldes. Da er 1414 m hoch ist, wird er jedoch stets nur als der kleine Bruder des Feldbergs (1493 m) betrachtet. Über die Sohlentäler hinweg, die hier noch durch das Wolkenmeer betont werden, kann man bei klarem Wetter mitunter bis zu den Schweizer Alpen sehen.

Der Zyklus der Platten

Die Erdgeschichte ist stets auch die Geschichte der Plattentektonik, der Bewegung der Erdplatten. Gewöhnlich werden Gebirgsketten als jung bezeichnet, wenn sie vor weniger als 65 Millionen Jahren im Tertiär oder im Quartär entstanden sind.

Vor dieser relativ jungen alpidischen Gebirgsbildung gab es jedoch in der Vergangenheit schon des öfteren Zeiten, in denen Platten aufeinanderprallten und Gebirge schufen. Die kontinentale Kruste, gleichsam das Archiv des geologischen Protokolls über die letzten 3,8 Milliarden Jahre, durchläuft ihren eigenen Zyklus von Zerstörung und Erneuerung.

Große Gebirgszüge wurden etwa während der kaledonischen und der variszischen Ära geschaffen, also vor jeweils 400 und 300 Millionen Jahren. Im Lauf der Zeit trug sie die Erosion bis zu den Wurzeln hin ab, so daß heute das alte Grundgebirge zutage tritt. Dieses besteht im wesentlichen aus kristallinen Gesteinen, die mitunter stark deformiert sind.

Häufig tragen die alten Massive noch die Spuren der Erdgeschichte: unter anderem finden sich Fossilien und Gletscherablagerungen, die darauf hindeuten, daß vor rund 350 Millionen Jahren die beiden Großkontinente Laurasia und Gondwana zu einem riesigen Superkontinent, Pangäa genannt, verschmolzen. Rund 150 Millionen Jahre später brach dieser langsam wieder auseinander, und aus einem riesigen Ozean entstanden viele kleine Meeresbecken. Die jetzt auseinanderdriftenden Platten mit ihren alten Gebirgen auf dem Rücken trafen sich an anderer Stelle wieder und schufen dort neue Gebirge.

Schwarzwald: altes Gebirge neben künftigem Ozean

Kaum ein Tourist, der die stillen Dörfer in den dunklen Tälern des Schwarzwaldes besucht, ahnt, daß hier vor rund 350 Millionen Jahren Glutwolken bei Temperaturen von mehr als 1000 °C die Vulkanhänge herabrasten. Die Partikel versinterten damals zu einem festen Gestein, dem sogenannten Porphyr, den man heute noch bei Baden-Baden oder südlich des Feldbergs entdecken kann.

Tatsächlich gibt es in dem Mittelgebirge Gesteine, die auch in großen Kettengebirgen wie den Alpen vorkommen. Das Gestein im Schwarzwald wurde jedoch bei mehreren Gebirgsbildungsphasen deformiert. So stammen die Wurzeln des alten Grundgebirges aus einer Zeit, als die Erde noch keine Ozonschicht gebildet hatte, die das Leben vor der harten UV-Strahlung schützte. Teilweise sind die Gesteine – darunter die ältesten Deutschlands – mehr als zwei Milliarden Jahre alt. Damals gab es in den Meeren allenfalls ein paar primitive Algen, das Festland war eine dunkle und tote Steinwüste, in der hin und wieder große Vulkane Lava ausspuckten.

Von längst verschwundenen Landschaften späterer Zeit, die in das Mahlwerk der Gebirgsbildung gerieten, zeugt etwa die Kohle, die man im Schwarzwald findet: Reste von Farnwäldern, die im feuchtheißen Klima des

Karbon wuchsen. Rote Sandsteinsedimente wiederum sind Belege, daß hier auch einmal ein Wüstenklima herrschte.

Der Schwarzwald selbst wurde durch die Entstehung des Oberrheingrabens aus seinem Dornröschenschlaf erweckt. Eine große Blase wölbte vor rund 50 Millionen Jahren die Region nach oben, bis tiefliegende Gesteine wiederauftauchten. Als die Blase einbrach, blieben als Grabenschultern der Schwarzwald und die Vogesen stehen. Mehr als 2000 m trug die Erosion seither ab. Flüsse transportierten das Gestein in den Oberrheingraben, wo sie bis zu 4000 m dicke Ablagerungen bildeten. Noch immer rücken die Flanken des Grabens jährlich um bis zu einem halben Millimeter auseinander. Ähnlich wie im Roten Meer könnte so auch in Süddeutschland eines Tages ein neuer Ozean entstehen. ■

Die Flora im Riesengebirge

Das Riesengebirge ist ein altes Granitgebirge, das sich im Tertiär nach oben schob. Es bildet die Grenze zwischen Nordböhmen und Polen. Nach den Alpen und den Karpaten ist das Gebirge mit seinem 1603 m hohen Gipfel Snezka das dritthöchste Massiv in Mitteleuropa.

Ungewöhnlich artenreich ist die Flora. Ausgedehnte Nadelwälder wechseln sich auf den Berghöhen mit Blumenwiesen ab. In den Schluchten findet man seltene Pflanzenarten, Überbleibsel aus der Zeit der Gletscher. Auch die Fauna ist hier sehr typisch. Um die Artenvielfalt zu schützen, erklärte man das Riesengebirge, in dem auch die Elbe entspringt, zum Nationalpark. Traurige Berühmtheit erlangte die Region jedoch vor allem durch das Waldsterben – die Bilder der toten Nadelbäume gingen um die ganze Welt.

***Zweiblütiges Veilchen** (Viola biflora)*

***Primel** (Primula minima)*

***Schwalbenwurzenzian** (Gentiana asclepiadea)*

Die Entstehung der Appalachen

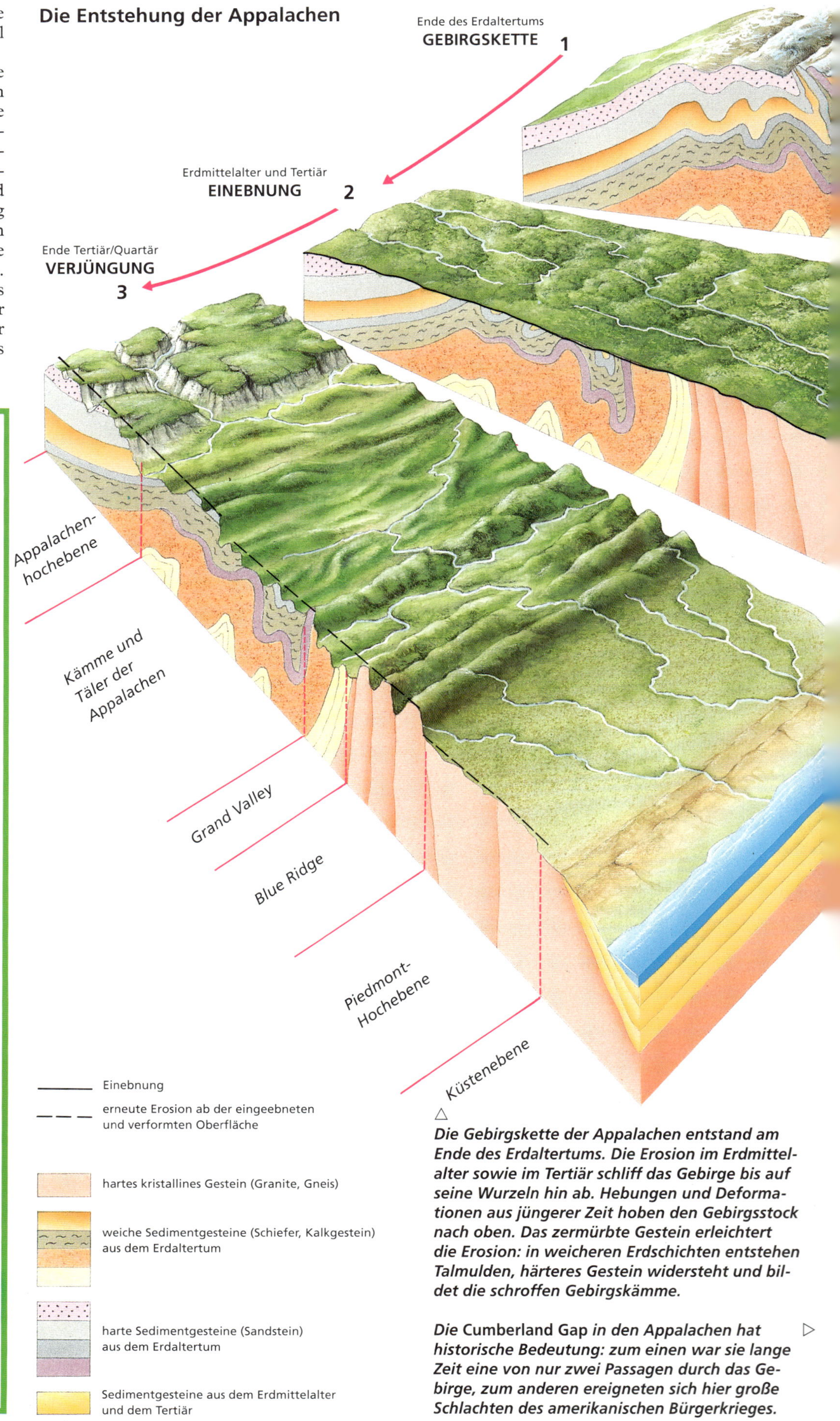

△ *Die Gebirgskette der Appalachen entstand am Ende des Erdaltertums. Die Erosion im Erdmittelalter sowie im Tertiär schliff das Gebirge bis auf seine Wurzeln hin ab. Hebungen und Deformationen aus jüngerer Zeit hoben den Gebirgsstock nach oben. Das zermürbte Gestein erleichtert die Erosion: in weicheren Erdschichten entstehen Talmulden, härteres Gestein widersteht und bildet die schroffen Gebirgskämme.*

***Die Cumberland Gap** in den Appalachen hat historische Bedeutung: zum einen war sie lange Zeit eine von nur zwei Passagen durch das Gebirge, zum anderen ereigneten sich hier große Schlachten des amerikanischen Bürgerkrieges.* ▷

In den Blauen Bergen durch die Appalachen

Die Appalachen reichen von Neufundland bis nach Alabama und säumen so auf einer Länge von mehr als 3000 km die Atlantikküste Nordamerikas. Mit ihrem Namen sind verschiedene Begriffe verknüpft, beispielsweise ein geologischer Typus, der ein altes, gefaltetes und jung überprägtes Gebirge bezeichnet. Biologen verbinden mit dem Wort einen üppigen Wald der gemäßigten Zonen, Sozialwissenschaftler betrachten die Appalachen als rückständige Region, die der Regierung beträchtliche Sorgen bereitet. Ursache der sozialen Probleme sind nicht zuletzt die steilen Hänge und die nicht schiffbaren Wasserläufe, die lange eine Besiedelung und eine bessere Infrastruktur dieses Gebirges verhinderten.

Als die ersten Pioniere um 1830 die Appalachen überqueren wollten, scheiterten sie häufig an den Great Smoky Mountains, die 150 km breit und am Mount Mitchell 2037 m hoch sind. Lediglich in den Blauen Bergen, wo sich die kristallinen Gesteine bis in 1000 m Höhe emporschieben, durchschneiden viele Quertäler die Bergkette, die an dieser Stelle schmal ist. Und hier fanden die Pioniere leichtere Übergänge in Richtung Westen.

Schließlich stießen sie am Ausgang einer wenigen Kilometer langen Schlucht auf eine angenehme Überraschung: das Great Valley, eine weitläufige flache Senke, deren Böden so fruchtbar waren, daß die Siedler das Tal sofort urbar machten. Diejenigen, die sich nicht im Great Valley niederließen, sahen sich bei der Weiterreise gen Westen plötzlich bewaldeten Bergen mit steilen Abhängen und tief eingeschnittenen Tälern gegenüber. Die Hindernisse waren das Resultat der Erosion, die hier 250 Millionen Jahre altes Gestein zerfressen hatte. Sie höhlte Schiefer- und weiche Kalkgesteine aus, Sandstein sowie härtere Kalkgesteine blieben stehen und bilden heute die schroffen Grate der Berge.

Für die Pioniere besonders zermürbend war der Treck durch das Allegheny-Gebirge, das 800 km breit ist. Nur zwei sehr steile Pfade führten dort hinein und boten so Zugang zum Hochplateau der Appalachen, dessen Ostgrenze das Gebirge bildet. Das Gestein der Hochebene besteht aus Sandstein, in den sich die Flüsse Ohio und Tennessee einschneiden. Beide Flüsse münden in den Mississippi.

Heute bemüht sich die Regierung der Vereinigten Staaten, der krisengeschüttelten Wirtschaft in den Appalachen auf die Beine zu helfen. Die meisten Bürger der Ostküste sähen es jedoch lieber, wenn die Region weitgehend unberührt bliebe, da viele hier Erholung suchen. Immerhin bieten die Appalachen beispielsweise in den Great Smoky Mountains mehr als 1000 Baumarten ein Refugium. Hier findet man noch den Braunbären, den Rotfuchs und das Opossum. Außerdem sind die Appalachen ein Schauplatz der amerikanischen Geschichte, da in ihren Tälern entscheidende Schlachten des Sezessionskrieges geschlagen wurden. ■

Juwelen der Natur

Edelsteine sind seit jeher heiß begehrt. Zum einen liegt das daran, daß man sie äußerst selten findet, zum anderen, weil sie besondere Eigenschaften aufweisen. Der Diamant beispielsweise ist härter als jeder andere Werkstoff auf der Erde. Ursache dafür sind physikalische und chemische Prozesse: Edelsteine entstehen unter der Einwirkung hoher Drücke und Temperaturen, und ihre Symmetrie ist das Ergebnis bestimmter chemischer Verbindungen. Häufig bildet nämlich nicht nur ein Element wie der Kohlenstoff im Diamant die klaren, durchsichtigen Kristallgitter, sondern ein ganzer Komplex von Stoffen.

Mitunter sind in die Edelsteine auch winzige Einschlüsse – Gase, Spurenelemente und Flüssigkeiten – eingebunden, die typisch für die Entstehungsbedingungen der wertvollen Kristalle sind. So kann das Innere eines Edelsteins ein Indiz für die Herkunft und Geschichte eines bestimmten Gesteins sein, in dem er gefunden wurde. Ein Einschluß sagt dem Experten, in welcher Tiefe das Juwel entstanden ist und welcher geologische Prozeß es erschaffen hat. Obwohl man einige der Steine heute bei bestimmten Drücken und Temperaturen im Labor auch synthetisch herstellen kann, werden die natürlichen deshalb doch nicht ihren Wert verlieren. Die Einschlüsse der Natur sind zu charakteristisch und zu individuell, als daß es sich lohnen würde, sie nachzuahmen.

Das mühsame Suchen von Edelsteinen und der Zufallsfund der Prospektoren früherer Tage werden immer häufiger durch eine gezielte Ausbeutung ersetzt. Nach wie vor weitgehend dem Zufall überlassen sind jedoch der Reinheitsgrad und die Größe der Steine. Beide Faktoren entscheiden darüber, ob man den Edelstein zu einem Schmuckstück schleifen kann. Zumeist sind Edelsteine nämlich mikroskopisch klein und aufgrund der Verunreinigungen erdfarben. Vollkommen klarn und mit bloßem Auge sichtbare Kristalle stellen dagegen eine Ausnahme dar. Bleiben ihre Kristallflächen verdeckt, so kann sie der Edelsteinschleifer in mühevoller Kleinarbeit herauspolieren, indem er die natürlichen Spaltflächen des Kristalls nutzt.

Da Edelsteine zumeist schwerer sind als andere Minerale, reichern sie sich in Flüssen oder an bestimmten Stränden an. Solche Lagerstätten bezeichnen die Geologen als Seifen. Und so findet man wertvolle Edelsteine wie Rubine, Saphire, Granate oder Topase nicht nur an ihrem Entstehungsort, sondern auch weit davon entfernt. 90 Prozent der Rubine und Saphire stammen aus dem Gestein von Flußsedimenten.

In Indien wurden Diamantseifen schon im 7. Jh. v. Chr. gefördert, ab dem 5. Jh. in Borneo und ab dem 18. Jh. in Brasilien. Als man schließlich in Südafrika das Herkunftsgestein entdeckte, die Kimberlite, wurde der Diamant direkt in den ehemaligen Vulkanschloten abgebaut. Heute werden auf diese Weise weltweit mehr als 10 Prozent aller Diamanten gefördert.

Einen großen Teil der geringwertigen Diamanten nutzt die Industrie. Sie setzt die Edelsteine als hochpräzise Werkzeuge zum Schneiden, Bohren oder Schleifen ein. Andere Edelsteine, etwa Rubine, werden in der Laser- und Werkstofftechnik benötigt.

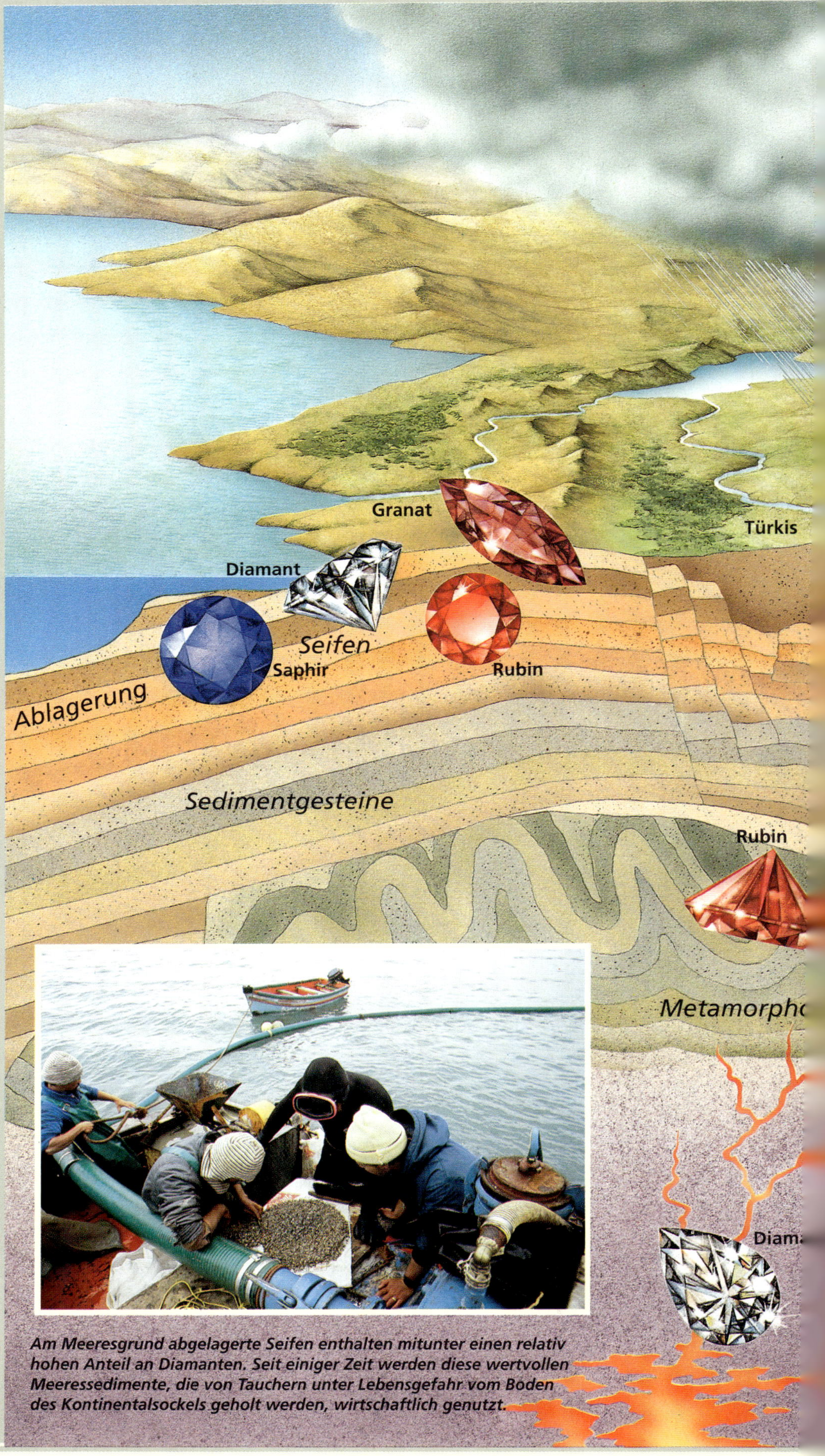

Am Meeresgrund abgelagerte Seifen enthalten mitunter einen relativ hohen Anteil an Diamanten. Seit einiger Zeit werden diese wertvollen Meeressedimente, die von Tauchern unter Lebensgefahr vom Boden des Kontinentalsockels geholt werden, wirtschaftlich genutzt.

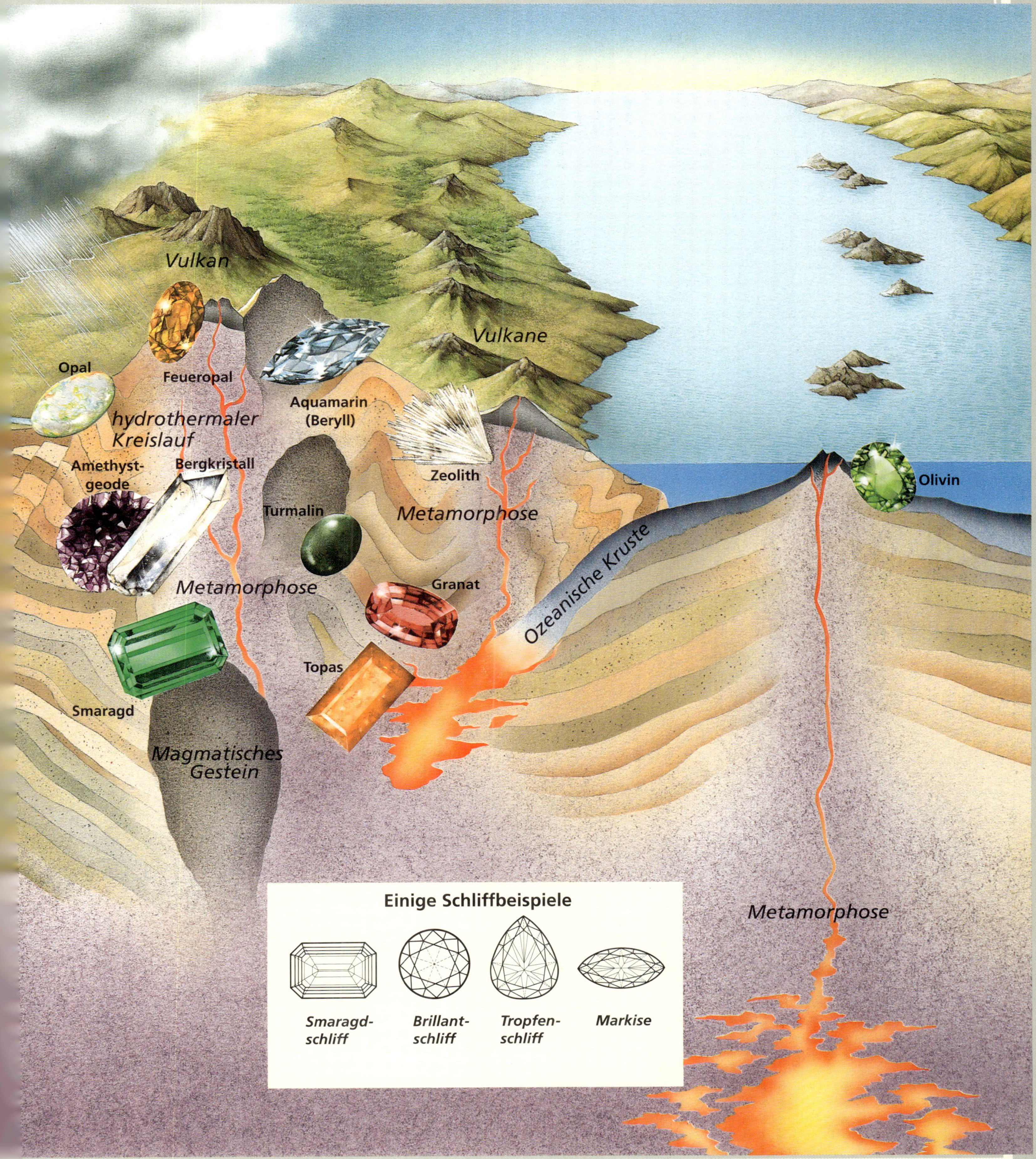

Vulkan
Vulkane
Opal
Feueropal
Aquamarin
(Beryll)
hydrothermaler
Kreislauf
Amethyst-
geode
Bergkristall
Zeolith
Olivin
Turmalin
Metamorphose
Ozeanische Kruste
Metamorphose
Granat
Topas
Smaragd
Magmatisches
Gestein
Einige Schliffbeispiele
Smaragd-
schliff
Brillant-
schliff
Tropfen-
schliff
Markise
Metamorphose

DIE ERDE

Landschaft im Wandel

Die Verwitterung der Gesteine

ZERMÜRBENDE KRÄFTE

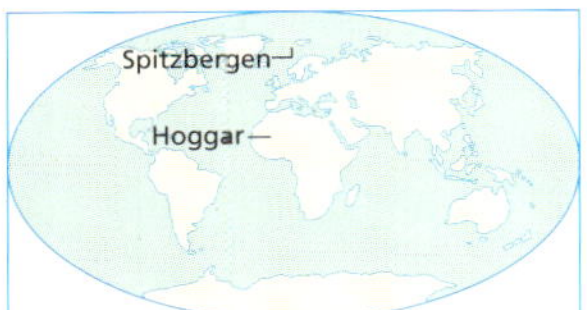

Hitze, Frost, Wind und Salz zerknacken selbst härteste Gesteine wie den Granit zu winzigen Bröseln. An Berghängen setzt die Schwerkraft das Werk der Erosion fort: die Bruchstücke wandern talwärts und sammeln sich in Flüssen und Meeren als Sedimente, wo sie im Lauf der Zeit wieder zu festen Gesteinen werden.

△ ***Auch wenn manche sie für das Werk von Außerirdischen halten – die Steinkreise auf der Halbinsel Brögger von Spitzbergen sind völlig natürlich durch den Wechsel zwischen Frost und Tauwetter der polaren Jahreszeiten entstanden. Ihr typisches Muster zählt zu den charakteristischen Merkmalen der arktischen Landschaft.***

Spitzbergen: Hier regiert der Permafrost

Die norwegische Inselgruppe Spitzbergen war für viele Polarforscher die letzte Station vor der Fahrt ins arktische Eismeer. Spitzbergen liegt 500 km östlich von Grönland und ist nur 1000 km vom Nordpol entfernt. 60 % dieser Landschaft sind mit Gletschern bedeckt.

Nur 170 Pflanzenarten können hier überleben, Bäume und Sträucher fehlen, weite Gebiete sind vegetationslos. Wo das Land nicht vergletschert ist, herrscht der Permafrost. Nur in den warmen Sommermonaten dringt Wasser in die Klüfte und Poren des Kalksteins ein. Friert es zu Eis, sprengt die Volumenvergrößerung das Gestein, der Boden ist deshalb mit Bruchstücken übersät.

Ein gutes Beispiel hierfür findet man im Nordwesten Spitzbergens auf der Halbinsel Brögger, die nicht weit von Ny Ålesund den Kongsfjord säumt. Das von dem Berg Schetelingfjellet weggesprengte Kalkgestein sammelt sich am Fuß des Steilhangs und wird dann von kleinen Bächen während der Schneeschmelze im Sommer weitertransportiert.

In der Ebene ordnen sich die Trümmer zu streng geometrischen Figuren, die Geologen auch als Steinringböden oder Polygonböden bezeichnen. Ursache dieses Musters ist der Permafrost, der auf Spitzbergen 300 m tief hinabreicht. Im Sommer taut der Dauerfrostboden an der Oberfläche auf, die sich dann in eine breiige Masse verwandelt. Die feinkörnigen Bestandteile schieben dabei die größeren Steine schon bei kleinen Neigungen zur Seite und sortieren sie so zu den kleinen Steinwällen, die das typische Muster bilden. ■

Die Granitkugeln des Hoggar

Das Hoggarmassiv in Algerien inmitten der Sahara zieht zahlreiche Reisende an, die zumeist von Tamanrasset aus die spektakuläre Landschaft bewundern wollen. Das Gebirge birgt einen wahren Schatz an Erosionsformen, die über Jahrtausende entstanden sind. Zerrissene Felsspitzen, zerklüftete Felstürme, abgerundete Granitblöcke und große Löcher in kristallinem Gestein sind Zeugen des Werkes von Wind und Wasser.

Im Innern des Hoggar hat die Erosion die Sandsteindecke abgetragen und so die Granitgesteine freigelegt. Aufgrund der starken Sonneneinstrahlung und der Lufttrockenheit sind die Gesteine in der Wüste starken Temperaturschwankungen ausgesetzt. So wird der Gesteinsverband nach und nach zerrissen. Entsprechend charakteristisch verwittern die Gesteine und zeigen die typischen Formen der Abschuppung, Vergrusung, Kernsprünge und Salzsprengung. Vor allem die letztere nagt an dem Gestein. Die in den Klüften wasserfrei auskristallisierten Salze nehmen nachts durch den Tau Wasser auf und vergrößern so ihr Volumen um bis zu 100 Prozent. Der entstehende Druck löst das Gestein in Schalen ab.

Mitunter führen feucht benetzter Salzstaub und stetig wehender, trockener Wind auch zur völligen Zermürbung des Gesteins. Der einst harte Granit ist dann von einer Vielzahl von Löchern zerfressen. Solche Bröckellöcher bezeichnet man nach ihrem Namen auf Korsika, wo sie sehr häufig sind, als Tafoni.

In der Sahara wurde der Gesteinszerfall auch durch die chemische Verwitterung begünstigt. Noch vor 6000 Jahren war die Wüste beileibe nicht so trocken. Beweis hierfür ist der ockerfarbene Granit, dessen Farbe die Oxidation von Eisen in einer niederschlagsreicheren Zeit bezeugt. Wahrscheinlich existierten auch Pflanzen, deren Humussäuren schon damals am Gestein gefressen haben. ■

△ ***Im Süden der algerischen Sahara zählen Granitkugeln zu den zahlreichen Erosionsformen im Hoggarmassiv. Charakteristisch für die Verwitterung in Trockengebieten sind große Löcher oder Hohlkehlen, die sogenannten Tafonis. Sie entstehen durch verschiedene Erosionsprozesse, unter anderem durch die hohen Temperaturschwankungen und die Salzsprengung.***

Ein Teppich aus vergänglichen Blumen

Ein Steinbrechbüschel mit gegenständigen Blättern

Auf Spitzbergen kann nur eine Vegetation überleben, die sich eng an den Boden anschmiegt. Hierzu gehören Moose, Flechten und Zwergweiden. Liegt die Temperatur im Sommer für kurze Zeit über dem Gefrierpunkt, nutzen die Pflanzen ihre Chance: Innerhalb weniger Tage öffnen sie dann ihre Blüten. So besiedelt der Steinbrech *(Saxifraga oppositifolia)* das vom Frost aufgebrochene Gestein und ziert die Innenflächen der Steinkreise. Daneben breitet das Stengellose Leimkraut *(Silene acaulis)* einen wahren Pflanzenteppich aus, die Silberwurz mit acht Blütenblättern *(Dryas octopetala)* überzieht den Boden mit einem cremeweißen Schimmer. Nach drei Monaten hält die Polarnacht Einzug. Dann ist das Fest der Farben zu Ende, und die arktische Gletscherlandschaft Spitzbergens wird wieder grau und dunkel.

Beißende Kälte oder sengende Sonne

Die Gesteine sind dem Angriff von Hitze und Kälte, Regen, Schnee und Wind ausgesetzt. Indirekt handelt es sich zumeist um mechanisch wirkende Kräfte, welche das Gestein in winzige Bruchstücke zerlegen können. Da die Kräfte häufig an den natürlichen Bruchstellen der Gesteine ansetzen, den Poren und Klüften, können auf lange Sicht weder Granit noch Marmor der Zerstörung widerstehen.

Bei der Frostsprengung oder dem Kältebruch wird der zerstörerische Druck vom wachsenden Volumen des gefrierenden Wassers erzeugt. Zur Frostsprengung kommt es vorwiegend in den hohen Breiten beim Wechsel zwischen Frost und Tauwetter, aber auch im Hochgebirge, wo diese Schwankungen jahreszeitlich oder tageszeitlich auftreten können.

Die Wirkung der Temperaturschwankungen allein ist umstritten. Dunkle Minerale jedoch nehmen mehr Hitze auf und dehnen sich deshalb stärker aus als hellere. Dies zerstört langfristig den Mineralverband. Bedeutung hat dieser Prozeß vor allem in den Wüsten, wo die Temperaturschwankungen zwischen Tag und Nacht manchmal 20–30 °C betragen können. Da gerade Gesteine wie Granit helle und dunkle Komponenten haben, könnte ihre starke Verwitterung möglicherweise damit zusammenhängen.

Chemische Verwitterung der Gesteine

DIE MACHT DES WASSERS

Ohne Wasser gäbe es keine chemische Verwitterung. Als Lösungsmittel und Reagenz zerfrißt es hartes, vulkanisches Gestein und gräbt kilometerlange unterirdische Höhlensysteme in Kalksteinmassive. In tropischen Regionen entstehen mit Hilfe des Regenwaldes durch die chemische Verwitterung die typisch ziegelroten Lateritböden.

△
Als die Insel Mauritius im 16. Jahrhundert von den Portugiesen entdeckt wurde, war sie ein fruchtbares, aber unbewohntes Eiland. Heute lebt hier mehr als eine Million Menschen, und die Ebenholzwälder sind fast völlig abgeholzt. Was bleibt, sind die bunten, aber völlig unfruchtbaren Lateritböden, beispielsweise in der Region Chamarel im Südwesten der Insel.

Die bunten Lateritböden von Chamarel

Im Indischen Ozean liegen Vulkaninseln verstreut, deren Entstehung mit Indiens Drift nach Norden zusammenhängt. Réunion und Mauritius beispielsweise bildeten sich, als sich die Indische Platte von Ostafrika und Madagaskar löste. Die Basaltgesteine, aus denen diese Inseln bestehen, sind wegen des feuchten tropischen Klimas und der üppigen Vegetation stark verwittert. Deshalb gibt es dort Lateritböden in allen Rotschattierungen.

Besonders ausgeprägt sind die bunten Farbtöne auf Mauritius. Vor allem im Südwesten der Insel, in der Nähe von Casa Noyale in der Region Chamarel, sind die Böden so außergewöhnlich gefärbt, daß sie als Touristenattraktion gelten. Kennzeichnend für Laterit sind Aluminium- und Eisenoxide. Die Zusammensetzung der Eisenoxide diktiert der Wasserkreislauf im Boden. Er bestimmt die Farbpalette der Laterite von Gelb, Rot bis zum violettschimmernden Rosa.

Die natürlichen Ockerfarben, die man in manchen geologischen Schichten im Vogelsberg und in der Rhön findet, sind deutliche Anzeichen, daß auch in Deutschland das Klima einst tropisch oder subtropisch gewesen sein muß. Die Ockerfarben nutzte man früher als natürliche Farbstoffe. Schon die Menschen der Urzeit, die vor 17 000 Jahren die berühmten Höhlenbilder an den Wänden der Grotte von Lascaux in der französischen Dordogne malten, wußten solche Farben herzustellen: sie vermischten das Ocker lediglich mit Fett und einem Bindemittel.

In einem feuchten Klima oder wenn das Ursprungsgestein aluminiumreiche Minerale in sehr hoher Konzentration enthält, ist der Laterit arm an Eisenoxiden und sehr aluminiumhaltig. Er nimmt dann eine fast weiße Farbe an. Flüsse transportieren den Laterit, er sammelt sich in Ebenen und Karstsenken an und wird schließlich zu einem Erz: Auf diese Weise bildet sich der Aluminiumrohstoff Bauxit.

Heute wird das Mineral etwa in Südfrankreich bei Baux-de-Provence abgebaut. Es entstand hier vor fast 100 Millionen Jahren, als in Frankreich ein tropisches Klima herrschte. Damit man das Aluminium aus dem Erz gewinnen kann, benötigt man jedoch große Mengen an elektrischer Energie. ■

◁ ***Die Granitgesteine des mehrere Milliarden Jahre alten Festlandsockels sind in Brasilien stark zu Lateriten verwittert. Eine entscheidende Rolle spielt dabei der Regenwald, dessen Wurzeln den Wasserkreislauf in Gang halten, der für die chemische Verwitterung benötigt wird. An manchen Stellen reichen die Lateritböden mehrere Dutzend Meter in die Tiefe.***

Die tiefsten Höhlen

Réseau Jean-Bernard	(Frankreich)	1602 m
Vyaceslav Pantyukhina	(Abchasien)	1508 m
Sistema del Trave	(Spanien)	1441 m
Laminaketeak	(Spanien)	1408 m
Cueva Cheve	(Mexiko)	1386 m
Sneschnaja peschtschera	(Abchasien)	1370 m
Sistema Huautla	(Mexiko)	1353 m
Pierre-Saint-Martin	(Frankreich)	1342 m

Der versteinerte Wald Arizonas

Im Osten Arizonas legt die Erosion besonders farbenprächtige Gesteine frei. *Painted Desert*, die bunte Wüste, stellt mit ihrem versteinerten Wald, dem *Petrified Forest*, ein einzigartiges Naturdenkmal dar. Der Boden des Plateaus ist mit fossilen Baumstümpfen übersät, als ob die Bäume von einem gewaltigen Hurrikan niedergestreckt worden wären. Tatsächlich war Arizona vor 175 Millionen Jahren ein riesiges Überschwemmungsgebiet. Die Fluten entwurzelten die Bäume, die stromabwärts in riesige Sümpfe trieben, wo sie sich stapelten. Kieselsäure hat die Holzreste versteinert. Sie stammt aus Vulkanasche, die sich in den Sümpfen ablagerte. Schlamm und Sand vollendeten das Werk der Kieselsäure. Tektonische Bewegungen hoben die Schichten Millionen Jahre später wieder nach oben, und die Erosion schälte die harten Überreste der Bäume aus dem weicheren Ton- und Sandgestein.

Die versteinerten Baumstämme im* Petrified Forest *sind 175 Millionen Jahre alt.

Der rote Schlamm von Amazonien

Wer im westbrasilianischen Staat Acre an der Grenze zu Peru während der Regenzeit reisen muß, gerät leicht ins Fluchen: Der während der Trockenzeit ziegelrote Staub verwandelt sich mit Wasser schnell zu einem zähen Schlamm, den man nur schwer von den Schuhen streifen kann.

Ursache des unangenehmen Breies sind die Lateritböden, deren Name von dem lateinischen Wort für Ziegel, „later“, abstammt. Sie sind typisch für Böden der tropischen Regionen. Die Laterite enthalten einen ungewöhnlich hohen Anteil an Eisen- und Aluminiumoxiden. Die roten Böden bilden sich hier nicht aus Sedimentgesteinen, etwa Kalksteinen oder Tonen – obwohl auch solche Gesteine die Erde rot färben können.

Der Ursprung der Laterite sind körnige, kieselsäurereiche Gesteine. Hierzu gehören die Granite Afrikas und die Peridotite in Neukaledonien ebenso wie die vulkanischen Basalte der Hochebenen in Südindien. Das feuchte und heiße Klima hat die ursprünglichen Minerale der Gesteine so verwittert, daß es dem einsickernden Wasser ein leichtes ist, die Kieselsäure und die Alkalien des ursprünglichen Gesteins auszuwaschen. Der tropische Regenwald, der weltweit ein Gebiet von 12 Millionen km^2 bedeckt, spielt eine entscheidende Rolle bei der Verwitterung der Gesteine und der Bildung der Lateritböden. Die Bäume sprengen mit ihren Wurzeln, die sie tief in Risse treiben, das Muttergestein. Vor allem aber halten sie den Wasserkreislauf im Boden in Gang: Indem sie das Wasser für ihren eigenen Verbrauch hochpumpen, zirkuliert das Wasser im Wechsel mit den Regenfällen in einer Tiefe zwischen 10 und 20 m. Ein großer Teil des Sickerwassers bleibt so längere Zeit mit den Mineralen in Berührung, die es dann löst oder umwandelt. Dies gelingt um so leichter, je höher die Temperaturen sind. Das Wasser ist dann stark mit Salzen angereichert.

Werden Bäume, die den Boden schützen, abgeholzt oder durch Abbrennen gerodet, bildet sich bei dem heißen Klima rasch eine Lateritkruste, die sich nach und nach zu einem ziegelharten Panzer verfestigt. Da dieser die Wasserzirkulation unterbindet, beginnt nun die unumstößliche Entwicklung hin zu einer kargen Wüstenlandschaft.

Spätestens seit dem Bau der fast 5000 km langen Straße Transamazonica dringen landlose Bauern, Viehzüchter und Goldgräber in das größte geschlossene Regenwaldgebiet der Erde vor. Die Folgen sind verheerend: Durch den Raubbau an Wald und Boden werden bis zum Jahr 2000 allein in Lateinamerika mindestens 30 000 Tier- und Pflanzenarten unwiderruflich verlorengehen. ■

△
In der Bucht von Along hat das Meerwasser den Kalkstein zerfressen. Die Kalkinselchen, -türme und -kegel sind, ähnlich den Höhlensystemen auf der Schwäbischen Alb, eine Karsterscheinung. Die Bewohner von Along nutzten Höhlen in den Inseln früher als Zufluchtsorte, um sich vor ihren chinesischen Feinden zu verbergen.

Die Kalkinselchen in der Bucht von Along

Die Bucht von Along in Vietnam zählt zu den außergewöhnlichsten Landschaften der Erde. Hier im Golf von Tongkin, beim Delta des Roten Flusses, ragen Tausende kleiner Kalksteininseln bis zu 300 m aus dem Meer, das hier höchstens 25 m tief ist. Die phantastische Architektur der Inseln, die mit ihren Spitzen und Türmen an die Überreste einer versunkenen Stadt erinnern, ist nicht das Werk einer Naturkatastrophe, sondern entstand durch den ungleichen Kampf zwischen Kalk und Wasser.

Die zahlreichen Kegel, Türmchen und Gipfel sind von Höhlen durchsetzt – manche liegen bereits so tief im Meer, daß sie vom Wasser durchspült werden. Seit jeher nutzen die Einheimischen, die von Fischfang und Handel leben, diese Grotten als Versteck vor Piraten oder als Unterschlupf bei Taifunen.

In einer dieser Höhlen, Dau Go oder auch „Grotte der Holzstücke" genannt, fand man 1958 Tausende von Holzpfählen. Sie stammen aus dem 13. Jahrhundert. Damals stapelte man sie in der Höhle, um die mongolische Flotte aufzuhalten. Am 3. April 1288 rammten die Einheimischen viele tausend Pfähle unter Wasser in den seichten Grund, um den Schiffen, die sich unvorsichtigerweise in das Insellabyrinth vorgewagt hatten, den Rückzug abzuschneiden. Diese Technik hatte die Bevölkerung schon einmal im 10. Jahrhundert erfolgreich zur Abwehr der chinesischen Flotte eingesetzt.

Die Landschaft von Along gleicht der Region von Guilin am Fluß Li Xiang in Südchina. Hier fehlen jedoch die typischen Bambuswälder und Reisfelder. Allerdings ist Südchina in dieser Region so weit abgesunken, daß in der Vergangenheit angelegte Felder inzwischen vom Meer überflutet wurden. ■

Steter Tropfen höhlt den Stein

Wasser ist nicht nur Transportmittel, sondern vor allem auch chemisches Reagenz. Bleibt es lange genug mit Mineralen in Kontakt, können sie sich lösen. Dies gilt vor allem für den Kalkstein. Wasser ist in der Lage, Kohlendioxid der Luft aufzunehmen und Kohlensäure zu bilden. Kohlensäure aber kann das harte Calciumcarbonat des Kalksteines in lösliches Calciumhydrogencarbonat verwandeln.

Die chemische Verwitterung der Gesteine ist stark von der Löslichkeit der Minerale abhängig. Steinsalz oder Kalisalz ist gut wasserlöslich. Lagerstätten dieser Minerale findet man in feuchten Regionen nur, wenn sie durch wasserdichte Sedimente, etwa Tone, zugedeckt sind. Die Quarze des Granits lösen sich dagegen praktisch überhaupt nicht in Wasser.

Gewöhnlich begünstigt ein warmes Klima die Reaktionsgeschwindigkeit und damit auch die Verwitterung. In tropischen Ländern sind deshalb die Karsterscheinungen ausgeprägter als in nordischen Ländern. Auch die Geschwindigkeit des strömenden Wassers spielt eine Rolle: Fließt es zu schnell ab, kommt es nicht zu den langsamen chemischen Reaktionen. Manche Minerale lösen sich deshalb nur in langsamen Grundwasserströmen.

Die Gipshöhle von Lechuguilla

An der Südwestgrenze von New Mexico in den Vereinigten Staaten liegt die Höhle von Lechuguilla. Sie befindet sich in der Nähe der Höhlen von Carlsbad in dem gleichnamigen Nationalpark. Wer das Glück hat, in dieses Labyrinth vordringen zu können, glaubt, in eine Zauberwelt einzutauchen.

Der Legende zufolge wurden die Höhlen im vergangenen Jahrhundert von Pionieren entdeckt, die den kargen Landstrich besiedelten. In der Dämmerung sollen sie plötzlich gesehen haben, daß dicker, schwarzer Rauch über den Guadalupe-Bergen aufstieg. Bald jedoch stellten sie fest, daß der Rauch nichts anderes war als ein riesiger Schwarm von Fledermäusen, die aus Höhleneingängen flatterten, um auf Insektenjagd zu gehen.

Zunächst gingen die Entdecker daran, aus den Hinterlassenschaften der riesigen Fledermauskolonien, die derzeit über eine Million Tiere zählen, Kapital zu schlagen. Über Tausende von Jahren hinweg hatten sich nämlich in den Höhlen ungeheure Kotmengen angesammelt. Die Exkremente hatten sich mit der Zeit in Guano verwandelt, ein Gemisch aus Phosphaten und Nitraten. Guano ist einerseits ein wertvoller natürlicher Dünger, andererseits aber auch ein Rohstoff, den die Pioniere dringend zur Herstellung von Schießpulver benötigten. Carlsbad wurde für sie zu einem Markstein für die Eroberung des amerikanischen Kontinents.

Im Jahr 1924 begann die National Geographic Society mit der wissenschaftlichen Erkundung der Höhlensysteme. Erst 1988 entdeckte man die Höhle von Lechuguilla, die bis heute nur von wenigen, gut ausgerüsteten Höhlenforschern erkundet wurde. Riesige Gewölbe reihen sich hier wie die Perlen eines Rosenkranzes aneinander. Von der Decke hängen Stalaktiten sowie nadelförmige Konkretionen, die mitunter gigantische Größe erreichen. Sie treffen auf Stalagmiten, die vom Höhlenboden emporwachsen. Was die Geologen jedoch verblüffte, war die Art der Konkretionen. Normalerweise ziehen sich die Höhlensysteme der Erde durch Kalksteinschichten, die sich aus dem Mineral Kalkspat zusammensetzen. Die Höhle von Lechuguilla enthält nur wenig Kalkspat, während Gips in größeren Mengen vorkommt.

Gips besteht aus Calciumsulfat-Kristallen. Normalerweise wird Gips an der Oberfläche mit der Zeit von Wasser aufgelöst und ausgeschwemmt. Unter anderem findet man das Mineral als sogenannten Gipshut bei Salzstöcken. In Norddeutschland etwa liegt der Gipsspiegel häufig nur wenige Meter unter der Erdoberfläche.

Woher der Gips von Lechuguilla stammt, blieb lange Zeit ein Rätsel. Der Schwefel in der Sulfatverbindung kommt weder im Kalkstein noch in den Gesteinen der Umgebung vor. Chemische Feinanalysen haben inzwischen ergeben, daß das Gas Schwefelwasserstoff den Schwefel liefert. Der Schwefelwasserstoff entweicht wahrscheinlich zusammen mit Thermalwasser aus einem tiefliegenden Erdölvorkommen. Erdöl selbst ist ein Gemisch organischer Verbindungen, die selbst wiederum Schwefel enthalten.

In Wasser gelöst, wird aus dem Schwefelwasserstoff Schwefelsäure. Die starke Säure wandelt den Kalkstein in Gips um. Und so entstand wahrscheinlich eines der geheimnisvollsten Höhlensysteme dieser Erde. ■

Die Höhle von Lechuguilla war ursprünglich mit Wasser gefüllt, das sich durch Hinzutreten von Schwefelwasserstoff aus tiefen Erdschichten in Schwefelsäure verwandelte. Die Säure zersetzte den Kalkstein und reicherte sich mit Calcium an. Als die Konzentration an Calciumsulfat sehr hoch wurde, kristallisierte der Gips aus.

Die kleinen klebrigen Kugeln, die wie Eier aussehen, sind nichts anderes als das Mineral Kalkspat, kristallisiertes Calciumcarbonat. ▽

Ein Pionier der Höhlenforschung, Édouard Alfred Martel (1859–1938), erkannte als erster die Notwendigkeit, bei Höhlenexpeditionen eine spezielle Ausrüstung einzusetzen. Bis dahin hatte man die Höhlen mit Seilwinden und Holzleitern erkundet. Martel bevorzugte jedoch den Einsatz von Strickleitern, da diese flexibel sind und man sie besser in den engen Gängen transportieren kann. Gegen die Feuchtigkeit, die den Höhlenforschern die Körperwärme entzog, entwickelte Martel einen widerstandsfähigen Anzug, der auch an scharfen Felsspitzen nicht zerriß.

Zur Orientierung in den Höhlenlabyrinthen nutzte Martel Kompaß, Thermometer, Jagdhorn, Trillerpfeife, bengalische Fackeln und weiße Farbe. Mit der Farbe markierte er seinen Weg, um wieder zurückzufinden. Geradezu revolutionär für die damalige Höhlenforschung war seine Idee, ein Feldtelefon in die Tiefe mitzunehmen. Mehrmals konnte er auf diese Weise seine Freunde am Eingang der Höhle um Hilfe bitten, wenn er wieder einmal an einer Engstelle festsaß. Außerdem setzte er als erster statt der schwerfälligen Holzflöße Faltboote aus wasserundurchlässigem Segeltuch ein, um unterirdische Flüsse zu erkunden.

Geröllhalden und Lawinen
SCHWERTRANSPORTER

Verschiedene Kräfte sorgen im Gebirge dafür, daß kein Stein auf dem anderen bleibt. Sie vereinen sich zu einem geologischen Schauspiel, in dessen Verlauf die Landschaft ständig ihren Charakter verändert. Die Schwerkraft führt dabei Regie, Wasser und Schnee spielen die Hauptrollen, und auch der Frost hat ein Wörtchen mitzureden.

△ ***Geröllkegel am Fuß der Kalkgesimse sind eines der typischen Landschaftsmerkmale von Spitzbergen (Norwegen). Hier sieht man den Berg Kjörfjellet, der die Westküste der Halbinsel Brögger im Westen des Kongsfjords überragt.***

Geröllkegel auf Spitzbergen

Spitzbergen ist die größte Insel des Svalbard-Archipels östlich von Grönland. Zur Zeit der großen Nordpolexpeditionen war Spitzbergen die letzte Station auf dem Weg ins eisige Niemandsland. Doch schon seit dem 17. Jahrhundert zog das Inselreich Seefahrer aus ganz Europa an: Walfänger betrieben von hier aus ihren verheerenden Ausrottungsfeldzug. Dieses düstere Kapitel ist inzwischen abgeschlossen. Für Geologen, Geographen, Ökologen, Paläontologen und Klimatologen ist Spitzbergen heute wieder eine beliebte Anlaufstation.

Besuchern, die sich der Insel von Westen her nähern, bietet sich das Bild einer stark zerklüfteten Gebirgslandschaft. Am Fuß der Berge zeugen imposante Geröllhalden davon, daß die Erosion hier ganze Arbeit leistet.

Frost hat am Kalkgesims des Berges Gesteinsbrocken gelöst, und Schmelzwasser hat sie nach unten transportiert. Während des kurzen Sommers sammelt sich das Schmelzwasser in den Schluchten und schießt talwärts. Dabei reißt es das Geröll mit. Dies ist etwa auf dem Foto vom Berg Kjörfjellet auf der westlichen Brögger-Halbinsel gut zu erkennen. Der Einschnitt an der Spitze der Geröllhalde entstand, weil oberflächliche Bodenschichten auftauten. Dies führte zum sogenannten Erdfließen, man spricht auch von Solifluktion. Im mittleren Bereich überzieht ein Geflecht aus Rinnen die Halde und bildet kleine Hügel und Gräben. Der mit Wasser gesättigte Auftauboden rutschte nämlich auf dem Permafrostboden, der bereits in einer Tiefe von mehreren Dezimetern ganzjährig hartgefroren bleibt. Diese Art des Erdrutsches bezeichnen Geologen als Erdfließen durch Frost. Es hat hier die Erosion durch Schmelzwasser weitgehend abgelöst.

Zu beiden Seiten der Halde erstrecken sich Geröllflächen, die am Hauptgesims zu hängen scheinen. Sie entstanden durch den lokalen und zeitweisen Abfluß von Schmelzwasser, das die vom Frost aufgebrochenen Gesteinsbrocken abwärts beförderte. ■

Die Gesteinstransporteure

Steinschlag und Erdrutsche sorgen im Gebirge für den Transport von Gestein. Am spektakulärsten äußert sich die Schwerkraft jedoch, wenn sie sich mit dem Wasser verbündet. Nach Regenfällen beispielsweise werden kleine Rinnsale zu tosenden Wildbächen, die Felsbrocken und Geröll mitreißen. Aber das Wasser dringt auch bis zur Sättigung in die tonigen oder lehmigen Böden ein. Dabei schwellen die Berghänge leicht an, und der Boden rutscht talwärts. Dies bezeichnet man als Solifluktion oder Erdfließen. In arktischen Regionen wird dieser Vorgang vom Frost beeinflußt. Im Sommer taut nur die oberste Bodenschicht auf, die als plastische Masse auf dem gefrorenen Untergrund abrutscht.

In Gebirgen mit ergiebigen Schneefällen sorgen Lawinenabgänge für den Gesteinstransport. Man unterscheidet Pulver- und Naßschneelawinen. Bei Pulverschneelawinen stürzen frische Schneemassen über dem Altschnee talwärts. Dagegen löst sich bei Naßschneelawinen mitunter die ganze Schneedecke vom steinigen Untergrund ab. In beiden Fällen ist die Schwerkraft für den Lawinenabgang verantwortlich: Wird das Gewicht des Schnees zu groß, können die Reibungskräfte das Schneebrett nicht mehr am Hang festhalten.

Weißes Rauschen am Pumo Ri

Die Wände des 7145 m hohen Pumo Ri im Grenzgebiet zwischen Nepal und Tibet stellte für Alpinisten lange Zeit eine große Herausforderung dar. So gelang es einer Seilschaft erst im Jahr 1972, die äußerst schwierige Südwand des Siebentausenders zu bezwingen.

Nicht nur die extreme Höhe, das schwierige Terrain und plötzliche Wetterumschwünge machen das Bergsteigen im Himalaja so gefährlich. Auf den steilen und langen Abhängen kommt es außerdem nach den ergiebigen Schneefällen während der Monsunzeit häufig zu Lawinenabgängen. Jederzeit können sich die Eis- und Schneemassen an einer Wand lösen. Besonders lawinengefährdet ist dabei die Wiesenregion, die sich zwischen der Waldzone und der höher gelegenen Gletscherzone erstreckt. Hier sorgen Lawinenabgänge, vor allem schwere Naßschneelawinen, auch für eine erhebliche Erosion.

Der verhärtete Schnee reißt trotz seiner mäßigen Geschwindigkeit von einigen Dutzend Kilometern pro Stunde Bäume und Felsblöcke mit sich und rollt wie eine Walze talwärts. Den Endpunkt einer Naßschneelawine markiert ein Wall, in den völlig chaotisch Bäume und Gesteinsbrocken eingebacken sind. Pulverschnee- oder Trockenlawinen sausen zwar mit 200–300 km/h erheblich schneller zu Tal und treiben eine weitaus stärkere Druckwelle vor sich her, doch ist ihre Erosionswirkung wesentlich geringer.

Jedes Jahr kommen weltweit Hunderte oder sogar Tausende von Menschen durch Lawinen zu Tode. Lawinenabgänge verursachen zudem in stärker besiedelten Gebirgen wie den Alpen ungeheure Sachschäden. Der Lawinenvorhersage kommt damit eine eminent große Bedeutung zu. ■

Eine spektakuläre Lawine stürzt die Flanke des Pumo Ri hinunter, der sich westlich des Mount Everest in Nepal erhebt. Der sehr steile Hang, in den sich auch ein Wildbach eingegraben hat, begünstigt das Abrutschen von Schneemassen. ▷

Ausharren im Geröll

Grüner Vorposten im nackten Stein

Einige Pflanzenarten nutzen sogar die kargen Geröllhalden als Lebensraum. Ein solcher Hochgebirgsspezialist ist der Doldenblütler *Xatardia scabra*, der auch als „Gemsenpetersilie" bezeichnet wird. Man findet diesen grünen Pionier auf Geröll- und Schutthalden an der sonnigen Mittelmeerseite der Pyrenäen in Höhen um 2500 m. In dieser Gebirgszone ist der Jahreslauf vom Wechselspiel zwischen Frost und Auftauen geprägt, das die Gesteine aufbrechen läßt. Der Schotter, in dem die Pflanze ihr Domizil gefunden hat, ist das typische Produkt einer Verwitterung durch Frostsprengung.

Das Vorkommen dieser Pflanzenart erlaubt es, die Geschwindigkeit abzuschätzen, mit der sich das Geröll talwärts bewegt. Die Pflanze kann nämlich nur dort bestehen, wo sie nicht vom nachrutschenden Geröll verschüttet wird.

Erosion, Erdrutsch und Solifluktion

EIN SCHNELLER ABGANG

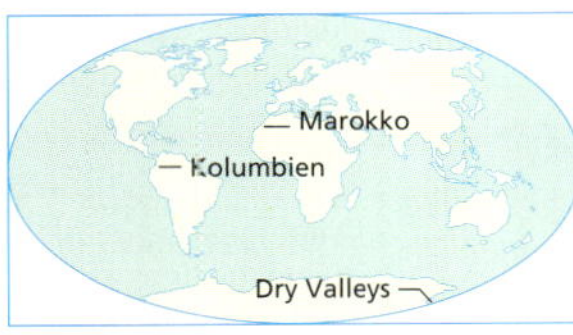

Die Erosion zählt zu den geologischen Kräften, die das Bild der Landschaft formen, und ist damit eine ganz natürliche Erscheinung. Doch der Mensch hat diese Naturkraft an vielen Stellen der Erde durch unbedachtes Handeln erst so richtig entfesselt – zu seinem eigenen Schaden. Denn die Folgen sind katastrophale Erdbewegungen.

Schwund im Zeitraffer

Die Hügellandschaft hinter dem küstennahen Becken von Boudinar im marokkanischen Rif-Gebirge erlebt derzeit eine Erosion im geologischen Zeitraffertempo. Verursacht wird sie durch Erdrutsche, sogenannte Solifluktionen. Sie hinterlassen Schlammzungen und durchziehen den Mergelboden mit großen Spülrinnen und Höhlungen.

Im Rif-Gebirge sind alle Bedingungen erfüllt, welche die Erosion begünstigen: Mergel ist ein lockeres Gestein, das aufgrund seines Tongehaltes viel Wasser aufnehmen kann, und für den ausreichenden Wassernachschub sorgen die ergiebigen Regenfälle in der Region. Außerdem sind die Hänge sehr steil und daher ohnehin stark erosionsgefährdet. Schließlich trägt noch der Mensch maßgeblich zur Erosion bei. Die Fellachen machten vor einiger Zeit die Hänge für den Getreideanbau urbar. Während der Regenzeit gibt es auf den steilen Feldern für den mit Wasser vollgesogenen Boden kein Halten mehr.

Das Wasser macht die obere Mergelschicht nicht nur schwerer, sondern verwandelt sie auch in eine plastische Masse. Aufgrund der Schwerkraft entsteht in dieser Masse eine gekrümmte Scheroberfläche, die sich an der Oberfläche meist schon durch die Ablösekante zu erkennen gibt, unterhalb der die Erde irgendwann einmal abrutschen wird. Die abrutschende Erde fließt dann als breiige Masse talwärts, wo sie sich wieder verfestigt.

Zwar versuchen die Bauern durch Anlegen kleiner Terrassen der Erosion Einhalt zu gebieten, doch im Rif ist die zerstörerische Kraft der Erosion so groß, daß die Felder wohl unwiderruflich verloren sind. ■

Erosionsterrassen in Kolumbiens Kaffeeland

In den kolumbianischen Anden kann man vielerorts kleine Erosionsterrassen entdecken. Die Absätze, die oft nur in einem Abstand von wenigen Dezimetern auseinanderliegen, markieren wie Höhenlinien auf einer topographischen Karte das Geländeprofil. Das Foto zeigt ein Paradebeispiel solcher Terrassen auf einer aufgegebenen Kaffeeplantage bei Libano.

Hier, im kolumbianischen Kaffeeland, sind Erosionsterrassen besonders häufig, da mehrere Bedingungen ihre Entstehung begünstigt haben. So sind die Hügel auf dem Schieferuntergrund sehr steil, also von Natur aus erosionsgefährdet. Dazu trägt auch der tonige Boden bei, der durch Verwitterung des Schiefers entstanden ist. Er kann viel Wasser aufnehmen und wird dann sehr schwer.

Erneut ist es der Mensch, der die Erosion heraufbeschwört: Er hat den ursprünglich hier wachsenden Wald gerodet, um die Hügel für den Kaffeeanbau zu nutzen. Die Bäume mit ihren dichten und tief in den Boden reichenden Wurzeln waren jedoch die besten Garanten dafür, daß die heftigen Regenfälle den erosionsgefährdeten Boden nicht fortspülten.

Und schlimmer noch: Nachdem die Plantagen aufgegeben wurden, trieb man Viehherden über die Hügel. Sie beraubten den Boden der letzten schützenden Pflanzendecke, und unter den Tritten der Tiere riß die Erde noch weiter auf. Heftige Regenfälle konnten ungehindert mit der Zerstörung der obersten Bodenschicht beginnen. Die wasserdurchtränkten Tonböden setzten sich in Bewegung, und es kam zu Erdrutschen, den Solifluktionen.

Sie ereignen sich überall dort, wo der Boden nicht durch tiefwurzelnde Bäume oder einen dichten Pflanzenteppich vor der Erosion geschützt ist – in den kolumbianischen Anden ebenso wie hierzulande in den Mittelgebirgslagen oder in den Alpen, wo der schützende Bergwald Opfer der Waldschäden wurde oder einer Skipiste weichen mußte. ■

◁ ***Die Hügel im Becken von Boudinar (Rif-Gebirge, Marokko) fallen allmählich der Erosion zum Opfer, wie die Ablöseflächen deutlich zeigen. Die Steilheit der Hänge, ergiebige Niederschläge und die unbedachte Nutzung für den Getreideanbau führen immer wieder zu Erdrutschen.***

△
Zwischen Villahermosa und Libano, 100 km westlich von Kolumbiens Hauptstadt Bogotá, sieht man an vielen der aufgegebenen Kaffeeplantagen typische Erosionsterrassen. Das Abholzen des Waldes für den Kaffeeanbau und die anschließende Nutzung der brachliegenden, steilen Hänge als Viehweide leisteten der Erosion der tonigen Böden, die sich durch die Verwitterung des Schiefers gebildet haben, erst recht Vorschub.

Drei Beispiele für eine Bodenverschiebung: Schichtweise rutschen steile Hänge, die aus Sedimentgesteinen wie Kalk- oder Sandstein bestehen. Die einzelnen Gesteinsbänke begünstigen das Ablösen. Zur Solifluktion kommt es auf mergeligen, wasserdurchtränkten Hängen, denn das Wasser macht den Boden plastisch. Ein schlammiger Strom kann sich bei tonigen Böden lösen. Das Wasser dringt bis zur Sättigung in den Boden ein, und dieser rutscht ab.
▽

Erdrutsche haben oft katastrophale Folgen. In den letzten 500 Jahren ereigneten sich allein in den Schweizer Alpen zahlreiche schlimme Erdrutsche. 1512 löste sich im Tessin eine Bergflanke vom Pizzo Magno und stürzte ins Val Blenio. Die Erdmassen riegelten den Taleingang ab und stauten den Fluß Brenno zum See auf. Im Jahr darauf brach die natürliche Staumauer, und eine Flutwelle ergoß sich in den Lago Maggiore. Die Katastrophe forderte mehrere hundert Menschenleben.

1749 löste sich wiederum in der Schweiz, an der Grenze der Kantone Waadt und Wallis, eine Flanke am Diablerets-Massiv und stürzte ins Derborence-Tal. Der Erdrutsch zerstörte 40 Häuser und ließ einen kleinen See entstehen.

Im 18. und 19. Jahrhundert verzeichnete der Kanton Schwyz eine ganze Reihe von Hangrutschen am Rossberg. Am schlimmsten war jener von 1806: Nach sintflutartigen Regenfällen lösten sich am 2. September ganze Felsblöcke vom Gipfel des Berges, doch die Menschen beachteten die Warnsignale der Natur nicht. Am späten Nachmittag war es dann soweit: Ein fürchterliches Krachen erschütterte die Region, und der gesamte Berg schien in Bewegung zu sein. Innerhalb weniger Minuten zerstörte ein gewaltiger Erdrutsch eines der schönsten Täler der Schweiz. Unter den Trümmern des Rossberges verschwanden vier Dörfer mit Hunderten von Häusern. Für 457 Menschen wurde die herabstürzende Erde damals zum Massengrab.

Auch im 20. Jahrhundert kam es Anfang der neunziger Jahre in den Alpen vermehrt zu Erdrutschen, und im Spätsommer 1996 zerstörte eine Schlammlawine in den Pyrenäen einen Campingplatz.

Immobilien in Bewegung

Zu Erdbewegungen wie etwa Hangrutschen kommt es, wenn die Trägheits- oder Reibungskräfte der oberen Bodenschicht an einer geneigten Fläche nicht ausreichen, um der Schwerkraft entgegenzuwirken. Wasser spielt bei diesem Prozeß eine Doppelrolle. Zum einen macht es den Boden schwerer, verstärkt also die Wirkung der Schwerkraft. Zum anderen wirkt es an Schichtgrenzen wie ein Schmiermittel.

Auch Erdbeben können in erosionsgefährdeten Gebieten Geländeverschiebungen auslösen. Doch viele Hangrutsche beschwört erst der Mensch herauf, indem er etwa Hänge abholzt oder an einem Steilhang zu schwere Häuser baut.

Erdverschiebungen können – abhängig von der Art des lockeren Materials, der Lage und Neigung der Hänge und der klimatischen Bedingungen – auf vielerlei Weise ablaufen. Hang- oder Erdrutsche und die Verschiebung wasserdurchtränkter toniger Böden (Solifluktion) gehören zu den wichtigsten Typen.

Drei Arten von Erdrutschen

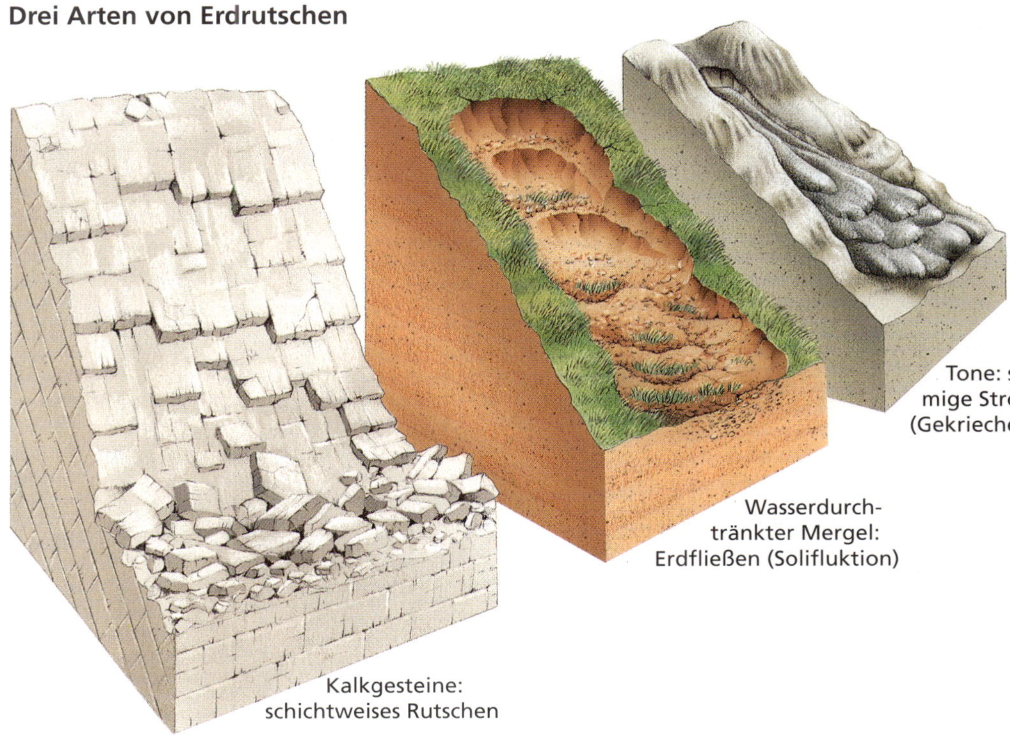

△
Schwarze Gletscher füllen die Täler eines Steilhangs, der nicht von der antarktischen Eiskappe bedeckt ist (Beacon und Dry Valleys). Die dunkle Färbung kommt durch die enormen Geröllmengen zustande, die die Gletscher in dieser schneearmen Region mit sich führen. Das Geröll entstand durch Frostsprengung des Gesteins.

Schwarze Gletscher in den Bergen der Antarktis

Die Kette des Transantarktischen Gebirges erstreckt sich über rund 3300 km zwischen dem Rossmeer und der Weddellsee. Den höchsten Gipfel dieser imposanten Kette bildet mit 5140 m das Vinson-Massiv. Riesige, steinbedeckte Gletscher haben sich in dieses Gebirge gefräst. Man erkennt sie an ihrer schwarzen „Schotterzunge". Ihren Weg säumen mehrere Meter hohe, kantige Blöcke, die Hunderte von Metern breit und einige Kilometer lang sein können. An ihrer Spitze fallen die Zungen mehrere Meter tief ab und hinterlassen eine Endmoräne.

Die enormen Mengen an Geröll in der Gletscherzunge sind durch Frostsprengung des festen Gesteins entstanden. Die Felsblöcke und Schottermassen, die sich dank der Schwerkraftwirkung am Fuß des Gebirges sammeln, wandern nur wenige Zentimeter pro Jahr. Das Geröll hat sich unter dem Einfluß des Eises in einen natürlichen Beton verwandelt, der im Wechsel von Frost- und Tauperioden jeden Leerraum ausfüllt.

Diese geröllreichen Gletscher sind typisch für die sonnenreiche und trockene Bergregion der Antarktis, in deren Zentrum pro Jahr weniger als 200 mm Regen fallen. Doch auch in den südfranzösischen Alpen kann man oberhalb von 2500 m Höhe ähnliche „Steingletscher" finden. ■

Sie verteidigen das Erbe des Windes gegen den Regen

Terrassen sollen die Böden von Lanzhou vor Erosion schützen.

Die Hochebene am Mittellauf des Huang He, des Gelben Flusses in China, ist mit 275 000 km² das größte zusammenhängende und mit bis zu 300 m Dicke zugleich das mächtigste Lößgebiet der Erde. Es entstand während des Quartärs, als der Wind gigantische Mengen an Staub aus den Wüsten Gobi, Ordos und Takla-Makan herangeschafft hat. Die fruchtbaren Böden werden seit 7000 Jahren bewirtschaftet. Der Wind bereitete buchstäblich den Boden für die frühen chinesischen Hochkulturen.

Doch der Mensch mußte auch lernen, den kostbaren Schatz vor der Erosion zu schützen, da starke Regenfälle den Boden abschwemmen und Erdrutsche auslösen. Deshalb terrassierten die Bauern viele Felder. In der Region von Lanzhou, der Hauptstadt der nordwestchinesischen Provinz Gansu, gibt es solche Terrassen seit den 50er Jahren. Sie wurden nicht streng geometrisch angelegt, sondern folgen den natürlichen Gegebenheiten. Zu den hier angebauten Feldfrüchten gehören Hartweizen, Mais und Sorghum. Die Höhlenwohnungen der Bauern liegen an den steilen Flanken der Hügel, die für das Anlegen eines Feldes ungeeignet sind.

Wasserfälle, Schluchten und Mäander

ALLES IM FLUSS

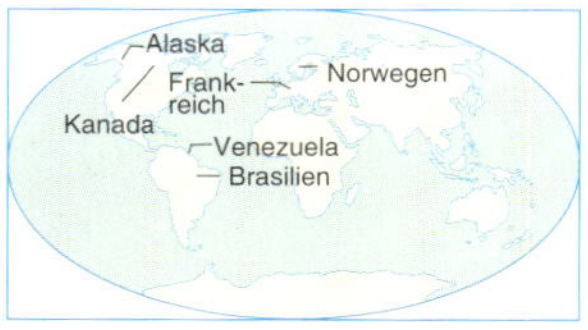

Vom reißenden Gebirgsbach, der mit Getöse zu Tal schießt, bis zum gemächlich meerwärts strebenden Strom erstreckt sich die Vielgestalt der Fließgewässer auf der Erde. Doch stets wirken sie als Landschaftsarchitekten, die einer Region ihren Stempel aufdrücken – im Amazonasbecken ebenso wie im norwegischen Küstengebirge.

In Norwegen tost das Erbe der Eiszeit

In Westnorwegen fällt die skandinavische Gebirgskette zum Meer hin steil ab. Zusammen mit den großen Schneemassen, die während der Eiszeiten des Quartär in Skandinavien niedergingen, waren dies besonders günstige Bedingungen dafür, daß zu dieser Erdepoche mächtige Gletscher tiefe Täler in das Gebirge fräsen konnten. Mit dem Rückzug der Gletscher füllte das Meer die Täler auf–die Fjorde entstanden, die heute bis zu 170 km weit ins Land reichen.

Im Tal Mabødalen im Hordaland, etwa 100 km östlich von Bergen, haben die Gletscher von der Hochebene der Hardangervidda aus fast senkrechte Wände in das Gestein geschnitten, an einigen Stellen hängen die Steilwände sogar über.

Das spektakulärste Erbe der Eiszeitgletscher bleiben jedoch die Wasserfälle. Ins Tal von Mabødalen stürzt das Wasser des Vøringsfoss mehr als 180 m tief im freien Fall und landet in einem brodelnden Kessel. Die Wucht seines Aufpralles bewegt ganze Felsblöcke und zermalmt sie langsam. Flußabwärts bestimmt die Gesteinszufuhr von den seitlichen Hängen die Krümmung und Breite des Bachbettes. Immer wieder versperren große Blöcke die 10–20 m breite Rinne, durch die das Wildwasser schießt. Es mündet in den Eidfjord, einen Ausläufer des Hardangerfjords.

Der Kontrast zwischen den weiten, sanften Hochtälern der Hardangervidda und den engen, schroffen Einschnitten zu den Fjorden hin könnte krasser nicht sein. Doch für Westnorwegen ist er typisch. Viele Gletschertäler beginnen mit einem Wasserfall. Auf das norwegische Wort *foss* für „Wasserfall" stößt der Norwegentourist allenthalben – ein überzeugender Beweis für die gestalterische Kraft der Gletscher. ■

◁ ***Die Wassermassen des 180 m hohen Vøringfoss stürzen sich ins Tal von Mabødalen (Norwegen). Sie kommen von den Hochebenen der Hardangervidda, auf der heute noch winzige Reste eiszeitlicher Gletscher zu finden sind. Diese bedeckten damals fast ganz Skandinavien. In Westnorwegen frästen sie tiefe Täler ein, die sich beim Rückzug der Gletscher mit Meerwasser füllten – die Fjorde entstanden.***

△
Im kanadischen Teil der Rocky Mountains entspringt der Fraser, einer der wichtigsten Flüsse von British-Columbia. Seine Durchflußmenge beträgt im Durchschnitt 2700 m³/s. Während des Hochwassers im Frühling erreicht er mit Leichtigkeit die dreifache Menge. Er fließt durch 1000–1500 m tiefe Schluchten. Der sonst so üppige Wald an der Pazifikseite hält sich nur mit Mühe an den steilen Hängen des Tals.

Nur große Umwege führen beim Fraser zum Ziel

In den kanadischen Rocky Mountains auf der pazifischen Seite Nordamerikas sind die Täler besonders tief eingeschnitten. Dafür sorgten im Zeitalter des Quartär Gletscher, die die gesamte heutige Provinz British Columbia überzogen, und zwar noch vor 18 000 Jahren.

In den Zwischeneiszeiten und seit dem Rückzug der Gletscher haben die Wasserläufe ihren Teil dazu beigetragen, diese Täler zu formen, indem sie ihr Flußbett wiederherstellten, das von den Gletscherwanderungen zerstört worden war. Von den Gletscher ausgeschabte mächtige Becken füllten sich mit ihren Schmelzwasserablagerungen.

Doch vor allem am Gebirge mußten sich die Flüsse zu schaffen machen. Der Fluß Fraser, der hoch in den Rockies entspringt und bei Vancouver in den Pazifik mündet, zeigt dies an seinem gewundenen Lauf mit vielen Engstellen. Hohe, steile Hänge säumen den Fluß. Häufig stürzen Felsblöcke in sein Bett. Das Wasser am Rand unterspült das Ufer, und aufgrund der hohen Luftfeuchtigkeit lösen sich die Felsen leicht vom Untergrund. Im Bett des Flusses, der rasch an Tiefe gewinnt, tost das Wasser über Kiesbänke und herausragende Felsspitzen. Die Flußbreite ist sehr unterschiedlich. Bestimmt wird sie von der Widerstandskraft der abgelösten Felsen und der Wassermenge der Nebenflüsse, deren Schwemmkegel das Tal des Fraser an den Einmündungen bedecken.

Zu Beginn der Landnahme Nordamerikas durch weiße Siedler galten die Schluchten des Fraser als uninteressant. Entsprechend selten wagte sich ein Mensch bis hierher vor. Auch die indianische Bevölkerung siedelte vor allem in der Küstenregion. Erst seit Mitte des letzten Jahrhunderts durchquerten Goldsucher das Tal, um die vielversprechenden Vorkommen in den Cariboo-Bergen aufzusuchen. Marktflecken wie Lytton oder Lillooet erlebten eine kurze Blüte. Es herrschte der Pioniergeist des „Wilden Westen", und ein Richter namens Matthew Bailie Begbie ließ eine ebenso zügige wie strenge Justiz walten.

Als British-Columbia und Vancouver an die kanadische Konföderation angeschlossen werden sollten, kostete es die Eisenbahngesellschaft Canadian Pacific Railway ungeheure Anstrengungen, einen Schienenstrang durch die Schluchten des Fraser zu legen. Er verband Vancouver mit den Great Plains und dem Osten des Landes. Später diente dieselbe Streckenführung dem Trans Canada Highway. Doch trotz dieser Verkehrswege haben die Schluchten des Fraser nichts von ihrer Ursprünglichkeit eingebüßt. Allerdings ist die Wartung der Strecken sehr aufwendig. ■

Die höchsten Wasserfälle

Salto Angel (Venezuela)	979 m
Tugela (Südafrika)	948 m
Utigård (Norwegen)	800 m
Mongefoss (Norwegen)	774 m
Yosemite (Vereinigte Staaten)	739 m
Mardalsfoss (Norwegen)	657 m
Tyssestrengane (Norwegen)	646 m
Kukenaam (Venezuela/Guayana)	610 m
Sutherland Falls (Neuseeland)	580 m

Wasser höhlt den Stein

Fließgewässer tragen erheblich zur Gestaltung der Erdoberfläche bei. Einen Teil der kinetischen Energie, die im Fluß steckt, benutzt dieser, um sein Bett durch Abrieb des Gesteins zu vertiefen. Dies geschieht meist unauffällig, doch manchmal entstehen dabei auch spektakuläre Formationen wie Wasserfälle oder Kaskaden, an denen sich durch die Wucht des Wassers und der mitgeführten Kiesel Kolke und tiefe Rinnen bilden. So senkt sich das Flußbett allmählich ab, was auch – bedingt durch stärkere Erosion – ein vermehrtes Abtragen der Uferbereiche zur Folge hat.

Flüsse sind wie riesige Förderbänder, die zerkleinertes Gestein, Tone, Schlick und gelöstes organisches Material zum Meer transportieren. Kiesel- und Sandbänke, die manchmal nur bei Niedrigwasser zu sehen sind, zeugen von den enormen Materialmengen, die bewegt werden. Die „unsichtbaren Exporte" in Form von gelösten Substanzen, wie etwa Kalk, machen bei manchen Flüssen übrigens mehr als drei Viertel der zum Meer transportierten Materialmenge aus.

Das Aussehen der Rinnen, die den Talgrund bilden, unterscheidet sich je nach Gefälle und Art der transportierten Stoffe. Manche Flüsse verlaufen geradlinig, andere krümmen sich unregelmäßig, wieder andere mäandrieren regelmäßig. Viele Flußläufe haben nur eine Rinne, andere verzweigen sich in zahlreiche Nebenarme.

Zu jedem Flußbett gehört eine Überschwemmungsebene, die bisweilen sehr breit wird und aus Geröllen, Sanden und Tonen besteht. Selbst flußaufwärts entsteht manchmal durch ein sanftes Gefälle oder an der Einmündung eines Nebenflusses ein Schwemmkegel. Gräbt sich ein Fluß schnell ins Tal ein, so sieht man häufig weit oberhalb seines Bettes Schotterflächen, die sogenannten fluvialen Terrassen. Im Gebirge sind diese Terrassen meist nicht sehr ausgedehnt, doch in den Ebenen erstrecken sie sich oft auf riesigen Flächen, in denen sich die Wasserläufe seitlich verzweigen können, ohne auf ein Hindernis zu stoßen. Dies ist etwa in den Flußebenen des Ganges und des Indus der Fall.

◁ *Ein Stromnetz hat eine Baumstruktur. Von der Mündung an verzweigt es sich flußaufwärts in immer kleinere Zuflüsse. Gespeist wird es vom Regenwasser, dem Wasser der Schneeschmelze und von abtauenden Gletschern. Im Gebirge ist das Bett unregelmäßig, häufig von Wasserfällen oder Stromschnellen unterbrochen. In der Ebene verbreitern sich die Flüsse ebenso wie ihre Täler. Oberhalb der jetzigen Flußebene liegen häufig ehemalige Anschwemmungsterrassen aus einer Zeit, als sich der Fluß noch nicht so tief eingegraben hatte. Bildet der Fluß im Mündungsbereich ein Delta, zeigt dies an, daß er sehr viel Material transportiert, also etwa Geröll, Sande und gelöste Substanzen.*

Das wechselhafte Wassernetz des McKinley-Flusses

In den Eiszeiten des Quartär war die mittlere Gebirgskette Alaskas vollständig von Gletschern überzogen. Heute sind die Gletscher Gefangene der von ihnen selbst geschaffenen, tiefen Täler. Nur gelegentlich können sie in flacheren Regionen die Talgrenzen verlassen. Ihre Südausläufer erstrecken sich hier stellenweise über mehr als 50 km.

Vor den Gletscherzungen lagerte sich bei deren Rückzug auf großen Flächen das Geröll ab, das vom Schmelzwasser mitgeführt wurde. So entstand beispielsweise die Ebene des Flusses McKinley, der aus dem Gletscher Muldrow hervorgeht. So chaotisch der Verlauf des McKinley aus der Luft auch aussehen mag, sein kaum zu entwirrendes Wassernetz ist für einen Fluß dieser Region sehr typisch. An Knotenpunkten bündeln sich einzelne Flußrinnen, und anschließend strömt das Wasser wieder weit auseinander.

Diese unterschiedlich breiten und tiefen Rinnen schließen Sand- und Geröllbänke ein. Bei Niedrigwasser im Winter liegt fast die gesamte Rinne trocken, und der Wind wirbelt feinen Sandstaub auf. Im Sommer, wenn die Gletscher selbst in Alaska abschmelzen, füllen sich die Rinnen wieder mit Wasser. Nur manche Bänke liegen so hoch, daß sie nur kurze Zeit überschwemmt werden. Hier gedeiht eine niedrige, arktische Vegetation. Noch höhere Abschnitte bleiben von der jährlichen Überschwemmung ganz verschont. Nur in Ausnahmefällen stehen sie unter Wasser. Dort gedeiht trotz der extremen klimatischen Lage ein Borealwald aus verstreut wachsenden Fichten.

Kiesel und Sand in den Wasserrinnen und sogar die Rinnen selbst – alles ist in Bewegung. Innerhalb eines Jahres kann sich der Verlauf einer Rinne völlig verändern. Zu diesem höchst variablen Flußnetz tragen das starke Gefälle, die großen Geröllmengen aus den Gletschern und die stark schwankenden Wassermassen bei, die im Sommer während der Gletscherschmelze ihren höchsten und im Winter, wenn Alaska im Schnee versinkt, ihren niedrigsten Stand erreichen.

Zu Beginn des Jahrhunderts lockte die Hoffnung, im Granit des Gebirgsmassivs auf Goldadern zu stoßen, einige Abenteurer auf den Mount McKinley. Im Jahr 1910 gelang Peter Anderson und Billy Taylor die Erstbesteigung des 5934 m hohen Nordgipfels. Mit der Einrichtung des Denali-Nationalparks wurde 1917 der Fortbestand dieser herrlichen Landschaft gesichert. Karibus, Elche, Wölfe, Grizzlybären und Kaltwasserfische finden hier ein nahezu ungestörtes Refugium. ■

Die größten Flußbecken

Wasserlauf	Fläche des Beckens (in km²)
Amazonas (Südamerika)	6 200 000
Zaire (Afrika)	3 607 000
Mississippi (USA)	3 222 000
Nil (Afrika)	2 881 000
Jenissei (Rußland)	2 600 000
Ob (Rußland)	2 485 000
Lena (Rußland)	2 425 000
Paraná Guazú (Südamerika)	2 343 000
Jangtsekjang (China)	1 940 000
Amur (China-Rußland)	1 845 000
Mackenzie (Kanada)	1 805 000
Sambesi (Afrika)	1 722 000
Wolga (Rußland)	1 385 000
Niger (Afrika)	1 091 000
Orinoko (Venezuela)	1 085 000

Der 1917 gegründete Denali-Nationalpark umfaßt den höchsten Gipfel der Hauptgebirgskette von Alaska, den Mount McKinley (6194 m), seine Umgebung im Osten und im Westen sowie einen Teil der Ebenen im Norden. Dort gehen ergiebige Schneefälle nieder, die große Gletscher entstehen lassen. Das abfließende Schmelzwasser bildet reißende Wildbäche. Diese wiederum speisen den Fluß McKinley, der hier vom Flugzeug aus aufgenommen wurde. ▷

◁ *Im Dreiländereck zwischen Venezuela, Brasilien und Guyana liegt die große Hochebene Gran Sabana. Sie erreicht eine Höhe von 2500 m, an manchen Stellen sogar 3000 m. Von diesem Plateau fließen zahlreiche Wasserläufe hinab. Einige münden in den Amazonas, andere, wie beispielsweise der Rio Carrao, streben dem Orinoko entgegen. Beeindruckende Wasserfälle unterbrechen den Lauf dieser Flüsse, wenn sie die Hochebene Gran Sabana verlassen und sich in die umliegenden Ebenen ergießen.*

In der Tiefebene des Languedoc hat sich die Cèze, ein Zufluß der Rhône, in den Untergrund aus Kalk eingeschnitten. Im Hochsommer führt die Cèze nur wenig Wasser. Oft füllt es lediglich die sogenannten Kolke, natürliche Becken, die der Fluß bei Hochwasser mit Hilfe der mitgeführten Kieselsteine in den Kalkstein schmirgelt. Touristen nehmen darin ein erfrischendes Bad. ▽

Die schlammigen Fluten des Rio Carrao

Tropische Regenwolken laden jährlich zwischen 1500 und 2500 mm Regenwasser auf der *Gran Sabana* ab. Dadurch wird diese Hochebene im Dreiländereck von Venezuela, Brasilien und Guyana zum riesigen Wasserreservoir. Eine stellenweise 1500 m mächtige Platte aus Sandsteinen und Konglomeraten, die zur Formation von Roraima gehören, bildet die Hochfläche. Am Rand ist die Sandsteinplatte zersplittert. Dort ragen kolossale Tafelberge, die Tepuis, wie Felsenfestungen aus dem Regenwald des Tieflandes empor.

Auf dem Plateau plätschern die Flüsse behäbig ruhig dahin. Sobald sie sich jedoch dem Rand der Gran Sabana nähern, beschleunigt sich ihre Strömung abrupt. Schließlich stürzt das Wasser die Sandsteinschluchten hinab und gräbt sich in den Schiefer- und Gneisuntergrund des Flachlandes ein. An dieser Abbruchkante befindet sich auch mit 979 m freier Fallhöhe der Salto Angel, der höchste Wasserfall der Erde.

Das schnellfließende Wasser verbreitert jede Kluft und höhlt Schwachstellen im Gestein aus. Zunächst spaltet sich das Gestein zu Blöcken auf; doch das angreifende Wasser zersetzt es schließlich bis auf Kieselgröße.

In dieser Form wandert das Material weiter flußabwärts. Durch den Zufluß von Regenwasser, das aus dem Waldboden Tonmineralien ausgewaschen hat, färbt sich das Flußwasser immer intensiver ockerbraun, wie es das Foto des Rio Carrao in Venezuela zeigt.

Die ganze Region ist bis heute schwer zugänglich, und eine Durchquerung der reißenden Flüsse erscheint zur Regenzeit wenig ratsam. Auch mit dem Boot kommt man nur langsam vorwärts, da zahlreiche Wasserfälle die Reise unterbrechen. Die Steilwände der Tepuis gelten bis heute als kaum bezwingbar. Lediglich mit dem Hubschrauber gelangt man auf die Plateaus der geheimnisvollen Tafelberge. Obwohl in den Sandsteinschichten von Roraima Gold, Diamanten und andere Edelsteine vermutet werden, haben sich bisher nur wenige Abenteurer auf die Tepuis gewagt. ■

Die Wasserwalzen der Cèze im Languedoc

Der südfranzösische Fluß Cèze entspringt in den Cevennen, etwa 50 km nördlich von Nîmes, und mündet in die Rhône. Sein recht kurzer Lauf führt ihn durch die Ebene des Languedoc, die zum einen aus weitläufigen Mergelbecken besteht, zum andern aber auch Kalksteinabschnitte aufweist. Der Fluß hat in den Kalkstein enge, relativ tiefe Schluchten gegraben und schöne Mäander gebildet. Am letzten Übergang zwischen einem Kalkabschnitt und einem Mergelbecken kommt es zu einer abrupten Gefällsstufe, dem etwa 10 m hohen Wasserfall von Sautadet.

In dem fast horizontal geschichteten Kalkgestein vertieft die Cèze ihr Bett, indem sie kreisrunde, etwa 1–2 m breite und bis zu 6 m tiefe Kolke auswäscht. Diese Kessel werden auch als Strudellöcher oder Wasserwalzen bezeichnet. Sie entstehen, weil das strudelnde Wasser Kieselsteine mit sich führt, die das Gestein kreisrund abschmirgeln. Im Lauf der Zeit werden die Wände der Kolke immer flacher und gehen schließlich ineinander über. So entsteht das merkwürdig gezackte Fräsmuster im Flußbett der Cèze.

Vor allem bei Hochwasser – also meist im Herbst, selten auch im Winter – schmirgelt die Cèze an ihrem Flußbett. Bei sommerlichem Niedrigwasserstand fließt das wenige Wasser ganz gemächlich von einem Kolk zum nächsten, doch die Strömungsgeschwindigkeit reicht nicht aus, um die natürliche „Schmirgelmaschine" der Cèze in Gang zu halten.

Den Besuchern der Region bieten diese Kolke willkommene Bademöglichkeiten – das Wasser ist darin tief genug, um natürliche Schwimmbecken zu bilden. Die mutigsten Besucher wagen sogar einen Sprung vom Rand der Schlucht in einen der tieferen Kolke. Sonnenanbeter belassen es bei einer kurzen Abkühlung, bevor sie auf den trockengefallenen, heißen und glattgeschmirgelten Steinen entlang des Flusses ihr Handtuch ausbreiten, um sich zu bräunen. ■

Die regelmäßigen Mäander des Rio Juruá

Trotz seines geringen Gefälles wird der Rio Juruá wie viele Flüsse in den Tropen von zahlreichen Stromschnellen im Oberlauf unterbrochen. Der Fluß durchquert die brasilianischen Bundesstaaten Acre und Amazonas. Ehe er in den Amazonas mündet, bildet er beeindruckende Mäander.

Der gesunde Menschenverstand läßt erwarten, daß Flüsse in einer Ebene mit weichem Waldboden den kürzesten Weg nehmen sollten. Doch das Gegenteil trifft zu: sie krümmen sich, fließen hin und zurück und verlängern so ihren Lauf um das Doppelte oder Dreifache. In Gebieten, wo ein solcher Flußlauf den einzigen Verkehrsweg darstellt, sind das Reisen und der Warentransport äußerst mühsam.

Die Erklärung für das Mäandrieren liefern die Strömungsverhältnisse. In der Flußmitte fließt das Wasser am schnellsten; an den Rändern bremsen die Ufer das Wasser. So entstehen links und rechts der Flußmitte Wirbel. Beschreibt der Fluß eine Biegung, bilden die Wirbel an der Außenseite der Krümmung – am sogenannten Prallhang – stationäre Wirbel, die das Flußufer aushöhlen. An der Innenseite dagegen, am sogenannten Gleithang, verlangsamt sich die Strömung so sehr, daß sich die vom Fluß mitgeführten Sande ablagern und eine Sandbank bilden.

Eng gewundene Mäander können sich sogar überschneiden – der Fluß schafft sich gewissermaßen eine Abkürzung. Genau dieses Ereignis wird bei der Flußschleife des Rio Juruá, die auf dem Foto im Vordergrund zu sehen ist, bald eintreten. Ein Altarm wird zurückbleiben und einen halbmondförmigen See bilden, der sich nach und nach mit organischen Stoffen füllt und schließlich vom Wald zurückerobert wird.

Dennoch verkürzt sich der Flußlauf langfristig nicht, denn die Strömungsverhältnisse an anderer Stelle für neue Mäander. Auf lange Sicht bleibt die Flußlänge also konstant. Der genaue Mechanismus der Mäandrierung ließ sich mit den Modellen der konventionellen Strömungslehre nicht zufriedenstellend erklären. Erst die Erkenntnisse der Chaosforschung geben Wissenschaftlern Modelle an die Hand, mit deren Hilfe sich diese erstaunliche Musterbildung nachvollziehen läßt. ■

△ *Der Rio Juruá ist ein Zufluß des Amazonas (Rio Solimões), in den er bei Fonte Boa mündet. Er durchquert auf etwa 1500 km das Amazonasbecken. Von den Hügeln flußaufwärts, die nicht höher als 500 m liegen, bis zu den Ebenen im Mündungsgebiet, deren Höhe 100 m nicht übersteigt, verläuft die Reise aufgrund des geringen Gefälles gemächlich. Die Strömungsverhältnisse sorgen für eine regelmäßige Mäandrierung.*

Abenteuer auf dem Wildwasser

Nicht feuchtfröhlich, sondern ausgesprochen naß ist das Rafting-Vergnügen.

Wildwasser und Flüsse mit Stromschnellen bieten dem Abenteuerlustigen eine Vielzahl von Erlebnissen. Zum traditionellen Kanu- und Kajakfahren ist in den letzten Jahren das Fahren mit dem aufblasbaren Kanu (*Hot Dog*) oder auf dem Schlauch eines Lkw-Reifens (*Tubing*) hinzugekommen. Außerdem gibt es noch *Rafting, Hydrospeed* und *Canyoning*. Beim *Rafting* sitzt eine Paddel-Crew in einem Schlauchboot und versucht die Stromschnellen und Engpässe des Wildwassers zu meistern. *Hydrospeed* betreibt man allein: mit Schwimmflossen an den Füßen liegt man dabei auf einem stromlinienförmigen Schwimmer aus Kunststoff. Beim *Canyoning* versucht man Kaskaden oder kleinere Wasserfälle zu Fuß zu bewältigen. Gefahrlos ist keine dieser Extrem-Wassersportarten. Niemand sollte sich daher allein oder ohne fachkundige Anleitung der oft unterschätzten Kraft des Wassers anvertrauen.

Gletscher der Gebirge

EISKALTE BULLDOZER

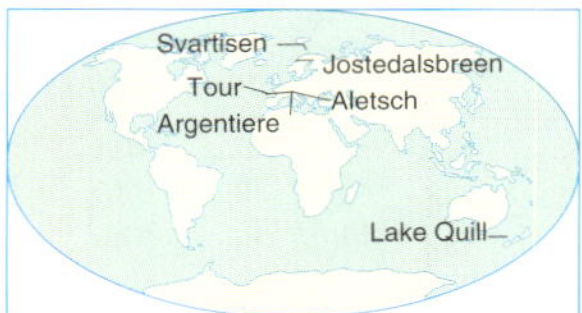

Zu 80 Prozent sind die Süßwasservorräte der Erde im ewigen Eis gebunden. Der Anteil, der auf die Gletscher der Gebirge entfällt, ist mit nur 3 Prozent zwar eher gering, doch gerade die Gletscher bringen Landschaften von besonderem Reiz hervor – mit weiten Tälern, tiefen Schluchten, spektakulären Moränen und rätselhaften Findlingen.

△
Bis zu 1,5 km breit ist der Aletschgletscher im Schweizer Kanton Wallis, der hier oberhalb der Märjelen-Talmulde zu sehen ist. Zahlreiche Querspalten durchziehen seine Oberfläche. Im Hintergrund erkennt man – vom Hauptkorpus getrennt – hängende Gletscher. Von den Felsen vorn links läßt sich ablesen, um wieviel höher der Aletschgletscher im 19. Jh. gewesen war.

Ein Riese auf dem Rückzug

Vom Jungfraujoch aus bieten die Berner Alpen in der Schweiz einen der schönsten Ausblicke auf die alpine Gletscherwelt: Am Fuß des Berges schlängelt sich der Aletschgletscher in seinem Bett aus Granit. Mit einer Fläche von 125 km² und 24 km Länge ist er der größte Alpengletscher. Er wird von drei Eisströmen genährt, und zwar (von Ost nach West) aus dem Ewigschneefeld, dem Jungfraufirn und dem Großen Aletschfirn.

Am Zusammenfluß der drei Teilströme, dem Konkordiaplatz, schieben sich 115 Millionen m³ Eis um 150–200 m pro Jahr vorwärts. Sie speisen die etwa 1,5 km breite Gletscherzunge, die im weiten Bogen ins Rhônetal fließt. Der Abfluß der Eismassen aus den drei Strömen ist an den dunklen Geröllbändern der Moränen gut zu erkennen.

Lange Zeit erhielt die Gletscherzunge an der rechten Flanke Eisnachschub von kleinen Gletschern. Sie haben sich inzwischen jedoch auf die Gipfellagen zurückgezogen und sind bis auf den Mittelaletschgletscher vom Hauptgletscherstrom getrennt. Mit der linken Flanke versperrte der Aletsch ein angrenzendes Tal, in dem der Märjelensee liegt. Er war wegen seiner plötzlichen Hochwasser gefürchtet. Zwischen 1813 und 1913 hat sich der See achtmal entleert; heute wird die Abflußmenge mit Hilfe von Schutzbauten kontrolliert.

So imposant der Aletschgletscher immer noch erscheinen mag, der Gigant ist auf dem Rückzug. In 3000 m Höhe verlor seine Eisdecke seit Beginn des 20. Jahrhunderts zwischen 10 und 30 m an Mächtigkeit. Weiter unten, in 2000 m Höhe, schmolz sie sogar um bis zu 50 m. Große Seitenmoränen an seinen Flanken dokumentieren das Abschmelzen des Eises. Noch deutlicher sichtbar ist der Rückzug des Aletschgletschers an der Position seiner Zungenspitze: Sie ist in den letzten hundert Jahren um 1000 m zurückgewichen. ■

Dreierlei Reibungspunkte

Gletscher höhlen ihr steinernes Bett auf dreifache Weise aus: Das Schmelzwasser, das zwischen der Gletschersohle und dem steinigen Untergrund dahinfließt, ist der erste Erosionsfaktor. Diese Art der Erosion kommt vor allem in den gemäßigten Breiten bei großen Talgletschern zum Tragen, wo Tauwasser und Erdwärme im Kontaktbereich für eine Temperatur nahe dem Schmelzpunkt sorgen. Zum einen ist das Schmelzwasser chemisch aggressiv, zum andern fließt es sehr schnell und führt große Mengen an Sand mit. Die scharfkantigen Sandkörnchen schleifen langsam den felsigen Untergrund ab und höhlen Rinnen aus.

Der sogenannte Tiefenschurf, das Abschleifen des Gesteins durch einen wandernder Gletscher, hat den stärksten Anteil an der Erosion. Der Abrieb hängt von mehreren Faktoren ab: der Menge an Gesteinen, die im Gletscherbett Moränen bilden, der Wandergeschwindigkeit des Gletschers sowie seiner Fähigkeit, sein „Schleifmittel" zu erneuern. Außerdem ist die Härte des Gesteins an der Gletschersohle wichtig. An den Flanken sammelt sich mehr Moränenmaterial als unterhalb des Gletschers. Hier ist es auch gröber und heterogener als im Untergrund. Seitenmoränen tragen daher wesentlich zur Verbreiterung eines Gletschertales bei.

Der sogenannte Schub vor dem Gletscher ist der dritte Erosionsprozeß. Er beruht darauf, daß der Gletscher wie ein gigantischer Bulldozer selbst große Gesteinsbrocken vor sich herschiebt. Dabei gilt: Je schneller ein Gletscher vorrückt, desto stärker ist auch der durch den Schub verursachte Erosionsanteil.

Der „Mann aus dem Eis" an der Fundstelle

Rund 4000 Jahre ruhte „Ötzi" im Eis des Similaun-Gletschers in den Ötztaler Alpen, bis ein Zufall ihn zum Sensationsfund der letzten Jahre machte. Zwei Bergsteiger hatten im September 1991 die guterhaltene Leiche des bronzezeitlichen Jägers entdeckt. Zu seiner Ausrüstung gehörten ein Köcher, der Pfeile mit Knochenspitzen barg, ein Dolch aus Feuerstein sowie eine Axt. Ötzi wurde zum Medienstar, nicht zuletzt weil sich die beteiligten Länder – der Fundort liegt auf der Grenze zwischen Österreich und Italien – sowie mehrere Institute um den „Mann aus dem Eis" stritten.

Gletscher werden auch heute noch für manche Menschen zum eisigen Grab: Skifahrer, die von einer Lawine verschüttet werden, Bergwanderer, die in eine Gletscherspalte fallen, oder Opfer von Flugzeug- oder Helikopterabstürzen. Die Leichen „unternehmen" anschließend eine posthume Reise durch den Gletscher. Eines Tages gibt sie das Eis in der Regel zerquetscht oder zermalmt wieder frei.

Die Täler des Jostedalsbreen

Mit einer Fläche von 480 km² ist der Jostedalsbreen der größte Gletscher Norwegens. Der langgestreckte Gletscher bedeckt die Kuppen eines Hochplateaus, das er weitgehend erodiert hat. Das Foto zeigt das Gletschergebiet von der Straße aus, die von Otta im Osten über Nordfjordeid bis nach Måloy an der Küste führt. Der Streckenabschnitt zwischen Grotli und Hjelle, einem kleinen Marktflecken am östlichen Ende des Sees Strynstvatn, offeriert dem Besucher immer neue Ausblicke auf eine grandiose Landschaft, die noch immer vom Eis geprägt ist.

Die Täler, die der Jostedalsbreen in Millionen von Jahren ins Gestein gefräst hat, zeigen die typische Gletschertalform. Ihre Breite läßt erahnen, welche Dimensionen die Gletscher des Jostedalsbreen einmal gehabt haben müssen. Es handelt sich um Trogtäler mit einer eher flachen Talsohle und den Ablagerungen der Seitenmoränen, die inzwischen teilweise oder sogar völlig bewaldet sind. Gerade das

Querprofil dieser Täler spiegelt die Arbeitsweise eines Gletschers sehr gut wider. Dagegen wurde das Längsprofil nicht nur durch die Erosion während, sondern auch nach der Vergletscherung entscheidend geprägt.

Ausdehnung und Kontur eines Gletschertales im Querprofil sind oft durch die Formen des Untergrundes bedingt. Der Gletscher greift nämlich beim Wandern die Form seiner steinernen Unterlage auf.

Innerhalb eines Talabschnittes bestimmen daher die topographischen Gegebenheiten des Geländes sowohl das Aussehen des Tales wie das des Gletschers. Ein Gletscher ist also nicht unbedingt die alles zermalmende Fräsmaschine. Vielmehr sammelt sich zwischen dem Gletschereis und dem damit bedeckten Gestein Schutt an, der wiederum den Gletscher selbst formt. ■

◁ Im Norden des Sognefjords in Norwegen reicht der Gletscher Jostedalsbreen bis in eine Höhe von 1725 m hinauf. Unter dem Jostedalsbreen, dessen nördlicher Abschnitt hier an den Berghängen zu sehen ist, erstreckt sich ein Gletschertal mit der charakteristischen Trogform.

Findlinge führen auf die Spur der Eiszeit

Am Polarkreis, nördlich von Mo i Rana, befindet sich Norwegens zweitgrößter Gletscher, der Svartisen. Auf ihm liegt – wie ein riesiger Fremdkörper – der Findling von Pikaugen. Lange Zeit hatten solche Felsblöcke, die geologisch überhaupt nicht zum Gestein ihrer Umgebung paßten, die Phantasie der Menschen beflügelt; um sie ranken sich daher viele Sagen und Legenden. Für die Wissenschaftler dagegen erwiesen sich die Findlinge als beredte Zeugen der Erdgeschichte. Zu Beginn des 19. Jahrhunderts sah der Brite James Hutton in ihnen den Beweis, daß es in Europa Eiszeiten gab, in denen die Gletscher weitaus mächtiger gewesen sein mußten. Hutton fand beispielsweise mitten im Schweizer Jura riesige Granitblöcke, die aufgrund ihres Gesteins eindeutig aus den Zentralalpen stammten. Mit Hilfe von

◁ Auf dem Eis des Svartisen-Gletschers in Norwegen liegt der Findling von Pikaugen. Unbeirrt setzt er seine Reise auf dem Gletscher fort, die vor vielen Jahrtausenden begann. Der mächtige Felsblock ruht auf einem Eisfuß, der sich bilden konnte, weil das Gletschereis im Schatten des Findlings weniger rasch schmilzt.

Der Gletscher rutscht auf dem Schmelzwasser dahin. Er wird von Spalten durchzogen, und Firnzacken ragen aus ihm hervor. Die Moränen, mit deren Hilfe er den Talgrund abhobelt, lassen abgerundete Felsen zurück. Vor der Gletscherzunge häuft die End- oder Stirnmoräne das transportierte Geröll in Form von Hügeln an. ▽

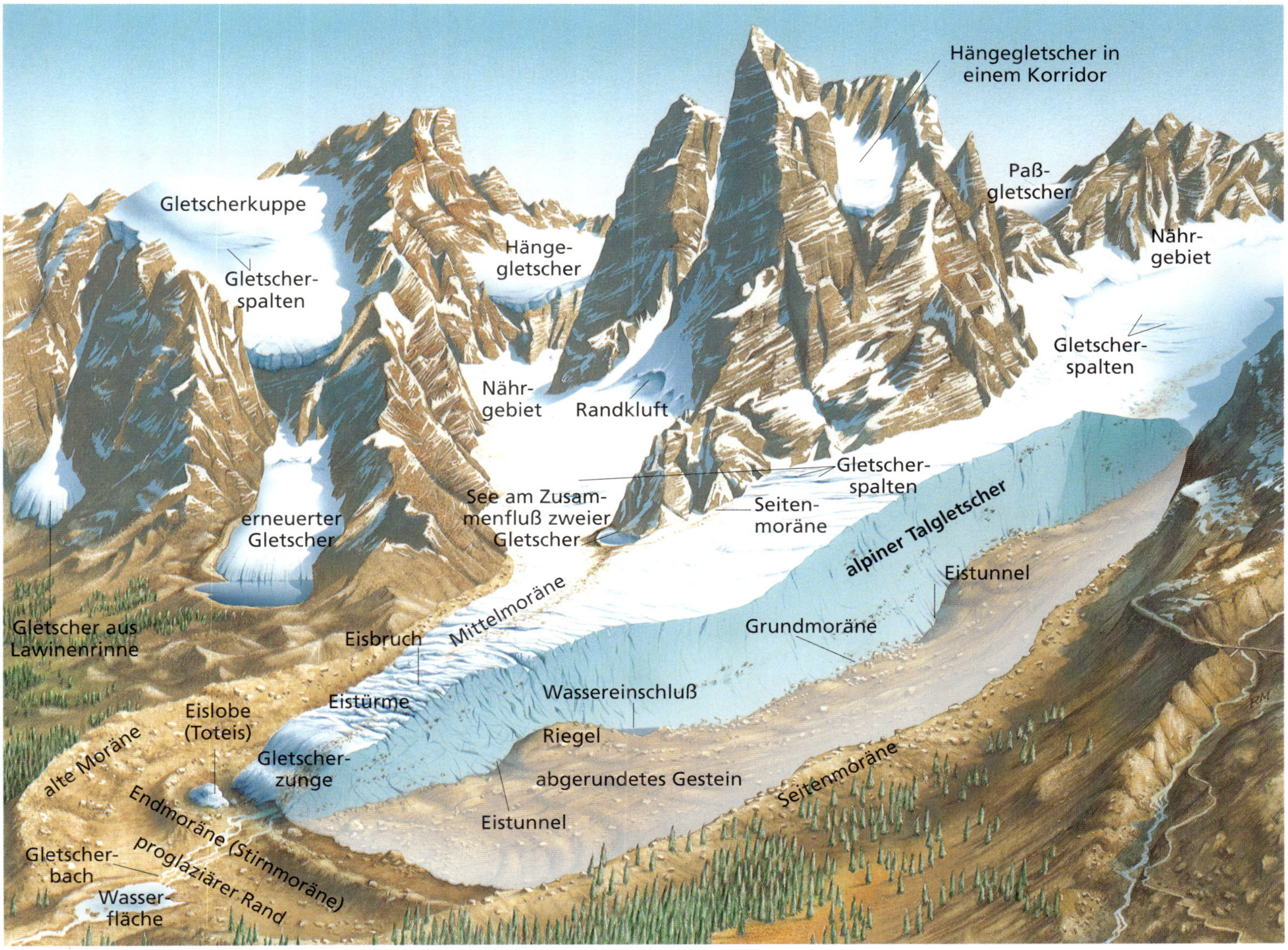

Huttons Eiszeittheorie ließ sich endlich die Herkunft vieler rätselhafter Felsblöcke erklären, etwa auch die des großen Findlings im New Yorker Central Park, den die eiszeitlichen Gletscher aus Kanada herbeigeschafft hatten.

Einer der berühmtesten Findlinge lag einst im Berner Oberland am Unteraargletscher. In einem Hohlraum unter dem riesigen, vorspringenden Schieferblock, der aus der Seitenmoräne des Gletschers stammte, hatten der Gletscherforscher Agassiz und seine Begleiter das „Hotel von Neuchâtel" eingerichtet. In diesem Unterschlupf wohnten die Männer von 1840–1845. Der vorrückende Gletscher drohte dem Felsblock jedoch die Unterlage zu entziehen, so daß die Forscher ihr Camp aufgeben mußten. Später zerfiel der Block allmählich. Heute findet man in 8 km Entfernung nur noch einige Überreste. ■

Der weltweit größte Gletscher liegt in der östlichen Antarktis: Es ist der durchschnittlich 40 km breite Lambert-Gletscher, der auf einer Länge von 400 km das Prince-Charles-Gebirge mit seinem Eis überzieht. Sein Einzugsgebiet umfaßt mehr als 1 Million km². Im unteren Bereich, wo er sogar 200 km breit ist, wandert er jährlich 1 km. An manchen Stellen ist sein Eis 2500 m dick. Der weiße Goliath bewegt pro Jahr rund 35 Milliarden m³ Eis.

Wie Eis zu Geld gemacht wird

In vielen Gebirgsregionen der Welt war natürliches Eis – zumindest vor der Erfindung des Kühlschranks – eine geschätzte Handelsware. Seine Nutzung führte mancherorts gar zu regelrechten Eishandelskulturen. Im Norden Pakistans beispielsweise, in den Tälern der Regionen von Chitral und Hunza, wird das eisige Gut auch heute noch gehandelt. Männer transportieren auf ihrem Rücken 30–70 kg schwere Eisblöcke, die sie aus dem Gletscher hacken. Ihre Last schleppen sie häufig Dutzende von Kilometern weit, um sie in den tiefergelegenen Trockentälern zu verkaufen.

In früheren Jahrhunderten bot das Eis auch den Alpenbewohnern eine lukrative Einnahmequelle. In der Nähe großer Gletscher siedelten sich Betriebe an, die dort Eis brachen. Man baute gar ein Vertriebsnetz auf, um das Eis mit dem Pferdefuhrwerk und später mit der Eisenbahn zur weiter entfernten Kundschaft zu transportieren. Aufbewahrt wurden die Blöcke in Stroh oder Sägemehl. Die letzten Gletschereisbetriebe stellten den Verkauf erst nach dem Ersten Weltkrieg ein. Heute lassen sich nur ein paar spleenige Millionäre Gletschereis per Luftfracht aus Grönland anliefern, um ihrem Whiskey eine besondere Note zu verleihen.

◁ ***Beschwerlicher Abstieg ins Tal: pakistanischer Träger mit einem 40 kg schweren Eisblock***

Der schönste Weg der Welt

Der Milford Track, auch der „schönste Weg der Welt" genannt, lockt manch geübten Wanderer zu den Fjorden auf Neuseelands Südinsel. Er führt vom Milford Sound durch eine alpine Landschaft zu einem großen Bergsee, dem Lake Te Anau. Unterwegs kommt man an herrlichen Wasserfällen vorbei, beispielsweise den Sutherland-Falls. Sie bilden den Abfluß des Lake Quill, und ihr Wasser stürzt über drei Stufen 580 m in die Tiefe. Wer die beschwer-

△
Nahansicht der Stirn des Tour-Gletschers in den französischen Alpen. Die Eiswand im Hintergrund ist 20 m hoch. Auch dieser Gletscher zieht sich zurück. Pionierpflanzen haben die vom Eis freigegebene Fläche zurückerobert.

◁
Der Lake Quill in den neuseeländischen Alpen füllt ein Kar aus, das der Gletscher in das weichere Gestein gefräst hat. Heute wird der See vom Wasser der Eis- und Schneeschmelze sowie von den reichlichen Niederschlägen gespeist. Der Abfluß – ein Wasserfall, der in eine Schlucht stürzt – könnte kaum spektakulärer sein.

liche Wanderung scheut, kann dieses Naturschauspiel auch vom Flugzeug aus genießen.

1890 wurde der wunderschöne Gletschersee von einem waghalsigen Bergsteiger namens Will Quill entdeckt. Nach dem schwierigen Aufstieg entlang der Wasserfälle erblickte Quill den See mit seiner tiefen Einkerbung, durch die „das Wasser rasch und heftig in die Tiefe stürzt und dabei einen ohrenbetäubenden Lärm macht," wie er später schrieb.

Der Lake Quill füllt ein sogenanntes Kar, ein kesselförmiges, flaches Becken am Fuß einer Felswand. Hier flossen früher einmal die Eismassen von mehreren Gletschern zusammen und schürften das am wenigsten widerstandsfähige Gestein hinter einem harten Gesteinswulst ab. Eine solche Barriere wird Karschwelle genannt. Sie hielt das Wasser zurück, so daß sich der Lake Quill füllte. Die Karschwelle entstand durch die Erosionswirkung des Gletscherwassers und schuf so den Abfluß über die Sutherland-Falls. ■

Verräterische Kratzer

Zum Tour-Gletscher gelangt man über die Landstraße, die von Chamonix in Frankreich nach Matigny im Schweizer Kanton Wallis führt. Etwa auf halbem Weg passiert man das Dorf Tour. Auf der gegenüberliegenden Seite befindet sich ein Hängegletscher. Von dort aus führt ein Wanderweg über Charillon zur Schutzhütte „Albert I." Sie liegt in 2702 m Höhe am Rand des nördlichsten Gletschers im Mont Blanc-Gebiet.

Der etwas mehr als 5 km lange Hängegletscher läuft auf einem steilen Berghang aus, den er mit seinen mächtigen Eiswänden überragt. Der Hauptteil des Gletschers befindet sich in Höhen zwischen 2600 und 3300 m. Die weitaus tiefer gelegene Gletscherzunge reicht jedoch bis auf 2160 m hinunter. Oben, ungefähr in Höhe des Nährgebietes, ist der Gletscher 3,2 km breit und bei der Schutzhütte immerhin noch 2 km.

Im Tal bei Tour markiert eine schön geschwungene Endmoräne auf der rechten Seite die maximale Ausdehnung die der Gletscher im letzten Jahrhundert erreicht hat. Längst haben jedoch Gebirgspflanzen die Endmoräne zurückerobert.

In der Nähe der Gletscherzunge schaut an vielen Stellen zwischen dem Eis marmoriertes Gestein hervor. Das mit Geröll beladene Eis hat darauf unzählige Streifen, Rillen und Kratzer hinterlassen, die gelegentlich vom Sand oder „Gletschermehl" regelrecht glattpoliert wurden. Hier, in der sogenannten Rückzugszone, zeigt sich die Erosionskraft eines wandernden Gletschers besonders deutlich.

In der Rückzugszone von Gletschern in der Schweiz haben Geologen versucht, die Erosionswirkung des Eises quantitativ zu bestimmen. Die Messungen ergaben, daß ein Gletscher das Gestein pro Jahr um mehrere Millimeter abschleift. Solche Daten liefern den Wissenschaftlern wichtige Anhaltspunkte dafür, wie sich ein Gletscher im Lauf seines „Lebens" entwickelt. ■

Ein neugieriger Blick unter die Eisdecke

Nur selten ergibt sich für einen Forscher die Gelegenheit, einen Gletscher unmittelbar an dessen Grund in Aktion zu beobachten. Eine solche Chance tat sich 1969 auf, als Techniker der französisch-schweizerischen Wasserwerksgesellschaft Eurosson bei Argentière im Tal von Chamonix einen Wildbach einfassen wollten, der unter dem Argentièregletscher verlief. Sie entdeckten dabei eine Stelle, die sich hervorragend für ein „Fenster im Eis" eignete. So entstand im Jahr 1970 rund 100 m unter dem Eis das erste „Untergletscherlabor" der Welt, in dem Forscher aus aller Welt direkt vor Ort arbeiten können.

Der Argentièregletscher – wie übrigens die meisten Gletscher – schmiegt sich nicht an das Gestein im Untergrund an. Aufgrund der Plastizität des Eises löst sich der rutschende Gletscher stellenweise vom Gestein ab und spart Hohlräume aus. Diese Hohlräume unter dem Gletscher bilden oft ideale Abflußkanäle für das Schmelzwasser.

Die Art der Entstehung eines Gletschers gibt Auskunft über seine Rutschgeschwindigkeit und zeigt an, wie er auf der Unterseite geformt ist. Das Wissen um die Topographie der Gletscherunterseite ist wiederum wichtig, um die Dynamik eines Gletschers zu verstehen. Werden die Tunnel zu groß, kann das Eisgewölbe teilweise oder ganz einstürzen. Es füllt sich mit abgebrochenen Eisblöcken, die vom vorbeifließenden Wasser miteinander verschweißt werden. Häufig entwickelt sich dann ein kilometerlanges Labyrinth von Eistunneln. ■

Ein Eistunnel unter dem Gletscher von Argentière dient Geologen als Laboratorium. Links im Bild sieht man den Wildbach, der unter dem Gletscher verläuft. Die Schichtung an der Basis des Gletschers entsteht durch die Überlagerung von zweierlei Arten geschmolzenen und wieder gefrorenen Eises.
▽

Kreislauf der Gesteine

Einen Berg betrachtet der Mensch gemeinhin als etwas Unvergängliches. Aus der Sicht des Geologen ist dies jedoch falsch. Gesteine unterliegen einem ständigen Wandel. Was heute unten ist, kann morgen oben sein, und aus Holz wird eines Tages Kohle. Die Voraussetzung für diesen Wandel: zwischen dem Heute und dem Morgen müssen ein paar Jahrmillionen vergehen.

Vor mehr als 4 Milliarden Jahren, kurz nach der Entstehung der Erde, war unser Planet noch weitgehend geschmolzen. Nur in einer dünnen Schicht an der Oberfläche erkaltete das Magma und härtete aus. Bis heute kann Magma durch die verfestigte Kruste bis zur Erdoberfläche gelangen und einen Vulkan bilden. Das erkaltete Magma erstarrt zu harten und kompakten Laven. Bei manchen Ausbrüchen werden auch Aschen ausgestoßen, die sich verfestigen. Beide Gesteinsarten zählen zu den Vulkaniten.

Steigt das Magma in der Erdkruste auf, ohne die Oberfläche zu erreichen, bildet es in der Tiefe große Intrusionen, sogenannte Plutone oder Tiefengesteinskörper. Ihr Gestein erkaltet langsamer als Lava. Daher kann es größere Kristalle bilden, als dies etwa beim Granit der Fall ist. Über Millionen Jahre hinweg trägt die Erosion die Erdkruste über den Plutonen ab und legt das magmatische Gestein schließlich frei.

Beim Kontakt mit dem flüssigen Magma verformt sich das angrenzende Gestein durch Druck und Erhitzung. Diesen Prozeß bezeichnen Geologen als Kontaktmetamorphose. In die Erdkruste abtauchende Sedimentgesteine verändern sich ebenfalls durch Kontaktmetamorphose: Tone verwandeln sich zunächst in Schiefer, dann werden sie zu Gneis und manchmal sogar zu Granit. Kalkgesteine können zu Marmor und Sandsteine zu Quarziten werden.

Die Sedimentgesteine bilden sich durch Zusammenbacken lockerer Materialien wie etwa Schlamm, Sand, Kiesel oder Muschelschalen, die sich nach und nach aufgehäuft haben. Der unterschiedliche Ursprung erklärt ihre Vielfalt. Das Material stammt aus der Abtragung der aufgetauchten Gebiete. Mineralien, Tone, Sande und Geröll gelangen mit den Flüssen ins Meer, lagern sich am Meeresgrund ab und verkitten miteinander. Aus Sand wird Sandstein, Gerölle backen zu Konglomeraten zusammen.

Am Meeresgrund sammeln sich auch Schalen und Skelette mikroskopisch kleiner Planktonlebewesen, die mit der Zeit zu Kalksteinen verkitten. Wird eine Lagune ganz vom Meer abgeschnitten, können sich dicke Salzschichten ablagern. Abgestorbene Pflanzen werden unter Luftabschluß in Jahrmillionen zu Kohle.

Die Erosion sorgt ebenso für diesen regelrechten Kreislauf der Gesteine wie die ozeanischen und kontinentalen Platten der Erdkruste. Diese sind bekanntlich ständig in Bewegung und stoßen zusammen, wobei sie abtauchen oder sich auffalten. An der Oberfläche wird das Gestein durch die Kraft der Erosion abgetragen, es lagert sich ab, wird in die Tiefe gezogen, macht dort eine Metamorphose durch und gelangt nach dem Kontakt mit dem aufsteigenden Magma erneut an die Oberfläche.

Im Indischen Ozean entstand aus dunkelgrau bis rosa gefärbtem Granit der Archipel der Seychellen. Während die Granite, deren Farbe vom Anteil der Mineralien abhängt, im Inselinneren unter der Erde verborgen sind, liegen sie am Saum des Meeres frei. Das Regenwasser schneidet Rinnen in den Stein, und dank der Verwitterung bleiben schließlich feinsandige Strände zurück. Das Foto zeigt einen Strand auf der Insel La Digue.

Die Kurileninseln, die den Pazifik vom Ochotskischen Meer trennen, sind vulkanischen Ursprungs – einige ihrer Feuerberge sind sogar noch aktiv. Wie hier auf der Insel Kunaschir arbeitet das Meer überall an der Küste die Strukturen des Ergußgesteins heraus. Die senkrecht durch das Gestein verlaufenden Kontraktionsrisse bilden ein schönes Netz aus Prismen.

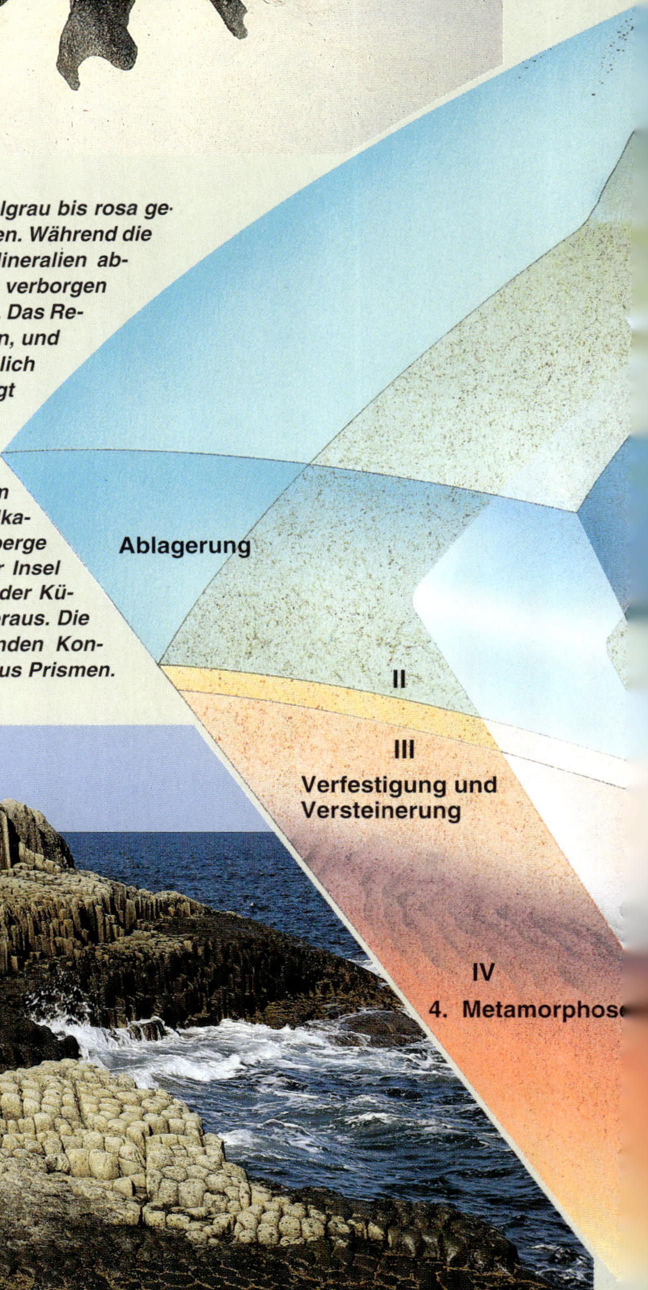

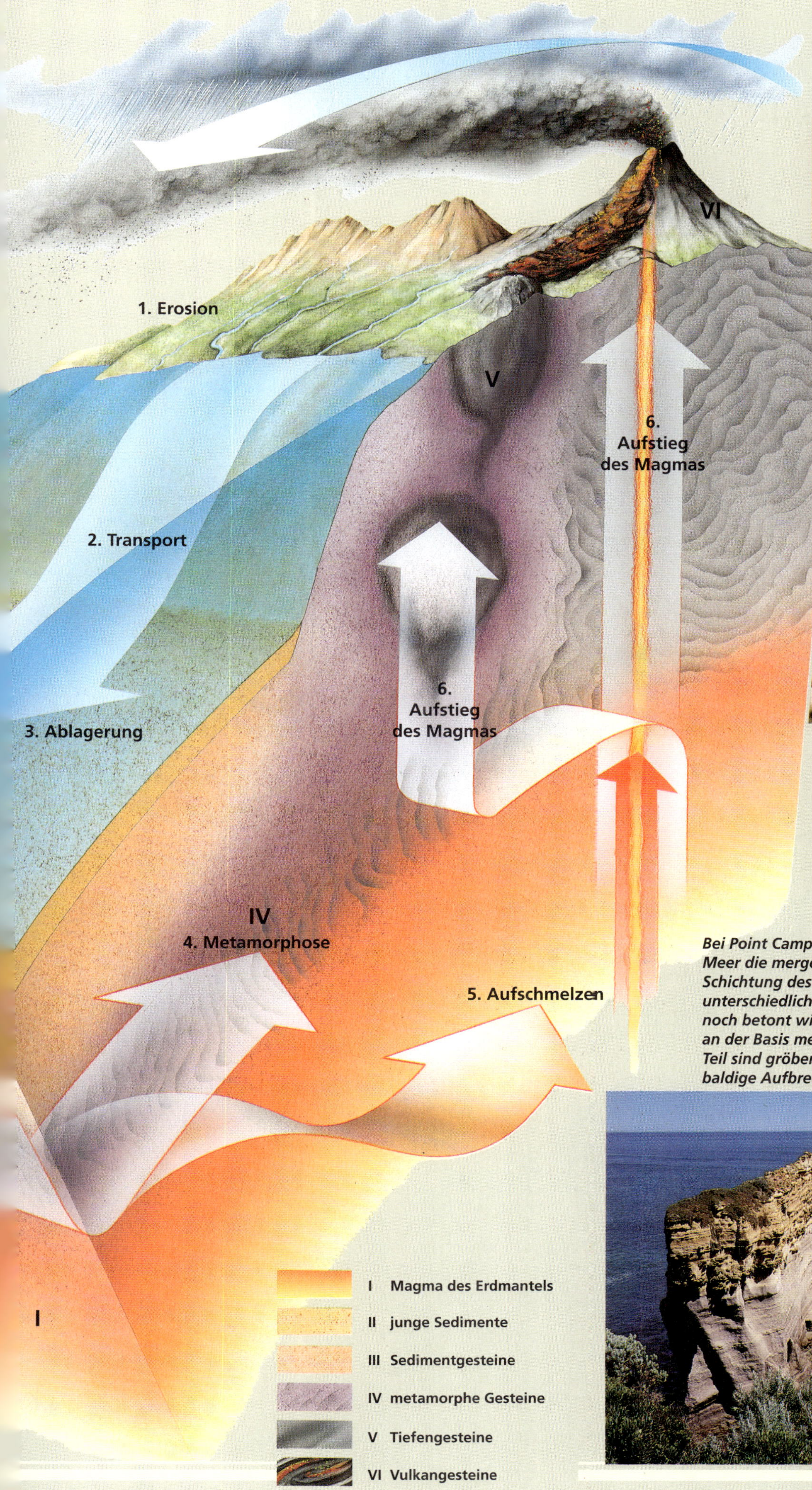

An den bretonischen Stränden der Côte Sauvage im Westen der Halbinsel von Quiberon spielt die Flut mit dem Sand. Oben links hat sie ihn zu nahezu horizontalen Schichten aufgeschüttet, auf denen die vom Wasser angespülten Kiesel für Einkerbungen sorgen. Darunter hat sich eine Rinne gebildet, durch die das Wasser kräftig genug fließt, um den Sand in regelmäßigen Rippeln abzulagern.

Bei Point Campbell an der australischen Südküste greift das Meer die mergeligen Kalksteinklippen an. Deutlich ist die Schichtung des Sedimentgesteins zu erkennen, die durch die unterschiedliche Färbung und Feinheit der einzelnen Lagen noch betont wird. Die unteren Schichten sind toniger und an der Basis mergelig. Die kalkhaltigen Schichten im oberen Teil sind gröber. Vertikale Risse in den Klippen kündigen das baldige Aufbrechen des Gesteins in Blöcken an.

Landschaften aus Ton und Mergel

TÖPFERWERKSTATT NATUR

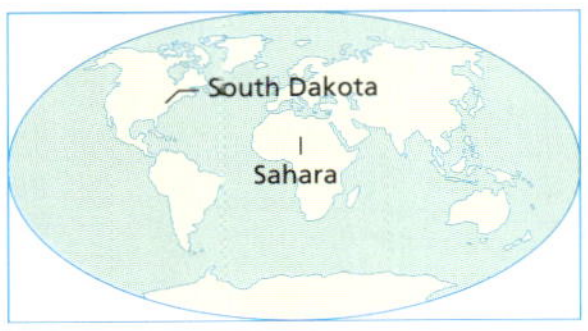

Erst das Wasser verleiht den Ton- und Mergelböden eine gewisse Festigkeit. Doch die Verbindung zwischen den Mineralien und ihrem flüssigen Kitt hält nicht ewig. Zieht sich das Wasser nämlich aus den Böden zurück, hinterläßt es einen Scherbenhaufen. Prasselt es dagegen als Regen nieder, formt es seinen Partner nach Belieben.

△
Der Boden des Wadis Ouanouagem in der algerischen Sahara sieht aus wie nach dem Besuch des sprichwörtlichen Elefanten im Porzellanladen. Nach einem Regenguß saugt sich der poröse Ton mit Wasser voll, doch schon bald trocknet er aus und reißt in gleichmäßig geformten Stücken auf.

Tonscherben in der Sahara

Das Wadi Ouanouagem liegt in der Sahara. Nach den seltenen Regenfällen, die über der Wüste niedergehen, trocknen die Tonerden des Wadis aus und verlieren durch das verdampfende Wasser rasch an Volumen. Die Oberfläche bricht auf, und die Trockenrisse bilden ein erstaunlich regelmäßiges Muster.

Weil Ton- und Mergelböden sehr porös sind, macht das Wasser bis zu 60 % ihres Eigengewichts aus. Beim Austrocknen entstehen aufgrund der Volumenreduktion an der Oberfläche Spannungen. Da die Kräfte in alle Richtungen verlaufen, reißt die Oberfläche netzartig auf und hinterläßt gleichmäßig geformte „Scherben“. An eingetrockneten Pfützen auf unbefestigten Wald- oder Feldwegen läßt sich dieses Phänomen auch hierzulande beobachten. Doch in den Wadis der Wüstenregionen entstehen aufgrund der günstigen Bedingungen beeindruckende, großflächige Muster, die wie Scherbenfelder anmuten. In den weitläufigen Senken der Wadis transportiert das seltene Hochwasser Schlick und Tone. Die feinkörnigen Sedimente trocknen rasch aus, und die Schicht reißt.

In vielen Senken der nordafrikanischen Wüste und Steppe tauchen solche „Tonscherben“ auf. Auch in den weitläufigen Salztonebenen im Tiefland Mittelasiens kennt man diese Art von Boden; er heißt dort Takyr. ■

Zauber des „schlechten Landes“

Für die Farmer waren die Tonböden im Süden des US-Bundesstaates South Dakota schlichtweg unbrauchbar – sie eigneten sich nicht für den Getreideanbau und erschwerten überdies aufgrund ihrer Schroffheit auch den Bau von Straßen. Die Siedler nannten das Gebiet folgerichtig *Badlands*, also „schlechte Böden“. Für Touristen hingegen ist die bizarre Bergwelt dieser Gegend ein beliebtes Ziel.

Erschaffen wurde die eigentümliche Landschaft von der Erosion. Sie hat die mächtigen Sedimentschichten aus Tonen und Mergeln seit dem Tertiär stark zerfurcht. Zuerst entstanden lange, schmale Kämme, auf deren Grat Spitzen stehenblieben. Dann griff die Erosion auch die Kämme an und fräste fast parallel verlaufende Schluchten hinein.

Drei Faktoren beschleunigten diesen Vorgang: Die Böden sind relativ locker, jegliche Vegetation, die der Erosion Einhalt gebieten könnte, fehlt, und schließlich ist die Niederschlagsmenge recht hoch. Die sturzbachartigen Regenfälle gestalten die Bergwelt der Badlands immer wieder neu und lassen noch bizarrere Formen entstehen.

Stark zerfurchte Landschaften wie in den Badlands sind für die Mittelmeerregion sowie für alle semiariden und ariden Gegenden der Erde typisch, in denen es zwar selten, dann aber heftig regnet. Man kann solche Erosionsformen jedoch auch hierzulande finden. Sie entstehen, wenn man etwa beim Straßenbau tonige oder mergelige Hügel durchschneidet und anschließend vergißt, die Flanken zu begrünen, um sie vor der Erosion zu schützen. ■

Im amerikanischen Bundesstaat South Dakota liegen die „Badlands“, deren Tonböden von der Erosion stark zerklüftet wurden. Die schroffen Bergkämme sind zudem nadelspitz ausgezackt. Ihren Namen tragen die „schlechten Böden“ übrigens zu Recht, denn die Tonerde ist nahezu unfruchtbar. Für Naturliebhaber ist die wildromantische Landschaft jedoch eine Attraktion.
▽

Wasser prägt den Ton

Ton- und Mergelböden bestehen zu 35–65 % aus Tonmineralien mit einer Korngröße unter 2 µm. Ihre hohe Konsistenz verdanken sie der Adhäsionskraft des Wassers, das sich wie ein Film zwischen die Tonmineralien legt und diese miteinander verkittet. Daher sieht das Gestein kompakt aus, doch es zerbröselt in der Hand, und ein Regenguß wäscht es sofort aus. So entstanden etwa die zerklüfteten Badlands im US-Bundesstaat South Dakota.

Weil Mergel- und vor allem Tonböden porös sind, saugen sie wie ein Schwamm Wasser auf und schwellen dann an. Gesättigte Böden enthalten bis zu 60 % Wasser. Trocknet der Boden aus, zieht er sich zusammen. Es entstehen Trockenrisse. Die Oberflächenspannung krümmt die aufgesprungene Tonschicht und läßt sie wie ein Scherbenfeld aussehen.

Ton mit Vergangenheit und Zukunft

Ton ist einer der ersten Naturstoffe, die der Mensch zu formen und zu gebrauchen lernte. Die frühesten Keramiken stammen aus der Jungsteinzeit, und alle frühen Hochkulturen – ob in China, Amerika oder in Europa und Afrika – entwickelten handwerklich wie ästhetisch beeindruckende Techniken, um Keramiken herzustellen. Als Hochleistungskeramik hat dieser alte Werkstoff sogar eine vielversprechende Zukunft.

Bei den Touristen zählen Keramiken zu den beliebtesten Souvenirs. Im Dorf Guellala auf der tunesischen Insel Djerba kann der Besucher den Töpfern bei ihrer Arbeit über die Schulter schauen. Staunend sieht er, wie die geschickten Hände den unförmigen Tonklumpen auf der Töpferscheibe zu einem anmutigen Gefäß formen.

Töpferwaren auf einem Markt im Dorf Guellala auf der tunesischen Insel Djerba

Kunstwerke aus Sandstein

EIN BEGABTER STEINMETZ

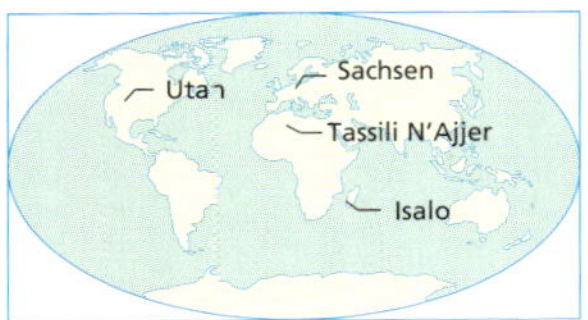

Sandstein ist das Lieblingsmaterial der Erosion, denn aus ihm meißelt die Natur perfekt geformte Brücken und skurrile Türme. Mit den Schluchten des Grand Canyon hat die große Künstlerin allerdings ihr Meisterstück vollbracht, denn dieses gigantische Naturdenkmal kommt durch die Vielfarbigkeit des Gesteins ganz besonders zur Geltung.

△
Eine natürliche Brücke aus rotem Sandstein, gestaltet von der Erosion: Rainbow Bridge heißt dieses prächtige Naturdenkmal – zu deutsch „Regenbogen-Brücke". Es handelt sich dabei um den spektakulärsten der rund 150 Sandsteinbogen, die man zu beiden Seiten des Colorado River im US-Bundesstaat Utah findet.

Brücken aus Sandstein

103 m hoch und 85 m breit ist die *Rainbow Bridge*, eine Felsenbrücke im Hochland des US-Bundesstaates Utah. Der herrliche Sandsteinbogen befindet sich in der Nähe des Südufers des Lake Powell. Dort staut sich der Colorado oberhalb des Grand Canyon.

Die Kraft der Erosion hat den roten Sandstein zu einem perfekten Bogen geformt. Das für die Rotfärbung verantwortliche Eisenoxid verkittet die feinen Sandschichten des Gesteins nur unregelmäßig. Härtere Gesteinsschichten wechseln sich mit weicheren ab, die durch Wind und Wetter leicht abbröckeln und zu rötlichem Sand zerfallen.

Da das Gestein nicht nur unterschiedlich hart ist, sondern auch am Fuß der Wände höherer Feuchtigkeit ausgesetzt ist und dadurch schneller erodiert, entstehen mit der Zeit Durchbrüche, die sich schließlich zu Bogen vergrößern. 150 solcher Bogen aus Sandstein hat man rund um den Colorado gezählt; 80 davon befinden sich im Arches National Park am Oberlauf des Flusses. Doch nicht nur sie tragen zur Faszination dieser Landschaft bei. Das Monument Valley mit seinen Tafeln und riesigen Steinnadeln sowie der bis zu 1500 m tiefe Grand Canyon, den der Colorado in den Sandstein gefräst hat, machen das Plateau zu einem gigantischen Freilichtmuseum für Sandsteinformationen, das jährlich Millionen von Touristen besuchen. ■

△
Wie Ruinen erheben sich die Sandsteinfelsen des Isalo-Massivs im Südwesten von Madagaskar aus dem hellen Sand. Starke Temperaturunterschiede und der Wechsel zwischen Feuchte und Trockenheit sorgen für das Abschuppen des Gesteins sowie der eisenhaltigen Kruste.

Die Steinstümpfe des Isalo-Massivs

Im Südwesten der Insel Madagaskar erstreckt sich zwischen den beiden Flüssen Mangoky und Onilahy das 3000 km² große Isalo-Massiv. Von seinem bis zu 5000 m dicken Sandstein hat die Erosion jedoch oberirdisch nur rund 100 m hohe, stark zerklüftete Steinstümpfe übriggelassen, die sich aus dem hellen Sand erheben.

Die Schichten des Massivs sind nach Westen geneigt (auf dem Foto oben auf der rechten Seite). Eisenoxid färbt manche von ihnen ocker. Sie zerfallen in Schuppen und lassen den darunterliegenden helleren Sandstein sichtbar werden. Da die Verkittung der Schichten uneinheitlich ist, konnten Regen und Feuchtigkeit einige Schichten stark aushöhlen, während andere der Verwitterung widerstanden und heute Vorsprünge bilden. Der Sand in den Senken besteht aus Quarz, aus dem sich auch der Sandstein zusammensetzt. Sie sind das Überbleibsel erodierter Sandsteinstümpfe.

Weiter östlich haben sich tiefe und schmale Canyons in das Isalo-Massiv eingeschnitten. Hier erhebt sich auch eine bis zu 500 m hohe natürliche Mauer, die sogenannte Isalo-Stufe. Unter den zahlreichen Naturdenkmälern Madagaskars sticht das Isalo-Massiv vor allem durch die Vielfalt seiner Landschaften hervor. Vielerorts ist das Bergland noch unberührt. Doch obwohl es hier keine Dörfer gibt, wird das Land für extensive Weidewirtschaft genutzt. Die Folgen der Überweidung sieht man auf dem Foto oben links im Vordergrund. ■

Einst war die Sahara ein blühender Garten

Ausschnitt aus dem Fresko von Tan Zoumaïtak auf der Hochebene Tamrit im Tassili N'Ajjer

Nicht nur Geologen finden im Gebirge Tassili N'Ajjer in Algerien Zeugnisse aus einer Zeit, in der die Sahara in sattem Grün erstrahlt sein muß. Denn die Sandsteinfelsen weisen so viele prähistorische Zeichnungen auf wie nirgendwo anders. 1934 entdeckte man die ersten Felsbilder, inzwischen sind Tausende von Fresken katalogisiert.

Die Motive umfassen Jagd- und Tanzszenen, die belegen, daß die heutige Wüste einstmals fruchtbar und dicht besiedelt war. Die Zeichnungen zeigen Elefanten, Giraffen, Nilpferde, Krokodile, Büffel, Antilopen und andere Tierarten der afrikanischen Steppe.

Die ältesten Felsbilder sind 8000 Jahre alt. Je jünger sie werden, desto kleiner ist die Zahl der dargestellten Arten. Das Studium der Bilder erlaubt es, wie in einer Chronik das allmähliche Austrocknen der Sahara „nachzulesen". Das Wissen um die Urheber dieser prähistorischen Kunst wird durch Werkzeugfunde und Töpferwaren ergänzt.

Die Münztürme der Tassili N'Ajjer

Die Tuareg vom Stamm der Imenan – so heißt es in der algerischen Oase Djanet – seien die einzigen, die sich in den Tassili N'Ajjer mit ihrem Gewirr aus Canyons und Sandkorridoren nicht verirren. Hier im Süden Algeriens, inmitten der Sahara, entstand eine 35 000 km² große Schichtstufenlandschaft (Tassili) aus Sandsteinen des Erdaltertums. Die zerklüftete Platte des N'Ajjer liegt im Nordosten des Hoggar-Massivs und ist von diesem durch eine Senke getrennt, in der auch Djanet liegt.

Der rote, eisenoxidhaltige Sandstein ist so stark zerfurcht, daß seine Felsen wie Festungstürme aus dem Saharasand ragen. Zwischen den Türmen tun sich Sandkorridore auf, in denen sich Ortsunkundige sofort verlaufen würden. Bei tiefstehender Sonne wirken die Felsen noch bizarrer, denn das Licht modelliert nun die Schichtung besonders gut heraus. Die Felsen sehen wie Türme aus Geldmünzen aus. Der Wind hat in Zusammenarbeit mit dem Saharasand die Basis der Türme ausgehöhlt, geradeso, als wollte er aus dem Gestein steinerne Morcheln erschaffen.

Die Gestalt der Tassili N'Ajjer verrät viel über das ehemalige Klima in dieser Region. Denn um solche „Sandsteinruinen" aus dem Gestein zu fräsen, bedarf es eines weitaus feuchteren Klimas, als es heute herrscht. Zunächst war es Regenwasser, das das ursprüngliche Sandsteinplateau erodierte. Es nutzte die Spalten, Klüfte und Risse im Gestein, um es systematisch zu zerstückeln, bis schließlich einzelne Felstürme aus härterem Gestein übrigblieben. Erst als das Klima trockener wurde, erhielten die Felsen vom sandbeladenen Wind ihren „Feinschliff".

Eine Reminiszenz an das frühere, feuchtere Klima sind auch die umfangreichen Grundwasservorräte, die in den Sandsteinschichten gespeichert sind. Zutage tritt das Wasser allerdings nur an wenigen Stellen, in den „Gueltas". Die Tuareg kennen diese Wasserstellen und tränken hier ihre Kamele und Ziegen. ■

Aufbau der Landschaft in einem Sandsteinmassiv

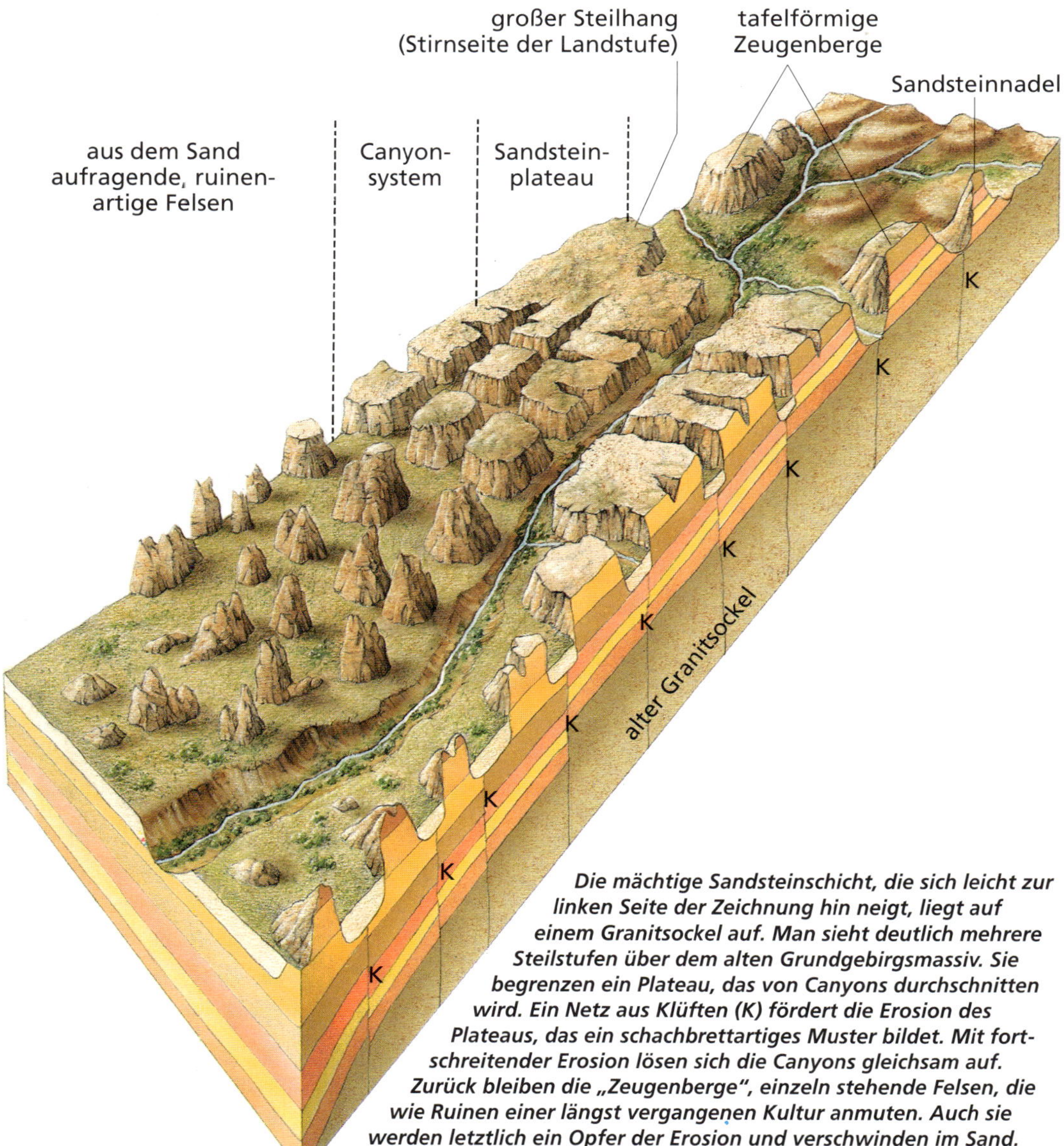

Die mächtige Sandsteinschicht, die sich leicht zur linken Seite der Zeichnung hin neigt, liegt auf einem Granitsockel auf. Man sieht deutlich mehrere Steilstufen über dem alten Grundgebirgsmassiv. Sie begrenzen ein Plateau, das von Canyons durchschnitten wird. Ein Netz aus Klüften (K) fördert die Erosion des Plateaus, das ein schachbrettartiges Muster bildet. Mit fortschreitender Erosion lösen sich die Canyons gleichsam auf. Zurück bleiben die „Zeugenberge", einzeln stehende Felsen, die wie Ruinen einer längst vergangenen Kultur anmuten. Auch sie werden letztlich ein Opfer der Erosion und verschwinden im Sand.

Die Vielfalt des Sandsteins

Sandstein ist ein sehr häufiges Sedimentgestein, das bei der Abtragung der Landmassen im Lauf der Erdgeschichte entstand. Es handelt sich um Sande, deren Quarzkörner miteinander verkittet sind. Je nach Art und Menge des Bindemittels – es kann sich um Ton, Kalkzement oder Kieselsäure handeln – ist das Gestein mehr oder weniger hart und porös.

Die im Bindemittel und in den Sanden enthaltenen Oxide sind für die Färbung des Gesteines verantwortlich. Die größten Sandsteinformationen befinden sich auf dem Festland und enthalten versteinerte Pflanzen und Tiere. Sie wurden von den sandigen Sedimenten der Flüsse oder vom Wind in Sanddünen begraben.

Das geschichtete Gestein weist eine unterschiedliche Korngröße von Quarzkieseln oder anderen Geröllen auf. Die härtesten Schichten bilden Gesimse und Platten. Klüfte im Gestein erleichtern die Erosion des Sandsteins und bestimmen mit ihrem Verlauf auch die Ausrichtung der Canyons und Felsblöcke. Die Formen des Sandsteins ähneln denen des Kalksteins.

△
Diese Felstürme muten wie eine Schloßruine an. Sie sind das Ergebnis der Erosion durch Wasser und Wind, die an den Sandsteinen des Tassili N'Ajjer genagt hat. Das Gebiet liegt in Algerien, in der Nähe der Oasenstadt Djanet.

Das Meer, die Alpen und die Sächsische Schweiz

Schroffen Felszinnen verdankt die Sächsische Schweiz ihren Namen. Das stark zerklüftete Elbsandsteingebirge reicht vom nördlichen Elbufer vor den Toren Dresdens bis jenseits der tschechischen Grenze.

Zahlreiche Wanderwege wurden hier angelegt. Immer wieder bietet sich dem Besucher eine wahrhaft alpine Szenerie mit Felspfeilern und Gipfelplateaus, die sich über Schluchten und sandige, weite Täler erheben, die mit Heide und Kiefernwäldern bedeckt sind.

Das Foto auf dieser Seite unten wurde etwa 10 km östlich von Dresden vom Gipfel eines Sandsteinsimses aus aufgenommen, der eine Flußschleife der Elbe um gut 200 m überragt. Lediglich der rege Schiffsverkehr auf dem Fluß erinnert den Betrachter daran, daß er sich nicht in den Alpen befindet.

Der Sandstein, der diese malerische Landschaft prägt, ist marinen Ursprungs. Geologen zählen ihn zum Typ „Quadersandstein", denn das Gestein neigt dazu, in Blöcke zu zerfallen, die Parallelepipeden genannt werden. Der Quarz in diesem Sandstein stammt aus dem kristallinen Gestein des nahen böhmischen Hochplateaus, das auch als Böhmische Masse bezeichnet wird. Er lagerte sich in einer Schichtdicke von 300–500 m am Ufer eines flachen Meeres ab, das am Ende des Erdmittelalters das Gebiet bedeckte. Als indirekte Folge der Auffaltung der Alpen wurde die Sandsteinmasse ebenso rissig wie das böhmische Hochplateau, was die Erosion beschleunigte. So entstand gleichsam ein Gitternetz aus Schluchten und Tälern, die die dazwischenliegenden Gipfelplateaus trennten. ■

Die unzugänglichsten Orte der Welt sind die Tepuis, die faszinierenden Sandsteinplateaus Venezuelas. Um sie zu erreichen, muß man sich zunächst zu Fuß durch den Regenwald schlagen. Dann sieht man die senkrechten Wände der Felsfestungen vor sich aufragen. Selbst Extrembergsteiger, die vor keinem Himalajagipfel zurückschrecken, winken bei einer Tepui-Besteigung dankend ab. Auf die Hochflächen der Tafelberge kommt man am besten mit dem Hubschrauber, der Expeditionsteilnehmer und Touristen auf den Felsbastionen absetzt. Doch nicht jeder Tepui wird angeflogen. Die Helikopterpiloten haben das wechselhafte Wetter und die Fallwinde an den Tepuis fürchten gelernt.

Die schroffen Felsen der Sächsischen Schweiz erinnern den Besucher vielerorts an die Steilwände der Alpen. Die Erosion trägt auch hier nach und nach das Sandsteinplateau ab. ▷

Besonderheiten des Kalkgesteins

BEWEGTES INNENLEBEN

Der Kalkstein hat es in sich. Wie kaum ein anderes Gestein bringt er überall auf der Welt faszinierende geologische Strukturen hervor. Doch ohne Wasser wäre die Pracht der Kalk- und Dolomitformationen nicht denkbar. Erst unter seiner Regie bilden sich in diesen Gesteinen prachtvolle Höhlen und mysteriöse „Wagenspuren" aus.

△
Die Forchettagruppe liegt in der Nähe des Val Gardena in den italienischen Dolomiten. Wer die Bergzinnen sieht, mag kaum glauben, daß er vor einem ehemaligen Korallenriff steht. Im Zuge der Verschiebung der Afrikanischen und der Europäischen Kontinentalplatte falteten sich auch die Dolomiten auf. Die Erosion durch Wasser ist für die schroffen Formen verantwortlich.

Schroffe Wände und sanfte Almen im ehemaligen Riff

Die Dolomiten haben vieles zu bieten – das sonnige Wetter der Alpensüdseite, schroffe Steilwände, die trotz ihrer mäßigen Höhe von 2000–3000 m den Kletterer herausfordern, schöne Wanderwege inmitten sanft geschwungener Almen. Im Winter findet man hier herrliche Skipisten jeden Schwierigkeitsgrades.

Ihren Namen verdanken die Dolomiten dem Dolomitgestein, aus dem sie bestehen. Benannt wurde es nach Dieudonné de Gratet de Dolomieu. Der französische Geologe erforschte das italienische Gebirgsmassiv Ende des 18. Jahrhunderts und fand heraus, daß ein Großteil des Gesteins nicht aus schlichtem Kalk, also Calciumcarbonat, besteht, sondern aus einer Mischung von Calcium- und Magnesiumcarbonat. Diese Zusammensetzung macht den Dolomit fester und zugleich weniger löslich als Kalkstein.

Die Türme und Pfeiler der Dolomiten sind oft so steil, daß sich dort kaum Schnee hält. Die Dolomiten sind daher nur wenig vergletschert. Ihre markanten Formen gehen vor allem auf das Konto der Erosion durch fließendes Wasser. Es hat das fast 200 Millionen Jahre alte, bröckelige Gestein abgetragen und ihm seine heutige Form aufgezwungen.

Die Sedimente der aus den Dolomiten abfließenden Bäche und Flüsse bestehen allerdings nicht nur aus Kalkstein und Dolomit. Die weiteren Bestandteile geben Aufschluß über die Entstehungsgeschichte des Gebirges. Als sich die Sedimente ablagerten, herrschte nämlich ein tropisches Klima. Ein seichtes Meer befand sich in der Nähe des damaligen Kontinentes – optimale Bedingungen für die Bildung von Riffen aus Kalkstein und Dolomit. Ihr Gestein unterschied sich stark von dem kontinentalen Tuffgestein vulkanischen Ursprungs und den Brekziensedimenten, die aus Mergel und Sandsteinen bestanden.

Als sich die Alpen auffalteten, zerstörte die Kraft der Erosion diese nur wenig widerstandsfähigen, kontinentalen Gesteine zuerst. Übrig blieb der Dolomit. Wer also die Dolomiten besucht, macht – geologisch gesehen – Urlaub auf einem freigelegten Riff. ■

Wasser höhlt und formt den Kalkstein

Die Kalksteine sind Sedimentgesteine aus Calciumcarbonat. Alle Carbonate sind in chemisch saurem Milieu gut löslich. Das unterscheidet Carbonate wie Kalkstein und Dolomit von den schwer löslichen Silikatgesteinen.

Vor allem unterirdisch fließendes Wasser ist von Natur aus sauer. In den Böden reichert es sich mit Sauerstoff und Kohlendioxid an; manchmal säuern auch Gase aus der Tiefe das Wasser zusätzlich an.

Das zirkulierende Wasser verbreitert allmählich die vorhandenen Hohlräume im Gestein. Dies geschieht aufgrund der hohen Löslichkeit der Carbonate geologisch gesehen schnell. Pro Jahr löst das vorbeiströmende Wasser Dutzende bis Hunderte Kubikmeter Calciumcarbonat aus einem Quadratkilometer Kalkstein. Das ist 10–100mal mehr als in den meisten anderen Gesteinen.

Deshalb schafft das unterirdische Wasser gerade in Kalkgesteinen eigentümliche Landschaften, deren Aussehen an der Oberfläche eng mit den unterirdischen Strukturen verknüpft ist. Man nennt sie Karstlandschaften.

Die natürlichen Pflastersteine von Yorkshire

Sanfte, grüne Täler und – im Spätsommer – die violett blühende Heide prägen das Landschaftsbild in der Grafschaft North Yorkshire im Norden Englands. Kalkstein mit Höhlen und Schluchten dominiert in dieser Region. Eine ganz besondere Struktur weist das Gestein in der Nähe des River Aire auf: die Pflastersteine von Malham.

Das Gestein sieht an der Oberfläche so aus, als hätten es zahllose Karawanen von Ochsenkarren mit ihren Rädern zerfurcht. Doch nicht keltische oder römische Transportunternehmen sind für diese „Fahrspuren" verantwortlich, sondern die Natur. Die Rinnen im flachen Karstrelief – Geographen bezeichnen sie als Karren und die dazwischenliegenden Rücken als Schratten – sind für dieses Gestein typisch. Sie entstanden durch die erodierende Kraft des Wassers, das in dem durchlässigen Gestein sehr leicht seinen Weg findet.

Die hohe Durchlässigkeit des Kalksteins beruht vor allem auf den Verwerfungen und Klüften, die das Gestein engmaschig durchziehen. Sie sind die Folge der Bewegungen, die das Gestein aufgrund der Verschiebung der Kontinentalplatten im Lauf der Erdgeschichte mitgemacht hat.

Während sich Ton-, Mergel- und Schiefergesteine sanft verformen und auffalten, bricht der spröde Kalkstein. Entlang solcher Brüche dringt immer wieder Wasser ein, löst das Gestein und verbreitert dadurch die Hohlräume. An der Oberfläche ist dieser Lösungsvorgang am stärksten. In den anfänglich noch kleinen Rinnen sammeln sich Sande und Stäube. Hat sich etwas Boden gebildet, können hier sogar Samen auskeimen.

Die Pionierpflanzen beschleunigen schließlich durch ihr Wurzelwerk mechanisch die Verwitterung des Gesteins, da sie kleinste Hohlräume erobern und das brüchige Gestein auseinanderschieben. Da die Pflanzen zudem auch noch Kohlendioxid ausscheiden, wird das Wasser saurer, es kann den Kalk besser lösen. Die Risse im Gestein verbreitern sich dadurch immer schneller.

In manchen Regionen kommt der Kalkstein in der Nachbarschaft von Gesteinen vor, welche die Erosion zu Tonen und Sanden zerlegt. Dadurch bilden sich mancherorts fruchtbare und dicke Böden, wie etwa die tropischen Lateritböden, die den Kalkstein vollständig bedecken. Ist jedoch die Bodenschicht zu dünn, dann liegt stellenweise der blanke Kalkstein frei. Er ist dann wie bei den Pflastersteinen von Malham stark zerfurcht. Besonders häufig ist dieses Phänomen im Gebirge, wo die Erosion an der Oberfläche ständig den sich neu bildenden Boden abträgt. ■

△
Seit dem Rückzug der Gletscher der Würmeiszeit ist der Kalkstein der nordenglischen Grafschaft Yorkshire dem Zerfall ausgesetzt. Zunächst hatte eine dichte Vegetation den Boden geschützt, doch als der Mensch die Wälder rodete und auf den mageren Böden Ackerbau betrieb, konnte das verwundbare Gestein der Kraft der Erosion nichts mehr entgegensetzen.

Die Dolinen von Puerto Rico

Der Archipel der Großen Antillen in der Karibik besteht hauptsächlich aus Kalksteinen. Seine Entstehung ist eng mit der Westdrift Nordamerikas und der damit einhergehenden Verbreiterung des Atlantiks verbunden. Die – geologisch gesehen – jungen Gebirge sind bis in die Tiefe aufgesplittert und zeigen an der Oberfläche einige Besonderheiten, die auf die Vorgänge im Gestein schließen lassen.

In den stark zerklüfteten Kalkstein dringt das Regenwasser rasch ein und sammelt sich zu unterirdischen Flüssen. Die üppige, tropische Vegetation produziert sehr viel Kohlendioxid, das sich im Wasser löst und dieses dadurch saurer macht. Je saurer das Wasser ist, um so besser löst es das Kalkgestein.

Die Erosion nimmt das Gestein gewissermaßen oberflächlich und unterirdisch in die Zange. Die unterirdischen Hohlräume verbreitern sich und bilden ein zusammenhängendes Netz, in dem sich immer mehr Wasser sammelt. An der Oberfläche entstehen über solchen Punkten Trichter oder Senken. Sie sind untrügliche Anzeichen für einen unterirdischen Abfluß im Gestein. Geologen bezeichnen solche Trichter als Dolinen; dies ist der serbische Ausdruck für Täler. Auf den englischsprachigen Antilleninseln heißt eine Doline auch „cockpit". Der Name spielt auf die Arenen für die Hahnenkämpfe an.

Auf Puerto Rico, im Südwesten der Großen Antillen, wie auf allen anderen Kalksteininseln, die aktiv durch die Bewegungen der Erdkruste angehoben wurden, sorgt die Erosion des Kalksteins für eine faszinierende Landschaftsform. Besonders wenn viele Dolinen dicht nebeneinander auftreten – man spricht dann von Dolinenfeldern –, erinnert das Gelände an die Mondoberfläche mit ihren unzähligen Kratern. Allerdings verleiht das dichte Grün auf Puerto Rico den Dolinenfeldern ein viel freundlicheres Aussehen.

In der Nähe der puertoricanischen Stadt Arecibo haben US-amerikanische Astronomen einen großen Dolinentrichter auf ganz ungewöhnliche Art genutzt. Sie paßten den riesigen Parabolspiegel eines Radioteleskopes in eine 100 m tiefe Doline ein. Der an einem Arm hängende sowie mit Masten und Stahlseilen gesicherte, 550 Tonnen schwere Antennenkopf befindet sich 200 m über dem Parabolspiegel, der aus 40 000 Aluminiumplatten besteht. Die grandiose Konstruktion diente im James Bond-Film „Golden Eye" als atemberaubende Kulisse für den Showdown.

Doch abgesehen von solchen außergewöhnlichen Nutzungen, ist die Region wirtschaftlich nur wenig interessant. Straßenbauer müssen kleine Wunder vollbringen, um eine Trasse durch das Gelände zu legen. Die unterirdischen Wasservorkommen sind schwer zu erschließen, und nur Dolinen, in denen sich Ackerboden sammeln konnte, sind für den Anbau von Feldfrüchten geeignet. Vielerorts schlugen die Menschen die Edelhölzer aus dem Wald heraus oder rodeten den Wald, um die Bäume zu Holzkohle zu verarbeiten. Schäden waren unausweichlich: Die Erosion hinterließ hier unbarmherzig ihre Spuren. ■

Die „gepflanzten Steine" am Schwarzen Meer

In der Nähe des Schwarzen Meeres, etwa 20 km von der bulgarischen Stadt Varna entfernt, liegt Pobitite Kamani – für Archäologen und Geologen seit langem ein rätselhafter Ort. Die „gepflanzten Steine", so die Übersetzung des bulgarischen Ortsnamens, der besser unter seinem türkischen Namen Dikili Tash bekannt ist, sehen aus wie die Säulen eines antiken Tempels. Doch entdeckt man hier weder Statuen noch Kapitelle, die beweisen könnten, daß die Kalksteinsäulen ein Gebilde von Menschenhand sind. Auch folgen die bis zu 5 m hohen und bis zu 3 m dicken Säulen keinem Grundriß, der den ästhetischen Vorstellungen eines antiken Baumeisters entspräche. Kein Wunder, denn hier war die Natur am Werk.

Ursprünglich deuteten Geologen die Säulen als Relikte zweier Kalksteinschichten, die durch eine mehrere Meter dicke Schicht aus Meeressand voneinander getrennt waren. Man glaubte, die obere Kalksteinschicht sei stellenweise so weit abgetragen worden, daß auch ein Teil des Sandes mitgerissen wurde und die jetzt sichtbaren Pfeiler übrigließ. Gestützt wurde diese Sicht durch den Aufbau der Säulen, der dem eines Baumstamms gleicht. Im Querschnitt sind konzentrische Kreise sichtbar. Dies deutet darauf hin, daß die Säulen lange dem Wasser ausgesetzt waren, das den Sand erodierte und am Kalkstein nagte.

Inzwischen hat sich eine andere Interpretation durchgesetzt: Demnach sind die Säulen Tropfsteine einer ehemaligen Kalksteinhöhle, die bei den vielen Vorstößen des Schwarzen Meeres überflutet wurde. Dabei lagerten sich Sand und Fossilien ab, welche die schweren, aber leicht zerbrechlichen Tropfsteine vor dem Einsturz bewahrten. Als dann das Meer wieder zurückwich, erodierten die noch weicheren Sedimente, so daß die Tropfsteine wieder zum Vorschein kamen. Sowohl das Meerwasser als auch die Sandsedimente haben fast alle Spuren verwischt. Dadurch glaubt man kaum, hier in einer zerfallenen Höhle zu stehen.

Doch auch andernorts findet man Spuren ehemaliger Kalksteinhöhlen, etwa an der provenzalischen Mittelmeerküste. Hier zeugen sogar nur ganz wenige und zudem sehr kleine Stalagmiten und Stalaktiten von der Höhlenvergangenheit. Die Erosion des Meeres und die Bewegung der tektonischen Platten haben die Spuren bis zur Unkenntlichkeit verwischt. Die „gepflanzten Steine" bei Warna sind daher einzigartig auf der Welt. ■

◁ ***Die Kalksteinsäulen von Pobitite Kamani in Bulgarien erinnern an die Reste eines antiken Tempels. In Wirklichkeit handelt es sich jedoch um die Tropfsteine einer einstigen Höhle, die vom Meer überflutet worden war und sich mit Sand gefüllt hatte. Als das Meer zurückwich, erodierte die Höhlendecke. Die sandigen Sedimente wurden abgetragen, und die rätselhaften Tropfsteine gelangten ans Tageslicht.***

◁ ***In der Region von Arecibo auf der Antilleninsel Puerto Rico haben US-amerikanische Radioastronomen die natürliche Trichterform einer Doline im Kalkstein ausgenutzt, um darin den Parabolspiegel des größten Radioteleskops der Welt unterzubringen. Das gigantische „elektronische Ohr" empfängt Signale von weit entfernten Galaxien. Die gesammelten Daten sollen den Wissenschaftlern mehr über die Vorgänge bei der Entstehung des Universums verraten.***

Den absoluten Längenrekord hält das Höhlensystem der Mammoth Cave-Flint Ridge im US-Bundesstaat Kentucky: Die Gänge des Höhlensystems erstrecken sich über eine Länge von fast 500 km.

Die Höhle von Postojna ist eine der meistbesuchten Höhlen Europas. Sie entstand in Millionen von Jahren im Karst Sloweniens und beherbergt den berühmten Grottenolm *Proteus anguinus*. Das ist ein kleiner, blinder Salamander ohne Farbpigmente, der sich ebenso wie einige Insektenarten hervorragend an den unwirtlichen, lichtlosen Lebensraum angepaßt hat. Diese Höhlenbewohner, die weder klimatischen noch ökologischen Veränderungen unterworfen sind, stellen eine Reliktfauna dar. Sie sind gleichsam lebende Fossilien.

Der größte unterirdische Raum befindet sich in Sarawak in den Höhlen von Mulu auf Borneo: er ist 700 m lang, 400 m breit und an der niedrigsten Stelle 70 m hoch.

Schwalbennester – in Todesgefahr wegen einer Delikatesse

In Thailand bietet die Küste der Andamanensee zauberhafte Landschaften: Immer wieder entdeckt man hier tiefe Grotten im Kalkstein. Sie beherbergen einen wertvollen Schatz, die begehrten Schwalbennester.

An den Wänden der Grotten nisten Salanganen, eine Mauerseglerart, die fälschlicherweise als Schwalbe bezeichnet wird. Die Vögel befestigen ihre Nester am Stein ohne pflanzliches Material. Statt dessen ziehen sie aus ihrem Speichel lange Fäden, die sie in konzentrischen Kreisen miteinander verweben. Seit langer Zeit bereiten Chinesen und Malaien daraus eine kostspielige Delikatesse. Allerdings riskieren die Eingeborenen, die die Nester pflücken, tagtäglich ihr Leben.

Im Innern der Grotten bauen die Nestpflücker abenteuerliche Bambusgerüste. Die Stangen, die oft bis zu 100 m in die Höhe reichen, erinnern an ein Mikadospiel. Kommen die Pflücker mit ihrer Hilfe noch immer nicht an die Nester heran, klettern sie an Lianen weiter, die von der Decke herabhängen. Die Nester löst der Pflücker von den Wänden mit dem *rada*, einem kleinen, metallenen Dreizack. Nur wenn die Geister dem Pflücker wohlgesonnen sind, kehrt dieser mit seinem kostbaren Schatz unversehrt zurück.

Unter Einsatz ihres Lebens pflücken Thais Schwalbennester von der Wand einer Grotte. ▷

△ ***Wie viele Grotten auf der Welt haben auch die Cango-Höhlen in Südafrika Besuchern einiges zu bieten. Neben eindrucksvollen Stalagmiten und Stalaktiten findet man hier Kalksteinsäulen – sogenannte Stalagnaten. Tone, organische Stoffe und Eisenoxide färben den ansonsten fast weißen Kalkstein bunt ein. Die Höhle von Cango beherbergt außerdem Felszeichnungen und Überreste aus der Kultur der Buschmänner.***

Tropfsteine brauchen ein verschobenes Gleichgewicht

In der südafrikanischen Kapprovinz zeigen die Höhlen von Cango hervorragend, wie sich viele unterirdische Hohlräume im Kalkstein zu riesigen Grotten ausweiten können, die durch imposante Tropfsteine im Lauf der Zeit zu wahren Palästen werden. Beide Prozesse beruhen auf der Löslichkeit von Kalkstein.

Das unterirdisch fließende Wasser erzeugt nämlich innerhalb etlicher tausend Jahre ein Netz aus Kanälen und Durchbrüchen, die das Wasser bündeln und schließlich zu einer Quelle leiten. Hebt sich jedoch das Gebirgsmassiv, muß das Wasser so manchen mühsam geschaffenen Kanal aufgeben und weiter in die Tiefe vordringen.

In diesem Stadium verliert ein Teil des ehemaligen Kanalnetzes seine Aufgabe als unterirdisches Flußbett. Lediglich von oben einsickerndes Wasser fließt noch durch solche Stollen. Auf seinem Weg von der Oberfläche durch den Kalkstein reichert sich das Wasser mit Kohlendioxid an und löst immer mehr Kalk als Calciumhydrogencarbonat.

Höhleneingänge an der Oberfläche werden zu Belüftungsschächten, über die das Kohlendioxid aus Wasser und Luft entweichen kann. Dadurch verschiebt sich das chemische Gleichgewicht im Wasser wieder zugunsten des unlöslichen Calciumcarbonats; das heißt, Kalk wird wieder ausgefällt. Er lagert sich ab und bildet Tropfsteine – an der Decke Stalaktiten, am Boden Stalagmiten und, wenn sich beide berühren, sogenannte Stalagnaten.

Die Sinterbildungen wachsen unterschiedlich schnell, abhängig von der Abtropfmenge, der Menge an gelöstem Kalk und der Geschwindigkeit, mit der das Kohlendioxid entweicht. So hat man in Eisenbahntunneln beobachten können, daß Stalaktiten innerhalb eines Jahrhunderts um mehrere Dezimeter an Länge zunahmen. Andererseits gibt es Stalagmiten, die seit dem Ende der letzten Eiszeit vor mehr als 15 000 Jahren nur um 2 cm gewachsen sind. Als durchschnittliche Längenzunahme gelten Werte um 4 mm pro Jahr.

Für die Altersbestimmung der Tropfsteine mißt man die Aktivität der im Wasser ebenfalls vorhandenen radioaktiven Substanzen. Sie dienen gleichsam als natürliche Chronometer zur Datierung der Höhlengeschichte.

Die Höhlen von Cango konservieren wie alle Grotten ein Stück Erdgeschichte. Denn weder die Erosionskraft der Flüsse noch Wind und Wetter oder die Vegetation zersetzen das Gestein. Höhlen bergen oft auch natürliche und künstliche Fossilien aus der Vergangenheit – von Dinosaurierknochen aus dem Erdmittelalter über eiszeitliche Höhlentiere bis hin zu den Relikten der frühen Menschheitskulturen. So findet man denn auch die am besten erhaltenen Kunstwerke unserer frühen Vorfahren oftmals in Höhlen. ■

Die Anfänge der Höhlenforschung liegen im 18. Jahrhundert. Damals unternahmen wagemutige Abenteurer die ersten Abstiege in die „Unterwelt". So erkundete der Österreicher O. Nagel im Jahr 1748 auf kaiserlichen Befehl hin den Abgrund der „Macocha" in Mähren. Er erreichte eine Tiefe von 136 m und wurde zum ersten Höhlenforscher überhaupt. 1770 stieg der Engländer J. L. Lloyd in der Grafschaft Derby 60 m tief in das „Eldon Hole" hinab. 15 Jahre später machte gar ein französischer Geistlicher als Höhlenpionier von sich reden: Der Abt F. Carnus drang bis in die Haupthalle der Höhle von Tindoul de la Vayssière im südfranzösischen Aveyron vor. Im 19. Jahrhundert schließlich erhielt die Höhlenforschung einen wissenschaftlichen Namen: der französische Archäologe E. Rivière nannte sie Speläologie.

Die Erosion der Granite

ZAUBER DURCH HÄRTE

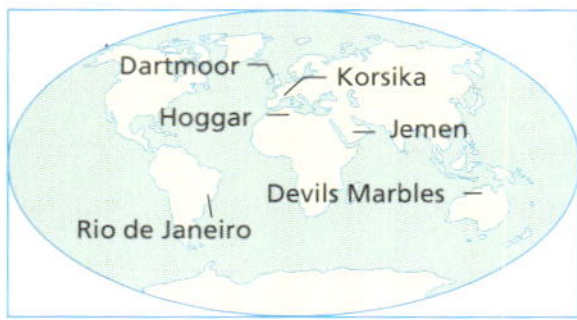

Man sollte annehmen, daß die Erosion im Fels um so kühnere Formen entstehen läßt, je weicher ein Gestein ist. Doch verblüffenderweise meißelt die große Bildhauerin Natur mit ihren Werkzeugen Wind, Wetter und Wasser gerade aus dem harten Granit die eindrucksvollsten Plastiken: Nadeln, Kugeln, Türme und sogar Zuckerhüte.

△ ***Trotz seiner Härte ist Granit ein zerbrechliches Gestein. Ein Beweis dafür sind die „Tafoni", verblüffende Hohlkugeln aus Granit, die man in der Küstenregion um die Stadt Calvi auf Korsika findet. Ein Stein im Hintergrund zeigt eine besonders ausgeprägte Auskehlung. Die Form veranschaulicht die starke Wirkung der Erosionskräfte Wind und Wetter, die hier noch durch die salzige Meeresgischt unterstützt werden.***

Tafoni – Zauberkugeln an Korsikas Küste

Vielen Korsikatouristen sind die Tafoni im Felsenmeer an der Nordwestküste um Calvi ein Begriff. Die ausgehöhlten Granitkugeln zeugen davon, wie Wind und Wetter ein quarzhaltiges Gestein modellieren können.

Entstanden sind die „Zauberkugeln", nachdem die Erosion die ursprüngliche Gesteinsmasse kreuz und quer in Blöcke zerlegt hatte. Die Erosion nahm sich nun der einzelnen Blöcke an, rundete diese mehr oder weniger kugelförmig ab und höhlte sie aus. In den Hohlräumen sammelte sich Feuchtigkeit, das Gestein verwitterte noch schneller. Die Tafoni von Korsika weisen Hohlräume von mehreren Dezimetern Durchmesser auf. Zum Teil sind zwei benachbarte Hohlräume miteinander verschmolzen. Dies belegen spitze Ausbuchtungen an den Höhlungskanten. Eine solche Spitze besitzt auch der Stein auf dem Foto, und zwar an der Oberkante seiner Höhlung. Die meisten und vor allem die größten Tafoni zeigen mit der offenen Seite zum Meer, weil die salzhaltige, feuchte Luft des Seewindes die Kraft der Erosion noch verstärkt.

Nicht nur an der Küste stößt man auf Tafoni. Den Beweis hierfür liefern die Granitkugeln im Atakor-Massiv, das in der Zentralsahara einen Teil des Hoggar-Gebirges bildet. Die imposantesten Hohlkugeln sind so groß, daß zwei Menschen nebeneinander aufrecht darin stehen können. Die erodierten Steine gelten als weiterer Beleg dafür, daß die jetzige Wüstenlandschaft in der Vergangenheit ein feuchteres Klima erlebt haben muß. ■

Steinerne Inseln der Wüste

Etwa 250 km Luftlinie nördlich der Hafenstadt Aden, in der Nähe von Bayhan al Qasab an der alten Weihrauchstraße, liegt der Ort An Nuqub. In dieser Region beginnt ein Granitsockel, der weiter südlich mehr als 2500 m Höhe erreicht. Im Norden fällt er zur Wüste Ar-Rub' al Khali hin ab. Die Grenze zu Saudi-Arabien verliert sich in dieser Landschaft buchstäblich im Sand.

Extrem arides Klima bestimmt die Region von Bayhan al-Qasab. Grünende Pflanzen haben hier Seltenheitswert, und merkwürdige Felsen erheben sich über die schier endlose Weite der Wüste. Sie heißen treffenderweise Insel- oder Zeugenberge. Diese Inselberge liegen auf leicht geneigten Flächen, die als Pedimente bezeichnet werden.

Schon sehr früh haben sie die Aufmerksamkeit der Forscher auf sich gezogen. Den Begriff „Inselberg" prägte der deutsche Geograph Passarge. Er bezeichnete so im Jahr 1904 die südafrikanischen Inselberge, von denen es auch in der Sahara zahlreiche gibt.

In der Tat lassen sie sich mit Inseln vergleichen, die steil aus einem Meer – in diesem Fall aus Sand – aufragen. Inselberge zeigen, daß die Erosion nicht wahllos jedes Gestein glattschmirgelt, sondern das härteste Gestein stehenläßt. Das Foto, das östlich von An Nuqub im Südjemen aufgenommen wurde, zeigt einen granitenen Inselberg, den die Erosion aus den metamorphen Gesteinen der Umgebung herausgeschält hat. Zwischen zehn und einigen hundert Metern sind Inselberge hoch. Für ein solches Werk braucht die Erosion bis zu mehrere hundert Millionen Jahre.

Auch zur Zeit ihrer Entstehung muß in diesem Gebiet ein mehr oder weniger arides Klima geherrscht haben, denn die Inselberge zeigen sichtbare Spuren von Trockenheit. Das abblätternde Gestein war zudem noch sehr starken Temperaturschwankungen unterworfen. Plötzliche Temperaturunterschiede sorgen nämlich dafür, daß sich die Gesteinsoberfläche abwechselnd ausdehnt und zusammenzieht. Dadurch löst sich das Gestein schuppig ab. Man nennt diesen Erosionstyp daher auch Temperaturverwitterung.

Zurück bleiben die abgeblätterten Gesteinsplättchen am Fuß der Inselberge, die zu feinem Quarzsand zermahlen werden, und die hellen Narben auf der ansonsten dunklen Gesteinsoberfläche. Für ihre Färbung sorgt der sogenannte Wüstenlack, eine Schicht aus Eisen- und Mangansalzen, die nur wenige Millimeter dick ist.

Eine durchgängige Beschichtung mit Wüstenlack bedeutet, daß die Erosion im extrem ariden Süden der Arabischen Wüste augenblicklich eine Pause einlegt. Entstanden ist der Wüstenlack nämlich in einer Zeit mit relativ feuchtem Klima. Solche Klimaphasen sind für die Sahara und die Arabische Halbinsel gut belegt. Die letzte Feuchtperiode endete vor etwa 7000–8000 Jahren.

Die Felszeichnungen und Steinritzungen des Tassili N'Ajjer in der Sahara sind ebenso wie diejenigen, die man im Jemen gefunden hat, auf diesem Wüstenlack entstanden. ■

△
Ein sogenannter Inselberg aus Granit und Gneis, der im Osten von An Nuqub im Südjemen die Arabische Wüste überragt. Hinter der Erhebung erstreckt sich die weite Dünenlandschaft von Ramlat-as Sab'atayn am Rand des einstigen Reiches der Königin von Saba. Ein paar Akazien zeigen einen Wasservorrat in geringer Tiefe an.

Granitgestein ist sehr hart und anfällig zugleich

Granit ist ein magmatisches Gestein, das in der Tiefe langsam kristallisiert ist. Allerdings ist es sehr heterogen: es enthält Kristalle aus Quarz, Feldspäten und Glimmer. Dadurch bilden sich im Innern mikroskopisch kleine Hohlräume zwischen den kristallinen Körnern, die den Granit porös und damit luft- und wasserdurchlässig machen. Das eindringende Wasser greift vor allem die leichter löslichen Mineralien wie Feldspäte und Glimmer an und bereitet so den körnigen Zerfall des Granites vor.

Ein Netz aus Klüften im Granit erleichtert dem Wasser zusätzlich das Eindringen. Klüfte entstehen beim Erkalten des Magmas, durch Erdbeben oder auch bei starker Druckentlastung.

Welche Formen das Wasser schafft, hängt von der Struktur des klüftigen Netzwerkes ab. Teilen die Klüfte einen mehr oder weniger viereckigen Block ab, umfließt ihn das Wasser und läßt ihn kugelig verwittern. Das Ergebnis sind sogenannte Gruse. Werden sie vom Wasser fortgespült, bilden sich Steinmeere aus Felskugeln, gelegentlich auch Wackelsteine. Verlaufen die Klüfte überwiegend senkrecht, kann das Wasser vertikal eindringen und schafft Wälder aus Steinnadeln.

Englische Druidensteine und australisches Teufelswerk

Wer die merkwürdig aufgestapelten Granitfelsen im Dartmoor mit den australischen *Devils Marbles* vergleichen möchte, muß von der britischen Grafschaft Devonshire ziemlich genau ans entgegengesetzte Ende der Welt reisen. Trotz der großen räumlichen Entfernung sind die beiden Gesteinsformen jedoch das Ergebnis vergleichbarer Erosionsprozesse.

Um die Felstürme im Dartmoor, die wie die Ruinen einer mythischen Kultur mitten aus der Landschaft aufragen, ranken sich ebenso viele haarsträubende Geschichten wie um die australischen Wackelsteine. Die einen wurden als Manifestationen eines uralten Druidenkultes gedeutet, die anderen als eine Laune des Höllenherrschers. Doch es besteht kein Zweifel, daß beide Erscheinungen einen natürlichen Ursprung haben.

Der Granit im Dartmoor ist von feinen, rechtwinkligen Rissen durchzogen, durch die Wasser eindrang und das Gestein verwittern ließ. Dieses zerfiel zu mehr oder weniger grobem Quarzsand. Die Form der Verwitterung deutet auf relativ warme und feuchte Klimaperioden hin, in denen die Erosion die harten Granitkugeln und Türme „vorbereitete". Als es dann in Westeuropa während der Eiszeiten im Quartär kalt wurde, riß das abfließende Wasser der Schneeschmelze die Quarzsande mit, grub also die verbleibenden Felsbrocken aus ihrem Sandbett aus und ließ sie als Felstürme stehen. Am Fuß der Hänge oder in den Flußbetten sammelten sich die von der Verwitterung abgerundeten Granitkugeln zu Felsmeeren an. Dies kann man etwa im französischen Zentralmassiv bei Sidobre sehen.

Doch auch die „Murmeln des Teufels", die australischen *Devils Marbles*, sind das Werk dieser Art von Erosion. Dank ihrer fast perfekten Rundung haben manche Kugeln nur noch in einem einzigen Punkt Kontakt mit dem darunterliegenden Felsblock. Einige der Steine kann man trotz ihres tonnenschweren Gewichtes mit Muskelkraft bewegen. Dieser Tatsache verdanken sie ihre Bezeichnung „Wackelstein".

Das heute herrschende, semiaride Klima greift allerdings die angeblich teuflischen Kugeln an. Das zeigen die hellen Narben an ihrer Oberfläche. Hier hat die Erosion bereits einzelne Gesteinsplatten abgelöst. ■

△
Die Devils Marbles ***350 km nördlich von Alice Springs in Australien sind „Wackelsteine", die einige Dutzend Tonnen wiegen. Sie befinden sich in einem labilen Gleichgewicht, und schon bei der geringsten Berührung wackeln sie.***

Die sogenannten Tors sind typische Beispiele für die Granitlandschaft des englischen Dartmoor. Der auf dem Foto gezeigte **Hound Tor** ***zählt zu den berühmtesten Felstürmen in der zauberhaften Moor- und Heidelandschaft von Devon.***
▽

Die *Balancing Rocks*, die 10 km südlich von Harare, der Hauptstadt Simbabwes, liegen, scheinen den Gesetzen der Schwerkraft ein Schnippchen zu schlagen. Es handelt sich um enorme Wackelsteine aus Granit. Wind, Regen und Sonneneinstrahlung sowie die starken Klimaschwankungen haben diese natürlichen Skulpturen hervorgebracht. Aus einem bestimmten Blickwinkel betrachtet, scheinen sie sich vollkommen im Gleichgewicht zu befinden, während man aus einer anderen Perspektive glaubt, sie nur antippen zu müssen, um sie ins Rollen zu bringen. Die Aborigines in der Nachbarschaft verehrten lange Zeit die Balancing Rocks als Bewahrer des Geistes ihres großen Zauberers Tschiremba. Dieser, so die Legende, hatte einst mehrere Hütten in der Nähe der Hügel errichtet und darauf geachtet, daß die Unterkünfte abends im Schatten der Felsen lagen. Doch Besucher entehrten – in Unkenntnis ihrer Bedeutung – die Steine. Sie kletterten auf die Felsen und traten so die mystische Geschichte mit Füßen.

Die Granitnadeln im Hoggar

Granit gilt zu Recht als hart, dennoch formt die Erosion gerade in Felsen aus diesem Gestein besonders skurrile Gebilde. Einige davon bietet beispielsweise das Massiv Ilamane im Hoggar-Gebirge der algerischen Sahara. Aus dem Massiv scheint ein Wald aus Granitnadeln zu wachsen, die zudem im Licht der untergehenden Sonne rötlich schimmern. Die abgerundeten, sich nach oben hin verjüngenden Granitnadeln sind mehrere Meter hoch.

Verblüffend sind diese Gebilde schon deshalb, weil sie in einer Wüstenregion auftreten, in der die Erosion eher geringe Kräfte entwickelt. Zu ihrer Entstehung trug ganz wesentlich bei, daß das Gestein hier große vertikale Klüfte aufweist. Dies ist eine Vorbedingung für die Verwitterung durch Sickerwasser, denn dieser Prozeß verläuft wesentlich schneller, als wenn das Wasser nur in horizontale Risse eindringen kann. Da die Erosionskraft des Wassers mit der Tiefe abnimmt, verdicken sich die Granitnadeln nach unten hin.

Am Rand des Massivs entstanden durch Bergrutsche ganze Haufen zylindrischer Granitblöcke, die an die Säulen eines verfallenen Tempels erinnern. Ein vergleichbares Bild zeigt das korsische Granitmassiv von Bavella. Das hier herrschende feuchte Klima erklärt die Verwitterung. Doch in der trockenen Sahara bliebe sie ein Rätsel, wenn man nicht wüßte, daß die Sahararegion feuchtere Zeiten erlebt hat. Von dieser Epoche zeugt heute der schwarze Wüstenlack aus Eisen- und Mangansalzen, der die Felsen vor 7000–8000 Jahren mit einer dünnen Schicht überzog. ■

△ ***Das Ilamane-Massiv des Hoggar-Gebirges in der algerischen Sahara mutet mit seinen meterhohen Granitnadeln wie ein verwunschener Wald an. Die eigenartige Form der Felsen kam durch vertikale Klüfte im Granit zustande, welche im Erdzeitalter des Quartärs die Tiefenerosion begünstigten. Damals herrschte in Nord- und Zentralafrika ein deutlich milderes und feuchteres Klima als heute.***

Ein Stein für die Ewigkeit

Schönheit, Beständigkeit und Langlebigkeit: diesen Eigenschaften verdankt der Granit von alters her seine Beliebtheit bei Architekten und Bildhauern. Bereits in der Antike gewann man besonders schönes Granitgestein in einer Reihe von Steinbrüchen. Weltberühmt wurden die Steinbrüche von Assuan in Oberägypten. Aus ihnen stammte der rosa Granit, den man für die großen Monolithe der Obelisken wählte, etwa für diejenigen von Luxor, aber auch für den Obelisken am Place de la Concorde in Paris. Die Steinbrüche von Assuan enthielten das am stärksten genutzte Granitvorkommen in der Antike, sogar in römischer Zeit gewann man hier noch den begehrten Stein.

Auch die eindrucksvolle ägyptische Statue aus der Ramsesdynastie (14. Jh. v. Chr.), die auf dem Foto links zu sehen ist, wurde aus dem rosa Granit von Assuan gemeißelt. Dem Künstler gelang es, die Schönheit des Haarschopfes und der Kleidung des Paares Hor und Nofretete zum Ausdruck zu bringen. Er schuf damit ein Werk für die Ewigkeit.

◁ ***Altägyptische Kunst aus dem Pariser Louvre: die Statue zeigt Hor und Nofretete und wurde aus dem rosa Granit von Assuan gefertigt.***

Der gar nicht so süße Zuckerhut von Rio

Ihre unvergleichliche Schönheit verdankt die brasilianische Weltstadt Rio de Janeiro unter anderem der Tatsache, daß hier die Serra da Carioca (1022 m) und der Südatlantik aufeinandertreffen. Das Meer hat am Rand des Berglands eine zerklüftete Küste mit vielen herrlichen Buchten entstehen lassen.

Einen besonderen Akzent in dieser großartigen Landschaft setzen dabei die kahlen und felsigen Granitkegel, die sogenannten Morros. Am bekanntesten sind der 740 m hohe Corcovado – „der Bucklige" – und natürlich der weltberühmte Pão de Açúcar – der 395 m hohe „Zuckerhut" an der Bucht von Guanabara. Sein Name erklärt sich aus seiner Form, doch die Prozesse, die ihn entstehen ließen, sind eher komplizierter Natur.

Die Morros sind Überreste eines Gebirgszuges, den die Erosion bis auf die granitenen „Zuckerhüte" abgetragen hat. Solche Berge findet man gewöhnlich auf alten, kristallinen Kontinentalsockeln, die ins Meer hineinragen. In der Gegend von Rio ist dies der Sockel der Südamerikanischen Platte, der auf den Atlantik trifft. Hinzukommen mußte die Erosion, die über Dutzende oder gar Hunderte von Millionen Jahren hinweg selektiv die harten Granite und Gneisgranitgesteine aus den weicheren Gesteinen herausgeschält hat.

Die steilen, felsigen Flanken stimmen in ihrer Orientierung mit den Flächen überein, die von den gekrümmten, fast senkrecht verlaufenden Klüften abgegrenzt werden. Das tropisch-feuchte Klima Rios sorgt für eine besonders rasche Verwitterung. Die Intensität, mit der Wasser und Temperaturen am Fels arbeiten, zeigt sich unter anderem daran, daß das Gestein in großen felsigen Platten abblättert. Die abgesprengten Platten schließlich verwittern sehr rasch zu Quarzsanden.

Die brasilianische Großstadt dehnt sich in alle Richtungen hin aus. Doch leider besteht Rio de Janeiro nicht nur aus den eleganten Wohnvierteln in Strandnähe, etwa der Copacabana. In Rio zu leben bedeutet für weitaus mehr Menschen, mit bescheidenen Quartieren vorlieb zu nehmen.

Am härtesten ist das Dasein in der nur scheinbar paradiesischen Samba-Metropole in den Favelas. Das sind die Elendsviertel, die sich an den Morros immer höher hinauf ziehen. Nicht nur die Armut plagt die Bewohner dieser Slums. Katastrophale Regenfälle lassen die Quartiere an den Hängen der Zuckerhüte zu tückischen Todesfallen werden. Zur Regenzeit schießen Sturzbäche über den tonigen und schlammigen Untergrund. Da das Gelände sehr steil ist und die Siedlungen über keinerlei Kanalisation verfügen, die das abfließende Wasser bändigen könnte, kommt es zur Erosion im Zeitraffertempo.

Das Wasser schießt auf unbefestigten Straßen mitten durch die Wellblechsiedlungen und reißt dabei oft metertiefe Rinnen auf. Hat sich der tonige Untergrund erst vollgesogen, gibt es für die Erde kein Halten mehr. Ganze Siedlungen werden einfach weggespült, und dadurch finden viele Menschen regelmäßig in den Schlammassen den Tod. ■

Der 395 m hohe Zuckerhut überragt die Bucht von Guanabara, die sich zwischen dem üppig mit Wäldern bewachsenen Küstengebirge öffnet. Hier liegen auch die berühmten sandigen Buchten wie die Copacabana. Denkt man sich die Großstadt Rio de Janeiro aus dem Bild weg, kann man sich vorstellen, welch herrlicher Anblick sich dem portugiesischen Admiral Cabral am 1. Januar 1502 bei seiner Landung in Brasilien geboten haben muß.
▽

Konglomerate und Brekzien
FELSENNESTER, FEENHÜTE

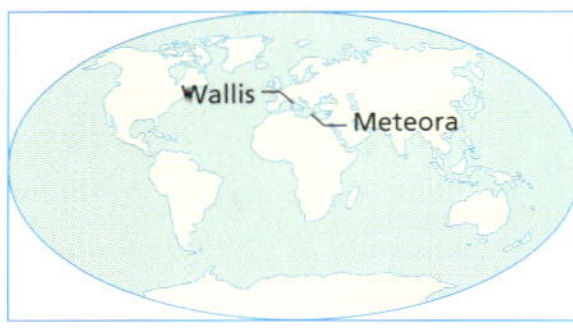

Konglomerate zählen ebenso zu den Sedimentgesteinen wie die sogenannten Brekzien, doch die Beständigkeit des jeweiligen „Bindemittels" variiert sehr stark. Deshalb formt die Erosion daraus Gebilde, die verschiedener nicht sein könnten: zum einen harte Felsen, die Ewigkeiten überdauern, zum andern vergängliche Erdpyramiden.

△ ***Das Kloster Hagia Triada („Heilige Dreifaltigkeit") liegt gut 200 m hoch über dem Peneios-Tal auf einem Pfeiler aus Konglomeraten. Mächtige senkrechte Risse durchziehen das Gestein. Zehn solcher „Luftklöster" haben die griechische Provinz Thessalien berühmt gemacht. Dieses hier ist unbewohnt, jedoch über eine Treppe mit 140 in den Stein gehauenen Stufen erreichbar.***

Flucht zu den Luftklöstern

In der Nähe von Kalampaka in Mittelgriechenland, wo die Ebene von Thessalien zum Pindos-Gebirge hin ansteigt, ragen 60 dunkle Monolithe mit fast senkrechten Wänden 200–250 m hoch aus dem Tal des Flusses Peneios und seiner Zuflüsse empor. Der Zauber der steinernen Kolosse verstärkt sich noch durch die Klöster, die einige von ihnen auf ihrem Plateau beherbergen. *Meteora monastiria* („Luftklöster") nennen sie die Griechen.

Unerreichbar wie Adlerhorste thronen die Klöster, zu denen sich oft nicht einmal Pfade emporwinden, auf den Felsen. Dies hat auch seinen Grund, denn im 14. Jahrhundert, als die Region unter den Kriegen zwischen dem serbischen und dem byzantinischen Reich litt, flüchteten sich die Mönche auf diese Berggipfel. Es entstanden zehn solcher Luftklöster; heute sind noch vier bewohnt. Von der Straße aus, die sich an den Monolithen vorbeischlängelt, sieht man, daß die Pfeiler aus Konglomeraten bestehen. Das sind gerundete Schottersteine, die kalkiges oder kieseliges Bindemittel betonhart miteinander verbacken hat. In den Alpen heißt dieses Gestein Nagelfluh.

Die Konglomerate lagerten sich im Tertiär ab. Wasser drang in die großen vertikalen Klüfte ein. Dadurch rutschten an den Flanken ganze Steinplatten ab, so daß die sehr schroffen Abhänge entstanden. ■

Mit dem Aufzug in die Einsiedelei: Lange Zeit konnte man die „Luftklöster" nur über abnehmbare Strickleitern oder mit Lastenaufzügen erreichen. Um letztere zu betreiben, hatten die Mönche ein einfallsreiches System aus Seilwinden konstruiert. Damit hievten sie in Körben nicht nur Vorräte, sondern auch Menschen nach oben. Die Aufzüge errichteten sie an vorspringenden Vorbauten, so daß die Last am Seil völlig frei in der Luft hing.

Heute erleichtern zwar in den Fels gehauene Stufenpfade den Touristen den Zutritt zu den Klöstern. Doch die Mönche haben die Seilwinden deshalb nicht außer Betrieb gesetzt. Wenn die Tourismussaison vorüber ist, leben sie in den vier bewohnten Klöstern der Meteorá noch immer völlig isoliert zwischen Himmel und Erde. Lebensmittel und andere Waren bestellen sie im Dorf. Der Händler bringt sie dann zum Fuß des Berges und legt sie in den heruntergelassenen Korb.

Lebensmittelversorgung mit der Seilwinde

Die Erdpyramiden von Euseigne

Das malerische Bergdorf Evolène im schweizerischen Wallis erreicht man über das Val d'Hérens. Kurz vor dem Taleingang sieht man die Erdpyramiden von Euseigne. Mit ihrer Spitztütenform erinnern sie an Feenhüte.

Im Gebirge sind solche Gebilde nichts Ungewöhnliches, denn die von den Gletschern abgelagerten Moränen eignen sich besonders für die Herausbildung der natürlichen Säulen. Die Moräne, aus der die Erdpyramiden von Euseigne entstanden, ist etwa 20 000 Jahre alt. Es handelt sich also – geologisch gesehen – um ein sehr junges Gestein.

Schmelz- und Regenwasser erodierten zwar das tonig weiche Lockergestein sehr schnell, doch aufliegende Felsblöcke verdichteten an einigen Stellen das Moränenmaterial, das dadurch vor dem Angriff des Wassers etwas besser geschützt war. Während die Erosion das weiche Gestein um die Felsblöcke herum abtrug, blieben diese bestehen. So bildeten sich die Erdpyramiden, die als isolierte Kegel aus der Landschaft ragen und oft noch den beschwerenden Felsblock auf der Spitze tragen.

Auch wenn die „Feenhüte" ihre schwere Last abwerfen, werden sie nicht sofort abgetragen. Der vom Steinblock verdichtete Ton widersteht der Erosion noch einige Zeit. ■

◁ ***Die Erdpyramiden von Euseigne im schweizerischen Kanton Wallis gehören zu den vielbesuchten Naturdenkmälern der Alpen. Aufliegende Steinblöcke verdichteten das Moränenmaterial, so daß es der Erosion trotzen konnte.***

In einem Konglomerat mit lockerem und nicht sehr erosionsbeständigem Kitt schützen große Felsblöcke das Lockergestein vor der Erosion. Sie schirmen es gleichsam ab und verdichten es. Doch ewig hält ein „Feenhut" nicht. Mit der Zeit verliert er seinen schützenden Felsblock und stürzt schließlich ein. Andererseits legt die fortschreitende Erosion neue Erdpyramiden frei. ▽

Zwei verschiedene Mixturen aus Geröll und Kitt

Bei Sedimentgesteinen aus Gesteinstrümmern, die durch Kitt verbacken sind, unterscheidet man zwei Typen: Ist das Geröll abgerundet, spricht man von Konglomeraten. Sie entstanden meist aus Ablagerungen von Flüssen. Sind die verbackenen Trümmerstücke eckig, spricht man von Brekzien. Ihr Material stammt von Erdrutschen oder Einstürzen. Ist der Kitt nicht erosionsbeständig, schält das Wasser in wenigen Jahren unterhalb der schützenden Felsblöcke Erdpyramiden heraus, die bis zu 20 Meter hoch sind. Ist der Kitt hart, braucht das Wasser viel Zeit, um das Gestein anzugreifen. Dieses rutscht dann in Platten entlang großer Spalten ab. Zurück bleiben einzelne, zuweilen mehrere hundert Meter hohe Monolithe mit schwindelerregenden Abgründen.

Entstehung von Erdpyramiden

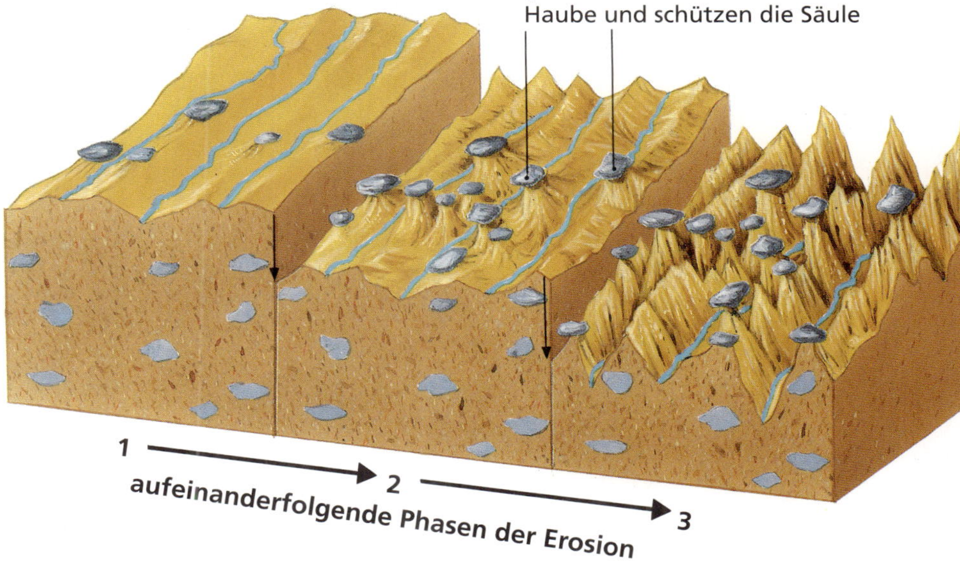

Das Schicksal alter Vulkane

DER TOD DER GIGANTEN

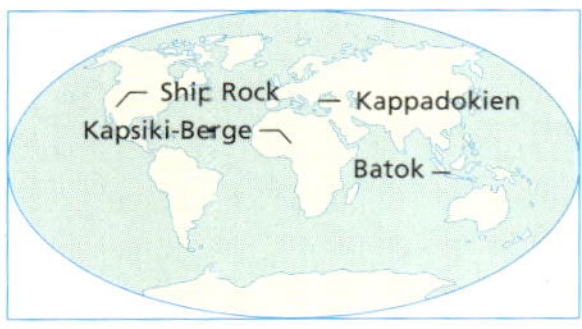

Solange ein Vulkan aktiv ist, kann er den Verlust, den ihm die Erosion zufügt, in der Regel ausgleichen – meistens wächst er sogar. Doch erloschene Vulkane sind, in geologischen Zeiträumen betrachtet, dem Untergang geweiht. So majestätisch sie im aktiven Zustand oft wirken, so skurril sind die Formen, die sie beim Zerfall annehmen.

Leben am Fuß der sterbenden Vulkane

Riesige Felsnadeln in der Savanne bestimmen das Landschaftsbild von Kapsiki im Norden von Kamerun. Die spitzen Gipfel sind die letzten Überreste der großen Vulkankette, die den Ostafrikanischen Graben säumt und an der Küste Kameruns mit dem noch aktiven Mont Cameroun einen Schlußpunkt setzt.

Der 4095 m hohe Kegel des mächtigen Vulkans thront über dem Golf von Guinea. Zu der Vulkankette gehört auch der Krater des Niossees, der 1986 traurige Berühmtheit erlangte. Damals erstickten 1700 Kameruner, nachdem aus den unteren Seeschichten große Mengen an Kohlendioxid ausgetreten waren.

Die Vulkane im Norden Kameruns sind jedoch schon lange nicht mehr aktiv. An ihnen machte sich die Erosion zu schaffen und schliff sie zu großen, schwarzen Lavasäulen ab. Die 100–200 m hohen Überreste sind die ehemaligen Vulkanschlote, durch die Magma aus der Tiefe hochschoß. Sie tauchen über dem Sockel einer Hochebene auf, die mit Tälern durchzogen ist. Es ist das Gebiet der Mandaraberge, die sich wie ein Schiffsbug zwischen die ariden Ebenen im Norden Nigerias und den sumpfigen Kessel des Logone und des Tschad-Sees geschoben haben.

Die Mandaraberge liegen in einer isolierten Grenzregion, fernab aller Handelsstraßen und Touristenwege. Hier fanden im 19. Jahrhundert Bauernvölker ein Refugium, die vor den sich ausbreitenden, kriegerischen Stämmen der nahen Sahelzone fliehen mußten.

Die baumbestandene Savanne der Mandaraberge ist relativ fruchtbar. Da im Bergland mehr Regen fällt als in den benachbarten Ebenen, die an die Wüste heranreichen, ist es für die landwirtschaftliche Nutzung gut geeignet. In der rund viermonatigen Regenzeit fällt genügend Niederschlag, so daß die trockenen Felder auf den steinigen Bergkuppen und in den Talkesseln bewässert werden können.

Die Dörfer auf den Hochebenen liegen am Fuß der ehemaligen Vulkangipfel. Hier gibt es nicht nur die besten Böden, sondern auch Wasserstellen in der Nähe. Die Kapsiki-Bauern haben klein parzellierte Flächen an den Hängen urbar gemacht. Hecken schützen die Äcker vor dem Wind. Viele Felder sind terrassiert; ein System von Bewässerungsgräben

versorgt sie mit Wasser. Die Bauern nutzen die gesamte Regenzeit zur Aussaat, so können sie sogar mehrmals im Jahr ernten. Aus diesem Grund gelten die Bergbauern im Norden Kameruns als die fähigsten in ganz Afrika.

Traditionelle Riten bestimmen das bäuerliche Leben. Das Ende der Trockenzeit feiern die Menschen mit großen Festen, die stets mit der Aufführung der außergewöhnlichen Gemeinschaftstänze verbunden sind. ■

Eine Hütte im Dorf Rhumsiki (Kamerun), gedeckt mit einem kunstvoll geflochtenen Strohdach

In der Savanne im Norden Kameruns drängen sich die Dörfer der Kapsiki-Bauern am Fuß der dunklen Felsnadeln. Das Gestein weist die Monolithen als Überreste der Eruptionsschlote von Vulkanen aus, die die Erosion im Lauf von Jahrmillionen völlig zerstört hat.
▽

Traditionelle Architektur

Das kleine Bauerndorf Rhumsiki gilt als eines der malerischsten in Kamerun. Hier sind die Hütten, die alle den gleichen Grundriß aufweisen und identisch gebaut sind, größer als im Norden des Landes. Außerdem tragen sie ein weniger spitzes Strohdach. Schmale Pfade, gesäumt von Steinmäuerchen und Hecken aus Euphorbien, die zu den Wolfsmilchgewächsen zählen, verbinden die Hütten. Die Bewohner ziehen die Mauern nach einer uralten Technik ohne Mörtel hoch.

Am Eingang jeder Hütte befindet sich ein mit großen Steinen verzierter Vorhof. Die Behausungen werden stets rund um die Getreidespeicher des Dorfs angelegt, die ebenfalls Strohdächer tragen und zusätzlich mit einer hübschen Kette aus roten Früchten verziert sind.

Formende Kräfte

Die Gestalt eines aktiven Vulkans wird von der Eruptionsart und der Zusammensetzung der ausgestoßenen Lava bestimmt. Flüssige Lava verbreitet sich in Strömen und häuft sich mitunter beträchtlich an; ausgeworfene Trümmer und die mehr oder weniger verfestigten Aschen türmen sich um die Krater herum zu Kegeln auf.

Bei einem erloschenen Vulkan bestimmt die Erosion das Aussehen. Dabei trägt sie lose Aschen (Tephra) schneller ab als das verfestigte Tuff- und Basaltgestein. Große Basaltmassen erodieren langsam zu weiten, geneigten Basaltplateaus. Dagegen zerfurcht abfließendes Regenwasser einen Aschenkegel strahlenförmig. Die dabei entstehenden Furchen heißen Barrancos.

Da die Erosion weicheres Gestein schneller abträgt als die härteren Vulkangesteine, entstehen oft spektakuläre Formen. Am Ende zeugen nur noch große Basalttische (Mesas) oder gigantische Nadeln aus verfestigter Lava von dem Vulkan. Die nadelförmigen Berge heißen Necks. Sie sind die Überreste der von der Erosion vollständig freigelegten Eruptionsschlote.

Die zerfurchten Flanken eines schlummernden Riesen

Im Herzen des indonesischen Archipels liegt die Insel Java mit ihren vielen aktiven und erloschenen Vulkanen. Hier, in einer der dichtestbesiedelten Gegenden der Welt, sind die Bauern gezwungen, die Anbauflächen ständig durch das Anlegen neuer Reisterrassen zu vergrößern. Vor allem der fruchtbare Boden an den Vulkanflanken eignet sich dafür.

Doch die steilen Hänge des Batok sind absolut kahl und stark zerfurcht. Der 2400 m hohe Vulkan hat einen Kegel vom strombolianischen Typus mit einer dicken Ascheschicht. Der Gipfel läßt einen ehemaligen Explosionskrater erkennen, doch seit Menschengedenken schlummert der Batok.

Für Aschennachschub sorgt allerdings der benachbarte Bromo, der von Zeit zu Zeit ausbricht. Die herabregnende Asche dieses Vulkans vernichtet auch die Vegetation am Batok. Während der Regenzeit schießen Sturzbäche die Abhänge hinunter und spülen geradlinige Rinnen in die kaum verfestigten Aschen. Das Wasser reißt den Boden und die wenigen Pflanzen mit und kerbt sich tief in die Vulkanflanken ein. Für solche Rinnen gibt es – je nach der Region, in der sie auftreten – viele Namen: sie heißen Barrancos, Arroyos, Calanchen, Runsen, Racheln oder Klingen.

Am Fuß des Vulkans sorgen die Schlammmassen immer wieder für Schäden: sie bedekken das Buschwerk, entwurzeln Bäume, zerstören Straßen oder überschwemmen Pflanzungen. Den Bauern bleibt dabei nur ein Trost: die Erosion wird den Kegel des Batok irgendwann einmal völlig einebnen – sofern sich der Vulkan nicht doch eines Tages mit einem Ausbruch zurückmeldet. ■

Der Heilige Basilius führte das Klosterleben in Kappadokien im 4. Jh. n. Chr. ein. Der Bischof war der dekadenten Sitten des Klerus überdrüssig. Er predigte ein Leben der Arbeit, des Gebets, der Ruhe und Genügsamkeit, suchte aber auch einen Kompromiß zwischen der Einsiedelei und dem Leben in großen Klöstern. Daher sprach er sich dafür aus, kleine, überschaubare Gemeinschaften zu bilden, die von Feldern umgeben, nicht jedoch von der Außenwelt abgeschnitten waren.

Kappadokien bot ihm hierfür den idealen Rahmen. Die Mönche gründeten Dörfer mit Häusern, Kirchen, Kapellen, Brunnen, Mühlen und Speichern. Sie wohnten in natürlichen Grotten oder schlugen sich ihre Zelle selbst in den weichen, vulkanischen Tuff. Jeder Mönch wohnte in einem eigenen Tuffkegel, doch die Gemeinschaft versammelte sich regelmäßig zu Gottesdiensten und zu den Mahlzeiten.

In Kappadokien findet man rund 400 Kirchen und Kapellen – meist stehen sie auf dem Grundriß eines byzantinischen Gebäudes. Die Wände zieren prachtvolle Fresken, die das Datieren der Gebäude erleichtern. Zweck dieser „Kunst am Bau" war es, die Gläubigen durch die Illustration der heiligen Schrift zu erbauen.

Die Kirche der Jungfrau Maria, im Tal von Göreme in Kappadokien (Türkei), wurde in eine natürliche Tuffstein-Grotte gebaut.

Ein Vulkan **hält den Rekord** in Sachen Erosion: Der Rossberg auf den Kerguelen-Inseln im Indischen Ozean verlor in weniger als 1,2 Millionen Jahren 2000 m an Höhe. Auf dem Stumpf des einstigen Vulkans hat sich schon ein neuer gebildet.

Der 2400 m hohe Batok ist ein erloschener Vulkan im Osten der indonesischen Insel Java. Auf seinen Flanken wachsen keine Pflanzen. Die Hänge sind tief und geradlinig zerklüftet, so daß der Batok wie ein halb zusammengeklappter Sonnenschirm aussieht. Nach jedem Unwetter stürzt das Wasser hinab, reißt die losen Aschen mit sich und überschwemmt die Felder. ▽

Byzantinische Schätze im Tuff von Kappadokien

Kappadokien erstreckt sich zwischen den kargen Ebenen Anatoliens bis zur Ostflanke des Taurusgebirges. Es gehört zu den ariden Regionen der Türkei. Vulkane, die Kraft der Erosion und der Mensch haben hier eine wüstenartige Landschaft von geradezu übernatürlicher Schönheit geschaffen. Dabei ist es weniger die Trockenheit, die dem Besucher den Eindruck einer Wüstenlandschaft vermittelt, sondern der stark zerklüftete, nackte Boden. Vom Regen ausgewaschene Hänge wechseln sich mit grünen Tälern ab, in denen Obstbaumkulturen angelegt sind. Über den Tälern erhebt sich eine Reihe erloschener Vulkane, etwa der 3916 m hohe Erciyas Dagi in der Nähe der Stadt Kayseri. Diese Vulkane liegen in einer Verwerfungszone, die sich bis zum Berg Ararat in Armenien hinzieht. Sie entstand durch den nach Norden gerichteten Schub der Festlandmassen Arabiens und des Nahen Ostens. Dieser Prozeß sorgt auch dafür, daß Kappadokien immer wieder furchtbare Erdbeben erlebt.

Die Böden bestehen aus riesigen Tuffanhäufungen. Tuff entsteht, wenn sich vulkanische Aschen verfestigen. Bei Kontakt mit Wasser verwittern die glasigen Mineralien und bilden sogenannte Gerüstsilikate, die das Restmaterial zum Tuff – man spricht auch von Ignimbrit oder Tufolava – fest verkitten. Andere mächtige Schichten wie die sogenannte Tephra haben sich nicht verfestigt. Sie sind das Ergebnis von Aschenniederschlägen. Mit ihnen hat die Erosion leichtes Spiel. Zahlreiche tiefe Schluchten zeugen davon.

Seit Jahrtausenden ist die Region besiedelt. In den Tälern haben Archäologen Überreste aus der Bronzezeit, aber auch die Ruinen der ersten christlichen Kirchen ausgegraben. An den Hängen weisen Nischen im weichen Stein auf die Eingänge von Höhlenwohnungen hin. Die einzelnen Wohnkomplexe sind netzartig miteinander verbunden. So entstanden regelrechte Städte im Berg, in die nur über einige Öffnungen und Schlote etwas Licht dringt.

In den Höhlenstädten gibt es Kirchen und Klöster aus dem 10. und 11. Jahrhundert, deren Wände mit herrlichen byzantinischen Fresken verziert sind. Doch der Zugang ist häufig schwierig, denn Regenwasser hat die in den Berg gehauenen Stufen ausgewaschen. Einige Höhlenwohnungen drohen durch die erodierende Kraft des Wassers einzustürzen.

Den Reisenden erwartet in Kappadokien eine faszinierende Landschaft, deren sonnendurchflutete, kahle Hänge eine prächtige Kulisse abgeben für die tief in den Bergen verborgene, reich verzierte Schattenwelt. ■

◁ ***Die von der Sonne ausgedörrten Tuffhügel in Kappadokien erinnern fast an eine Mondlandschaft. Verstreut liegende Dörfer schmiegen sich an den Fuß der nackten Hänge, die aus Vulkanasche entstanden sind. In das weiche und vielerorts stark zerklüftete Gestein haben Menschen in früheren Jahrhunderten Behausungen gegraben. Unter den Hügeln verbergen sich nicht nur Wohnungen, sondern auch reich mit Fresken geschmückte Klöster und regelrechte Städte.***

△
Der Ship Rock, der aus der Wüstenlandschaft New Mexicos aufragt, ist ein großer Eruptionsschlot. Es handelt sich um die Überreste eines Vulkans, der zu dem großen Komplex südlich des Colorado-Plateaus gehörte. Im Vordergrund taucht eine geradlinige Vulkanschicht aus der Ebene auf. In der Ferne sieht man weitere Berge, ebenfalls zerfallende Vulkane, die sich aus der endlosen Weite des Navajolandes erheben.

Ship Rock – der heilige Berg der Navajos

Gut 500 m überragt der Ship Rock die Wüste des US-Bundesstaates New Mexico. Es ist der heilige Berg der Navajo-Indianer. Mit dem zerklüfteten Gipfel und den senkrechten Wänden sieht er aus wie eine Kathedrale auf einem surrealistischen Bild.

Es handelt sich um den letzten Rest eines längst erodierten Vulkans. Nur der sogenannte Neck, die Durchschlagsröhre, durch die einstmals vulkanisches Material aus der Magmakammer bis zur Oberfläche geschleudert wurde, hat dem Zahn der Zeit widerstanden, weil das Gestein besonders hart ist.

Der Berg gehört zu einem großen vulkanischen Gebiet, das das Hochplateau des Colorado wie einen Gürtel umgibt. Allerdings ist es schon mehrere Millionen Jahre her, daß die Vulkane letztmals Feuer spien. Nur die widerstandsfähigsten Gesteine blieben von der Erosion verschont und bilden nun einzelne Berge an den Ausläufern der Rocky Mountains. Auf dem Colorado-Plateau erheben sich stellenweise auch noch große Basalttafeln, die Mesas, und vervollständigen damit das Bild von der sogenannten Schichttafellandschaft.

Der zerklüftete Gipfel des Ship Rock ist eine natürliche Festung und ein hervorragender Ausguck. Auf einem ähnlichen Gipfel, 60 km weiter südlich, verschanzten sich im Jahr 1864 die Navajos, um sich den Soldaten der US-Armee unter dem Kommando des berühmten Kid Carson zu widersetzen.

Diese Landschaft im Westen Amerikas ist Indianerland, auch wenn heute viele Pueblo-Dörfer verlassen sind. Hier, an den Flanken der Mesas, wo kostbares Wasser sprudelte, hatten einst die Hopi-Indianer Siedlungen angelegt. Ihre Nachfahren leben jetzt in einem großen Reservat im benachbarten Arizona.

Die Navajos, ein Kriegervolk aus dem Norden, waren später in diese Gegend eingefallen; sie wurden seßhaft und leben heute zumeist vom Verkauf ihrer kunsthandwerklichen Erzeugnisse. Mit Türkisen besetzter Navajo-Silberschmuck ist in den USA nicht nur bei ausländischen Touristen sehr gefragt. Außerdem befindet sich auf dem Navajo-Territorium ein bedeutendes Erdölvorkommen, so daß der Stamm verhältnismäßig wohlhabend ist.

Die Navajos lassen inzwischen – ebenso wie viele andere Indianerstämme Nordamerikas – ihre alten Traditionen wieder aufleben. Gerade die jungen Indianer entdecken das kulturelle Erbe und kehren selbstbewußt ihre indianischen Wurzeln hervor. Eine Reihe von Museen ist entstanden, in denen der Besucher die Vielfalt der indianischen Kulturen des Westens kennenlernen kann. ■

Die selektive Erosion

LANDSCHAFTEN AUS STEIN

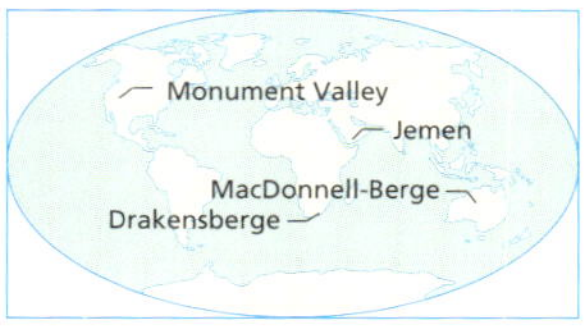

Kommen in einer Landschaft unterschiedlich harte Gesteinsschichten vor, entstehen oft beeindruckende Naturdenkmäler. So hat die selektive Erosion nicht nur Monument Valley hervorgebracht, die aus vielen Westernfilmen bekannte Felsformation, sondern auch die MacDonnell-Berge in Australien mit dem berühmten Monolithen Ayers Rock.

„Gestapelte Steine" – die Drakensberge in Südafrika

Wie eine riesige Mauer erheben sich in Südafrika die Drakensberge über den Hügeln der Region Natal. Weltweit gelten sie als eines der schönsten Beispiele für einen Wulst an einem Kontinentalrand. Der Gebirgszug, der auch als Große Randstufe bezeichnet wird, erstreckt sich von Transvaal im Norden bis zur Kapprovinz im Süden; den größten Höhenunterschied erreicht er in Lesotho mit 1800–2000 m.

Die Drakensberge fallen nicht nur wegen dieser Höhendifferenz auf. Aus geologischer Sicht sind sie ein bevorzugtes Gebiet der sogenannten selektiven Erosion. Die vielfältigen, unterschiedlich harten Gesteinsarten verwittern verschieden schnell und bilden so eindrucksvolle Landschaftsformationen.

Im vorliegenden Fall handelt es sich um den mehr als 2 Milliarden Jahre alten kristallinen Kontinentalsockel, auf dem sich eine Sedimentdecke aus Kalk- und Sandsteinen sowie Plutonite und Basaltströme finden. Das Alter der Sedimentdecke reicht vom Präkambrium bis ans Ende des Erdaltertums, im Tafelland der Karru auch bis zum Beginn des Erdmittelalters. In Lesotho wird die Große Randstufe aus widerstandsfähigen Basalten gebildet, die sich über den Sandsteinen erheben. In der Zulu-Sprache heißt diese Gegend *quathlamba*, ein sehr bildhafter Ausdruck, der soviel wie „gestapelte Gesteine" bedeutet.

Nach Norden hin senkt sich die Große Randstufe ab, die Basalte verschwinden und lassen die Sand- und Kalkgesteine der Karru zutage treten. In Transvaal dagegen, nördlich von Carolina, wird das Massiv dann wieder mächtiger. Hier besteht es aus Quarziten aus dem Präkambrium, die wegen ihres hohen Quarzanteils von bis zu 80 % besonders widerstandsfähig sind. Nördlich von Haenertsburg schließlich verliert das Gebirge an Breite; hier finden sich überwiegend Granite. ■

Die Drakensberge in Südafrika bestehen aus verschiedenen Gesteinen. In Transvaal bildet die Große Randstufe einen schroffen Abhang aus dolomitischem Kalkstein. Dort schuf die Erosion mächtige Türme, die die Flüsse Blyde und Olifants um gut 600 m überragen. Weiter nördlich, im Thabana-Ntlenyana in Lesotho, erreichen die „Drachenberge" eine Höhe von 3482 m. ▷

Die Kämme der MacDonnell-Berge

Die MacDonnell-Berge, die sich mitten in Australien westlich von Alice Springs auf einer Länge von rund 200 km von West nach Ost erstrecken, gehören zu den markantesten Gebirgsketten der Erde. Der Mount Ziel stellt mit 1510 m den höchsten Punkt des Reliefs dar, das durch selektive Erosion geprägt ist. Diese hat in die weichen Schichten Täler eingegraben und aus den härteren Gesteinen Gebirgskämme herausmodelliert.

Dabei ist die geologische Struktur der Berge recht einfach. Am Ende des Präkambriums und zu Beginn des Erdaltertums, also vor 850–400 Millionen Jahren, lagerten sich unterschiedlich harte Sedimente aus Schiefern und Sandsteinen ab. Vor 350 Millionen Jahren richteten sie sich bei der Gebirgsbildung auf. Die entstandenen Falten verlaufen von West nach Ost und bilden an ihrem westlichen Ende eine Krümmung, die im Foto zu sehen ist.

Im Verlauf des Erdmittelalters und des Tertiärs wurde das Relief des Faltengebirges eingeebnet. Nach einer erneuten tektonischen Hebung begann der selektive Erosionsprozeß. Ein Relief dieses Typs, das durch die Aufeinanderfolge von Faltung, Einebnung und selektive Erosion entstanden ist, bezeichnet man als Appalachen-Relief, da es in den nordamerikanischen Appalachen zum ersten Mal untersucht wurde. Zu den schönsten Reliefs dieses Typs gehört auch der Ugartabogen, ein Gebirgszug im algerischen Teil der Sahara.

Die wüstenartige Landschaft im Zentrum Australiens ist neben den rötlichen Gesteinen auch durch ihre unbewachsenen Höhenzüge geprägt. Diese erlauben es bei entsprechendem Sonnenstand, die Struktur des Gesteinsskeletts aus der Luft klar zu erkennen. In den Senken zwischen den Höhenzügen macht sich die Strauch- und Krautvegetation des australischen Buschs breit; auch Bäume finden sich dort mittlerweile, darunter Akazien *(Acacia aneura)*, Eukalyptus *(Eucalyptus papuana)* sowie Kiefern *(Pinus callitris)*.

Das Luftbild oben rechts zeigt, daß manche Täler dem Lauf der Gräben folgen, die sich zwischen den harten Gesteinskämmen gebildet haben. Andere Täler jedoch durchschneiden diese Kämme in Form von Schluchten, die als *gaps* bezeichnet werden. Die *water gaps* beherbergen Flüsse, während es sich bei den *wind gaps* um mittlerweile trockene Durchbrüche handelt.

In manchen *gaps* konnten sich die Flüsse einen Weg durch das harte Gestein bahnen, weil sie sich zuerst in weiche Sedimentschichten eingruben, die sich nach Einebnung der alten Gesteine abgelagert hatten. Geologen sprechen in diesem Fall von epigenetischen Durchbruchstälern, zu denen zum Beispiel auch der Rheinfall bei Schaffhausen gehört.

Andernorts waren die Wasserläufe kräftig genug, um sich in die harten Gesteine nach und nach in dem Maße einzuschneiden, wie sich der Untergrund angehoben hat. Hier spricht man von antezedenten Durchbruchstälern; eines der schönsten dieser Art ist der Rheindurchbruch bei der Loreley. ■

△ *Die MacDonnell-Berge in der zentralaustralischen Wüste bilden Reihen paralleler Kämme. Mit dem berühmten Monolithen Ayers Rock und den Kuppen des Mount Olga unterbrechen sie die Eintönigkeit der flachen Ebene. Auffallend sind die wechselnden Farben ihrer Gesteine und ihre großen Dünenbänder aus rotem Sand.*

Schichtstufenlandschaften entstehen durch die selektive Erosion flachgeneigter Schichten, wobei sich harte Kalksteine und weiche Mergel abwechseln. Ein in Richtung der Schichtneigung fließender Fluß wird als konsequenter oder Folgefluß bezeichnet; ein Fluß, der senkrecht zum Gefälle fließt, subsequenter oder Nachfolgefluß. ▽

Schichtstufenlandschaft

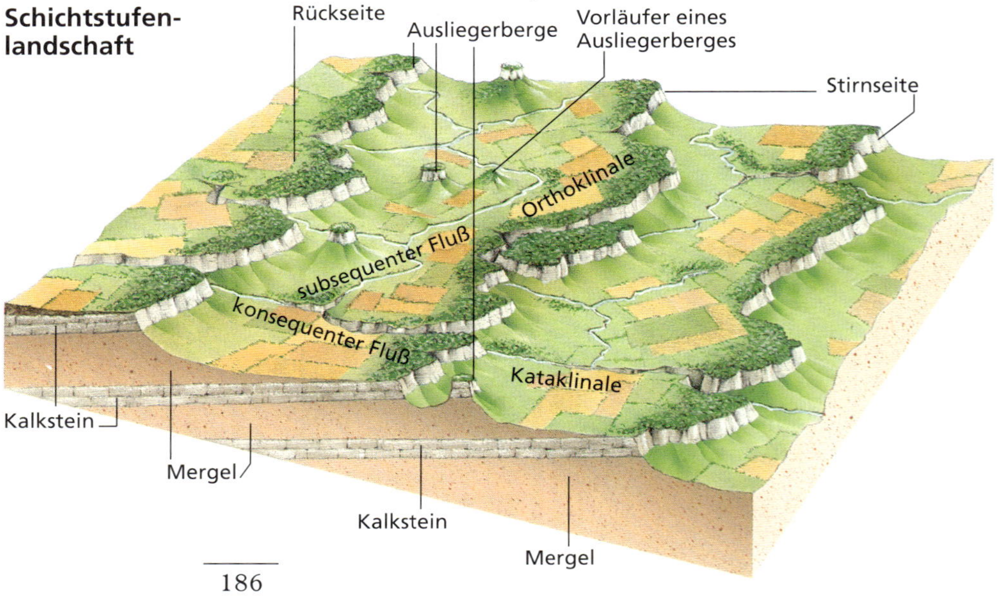

△ *Aus der großen Senke des Monument Valley in Arizona und Utah ragen riesige Ausliegerberge aus Sandstein empor. Mit einer Höhe von 300–600 m zählen sie zu den eindrucksvollsten Naturdenkmälern in den Vereinigten Staaten überhaupt. Die grandiose und dramatische Landschaft mit ihren lebhaften, je nach Tageslicht und Jahreszeit wechselnden Farben hat in manchem Westernfilm als Kulisse gedient.*

Die selektive Erosion harter und weicher Gesteine

Je nach Art der Gesteine wirkt sich die Erosion unterschiedlich aus. Liegen etwa verschiedene Schichten nebeneinander, werden die weicheren Gesteine leichter abgetragen, während die widerstandsfähigeren Lagen hervortreten. Dies bezeichnet man als selektive Erosion.

In Sedimentformationen, in denen sich harte Kalk- oder Sandsteine mit weichen Mergel- oder Tonschichten abwechseln, legen Wasserläufe die widerstandsfähigen Gesteine an den Talflanken frei. Vor Tafel- und Schichtstufenlandschaften isoliert die Erosion die sogenannten Auslieger- oder Zeugenberge, die eine Krone aus hartem Gestein tragen. Werden Sedimente zuerst gefaltet, dann eingeebnet und schließlich durch Bewegungen der Erdkruste angehoben, wird die selektive Erosion besonders gut sichtbar. Sie hebt die weichen Gesteine in Form paralleler Gräben aus, die dazwischenliegenden harten Gesteine jedoch bleiben als Gebirgskämme stehen.

Die Widerstandsfähigkeit der Gesteine hängt auch vom Klima ab. So verhält sich Granit je nach Temperatur und Feuchtigkeit sehr unterschiedlich. In einem kalten, gemäßigten oder ariden Klima ist er ein recht hartes Gestein. Doch in den feuchtwarmen Tropen unterliegt er stark der chemischen Verwitterung und kann leicht ausgehöhlt werden.

Markante Ausliegerberge im Monument Valley

Monument Valley, an der Grenze zwischen den US-Bundesstaaten Arizona und Utah, ist durch seine bizarren Berge aus vielen Western bekannt. Diese Auslieger- oder Zeugenberge sind ein hervorragendes Beispiel für selektive Erosion in einem Schichttafelland, dessen Sedimentschichten horizontal verlaufen und unterschiedlich hart sind.

Bei den Bergen handelt es sich um die Überreste einer ehemaligen Hochebene. Die Erosion brauchte etliche Millionen Jahre, um ihnen ihre derzeitige Form zu verleihen. Sie werden heute mit dem spanischen Namen Mesa bezeichnet, wie etwa Mitchell Mesa, Pueblo Mesa oder Sentinel Mesa. Das ungewöhnliche Aussehen dieser Ausliegerberge beruht auf drei Faktoren: der Mächtigkeit der oberen widerstandsfähigen Schicht, der geringeren Widerstandsfähigkeit der darunterliegenden Schicht sowie dem ariden Klima, das hier extrem trocken ist.

Die geometrische Form jedes Berges ist durch einen kegelförmigen Fuß gekennzeichnet, auf dem mächtige Felssäulen sitzen. Bei diesen Säulen handelt es sich um eine massive und widerstandsfähige Deckschicht aus Sandstein, die einen Sims mit fast senkrechten Wänden darstellt. Der darunterliegende Bergfuß besteht aus weicheren Gesteinen, vorwiegend Mergeln, die einen Abhang mit einem Gefälle von etwa 40 % bilden. Ein klarer Bruch des Gefälles ist dort zu sehen, wo sich die beiden Gesteinsschichten berühren. Wegen der horizontalen Schichtstruktur hat jede Mesa einen platten Gipfel. Dessen Fläche wird im Lauf der Zeit jedoch immer kleiner, weil sich aus dem von senkrechten Rissen durchzogenen Sandsteinsims allmählich separate Pfeiler herausbilden, wie dies auf der rechten Seite des Fotos gut zu sehen ist. Die bei der Verwitterung des Simses entstehenden eckigen Gesteinstrümmer fallen auf den darunterliegenden Hang und rutschen langsam abwärts. Am Hangfuß bilden sie dicke Trümmerschichten und schützen so den Kegelstumpf aus weichem Mergelgestein.

Ihre klaren geometrischen Formen verdanken die Ausliegerberge im Monument Valley auch dem ariden Klima. Da es keine Bodendecke gibt und Vegetation deshalb nur sehr spärlich vorhanden ist, sind die kahlen Hänge direkt den starken Temperaturschwankungen zwischen Tag und Nacht unterworfen. Die sogenannte Temperaturverwitterung hat daher einen hohen Anteil am Erosionsprozeß.

Auch in anderen Wüsten findet man markante Zeugenberge, etwa die Chambers Pillar in Nordaustralien. In feuchten Klimazonen dagegen sind die Felsformationen lange nicht so spektakulär, weil ihr Profil unter der Vegetation verschwindet. Ein Beispiel dafür sind die Ausliegerberge der Schwäbischen Alb. ■

Die Höhlenwohnungen von Matmata

Häuser im Löß – eine Siedlungsform, die sich an die geologischen Gegebenheiten anpaßt

Alte Häuser spiegeln oft die geologischen Verhältnisse einer Landschaft wider, da die Menschen früher meist nur Baustoffe einsetzten, die vor Ort verfügbar waren. Doch manche Gesteine eignen sich nur schlecht als Baumaterial, weil sie zu weich oder zu locker sind. Dies ist etwa bei Löß der Fall, einem vom Wind abgelagerten, lockeren Sedimentgestein aus Quarzkörnchen, Tonmineralien und Kalk.

In den Bergen von Matmata im Süden Tunesiens haben die Bewohner märchenhafte Höhlenwohnungen entwickelt, die sie tief in die ockerfarbenen Lößhügel eingegraben haben. Die Behausungen sind um einen großen, meist kreisförmigen Schacht angelegt. Dieser dient als zentraler Innenhof, von dem mehrere Gewölberäume abgehen. Eine von der Flanke des Hügels herabführende Galerie ermöglicht den Zugang von außen. Die Wohnzimmer und die Vorratsräume sind meist im ersten Stock angelegt und können über einfache Treppen oder mit Seilen erreicht werden.

Den ungewöhnlichen Charme der Behausungen können auch Touristen entdecken: In Matmata, das östlich von Fes liegt, gibt es inzwischen mehrere Höhlenhotels.

Granitzacken und Schiefer im Süden des Jemen

Auch die kristallinen Gesteine des Grundgebirges unterliegen dem Einfluß der selektiven Erosion. In welchem Ausmaß sie gegenüber diesen Prozessen empfindlich sind, hängt von mehreren Faktoren ab. Zum einen spielt natürlich die chemische und mineralogische Zusammensetzung eine Rolle, da die einzelnen Mineralien mehr oder weniger widerstandsfähig gegen Verwitterung sind. Zum anderen hängt die Erosion davon ab, wie stark das Regenwasser zwischen den massiven Felsblöcken in den Untergrund eindringen kann.

Das Relief von Al Khulfan im Südjemen, das weithin sichtbar ist, gilt als Musterbeispiel für dieses Phänomen. In seiner Mitte befindet sich ein Granitsockel aus dem Präkambrium, und die senkrechten Klüfte, die im Innern des Gesteins verlaufen, liegen hier bisweilen über 10 m auseinander. Dadurch entstehen große Granitblöcke, die für eine mechanische Erosion nur wenig Angriffsfläche bieten.

Der steil aufragende Granitzacken ist von dunkelgrauen Schiefergesteinen umgeben, die man auf der linken Hälfte und am rechten Rand des unteren Fotos erkennen kann. Sie sind nicht so massiv wie der Granit, sondern setzen sich aus dünnen Schichten zusammen, die sehr leicht erodieren. Wirksam ist hier vor allem die Temperaturverwitterung, also das Aufspalten der Gesteine infolge der großen Temperaturunterschiede zwischen Tag und Nacht. Die dabei entstehenden Trümmerstückchen werden bei den zwar seltenen, dann allerdings sintflutartigen Regenfällen im Sommer hangabwärts transportiert. Sie wirken wie ein Reibeisen und beschleunigen das Entstehen von Schluchten, deren Anfangsstadien auf dem Foto deutlich zu sehen sind.

Der Jemen ist von Trockenheit geprägt, die jährliche Niederschlagsmenge liegt bei lediglich 50 mm. Hier, am Südrand der großen arabischen Sandwüste Ar-Rub' al Khali, sind die Gebirgshänge unbewachsen.

Nur im weiten Tal des Wadi Bathan zeigt eine Reihe von trockenresistenten Akazien *(Acacia tortilis, Acacia hamulosa)*, wo sich nach starken Regenfällen zeitweilig ein Wasserlauf schlängelt. Die jährlichen Hochwasser, die vor allem im Juli und August durch den sommerlichen Monsun verusacht werden, versorgen eine Grundwasserschicht in 20–25 m Tiefe. Untersuchungen haben gezeigt, daß die Akazien ihre Wurzeln bis zu diesem tiefliegenden Wasserpegel ausstrecken.

Mit diesem Grundwasser werden auch die Täler bewässert, eine Technik, die man im Jemen schon seit 3500 Jahren beherrscht. Hinweise darauf liefern die zahlreichen Überreste alter Bewässerungsböden und antiker Ruinen, die man beispielsweise in Ma'rib, Timna oder auch Hagar Ibn Humayd findet. ■

◁ ***Im Südjemen erhebt sich südlich der Stadt Bayhan al Qasab der mächtige Granitzacken des Al Khulfan (1525 m). Er ist von leicht verwitternden, dunkelgrauen Schiefern umgeben. Der Felskeil überragt das Tal des Wadi Bayhan, das im Vordergrund zu sehen ist, um rund 300 m.***

Wasser, Wind und Sedimente

TAGEBÜCHER DER ERDE

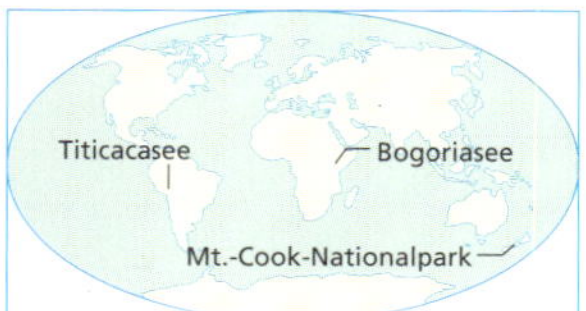

Wenn Wind und Wetter die hohen Gebirgsketten der Erde angreifen, werden große Mengen an mineralischem Material frei. Bäche und Flüsse tragen es meerwärts, doch ein Teil der Fracht setzt sich bereits vorher ab – als feine Sedimentschichten in den Seenlandschaften. Geologen lesen darin wie in den Tagebüchern der Erdgeschichte.

△
Der Titicacasee an der Grenze zwischen Bolivien und Peru ist die größte Wasserfläche der Anden. Die auf dem Seeboden abgelagerten Sedimente geben Auskunft über die großen klimatischen Veränderungen während des Quartärs. Sie enthalten eine große Menge organischer Substanz, die von den Uferpflanzen und den mikroskopisch kleinen Kieselalgen produziert wird. Vor allem die Algen gedeihen hier blendend.

Quartäres Sammelbecken für Sedimente

Er liegt auf einer Höhe von 3812 m und zählt zu den schönsten Binnengewässern der Erde – die Rede ist vom Titicacasee im Altiplano, einem Teil der Anden. Im dunkelblauen Wasser des Sees spiegeln sich oft die schneebedeckten Gipfel des Ancohuma (7014 m).

Der Titicacasee, der zu Bolivien und Peru gehört, hat eine Fläche von 8500 km². Er ist 180 km lang, zwischen 50 und 60 km breit und mißt an der tiefsten Stelle 285 m. Geologisch handelt es sich um einen tektonischen Graben aus dem Quartär, der mit Erosionsmaterial der umgebenden Kettengebirge aufgefüllt ist.

Zwischen 600 v. Chr. und 800 n. Chr. entwickelte sich in dieser kargen Andenregion eine glanzvolle Zivilisation. Aus ihrer Blütezeit um 700 n. Chr. ist der weltberühmte Ort Tiahuanaco mit seinem Sonnentor und den megalithischen, menschenähnlichen Skulpturen erhalten geblieben.

Eine der ersten naturwissenschaftlichen Beschreibungen des Gebietes lieferte zu Beginn unseres Jahrhunderts der Franzose François Neveu-Lemair; er erstellte die erste Karte des Seebodens und beschrieb die Salztonebenen der bolivianischen Hochebene.

Das Becken des Titicacasees gliedert sich in zwei Teile: den großen See mit der Mond- und der Sonneninsel sowie den kleinen See oder Huinaimarca. Beide Gewässer sind durch eine 800 m breite Landenge voneinander getrennt. An den Ufern ihrer Buchten wachsen Schilfpflanzen, die von den Anwohnern als *Totora* bezeichnet und für den Bau der traditionellen Boote verwendet werden.

Das Einzugsgebiet des Titicacasees gehört größtenteils zu Peru, ist von den Flüssen Ilave, Ramis und Huancané durchzogen und besteht aus Moränenablagerungen vulkanischen Ursprungs. Die glazialen Schotter, Sande und Tone häufen sich an den Flußmündungen im See an, wo sie mehr als 70 % der Sedimente ausmachen. Auch die tiefsten Stellen des großen Sees sind mit solchem Moränenmaterial bedeckt. In den dazwischenliegenden Bereichen finden sich kalkhaltige Ablagerungen, die von Organismenschalen und Algenresten stammen. Die schilfbewachsenen Buchten sind mit Schlamm bedeckt, der zu mehr als 50 % aus organischer pflanzlicher Masse besteht. Im kleineren See gibt es Sedimente, die zahlreiche organische Substanzen aus dem

Plankton enthalten. Meistens handelt es sich um zähe, dunkle Schlämme, die nach Schwefelwasserstoff riechen. Sie sind einerseits ein Modell für sich bildende Erdölvorkommen; andererseits zeigen sie die Geschichte des Titicacasees. Aus den Bohrkernen vom Grund des Sees können Sedimentologen den Ablauf der geologischen und klimatischen Ereignisse rekonstruieren, denen diese Region im Quartär ausgesetzt war. ■

Moränen und „Warven" im Mt.-Cook-Nationalpark

Die Südinsel Neuseelands ist von einer alpinen Gebirgskette durchzogen, die von Nordosten nach Südwesten verläuft und aus der Subduktion der Pazifischen Platte unter die Australische Platte entstanden ist. Dort erhebt sich der Mount Cook, mit 3764 m der höchste Gipfel dieses Gebirges. Rund um den Berg erstreckt sich der gleichnamige Nationalpark mit seiner einzigartigen Gletscherlandschaft. Am berühmtesten ist der Tasmangletscher. Mit einer Länge von 28 km und einer Breite von bis zu 3 km zählt er zu den größten Gletschern der Welt außerhalb der Polargebiete. Sein Schmelzwasser fließt in einem Flechtwerk unzähliger Wasserläufe ins Tasmantal und führt dabei Moränenmaterial mit sich.

Die neuseeländischen Alpen mit ihren vielen Gletschern bilden eine natürliche Barriere zwischen zwei völlig unterschiedlichen Welten. An der Westseite des Gebirges, die den feuchten Winden aus der Tasmansee ausgesetzt ist, wächst ein dichter und artenreicher Wald. Er schützt die Hänge vor der Erosion. Die Ostseite des Gebirgszugs ist dagegen karg und nahezu unfruchtbar. In der Mackenzie-Ebene beispielsweise sind fast nur Schafe und einige Vogelarten heimisch. Seinen Namen erhielt dieser Landstrich nach einem Viehdieb, der 1855 eine Herde von tausend Schafen gestohlen haben soll.

Der Tasmangletscher gleitet relativ rasch talwärts. Durch den sehr hohen Druck seiner dicken Eisdecke schmilzt die unterste Eisschicht am Boden, so daß sich wie bei einem Schlittschuh eine Art Gleitfilm aus Wasser bildet. Das Schmelzwasser ist mit Gesteinssplittern beladen, die von den Eismassen abgehobelt wurden. Ohrenbetäubender Lärm entsteht, wenn die Felsstückchen im Wasser über die Unterseite der Eiszunge schleifen, die dadurch allmählich Risse bekommt.

Ein Teil der Gesteinstrümmer bleibt liegen und bildet die Grundmoräne; in ihr spiegelt sich die gesamte Palette der geologischen Formationen des Gebirges wider. Manchmal wird ein Felsblock von einem mächtigen Wasserstrudel mitgerissen und mahlt dann ein „Strudelloch" oder eine „Gletschermühle" in das Gestein. An seiner Front schiebt der Tasmangletscher eine Endmoräne vor sich her, die einen bis zu 40 m hohen Wulst bildet.

Im Osten der Gebirgskette liegen große Seen, die vor rund 17 000 Jahren entstanden sind, als Moränen die Trogtäler versperrten. Im Lauf der Zeit lagerten sich in den Tälern helle und dunkle Sedimentschichten ab, die wie die Jahresringe eines Baumes Auskunft über vergangene Zeiten geben. Die dünnen Sedimentblätter, die auch als Warven bezeichnet werden, bestehen aus hellen Sanden und dunklen Tonen. Das dunkle, tonhaltige Material setzte sich im Herbst ab, wenn die Strömungsgeschwindigkeit gering war; die helleren Sande dagegen wurden im Frühjahr abgelagert, wenn die Strömungsgeschwindigkeit hoch war. Diese Sedimente blieben bis heute erhalten und erlauben nun die Rekonstruktion der einstigen Gletscherumgebung bis zurück in die Eiszeit vor 17 000 Jahren. ■

△
Im Mt.-Cook-Nationalpark auf der Südinsel Neuseelands sind die Gletschertäler mit Moränenmaterial gefüllt. Hier sieht man das Schmelzwasser des Tasmangletschers, das ein weitverzweigtes Netz aus kleinen Rinnen bildet. Das Wasser nimmt ständig Material auf und transportiert es in andere Ablagerungsbecken.

Die Sinterablagerungen im Bogoriasee

Die Täler des ostafrikanischen Grabenbruchs in Kenia gehören sicherlich zu den schönsten Landschaften Afrikas. Nicht nur Vulkane und Tierreservate locken zahlreiche Touristen ins Land, sondern auch sehenswerte Binnengewässer wie der Baringosee, der Bogoriasee, der Nakurusee oder der Magadisee.

Der Bogoriasee bietet riesigen Scharen rosafarbener Flamingos ebenso einen Lebensraum wie Gänsen und Marabus. Die Touristen, die wegen der außergewöhnlichen Vogelwelt an den See kommen, können noch eine andere Besonderheit bewundern. An den Ufern findet man nämlich konzentrische Sedimentablagerungen – die sogenannten Stromatolithen oder Algenkalke. Sie zählen zu den ältesten Zeugen des Lebens auf der Erde.

Die Stromatolithen kommen in den unterschiedlichsten Landschaften vor – im ostafrikanischen Graben ebenso wie in der Shark Bay in Australien oder in den heißen Vulkanquellen des Yellowstone-Nationalparks in den USA. Inbesondere die Algenkalke aus dem afrikanischen Grabenbruch geben hervorragend Auskunft über die natürlichen Lebensräume im Tertiär und im Quartär.

Stromatolithen entstehen durch die Aktivität mikroskopisch kleiner Algen und Photosynthese treibender Bakterien, die im Wasser leben. Durch ihre Atmung verändert sich der Gehalt an gelöstem Kohlendioxid im Wasser. Dadurch kommt es tagsüber zu einem Niederschlag von Calciumcarbonatkristallen; in der Nacht dagegen lagern sich nur kleine Schwebteilchen aus dem Wasser ab. Auf diese Weise bildet sich in den Stromatolithen eine sehr feingeschichtete Struktur heraus. Die Algenkalke in Ostafrika, etwa am Tanganjika- und am Bogoriasee, entstanden gegen Ende des Tertiärs und im Quartär. Am Bogoriasee bildeten sich am oberen Rand des Beckens Süßwasserkalke, die als Travertine bezeichnet werden. Dabei handelt es sich um die Ablagerungen aus ehemaligen heißen Quellen, aber auch um hydrothermale Sinterbildungen aus heutiger Zeit. Im Hintergrund des Fotos unten sind solche heißen Quellen zu erkennen.

Andere Stromatolithen bilden einen doppelten Sintergürtel und weisen damit auf die früheren Pegel des Sees hin. Durch ihre Altersbestimmung konnte man die Schwankungen des Wasserspiegels und somit auch die Klimaveränderungen im Quartär ermitteln. So zeigte sich, daß hier vor etwa 12 000 Jahren ein feuchteres Klima herrschte als heute.

Auch an anderen Orten der Welt findet man Stromatolithen. Beispielsweise in den Andenseen in Bolivien und Chile, wo Algenkalke auch an hydrothermalen Quellen vorkommen. In Westfrankreich und in der südfranzösischen Limagne bilden sie Kalksteine, die frühere Geologen als Blumenkohl bezeichnet haben. Die schönsten Stromatolithen stammen aus der Gegend von Atar in Mauretanien. Sie sind im Präkambrium entstanden und sehen aus wie übereinandergestülpte Kegel mit einem Durchmesser von mehreren Zentimetern. ■

Die Stromatolithen oder Algenkalke des Bogoriasees in Kenia bilden sich in der Nähe einer hydrothermalen Quelle. Die zugleich biologischen und mineralischen Ablagerungen sind typische Sedimente in den vielen Seen, die sich in den tektonischen Einsturzgräben des ostafrikanischen Kontinental-Rifts gebildet haben.
▽

Transport und Ablagerung auf den Kontinenten

Gebirgsketten sind die wichtigsten Lieferanten von Sedimenten, die von Flüssen verfrachtet und mit der Zeit abgelagert werden. Im Zentrum Europas liegen die Alpen, aus denen die Flüsse enorme Materialmengen zum Mittelmeer und zum Atlantik befördern. Doch bevor sie das Meer erreichen, füllen sie die Beckenlandschaften auf, die am Fuß der Gebirge einsinken. Die abgelagerten Sedimentschichten können wie in der norditalienischen Poebene mehrere tausend Meter dick sein.

In Asien sind die Bedingungen im Ural und Himalaja ähnlich. In Nord- und Südamerika verlaufen die großen Kettengebirge im Westen; der Mississippi und der Amazonas werden von diesen gespeist und lagern in ihrem Unterlauf Sedimente in den Ebenen ab.

In Afrika liegen die Gebirgsmassive eher am Rand des Kontinents. Große Ströme wie der Zaire und der Niger entspringen in hochgelegenen, regenreichen Gebieten; in ihrem weiteren Verlauf ziehen sie sich in unzähligen Schleifen durch weite Kontinentalgebiete. Dort lagern sie den größten Teil ihrer Fracht ab und bilden so Seedeltas im Landesinnern. Die Flüsse Logone und Schari münden in den Tschadsee, in dem sie Sedimente ablagern. Dazu gehören nicht nur Feststoffe wie Tone und Sande, sondern auch große Mengen an gelösten Mineralsalzen. Diese schlagen sich nach dem Verdunsten des Wassers am Seeufer als sogenannte Evaporite nieder.

Der Löß – die fruchtbare Fracht des Windes

Löß ist ein vom Wind abgelagertes Sedimentgestein, dessen Partikel nur wenige tausendstel Millimeter groß sind. Dabei handelt es sich um kantige Fragmente von Mineralien, die im Verlauf der Erosion von Gletschern aufgespalten und mit dem Wind fortgetragen wurden.

Löß findet sich vor allem in quartären Schichten der nördlichen Hemisphäre, also in Nordeuropa, Nordamerika und China. Diese Schichten können mehr als 200 m mächtig sein. Manchmal stößt man im Löß auf die Fossilien großer Tiere wie Elefanten, Rinder, Pferde, Gazellen und Katzen. Aber auch menschliche Überreste hat man im Löß schon entdeckt, beispielsweise in China den Menschen von Lantian, der vor 750 000–850 000 Jahren lebte.

Lößlandschaften sind häufig von Steilwänden eingeschnitten, die Dutzende von Metern hoch sein können und sehr erosionsanfällig sind. Die äußerst fruchtbaren Lößböden werden seit der Erdneuzeit bebaut. Je nach Klima gedeihen darauf Weizen, Hirse, Baumwolle oder Obstbäume.

Ein Bauerndorf auf erosionsgefährdeten Lößböden der Region Shanxi in China

Energie und Rohstoffe aus der Erde

VERBORGENE SCHÄTZE

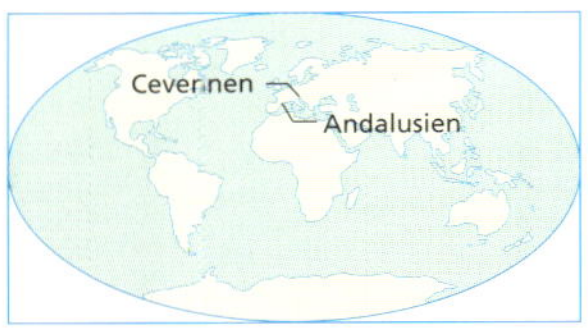

Die Bodenschätze, die sich vor Jahrmillionen gebildet haben, begründen den Reichtum der modernen Industriegesellschaften. Kohle, Öl und Gas liefern Energie, Erz- und Salzlagerstätten bringen wertvolle Rohstoffe hervor. Doch der Siegeszug des Erdöls, das die Kohle zunehmend verdrängt, hat in ganz Europa zum „Reviersterben" geführt.

Verflossener Glanz im Becken von Alès

Am Rand des französischen Zentralmassivs zeigen zwei riesige Löcher in der Erde das moderne Gesicht des Kohlebergbaus in den Cevennen: Mit großen Baggern gewinnt man im Tagebau Steinkohle. Die beiden Gruben liegen in einem geologischen Graben, der mit Schiefer- und Sandsteinschichten sowie Kohleflözen gefüllt ist und sich von Alès aus in Richtung Norden erstreckt.

Der Bergbau im Becken von Alès hat eine lange Tradition: die ersten Minen gab es bereits im Jahr 1230. Später erlebte die Region mehrere Blütezeiten – etwa um 1840 mit dem Bau der Eisenbahn oder ab 1944 mit der Verstaatlichung der Bergwerke. 1958 bauten hier immerhin 20 000 Bergleute 3,3 Mio. t Kohle ab. Heute sind jedoch nur noch 154 Bergleute beschäftigt, die jährlich 0,5 Mio. t fördern.

Früher besaß jedes Dorf seinen Förderschacht, jedes Tal seine Halden, Schienenwege und Werkstätten. Ein Netz aus Stollen durchzog in 1000 m Tiefe das gesamte Becken. Das Grubenholz stammte aus den Nadelwäldern der umliegenden Anhöhen. Heute zeugen eigentlich nur noch ein paar ausgetrocknete Quellen und Einsturzrisse im Boden von dem einstigen Stollensystem. Die Arbeitersiedlungen und Schulen sind verwaist, und in den Städten leben vorwiegend Rentner. ■

◁ ***Der Steinbruch von Mercoiral ist eines der beiden letzten Kohlebergwerke in den Cevennen. Früher lag diese Mine vollkommen unter Tage. Heute gräbt man mit großen Baggern die oberen Sandstein- und Schieferschichten ab, um die tiefliegenden Kohlenflöze freizulegen. Trotz der modernen Technik lohnt sich die Förderung kaum. 18 t Gestein müssen im Durchschnitt abgeräumt werden, um 1 t Kohle zu gewinnen.***

Blick in einen Bergbaustollen im Gebiet von Linares in Andalusien. Durch die Schiefer- und Sandsteinschichten, die aus der Karbonzeit am Ende des Erdaltertums stammen, zieht sich eine ungefähr 60 cm breite Kluft. Darin haben sich im Lauf der Zeit Bänder aus verschiedenfarbigen Mineralien abgelagert: Weiß leuchtet der Schwerspat oder Baryt (Mitte), und bräunlich schimmert der Siderit, während der Bleiglanz eine metallische Blaufärbung aufweist. ▷

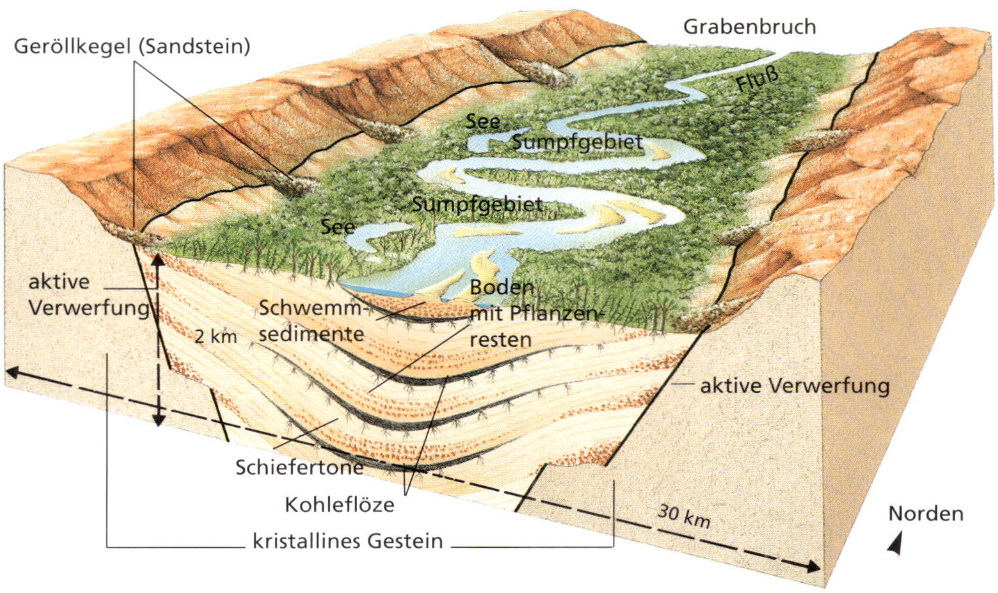

Kohleflöze liegen in Sedimentschichten, die am Ende des Erdaltertums oder Karbons vor etwa 300 Millionen Jahren von einem Fluß abgelagert und in einem aktiven Grabenbruch aufgehäuft wurden. Die Dicke dieser Ablagerungen kann 5 km übersteigen, wobei mehr als 120 Schichten vorkommen können. Jede Schicht hat dabei folgende Bestandteile (von unten nach oben): Boden mit Wurzeln, ein aus Pflanzenresten entstandenes Kohleflöz, auf der Überschwemmungsebene abgelagerte Tone und schließlich sandige Schwemmsedimente des Flußsystems.

Grüne Lunge Ruhrgebiet

In den 60er Jahren waren seine rauchenden Schlote das Symbol des Wirtschaftswunders; 80 % der in Deutschland verbrauchten Kohle stammten aus dem Ruhrgebiet. Heute hat sich das Gesicht des größten industriellen Ballungsgebietes in Europa deutlich gewandelt. Die meisten der Bergwerke sind geschlossen, einige wurden zu Museen, in denen Touristen 800 m unter der Erde umhergehen können. Auch die Natur versucht, ein Jahrhundert intensiven Bergbaues vergessen zu machen – Birken und Ginster haben die Zechengelände erobert, Moose und Flechten überziehen die stillgelegten Hochöfen. Im Ruhrgebiet gibt es heute mehr als 3000 öffentliche Grünanlagen, und in den elf größten Städten der Region sind gut 43 % der Fläche mit Vegetation bedeckt.

Seen prägen heute das Bild des Ruhrgebiets.

Die Geburt der Lagerstätten

Kohle hat bei uns lange Zeit eine große Rolle als Energieträger gespielt, weil sie in großen Mengen vorhanden war. Entstanden sind die mächtigen Kohleflöze im Erdaltertum, am Ende des Karbons, als in Sumpfgebieten eine üppige Vegetation gedieh: 10 m hohe Baumfarne, 30 m hohe Schachtelhalme und 40 m hohe Bäume.

Zeitweise überflutete dann Hochwasser die dichten Wälder, und die Pflanzenreste türmten sich zu dicken Schichten auf. Später wurden die Holzfragmente unter Ablagerungen begraben und so vor der Oxidation durch Luftsauerstoff sowie vor der Zersetzung durch die Mikroorganismen geschützt. Im Lauf der Jahrmillionen häuften sich darüber bis zu 10 km dicke Sedimentschichten an. Durch den von ihnen ausgeübten Druck stieg in den Pflanzenresten die Temperatur an. Dadurch wurden organische Molekülketten aufgespalten, flüchtige Stoffe wie Methangas entwichen, der Kohlenstoffgehalt nahm zu – energiereiche Steinkohle war entstanden.

Solche Bedingungen herrschten in tektonischen Gräben vor, die durch die Bewegung der Kontinentalplatten entstanden sind und von Verwerfungen begrenzt wurden. Das stellenweise Einsinken der Kontinentalkruste führte zu Becken mit Sumpfgebieten, die rasch von Sedimenten aufgefüllt wurden. Alle diese Merkmale lagen am Ende des Karbon in Westeuropa und im Osten der USA vor, wo sich ungeheure Mengen an Kohle ansammelten.

Andere Lagerstätten sind auf andere Weise entstanden. Manche bildeten sich während der Kristallisierung magmatischer Gesteine (Chromerze) oder kurz nach dem Kristallisieren der Granitdome (Zinn- und Wolframerze). Andere Bodenschätze wie Kupfer-, Barium-, Zink- und Bleierze wurden von hydrothermalen Lösungen abgelagert. Dabei handelte es sich um Wasser, das in der Tiefe oder durch Vulkane aufgeheizt wurde, Metalle löste und diese dann beim Aufstieg an die Oberfläche wieder ablagerte.

Wieder andere Lagerstätten schließlich bildeten sich direkt in den Böden (Eisen- und Aluminiumerze) oder in Sedimenten (Salze, Phosphate, sedimentäre Eisen- und Manganoxide).

Metallerze unter dem Olivenhain

Die hügelige Landschaft um Linares in Andalusien ist von Olivenhainen geprägt – ein Anblick, den eigentlich nur ein paar eingestürzte Schornsteine und aufgelassene Bergwerksschächte stören. Doch unter den Olivenbäumen verbergen sich im Sandstein und Schiefer große Mengen an Blei und Silber. Sie brachten dieser Region im 19. Jahrhundert Wohlstand: 5,5 Millionen Tonnen Blei und 2200 Tonnen Silber wurden hier abgebaut.

Das Bleiglanz genannte, bläulich schimmernde Bleisulfid liegt in schmalen Erzadern. Diese enthalten zudem Siderit, ein Eisencarbonat, sowie Schwerspat, der auch als Bariumsulfat oder Baryt bezeichnet wird. Entstanden sind die Erzadern durch die unterirdische Zirkulation von heißem Wasser, das aus einem großen Sedimentbecken stammte und mit Metallen aus dem Untergrund angereichert war. Als es beim Aufsteigen abkühlte, schieden sich Erze in den Gesteinsklüften ab. ■

Die Entwicklung der Böden

Kennzeichen dieses Bodens in Burkina-Faso ist seine schlechte Struktur aufgrund eines Mangels an Dauerhumus, der für eine stabile Krümelung des Oberbodens sorgt. Wenn Bodenpartikel wie hier zusammengebacken sind, können weder Luft noch Wasser in die Erde eindringen, was die Nährstoffversorgung der Pflanzenwurzeln stark beeinträchtigt. Die beiden Bauern lockern mit einem einfachen Hackenpflug den an der Oberfläche stark verkrusteten Boden auf. ▷

Ein Boden ist eine lockere Schicht aus mineralischem und organischem Material. Bei seiner Entstehung, der Pedogenese, spielen nicht nur das Ausgangsgestein und das Klima eine Rolle, sondern auch die Lebewesen. Das Bodenleben ist gekennzeichnet durch Tiere (Regenwürmer, Maulwürfe, Springschwänze), Pflanzen (Flechten, Algen, höhere Pflanzen) und Mikroorganismen (Pilze, Bakterien).

Ein Boden entwickelt sich nach bestimmten Gesetzen aus dem Ausgangsgestein, das als C-Horizont bezeichnet wird. Der humushaltige Oberboden heißt A-Horizont, der Unterboden B-Horizont. Zwischen den einzelnen Horizonten kann es zur Verlagerung von Tonmineralien, Eisen, Aluminium oder Calcium kommen. Über welche Eigenschaften ein Boden verfügt, hängt zunächst vom Ausgangsgestein ab. Aus silikatreichem Material (Granite, Gneise) entwickeln sich Böden, die chemisch sauer reagieren; auf calciumreichen Gesteinen (Kalke, Dolomite) bilden sich Böden, die alkalisch sind. Die meisten Nährstoffe sind für die Pflanzen im leicht sauren pH-Bereich am besten verfügbar.

Eine Rolle für die Beurteilung spielt auch die Bodenart. Sie gibt Auskunft über die Korngröße der Bodenpartikel, die in Sand, Schluff und Ton eingeteilt werden. Die Bodenstruktur beschreibt das Gefüge, also die räumliche Verteilung von Partikeln, Luft und Wasser.

Das Bodenprofil gibt Auskunft über die Abfolge der Horizonte. Da sich diese je nach Umweltbedingungen in einer typischen Weise ausbilden, lassen sich bestimmte Bodentypen wie Braunerde oder Podsol unterscheiden. Die hier abgebildeten Profile zeigen nur wenige Beispiele, die weltweit aber von Bedeutung sind.

PODSOL

- O — *organischer Horizont*
- A — *Auflagehorizont mit Humus*
- E — *Horizont mit ausgewaschenem Ton, Humus und Eisen*
- Bh — *Horizont mit eingeschwemmtem Humus*
- Bfe — *Eisenoxidreicher Horizont*
- C — *Ausgangsgestein: Sandstein*

◁ ***Auch Buchenmischwald wächst um so besser, je tiefgründiger und nährstoffreicher der Boden ist. Ein guter Boden kann Wasser und Nährstoffe in ausreichender Menge speichern. Zugleich ist er gut durchlüftet, was die Aktivität der in der Erde lebenden Mikroorganismen und Regenwürmer fördert. Diese zersetzen organische Substanzen wie etwa Laub oder Pflanzenreste und bilden daraus wertvollen Dauerhumus.***

Ein fruchtbarer Boden mit Rapsfeldern in einer gemäßigten Klimazone. Hier treffen mehrere Faktoren aufeinander, die eine gute Produktivität sicherstellen: ausreichende Bodentiefe, stabile Krümelstruktur, gute Nährstoffversorgung, keine Staunässe. Die dunkle Farbe der unbewachsenen Ackerfläche deutet auf einen hohen Humusgehalt hin. ▷

BRAUNERDE

A Auflagehorizont mit Humus
Bv Mineralischer Horizont mit Tonanreicherung
C Ausgangsgestein: Kalkgestein

TSCHERNOSEM

Ah Auflagehorizont mit viel Humus
Cca Horizont mit Kalkanreicherung
C Ausgangsgestein: Löß

ANDOSOL

Ah Auflagehorizont mit viel Humus
C Ausgangsgestein: Vulkanasche

SOLONETZ

A Auflagehorizont mit dünner Humusschicht
E Auswaschungshorizont
Btsa mit Ton und Salz angereicherter Horizont
G von Grundwasser beeinflußter Horizont

LESSIVÉ

A Auflagehorizont mit Humus
E Auswaschungshorizont
Bt mit Ton angereicherter Horizont
C Ausgangsgestein: kalkhaltige Gesteine

FERRALSOL

E Horizont mit Auswaschung von Ton und Basen (Kalzium, Magnesium, Natrium)
Box Eisen- und aluminiumoxidreicher Horizont
C Ausgangsgestein: silikatreiche Gesteine

DAS MEER

Spiel der Gezeiten

Der Kontinentalrand vor der Küste

VOM STRAND ZUR TIEFSEE

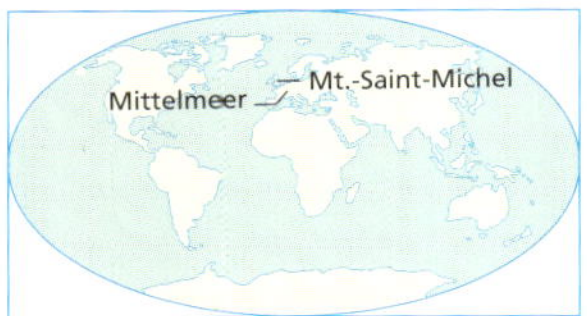

Am Rand der Kontinente treffen zwei gegensätzliche Welten aufeinander – das Festland und das Meer. In der Übergangszone der Küsten vermischen sich die vom Land zugeführten Sedimente mit den im Wasser gelösten Stoffen. So entsteht ein nährstoffreicher Lebensraum, in dem sich zum Beispiel üppige Unterwasserwiesen entwickeln.

△
Bei Ebbe erhebt sich die kleine Insel Mont-Saint-Michel hoch über den Sedimenten des Kontinentalsockels vor der Normandie. Das waschbrettartige Watt ist von Prielen durchzogen.

Gefürchtete Mahlsande vor Mont-Saint-Michel

Der Mont-Saint-Michel in Nordfrankreich ist in zweierlei Hinsicht sehenswert: wegen seiner Abtei, die auf einem Granitfelsen hoch über dem Meer thront, und wegen der großen Gezeitenunterschiede in seiner Bucht. Der Sage nach ist die Insel im Jahr 709 durch eine verheerende Sturmflut entstanden. Auf der Höhe des Flusses Couesnon, der die Grenze zwischen der Normandie und der Bretagne darstellt, zieht sich das Meer bei Ebbe bis zu 15 km weit zurück. Wagemutige können dann weit auf den Kontinentalsockel hinauswandern und dabei über Sedimente spazieren, die während der Springflut bei einer Tag- und Nachtgleiche bis zu 17 m unter Wasser liegen.

Die Wanderung auf den Kontinentalsockel beginnt in der Nähe der kleinen Kapelle Sainte-Anne; sie erhebt sich auf einem Damm, der schon im Mittelalter auf einem Küstenstreifen errichtet wurde. Zunächst überquert man eine Pflanzendecke aus saftigem Gras, auf der Schafe die salzliebenden Pflanzen wie etwa das Schlickgras abweiden. Nach diesen Salzwiesen bleiben als letzte Orientierungspunkte die von Muschelzüchtern in den Boden gerammten Holzpfähle. Die Füße versinken im Schlick und in Schichten aus feinem Sand, auf denen sich Fußabdrücke von Vögeln abzeichnen. Diese Sedimente, die sich aus kleinsten Muschelschalenstückchen, Quarzkörnern sowie winzigen Glimmerblättchen zusammensetzen, wurden von den Meeresströmungen abgelagert. Sie sind zu mehr als 60 % mit Wasser durchtränkt und lassen dadurch den gefürchteten Mahlsand entstehen, in dem man sehr schnell tief einsinken kann.

An der Niedrigwassergrenze ragt aus dem dunklen Schlamm eine Kolonie von kleinen Ringelwürmern hervor, die sich zu großen festen Massen zusammenballen.

Wagt man sich bei zurückgehender Flut noch weiter ins Wattenmeer hinaus, verwandelt sich diese Landschaft oftmals in eine gespenstische Szenerie. Wenn Nebel die Küste verschluckt und der Wind Löcher in die Wolkendecke reißt, fühlt man sich wie auf einem fremden Planeten. Auf dem Meeresboden, der für wenige Stunden ohne Wasser ist, bildet der rötliche Sand wellenförmige Muster. Dazwischen glitzern silbergraue Pfützen, doch die nächste Flut wird alles wieder hinwegspülen und neu erschaffen. ■

In ihrem Mündungsbereich führen die Flüsse dem Kontinentalsockel große Mengen an Sedimenten zu. Das Material wird von den Küstenströmen weitertransportiert und in submarine Canyons geschwemmt. Diese durchschneiden den Kontinentalhang und lagern an dessen Fuß riesige untermeerische Sedimentfächer ab.
▽

Delta unter dem Meer

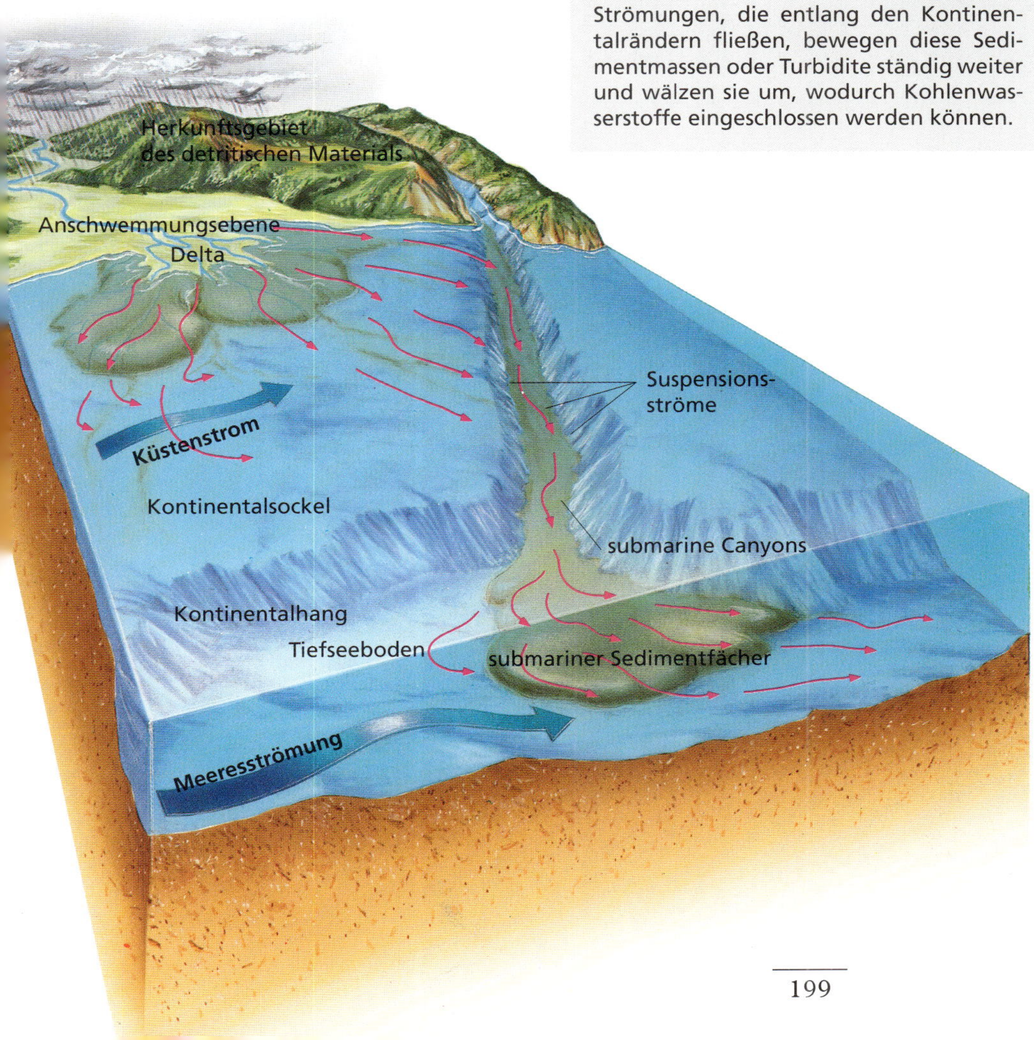

Am Rand des Kontinents

Der Kontinentalrand spiegelt bedeutende geologische Ereignisse wie etwa die Erosion von Gebirgsketten oder auch Veränderungen des Meeresspiegels wider. Er unterteilt sich in drei große Bereiche unterschiedlicher Tiefe: Der auch als Schelf bezeichnete Kontinentalsockel ist die Fortsetzung des küstennahen Reliefs und erreicht eine Wassertiefe von 100–250 m. Sein Gefälle ist sehr schwach, es liegt in der Regel unter 1°, doch seine Breite variiert zwischen einem und mehreren tausend Kilometern. Im Schelf lagert sich das von Flüssen mitgeführte Erosionsmaterial ab; es wird „sortiert" und von den Küstenströmen weitertransportiert. Weil das Sonnenlicht bis in mehrere Meter Wassertiefe reicht und Photosynthese ermöglicht, entwickelt sich auf dem Kontinentalsockel ein intensives Leben.

An den Sockel schließt sich der Kontinentalhang an; er verläuft in Tiefen zwischen 2000 und 4000 m und hat eine Neigung zwischen 5° und 10°. Mancherorts durchziehen ihn tiefe Rinnen – es handelt sich um ehemalige Flußtäler oder Risse, die durch Verwerfungen entstanden sind.

An der Basis des Abhangs schließlich häufen sich Sedimente an, die von den submarinen Rinnen oder Canyons in eine Bahn gelenkt wurden und damit untermeerische Deltas bilden. Küstenparallele Strömungen, die entlang den Kontinenträndern fließen, bewegen diese Sedimentmassen oder Turbidite ständig weiter und wälzen sie um, wodurch Kohlenwasserstoffe eingeschlossen werden können.

Ergiebige Erdölfelder

Eine Bohrplattform in einem Erdölfeld vor der Küste des Golfs von Mexiko

Der Teil des Golfs von Mexiko, der zu den Vereinigten Staaten gehört, ist die bedeutendste Erdölregion Nordamerikas. Bis heute stammen 31 % des in den USA verbrauchten Erdöls und 48 % des Erdgases aus diesem Gebiet.

Der Reichtum an fossilen Energieträgern erklärt sich mit der geologischen Geschichte des Kontinentalsockels. Als sich im Erdmittelalter der Atlantik öffnete, entstanden große Becken. Die ersten darin abgelagerten Schichten bestehen zum großen Teil aus Salzgesteinen, über denen wiederum schwere Kalk- und Sandsteinsedimente lagern. Unter deren Druck stieg das Salz stellenweise wie ein Korken hoch, der unter Wasser gedrückt worden war, und breitete sich innerhalb der oberen Schichten schirmförmig aus. Unter diesen Salzstöcken oder Diapiren reicherten sich Kohlenwasserstoffe an, die aus den kalk- und sandhaltigen Sedimenten stammen.

Bei den Sedimenten handelt es sich um Erosionsmaterial, das der Mississippi seit 20 Millionen Jahren über sein riesiges Delta in den Golf von Mexiko transportiert. Man schätzt die Schichtdicke auf 2–6 km. Unter diesen Bedingungen gelangten die organischen Stoffe rasch in ein sauerstoffarmes Milieu und konnten sich zu Erdöl und -gas umformen.

Bereits 1859 wurde an der Küste Bitumen entdeckt, und nach Öl bohrte man erstmals 1899. Doch die Vorkommen unter dem Festland waren bald erschöpft, so daß man sich der Erdölförderung vor der Küste (Offshore) zuwandte. Die Reserven im Norden des Golfs von Mexiko schätzt man auf 1,26 Milliarden Tonnen Erdöl und 2900 Gigakubikmeter Erdgas. Die derzeit 500 Produktionsfelder verteilen sich auf eine Fläche von mehr als 300 000 km².

Sedimentlawinen im Meer

Die Sedimente am äußeren Rand des Kontinentalsockels oder an der Oberkante der steilen, untermeerischen Canyons rutschen gelegentlich nach einem Erdbeben wegen ihres hohen Gewichts plötzlich ab. Ein Teil der mit Wasser vollgesogenen Sedimentschichten folgt durch die Schwerkraft so lange dem Gefälle, bis er sich auf einer horizontalen Fläche ablagern kann. Wenn sich die Sedimente aus diesen Strömen als Turbidite niederschlagen, werden sie häufig durch kleine Faltungen verformt, die man später zwischen den horizontalen Schichten findet, wie dies auf dem Foto rechts deutlich zu sehen ist. Die zuoberst abgelagerten Partikel allerdings schweben bald wieder im Wasser und bilden einen Suspensions- oder Trübestrom, der sich in die Tiefsee ergießt. Dort lagern sich die kleinen Schwebeteilchen schließlich je nach Größe ab. Die dichtesten Partikel sinken als erste auf den Meeresboden und bilden die sogenannten Lappen der untermeerischen Fächer. Das kleine Foto rechts zeigt einen Laborversuch, bei dem dieser Vorgang simuliert wird. Die Sedimentpartikel werden durch Kieselerdekügelchen von unterschiedlicher Größe simuliert.

Das obere Foto stammt aus den Südalpen und zeigt Faltungen zwischen zwei horizontalen Schichten. Solche Formen deuten auf einen untermeerischen Erdrutsch hin. Auf dem Foto rechts sieht man einen Laborversuch, bei dem eine „untermeerische Lawine" aus winzigen Kieselerdekügelchen erzeugt wird. ▷

Unterwasserwiesen am Kontinentalrand

Sie leben völlig unter Wasser und erinnern deshalb an Algen. Doch bei den Seegräsern wie etwa *Zostera marina* und *Zostera noltii* handelt es sich um höhere Pflanzen. Dies gilt auch für die auf dem unteren Foto gezeigte Art *Posidonia oceanica*. In der Nord- und Ostsee siedeln die Seegräser im Flachwasserbereich des Kontinentalsockels, der stets unter Wasser steht, aber noch vom Sonnenlicht durchdrungen wird. Im Mittelmeer und an den australischen Küsten bilden sie sogar ausgedehnte Unterwasserwiesen, in denen sich Fische tummeln und nach Beute jagen.

In Gewässern unterscheiden Ökologen zwei große Lebensbereiche für Pflanzen und Tiere: das Benthal, das den Boden des Meeres oder auch stehender Gewässer umfaßt, sowie das Pelagial, das den Bereich des freien Wassers darstellt. Manche Tiere, etwa Austern, leben im Larvenstadium im pelagischen Lebensraum, bevor sie sich am Grund festsetzen. Andere Lebewesen verbringen ihre ganze Zeit im freien Wasser, zu ihnen gehören die meisten Fische sowie das Plankton.

Die Sedimente, die sich auf dem Kontinentalsockel ablagern, enthalten charakteristische Überreste benthaler und pelagialer Organismen. Ihre Verteilung hängt unter anderem von der Meeresströmung, der Wasserqualität und dem Klima ab. Korallen zum Beispiel brauchen klares, bewegtes Wasser, um ausreichend Sauerstoff zu erhalten; zudem muß das Meer zwischen 18 und 36 °C warm sein.

Kaltwasserzonen enthalten meist viele gelöste Nährstoffe, die von Erosionsprozessen auf den Kontinenten stammen und mit den Flüssen in die Ozeane getragen werden. Wegen dieses Nährstoffreichtums gedeihen hier trotz des kalten Wassers mikroskopisch kleine, einzellige Algen, die Diatomeen. Weil sie einen silikathaltigen Panzer besitzen, werden sie auch als Kieselalgen bezeichnet. Wenn sie absterben, sinken sie langsam nach unten und bilden dann typische Ablagerungen auf dem Meeresboden. In der Regel machen sie den größten Anteil des Sediments aus.

Am Ende des Erdmittelalters überflutete das Meer einen Großteil Europas, so daß ein riesiger, von Wasser bedeckter Kontinentalsockel entstand. Weil damals ein tropisches Klima herrschte und das Meer eine Fülle von Nährstoffen enthielt, konnten sich die Organismen des Planktons und vor allem die kleinen Foraminiferen mit ihrem Kalkpanzer massenhaft vermehren. Nach dem Absterben häuften sie sich in mächtigen Schichten an, die wir heute als Kreide bezeichnen. Gut zu sehen ist diese geologische Formation zum Beispiel in den Felswänden der Normandie oder den berühmten weißen Kreidefelsen der englischen Kanalküste bei Dover. ■

◁ ***Auf dem Kontinentalsockel vor der Mittelmeerküste bilden Seegräser der Art*** **Posidonia oceanii** ***ausgedehnte grüne Wiesen unter der Wasseroberfläche. Sie sind ein idealer Lebensraum für Fische, die hier nicht nur leicht Verstecke finden, sondern auch gut auf Beutejagd gehen können.***

Die tiefen Meeresgründe

WELT OHNE LICHT

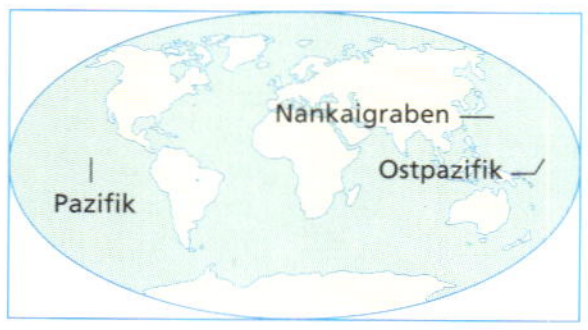

Trotz moderner Meßgeräte sind die Tiefseeregionen weitgehend unerforscht geblieben. Doch die weißen Flecken auf der Ozeankarte werden allmählich kleiner. Satelliten liefern Aufnahmen der Weltmeere, Forschungsschiffe vermessen den Meeresboden mit Echoloten, Tauchboote und Roboter holen Bodenproben aus der Tiefsee.

Schwarze Raucher inmitten des Pazifiks

Der 20. August 1979 ist ein wichtiges Datum in der Geschichte der Tiefseeforschung. An diesem Tag erlebte die Besatzung des amerikanischen Tauchboots *Alvin* ein verblüffendes Schauspiel: Aus dem Meeresboden am ostpazifischen Rücken quollen schwarze Wolken, ähnlich dem Rauch einer Dampflokomotive. Daß es sich dabei um äußerst heiße Wasserfontänen handelte, konnten die Männer im Tauchboot rasch feststellen – die Temperatur des dunklen Wassers überstieg die Skala der mitgeführten Temperatursonde. Ein ins Wasser ragendes Kunststoffrohr war teilweise geschmolzen, als man es wieder an die Oberfläche brachte. Heute weiß man, daß die Temperatur der „schwarzen Raucher“ 350 °C erreichen kann. Die schwarze Farbe rührt von Sulfiden her, die beim Austritt der hydrothermalen Lösungen ins kältere Meerwasser entstehen. Haben die Lösungen oder Fluide eine niedrigere Temperatur, bilden sich weiße Partikel aus Bariumsulfat und ergeben die sogenannten „weißen Raucher“.

Wenn man bedenkt, daß die Wassertemperatur in den Tiefseegräben bei 2–3 °C liegt, bekommt man eine Vorstellung davon, auf welch spektakuläre Weise die heißen Unterwasserquellen emporschießen. Noch verblüffender mutet es allerdings an, daß an den schwarzen Rauchern eine vielfältige Tierwelt lebt. Riesige Muscheln, Röhrenwürmer und Krustentiere drängen sich um die Austrittsöffnungen der heißen Quellen.

In hydrothermalen Lösungen mit Temperaturen unter 100 °C kommen zahlreiche Bakterien vor. Bei der Oxidation anorganischer Bestandteile, etwa Schwefelwasserstoff, entsteht Energie. Sie wird von den Bakterien genutzt, um Kohlendioxid oder Methan in organische Kohlenstoffverbindungen umzuformen. Die Bakterien übernehmen dabei die Rolle von

Die schwarzen Raucher

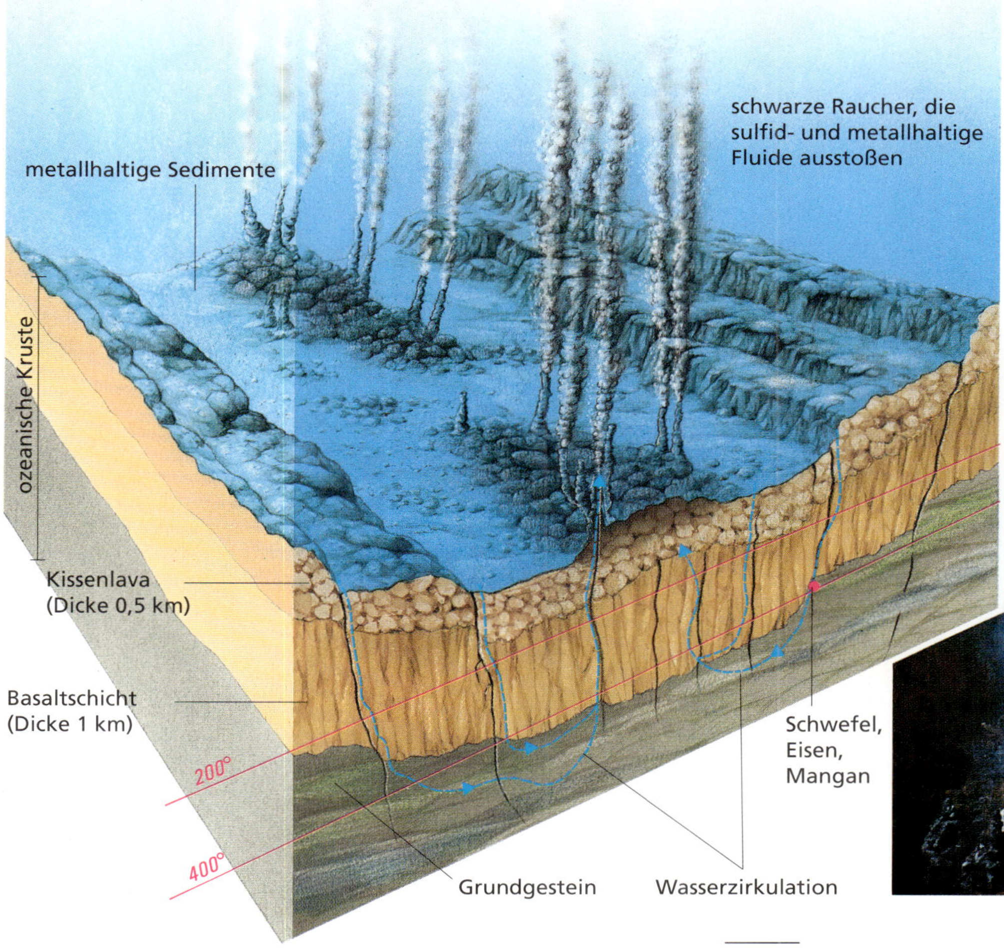

◁ ***Eine Reihe von Schloten, die mit Sulfiden und Metalloxiden bedeckt sind, ragt inmitten eines ozeanischen Rückens empor. Weil sie dunkel gefärbte Lösungen oder Fluide ausstoßen, bezeichnet man sie als schwarze Raucher.***

In der Nähe des 13. nördlichen Breitengrads befindet sich dieser schwarze Raucher in einer tektonischen Senke am Ostpazifischen Rücken. Der heiße Wasserstrahl wird beim Austritt aus dem Schlot augenblicklich dunkel. Er nimmt die schwarzen Sulfidpartikel auf, die entstehen, wenn sich das hydrothermale Fluid mit dem Meerwasser mischt. ▽

Grünpflanzen, die bei der Photosynthese die Energie des Sonnenlichts ausnutzen.

Nicht nur für die Lebewesen sind die hydrothermalen Oasen am Meeresgrund von großer Bedeutung; durch das Zirkulieren von Fluiden ermöglichen sie in der Ozeankruste den Austausch chemischer Elemente zwischen der Lithosphäre und dem Meerwasser. Diese Prozesse steuern die chemische Zusammensetzung der Ozeane auf der ganzen Welt. Zudem lassen sich durch sie auch Ablagerungen von Metallsulfiden erklären, die auf heutigen Landflächen – etwa in Zypern, Oman oder Neufundland – entdeckt wurden. ■

Die Tiefseegräben

Auf dem kleinen Foto (rechts oben) erkennt man Überreste von Weichtieren; sie bedecken den Grund des Nankaigrabens, der vor Tokio entlang der japanischen Küste verläuft. Die Tiere lebten in 3800 m Tiefe unter erstaunlichen Bedingungen in einem Meeresgraben, der entstanden war, als die pazifische Platte unter die asiatische Platte abtauchte.

Nach der Theorie der Plattentektonik halten sich die Neubildung und das Abtauchen ozeanischer Lithosphäre die Waage. Entlang der Achse der ozeanischen Rücken bildet sich jedes Jahr eine neue Fläche von 3,5 km², doch mit der gleichen Geschwindigkeit kehrt Meeresboden in die Tiefe des Erdmantels zurück, indem er in Subduktionszonen abtaucht. Diesen Umwälzungsvorgang begleiten dreierlei beeindruckende Erscheinungen: verheerende Vulkanausbrüche entlang des circumpazifischen Feuergürtels, Erdbeben, die von den Spannungen zwischen der abtauchenden und der oberen Platte verursacht werden, und schließlich das Auftauchen der Inselbögen, die die Randmeere begrenzen.

An der Oberfläche zeigt sich die Subduktion in Form von Gräben, die ihre größten Tiefen in den Ozeanen erreichen – im Marianengraben mehr als 11 000 m. Die Tiefseezonen sind bis heute noch nicht präzise kartografiert. So wurde etwa die Challengertiefe im Marianengraben erst zweimal erkundet: im Januar 1960 durch das französische Tiefseetauchgerät *Trieste*, das bis auf 10 916 m hinabtauchte, sowie durch eine sowjetische Sonde, die bis in eine Tiefe von 11 034 m vorstieß.

Neuere Untersuchungen befassen sich mit dem Materialfluß, der durch die Subduktion hervorgerufen wird, und mit den Verformungen, denen die kontinentalen Platten an den Rändern ausgesetzt sind. Bei Bohrungen im Rahmen des OD-Programms *(Ocean Drilling Program)* wurde die chemische Zusammensetzung der Gesteine entschlüsselt. Daraus ergab sich ein Zusammenhang zwischen den austretenden Lösungen oder Fluiden und der Subduktion.

1984 und 1985 entdeckten französische und japanische Wissenschaftler weitere spektakuläre Anzeichen für das Ausstoßen von Fluiden am Meeresgrund: bis zu 3 m lange Röhrenwürmer *(Riftia pachyptila)*. Diese bilden wie bei den schwarzen Rauchern dichte Populationen und leben an den Austrittsöffnungen methanhaltiger, kalter Fluide. ■

△ ***Überreste von Muscheln der Art* Calyptogena *im Nankaigraben vor Tokio. Die Meerestiefe liegt bei 3785 m. Früher traten an dieser Stelle kalte Fluide aus, die mit Methan angereichert waren. Auf dem Boden sieht man zahlreiche Spuren von Tieren, die in der Tiefsee leben.***

Risse und Verwerfungen in ozeanischen Rücken

Der größte Teil der Erdoberfläche ist von tiefen Rissen durchzogen. Schätzungen zufolge weist die ozeanische Kruste, die mehr als 60 % der Oberfläche bedeckt, alle 100–200 m einen Riß oder eine Verwerfung auf. Diese entstehen im Axialbereich der ozeanischen Rücken, in den vulkanischen Gebirgsketten, die sich über 60 000 km Länge inmitten der Weltmeere dahinschlängeln und bei der Bildung neuer Ozeankruste äußerst produktiv sind.

Wenn entlang eines ozeanischen Rückens oder Rifts neue ozeanische Kruste nur sehr langsam entsteht, bilden die Verwerfungen riesige Stufengebilde an den Flanken des untermeerischen Rifts. Dies ist beispielsweise beim Mittelatlantischen Rücken der Fall, bei dem die beiden Bereiche links und rechts des Rückens nur langsam auseinanderdriften.

Dagegen bewegen sich bei einem Rift, das sich rasch öffnet wie beispielsweise der Ostpazifische Rücken, die hochwachsenden Strukturen schnell von ihrem Ursprungsort weg. Bei diesem Vorgang kühlen sie jedoch ab, wodurch ihre Dichte zunimmt. Deshalb sinken sie wieder in den Untergrund ein, so daß ein flaches Relief entsteht.

Seit Beginn der 80er Jahre setzt man für die Kartierung der Verwerfungen eine neue Generation von Echoloten ein. Mit modernsten Geräten ist es möglich, an einem einzigen Tag eine Fläche von 10 000 km² kartografisch zu erfassen. Andere Echolote erlauben eine sehr genaue Auflösung, so daß man ein Bild des Meeresbodens erhält, das so gut ist wie Satellitenaufnahmen der Kontinente. ■

△ ***Diese Karte wurde auf der Grundlage sämtlicher Messungen erstellt, die ozeanografische Schiffe weltweit in den tiefen Meeresgründen vorgenommen haben. Das hellblau markierte Netz der ozeanischen Rücken ist deutlich zu sehen. Im* National Geophysical Data Center *in Boulder im US-Bundesstaat Colorado sind alle „bathymetrischen Sondierungen" erfaßt. Das Rechenzentrum des Instituts dient deshalb als weltweite Datenbank für geophysikalische Daten.***

◁ ***Vorsicht Falle! Mitten in einer massiven Schicht aus Basaltsäulen im Ostpazifischen Rücken hat sich ein langer Riß von 1–2 m Breite geöffnet. Der parallel zur Achse des Rückens verlaufende Spalt am Meeresboden ist ein deutliches Zeichen, daß sich die ozeanische Kruste ausdehnt.***

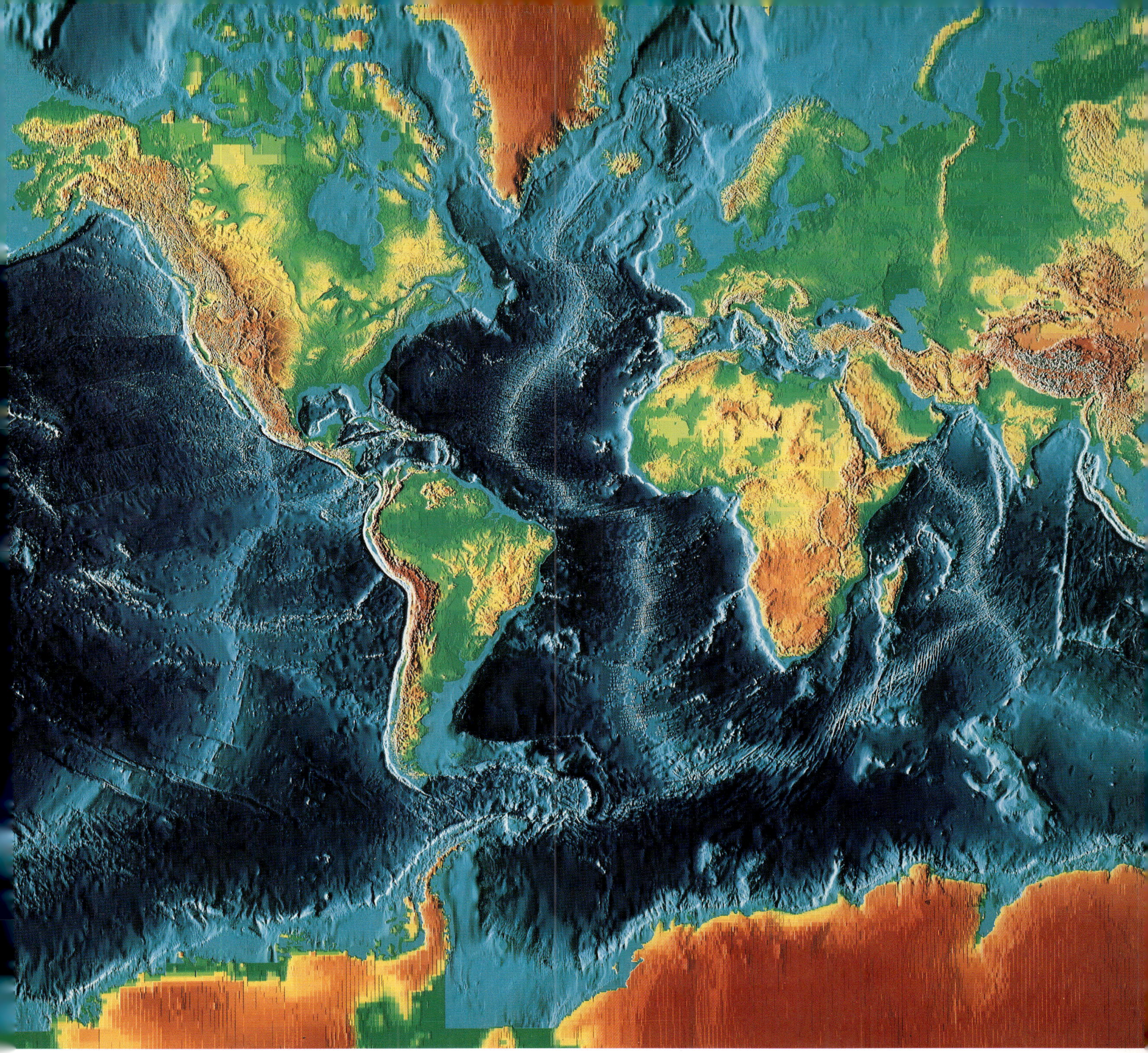

Majestätische Bergwelt am Meeresgrund

Lange Zeit glaubte man, der Grund der Ozeane bestehe nur aus den großen Ebenen in der Tiefsee, die so eintönig und flach sind, daß ihr Gefälle weniger als 1 Promille beträgt. Doch inzwischen weiß man, daß diese Ebenen von Meeresbergen oder sogenannten *sea mounts* überragt werden, die mehrere hundert Meter hoch sind.

Die Meeresberge erheben sich zu beiden Seiten der ozeanischen Rücken und bedecken den größten Teil der Ozeanbecken. Bei diesen Meeresrücken handelt es sich um stark zerklüftete, vulkanische Gebirgsketten, die weltweit eine Länge von mehr als 60000 km haben. Darüber hinaus ziehen sich lange, schmale Tiefseegräben an einigen Kontinenten entlang; hier hat man die größten Meerestiefen gemessen. Rund 55 % der Oberfläche unseres Planeten liegen in mehr als 3 km Tiefe unter dem Wasser.

Die große Expedition der britischen Korvette *Challenger* in den Jahren 1872–1876 stellte die erste ernsthafte Untersuchung der tiefen Meeresgründe dar; ihre wissenschaftlichen Ergebnisse wurden erst 20 Jahre später als 50bändiges Werk veröffentlicht. Bis zum Zweiten Weltkrieg blieben die Kenntnisse vom Ozeanboden bruchstückhaft, doch seither haben sie dank technischer Weiterentwicklungen unablässig Fortschritte gemacht.

Heute kann man mittels moderner Echolote und Sonargeräte ganze Blöcke des Ozeans sehr rasch kartografieren. Ultraschallwellen liefern qualitativ hochwertige Bilder, wie sie von Satellitenaufnahmen der Kontinente bekannt sind. Trotzdem gibt es noch weiße Flecken auf der Ozeankarte. Mit Hilfe der Raumfahrt ist man nun dabei, die Lücken zu füllen. In Satelliten mitgeführte Höhenmesser können das Relief des Meeresbodens registrieren und liefern so einen Überblick über die bisher unerforschten Regionen.

Seit 1964 werden durch Bohrungen in allen Weltmeeren dem ozeanischen Sockel und den Sedimenten Proben entnommen, die man als Geschichtsarchiv unseres Planeten betrachten kann. Und seit 1973 stoßen Tauchboote bis in eine Wassertiefe von 6000 m vor, wo Messungen durchgeführt sowie Gesteins- und Wasserproben entnommen werden.

Mit dem Tauchboot in die Tiefsee

Techniker bereiten das Tauchboot Nautile *auf einen Einsatz vor.*

Das französische Tauchboot *Nautile* kann bis in eine Tiefe von 6000 m vordringen und so 98 % des Meeresbodens erforschen. Das Schwesterboot *Cyana* dagegen hat eine Tauchtiefe von 3000 m und wird deshalb vor allem für die Erforschung der mittelozeanischen Rücken und der Kontinentalränder eingesetzt.

Die *Nautile* hat eine Länge von 18 m und einen Durchmesser gut 2 m. Das aus einer Titanlegierung gefertigte U-Boot wiegt 18 t. Zu Wasser gelassen wird es von einem speziellen Kran am Heck eines Meeresforschungsschiffes. Ein normaler Tauchgang dauert bis zu 13 Stunden, in Notfällen kann die dreiköpfige Besatzung – zwei Piloten und ein Wissenschaftler – jedoch 5 Tage lang unter Wasser überleben.

Der Chefpilot und der Wissenschaftler beobachten in Bauchlage durch große Bullaugen den Meeresboden. Der hinten sitzende Kopilot bedient die empfindlichen Filmkameras und Fotoapparate. Mit Hilfe ferngesteuerter Greifarme kann die Besatzung Gesteins- und Sedimentproben vom Meeresboden einsammeln. Alle Bewegungen des Tauchboots werden von einer Reihe akustischer Meßgeräte gesteuert, die auf dem Grund plaziert und mit dem Mutterschiff verbunden sind.

Mysteriöse Manganknollen vom Meeresgrund

Bereits 1873 entdeckten Forscher, die mit der Korvette *Challenger* vor der Insel Ferro im Archipel von Madeira unterwegs waren, am Meeresboden die ersten Manganknollen. Heute weiß man, daß diese Knollen in allen Ozeanen der Welt zu finden sind. Das Foto unten rechts zeigt solche Konkretionen, die auf dem Grund des Pazifiks einen regelrechten Panzer bilden.

Die Gebilde, die an Trüffel erinnern, bestehen aus Oxiden und Hydroxiden von Eisen und Mangan, enthalten jedoch auch hohe Konzentrationen an Kupfer, Nickel, Kobalt, Zink sowie Molybdän, Vanadium, Chrom und Cadmium. Ihre Zusammensetzung ist allerdings von Region zu Region verschieden. Südlich von Hawaii gibt es ein großes Gebiet, wo die Konzentration an Nickel und Kupfer in den Knollen doppelt so hoch ist wie in den Vorkommen, die auf den Kontinenten abgebaut werden.

Die wirtschaftliche Bedeutung der Manganknollen beruht auf ihrem Gehalt an seltenen Metallen, auf ihrem konzentrierten Vorkommen und auf der Tatsache, daß sie eine erneuerbare Erzquelle darstellen.

Die Knollen entstehen, wenn übersättigte Manganlösungen mit einem Stück Gestein oder einem auf den Grund sinkenden Haifischzahn in Kontakt kommen und dabei ausgefällt werden. Schätzungen zufolge bilden sich jedes Jahr mehrere Millionen Tonnen neuer Manganknollen. Allerdings wächst die einzelne Knolle nur sehr langsam, in einer Million Jahre nur um 1–4 mm. Auch heute noch geben die Gebilde Rätsel auf: Sie kommen auf dem Meeresboden sehr zahlreich vor, sind jedoch in den Sedimenten sehr selten. Wie aber schaffen sie es, an der Oberfläche der Sedimentschicht zu bleiben? Die meisten Wissenschaftler sind der Ansicht, daß auf dem Meeresgrund lebende Organismen dabei eine große Rolle spielen – offenbar spülen sie die lockeren Sedimente um die Knollen herum weg und verlagern die Knollen zudem ständig.

Die Metalle, aus denen die Knollen bestehen, stammen vermutlich entweder direkt aus dem Meerwasser oder aus hydrothermalen Fluiden, die aus den ozeanischen Rücken und den untermeerischen Vulkanen austreten. Jüngere Theorien besagen, daß Bakterien die Ausfällung des Mangans an der Oberfläche der Knollen fördern. ■

△
Ein Feld mit Manganknollen am Grund des Pazifischen Ozeans. Manganknollen findet man in allen Weltmeeren. Sie enthalten außer Mangan und Eisen viele weitere begehrte Metalle.

Der höchste Berg der Welt ragt vom Grund des Pazifischen Ozeans auf. Es handelt sich um den Mauna Kea, einen der fünf Vulkane von Hawaii. Seine Höhe über dem Meeresspiegel beträgt 4214 m, unter dem Meer reicht er 5236 m hinab. Dies ergibt eine Gesamthöhe von 9450 m.

Das Meerwasser
EIN SALZIGER COCKTAIL

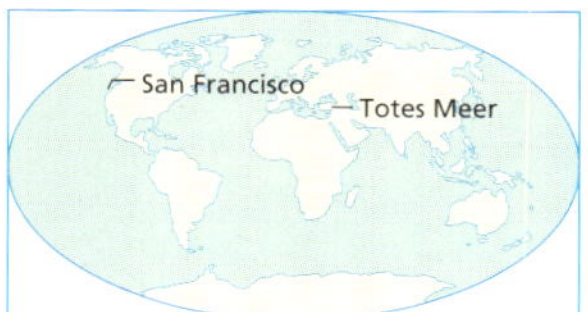

Ein Liter Meerwasser enthält im Durchschnitt 34,72 g Salz, doch dessen Konzentration schwankt. An manchen Küsten beträgt sie nur ein Drittel dieses Werts, andernorts dagegen das Achtfache. Das Salz stammt teils vom Festland, teils aus Tiefseevulkanen. Aber auch andere Stoffe kommen im Meerwasser vor – sogar das Edelmetall Gold.

△
Die Salzgärten an der kalifornischen Küste bei San Francisco erinnern an ein buntes Puzzlespiel. Die unterschiedliche Färbung hängt sowohl von der Tiefe der Verdunstungsbecken als auch von den darin lebenden Mikroorganismen ab.

Schillerndes Farbenspiel in Kalifornien

Wer nach Kalifornien fliegt, sieht mit ein wenig Glück in der Gegend um San Francisco aus der Luft ein merkwürdiges, in der Sonne glitzerndes Patchwork aus Farben. Es sind Salinenbecken, in denen mit Hilfe der Verdunstung aus Meerwasser Salz gewonnen wird.

Die Becken dieser und ähnlicher „Salzgärten" werden während der höchsten Flutstände automatisch vom Meerwasser überspült oder durch Pumpwerke mit Salzwasser beschickt – diese Technik ist vor allem in Regionen mit geringen Gezeitenunterschieden verbreitet, etwa im Mittelmeergebiet. In den großen und tiefen Becken läßt man das Meerwasser zunächst einige Zeit stehen, damit sich Schwebstoffe absetzen können, um später ein möglichst reines Endprodukt zu erhalten. Anschließend fließt das Wasser langsam in kleinere, seichte Becken, wo es allmählich verdunstet. Dies führt zu einer immer höheren Salzkonzentration, die schließlich so stark wird, daß die verschiedenen Salze ausfallen. Die Farbe der Salzniederschläge ändert sich je nach den darin vorherrschenden Mikroorganismen, die sich an den jeweiligen Salzgehalt optimal angepaßt haben.

Die Mikroorganismen bilden die Grundnahrung für kleine Gliederfüßer wie etwa Salzkrebse. Diese durchsichtigen Krustentiere mit einer Größe von nur wenigen Millimetern werden zur Beute der vorüberfliegenden Vögel, so daß die Salzgärten trotz ihres unwirtlichen Charakters mit Leben erfüllt sind.

Die Meersalze lagern sich jedoch nur dann ab, wenn die Verdunstung größer ist als die Zufuhr an neuem Wasser. Der Boden der Verdunstungsbecken muß weitgehend undurchlässig sein, damit kein Wasser versickert. Ist die Menge an Meerwasser durch die Verdunstung auf ungefähr die Hälfte reduziert, fällt zunächst das gesamte Calciumcarbonat als sogenannter Aragonit oder Kalkspat aus.

Das verbleibende Calcium lagert sich als Calciumsulfat (Gips) ab, wenn das Wasser in den Verdunstungsbecken die dreifache Salzkonzentration des Meerwassers erreicht hat. Kochsalz oder Natriumchlorid (Halit) kristallisiert schließlich erst dann aus, wenn nur noch ein Zehntel des ursprünglichen Wasservolumens übriggeblieben ist. ■

Dicke Salzkrusten am Ufer des Toten Meeres

Nicht nur das Meer, auch Binnengewässer können stark salzhaltig sein; das Tote Meer ist ein hervorragendes Beispiel dafür. Die Konzentration und die chemische Zusammensetzung der salzigen Seen variieren wesentlich stärker als die der Ozeane. Dies rührt daher, daß sowohl die Herkunft der gelösten Salze als auch die Bildungsmechanismen der Salzseen sehr verschieden sind.

Allerdings gibt es auch gewisse Konstanten: Weil die Einzugsgebiete der Seen keinen Abfluß ins offene Meer besitzen, sammeln sich in ihnen alle Niederschläge, die nicht versickern oder verdunsten. Die Niederschläge laugen Gesteine und Böden aus und führen über Bäche und Flüsse den Seen gelöste Mineralsalze zu. Diese konzentrieren sich dann unter klimatisch heißen Bedingungen in den abflußlosen Binnengewässern.

Befinden sich in der Umgebung des Sees hydrothermale Quellen oder sogenannte Ausbisse, also Ausläufer von alten Salzgesteinen, dann reichert sich die Salzlösung sehr viel rascher an. Bei Seen in großer Meereshöhe ist das Klima meist ziemlich kühl, trotzdem führt die Verdunstung auch hier zu einer Salzanreicherung, sofern die Witterung über längere Zeit hinweg trocken bleibt.

Das Tote Meer liegt an der Grenze zwischen Israel und Jordanien etwa 400 m unter dem Meeresspiegel in einer Bruchzone und hat eine Verbindung zu dem großen Riftsystem, das sich auf das Rote Meer und ganz Ostafrika auswirkt. Das in dieser Region herrschende Klima ist mit weniger als 100 mm Regen pro Jahr sehr trocken. Das übersalzte Binnenmeer hat eine Länge von 8 km und eine Breite von 17 km, gespeist wird es im wesentlichen vom Jordan. Der Wasserlauf fließt durch ein langes Einzugsbecken von 215 km Länge, in dem auch der See Tiberias liegt.

Das Wasser des Toten Meeres erreicht eine Salzkonzentration, die mit 280 g/l achtmal so hoch ist wie die der Ozeane. Dadurch aber hat es auch eine außergewöhnlich hohe Dichte, die es Badenden erlaubt, sich hier in aller Ruhe und ohne die geringste Bewegung bequem auf dem Wasser treiben zu lassen.

Ist das Wasser mit den wichtigsten gelösten Mineralsalzen gesättigt, bilden sich auf allen festen Gegenständen, die im Sediment stekken und aus dem Wasser herausragen, dicke Salzkrusten aus Calcium- und Magnesiumcarbonat; manchmal sind darin auch Sulfate und sogar Chloride enthalten. Derartige Ablagerungen sieht man zum Beispiel auf dem Baumstamm im nebenstehenden Bild. Die auf diese Weise gebildeten Kristalle werden um so größer, je langsamer sie sich aus den gesättigten Salzlösungen abscheiden. ■

Das Salz im Meer

Die Salzkonzentration der Meere ist nicht überall gleich – das Rote Meer beispielsweise enthält 40 g Salz pro Liter Wasser, die Ostsee stellenweise nur 10 g. Solche niedrigen Werte treten aber lediglich in Küstennähe auf, wo das Salzwasser mit dem Süßwasser von Flüssen verdünnt wird. Auf dem offenen Meer dagegen ist der Salzgehalt der großen Ozeane weitgehend konstant.

Bei der Ermittlung der Salzkonzentration werden die im Wasser gelösten mineralischen Stoffe berücksichtigt. Ein Liter Meerwasser enthält im Durchschnitt die folgende Menge an Salzionen: 10,9 g Natrium, 19,7 g Chlor, 1,32 g Magnesium, 1,81 g Sulfat, 0,4 g Calcium, 0,14 g Carbonat und 0,38 g Kalium.

Weiterhin liegen in geringeren Mengen die folgenden Elemente vor: Bor, Strontium, Fluor und Silizium sowie Stickstoff und Phosphor, die beide eine wichtige Rolle als Pflanzennährstoff spielen. Alle anderen Elemente der Erdkruste finden sich im Meerwasser nur als gelöste Gase oder Spurenelemente, dazu gehören etwa Gold und Platin sowie die radioaktiven Elemente.

Ende der sechziger Jahre kam die Idee auf, Metalle wie Kupfer, Kobalt oder Nickel aus dem Meer zu gewinnen. Wegen ihrer geringen Konzentration wäre es allerdings unwirtschaftlich, sie direkt aus dem Wasser zu extrahieren. Erfolgversprechender scheinen die Konkretionen am Grund der Tiefsee zu sein, wo sich Metalle auf natürliche Weise konzentrieren. Wirtschaftlich interessante Mengen finden sich in den Eisen- und Manganknollen, deren Metallgehalt um mehrere Milliarden höher ist als der des Meerwassers.

Natrium, Kalium, Magnesium und Calcium wurden vom Regen aus den Festlandböden ausgewaschen und ins Meer gespült.

Das Vorkommen von Chlor, Kohlenstoff, Bor und Schwefel dagegen läßt sich mit diesem Mechanismus allein nicht erklären. Die Elemente stammen wahrscheinlich aus einer intensiven Vulkantätigkeit während der Entstehungsphase der Erdkruste sowie aus der ursprünglichen Atmosphäre.

Ein beeindruckendes Beispiel für das Ausblühen von Salzkristallen aus einer stark übersättigten Lösung liefert dieser Baumstumpf am Ufer des Toten Meeres nördlich der israelischen Stadt Sodom. Verkrustungen dieser Art kommen am Südrand des Sees besonders häufig vor. ▷

Trinkwasser aus dem Meer

Die Entsalzung von Meerwasser spielt vor allem in ariden Küstenregionen eine zunehmende Rolle. Eine der größten Destillationsanlagen zur Gewinnung von Süßwasser steht im arabischen Kuwait – sie liefert täglich 110 Millionen Liter. Noch größer ist eine Entsalzungsanlage in Hongkong, die 180 Millionen Süßwasser am Tag erzeugt. Das entsalzte Wasser dient nicht nur zum Trinken und Waschen. Man setzt es auch zur Bewässerung in der Landwirtschaft ein, wobei wegen der hohen Verdunstung enorme Mengen verbraucht werden.

Je nach Verfahren schwanken die Kosten der Meerwasserentsalzung zwischen 3 Pfennig und 2 Mark pro Kubikmeter Süßwasser. Eines der häufigsten Verfahren ist die Destillation, die allerdings sehr energieaufwendig und deshalb meist auch teuer ist. Zunehmende Bedeutung gewinnt seit einigen Jahren die sogenannte Umkehrosmose, bei der Meerwasser durch eine Art feinmaschiges Filter gepreßt wird, das die Salzionen zurückhält.

Eine Meerwasserentsalzungsanlage in Saudi-Arabien: Süßwasser ist hier teurer als Erdöl.

Das Meer enthält Gold: Dies ist Wissenschaftlern bereits seit Mitte des 19. Jh. bekannt – und seither gibt es immer wieder Versuche, das Edelmetall aus dem Salzwasser zu gewinnen.

Zwischen den zwei Weltkriegen machte der deutsche Wissenschaftler Fritz Haber, der 1918 den Nobelpreis für Chemie erhalten hatte, den Vorschlag, das Deutsche Reich mit Hilfe von Gold aus dem Meer vor dem drohenden Bankrott zu bewahren. Nach seinen Berechnungen betrug die höchste Konzentration von Gold im Meerwasser 0,044 mg/l und war im Südatlantik zu finden. Doch die in Laborversuchen gewonnenen Mengen waren lächerlich gering, und so mußte Haber 1926 von seinem Vorhaben Abstand nehmen. Trotz dieses Mißerfolges unternahm das amerikanische Chemieunternehmen Dow später einen weiteren Versuch, Gold aus dem Meer zu gewinnen. Ein Werk des Unternehmens im US-Bundesstaat North Carolina entzog dem Atlantik das Element Brom, und so beschlossen die Ingenieure, gleichzeitig das Edelmetall zu gewinnen. Leider erwies sich dieser Versuch erneut als große Enttäuschung. 15 t Meerwasser erbrachten ganze 0,09 mg Gold.

Neueren Schätzungen zufolge schwimmen in den Ozeanen der Welt etwa zehn Milliarden Tonnen des begehrten Metalls, und so ist es nur eine Frage der Zeit, bis wieder jemand versuchen wird, diesen im Meer schlummernden Schatz zu bergen.

Das klarste Wasser der Welt findet man in der Antarktis. Im Weddellmeer enthält das kalte Wasser stellenweise so wenig Trübstoffe, daß man einen Gegenstand sogar in 80 m Tiefe noch erkennen kann.

Die Gezeiten

TAKTGEBER MOND

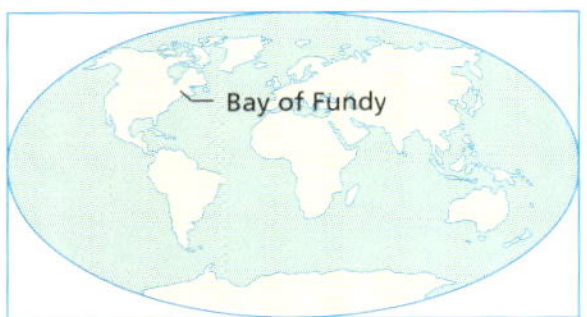

Zweimal täglich verändern die Küsten ihr Gesicht. Bei Ebbe zieht sich das Meer oft kilometerweit zurück und legt weite Schlickflächen frei. Einige Stunden später setzt die Flut ein, und Schiffe, die auf dem Trockenen lagen, schwimmen im Nu wieder im Wasser. Mond und Sonne sorgen dafür, daß die Gezeiten regelmäßig wiederkehren.

Außergewöhnliche Gezeiten in der Bay of Fundy

Die Bay of Fundy bildet eine große Bucht an der rauhen Atlantikküste Kanadas nördlich der Grenze zu den USA. Zwischen dem Festland und der Halbinsel Nova Scotia gelegen, ist sie 35–50 km breit und hat eine Länge von 150 km. An ihrem Ende teilt sie sich in zwei kleine Buchten, die Chignecto Bay im Norden und das Minas Basin im Süden. Dort liegt der kleine Hafen Halls Harbour.

Die beiden Fotos von Halls Harbour wurden am selben Tag von derselben Stelle aus aufgenommen – und zeigen doch zwei ganz unterschiedliche Ansichten. Auf dem unteren Bild herrscht Ebbe, und die Boote im Hafen liegen auf dem Trockenen. Auf dem oberen Foto hat die Flut innerhalb von nicht einmal zwei Stunden ihren Höchststand erreicht. Nun schwimmen die kleinen Fischerboote auf einer ruhigen Wasserfläche.

Nicht nur in Halls Harbour verändert sich der Anblick der Küstenlandschaft so stark. Die gesamte Bay of Fundy ist für ihre starken Gezeitenunterschiede bekannt und hält auf diesem Gebiet sogar den Weltrekord. In der Regel beträgt der Höhenunterschied zwischen dem Tidenniedrigwasser und dem Hochwasser zwischen 10 und 15 m. Bei den höchsten Fluten beträgt die Differenz sogar 21 m.

Fachleute erklären sich die außergewöhnlich hohen Fluten mit der Form der Bucht und insbesondere mit deren Verengung im inneren Teil. Auch die überall geringe Wassertiefe von weniger als 200 m spielt eine günstige Rolle für das ungewöhnlich starke Anschwellen der Wassermassen bei Flut.

Die beiden Aufnahmen von Halls Harbour geben nur einen unvollständigen Eindruck vom Tidenhub in der Bay of Fundy. Bei Ebbe zieht sich das Meer mehrere Kilometer weit zurück und legt im Minas Basin endlos erscheinende Sand- und Schlickebenen frei. Die Geschwindigkeit der herankommenden Flut wird selbst von den erfahrenen Fischern gefürchtet, die bei Ebbe auf Muschelfang sind. Innerhalb einer Stunde kann das Wasser mehr als 3 m ansteigen.

Da die Flutwelle in der Bay of Fundy nicht überall zur selben Zeit eintrifft, ergeben sich kompensierende Wasserbewegungen, die sogenannten Gezeitenströme, die an manchen Stellen in der Bucht eine enorme Geschwindigkeit erreichen. Dann ist es sogar ausgesprochen gefährlich, ihnen mit einem kleinen Motor- oder gar Segelboot zu begegnen. Für die Fischer und Anwohner der großen Bucht ist es deshalb lebenswichtig, die genaue Zeit und die Stärke von Ebbe und Flut zu kennen. Hier dominiert eindeutig der Rhythmus der Gezeiten das gesamte Küstenleben. ■

△ ▷ ***Halls Harbour zu unterschiedlichen Tageszeiten: Der kleine Hafen in der Bay of Fundy an der kanadischen Atlantikküste wurde bei Ebbe und bei Flut aufgenommen. Die identische Position der Boote im Hafenbecken sowie einiger Autos auf dem Kai zeigt, daß zwischen den beiden Aufnahmen nur kurze Zeit verstrichen ist. Das Leben an der Küste wird vom Rhythmus der Gezeiten bestimmt. Die amtliche Gezeitenauskunft gibt für jeden Tag und jeden Ort aufs neue an, wann sie eintreffen und wie hoch der Tidenhub ist.***

Gezeitenunterschiede rund um die Welt

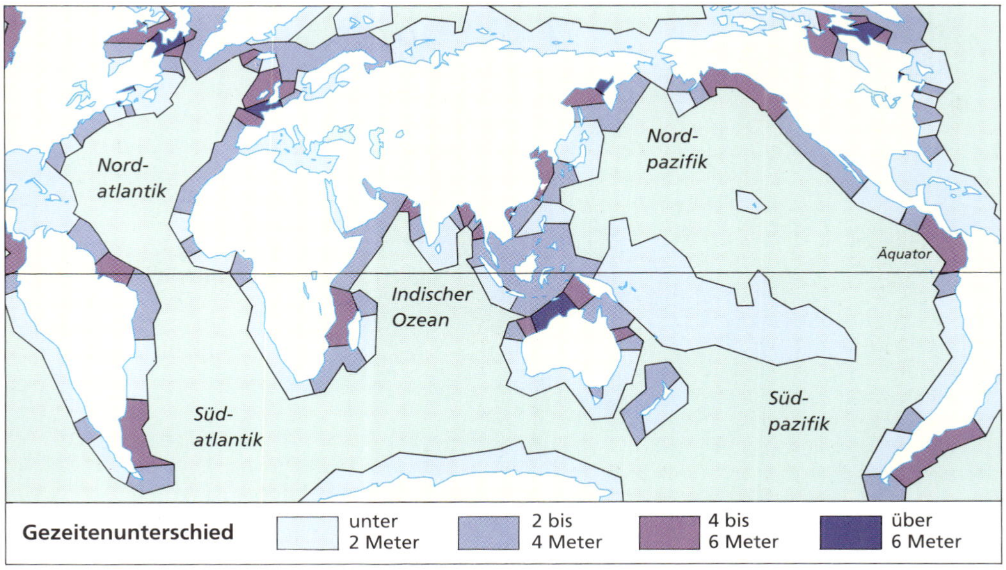

Der höchste Tidenhub

Bay of Fundy (Kanada)	21,00 m
Frobisher Bay (Kanada)	17,40 m
Mündungsgebiet des Severn (Großbritannien)	16,80 m
Granville (Frankreich)	16,10 m
Mündungsgebiet des Majn (Ostrußland)	14,70 m
Golf von Kalifornien (Mexiko)	12,30 m

◁ ***Der Tidenhub ist die Höhendifferenz zwischen Ebbe und Flut. Die geringsten Tidenhübe, in der Regel unter 1 m, trifft man in den geschlossenen Meeren und in der Mitte der Ozeane an. Die großen Tidenhübe von über 6 m beschränken sich auf die Enden langgezogener Buchten oder auf seichte, zum Ozean hin offene Meere wie die Nordsee. Lange Küstenabschnitte, die kaum untergliedert sind, haben meist einen durchschnittlichen Tidenhub von 2–4 m.***

Sonne, Mond und die Gezeiten

Ursache der Gezeiten sind die Anziehungskräfte von Mond und Sonne; sie wirken auf die gesamten Wassermassen der Ozeane ein. Der Mond spielt dabei eine bedeutend größere Rolle als die Sonne, da er der Erde wesentlich näher ist. Deshalb folgen die Gezeiten auch dem Mondzyklus.

Springtiden oder Springfluten ereignen sich zweimal pro Monat – bei Neumond und bei Vollmond. Dann liegen Mond und Sonne auf einer Linie mit der Erde, und somit addieren sich ihre Anziehungskräfte. Zweimal im Monat kommt es auch zu einer Nippflut – dann stehen von der Erde aus betrachtet Sonne und Mond in einem rechten Winkel zueinander. Weil der Mond im Durchschnitt jeden Tag 50 Minuten später aufgeht, verschieben sich auch die Zeitpunkte von Ebbe und Flut täglich um 50 Minuten. In der Regel kommt es jeden halben Tag zu einer Tide, das heißt, daß das Meer zweimal täglich ansteigt und wieder absinkt.

Wäre die Oberfläche unserer Erde rundum nur von einem einzigen großen Ozean bedeckt, so würden die von Mond und Sonne ausgelösten Flutberge in gleichmäßigen Wellen um die Erde laufen. Doch die komplizierten Formen der Ozeanbecken und der Küstengebiete verändern den Tidenhub und die Regelmäßigkeit der Gezeiten. Je nach Standort variiert der Tidenhub deshalb um mehrere Meter Höhenunterschied.

Gezeitenkraftwerk in der Rance

Die Gezeitenenergie wird schon seit langer Zeit von sogenannten Flutmühlen genutzt, die man im Mündungsbereich von Flüssen gebaut hat. An der Nordküste der Bretagne, an der Mündung der Rance bei St. Malo, steht eines der größten modernen Gezeitenkraftwerke. Das Elektrizitätswerk, das 1967 in Betrieb genommen wurde, ist in einem langen Damm untergebracht. Seine Turbinen funktionieren in beiden Richtungen, nutzen also Ebbe und Flut aus. Bei Ebbe, wenn sich das langgestreckte Mündungsgebiet der Rance hinter der Staumauer geleert hat, besteht der größte nutzbare Höhenunterschied. Die Kosten der so erzeugten Energie sind jedoch hoch, so daß es weltweit nur wenige der umweltfreundlichen Kraftwerke gibt.

Die Staumauer des Gezeitenkraftwerks in der Bretagne dient auch als Straßenbrücke.

Die Meeresströme

Seit der Antike machen sich Seefahrer die Meeresströmungen zunutze. Dabei handelt es sich um flußähnliche Wasserbahnen im Meer, die allerdings weitaus mächtiger sind als der Amazonas. Unablässig bewegt sich das Wasser der Ozeane in großen Schleifen, die zum Teil der Form der Kontinente folgen. Im 19. Jahrhundert entdeckte man, daß es auch in der Tiefsee stetige und voluminöse Strömungen gibt. Diese Tiefenströme spielen eine wichtige Rolle bei der Gestaltung des Meeresbodens und fließen manchmal in die entgegengesetzte Richtung der Oberflächenströme. Dadurch werden die Wassermassen der Meere komplett umgewälzt und mit Sauerstoff angereichert. Diesem Prozeß ist es zu verdanken, daß es bis in größte Tiefen hinab Leben gibt – im Philippinengraben beispielsweise noch 10 km unter der Meeresoberfläche.

Oberflächenströmungen

kalt – warm

Tiefenströmungen

1 tiefes Wasser in der Arktis
2 tiefes Wasser in der Antarktis
4 Wasser aus dem Mittelmeer
5a Südpolardrift

dazwischenliegende Strömungen

3 dazwischenliegendes Wasser aus der Antarktis
5b Südpolardrift

Die Meeresströmungen an der Oberfläche der Ozeane sind Reibungsströme; sie werden allein durch den Druck von Winden aufrechterhalten, die ständig in eine bestimmte Richtung über das Wasser wehen. Im Südpolarmeer fließt die längste und mächtigste Meeresströmung der Erde, der auch als Südpolardrift bezeichnete antarktische Zirkumpolarstrom. Von sehr starken Winden, der Westwinddrift, getrieben, kreist er unablässig um den antarktischen Kontinent.

In den tropischen Breiten nehmen die Winde des Südost- und Nordostpassats die nördlichen und südlichen Äquatorialströmungen mit und setzten so die Zirkulation des Oberflächenwassers auf beiden Seiten des Äquators in Gang. In den gemäßigten Breiten des Nordpazifiks und Nordatlantiks übernehmen starke Westwinde diese Rolle. Im Norden des Indischen Ozeans ändert sich die Strömungsrichtung mit dem Beginn des Monsunregens: der Somalistrom, mit 6 Knoten oder 11 km/h die schnellste Meeresströmung der Welt, fließt während des borealen Sommers in nördlicher Richtung, im Winter ist er nach Süden gerichtet.

Die großen Meeresströmungen wirken sich auch auf das Klima aus. Ohne den warmen Golfstrom könnten in England keine Palmen wachsen, und in Nordskandinavien wäre es so kalt wie in Sibirien. Wenn vor der südamerikanischen Westküste die periodisch auftretende Strömung El Niño – die sich beispielsweise 1997 wieder bemerkbar machte – zu sehr nach Süden vordringt, kommt es in Ländern wie Peru zu katastrophalen Unwettern.

Die Tiefenströmungen werden dadurch hervorgerufen, daß kalte oder salzhaltige Wassermassen unter wärmere oder salzärmere Meeresschichten absinken. Die Salzkonzentration der großen Ozeane beträgt zwischen 33 und 37 g/l. Die Temperatur liegt zwischen 1,9 und 27 °C, und dementsprechend verändert sich auch die Dichte der Wassermassen. Die Sonne spielt für die Zirkulation der ozeanischen Strömungen eine wichtige Rolle, da sie das Oberflächenwasser zwischen den tropischen Wendekreisen erwärmt. Das aus den eisigen Polargebieten stammende Wasser dagegen behält seine Temperatur von ungefähr 0 °C. Das Kaltwasser des antarktischen Kontinentalsockels etwa sinkt in große Tiefe ab und speist eine kalte Tiefenströmung, die sich bis über den Äquator hinzieht.

Zwischen dem kalten, schweren Tiefenwasser und dem warmen, leichten Oberflächenwasser liegt ein riesiges Wasserpolster, das im wesentlichen polaren Ursprungs ist. Aus diesem Grund haben 75 % des Meerwassers nur eine Temperatur zwischen 0 und 6 °C. Die Durchschnittstemperatur der Ozeane beträgt 3,25 °C.

Das eiskalte und schwere Wasser des antarktischen Kontinentalsockels sinkt in große Tiefen hinab, wo es eine Tiefenströmung (2) bildet, die das nordamerikanische Becken erreicht. Das sehr salzige Wasser, das über die Meerenge von Gibraltar aus dem Mittelmeer kommt (4), bildet eine Strömung in mittlerer Meerestiefe, da es dichter ist als das Oberflächenwasser, aber weniger dicht als das arktische Wasser (1), das in großer Tiefe dahinfließt. Die mächtige Südpolardrift (5a, 5b) ist in allen drei Wasserschichten vertreten. ▷

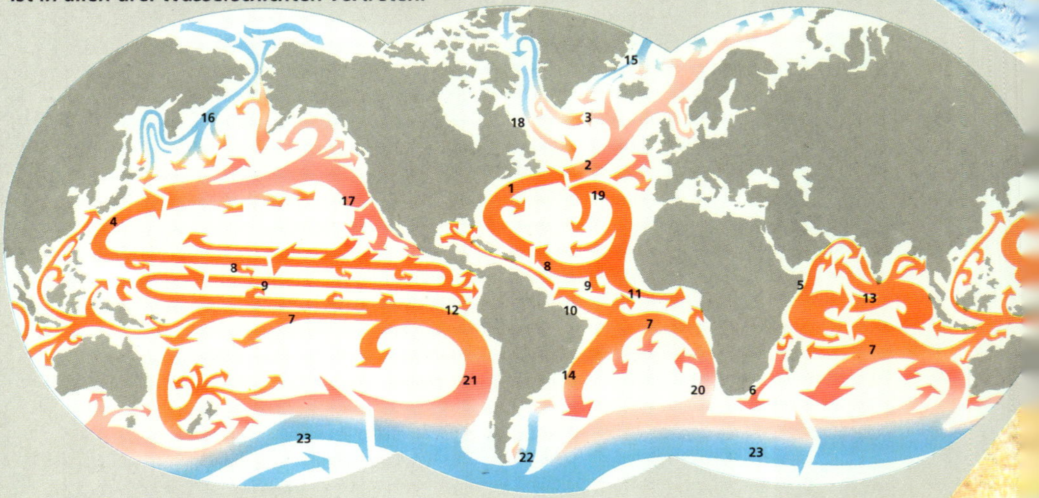

Warme Strömungen

1. Golfstrom
2. Nordatlantischer Strom
3. Irmingerstrom
4. Kuro-Shio-Strom
5. Somaliastrom (im borealen Sommer)
6. Agulhasstrom
7. Südäquatorialstrom
8. Nordäquatorialstrom
9. äquatorialer Gegenstrom
10. Guyanastrom
11. Guineastrom
12. El Niño
13. Monsunstrom (im borealen Sommer)
14. Brasilstrom

Kalte Strömungen

15. Ostgrönlandstrom
16. Oya-Shio-Strom
17. Kalifornischer Strom
18. Labradorstrom
19. Kanarenstrom
20. Benguelastrom
21. Humboldtstrom
22. Falklandstrom
23. Südpolardrift

Die Oberflächenströmungen

△

In den niedrigen und mittleren Breitengraden zirkuliert das Oberflächenwasser aufgrund der Coriolis-Kraft, die durch die Erdrotation bedingt ist, in sechs großen Kreisen, die nördlich des Äquators in Uhrzeigerrichtung und südlich gegen den Uhrzeigersinn verlaufen. Die drei Ozeane öffnen sich im Süden zum antarktischen Polarmeer hin, das von einem einzigen großen Strom, der Südpolardrift, durchzogen wird.

Strömungen des Atlantiks
Labrador-
strom
Nordatlantischer Strom
1
4
Golfstrom
3
1
Nordäquatorialstrom
Guineastrom
Südäquatorialstrom
2
3
1
2
Brasilstrom
Benguelastrom
Südpolardrift
5b
5a
2
2
2
Weddell-Meer
(Antarktis)

Dünung und Wellen

RHYTHMEN AM STRAND

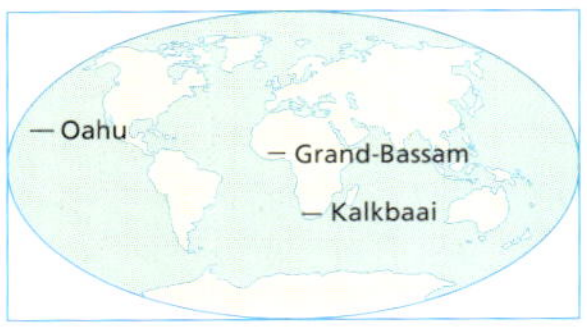

Der Wind, der ohne Unterlaß über die offenen Wasserflächen der Ozeane streicht, läßt die Meereswellen entstehen. Diese legen manchmal mehrere tausend Kilometer zurück, ehe sie die Gestade der Kontinente erreichen. Dort brechen sie in sich zusammen, geben Energie ab und gestalten so seit Jahrmillionen das Aussehen des Küstensaums.

△ ***Eine große, sich spiralförmig brechende Welle in Waimea Bay an der Westküste der Insel Oahu, die zum Archipel von Hawaii gehört. Man sieht deutlich die Röhrenform, die der herantosende Wellenberg für einen kurzen Augenblick bildet.***

Die Wellen der Waimea Bay

Den Strand der Waimea Bay auf der Insel Oahu in Hawaii wissen Surfer zu schätzen: Die herandonnernden Wellen sind einzigartig hoch. Die hier abgebildete Welle beispielsweise hat eine Höhe von rund 6 m, aber auch 10 m hohe Wellen sind nicht selten, der Rekord liegt bei 14,3 m. Wenn sie sich am Strand brechen, ist die Kraft der Wassermassen gewaltig – ihre Angriffe erfolgen mit einem Druck von 3 kg/cm^2. An der Küste Schottlands wurden dadurch schon Betonblöcke mit einem Gewicht von 800 t, die als Wellenbrecher gedacht waren, von der Stelle bewegt.

Wenn eine Wellenfront auf einen flachen Strand aufläuft, wird sie an ihrer Unterseite durch den Boden abgebremst. Der obere Teil der Welle aber schießt weiter landeinwärts und bildet einen hohen Wellenberg, der sich ab einer gewissen Höhe und Geschwindigkeit überschlägt. Das vorwärtsschießende Wasser des Wellenkamms bildet für einen kurzen Augenblick eine Art Tunnel – eine solche Röhre erkennt man im hinteren Abschnitt der gezeigten Welle. Im Bildvordergrund dagegen ist das schäumende Wasser des dunkelblauen Wellenkamms noch im ersten Stadium des Vorschnellens. ■

Sanftes Grollen am Strand von Kalkbaai

Die Gegend um den kleinen Hafen Kalkbaai auf der Kaphalbinsel in Südafrika fasziniert Touristen nicht nur wegen des langen weißen Sandstrandes und des salzigen Geruchs der Gischt. Imposant ist hier auch das sanfte Grollen der Brandung, das selbst mehrere Kilometer landeinwärts noch zu hören ist.

Kalkbaai liegt am Ende einer Bucht, die frühere Seefahrer auf den Namen False Bay getauft haben und deren westliches Ende das Kap der Guten Hoffnung bildet. Sie wird häufig von kleinen Fischerbooten besucht, lockt aber auch zahlreiche Touristen an. Das aus dem Indischen Ozean einströmende Wasser ist hier nämlich um 5 °C wärmer als das der umliegenden Buchten – kein Wunder, daß die Strände der False Bay zu den beliebtesten Küstenlandschaften der Welt gehören.

Oft kommt es vor dem Kap der Guten Hoffnung zu schweren Unwettern, doch bis die aufgepeitschten Wellen die Bucht überquert haben, verlieren sie viel von ihrer Kraft. Weil der Strand um Kalkbaai sehr flach ist und weit ins Meer hinausragt, brechen die auflaufenden Wellen rasch in sich zusammen. ■

Sturmwellen erreichen den Strand von Kalkbaai in der Nähe von Kapstadt (Südafrika). Doch der flache Strand, der weit ins Meer hinausragt, bremst die herandonnernden Wellen schon mindestens 200 m vor dem Ufer ab. Dies führt dazu, daß sie sich rasch brechen.
▽

Von der Dünung bis zur Welle

Dünung oder Seegang entsteht durch das Einwirken von Wind auf die Oberfläche des Meeres. Das regelmäßige Auf und Ab der Wellen ist durch mehrere Faktoren gekennzeichnet: zum einen durch den Höhenunterschied zwischen dem Wellenkamm und dem Wellental, zum anderen durch die Wellenlänge, also die Entfernung zwischen zwei Wellenkämmen. Ein weiterer Faktor ist die Periode, also die Zeit zwischen dem Auftreten zweier aufeinanderfolgender Wellen.

Diese Faktoren stehen in einem festen Bezug zueinander. So hat eine Dünung mit einer Höhe von 5–8 m eine Wellenlänge von etwa 80 m und eine Periode von rund 9 Sekunden. Den bisher größten Wellenberg hat die Besatzung der *Ramapo* am 6. Februar 1933 im Nordpazifik beobachtet. Die Welle war 33,6 m hoch. Die längste gemessene Welle war 800 m lang; die schnellste hatte ein Tempo von 120 km/h.

Auf dem offenen Meer vollführen die Wassermoleküle in der Welle eine Kreisbewegung, so daß sie immer an derselben Stelle einen Wellenkamm durchlaufen. In Küstennähe verformt sich dann der kreisförmige Wellenquerschnitt durch das Abbremsen am Untergrund zu einer flachen Ellipse, die schließlich zusammenbricht.

Treffen Wellen schräg auf die Küstenlinie, wie hier gezeigt wird, dann erzeugen sie an flachen Stränden eine Küstendrift. Dabei legt ein Sandkorn den durch A bis J gekennzeichneten Weg zurück. Ein herankommender Schwall treibt es in Richtung Ufer, der Sog des ablaufenden Wassers zieht es ein Stück ins Meer hinaus.
▽

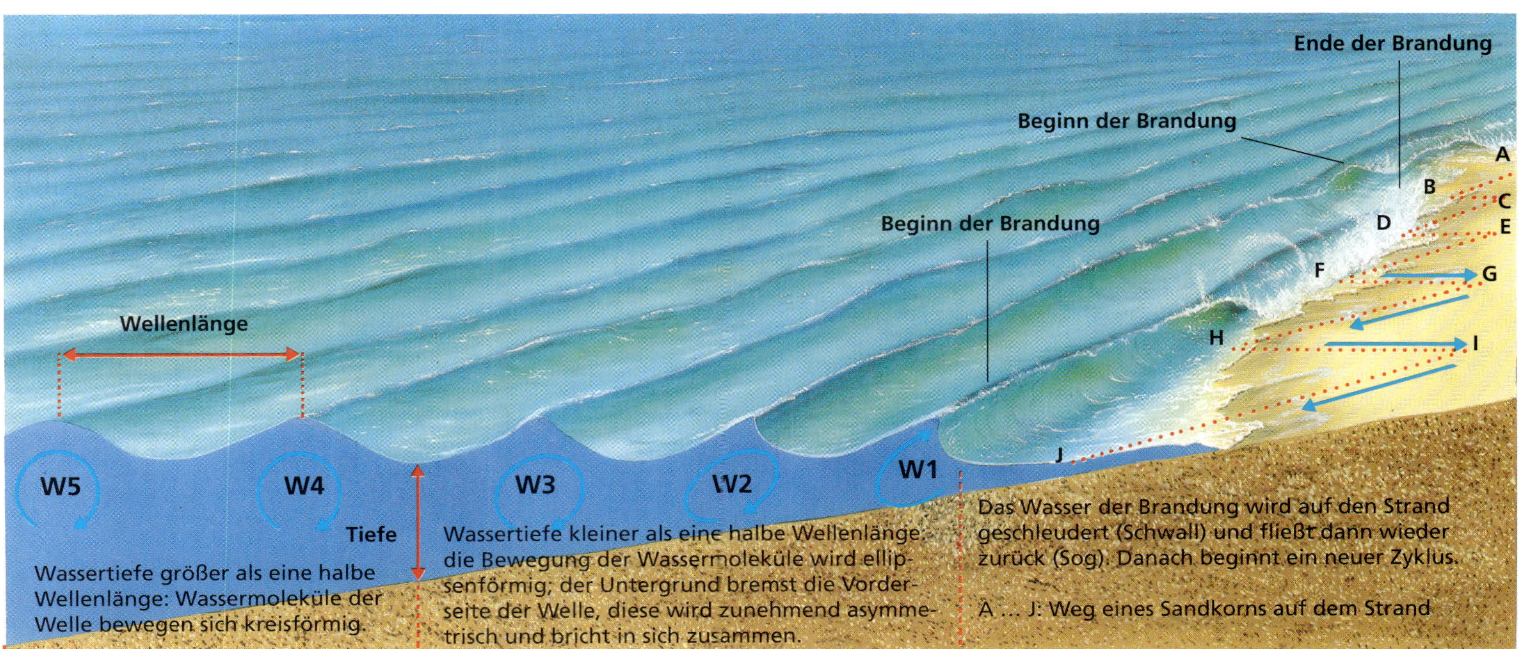

Das Ende einer Welle in der Brandung

Die Küstendrift bei Grand-Bassam

Auf dem langen Küstenstreifen in der Nähe des Hafens Grand-Bassam an der Elfenbeinküste haben die Fischer oft beträchtliche Schwierigkeiten, mit ihren Booten die ankommenden Wellen zu überwinden, um ins offene Meer hinauszugelangen. Zum Glück sind die Wellen nicht alle gleich groß, die stärksten kommen in Fünfer- oder Sechserreihen, und zwischen ihnen liegen relativ ruhige Zeitabschnitte mit kleinen Wellen. Deshalb warten die Fischer meist eine Reihe großer Wellen ab, bevor sie ihre Boote, die Pirogen, rasch ins Wasser stoßen. Ohne auch nur eine Sekunde zu verlieren, rudern sie dann möglichst weit hinaus, ehe die nächste Serie großer Wellen am Strand aufläuft.

Brechen sich Wellen an einem Strand, werden Sandkörner aufgewühlt und vom schäumenden Wasser ein Stück weit mitgerissen. Das zurückfließende Wasser zieht sie dann ein Stück ins Meer hinaus, bevor sie mit der nächsten Welle wieder in Richtung Land gespült werden. Dieses Kommen und Gehen bezeichnet man als Schwall und Sog.

Treffen die Wellen allerdings nicht genau parallel, sondern schräg zur Küste auf, dann kommt der aufgewirbelte Sand nach jeder Welle nicht wieder an genau dieselbe Stelle zurück, sondern verlagert sich ein Stück weit. Auf diese Weise wandern ganze Sandstrände einer Küste weiter. Denselben Mechanismus können Badegäste erleben, die ihr Handtuch zu nahe am Wasser liegenlassen. Wird es dort von flachen Brandungswellen erfaßt und ständig hin- und hergespült, wandert es allmählich langsam am Strand entlang. ■

◁ *In der Nähe von Grand-Bassam an der Elfenbeinküste brechen sich die Wellen an endlosen Stränden. Sie bilden ein Hindernis, das die Fischerboote, die hier auf dem Strand vor einem Dorf zu sehen sind, nur schwer überwinden können.*

Surfen – ein alter Wassersport aus Polynesien

Brandungssurfen, das die Bewohner von Polynesien schon seit Jahrhunderten betreiben, hat heute auf der ganzen Welt begeisterte Anhänger gefunden. Als Paradies für diesen Wassersport gilt aber Hawaii, wo die Wellen häufig bis zu 10 m hoch sind. Der Surfer, der auf seinem Brett kniet oder bäuchlings liegt, muß zunächst kräftig mit den Armen paddeln, um ins offene Wasser zu gelangen. Hat ihn dort eine geeignete Welle erfaßt, richtet er sich rasch auf seinem Brett auf. Durch Ausbalancieren seines eigenen Gewichts lenkt er das Surfbrett und versucht, so lange wie möglich an der hohen, rollenden Wasserwand entlangzufahren. Manchmal kann der Surfer sogar einige Sekunden lang durch einen regelrechten Tunnel aus Wasser sausen und erreicht dabei eine Geschwindigkeit von 15 km/h.

Das Paradies der Brandungssurfer liegt auf Hawaii, wo die Wellen oft 10 m hoch werden.

Sturmwellen und Tsunamis

DAS MEER IN RAGE

Sie haben unterschiedliche Ursachen, doch ihre Wirkungen sind gleichermaßen zerstörerisch. Wenn Sturmwellen oder Tsunamis heranrollen, steigt der Meeresspiegel rasch an, und weite Küstengebiete werden überschwemmt. Die große Flut zerstört oft ganze Dörfer und fordert vor allem in den Ländern Asiens Tausende von Opfern.

Zerstörerische Wellen

Sturmwellen haben eine meteorologische Ursache. Sie werden durch den Druck des Windes verursacht, der das Wasser über eine weite Ozeanfläche hinweg in Richtung Küste treibt und dort schließlich einen regelrechten Wasserberg vor sich herschiebt. Sind die Küstengewässer relativ seicht, begünstigt dies das Entstehen von Sturmwellen, die häufig die Küstenbefestigungen zerstören.

Besonders gefährlich wird es, wenn eine Sturmwelle gemeinsam mit der steigenden Flut kommt. Dies war am 31. Januar 1953 vor der niederländischen Küste der Fall. Ein starker Nordwind war 36 Stunden lang über den Nordatlantik gerast und hatte dabei mehr als 1500 km zurückgelegt. Als das Wasser der Nordsee über die Dämme schwappte und rund 200 000 Hektar Polderfläche überschwemmte, gab es mehr als 1800 Todesopfer.

Vor allem in den Mündungsgebieten der großen Flüsse wirken sich Sturmwellen verheerend aus. Dies war zum Beispiel am 16. Februar 1962 der Fall, als eine Sturmflut die norddeutsche Küste erreichte. Dadurch konnte das Wasser der Elbe nicht mehr abfließen. Weite Teile Hamburgs standen unter Wasser, mehr als 300 Menschen kamen in den Fluten ums Leben.

Ein anderer Typ der zerstörerischen Flutwellen ist der Tsunami, der keine meteorologischen, sondern seismische Ursachen hat. Er wird durch ein Erdbeben oder einen Vulkanausbruch im Meer ausgelöst und breitet sich mit einer Geschwindigkeit von 800 km/h aus. Auf hoher See macht er sich nur durch ein unmerkliches Anschwellen des Ozeans über 100–150 km Breite bemerkbar. Beim Eintreffen an den flachen Küsten aber verändert sich der Tsunami. Geschwindigkeit und Wellenlänge nehmen ab, die Höhe dagegen beträchtlich zu. Am Ufer zieht sich das Meer zuerst ungewöhnlich rasch zurück, doch danach kehrt es mit haushohen Wellen wieder, die sich in Buchten ergießen, Ortschaften verwüsten und Boote mehrere hundert Meter landeinwärts schleudern.

△
Bangladesch am 9. September 1988: Das Foto zeigt das Ausmaß der Überschwemmung durch eine Flutwelle, die in das Flußdelta von Brahmaputra und Ganges eingedrungen war.

Mörderische Hochwasser in Bangladesch

Die weite Wasserfläche, die sich hier bis zum Horizont erstreckt, gehört keinesfalls zu einem See. Vielmehr handelt es sich um einen Teil des gemeinsamen Mündungsbereiches des Ganges und des Brahmaputra. Das riesige Flußdelta in Bangladesch ist eine der am dichtesten besiedelten Regionen der Welt.

Als das Foto 1988 aufgenommen wurde, war das Gebiet von einem großen Hochwasser überschwemmt. Nur wenige Bäume und Häuser sowie einige Reisfelder ragten noch aus dem Wasser, in dem Tausende Menschen ertranken. Ursache der Überschwemmung war eine Flutwelle, die sich bei einem Wirbelsturm im Golf von Bengalen gebildet hatte und das Meer 5 m über seinen normalen Spiegel ansteigen ließ. Eine ähnliche Katastrophe hatte das auf Meereshöhe liegende Land im Oktober 1937 erlebt, als 300 000 Menschen durch eine Sturmflut ums Leben kamen.

In beiden Fällen waren die meisten Opfer am Rand des Deltas zu beklagen. Dort liegen zwischen Kanälen und Wasserläufen zahlreiche dichtbesiedelte Inseln mit Reisfeldern. Dämme aus Ton, das einzige Baumaterial in dieser Gegend, schützen normalerweise die Inseln. Doch als die hohen Flutwellen heranstürmten, brachen die Schutzwälle schon nach wenigen Minuten. ■

△
Ganze Dörfer verwüstete der verheerende Tsunami, der am 1. September 1992 die Pazifikküste von Nicaragua überrollte.

Ein Tsunami wütet in Nicaragua

Ein Bretterhaufen – mehr blieb am 1. September 1992 von dem Fischerdorf an der Pazifikküste Nicaraguas nicht übrig. Zuvor war ein Tsunami, eine durch Erdbeben ausgelöste Flutwelle, auf das mittelamerikanische Land zugerast. Um 19.16 Uhr Ortszeit hatte sich ein Erdbeben ereignet, dessen Stärke auf der Richter-Skala 7,2 betrug. Das Epizentrum lag 160 km vor der Küste in Höhe der Stadt Corinto. Augenzeugen beobachteten, wie sich nach dem Beben das Meer zunächst zurückzog – ein drohendes Anzeichen für das Nahen eines Tsunamis. Dann stieg das Wasser rasch an, schäumende Wellen mit einer Höhe von 15 m rasten auf das Land zu und brachen über die Küstendörfer herein. Mehr als 100 Todesopfer waren zu beklagen, doch nicht alle Leichen wurden gefunden, da manche mit dem zurückströmenden Wasser aufs Meer hinausgezogen wurden.

Im hier beschriebenen Fall lag das Epizentrum des Erdbebens relativ nahe, doch manche der 370 Tsunamis, die man in den vergangenen achtzig Jahren im Pazifik registriert hat, haben ihr zerstörerisches Werk mehrere tausend Kilometer von ihrem Entstehungsort entfernt angerichtet. Tsunamis sind am häufigsten im Pazifik; im Atlantik und im Mittelmeer treten sie nur selten auf. ■

Ein fürchterlicher Tsunami bildete sich am 27. August 1883 nach dem Ausbruchs des Vulkans Krakatau in Indonesien. Wurde er dadurch hervorgerufen, daß der Krakatau 1500 m³ Vulkangestein ins Meer geschleudert hatte? War unter dem Meer ein weiterer Vulkan ausgebrochen, oder hatte ein Seebeben den Meeresboden in Bewegung versetzt? Was auch immer die Ursache gewesen sein mag, das Ausmaß der Schäden war immens.

50 km vom Krakatau entfernt lag im äußersten Westen der Insel Java die Stadt Merak. Sie wurde von den Wellen, die bis zu 30 m hoch waren, buchstäblich hinweggefegt. Ein Kriegsschiff, das nicht weit entfernt vor Anker lag, wurde plötzlich von einer riesigen Welle emporgehoben. Man fand es verlassen in einer Höhe von 9 m über dem Meeresspiegel wieder – 3 km weit im Landesinneren.

Die Katastrophe forderte innerhalb weniger Stunden 36 000 Todesopfer. Die Tsunamiwellen waren noch in Südafrika, am Kap Horn und sogar in Panama zu spüren. Diese Orte liegen zwischen 7000 km und 18 000 km vom Krakatau entfernt. Berechnungen zeigen, daß die Wellen mit einer Geschwindigkeit von 750 km/h über den Indischen Ozean gerast waren.

Die höchste Flutwelle bei einem Tsunami wurde bereits am 24. April 1771 in Japan gemessen – sie war annähernd 85 m hoch. Der Tsunami, der am 28. März 1964 die Südküste von Alaska überspülte, erreichte eine Höhe von 67 m.

Ausgangspunkt der zerstörerischen Tsunamis ist das Epizentrum eines Erdbebens vor der Küste. Dort entsteht zunächst eine sehr flache Welle, die sich mit einer Geschwindigkeit von 800 km/h ausbreitet. Mit der Zeit wird sie langsamer, nimmt dafür aber an Höhe zu. Nahe der Küste ist sie etwa 40 km/h schnell, kann aber so hoch wie ein Kirchturm sein. Überflutet eine solche Riesenwelle die Küstenlandschaft, sind Zerstörungen unausweichlich.
▽

Ein Tsunami

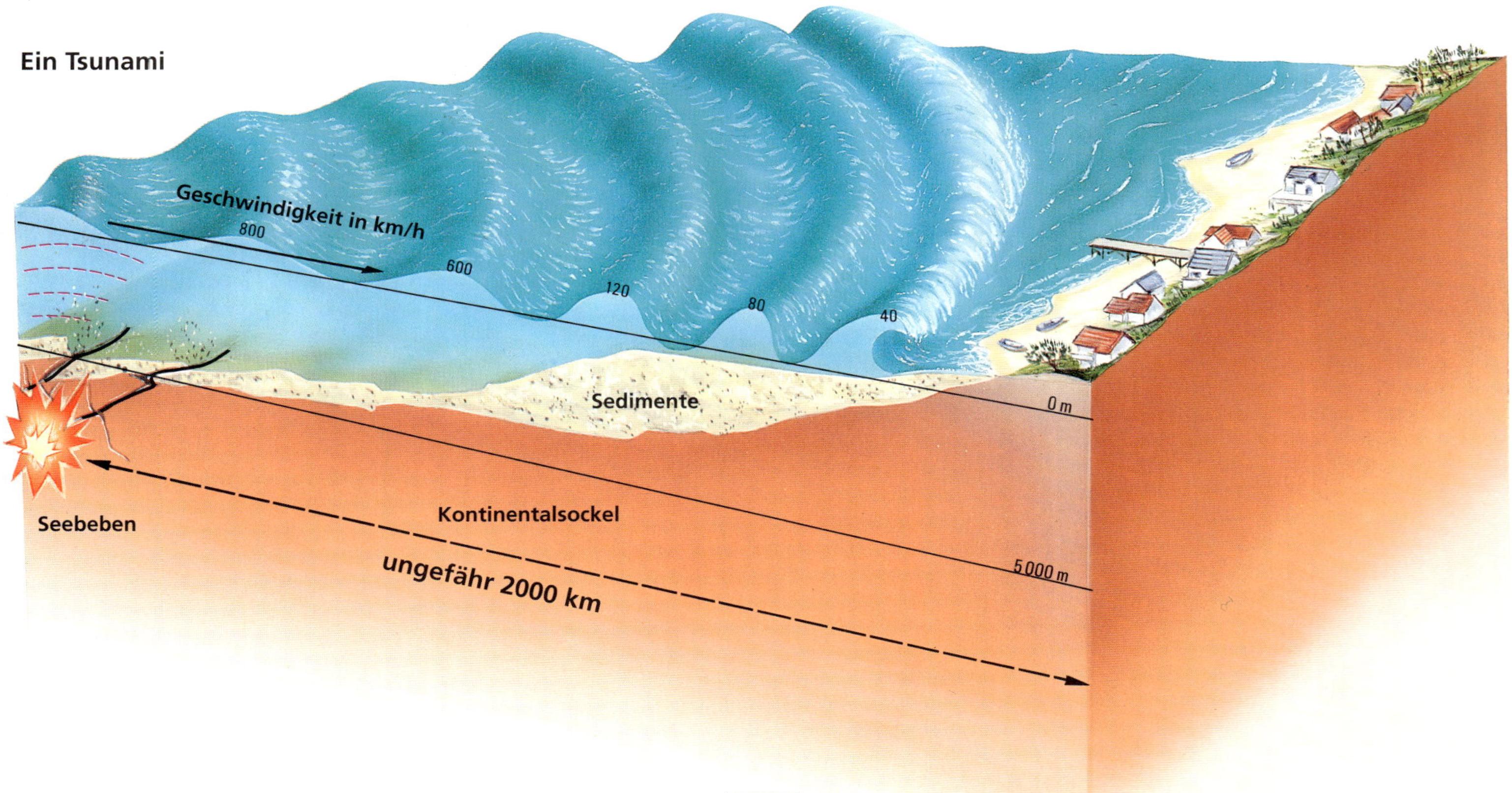

Die flachen Ufer

WANDERNDE STRÄNDE

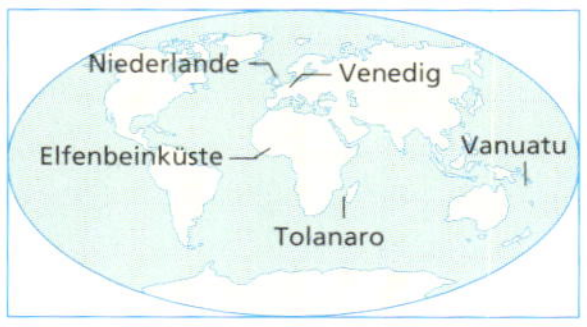

Während die Gesteine an Steilufern und Klippen meist sehr alt sind, gehören flache Strände zu den jungen Landschaftsformationen. Hier lagern Küstenströme die von Flüssen ins Meer geschwemmten Sedimente ab und füllen große Meeresbuchten auf. Auf diese Weise entstehen in kurzer Zeit geradlinige Küsten mit breiten Stränden.

Die Dünen in Madagaskar

An flachen, sandigen Küsten stellen Dünen oft ein charakteristisches Landschaftselement dar. Dies gilt vor allem für trockene Klimagebiete, in denen die Küsten starken, vom Meer her wehenden Winden ausgesetzt sind. Für das Entstehen von Dünen ist neben dem Wind ein weiterer Faktor entscheidend: Die Sandkörner müssen eine durchschnittliche Größe von 0,25 mm haben.

Der hier gezeigte weiße Sandstrand liegt nahe der Stadt Tolanaro, dem ehemaligen Fort-Dauphin, im äußersten Südosten von Madagaskar. Das ganze Jahr über weht in dieser Gegend der vom Indischen Ozean kommende Südostpassat. Zeitweise bläst er sehr heftig und treibt mitunter große Wellen auf die Küste zu, wie auf dem Foto zu sehen ist, dessen rechte Seite nach Osten zeigt.

Der ständige Luftstrom trägt den Sand vom Ufer aus landeinwärts und läßt so allmählich Dünen entstehen. Häufig kommen die vom Wind aufgewirbelten Sandkörner aber nicht sehr weit und lagern sich dann – wie hier im Vordergrund – als sogenannte Randdüne ab, die den Strand überragt.

Auf den Dünen siedeln sich spezielle Pflanzen an. Meist handelt es sich um Gräser, die in dem nährstoffarmen und salzhaltigen Sand überleben können. Ohne solche Spezialisten würde die Düne ihre Form noch schneller als sonst verändern; die Pflanzenwurzeln halten nämlich die Sandkörner zusammen und wirken so der vom Wind verursachten Dünenwanderung entgegen.

Wenn das Klima so trocken ist, daß sich eine geschlossene Pflanzendecke nicht ausbilden kann, wird häufig der gesamte Küstenstreifen zu einer einzigen Dünenlandschaft umgeformt. Eine solche Entwicklung ist in der Mitte des Fotos zu erkennen; dort hat der Südostpassat ein vielfältiges, kleinräumiges Relief geschaffen. Zwischen dem Küstenstreifen und den hohen Granitgipfeln des Anosy im Hintergrund liegt eine hier nicht sichtbare Lagune. Sie stoppt die wandernden Sandmassen, so daß sich die Dünen nicht ins Landesinnere ausdehnen können. ■

Am Strand von Tolanaro im äußersten Südosten von Madagaskar hat der ständige Südostpassat den Ufersand zu Küstendünen aufgehäuft. ▷

△

Eine lange Nehrung trennt Venedig vom eigentlichen Mittelmeer – hier sieht man rechts die Adria, links die Lagune. Die natürliche Vegetation auf dem einstigen Sandstreifen, der völlig überbaut wurde, ist längst verschwunden.

Die Lagune von Venedig

Häuser, Straßen, Kaianlagen – auf der Pellestrina vor Venedig wird jeder Quadratmeter genutzt. Der schmale, langgestreckte Landstreifen ist die südliche Fortsetzung des Lido, jener langgestreckten Nehrung, welche die 60 km lange und 10 km breite Lagune von Venedig zum Mittelmeer hin abschließt.

Das Foto wurde von Südwesten her aufgenommen; es zeigt auf der linken Seite die Lagune mit ihrem ruhigen Wasser und rechts die Adria. Die Stadt Venedig ist hier nicht zu sehen. Sie befindet sich weiter nördlich auf 118 kleinen Inseln, die durch 200 Kanäle und 400 Brücken miteinander verbunden sind. Weil die oberitalienische Hafenstadt inmitten der Lagune liegt, ist ihr Boden sehr weich und wenig belastbar. Um hier Häuser errichten zu können, mußten unzählige Holzpfähle in den Untergrund getrieben werden.

Die Pellestrina war ursprünglich nur ein schmaler Sandstreifen im Meer. Doch davon blieb nichts mehr übrig. Die Venezianer haben das Gelände völlig umgestaltet und dicht bebaut. Der Sandstrand ist unter übereinandergeschichteten Felsblöcken verschwunden; der breite Steindamm soll vor den manchmal heftigen Stürmen der Adria schützen. Auch das Ufer auf der Lagunenseite wurde künstlich angelegt. Hier findet man Kais, an denen zahlreiche Boote verankert sind.

Die sechs kleinen Dämme, die in die Adria hineinragen und Molen gleichen, sind keine Schiffsanlegestellen, sondern Buhnen. Sie bestehen aus großen, meist tonnenschweren Felsblöcken, welche die Küstendrift stoppen und die Erosion mindern sollen.

Trotz aller Schutzbauten ist Venedig mit seinen architektonischen Schätzen vor dem Meer nicht völlig sicher. Schiffszufahrten unterbrechen hin und wieder das lange Band der Pellestrina und des Lido. Durch diese Öffnungen drückt bei starken Stürmen Meerwasser von der Adria in die Lagune und läßt deren Pegel ansteigen, so daß auch der berühmte Markusplatz überflutet wird. ■

Hochwasser in Venedig: Wenn das Meer kommt, behelfen sich die Bewohner mit Laufstegen.

Ein außergewöhnliches Unwetter ließ am 3. November 1966 den Meeresspiegel im Golf von Venedig um über 2 m ansteigen. Die vom Sturm verursachte Flutwelle fegte die Küste entlang und drang in die Lagune von Venedig ein. Damals erlebte die Stadt die größte Überschwemmung ihrer Geschichte. Der Vorhof der berühmten Basilika von San Marco stand 1,25 m unter Wasser. Alle Stromtransformatoren brannten durch und brachten die Energieversorgung zum Erliegen. Berge von Abfall schwammen auf den überfluteten Wegen und Plätzen. Ertrunkene Ratten, Katzen und Tauben trieben zwischen dem Unrat und drohten in kurzer Zeit, eine Epidemie zu verursachen. Ein Hilferuf ging an die ganze Welt. Ein internationaler Hilfsfonds entstand, um die in Not geratene Stadt zu retten.

Das als *acqua alta* bezeichnete Hochwasser ist für die Stadt Venedig und die umliegenden Inseln eine ständige Gefahr. Vor allem wenn heftige Regenfälle mit starkem Wind einhergehen, drückt das Meer in die Lagune. Bei den kritischen Winden handelt es sich um den aus Südost blasenden Schirokko und den aus Nordost kommenden Bora. Mit Besorgnis registrieren die Bewohner der Stadt, daß die Unwetter in den letzten Jahren immer heftiger werden.

Die verschiedenen Baustoffe der Flachküsten

Flüsse führen einen großen Teil der Sedimente heran, die ein Flachufer entstehen lassen. Jedoch liefert auch die von den Wellen verursachte Erosion, die an den Felsküsten nagt, entsprechendes Baumaterial – Gerölle, Sande und Tone. Durch abgestorbene Muscheln und Foraminiferen reichern sich an den Stränden zudem Schalenreste und Kalkablagerungen an. An tropischen Küsten begünstigen Korallenbänke die Entstehung eines Flachufers. Wellen und Küstenströme verteilen die Sedimente entlang der Küste. Sande und Gerölle lagern sich in Form von Strandhaken und Nehrungen ab. Diese sind manchmal so lang, daß sie die Buchten schließen. Gelegentlich bilden die Anschwemmungen auch sehr lange Sandstreifen, sogenannte Tombolos, die das Festland mit vorgelagerten Inseln verbinden. Im Mündungsbereich von Flüssen verlangsamt sich die Fließgeschwindigkeit, so daß sich die im Wasser schwebenden Tone absetzen. Solche Ablagerungen können eine ursprünglich durch Buchten unterteilte Küstenlandschaft mit der Zeit zu einer geraden Küstenlinie umformen. Nach und nach bildet sich dann eine Küstenebene aus, die kaum höher liegt als der Meeresspiegel.

Auf dieser Zeichnung sind die verschiedenen Komponenten eines jungen Flachufers gezeigt. Man kann die Wirkung der Wellen und der Küstendrift erkennen, deren Richtungen mit Pfeilen gekennzeichnet sind. ▽

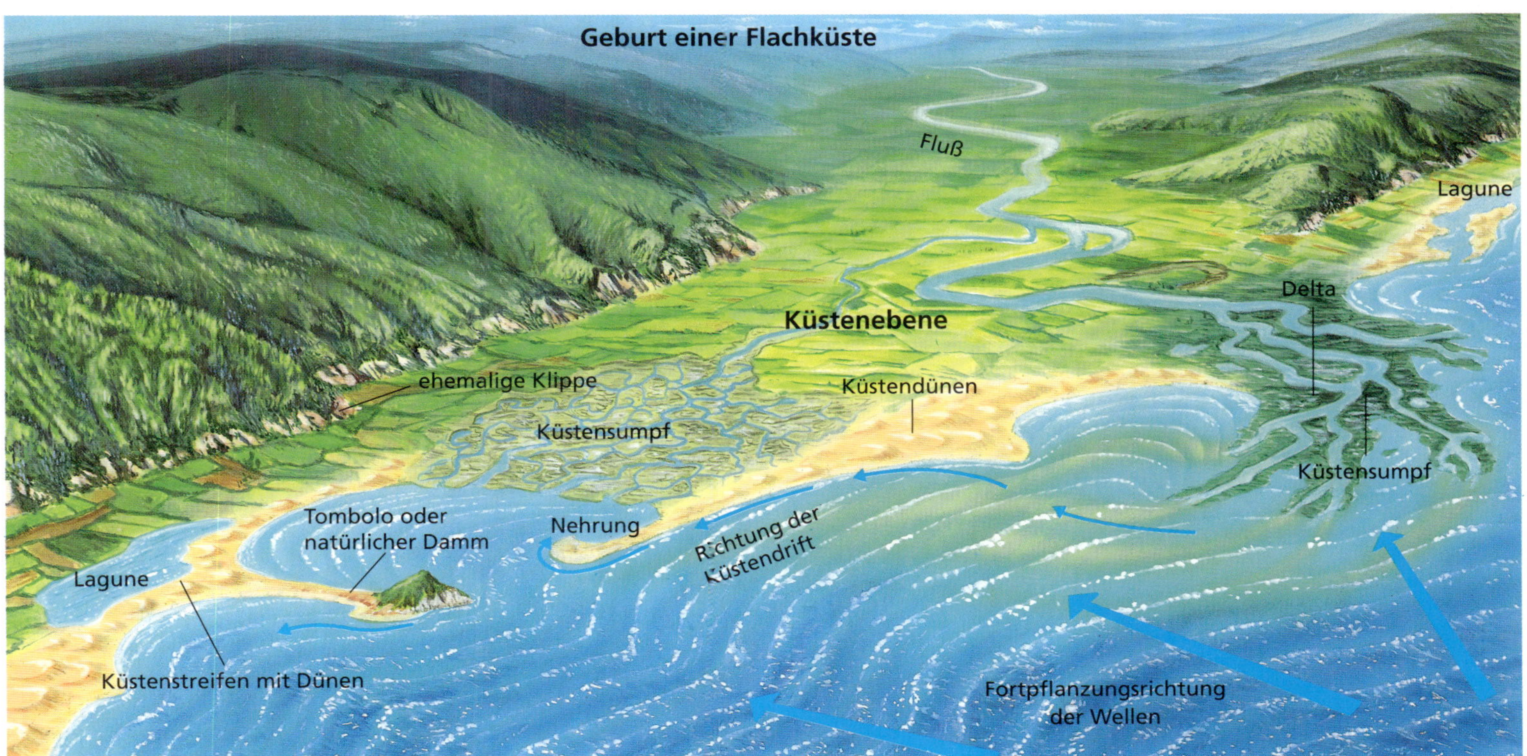

Merkwürdige Gesellen im Sumpf der Mangroven

Ein Schlammspringer verharrt vor einer Krabbe, die zu seinen Feinden gehört.

Eine kleine rote Krabbe und ein neugieriger Schlammspringer *(Periophthalmus koelreuteri)* scheinen sich im Sumpf eines Mangrovenwaldes zu unterhalten. Beides sind recht eigenartige Tiere. Die Krabbe kann sich mit ihren bedrohlich aussehenden Zangen in den Schlick eingraben, so daß nur noch ihre Augen herausschauen, die auf beweglichen Stielen sitzen und ihr jederzeit einen Rundumblick erlauben. Der Schlammspringer seinerseits ist ein merkwürdiger Fisch von etwa 15 cm Länge, der an den Ufern des Indischen Ozeans von Madagaskar bis Australien anzutreffen ist. Auch er hat hervorstehende bewegliche Augen. Seine Schwimmflossen setzt er an Land als Beine ein, auf denen er ans Ufer steigt. Manchmal klettert er sogar auf die Stelzwurzeln der Mangroven. Würmer, Weichtiere und Insekten sind seine Leibspeise. Spezielle Kiemendeckel schützen seine Kiemen vor dem Austrocknen. Deshalb kann er lange auf dem Land bleiben. Bei der geringsten Bewegung in seiner Umgebung springt er jedoch vorsichtshalber ins Wasser zurück. Das sollte er auch jetzt tun – die Lieblingsspeise der Krabbe sind Schlammspringer.

Das amphibische Leben der Mangrovenbäume

Mangroven gehören zu den eigenartigsten Bäumen der Erde. Wie Frösche führen sie eine amphibische Lebensweise, sie sind also im Wasser und an Land gleichermaßen zu Hause. Das Foto rechts zeigt Mangroven an der sumpfigen Küste einer pazifischen Tropeninsel, die zu Vanuatu, den früheren Neuen Hebriden, gehört. Weil das Foto bei Ebbe aufgenommen wurde, sieht man die stelzenartigen Luftwurzeln der Bäume sehr gut, am Horizont ist die blaue Linie des Meeres auszumachen. Bei Flut steht die Baumgruppe sozusagen bis zum Hals im Salzwasser, nur das Blattwerk ragt dann noch aus dem Meer hervor. Um den Wellen und Gezeitenströmungen zu trotzen, haben die Mangroven ein kompliziertes System aus Stelzwurzeln entwickelt, mit denen sie im Schlick verankert sind. Ihr sumpfiger Lebensraum ist für den Menschen äußerst unwirtlich. Hier schwirren Myriaden von Stechmücken umher, man versinkt bis zum Bauch im Schlamm oder bleibt in einem Gewirr aus Wurzeln hängen. Riesenkrabben sind hier häufig zu finden, manchmal aber auch ein Meereskrokodil.

In diesen merkwürdigen Küstenwald dringt die Flut über ein reichverzweigtes System aus kleinen Kanälen ein. Diese bilden zahllose Mäander und verlieren sich landeinwärts unter dem Blattwerk. Manche Mangrovenwälder sind mehr als 10 km breit. Sie lassen sich nur erforschen, wenn man während der Flut mit einem Boot den Kanälen folgt.

Für den Schutz der Küsten sind die Mangroven unerläßlich – sie tragen nämlich dazu

bei, daß die sumpfigen Uferzonen allmählich verlanden. Die vom Meer transportierten Schwebstoffe, vor allem die feinen Tonpartikel, lagern sich zwischen dem dichten Wurzelgeflecht besonders gut ab. Die Stelzwurzeln bremsen die Bewegung des Wassers, so daß sich die Tonpartikel in Ruhe absetzen und Schlick bilden können.

Mangrovenbäume gehören mehreren botanischen Gattungen mit zahlreichen Arten an. Bei den hier gezeigten Exemplaren handelt es sich um Pionierpflanzen, die den unwirtlichsten Küstenbereich besiedeln und an den ständigen Wechsel zwischen Ebbe und Flut angepaßt sind. Andere Arten wachsen weiter im Landesinnern, wo das Wasser seichter und der Untergrund fester ist. ■

Auf den Inseln von Vanuatu im Pazifik wachsen in den sumpfigen Küstengebieten merkwürdige Bäume. Es handelt sich um Mangroven, die sich mit Stelzwurzeln im Schlamm verankern. Hier sind sie bei Ebbe aufgenommen worden, bei Flut stehen sie bis zum Blattwerk im Wasser. ▽

△ ***Dieser Abschnitt der Elfenbeinküste stellt den Prototyp einer begradigten Küste dar. Hinter dem breiten Küstenstreifen liegt eine Lagunenkette, die eine natürliche, vor den Stürmen des Atlantiks geschützte Wasserstraße bildet.***

Begradigte Strände an der Elfenbeinküste

Die großen Wellen, die vom Atlantik her gegen die Elfenbeinküste schlagen, bilden eine nur schwer zu überwindende Brandungszone. Das schäumende Wasser stellt hohe Anforderungen an das Geschick der Einheimischen, wenn sie mit ihren kleinen Booten zum Fischen aufs Meer hinauswollen. Doch wenn die Wellen allzusehr toben, weichen die Fischer, die in den Dörfern auf dem Küstenstreifen wohnen, in die stillen Lagunen aus, die ein Stück landeinwärts liegen. In den mit Mangroven bestandenen Sumpfgebieten leben völlig andere Arten von Fischen und Krustentieren als im Meer, so daß ein vielfältiger Speiseplan garantiert ist.

Die Elfenbeinküste verläuft über mehrere hundert Kilometer völlig geradlinig. Sie ist der Prototyp einer durch Sandablagerungen begradigten Küste. Das Foto zeigt auf seiner rechten Seite die Mündung eines Flusses. Das von diesem ins Meer strömende Wasser ist so stark, daß es die Brandung der ankommenden Wellen durchbricht. Die dunkelblaue Farbe im Mündungsbereich zeigt, daß sich hier eine tiefe Rinne in die Küste eingegraben hat.

Das Wasser des Flusses führt große Mengen an Schlamm und Sand mit sich, die von den Wellen aufgenommen und von der Küstendrift entlang des Ufers verteilt und abgelagert werden. Auf diese Weise wird auch eine unregelmäßige Küstenlinie im Lauf der Zeit begradigt, so wie der Küstenstreifen, der sich auf dem Foto bis zum Horizont erstreckt. Dieser Sandstreifen trennt das Meer von einer Lagune, die im Hintergrund rechts zu sehen ist. Sie ist relativ klein und hat nur wenige hundert Meter Durchmesser. In anderen Abschnitten der Elfenbeinküste können die Lagunen aber mehrere Kilometer breit werden, wie zum Beispiel in der Nähe der Hauptstadt Abidjan.

Die seichten Lagunen enthalten Brackwasser, also eine Mischung aus Salz- und Süßwasser. Das Salzwasser stammt vom Meer, das Süßwasser aus kleinen Wasserläufen, die in die Lagunen münden, während die großen Flüsse direkt ins Meer fließen. Die Lagunen bilden eine natürliche Wasserstraße, die vor dem Ozean geschützt ist und die kleinen Fischerdörfer auf dem Küstenstreifen miteinander verbindet. Die Dörfer und auch die zahlreichen Siedlungen weiter im Landesinnern sind in der Regel auf dem Landweg nur schwer zu erreichen.

Hinter der Lagune erkennt man am Horizont ein etwas höheres Relief. Es handelt sich um eine alte Küstenlinie, die im Gegensatz zur heutigen stark eingeschnitten war. ■

mußten gebaut werden, um den Polder völlig trockenzulegen. Nach einigen Jahren waren die so gewonnenen Gebiete ausreichend gefestigt, damit Ackerbau betrieben werden konnte. Heute bauen die Landwirte hier Weizen, Zuckerrüben und Kartoffeln an.

Der gesamte Polder ist in Parzellen aufgeteilt, die eine Standardgröße von 30 ha haben. Zwischen Flevoland und dem „alten Land" gibt es keine feste Verbindung. Bewußt hat man dazwischen Randseen und Kanäle belassen, damit die aus dem Binnenland kommenden Flüsse ungehindert abfließen können und Überschwemmungen vermieden werden.

Die Erfolge bei der Landgewinnung mußten zum Teil teuer erkauft werden. Im Februar 1953 raste beispielsweise ein Sturm mit einer Geschwindigkeit von bis zu 160 km/h über die Nordsee und trieb eine gewaltige Flutwelle auf Holland zu. Unter dem Druck der Wassermassen brachen viele Dämme, mehr als 1800 Menschen kamen ums Leben. ■

◁ ***Auf dem Satellitenfoto ist Hollands Nordküste aus 910 km Höhe zu sehen. Die 1972 entstandene Aufnahme umfaßt ein Quadrat von 170 km Seitenlänge. Die Polder erscheinen blaßblau, die rote Farbe zeigt dichte Vegetation an.***

Im Land der Polder und Pumpen

Das Ringen zwischen dem Menschen und dem Meer hat in den Niederlanden eine lange Tradition. Seit dem Mittelalter errichten die Holländer in der Nordsee Dämme, hinter denen sich der vom Meerwasser angeschwemmte Schlick absetzen kann. Mit Hilfe von Drainagekanälen und Pumpwerken legt man diese sumpfigen Gebiete dann trocken. Das dadurch gewonnene neue Land bezeichnet man als Polder.

Das Satellitenfoto zeigt die Nordküste Hollands. Die Polder sind auf diesem Falschfarbenbild als blaßblaue Flächen dargestellt, die darin zu erkennenden Konturen lassen den Verlauf der Dämme erkennen. Gut zu sehen ist auch die orange eingefärbte Kette der westfriesischen Inseln, die das Wattenmeer von der dunkelblauen Nordsee abtrennen. Ganz im Norden, also am oberen Bildrand, liegen Ameland, darunter Terschelling und Vlieland sowie Texel, die größte der Inseln.

Östlich von Texel kann man eine schnurgerade, hellblaue Linie erkennen. Es handelt sich um den 32 km langen Schlußdamm, der 1932 fertiggestellt wurde und das mittelblau dargestellte IJsselmeer, die ehemalige Zuidersee, vom Wattenmeer abtrennt. Amsterdam sowie die nördlichen Vororte von Utrecht erscheinen grauschwarz am unteren Bildrand. Weil das Foto im Infrarotbereich aufgenommen wurde, entspricht die rote Farbe weitgehend dem von Vegetation bedeckten Festland und den wenigen Parzellen, die im Innern der Polder kultiviert werden.

Das östliche Flevoland – die mittlere der drei blaßblauen Flächen im IJsselmeer – ist der größte Polder, den man der ehemaligen Zuidersee abgerungen hat. Seine Fläche umfaßt 54 000 ha. Drei große Pumpstationen

Schneller Sport auf drei Rädern

Ein Strandgleiter dieses Typs erreicht eine Geschwindigkeit von bis zu 120 km/h.

Der erste Strandgleiter wurde 1898 in Belgien gefahren. Dann meldete der französische Flugzeugbauer Louis Blériot sein Modell *Aéroplage* an, das an den großen Stränden der Nordsee zu Beginn dieses Jahrhunderts große Erfolge feierte. Doch erst in den 60er Jahren kamen die Strandsegler richtig in Mode. Seitdem gewinnt dieser Sport immer mehr Anhänger. Bei den dreirädrigen Fahrzeugen, die dank neuer Materialien immer robuster, leichter und schneller werden, unterscheidet man mehrere Klassen. Die schnellsten Strandsegler fahren in der Klasse 3 um die Wette und erreichen dabei Tempo 120. Manche Fahrer bevorzugen allerdings die Klasse 5, weil deren Gefährte nicht so sperrig und deshalb leichter zu transportieren sind. Die Strandsegler der Klasse 7, die auch unter dem Namen *Speed Sail* bekannt sind, werden nicht wie üblich im Sitzen oder Liegen gesteuert, sondern stehend.

Die Flußdeltas der Küsten

RINGEN MIT DEM MEER

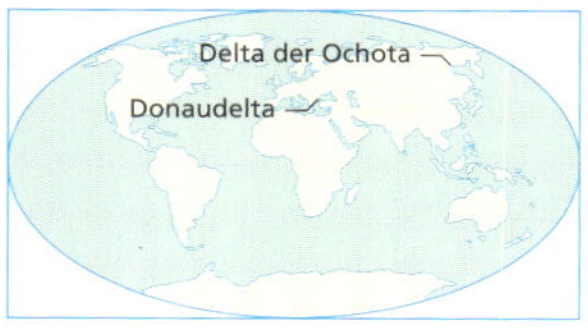

Fruchtbare Böden sind dafür verantwortlich, daß die Deltaebenen der großen Flüsse zu den bevölkerungsreichsten Regionen der Erde zählen. In den Deltas Südostasiens leben bis zu 400 Einwohner pro km². Da weite Flächen nur wenige Zentimeter über dem Meeresspiegel liegen, kommt es bei Überschwemmungen oft zu Katastrophen.

△
Das Delta des ostsibirischen Flusses Ochota in einer Bucht des Ochotskischen Meeres auf 60° nördlicher Breite ist typisch für arktische Regionen. Wegen der spärlichen Vegetation und der reißenden Schmelzwasserfluten im Frühjahr liefert der Fluß viel Schlamm und Schlick; so bildet sich am Saum des Meeres neues Land.

Neues Land im Delta der Ochota

Die Ochota, ein 300 km langer Fluß in Ostsibirien, ergießt sich einige Kilometer westlich der Stadt Ochotsk ins Meer. Das Flußdelta der Ochota ist sehr flach, wie die meisten Deltas, die sich an Meeresküsten bilden. Das süße Flußwasser schwimmt – anders als bei den Deltas, die in Seen münden – auf dem dichteren Salzwasser und kann so die mitgeführten Sedimente über größere Distanzen transportieren, als dies in einem See der Fall wäre.

Die Hauptarme des Ochotadeltas sind 50 m breit, zahlreiche kleine Seitenarme mäandrieren durch die ausladenden Buchten. Hier im Norden der Taiga sind die Laub- und Nadelhölzer an den Flußufern verkümmert. Üppiger gedeihen Gräser. Sie haben sich auf den Schlammbänken des Deltas dem Salzwasser angepaßt und bilden das Pendant zu den Mangroven der Tropen.

Das bei Flut aufgenommene Foto entstand im Sommer; im Winter ist die gesamte Bucht von Eis bedeckt. Der harte jahreszeitliche Wechsel prägt die Landschaft: Im Frühjahr verstopfen Schlamm und Eisschollen die Wasserläufe. Der Druck des Wassers ist dann so stark, daß es aus dem Bett des Flusses ausbricht und Seitenarme bildet. So entstehen zahlreiche Gabelungen. Obwohl die Hochwasserphase nur kurz dauert, liefert der Fluß in dieser Zeit doch so viel Material, daß die Ochota ihr Delta weit ins Meer hinausschieben kann. Die Strömung preßt dabei Schlick und Schlamm in das Stillwasser zwischen den Flußarmen. Fester Boden entsteht, und der Fluß gewinnt so neues Land, das anderenorts durch die Küstenerosion verlorengeht. ■

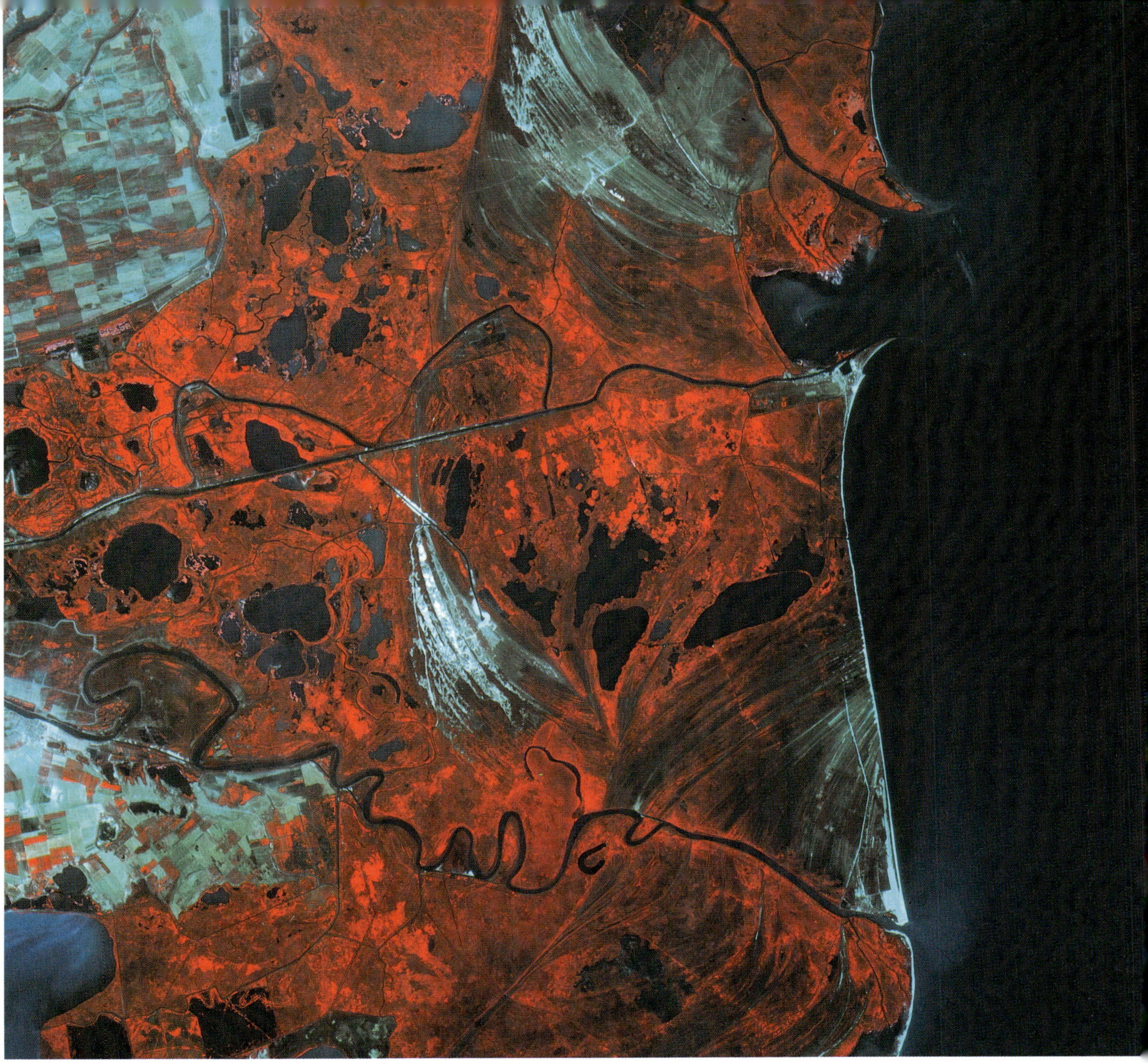

△
Infrarotaufnahme vom mittleren Teil des Donaudeltas in Rumänien: an den roten Farbtönen erkennt man die artenreiche Vegetation in den riesigen Sümpfen, durch die zwei der drei Hauptarme der Donau fließen. Das Foto entspricht einem Rechteck von etwa 50 km Seitenlänge.

Auch der Pelikan fühlt sich im Delta wohl.

Naturparadies Donaudelta

Bevor die Donau in das Schwarze Meer mündet, fächert sie sich in ein riesiges, 290 000 ha großes Sumpfgebiet mit Schilfpflanzen auf. Das nur schwer zugängliche Delta ist eines der letzten Vogelparadiese in Europa. Millionen Vögel machen hier auf ihren Zügen Rast, mehrere hundert Arten sind im Schilf heimisch. Neben Enten, Wildgänsen, Schwänen, Kormoranen, Schnepfen und anderen Stelzvögeln findet man hier auch Geier und Pelikane. Zwischen den Riesenseerosen in den fast stehenden Gewässern leben mehr als hundert Fischarten. Und nicht wenige Meeresfische legen ihren Laich im Delta ab. Dies gilt beispielsweise für den Stör, der den Kaviar liefert. Wo der Boden etwas fester ist, verbergen sich Fischotter, Wiesel, Hermeline, Wildschweine, Wildkatzen, Füchse und Wölfe.

Das Donaudelta aus der Vogelperspektive

Die oben gezeigte Infrarotfotografie stammt von dem Satelliten *Spot*. Der Ausschnitt zeigt ungefähr die Hälfte des 5600 km² großen Donaudeltas in Rumänien. Etwa 100 km bevor der Fluß in das Schwarze Meer mündet, teilt er sich im Nordosten der Stadt Tulcea fächerförmig in drei Hauptarme auf. Die von Sedimenten aufgeschütteten Landflächen führen eine Vielzahl von Nebenarmen, Bächen und Kanälen, die mit ihren Mäandern wiederum unzählige Teiche und Sümpfe im Landesinnern verbinden. Das ganze Jahr über trocken

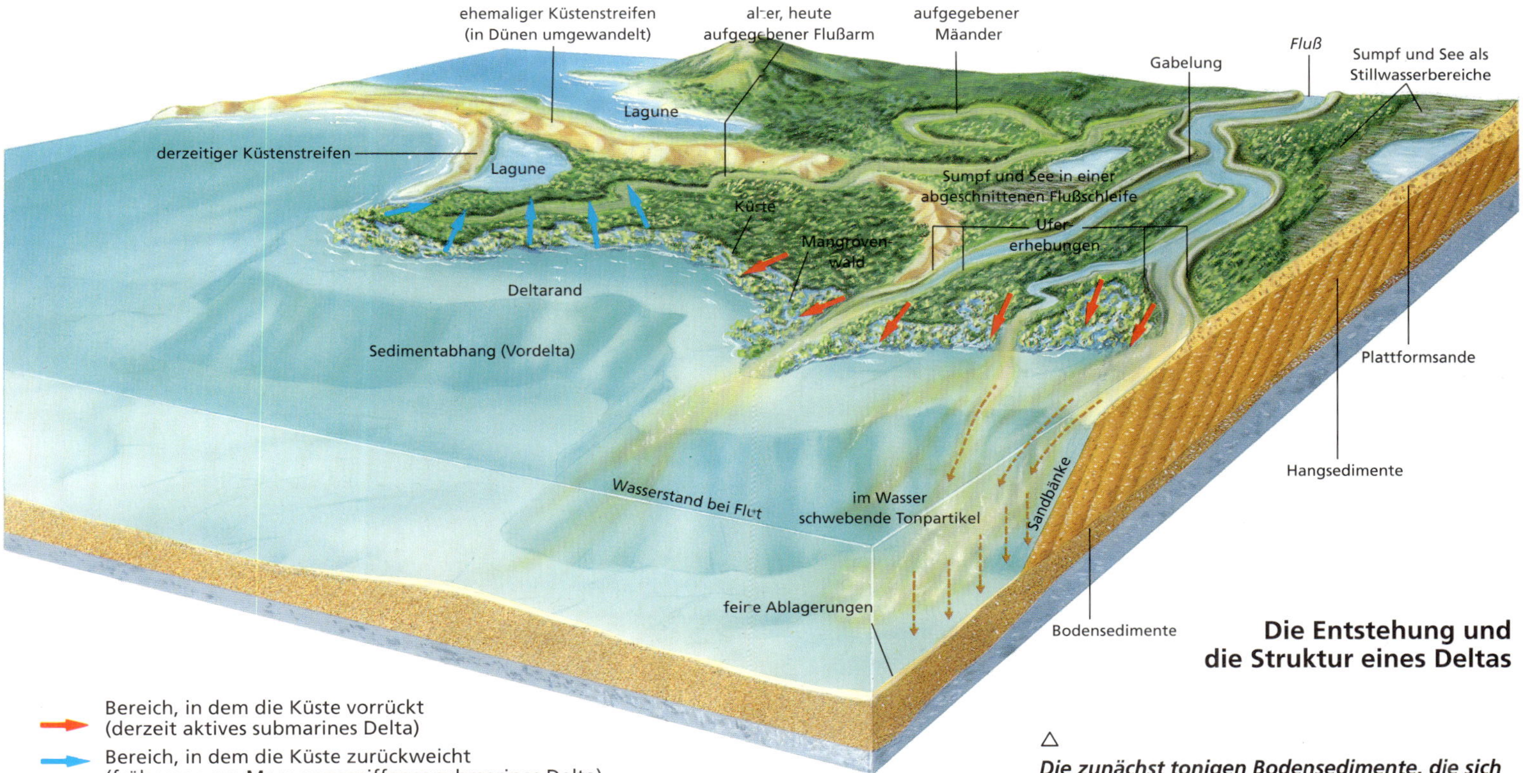

Die Entstehung und die Struktur eines Deltas

△

Die zunächst tonigen Bodensedimente, die sich im tiefen Wasser abgelagert haben, überdecken bei fortschreitendem Delta vorwiegend sandige Hangschichten, die Sandbänke und Schwemmkegel bilden. In Stillwasserbereichen lagern sich darüber feiner Schlamm und Schlick ab. Diese Sedimente werden auch weit nach draußen ins Meer transportiert, da das leichte Flußwasser auf dem Salzwasser des Meeres „schwimmt". Das Gefälle des Abhanges liegt selten über 10°.

bleiben nur wenige Landzungen. Auf der rechten Seite des Bildes sieht man das Ufer des Schwarzen Meeres, das durch einen geradlinigen Sandstreifen hervorgehoben wird.

Die rote Farbe, die auf dem Foto am deutlichsten hervortritt, kennzeichnet die Vegetation in den Schilfsümpfen. Zwei der drei Arme der Donau sind deutlich sichtbar. Im Süden erkennt man den Seitenarm Sankt-Georg, der 22 % des Donauwassers mit sich führt. Sein trübes Wasser fließt in zahlreichen Mäandern bis zur Mündung ins Meer. 13 % des Donauwassers fließen in den Sulinaarm. Zwischen 1886 und 1902 begradigte man diesen Arm für die Schiffahrt und durchschnitt dabei zwei große Mäander, deren Reste man in der Mitte des Fotos erkennen kann. Der Kiljaarm liegt außerhalb des Bildes im Norden. Er transportiert rund 65 % des Donauwassers. Ein südlicher Teil seines Nebendeltas verläuft am oberen Bildrand. Da der Fluß in diesem Bereich sehr viele Sedimente transportiert, rückt die Küstenlinie hier jährlich um 80 m ins Meer vor. Zugleich ist dies der einzige Teil des Donaudeltas, der noch im Wachsen begriffen ist. In den anderen Gebieten ist derzeit die Erosion durch das Schwarze Meer stärker.

Das Delta ist ein Paradies für Millionen Zugvögel, die hier Nahrung in Fülle finden. Mehr als hundert Fischarten tummeln sich in den nährstoffreichen Gewässern. Die Amphibien sind so zahlreich, daß sich hier Fischer auf den Froschfang spezialisiert haben. ■

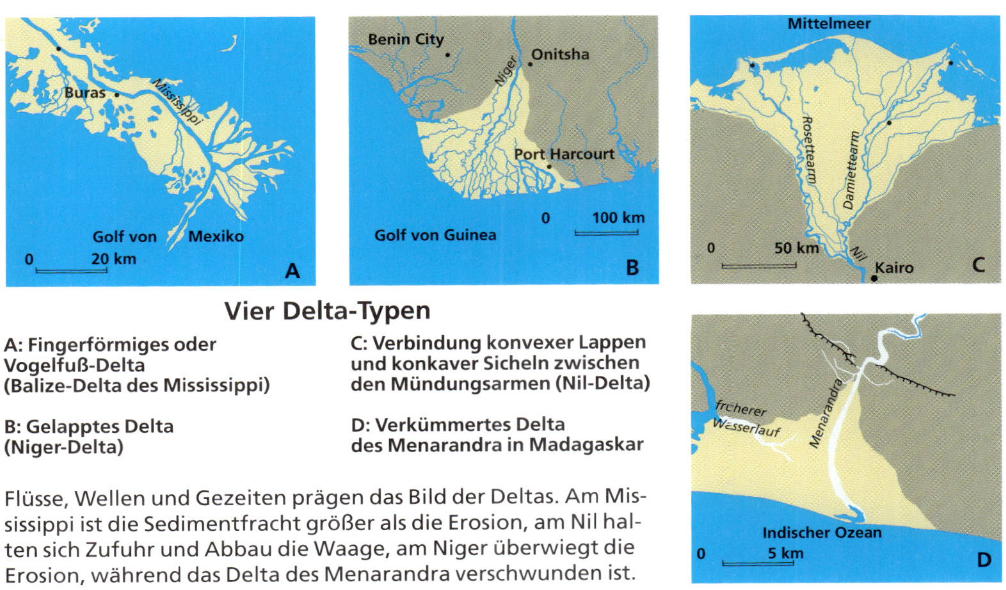

Vier Delta-Typen

A: Fingerförmiges oder Vogelfuß-Delta (Balize-Delta des Mississippi)

B: Gelapptes Delta (Niger-Delta)

C: Verbindung konvexer Lappen und konkaver Sicheln zwischen den Mündungsarmen (Nil-Delta)

D: Verkümmertes Delta des Menarandra in Madagaskar

Flüsse, Wellen und Gezeiten prägen das Bild der Deltas. Am Mississippi ist die Sedimentfracht größer als die Erosion, am Nil halten sich Zufuhr und Abbau die Waage, am Niger überwiegt die Erosion, während das Delta des Menarandra verschwunden ist.

Eine Küste in Bewegung

Deltas entstehen, wenn ein Fluß mehr Sedimente – zumeist Gerölle, Sande und Tone – ins Meer schwemmt, als die Wellen und die Gezeitenströme abtragen können. Ein Landvorsprung kann sich jedoch nur aufbauen, wenn genügend flaches Wasser vor der Küste existiert: Rutschen die Sedimente in einen submarinen Canyon oder in einen ozeanischen Graben, können sie sich nicht akkumulieren.

Eine weitere Bedingung für das Entstehen eines Flußdeltas ist eine relativ geschützte Küste: Fehlen etwa ruhigere Buchten wie der Golf von Mexiko, führen küstenparallele Strömungen oder starke Gezeitenströme das angeschwemmte Material rasch ab. Nur wenn der Fluß ungewöhnlich viel Sedimente transportiert, kann sich trotz großer Gezeitenunterschiede, etwa beim indischen Ganges und dem burmesischen Irrawaddy, noch ein größeres Delta bilden.

Gewässer wie der Mississippi liefern vor allem tonreichen Schlamm. Steigert der Mensch durch eine Kanalisierung die Fließgeschwindigkeit, kann sich weniger Ton absetzen – das Delta senkt sich ab.

Korallenriffe und Atolle
VERGÄNGLICHE PARADIESE

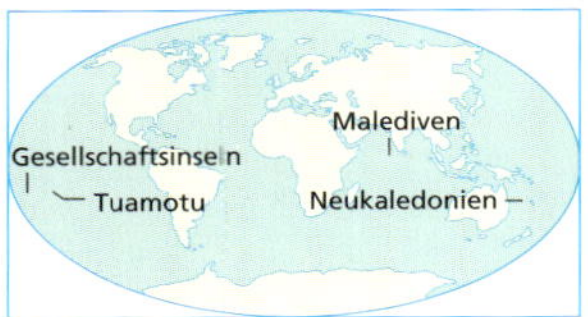

Türkisblaues Wasser, weiße Sandstrände, Kokospalmen: Touristen halten die Atolle der tropischen Meere, die meist aus Korallenriffen entstanden sind, für das Paradies auf Erden dar. Doch der Anschein trügt. Viele der Inseln sind in Gefahr. Manchmal genügt eine kleine Ursache, etwa der Bau eines Kais, und sie werden ein Raub der Wellen.

Die Saumriffe der Tuamotu-Inseln

Mit seinen 84 Inseln und Atollen, die im Pazifik über eine Strecke von 2300 km verstreut sind, bedeckt der Archipel der Tuamotu-Inseln in Französisch-Polynesien eine Fläche, die doppelt so groß wie das Mutterland Frankreich ist. An den Rändern der Atolle und in den darinliegenden türkisfarbenen Lagunen wimmelt es nur so von bunten Fischen.

Die Lagunen selbst sind häufig von Saumriffen umgeben. Die schmalen, von den Korallen gebildeten Riffstreifen ruhen auf den flachen Inselrändern, beispielsweise der Gesellschaftsinseln oder bei Nosy Bé im Nordwesten von Madagaskar.

Die Riffe beherbergen eine Korallenfauna, die optimal an die ruhigen und warmen Gewässer angepaßt ist. Zahlreiche Fische und Weichtiere leben mit den Korallentieren im Verbund. Sie finden zwischen den aus der Wasseroberfläche emporragenden Korallenbauten ideale Zufluchtsmöglichkeiten. In der Lagune selbst können Korallen jedoch nur existieren, wenn das Atoll offene Passagen besitzt und so Frischwasser eindringen kann.

Das Saumriff endet jäh an einem etwa 10 m tiefen Abhang. Die bunte Welt der lebenden Korallen wird hier von einem Boden aus feinem Sand abgelöst, der schließlich in Kalkschlamm übergeht. Zum Land hin säumen vor allem in den geschützten Bereichen weiße Sandstrände die Ufer, an denen Kokospalmen Schatten spenden.

Die Saumriffe sind mit ihren winkeligen Verstecken die idealen Kinderstuben auch für größere Fischarten. Jungtiere sind in den Korallenbänken außer vor Freßfeinden auch vor den Turbulenzen der hohen See geschützt.

Immer mehr ist das Leben in den Riffen vom Menschen bedroht: Einheimische fischen mit Dynamit, Touristen brechen Korallen ab und nehmen sie als Souvenir mit, der Müll der wachsenden Dörfer wird ins Meer gekippt,

oder Korallenbänke werden mit Hafenanlagen zubetoniert. Eine weitere Gefahr sind natürliche Feinde, etwa in Massen auftretende Seesterne. Wie weit der Mensch an ökologischen Katastrophen Schuld trägt, ist umstritten. In den 80er Jahren etwa wurden plötzlich einst blühende Riffe zu tristen Sandstreifen, über denen einige Fische umherirren. ■

Die Malediven – das Reich der 1190 Inseln

Die Malediven im Indischen Ozean gehören zu den klassischen Atollgebieten der Erde und gelten unter Tauchern als Tauchparadies ohnegleichen. Die rund 25 Atolle gliedern sich in 1190 Inseln, darunter 200 bewohnte. Bohrungen haben gezeigt, daß der Untergrund vulkanischen Ursprungs ist. Auf dem Vulkangestein wuchsen die Korallen mit wenigen Zentimetern pro Jahr langsam in die Höhe und schufen so nach und nach die Korallenriffe. Die Inseln der Malediven selbst sind allerdings erst seit der letzten Eiszeit vor wenigen tausend Jahren entstanden.

Die meisten Atolle bilden eine Reihe kreisförmig angeordneter Inseln, die von strahlendweißen Stränden gesäumt sind. Die Inseln sind ein Produkt von Wind, Wellen, Strömungen und Gezeiten. Auf dem flachen Riffplateau bilden sich Geröllhalden, die sich nach und nach zu größeren Sandbänken ausbreiten, auf denen die stelzwurzeligen Schraubenpalmen und Kokospalmen Fuß fassen können. An der dem Wind ausgesetzten Seite der Insel lagert sich grobes Material an, an der windgeschützten Seite feiner Korallensand.

Ebenso schnell, wie eine Insel entsteht, kann sie auch wieder im Meer verschwinden. Schon der Bau einer Kaianlage genügt mitunter, um die Strömungsverhältnisse zu verändern. Auf den Malediven werden deshalb immer wieder Inseln aufgegeben und neue besiedelt.

Das größte Problem ist das Trinkwasser. Die Einheimischen gewinnen es aus Brunnen, die in den Korallenkalk hinabreichen, der das Regenwasser speichert. Für den Massentourismus benötigt man Meerwasserentsalzungsanlagen oder riesige Zisternen. ■

△ *Im klaren Wasser eines jäh abfallenden Saumriffs schwimmen farbenfrohe Fische, die zwischen Korallen und Algen Schutz suchen.*

◁ *Ein Saumriff im Tuamotu-Archipel, Französisch-Polynesien. Ein solches Riff zeigt sich gewöhnlich als schmale Barriere, die auf dem flach auslaufenden Strand einer Insel liegt. Zur Lagune hin fällt das Saumriff durch einen einige Meter hohen, vertikalen Abhang ab. Da das Wasser in dem geschützten Bereich in der Regel sehr ruhig ist, können sich hier Korallenkolonien bis knapp über die Wasseroberfläche entwickeln, ohne daß sie von den Wellen abgerissen werden.*

Inseln wie Ihuru auf den Malediven ruhen auf Korallenbänken und bestehen aus zerbrochenen Korallen und Korallensand. Das Schicksal einer Insel ist deshalb stark von der Dünung abhängig, die sich mit den Strömungsverhältnissen um die Insel verändern kann. Wird beispielsweise ein kleiner Landesteg für Boote gebaut, kann dies die Strömung langfristig so verändern, daß die Erosion die kleine Insel zerstört. ▷

Tupai – ein Atoll im Korridor der Wirbelstürme

Fliegt man über den Tuamotu-Archipel oder das Atoll der Gesellschaftsinseln, zu dem auch das Tupai-Atoll im Pazifik gehört, kann man über eine Strecke von mehreren hundert Kilometern das Werk der mikroskopisch kleinen Korallenpolypen bewundern, die hier perfekte Ringe aus Korallenkalk geschaffen haben.

Die Atolle Polynesiens sind weitaus gefährdeter als die relativ geschützte Inselgruppe der Malediven: Atolle wie Tupai liegen im Einzugsbereich der tropischen Wirbelstürme und werden deshalb häufig von Sturmwellen erfaßt, die sie zerstören können.

Das Atoll besteht aus mehreren größeren Einheiten. Auf dem Atollring sitzen die Inselchen, die bei den Polynesiern auch Motu heißen. Die Lagune im Zentrum des Ringes ist nach einer Untersuchung des Meeresforschers Hans Hass um so tiefer, je größer das Atoll ist. Stellenweise hat man Lagunentiefen bis zu 100 m gemessen. Außen liegt das Korallenriff, an das die Dünung brandet. Hier findet man auch die lebenden Korallenkolonien, deren Kalkskelette das Riff aufbauen.

Die bunten Riffkorallen wachsen allerdings nur bis in eine Tiefe von 40 m, da sie in Symbiose mit Algen leben, den sogenannten Zooxanthellen, die Sonnenlicht für ihre Photosynthese benötigen. Sind die Verhältnisse gut, wachsen auch in der Lagune Korallen. Den Großteil der hierzu nötigen Frischwasserzufuhr aus dem Meer erhält die Lagune Tupais über unterirdische Höhlensysteme. Bei den meisten Atollen existieren breite Kanäle zwischen Lagune und offenem Ozean. ■

△
Französisch-Polynesien umfaßt 77 Atolle. Das Tupai-Atoll im Nordwesten von Bora-Bora ist 50 km² groß und gehört zum Archipel der Gesellschaftsinseln. Auf dem breiten Riff liegen kleine Inseln aus Korallenresten, die Motu. Da eine größere Passage fehlt, fließt das Wasser zwischen Lagune und Ozean in kleinen Rinnen – den Hoa – durch die Motu hindurch.

◁ *Auf Takapoto, einem Atoll im Tuamotu-Archipel, schneiden die recht seichten Hoa in den Korallenkalk ein. Die pilzartigen Korallenbauten, die auf dem kargen Eiland emporragen, weisen darauf hin, daß der Meeresspiegel früher höher gelegen haben muß als heute.*

Die hochgelegenen Inseln von Polynesien sind von unterschiedlich breiten Lagunen gesäumt, die ein Barriereriff vom Ozean trennt. Auf dem harten Kalkgestein des Riffes liegen die aus Korallenresten entstandenen Inselchen. Die Lagunen bieten Schiffen, die über tiefe Kanäle zu den Anlegestellen fahren können, einen perfekten Schutz vor Stürmen. Doch die scharfkantigen Korallenbuckel zwingen zu vorsichtigem Navigieren. Am Rand der vulkanischen Inseln erstreckt sich das Saumriff, das die Strände mit schwarzem Basaltsand säumt.
▽

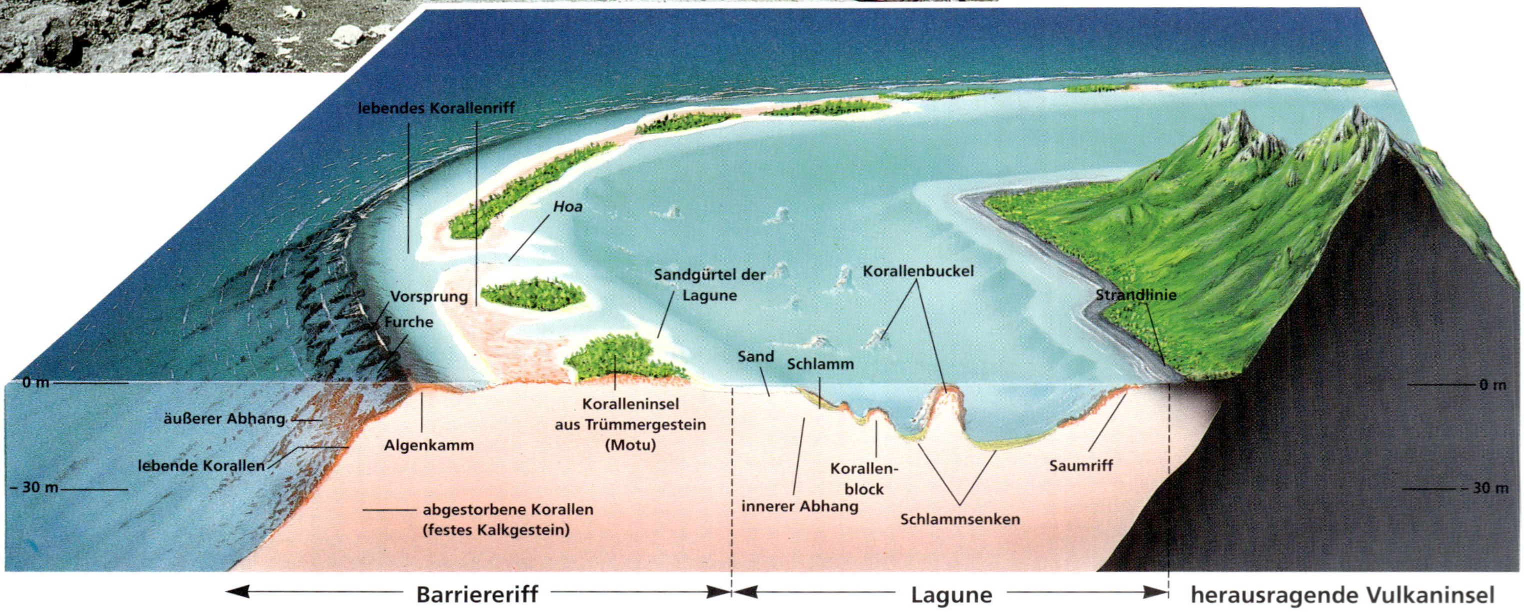

△ *Küstensaum bei Nouméa: Das Barriereriff von Neukaledonien schützt die zweitgrößte Lagune der Erde, die die Insel Grande Terre umschließt, vor der hohen See. Nachdem sich die Wellen an dem Kamm aus Kalkalgen gebrochen haben, fließt das Wasser in den ruhigen Innenbereich. Es versorgt dort die Korallenbauten mit Nährstoffen und erreicht schließlich die weiten Sandflächen am Rand der großen Lagune.*

Die Baumeister der Riffe

Die gewaltigen Korallenriffe – manche Atolle stehen auf einem mehrere Kilometer dicken Korallensockel – sind paradoxerweise das Werk mikroskopisch kleiner Baumeister, die in den warmen Gewässern der Erde leben: Steinkorallen oder Krustenanemonen. Die winzigen Blumentiere scheiden mit der Außenhaut ihrer Fußscheibe eine Grundplatte aus Kalk ab, die den jungen Polypen mit dem am Anfang zumeist vulkanischen Untergrund verkittet. Wächst der Polyp, so bildet sich zugleich ein äußerer Ringwall, der durch ein Stützskelett stabilisiert wird. Da solche Korallenpolypen zusammenwachsen können, entstehen nun nach und nach große steinbildende Kolonien, die in einem Jahrhundert etwa um 2 m in die Höhe und bis zu 5 m in die Breite wachsen.

Für ihre Entwicklung benötigen die Blumentiere eine Wassertemperatur um die 20 °C und klares Wasser, damit die mit ihnen in Symbiose lebenden Algen genügend Licht erhalten. Darüber hinaus muß das Wasser reich an gelösten Nährstoffen und Schwebewesen – die Nahrung der Korallenpolypen – sein, damit die Korallenbauten wachsen können.

Diese Bedingungen erklären, warum Korallenriffe, die eine Fläche von mehr als 100 Millionen km² auf der Erde einnehmen, nur regional auftreten. Man findet sie vor allem im Indischen und im Stillen Ozean. Artenreiche Riffe bilden etwa die Ryu-Kyu-Inseln, das Great Barrier Reef vor Australien und die Philippinen. Im Atlantik gibt es nur vereinzelt Korallenriffe.

Das Barriereriff von Neukaledonien

Vor Neukaledonien umschließt ein großes Barriereriff die Insel Grande Terre mit insgesamt 800 km Länge und bildet so eine riesige Lagune. Nach dem Great Barrier Reef Australiens findet man hier den zweitgrößten Korallenkomplex der Erde.

Im Riff von Neukaledonien, das hier südlich von Nouméa fotografiert wurde, sind mehrere Riffplattformen auf engstem Raum miteinander verknüpft. Die Riffe liegen durchschnittlich etwa 10 km von Grande Terre entfernt.

Bei ruhigem Wetter kann man auf dem Außenriff, das dann nur knapp unter dem Wasserspiegel liegt, kilometerweit spazierengehen. Wer hier tauchen will, kann bis in eine Tiefe von etwa 100 Meter die verschiedensten Fische entdecken, darunter auch Haie und andere Raubfische.

Hinter dem normalerweise heftig umbrandeten Riffkamm ist das Wasser jedoch erheblich klarer und deshalb hervorragend geeignet für Schnorchler und Unterwasserfotografen. Im geschützten Bereich hinter der Barriere häufen sich außerdem Sande und Korallenbruchstücke an, die von der starken Brandung am äußeren Abhang des Riffes abgebrochen wurden. Aus diesen gewöhnlich trostlosen Schuttfächern ragen nur vereinzelt einige Korallenstöcke hervor.

In seinem südwestlichen Teil hat das Barriereriff einen leicht gebogenen Verlauf und ist nur von einigen tiefen Riffkanälen durchbrochen. Die bekanntesten Durchfahrten für die Schiffe sind diejenigen von Dumbéa und Bourail. An der Bourail-Passage steht der Leuchtturm Amadeus, dessen Einzelteile aus Paris herangeschafft und 1865 auf der Insel Amadeus errichtet wurden.

Das größte Korallenriff der Erde, das Great Barrier Reef, erstreckt sich 2000 km weit vor der Ostküste Australiens. Das mancherorts über 500 m mächtige Riff ist in seinem Südteil bis zu 300 km breit und fast so groß wie die Bundesrepublik Deutschland. Riffkanäle zergliedern das Riff in mehr als 600 Koralleninseln, die mit ihrer artenreichen Meeresfauna Badeurlauber, Taucher und Sportfischer aus aller Welt anziehen. ■

Ein rotes Schmuckstück aus den Tiefen des Meeres

In der Schmuckindustrie ist die Rote Edelkoralle die am meisten geschätzte Art. Ihre Farbe variiert von Zartrosa bis Blutrot. Besonders selten sind schwarze Korallen, die heute ebenso wie viele andere Korallen in zahlreichen Regionen der Erde geschützt sind. Verwandte Arten der Roten Edelkoralle leben in den Meeren rund um Japan, wo sie gelegentlich eine Höhe von einem Meter und ein Gewicht von bis zu 40 kg erreichen.

Korallen hat man früher häufig mit bleibeschwerten Netzen geerntet. Heute wird der größte Teil von Tauchern nach oben geholt, die auch die letzten Höhlen und Felsspalten abräumen. In den vergangenen Jahren haben Tauchmannschaften weite Strecken der französischen, italienischen und jugoslawischen Küste so ausgeraubt, daß die Edelkorallen dort nahezu verschwunden sind. Fehlen die fortpflanzungsfähigen Stöckchen, nützen auch die Schutzbestimmungen nichts mehr. Immer mehr kommen deshalb Imitate aus Kunststoff, Glas und Horn in den Handel.

Begehrte Schmuckstücke aus Edelkorallen

Die Kliffküsten

BOLLWERKE DES LANDES

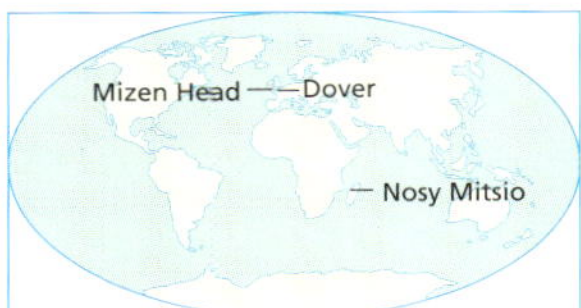

Nirgendwo offenbart sich der ständige Kampf zwischen Meer und Festland besser als an steilen Kliffküsten. Auf den chilenischen Inseln Arica und Iquique etwa fallen die Felswände bis zu 1000 m senkrecht zum Meer hin ab. Die Wellen sind beim Angriff auf die Kliffküsten im Vorteil, denn sie nutzen abgebrochenes Gestein als Werkzeug.

Die Kreidefelsen von Dover

Seit die Züge durch den Eurotunnel unter dem Ärmelkanal fahren, entgeht zahlreichen Passagieren das grandiose Panorama der weißen Kreidefelsen von Dover. Bei schönem Wetter und ruhiger See heben sich die Klippen als helle Mauer markant vom Blau des Meeres und des Himmels ab; branden die Wellen bei Sturm gegen die von der Natur geschaffenen Bollwerke, hüllen sich die Klippen in dichte Gischtwolken.

Die durchschnittlich etwa 50 m hohen Felsen bestehen aus Kreide, einem verhältnismäßig weichen, aber homogenen Kalkstein, der gegen Ende des Erdmittelalters auch in vielen anderen Regionen des europäischen Festlands abgelagert wurde. Ursprung des Kreidekalks sind die Skelettreste winziger Meereslebewesen, der Foraminiferen. In den weißen Kreideschichten stehen Feuersteinknollen in horizontalen Bändern als Vorsprünge heraus, die irgendwann niederbrechen. Am Strand werden sie dann von der Brandung zu Flintknollen zerkleinert und damit zu harten Werkzeugen, mit denen die Wellen die Klippen nach und nach zermürben.

An manchen Stellen sind die Kreidekliffe an den Küsten Südenglands lotrecht. Häufig fallen sie auch treppenförmig zum Meer hin ab, besonders dort, wo ganze Gesteinsschollen auf tonigen Schichten innerhalb der Kreideschichten abrutschen. Die Brandung räumt dabei den bei Sturmfluten am Fuß des Kliffs angehäuften Gesteinsschutt weg, unterhöhlt die Klippen und löst so neue Rutschungen aus. An den Küstenabschnitten, an denen die Schichtenfolge nur wenige tonige Lagen enthält und daher besonders widerstandsfähig ist, kerbt die Brandung am Fuß des Kliffs oft eine tiefe Hohlkehle in das Gestein. Gelegentlich findet man dort auch Brandungshöhlen und schöne Brandungstore. ■

Grüne Wiesen und rapsgelbe Felder geben an der englischen Kanalküste für die weißen Kreidefelsen von Dover eine prächtige Kulisse ab. ▽

Die Basaltorgeln von Madagaskar

Imposant ist der Anblick, der Badeurlauber erwartet, die mit dem Boot vom Eiland Nosy Bé vor der Nordwestküste von Madagaskar einen Ausflug zur benachbarten Insel Nosy Mitsio unternehmen: An der Nordspitze der Insel haben die Wellen ein Kliff in die vulkanischen Basaltdecken geschnitten, aus denen die Insel besteht. Wie die Pfeifen einer gigantischen Orgel reihen sich hier bis 15 m hohe Basaltsäulen zu Hunderten aneinander.

Aus der Nähe erkennt man, daß jede einzelne der steinernen Orgelpfeifen einen sechseckigen Querschnitt hat und etwa 50 cm im Durchmesser mißt. Die Basaltorgeln verändern unter dem Angriff der Brandung ständig ihre Form; Säulen brechen aus dem Gesteinsverband, stürzen um und zerfallen in große Stücke. Der Sage nach haben überirdische Wesen diese Orgeln geschaffen, ähnlich wie

◁ ***Basaltkliff im Norden der Insel Nosy Mitsio, die 20 km vor der Nordwestküste Madagaskars und 25 km nördlich des Eilands Nosy Bé liegt. Hunderte von Basaltorgeln werden hier langsam von der Brandung unterspült und zerbrochen.***

Die prägenden Klifftypen der Küsten

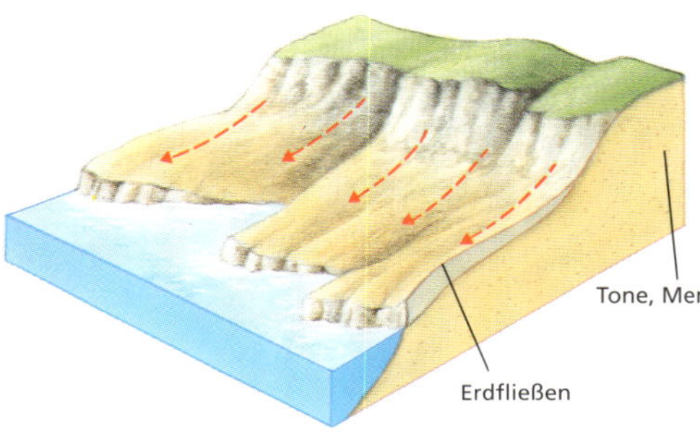

Kliff in tonigen Gesteinen mit Erdrutschen, die von der Brandung abgetragen werden

Kalksteinkliff mit einzelnen vorgelagerten Schollen, die auf tonigen Schichten abgerutscht sind

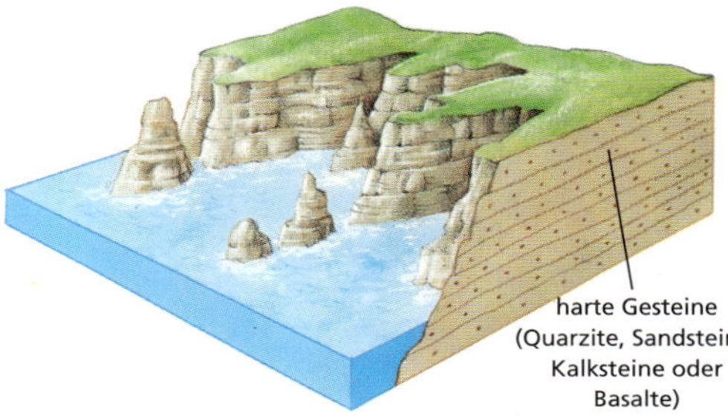

Kliff in horizontal gelagerten harten Gesteinsschichten

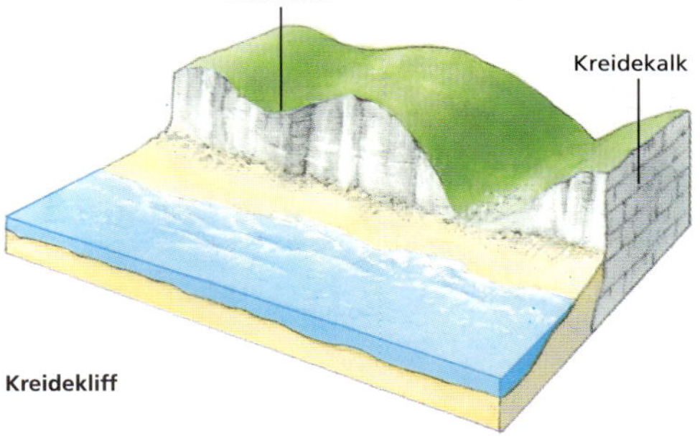

Kreidekliff

Kliff in harten Gesteinsschichten, die zum Meer hin einfallen

Das Meer auf dem Vormarsch

In weichen Gesteinen wie Ton, Sand oder vulkanischem Tuff genügen wenige Jahre, bis sich niedrige Kliffe herausbilden. Das Meer ringt dem Land mitunter sehr schnell Terrain ab: Die Aschen und Schlacken des Vulkans Krakatau, der 1883 in der indonesischen Sunda-Straße explodierte, werden um rund 3000 m pro Jahrhundert erodiert. Die Geschiebemergelkliffs von Norfolk und Yorkshire in Großbritannien, die sich während der Eiszeit bildeten, weichen stellenweise um 5 m pro Jahr zurück. Trifft die Brandung jedoch auf harte Gesteine (Quarzite, Granite, Basalte oder bestimmte Kalksteine), ist der Kliffrückgang häufig so klein, daß er innerhalb der Lebensspanne eines Menschen nicht sichtbar wird.

Die mit Sandkörnern und mit Geröllen bewaffneten Wellen sind die wichtigsten Kräfte, die die Steilküsten formen. Mit ihrem ständigen Bombardement kerbt die Brandung am Fuß des Kliffs eine Hohlkehle in die Felsen, was häufig dazu führt, daß darüberlagernde Gesteinspakete abbrechen. Klüfte, Brüche und Schieferungsflächen sind die Schwächezonen im Gestein, die zuerst unter dem Druck der Wellen nachgeben.

Es gibt die verschiedensten Klifftypen, die man vor allem nach der Art der Gesteine und der Erosionsbeständigkeit unterscheidet. Bei Schichtgesteinen spielt das Einfallen eine Rolle. In Südwestirland etwa herrscht der atlantische Klifftyp mit kleinen Buchten vor, da die Faltung des Gesteins im rechten Winkel zur Küste verläuft. Dagegen überwiegt in Kroatien der dalmatinische Küstentyp. Die Faltung parallel zur Küste führt hier zu langgezogenen Inselgruppen.

Überall, wo Kliffe rückversetzt werden, bleiben Küstenplattformen übrig. Wächst die Küstenplattform auf Kosten des Kliffes ins Meer hinaus, bremst sie die Wucht der Wellen, und die Erosion nimmt ab.

beim Giant's Causeway an der Küste Nordirlands. Für die Geologen sind die Basaltsäulen völlig natürlichen Ursprungs: Wie auch in anderen Teilen der Welt, etwa in der Eifel, entstand die Prismenstruktur des Basalts durch das langsame Abkühlen des Magmas. Der heute von einem Wald bedeckte Hügel entspricht einem alten Vulkanschlot mit einem Durchmesser von ungefähr 150 m.

Das Meer kann das überaus widerstandsfähige Basaltgestein nur schwer zermürben. Die tiefliegenden Orgeln im Vordergrund wurden vor allem durch die Korrosion aufgrund der chemischen Erosion herauspräpariert, da bei starkem Wind ständig salzige Gischtnebel die Felsen benetzen.

Im Archipel von Nosy Mitsio existieren mehrere winzige Inselchen, die aus solchen Basaltdecken bestehen. Manche sind so steil, daß Menschen sie nur unter Lebensgefahr besteigen können. Für Vögel sind die kleinen Eilande deshalb wahre Paradiese.

Ideale Brutplätze für Vögel

Die großen senkrechten Kliffe aus hartem Gestein sind ein bevorzugter Nistplatz für zahlreiche Seevögel, die manchmal zu Tausenden kleinste Vorsprünge und Hohlräume für den Bau eines Nests nutzen. Neben zahlreichen Möwenarten findet hier auch der drollige Papageientaucher mit seiner weißen Brust und dem großen gelben Schnabel einen sicheren Schlupfwinkel für sein Nest. Mitunter graben die Vögel an der Oberseite des Kliffs, wo sich gelegentlich karger Boden befindet, kleine Erdhöhlen und tragen so zur Erosion bei.

Solche Vogelfelsen, die man überall an den Kliffen etwa der britischen Inseln oder Islands findet, sind heute zumeist Naturschutzgebiete. Vogelfreunde können von den Kliffkanten mit Teleobjektiven die Vögel ungestört bei der Aufzucht ihrer Jungen fotografieren. Der Preis hierfür ist allerdings stets ein gewisses Absturzrisiko.

Die Sandsteinwände von Mizen Head

Von Dublin aus benötigt man mit dem Auto nur eine Stunde, um an die berühmten Sandbadestrände der Grafschaft Wicklow zu gelangen. Für die irische Küste sind diese jedoch wenig typisch. Weitaus häufiger sind kleine Buchten, die mitunter von steilen Felswänden begrenzt sind, an denen bei Sturm die Gischtfontänen der Irischen See steil nach oben schießen. Solche Küstenformen findet man beispielsweise auf der Halbinsel Mizen Head, deren Buchten so schroff sind, daß sich nur wenig Sand und etwas Kies anlagern.

Die Felswände von Mizen Head bestehen aus hartem Sandstein, der sich bereits im Erdaltertum gebildet hat. In ihrer jetzigen Form ist die Küste nur wenige Jahrtausende alt, doch liegen an ihrer Basis die Reste alter Strände. Die ältesten Strandablagerungen werden auf mehr als 120 000 Jahre geschätzt, und die Klippen selbst entstanden im Quartär während der letzten Eiszeit. Als sich die Eiskappe, die damals Nordeuropa bedeckte, wieder zurückzog, stieg der Meeresspiegel langsam an. Vor rund 6000 Jahren erreichte das Wasser schließlich das heutige Niveau und umspült seitdem die Klippen von Mizen Head.

Die heutige Erosion durch das Meer greift vor allem an den Klüften des Sandsteins an. Stück für Stück bricht an diesen Schwachstellen das Gestein weg, und so entstehen allmählich tiefe Gänge, die zuweilen in Höhlen münden. Mit der Zeit kippen ganze Gesteinsblöcke aus den Klippen heraus, die dann von den Wellen und von den darin transportierten Gesteinsbruchstücken immer weiter zerkleinert werden. Die großen Felswände weichen jedoch so langsam zurück, daß der Mensch diesen Prozeß kaum wahrnimmt. ■

An der Küste der Irischen See südlich von Dublin: die hohen Felswände der Halbinsel Mizen Head bestehen aus hartem Sandstein, der aus dem Erdaltertum stammt. Man sieht deutlich die feinen Schichten und die Klüfte im Gestein. ▷

Felsenküsten

MARKANTE ENDPUNKTE

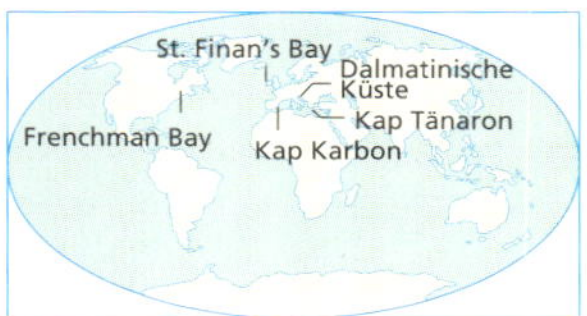

Um viele Felsenküsten ranken sich Geschichten von Seeräubern und Schiffbrüchigen, und für die Menschen der Antike waren sie gar das Ende der Welt. Die meisten der steilen Kaps entstanden nach der Eiszeit, als das Meer plötzlich anstieg und das Festland überflutete. Übrig blieben grandiose Küsten mit tief eingeschnittenen Buchten.

△
Kap Tänaron an der Südspitze des Taygetos-Gebirges bildet den Abschluß einer der vier Peloponnes-Halbinseln. Zum Kap selbst gelangt man nur über einen Fußweg. Im Vordergrund sieht man das abgelegene Dorf Alika.

In der Antike das Ende der Welt – Kap Tänaron

Kap Tänaron liegt am äußersten Rand des südlichen Peloponnes und galt in der Antike als das Ende der Welt. Die vier großen Halbinseln geben der Landschaft die Form einer Hand, die zwischen dem Ionischen Meer im Westen und dem Myrtoon-Meer im Osten liegt. Die unwirtliche Region Mani, im linken Teil des Fotos, bildet die südliche Verlängerung des Taygetos-Gebirges mit einer Gipfelhöhe von 2404 m. Der Messenische Golf schneidet sich hier 70 km tief ins Festland ein.

Die Küste des Peloponnes ist ein Musterbeispiel für eine durch tektonische Kräfte geprägte Küste. Hier wurden durch den Druck der Afrikanischen und der Eurasischen Platte Bergketten an Verwerfungen nach oben geschoben. Die herausgehobenen Schollen bezeichnet man als Horste. Die Senken, in die das Meer eingedrungen ist, sind typische tektonische Gräben, ähnlich etwa dem Oberrheingraben in Süddeutschland. Daß die Verwerfungen Griechenlands nicht zur Ruhe gekommen sind, zeigt sich an den Erdbeben, die diesen Landstrich immer wieder heimsuchen. Die Bergketten sind vielerorts karge Halbwüsten aus Kalkstein, in denen lediglich Ziegenherden Nahrung finden.

Den Grabenbrüchen des Peloponnes folgen auch die Flüsse, die zum Teil fruchtbare Ebenen bilden. Hier schlugen die Feldherren der Antike ihre berühmten Schlachten. Das Dorf Alika im Vordergrund des oben abgebildeten Fotos gehört zu den abgelegensten Orten Griechenlands. Ein schmaler Fußweg führt zur 10 km weiter im Süden gelegenen Spitze des Kap Tänaron. Könnte man über die Halbinsel hinwegblicken, würde man auf der anderen Seite den Lakonischen Golf sehen, an dessen Ende in einer Ebene die Stadt Sparta liegt, neben Athen eine der großen kulturellen Hochburgen der Antike. Alika selbst erreicht man von der berühmten Bade- und Hafenstadt Kalamata aus über eine 100 km lange Verbindungsstraße. ■

Das Velebit – Abenteuerlandschaft par excellence

Sachte laufen die Anhöhen der zerklüfteten Kalksteinfelsen hinunter bis zu den ruhigen Gewässern tiefer Buchten – eine karge Landschaft, die für Abenteuerfilme wie geschaffen scheint und häufig genug die Kulisse für Western spielte. Fast überall schaut das nackte Kalkgestein zwischen verstreuten Büschen aus der Erde, die sich in den Ritzen festklammern. Obwohl der Wind hier mitunter heftig blasen kann, erreichen die Sturmwellen der Adria die Küste nur stark geschwächt, da ihnen die vorgelagerten Inselgruppen bereits die Energie genommen haben.

Das Massiv des Velebit an der dalmatinischen Küste in Kroatien hat mit seiner Geologie entscheidend die Struktur dieser „Canale-Küsten“ geprägt. Begonnen hat jedoch alles im Erdmittelalter. Damals lagerten sich im Vorläufer des Mittelmeeres, der Tethys, dicke Kalksteinschichten ab. Als sich im Tertiär, vor rund 65 Millionen Jahren, die Alpenketten auffalteten, erfaßte die Faltung auch die mächtigen Kalkschichten in der Mittelmeerregion und schuf so die Dinarischen Alpen in Bosnien und im Süden von Serbien.

Die dalmatinische Küste besteht deshalb aus einer Vielzahl von Bergen, die den oberen Teilen der Falten entsprechen. Die Geologen bezeichnen diese Wölbung als Faltensattel oder Antiklinale. Die unteren Teile der Falten nennt man Mulden oder Synklinalen. In diese synklinalen Senken drang das Meer ein, während die Gipfel der Antiklinalen heute die Inselketten bilden.

Typisch für die dalmatinische Küste ist das Karstgestein, das hier nach einer Region im Nordwesten des ehemaligen Jugoslawiens seinen Namen erhalten hat. Das Regenwasser löst den Kalkstein und sickert in den Spalten hinab zu unterirdischen Flußsystemen, die in ausgedehnten Höhlen strömen. Diese Flüsse speisen wiederum unterseeische Süßwasserquellen an zahlreichen Stellen der dalmatinischen Küste. Oberirdisch zeigt sich der Karst als scharfkantiger Schrattenkalk und in kleinen Mulden, den Dolinen, die entstehen, wenn beispielsweise Höhlen einbrechen.

Dalmatinischer Küstenabschnitt am Fuß des Velebit-Massivs in Kroatien: die hohen, eingekerbten Hänge gehen sanft in ruhige Gewässer über. Vor Anker liegende Schiffe sind hier durch Kaps und zahlreiche Inseln vor Stürmen geschützt. ▽

Algerische Häfen im Schutz der Kaps

Wer am Kap Karbon an der algerischen Küste über einen steilen Serpentinenpfad zur Anhöhe hinaufwandert, hat nicht nur einen einzigartigen Ausblick, sondern kann auch noch ein Relikt aus der Zeit der Segelschiffahrt bewundern. Hier oben, wo das mächtige Massiv der Großen Kabylei abrupt über dem Mittelmeer in einem schroffen Vorgebirge endet, steht einer der größten Leuchttürme der algerischen Küste. Er hat eine Reichweite von 37 Seemeilen und ist mit einem Semaphor, einem Signalmast, ausgerüstet, der den Schiffen Windstärke und Windrichtung anzeigt.

Der Blick hinab in den weiten Golf von Bejaja entschädigt für die Strapaze des Aufstiegs. Im Golf kommt es bisweilen zu heftigen Stürmen. Vor allem im Winter donnern dann mächtige Wellen gegen das Kap. Die Erosion durch die Brandung hat die Bruchflächen des Gesteins zu Brandungsgassen erweitert, in denen das Wasser in riesigen Fontänen nach oben spritzt. An der Basis des Kaps hat das Meer ein Tor und Grotten in das Gestein gefressen. Der Sage nach diente eine davon dem Philosophen Ramon Llull als Zuflucht, der zu Beginn des 14. Jh. aus Bejaja floh, nachdem er knapp der Steinigung durch fanatische Moslems entronnen war.

Die algerische Küste ist ein klassisches Beispiel für eine Schrägküste. Südwest-Nordost verlaufende Gebirge treffen hier in steilem Winkel auf die Küste. Schroffe Vorgebirge wechseln sich mit ebenso vielen seichten Buchten ab. Der Hafen von Bejaja ist nach Westen hin durch das Kap Karbon geschützt. Die meisten Häfen an der algerischen Küste haben eine ähnliche Lage: Oran, Arzew und Algier liegen an nach Nordosten offenen Buchten – von den Kaps vor den Stürmen aus dem Westen geschützt. ■

Das Vorgebirge des Kap Karbon in Algerien schützt den weniger als 3 km entfernten Hafen von Bejaja vor den schweren Stürmen, die aus dem Westen über das Mittelmeer fegen. Über einen schmalen Serpentinenpfad gelangt man zu dem Leuchtturm auf der Spitze des Kaps. ▷

Die dalmatinische Küste in der Region von Zadar

△ *Die langgestreckten Inseln entsprechen dem oberen Teil der tektonischen Falten, dem Sattel. In die Mulden der gekrümmten Gesteinsschichten, die man auch als Synklinalen bezeichnet, ist das Meer eingedrungen. Die Inseln liegen parallel zum allgemeinen Küstenverlauf, da dieser sich nach den Faltenachsen des Gebirges richtet.*

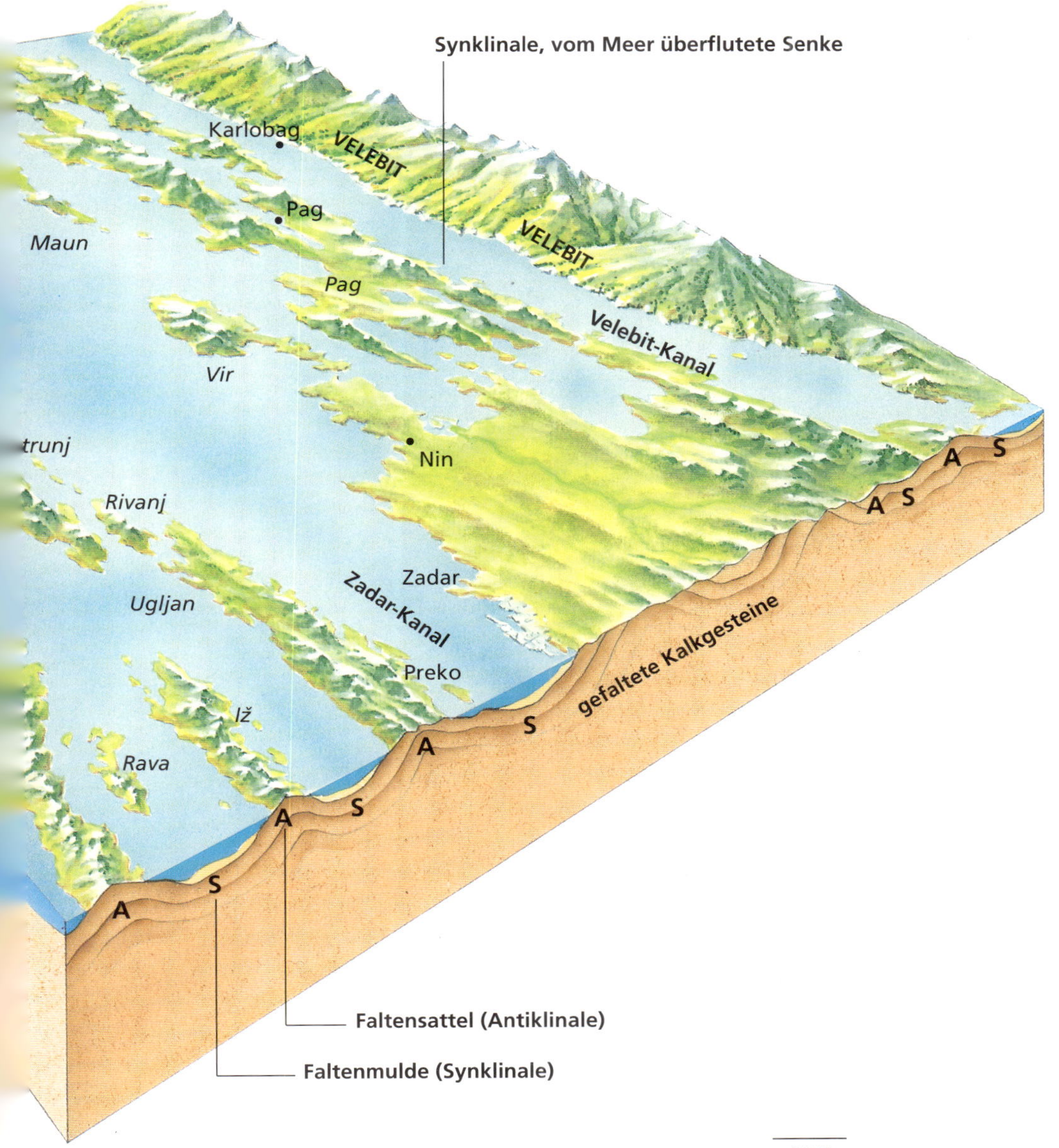

„Schiffbruch!" Als der laute Schrei durch die Kirche von Cornwall drang, erhoben sich die Gläubigen wie auf ein Stichwort hin. Der Pfarrer bat sie von der Kanzel aus, noch einen Moment zu warten – das Heil der Seeleute würde davon nicht abhängen, meinte er. Wollte der Geistliche noch ein kurzes Gebet sprechen? Keinesfalls! Er brauchte Zeit, um sich umzuziehen. Als Bürger von Cornwall wollte auch er nicht auf seinen Aneil der Beute verzichten.

Diese Geschichte, die in immer neuen Facetten erzählt wird, enthält mehr als nur ein Körnchen Wahrheit. Vor der Erfindung der Navigationshilfen ereigneten sich an Klippen Cornwalls immer wieder Schiffbrüche. Strandgut galt als rechtmäßige Beute, und viele Küstenbewohner waren so arm, daß sie jede Einkommensquelle nutzten. Ein Gebet aus dem 18. Jahrhundert, das von den Scilly-Inseln stammt, zeigt den Zwiespalt, in dem die Menschen damals steckten: „Herr, wir bitten dich, Schiffe nicht in die Irre zu leiten, aber wenn es schon sein muß, dann schick sie wenigstens zu den Felsen der Scilly-Inseln, damit wir auch etwas davon haben."

Sobald ein Schiff in Seenot geriet, wurde es entlang der Küste von Männern und Frauen verfolgt, die Äxte, Säcke und Karren mit sich führten. Manche Seeleute waren überzeugt, daß die Bewohner Cornwalls auf den Klippen irreführende Lichter anzündeten, um dem Schicksal nachzuhelfen. Im Dezember 1680 zerschellte ein Schiff aus Virginia, weil ein Leuchtturmwärter das Licht nicht angezündet hatte. Ob sich hinter der Unterlassung menschliches Versagen oder Vorsatz verbarg, ist unbekannt – der Mann zögerte jedenfalls nicht, an der Plünderung teilzunehmen.

Die Buchten Westirlands – Relikte der Eiszeit

Die Grafschaft Kerry in Irland besitzt eine stark zerklüftete Küste mit bergigen Halbinseln, zwischen denen sich schmale, tief eingeschnittene Buchten erstrecken. Dazu zählt auch Saint Finan's Bay, eine kleine Nebenbucht auf der äußersten Spitze der Halbinsel von Killarney. Diese liegt zwischen den großen Buchten von Dingle im Norden und Kenmare im Süden. Die höchste Erhebung erreicht hier immerhin 1041 m, die Berge entlang der Küste sind um 500 m hoch. Während auf den Höhen Heidelandschaften und Torfmoore vorherrschen, liegen in den Talgründen zum Teil mächtige Böden, die von den Bauern als Acker- oder Weideland genutzt werden.

Typisch irisch ist das gleichnamige Dorf Saint Finan's Bay. Die einstöckigen, gekalkten Häuser sind teils rötlich, teils rosa oder bläulich verputzt. Mäuerchen umgeben die kleinen quadratischen Felder. Die Einfriedungen wurden aus Steinen errichtet, die die Bauern aus ihren Parzellen wegräumten, um Kartoffeln anzupflanzen. Mitunter ist der Anbau der Früchte jedoch so mühsam, daß manche Parzellen nur als Weideland dienen.

Die Querküste mit ihren hohen Halbinseln aus Sandstein oder Schiefer endet an der Spitze der Kaps in großen Steilwänden. In den Talmulden an der Küste finden sich dagegen kleine geschützte Buchten, in denen die Fischer ihre Netze auslegen.

Bei Saint Finan's Bay haben die Wellen des Atlantik lediglich das harte Gestein freigelegt, das unter einer dünnen, sogenannten Head-Decke verborgen ist. Als „Head" wird hier eine Gesteinsformation bezeichnet, die vor 20 000 Jahren während der Eiszeit im Permafrost vor den Gletschern entstand, die damals einen großen Teil Irlands bedeckten. Der dunkle, verwitterte Head liegt gewöhnlich über dem helleren Grundgestein und ist so relativ leicht auszumachen.

Das den Bauern so lästige Fundmaterial für die allgegenwärtigen kleinen Feldmäuerchen besteht ebenfalls aus Head-Gestein. An der Küste wird das in der Eiszeit entstandene Bruchmaterial vom Meer erfaßt und dort von den Wellen zu runden Kieseln geformt, die gegen die Felsen geworfen werden und so selbst zur Erosion der Küste beitragen. ■

Die Felsenküste der Grafschaft Kerry im Südwesten Irlands und das Dorf Saint Finan's Bay mit seinen quadratischen Feldern, die von den traditionellen Steinmäuerchen eingefaßt sind.

Küstenlinien – Pausbilder der Erdgeschichte

Weitaus stärker als Wellen und Gezeiten prägt die Struktur des unter Wasser liegenden Gesteins die Form der Küsten. Verläuft die Küste parallel zu den Falten- und Verwerfungsachsen, wird sie als Längsküste bezeichnet. Manche Küsten dieses Typs sind stark eingeschnitten und haben langgezogene Inseln und geschützte Buchten (Abbildung A). Mitunter bestimmt jedoch eine einzige geologische Verwerfung den Küstenverlauf: Dies gilt beispielsweise für die Küste im mittleren Teil von Chile. Dort zwingt ein großer Bruch, der stellenweise Steilwände über 1000 m geschaffen hat, über mehrere hundert Kilometer hinweg der Küste einen geradlinigen Verlauf auf (Abbildung C).

Bei den sogenannten Querküsten liegen die Bergreliefs im rechten Winkel zur Küste (Abbildung B). In allen Fällen kann man eine eingeschnittene Küste mit steilen Vorgebirgen beobachten, die in geraden Kaps auf das offene Meer hinausragen. Häufig sind dies auch Inseln. Sie entsprechen den erhobenen Schollen, den Horsten, zwischen denen eingestürzte und vom Meer überschwemmte Blöcke, die Gräben, liegen.

Kennzeichnend für vulkanische Küsten sind große Lappen. Sie entsprechen Vulkankegeln, die aus dem Meer herausragen. Kreisförmige Buchten entstehen wiederum, wenn Wasser in die Krater und Calderen eindringt (Abbildung D).

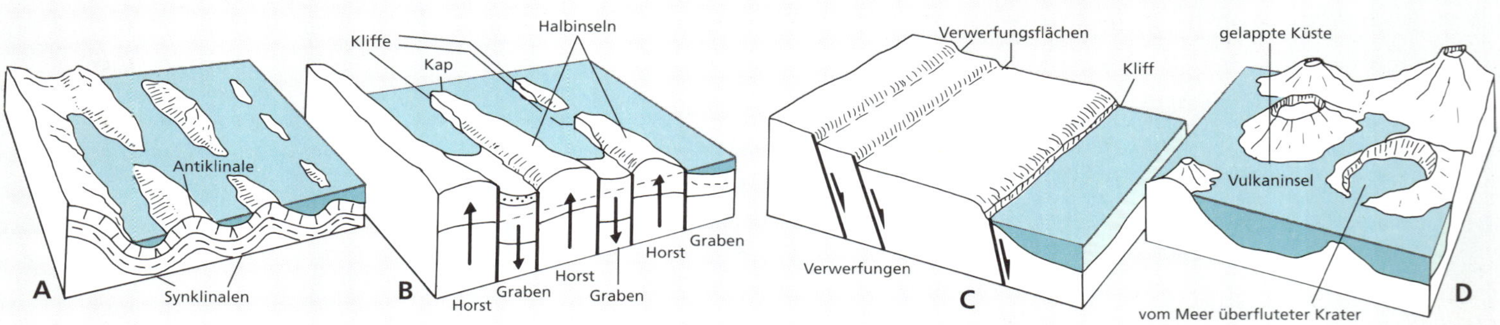

Die Drumlins an der Küste von Maine

Die Küste von Maine, im Norden der Vereinigten Staaten nahe an der Grenze zu Kanada, gehört zu den zerklüftetsten Küsten der Welt. Sie zählt Hunderte von Inseln und tiefen Buchten. Die Insel Mount Desert entstand ebenso wie die gewaltige Gebirgskette der Appalachen im Erdaltertum, als sich die Sedimente auffalteten.

In der Mitte der Bucht liegen drei fast runde Inseln, die etwa 20 m hoch und von Steilwänden begrenzt sind: Es handelt sich hierbei um Drumlins, langgestreckte Hügel aus Grundmoränenmaterial, über das der Gletscher gefahren ist. Mitunter findet man hier auch riesige Felsblöcke – Findlinge oder erratische Steine –, die von dem Eis über mehrere hundert Kilometer transportiert wurden.

Die steinernen Zeugen der Erdgeschichte berichten darüber, wie vor Millionen Jahren die Erosion auf dem Festland vor allem die weichen Gesteine des Appalachenmassivs ausschürfte. Als sich während der letzten Eiszeit ein dicker Eispanzer über Kanada und den Nordwesten der Vereinigten Staaten legte, begann eine neue Episode der Landschaftsgestaltung. Schätzungen der Geologen zufolge lag die Eisdicke an manchen Orten zwischen 1000 und 3000 m. Bei ihrem Vorstoß schliffen die Gletscher Berge glatt, schufen Seen und Flußsysteme, Wasserfälle und Moore.

Als sich die Gletscher vor rund 14 000 Jahren wieder zurückzogen, hinterließen sie auch Moränen, darunter die Drumlins, die sich an ihrer Basis gebildet hatten. Mit dem schmelzenden Eis stieg zugleich der Meeresspiegel um etwa 100 m. Das Wasser überschwemmte schließlich die tiefgelegene Küste. Weite Gebiete versanken in der Flut, allein Gebirge wie die Appalachen und die Drumlins lagen so hoch, daß sie das heutige Land und die Küste von Maine bildeten.

Die Erdgeschichte hat hier die Landschaft so vielseitig geprägt, daß eine einzigartige Fauna und Flora entstanden ist. Ein Teil des Gebietes, der Acadia-Nationalpark, ist deshalb zum Naturschutzgebiet erklärt worden.

△ *Zerklüftete Buchten säumen die Küste des US-Bundesstaates Maine. Ein Beispiel ist die Frenchman Bay, aus der runde Drumlins herausragen. Sie bestehen aus Grundmoränenmaterial, das die Gletscher der Eiszeit zurückgelassen haben.*

Die Buchten des Parks mit ihren verwinkelten Ufern sind Refugien für zahlreiche Vogelarten und Säugetiere. Die klaren Seen und Flüsse, Inselchen und Klippen ziehen jährlich Tausende von Bootswanderern, Anglern und Campern an, die sich in der noch weitgehend ursprünglichen Landschaft erholen wollen. ■

Wegweiser der Antike: der Leuchtturm

Seit der Antike errichtet man an den Felsenküsten, die für die Schiffahrt besonders gefährlich sind, Leuchttürme. Doch man findet sie auch an anderen Küstenlandschaften, wo sie Schiffen beispielsweise Hafeneinfahrten anzeigen. Das alte Wort für Leuchtturm, *pharus,* stammt von der Insel Pharos am Eingang der Hafenstadt Alexandria, auf der die Ägypter 280 v. Chr. einen Leuchtturm erbauten. Leider stürzte dieser außergewöhnliche Bau, der als eines der sieben Weltwunder gilt, im 14. Jh. ein.

Die Römer errichteten Leuchttürme an allen Küsten ihres Imperiums. Lange Zeit dienten ihnen Holzfeuer in hängenden Schalen als Lichtquelle. Im 1. Jh. setzte man schließlich Öllampen ein. Ende des 18. Jh. erhielten die Leuchttürme gekrümmte Metallreflektoren, die die Lichtstrahlen bündelten. Die ausgesandten Signale erhielten damit eine wesentlich größere Reichweite.

Der Franzose Augustin Fresnel erfand den ersten sich drehenden Linsenapparat, der 1823 im Leuchtturm von Cordouan an der Gironde-Mündung in Betrieb ging. Im Jahr 1862 schließlich rüstete man in England den Leuchtturm von Dungeness mit elektrischem Licht aus. Seither sind Zahl und Leistung der Leuchttürme stetig gestiegen. Heute umfaßt das weltweite Netz 25 000 Leuchttürme.

Ein Stich aus dem 19. Jahrhundert, der den berühmten Leuchtturm von Alexandria zeigt

Fjorde und „Rias“

DAS ERBE DER EISZEIT

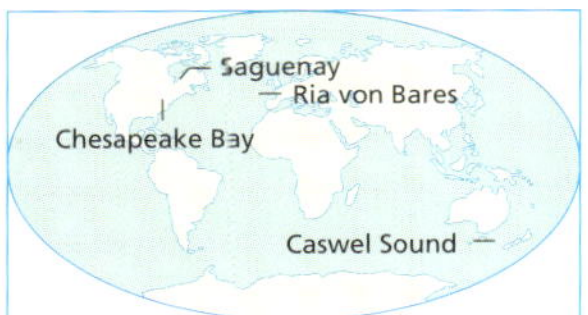

Wildromantische Landschaften mit steil zum Meer hin abfallenden Wänden gehören ebenso zu dem Erbe, das uns die Eiszeiten hinterlassen haben, wie stille Buchten. Die rauhen Fjorde schufen die Gletscher bei ihrem Vorstoß; die sogenannten Rias entstanden, als es wärmer wurde und das Meerwasser die noch jungen Flußtäler überflutete.

Caswell Sound – ein Fjord an der Jadeinsel Neuseelands

15 Fjorde zerreißen die Südwestküste der Jadeinsel im Süden Neuseelands. Einer von ihnen ist der Caswell Sound. Seine steil abfallenden Wände bezeugen, daß hier einst ein Gletscher seine Arbeit verrichtet hat. Der etwa 20 km lange, tief ins Landesinnere vordringende Einschnitt teilt den hohen Gebirgszug der Murchison Mountains. Die Luftaufnahme gibt einen Überblick vom Ende des Fjords bis zu seiner Mündung in die Tasmansee, die am Horizont zu erkennen ist. Links auf der Fotografie glitzert ein Gipfel mit funkelndem Firnschnee: Da dieser Teil von Neuseeland im Gegensatz zu den Senken im Westen des Landes niederschlagsreich ist, kommt es im Winter zu gewaltigen Schneefällen. Weil der von der Eiszeit geschärfte Grat sehr spitz verläuft, können sich Pflanzen nicht halten. Nur auf den steilen Hängen, die zum Wasser des Fjords abfallen, bedeckt eine Strauchvegetation den Boden.

Im Quartär überzog eine 700 km lange und 100 km breite Eiskappe die hohen Murchison Mountains. Die Gletscher gruben sich dabei tief in die Erde ein und hoben Rinnen aus, deren Basis weit unterhalb des Meeresspiegels lag. Mitunter schob sich das Eis auf dem Festlandschelf mehrere Kilometer in das Meer hinaus, wo die Gletscher Eisberge kalbten. Ähnliche Verhältnisse findet man heute im antarktischen Rossmeer.

Die herrliche Landschaft im neuseeländischen Nationalpark der Fjorde, zu dem auch der Caswell Sound gehört, ist also der Erosion durch die Gletscher zu verdanken. Weitere Attraktionen sind die zahlreichen Gletscherseen, die weiter im Innern der Bergkette liegen. Sie kann man jedoch nur über vereinzelte Fußwege oder mit dem Flugzeug erreichen. ■

◁ ***Der Caswell Sound im Nationalpark der Fjorde gehört zu den schönsten Buchten im Süden Neuseelands. Die steilen Wände wurden einst von einem Gletscher abgeschürft, dessen tiefes Bett weit in die Tasmansee hinausreichte.***

Die Laichplätze der Lachse

Lachse überwinden oft meterhohe Stromschnellen, um den Laich an ihren angestammten Plätzen ablegen zu können.

Jeden Sommer warten die Fischer in Port Alberni ungeduldig auf die Ankunft der Lachse. Die kleine kanadische Stadt liegt am äußersten Ende eines Fjords, der sich tief in Vancouver Island einschneidet. Wie von einer geheimnisvollen inneren Uhr gelenkt, ziehen die Lachse den Fjord hinauf, in dem sie geboren wurden, um hier zu laichen. Sobald sich die ersten Lachse zeigen, bringen die Fischer ihre Boote zu Wasser und werfen die Schleppnetze aus.

Noch vor wenigen Jahren galt der Lachs in den Gewässern als vom Aussterben bedroht. Heute wird die industrielle Fischerei streng überwacht: Nicht nur die Zahl der Boote ist durch Quoten begrenzt, sondern auch die Fischmenge, die gefangen werden darf. Zugute kommt dies nicht zuletzt den ortsansässigen Fischern, die so ihr traditionelles Gewerbe fortsetzen können.

Tiefe und flache Gletschertäler

Die Kälteperioden des Quartärs banden in den riesigen Eiskappen, die einst den Norden Amerikas und Eurasiens sowie die großen Gebirgsketten bedeckten, gigantische Wassermengen. Am Ende der letzten Eiszeit vor 18 000 Jahren lag der Meeresspiegel deshalb 110 m unter dem heutigen Niveau. Da dies die Erosion verstärkte, schürften die Wasserläufe teilweise weit unterhalb des heutigen Meeresspiegels Täler aus. Als die Eiskappen schmolzen, stieg der Meeresspiegel allmählich wieder an, bis er vor 6000 Jahren die jetzige Höhe erreichte. Dieser Vorgang wird als „Flandrische Transgression" bezeichnet. Damals überschwemmte das Meer den unteren Teil der Flußtäler und schuf dadurch die sogenannten Rias. Da dieses Phänomen überall auftrat, findet man Rias in fast allen Regionen der Welt.

Eine Ausnahme bilden die hohen Breitengrade. Dort bedeckten Gletscher die Täler. Sie schürften steile und mehrere hundert Meter tiefe Rinnen aus. Als die Gletscher schließlich zurückwichen, drang das Meer in die jungen Hohlformen ein. Aufgrund der Übertiefung der Talsohlen können Fjorde örtlich sehr viel tiefer sein als Rias. Der norwegische Sognefjord etwa ist stellenweise 1244 m tief. Da die Steilhänge bisweilen 1000 m Höhe erreichen, sind die Fjordlandschaften unzugänglicher und weitaus wilder als die der Rias.

Ein herrliches Erholungsgebiet für die Bürger Washingtons

Die Chesapeake Bay ist Einzugsgebiet für Millionen Amerikaner, unter anderem für die Bürger Washingtons, Baltimores und Philadelphias. Eine hohe Umweltbelastung führte in den 70er Jahren zum Kollaps der 250 km langen und zwischen 10 und 50 km breiten Bucht, deren Wasser mit einem Salzgehalt von nur 2 bis 30 Promille relativ süß ist. Kranke Fische und sterbende Austernbänke waren die ersten Anzeichen für ein zerstörtes Ökosystem. Die Bucht konnte sich langsam wieder erholen, nachdem Umweltschützer drastische Schutzmaßnahmen wie den Bau von Kläranlagen durchgesetzt hatten. Die Chesapeake Bay wurde damit zum Modellfall für den Umweltschutz in den Vereinigten Staaten.

Im Gegensatz zu den Fjorden im Norden ist die Bucht vor dem Regierungssitz Washington ein Ria-Mündungsgebiet. Sie entstand nicht durch Gletscher, sondern durch das Vordringen des Meeres in ein Flußtal. Sieht man von den Hauptkanälen einmal ab, die für die Schiffahrt ausgebaut wurden, ist die Wassertiefe deshalb sehr gering, in der Regel nicht einmal 10 m. Das Watt und die weitläufigen Sümpfe im Westen der großen Halbinsel, die die Bucht vom Atlantik trennt, erklärte man deshalb teilweise zu Naturschutzgebieten. Nimmt man alle kleinen Buchten zusammen, ergibt sich eine Küstenlänge von 10 000 km. Zahlreiche Amerikaner haben hier Ferienwohnungen, und kleine Hotels bieten Wassersportlern gepflegte Unterkünfte.

Die Infrarotaufnahme des Satelliten *Landsat* zeigt die Chesapeake Bay an der Grenze der Bundesstaaten Virginia und Maryland sowie die kleinere Delaware Bay (oben) an der Grenze der Bundesstaaten Delaware und Pennsylvania. Teilweise sind die Buchten mit Eis bedeckt, da das Foto im ungewöhnlich kalten Februar 1977 aufgenommen wurde. Dadurch ist der komplizierte Verlauf der Küste besonders gut zu sehen. ■

Eine Infrarotaufnahme des Satelliten* Landsat *von der Chesapeake und der Delaware Bay. Die Buchten sind teilweise mit Eis bedeckt. Die Fotografie erfaßt eine Fläche von etwa 45 000 km².

Das Entstehen einer Ria nach der letzten Eiszeit

Ende der letzten Eiszeit: Die Flüsse graben Täler bis hinunter zum Meer, dessen Niveau damals 110 m tiefer liegt als heute. Sie erweitern ihr Flußbett auf den Kontinentalsockel, der teilweise freigelegt ist.

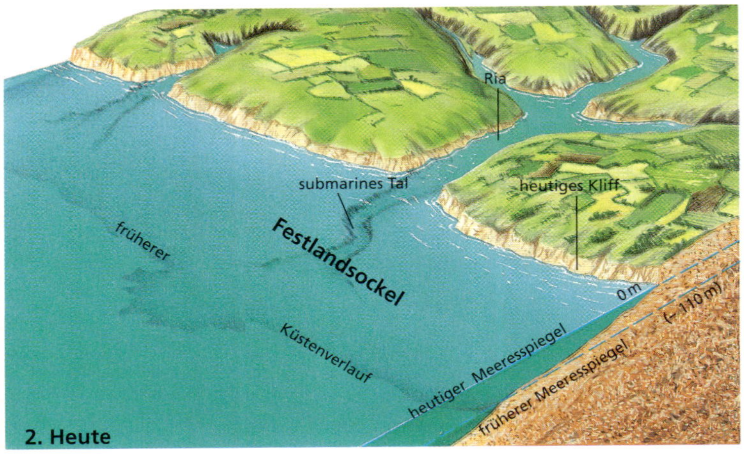

Nach dem Schmelzen der Eiskappen steigt der Meeresspiegel und erreicht vor 6000 Jahren den heutigen Stand. Das Wasser überschwemmt die Taleinschnitte des unteren Flußlaufs, und es bildet sich eine Ria.

△
Den mehr als 200 m tiefen Fjord des Saguenay bei Québec bedeckt im Winter eine meterdicke Eisschicht. Die Einheimischen ziehen dann mit Raupenfahrzeugen bunt angestrichene Hütten auf das Eis, um dem „Eisfischen" nachzugehen.

Eisfischer im Fjord von Saguenay

Der südlichste Fjord von Nordamerika mündet etwa 150 km nordöstlich von Québec in die Bucht des Sankt-Lorenz-Stroms, die hier endlos weit erscheint. Im Sommer ist das tiefe Wasser des Fjords so ruhig, daß es den Walen, die sich regelmäßig ab Ende Juni hier versammeln, offenbar ideale Bedingungen bietet. Die Einwohner von Québec strömen dann an den Wochenenden in Scharen herbei, um die Tiere zu beobachten.

Im Winter verwandelt sich der Saguenay dagegen in eine breite und lange Eisstraße, die man mit Ski und Motorschlitten befahren kann. Dann kommt die Zeit des traditionellen „Eisfischens". Sobald das Eis eine ausreichende Dicke hat, ziehen die Einheimischen mit Raupenfahrzeugen Hunderte von Hütten von den Stränden auf die schneebedeckte Fläche und stellen sie in der Mitte des Fjords ab. Das Foto oben wurde etwa 50 km von der eigentlichen Küste entfernt bei La Baie aufgenommen und zeigt eines der mobilen Fischerdörfer. In den Hütten steht ein komplettes Mobiliar aus Stühlen, Tischen und Betten sowie ein Holzofen. Letzterer ist unentbehrlich, da die Temperaturen oft unter –10 °C sinken. Mit einer Spitzhacke schlägt der Eisfischer vor jedem Fenster ein Loch in das Eis. Gemütlich in einem Schaukelstuhl sitzend, kann er dann von seiner Hütte aus die hölzerne Angelrute überwachen, die er fest im Eis verankert hat.

Da der Fjord sehr tief ist, benötigen die Fischer eine bis zu 200 m lange Angelschnur, die mit insgesamt drei Angelhaken und daran befestigten Ködern bestückt ist. Damit lauern sie den Fischen am Grund der Bucht auf. Vor allem Kabeljau, Heilbutt, Seezunge, Rochen, Schellfisch und mancherorts auch Haie sind begehrt. Der Vorteil dieser Art von Fischfang: Hat man den Fisch erst einmal aufs Eis gezogen, ist er an der kalten Luft innerhalb kürzester Zeit tiefgefroren. ■

Stille Buchten an der Küste Galiziens

Die Ria von Bares liegt an der Nordküste Galiziens und ist etwa 20 km vom Kap Ortegal entfernt. Zwischen den mit Ginster bedeckten Hügeln reicht diese Bucht tief ins Landesinnere Spaniens. Hier in Galizien befindet sich der Prototyp der Rias. Das spanische Wort läßt sich mit „ein vom Meer überfluteter länglicher Mündungstrichter eines Flußtals" umschreiben. Das Foto unten entstand bei Flut in der Nähe des Mündungsgebiets der Ria, die starke Dünung des Atlantiks dringt dann weit in die Bucht hinein und bricht sich an einem kreisbogenförmigen Strand. An anderen Stellen wird die Flut gedämpft, und es entstehen geschützte Bereiche, in denen bei Ebbe die Schlickflächen freiliegen.

Da die Differenz zwischen Ebbe und Flut mehr als 4 m beträgt, verändert die Landschaft mehrmals täglich ihr Gesicht und erhält so ihren besonderen Reiz: Mal liegen die kleinen Fischerboote im Schlick auf dem Trockenen, dann wieder dümpeln sie auf einer ruhigen Wasserfläche.

Die Bucht von Bares gehört zu den zahlreichen Rias an der Küste von Galizien. Die größten liegen an der Atlantikküste, westlich vom Kap Ortegal. Die meisten Orte konzentrieren sich am Ende der engen und gutgeschützten Buchten, die dazwischenliegenden Kaps sind dagegen nur wenig besiedelt, da hier oft Stürme toben.

Fast jede Ria hat ihren eigenen Fischereihafen. Weil das Foto unten einen weit außen liegenden Teil der Ria zeigt, vermißt man hier die typischen Austern- und Muschelbänke, die man üblicherweise am Ende der Rias in Galizien findet. Den scharfen Kontrast zwischen der Wildheit der eigentlichen Küste und der Ruhe, die die Landschaften der Rias ausstrahlen, schätzen auch die Touristen, die im Sommer in den zahlreichen kleinen Restaurants sitzen und sich hier Fische und Meeresfrüchte munden lassen. ■

Der längste Fjord der Welt ist der Nordvestfjord im östlichen Teil Grönlands. Er zieht sich 313 km ins Landesinnere hinein und liegt auf 72° nördlicher Breite.

Der längste Fjord Europas liegt in Norwegen. Der Sognefjord ist eine von vielen Ausläufern zerrissene Bucht, die von Gletschern der letzten Eiszeit geformt wurde. Sie reicht 110 km in die massigen Berge von Scandes nördlich Bergens hinein.

Die Ria von Bares an der Nordküste Galiziens (Spanien) liegt in der Nähe von Kap Ortegal. Die Fotografie wurde von der Mündung der Ria aus mit Blick ins Landesinnere aufgenommen.
▽

Die polaren Eismassen

SCHWIMMENDE INSELN

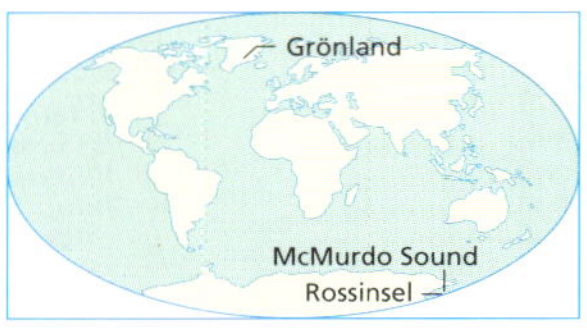

Eisberge sind schwimmende Giganten, die von „kalbenden" Gletschern abbrechen und mitunter bis in tropische Gefilde driften. Anders als das Packeis, das sich aus Meerwasser bildet, bestehen Eisberge aus gefrorenem Süßwasser. Deshalb spielen einige Experten mit dem Gedanken, diesen Vorrat für Wüstenregionen zu verwenden.

Treibende Eisberge

Wie unförmige Galionsfiguren eines geheimnisvollen Wracks ragen die Eisklötze, die im Sonnenlicht glitzern, aus dem Meer empor. Die spiegelglatte See vor der Westküste Grönlands täuscht eine Idylle vor, die trügerisch und zugleich ungeheuer gefährlich ist. Die scharfkantigen Wände eines untergetauchten Blocks, der etwa neunmal größer ist als der sichtbare Teil über Wasser, können einen Schiffsrumpf in Sekundenschnelle wie ein dünnes Blatt Papier aufschlitzen.

Eisberge sind nicht die Bruchstücke des Packeises, sondern von einem Gletscher abgebrochene Eisschollen, die nun von Wind und Strömung über das Meer getrieben werden. Die kleine Eisscholle im rechten Bildausschnitt stammt wahrscheinlich vom oberen Teil eines Gletschers, da man die Schichten der aufeinanderfolgenden Schneefälle noch erahnen kann. Der Block ist später durch das Abschmelzen aus dem Gleichgewicht geraten und hat sich zur Seite geneigt. Das Eistor in der linken Hälfte des Bildes zeigt deutliche Anzeichen, daß das Eis durch die Brandung unterspült wurde.

Die Eisberge mit ihren bizarren Formen sind charakteristisch für die nördlichen Polarmeere, denn sie stammen von relativ kleinen Gletschern. Eine Ausnahme bilden die „Eisinseln" der Insel Ellesmere und der Norden Grönlands. Große tafelförmige Eisberge findet man dagegen häufig vor dem antarktischen Festland. Da die großen Gletschertafeln über den Untergrund schrammen, führen sie an ihrer Basis oder in ihren dünnen Eisschichten Gesteinsblöcke und -schutt mit sich, die im Meer versinken, wenn das Eis schmilzt. Das Schmelzen kann mehrere Jahre dauern: So löste sich ein Eisberg, der 1967 von der Antarktis wegdriftete, erst 1978 auf. ■

An der Westküste Grönlands hat die Sommersonne den Schnee geschmolzen, doch noch immer versperren Eisberge die Buchten. Wellen und Wind verwandeln sie in Eisbogen und Eisdome. Den Touristen bieten diese Gebilde ideale Fotomotive, für Schiffe sind sie tödliche Fallen. ▽

Pinguine und Menschen

Im McMurdo Sound in der Antarktis nutzen Robben und Pinguine treibende Eisschollen als bequeme Fortbewegungsmittel, wenn sie zu ihren jährlichen Wanderungen aufbrechen, deren Routen noch wenig erforscht sind. Nahrung finden sie im Meer: Krill – eiweißreiche Krebstiere aus den kalten Meeren, die kleinen Krabben gleichen –, aber auch Kalmare oder kleine Fische. Hüten müssen sie sich nur vor ihren Feinden, den Seeleoparden und den schwarzen Schwertwalen.

Doch die Tiere sind nicht die einzigen, die den vereisten Ozean zur Fortbewegung nutzen. Eskimos springen auf Reisen gelegentlich von Eisscholle zu Eisscholle, und auch Polarforscher begeben sich häufig auf den „Eisweg“, um Zeit zu sparen – ungeachtet ihrer Angst, auf einem isolierten Eisstück gefangen zu werden. Zu den Eiswanderern zählt beispielsweise der französische Abenteurer Jean-Louis Étienne, der 1986 im Alleingang zum Nordpol marschierte und mehrermals den Weg über trügerisches Eis nehmen mußte. In seinem Tagebuch schreibt er: „… mit einem ungeheuren Grollen bewegen sich direkt vor mir zwei Platten mit unerträglichem Kreischen wie die beiden Arme einer Hebebrücke. Mir bleibt nichts übrig, als gebannt stehenzubleiben und zuzusehen. Man könnte meinen, die Bollwerke der Festung neigen sich herab, um mich zu empfangen.“

Auch heute noch bleiben Schiffe im Nord- oder Südpolargebiet gelegentlich im Packeis stecken. Die Besatzungen haben dann keine andere Wahl, als sich in dem „schwimmenden Schraubstock“ treiben zu lassen. Die Männer an Bord der *Fram*, die mit dem norwegischen Polarforscher Fridtjof Nansen unterwegs waren, mußten in den nördlichen Eismassen von 1893 bis 1896 ausharren.

Mitunter zermalmt jedoch der Druck des Eises selbst den Rumpf großer Schiffe: dieses Schicksal ereilte etwa 1903 im Südpolarmeer die *Antarctic* des Schweden Otto Nordenskjöld, 1915 die *Endurance* des Briten Ernest Shackleton oder 1981 die *Gotland II*. ■

◁ ***Reges Leben auf dem antarktischen Packeis: Im McMurdo Sound der Antarktis wandern Adeliepinguine von Eisblock zu Eisblock. Die Vögel haben sich so gut an die lebensfeindlichen Verhältnisse angepaßt, daß sie auch extreme Temperaturen von mehr als –60 °C überstehen können, die häufig bei den Schneestürmen in der Antarktis erreicht werden. Im Hintergrund verdeckt ein tafelförmiger Eisberg den Horizont.***

Weltreisende der Meere: Ein Eisberg wurde vor den Bermuda-Inseln auf der Höhe Mexikos gesichtet, ein weiterer erreichte im Südatlantik 26° südliche Breite, also fast die Höhe von Rio de Janeiro.

Den größten tafelförmigen Eisberg entdeckte man 1956 in der Antarktis: Er war 335 km mal 96 km groß. Dies entspricht der Fläche Belgiens.

Ein Eisberg kalbt

In der Stille der Antarktis auf der Rossinsel hört man zumeist nur den Wind und die Wellen. Der Besucher bringt seine eigenen Geräusche mit: das Gleiten der Skier, das Platschen des Schiffbugs, das Brummen der Motoren und vielleicht einige Worte. Doch jeder harrt insgeheim auf das markerschütternde Grollen des Eises, das unweigerlich kommen muß. Wer es schließlich hört, hat gut daran getan, vom Eis gebührenden Abstand zu halten.

Der Gletscher kalbt. Ein riesiges Stück der Eisplatte bricht hinaus ins Südpolarmeer, wirft dort eine turmhohe Gischtfontäne auf und schickt meterhohe Wellen gegen die Schiffe. Der Antrieb für dieses gigantische Schauspiel sind die kleinen Schneeflocken, die bei jedem Schneetreiben Flocke um Flocke die Masse des Gletschers vergrößern, bis er schließlich unter seinem Eigengewicht zu fließen beginnt. Jährlich schiebt er sein Eis so um einige hundert Meter nach vorne.

An der Küste versinkt der Rand der Eisplatte im Meer und schürft den Meeresboden tief aus. Irgendwann ist jedoch der Auftrieb durch das schwerere Wasser so groß, daß das Eis sich vom Untergrund löst und nach oben steigt. Dabei bricht es von der zusammenhängenden Plattform ab und treibt hinaus aufs Meer. Mitunter wurden auf diese Weise auch Forschungszentren, die auf den Eisplattformen errichtet worden waren, nach dem Abbrechen ihres schwimmenden Trägers hilflos aufs Meer hinausgetrieben. 1986 etwa traf es in der Antarktis das argentinische Basislager Belgrano im Weddell-Meer sowie die sowjetische Station Droujnaja.

Schätzungen zufolge verliert die Eiskappe der Antarktis jährlich 2000 km^3 Eis an den Ozean. Dieses Volumen gleichen die Schneefälle auf dem Kontinent wieder aus. Die Eisberge erreichen mitunter eine sichtbare Höhe von 100 m, das Verhältnis zwischen sichtbarem und subaquatischem Teil liegt zumeist bei 1:9, dies ist jedoch abhängig vom Grad der Verunreinigung durch Gesteine. In der Antarktis wurden Eisberge beobachtet, die mehr als 100 km lang waren. Solche Riesen wären geeignet, den Süßwasserbedarf der arabischen Länder zu decken. ■

Grönland – das Reich der Gletscher

Grauer Himmel, verschneites Land: Der Norden von Grönland, den die Sonnenstrahlen wegen des flachen Einfallwinkels nur schwach erwärmen können, behält selbst im Sommer ein winterliches Gesicht. Grönland ist das Reich der Gletscher. Hier erreicht das Inlandeis eine so große Ausdehnung und Mächtigkeit, daß Berge und Täler fast vollständig unter einer schildförmigen Eiskappe begraben sind. Nur am Rand überragen einzelne eisfreie Gipfel, die Nunatakkar, das Eis.

Oft endet der Gletscher mit einer steilen Wand, am Upernavik-Gletscher in Nordgrönland bricht sie mehr als 100 m senkrecht in die Tiefe ab. Hier im Norden ist es so kalt, daß sich das Packeis selbst im Juli noch an der Küste des riesigen Landes festklammert. Nur einige hundert Kilometer von hier liegt der geographische Nordpol, der Austrittspunkt der imaginären Rotationsachse unseres Planeten.

Über dem magischen Punkt treibt eine ewige Eiskappe, die den größten Teil des arktischen Eismeeres bedeckt. Sie ist nur 3–5 m dick und schwimmt 3–4 km über dem Meeresgrund. Den Nordpol kann man heute selbst als Tourist bequem mit dem Hubschrauber erreichen, doch zu Beginn des Jahrhunderts ging es bei den Expeditionen noch um Leben und Tod. Der erste, dem der Durchbruch durchs Packeis gelang, war der amerikanische Polarforscher Robert Peary. Er hatte bei vier Nordgrönland-Durchquerungen die Inselnatur des Landes entdeckt. 1909 erreichte er schließlich den Nordpol.

In Pearys Spuren traten zahlreiche andere Forscher: Richard Byrd überflog den Nordpol 1926 in einem Flugzeug, achtundvierzig Stunden später folgte ihm das Luftschiff *Norge* von Roald Amundsen; 1958 traf das amerikanische Atomunterseeboot *Nautilus* mit seiner Tauchfahrt unter dem Packeis genau den Pol, das U-Boot *Skate* durchbrach mit seinem Turm sogar das Eis.

Die Größe der Eisflächen und ihr Treiben werden heute mit Satelliten, beispielsweise mit *ERS-1* und *ERS-2*, überwacht. Dies erleichtert den Schiffen im Eismeer die Navigation. Unter anderem kann man so auch rechtzeitig vor großen Eisbergen warnen, die früher eine große Gefahr für Schiffe darstellten. ■

Packeis als Klimathermostat

Aufgrund seines Salzgehalts gefriert Meerwasser nicht bei einer Temperatur von 0 °C, sondern erst bei etwa –1,8 °C. Bei dieser Temperatur bilden sich die ersten Eiskristalle, die der Meeresoberfläche eine ölige Konsistenz verleihen. Kurz darauf akkumulieren sich die Kristalle zu größeren Schichten. So entsteht festes Packeis, das jedoch selbst im tiefsten Winter selten dicker als 3–4 m wird. Häufig durchsetzen Kanäle und Wasserlöcher das Eis. Größere freie Wasserflächen, in denen sich etwa Polarschiffe bewegen können, bezeichnet man als Eisblänke. Ursache der freien Stellen sind Windböen und Strömungen, welche die Eisplatten verschieben. Mitunter entstehen so auch Eismauern, die mehrere Meter Höhe erreichen.

Zwischen Sommer und Winter schwankt die Fläche des Packeises beträchtlich: in der Arktis liegt sie zwischen 8 und 15 Millionen Quadratkilometern und in der Antarktis zwischen 4 und 20 Millionen. Die weiße Oberfläche des Eises reflektiert das Sonnenlicht 15mal stärker als das offene Wasser. Das Packeis beeinflußt so das weltweite Klima. Da es periodisch das Eindringen des Lichts in das Wasser verhindert, unterschiedliche Salzgehalte bewirkt und die Bewegung der Wassermassen beeinflußt, reguliert es auch die Produktion des Meeresplanktons und somit die Nahrungskette in den Polargebieten.

◁ *Unweit von Kap Crozier in der Antarktis auf der Rossinsel kalbt ein Gletscher und wirft riesige Eisberge ins Meer. Die mehrere hundert Meter dicke Ross-Plattform hat die Größe Frankreichs. Ihr Rand bildet für Schiffe ein unüberwindliches Hindernis. Unter anderem befinden sich auf der Ross-Insel auch der 3794 m hohe Vulkan Mount Erebus und eine große Forschungsstation der US-Amerikaner, die McMurdo-Basis.*

Flug im Sommer über eine Bucht an der Nordküste Grönlands, nur 1000 km vom Nordpol entfernt. Grönland befindet sich zwar auf der gleichen geographischen Breite wie Skandinavien, ist jedoch erheblich kälter, da hier der Einfluß des warmen Golfstroms nicht zum Tragen kommt, sondern der kalte Ostgrönlandstrom herrscht. Selbst in den wärmsten Monaten klettert deshalb die Temperatur auf dem größten Festland der Arktis nicht über 10 °C.
▽

Als der Norweger Roald Amundsen in der Nacht vom 16. zum 17. Juni 1903 aus dem Hafen Oslos ausläuft, will er endlich den berühmten Seeweg in den Orient finden, der quer durch das arktische Amerika verlaufen muß. Seit Jahrhunderten haben Hunderte von Entdeckern diesen Traum verfolgt. Roald Amundsen ist damals 31 Jahre alt – genauso alt wie sein Schiff, die *Gjøa*, die 22 m lang ist. Seine Mannschaft setzt sich aus sechs Männern zusammen; ihr kleines Schiff haben sie mit Lebensmitteln vollgestopft, die für fünf Jahre reichen sollen.

Nach zahlreichen Zwischenfällen – Stürmen, Bränden an Bord, Kollisionen mit Riffen – und zwei Überwinterungen, bei denen die Temperatur auf –60 °C sinkt, durchquert die *Gjøa* schließlich die gesuchte Nordwestpassage. Am 27. August 1905 kreuzt das alte norwegische Schiff in dem anderen Ozean, dem Pazifik, einen Walfänger. Es ist das erste Schiff, das Amundsens Mannschaft seit 26 Monaten erblickt. Ein weiteres Jahr wird die Expedition dauern, bis das Schiff wieder nach Hause kommen wird.

Roald Amundsen selbst wird wenige Jahre später, am 14. 12. 1911, ein weiteres Mal Geschichte schreiben: Einen Monat vor dem britischen Polarforscher Robert Scott erreicht er den Südpol. Auch in der Arktis macht der Norweger Furore. Unter anderem überfliegt er 1926 mit einem Luftschiff den Nordpol. 1928 kommt er bei einem Rettungsflug für die Nobile-Expedition ums Leben.

Die polaren Eiskappen als Klimaarchive der Erdgeschichte

Ein Abschnitt des längsten Eisbohrkerns der Welt, geborgen 1992 in Grönland

Die Antarktis im Süden und Grönland im Norden sind von einer über 3000 m dicken Eiskappe bedeckt. Hier konservieren Jahr für Jahr die Minustemperaturen jede gefallene Schneeflocke. Lagert sich Schnee übereinander, so preßt er die eingeschlossene Luft zu winzigen Gasblasen zusammen, die in dem sich langsam bildenden Eis gespeichert werden.

Da der Schnee auch Vulkanasche, Mikroorganismen und Spurengase unter sich begräbt, brauchen die Glaziologen und Klimatologen nur in das Eis zu bohren, um die kalten Archive der Erdgeschichte zu erschließen. Aus ihnen läßt sich das Klima der Vergangenheit rekonstruieren. Im Juli 1992 gelang den Forschern ein spektakulärer Erfolg: Aus dem grönländischen Inlandeis holten sie den längsten Eisbohrkern der Welt: Zusammengelegt, messen dessen Abschnitte 3029 m und dokumentieren einen Zeitraum von 200 000 Jahren.

Für die Klimaforscher besonders wichtig sind die Vulkanstäube. Sie sind hervorragende Zeitmarken, die weltweit Eruptionen zugeordnet werden können.

Die Meeressedimente

Jedes Jahr verfrachten die Flüsse weltweit mehr als $12\,km^3$ Sande, Tone und andere Minerale in die Ozeane. Gleichmäßig auf den Meeresboden verteilt, wären dies rund 3 cm in 1000 Jahren. Da jedoch die Ablagerung der Sedimente vom Klima, vom Relief und von Meeresströmungen abhängig ist, ergibt sich ein völlig inhomogenes Bild. So wird beispielsweise das Calciumcarbonat, aus dem zahlreiche Meeresorganismen ihre Schalen bilden und aus dem auch der Kalkstein besteht, unter dem hohen Wasserdruck in der Tiefsee ab etwa 4000 m nahezu völlig aufgelöst, so daß man dort fast keine Kalksedimente, sondern normalerweise nur noch Tone und Kieselsäureverbindungen vorfindet.

Generell werden die schwereren und größeren Bestandteile, etwa die kleinen Quarzkörner von Sanden, schon im Flachwasserbereich vor den Küsten abgelagert. Da es jedoch am Kontinentalabhang des öfteren zu Rutschungen aufgrund von Erdbeben kommt, findet man dort im Tiefseebereich sogar eckige Bruchstücke. Solche Rutschungen transportieren auch große Mengen an Sand und Tonen.

Einen entscheidenden Anteil an der Bildung der Sedimente haben die Lebewesen. Algen etwa entziehen dem Meerwasser Kohlendioxid, um mit dem Kohlenstoff ihre Zellen aufzubauen. Wird dem Wasser jedoch Kohlendioxid entnommen, ändert sich das chemische Gleichgewicht, und Calciumcarbonat fällt aus. Manche Organismen – etwa die Korallentiere – sind außerdem in der Lage, Calciumcarbonat aufzunehmen, aus dem sie ihre Skelette bauen. Dies gilt auch für das Plankton der Ozeane, unter anderem für die Kokkolithophoriden, die ihre Zellen mit winzigen Calcitplättchen und -scheiben umgeben.

Mitunter kommen die Algen so massenhaft vor, daß die Kalkschlämme des Mittelmeeres teilweise bis zu 80 % planktonisches Material enthalten. Typische Kalksedimente wie die Schreibkreide Rügens bestehen beispielsweise zu mehr als 70 % aus diesen Algenpanzern. Kalksedimente liefern auch die Foraminiferen, kleine Einzeller mit Kalkskeletten.

Dort, wo es kälter ist, sorgen die Diatomeen, die Kieselalgen, für die Produktion der Sedimente. Bei günstigem Nährstoffangebot treten sie als Rotalgen an der Küste in so großen Mengen auf, daß die von ihnen ausgeschiedenen Gifte auch größere Fische töten können. Sterben sie ab, sinken ihre kieselsäurehaltigen Gehäuse zu Boden und bilden dort die Diatomeenschlämme, die bis zu 98 % aus Kieselsäure bestehen. Kieselsäurehaltige Sedimente, Radiolarite, liefern auch kleine Einzeller, die Radiolarien, die im Gegensatz zu den Diatomeen warme Gewässer bevorzugen.

Der Rote Ton, den man in der Tiefsee findet, stammt weitgehend aus der Flußfracht des Festlandes. Er kann zum Beispiel aus absinkendem Kalkschlamm entstehen, enthält aber am Ende nur noch 6 % Calciumcarbonat.

Weitere Produzenten für die Meeressedimente sind die Vulkane. So erreichen beispielsweise vulkanische Erzschlämme im Roten Meer eine Mächtigkeit von mehr als 100 m. Die Schlämme enthalten etwa 50 % Eisen und 20 % Zink. Mitunter entstehen auch Manganknollen mit bis zu 25 % Mangananteil.

Sedimente auf dem Festland
- detritische Sande und Tone aus der Erosion und der Verwitterung
- vulkanische Aschen und Bimssteine
- organische Stoffe (Erdölvorkommen an den Küsten)

kontinentale Küstenzone
Vulkanismus
Ablagerung auf dem Festland

Sedimente ● ●
Sande, Tone

Leben ○
Flechten, Algen
Pflanzen der Sandküste
Schnecken und andere Weichtiere, Korallen

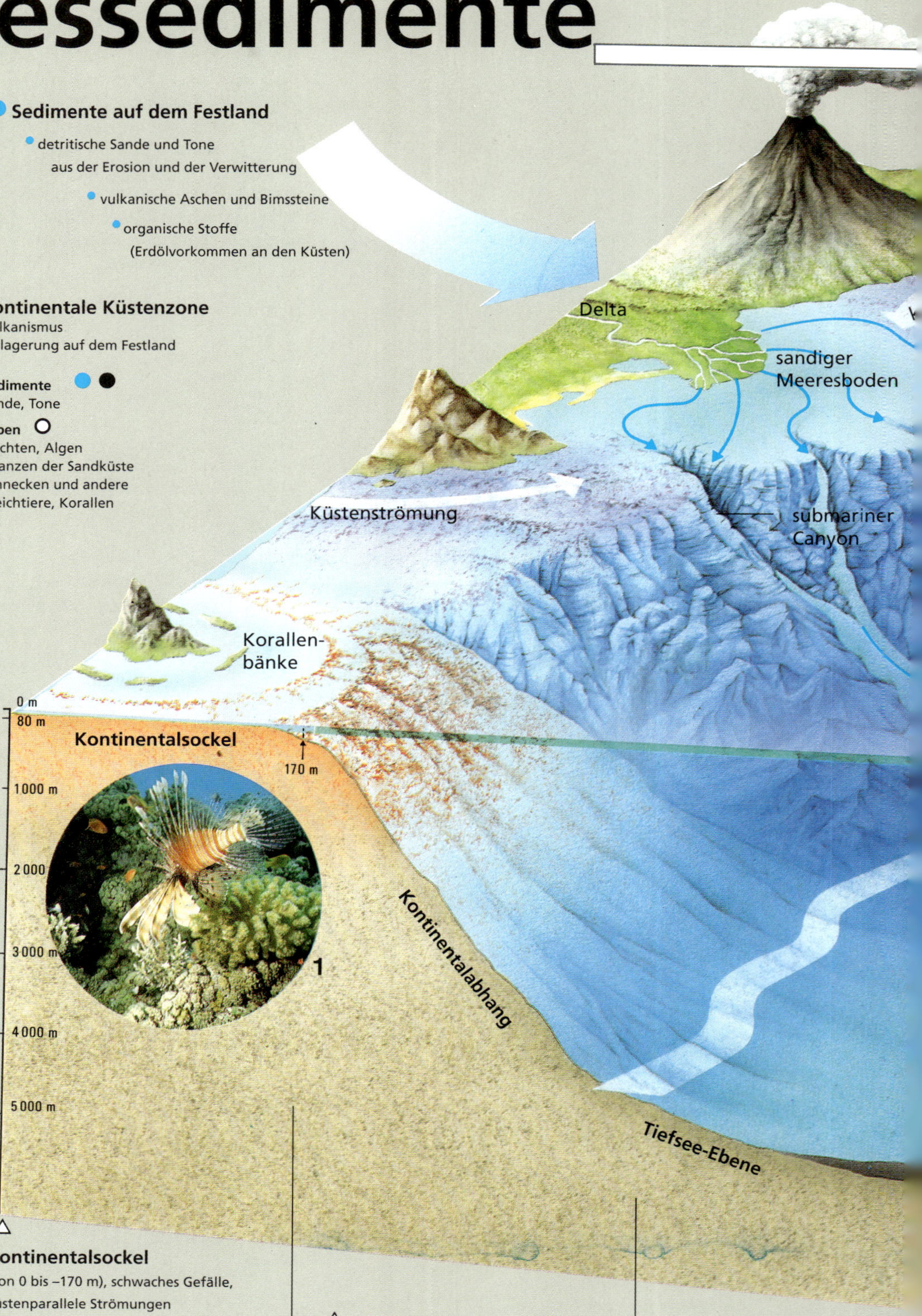

△ **Kontinentalsockel**
(von 0 bis –170 m), schwaches Gefälle, küstenparallele Strömungen

Sedimente ● ● ○
Anhäufung und Umverteilung der Festlandsedimente, insbesondere Sande und Tone;
Ablagerungen von biologischen Überresten
Riffbauten

Leben
große Vielfalt an
Pflanzen: Algen, Posidonien;
Korallenriffe (in tropischen Regionen) oder Algenriffe;
Würmer,
Schaltiere, Krustentiere,
Seeigel, Seesterne,
Fische

△ **Kontinentalabhang**
starkes Gefälle mit submarinen Canyons und Sedimentlawinen;
unten Randströmungen

Sedimente ● ● ● ●
Sedimente vom Festland
Abhang: Ablagerung von Trübeströmen
Basis: fächerartige Anhäufung von Sedimenten an der Mündung der Canyons (Mergel und Tone);
Ablagerungen durch Wind und Organismen

Leben
geringere Vielfalt, Seesterne, Krustentiere, Seeigel, Fische

△ **Tiefsee-Ebene**
minimales Gefälle

Sedimente ● ● ● ●
Ablagerungen aus der Luft, aus Pelagos und Plankton, feine Festlandpartikel: Schlämme, Schlick

Leben
Zehnfußkrebse,
Kopffüßer

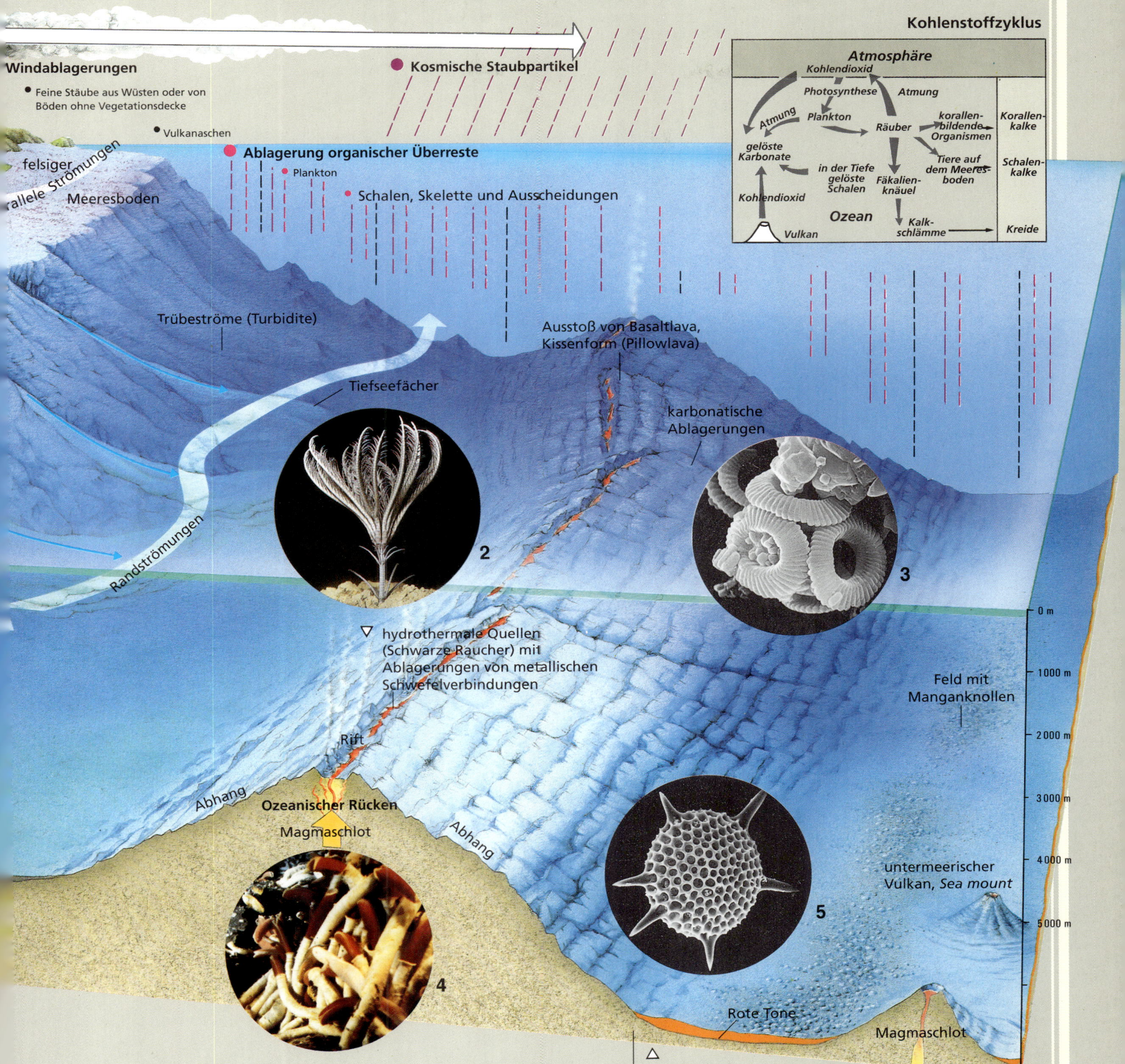

△

Tiefsee-Ebenen

fast horizontal; Vorkommen von untermeerischen Vulkanen

Sedimente ● ● ● ▽

Ablagerungen vulkanischen Materials;
Ablagerungen vom Wind, kosmogene Ablagerungen, sehr feine pelagische Ablagerungen: Schlämme, Schlick, mitunter herausstehende Walknochen und Haifischzähne;
Kristallisierung vor Ort: Knollen (Eisen, Mangan), Zeolithe, Bariumsulfat, Eisen und Mangan aus den hydrothermalen Quellen;
in großer Tiefe nur noch rote Tonsedimente mit organischen Resten (Kieselerde der Strahlentierchen des Plankton), keine Kalkausfällung

△

Ozeanische Rücken

Rift mit zerklüfteten Abhängen und Verwerfungen, Vulkantätigkeit

Sedimente ● ▽

auf Basaltergüssen, Lagerstätten: Eisen, Mangan, Kieselerde; eisenhaltige Tonmineralien, karbonisierte organische Überreste

Leben

hydrothermale Oasen: Zehnfußkrebse, Kalkröhrenwürmer, Büschel von Bartwürmern an Schwarzen Rauchern, Fische, Krabben

1. Rotfeuerfisch an Koralle
2. Seelilie
3. Kokkolithen
4. Bartwürmer
5. Radiolarien

DIE LUFT

Schutzmantel der Erde

Das äquatoriale Klima

FÜLLHORN REGENWALD

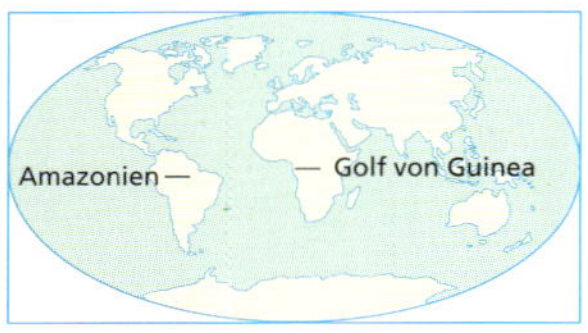

Nirgendwo ist die Artenvielfalt so groß wie in den Regenwäldern der Tropen. Dort schaffen gleichmäßig warme Temperaturen und starke Regenfälle ideale Bedingungen für Pflanzen und Tiere. Mit Ausnahme Indonesiens sind die Äquatorialregionen jedoch wegen des feuchtheißen Klimas und der kargen Böden nur spärlich besiedelt.

Lebenspendende Winde über dem Äquator

Als die Astronauten von *Apollo 8* auf ihrem Flug zum Mond die Erde verließen, waren sie die ersten Menschen, die den blauen Planeten als runde Kugel sahen. Deutlich konnten sie erkennen, wie die Atmosphäre die Erde wie einen dünnen Schleier umgibt und sich bestimmte Zonen wie der Äquator durch eine hohe Wolkendichte auszeichnen.

Je nach Jahreszeit verschiebt sich diese Zone der innertropischen Konvergenz, bei der die Luftmassen zusammenfließen und so Wolken bilden, etwas dies- und jenseits des Äquators. Die dicken Wolken steigen in Höhen von bis zu 12 km auf; ihre kalten oberen Spitzen aus Eiskristallen glitzern im Sonnenlicht und können so mit den Wettersatelliten gut ausgemacht werden.

Im Zentrum des afrikanischen Kontinents und im Norden des Golfes von Guinea herrschen weitgehend stabile meteorologische Bedingungen. Die Wolken treten hier so gehäuft auf, daß ein Monat mit weniger als 100 mm Niederschlag bereits als trocken gilt. Weitaus entscheidender ist jedoch, daß die Tropen frostfrei sind. Nur in einem solchen Bereich kann die Vegetation des immergrünen äquatorialen Regenwaldes existieren. ■

Afrika und Europa aus der Sicht des europäischen Satelliten* Meteosat *in 36 000 km Höhe. Die wolkenverhangene innertropische Konvergenz zeigt sich deutlich über dem Golf von Guinea und dem westlichen Zentralafrika.
▽

Die innertropische Konvergenz

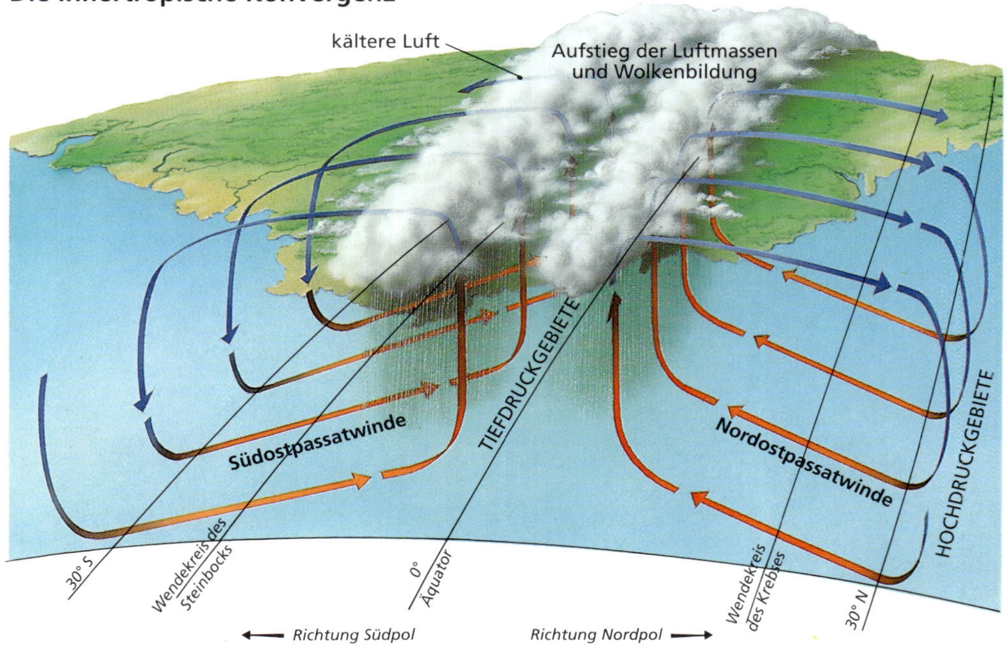

△
Die Passatwinde in den beiden Hemisphären strömen zu den Tiefdruckgebieten am Äquator, wo heiße und feuchte Luftmassen nach oben steigen. Beim Aufsteigen kühlt die mit Feuchtigkeit gesättigte Luft ab, kondensiert und bildet Wolken, welche die starken Niederschläge in den Regenwaldregionen verursachen.

Die immergrünen Wälder im Amazonasgebiet

Die Wälder des Amazonasbeckens gehören zu jenen typischen Regenwaldgebieten, in denen die Luftfeuchtigkeit weit über 90 % liegt und wo die Zufuhr an Regenwasser größer ist als die Verdunstung am Boden und die Transpiration der Pflanzen.

Charakteristisch für die Vegetation sind drei verschieden hohe Baumstockwerke, in denen die verschiedenen Arten ihre Nischen gefunden haben. Die Bäume können bis zu 90 m hoch werden, erreichen jedoch nie die gigantischen Höhen der kalifornischen Sequoia. Das Regenwalddach mit den dichten Kronen ist der harten Sonnenstrahlung ausgesetzt.

In den Freiräumen zwischen den größten Bäumen stehen kleinere, die wegen des Lichtmangels stets nach oben streben und die höheren zu verdrängen versuchen. Darunter gedeihen Sträucher, Palmen, Farne, Bromelien und Orchideen, die ihrerseits anderen Pflanzen und unzähligen Tieren Lebensraum bieten. So leben im Unterholz des Regenwaldes etwa 200 Ameisenarten, in unseren Breiten dagegen sind es lediglich 40. Ähnlich verhält es sich auch mit anderen Insektenarten, Vögeln und Reptilien.

Das größte Problem im Amazonasgebiet ist die Rodung der immergrünen Wälder. Wenn landhungrige Bauern und Viehzüchter den Wald niederbrennen, werden die Nährstoffe im Boden aufgrund der hohen Niederschläge ausgewaschen. Auch ein nachwachsender Sekundärwald erreicht deshalb nie mehr die üppige Artenfülle des alten Waldbestandes. Der starke Bevölkerungsdruck führt zum raschen Abnehmen der Waldbestände. Man schätzt, daß heute bereits 40 % der tropischen Regenwälder gerodet sind. Geht der Raubbau in diesem Tempo weiter, ist die „grüne Lunge“ der Erde in zwanzig Jahren verschwunden. Hoffnung machen allenfalls Schutzmaßnahmen in Brasilien und Costa Rica. ■

△
An den schlammigen Flußufern des Amazonas siedeln sich Baumarten an, die sich an die regelmäßig auftretenden Überschwemmungen angepaßt haben. Stelzwurzeln heben den Baum nach oben und verankern ihn gleichzeitig so fest im Boden, daß er auch bei hohem Wasserstand überleben kann.

Die Regenmaschine der äquatorialen Zone

Das äquatoriale Klima zeichnet sich vor allem dadurch aus, daß die Temperaturen im Jahreslauf weitgehend konstant bleiben, da die Sonne stets senkrecht über dem Äquator steht. Charakteristisch sind leichte tageszeitliche Schwankungen. So herrschen in der Ebene zu Beginn des Nachmittags Temperaturen zwischen 28 °C und 30 °C, am frühen Morgen sind es an die 25 °C. Starke Nebelbildung und hohe Luftfeuchtigkeit bewirken einen Treibhauseffekt, der verhindert, daß sich die Luft in der Nacht stark abkühlt. Frost, der nachts mitunter selbst in Wüstenregionen auftritt, fehlt deshalb im Regenwald.

Die hohe Feuchtigkeit liefert der Regen: In keinem Monat fallen weniger als 50 mm Niederschlag, fast täglich geht am Ende der heißen Nachmittage kühlender Regen nieder. In Indonesien zählt man jährlich beispielsweise über 300 Regentage. Für die Regenfälle sorgen Cumulonimbus-Wolken, große, sich emportürmende Wolken, sowie die innertropische Konvergenz der Passatwinde, die hier die Luftmassen aufeinanderschieben.

Der Motor dieser Regenmaschine sind die Tiefdruckgebiete am Äquator sowie die Hochdruckgebiete an den Wendekreisen. Die stetig wehenden Ostwinde, die Passatwinde, sind nichts anderes als Luftmassen, die von den Tiefdruckgebieten angezogen werden. Die über dem Festland trockenen Winde können sich über dem Meer und den äquatorialen Regenwäldern mit Feuchtigkeit aufladen. Treffen sie dann aufeinander (Konvergenz), steigen Wolken auf und regnen sich ab.

Pygmäen – ein Leben im Regenwald

Die bienenkorbartigen Hütten der Pygmäen sind schnell errichtet und schonen die Wälder.

Die Bewohner des Regenwaldes haben im Lauf der Jahrtausende gelernt, sich optimal den feuchtheißen Bedingungen anzupassen. Sie leben meist in kleinen Gruppen und wandern mit ihren Dörfern stets weiter, so daß sich die Natur wieder erholen kann. Die kleinwüchsigen Pygmäen, deren Lebensraum von Kamerun in Westafrika bis zu den ostafrikanischen Seen reicht, errichten für ihre etwa 30 Personen umfassenden Wohngemeinschaften Hütten, die an Bienenkörbe erinnern und schnell aufgebaut werden können. Die Hütten schützen ihre Bewohner vor schweren Regenfällen und halten Insekten fern. Männer, Frauen und Kinder sammeln gemeinsam Wurzeln und Früchte oder beteiligen sich an den großen Treibjagden, bei denen das Wild in aufgespannte Netze getrieben wird. Heute leben in Afrikas Regenwäldern noch etwa 100 000 Pygmäen.

Das tropische Klima

NUR ZWEI JAHRESZEITEN

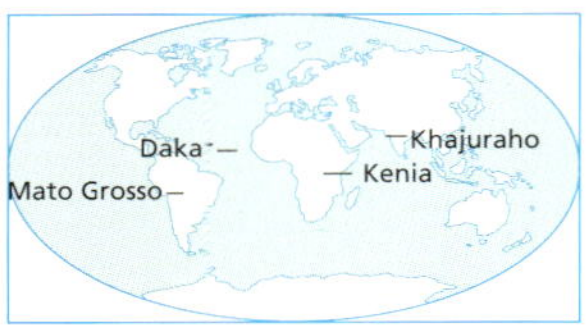

In den Savannen der tropischen Zone gibt es nicht wie bei uns vier Jahreszeiten, sondern lediglich zwei – die Trocken- und die Regenzeit. Ihr steter Wechsel formt eine Landschaft voller Extreme: Während in der Zeit der heftigen Niederschläge alles blüht und gedeiht, verdorren in der trockenen Periode Pflanzen und verdursten Tiere.

Regenzeit auf dem Mato Grosso

Das Plateau des Mato Grosso gehört zu jenen Teilen Brasiliens, die nur dünn besiedelt sind. Die Böden sind karg, die Mischform aus Savanne und Wald nutzt man vor allem zur Viehzucht, da der Anbau von Getreide oder Früchten kaum lohnt. Ein gutes Auskommen finden die Viehzüchter mit ihren Buckelrindern oder Zebus, die in den tropischen Regionen weit verbreitet sind.

Probleme bereitet insbesondere das wechselfeuchte tropische Klima mit seinem extremen Übergang von Trocken- und Regenzeit. Innerhalb von 5 Monaten – von November bis März, die Zeit, die hier dem Sommer entspricht – fallen ungefähr 1300 mm Niederschlag. Angesichts der hohen Temperaturen ist eine solche Niederschlagsmenge gering. Dies und die hohe Konzentration der Niederschläge auf eine einzige Jahreszeit erklären den geringen Wuchs der Vegetation. Da es hier nur wenige Menschen gibt, die den Boden urbar machen, ist der lichte Wald überall verbreitet.

Daß die Landwirtschaft nur wenig entwickelt ist, liegt zum einen an der Ferne zur Atlantikküste – nach Rio de Janeiro sind es mehr als 1200 km –, zum anderen an der Kargheit der Böden. Der Wechsel zwischen trockenen und feuchten Jahreszeiten sowie die hohen Temperaturen begünstigen die Bildung und Konzentration von Eisenoxiden im Boden. Dieser erhält so seine charakteristische Ockerfarbe, die überall an Straßen- oder Geländeeinschnitten sichtbar wird.

Die Böden dieses Typs sind ein Hauptmerkmal der tropischen Landschaften, wo sich während der Regenzeit meist Grün- und Ockertöne vereinen. In der Trockenzeit verlieren dagegen die meisten Bäume und Sträucher ihr Laubwerk – dann wird das Bild von braunroten Farben beherrscht. ■

◁ ***Der brasilianische Bundesstaat Mato Grosso liegt im südlichen Zentrum des Landes. Dieses Bild entstand während der Regenzeit und zeigt den vergleichsweise lichten Wald, der unter dem Namen** campo cerrado **bekannt ist, was wörtlich „geschlossene Landschaft" bedeutet.***

Leben mit den staubigen Winden des Harmattan

Jährlich verfrachten die Winde aus der Sahara 400–600 Millionen Tonnen Staub in Höhen von 10–12 km. Ein Teil davon – etwa 10 Millionen Tonnen – fällt auf Europa nieder und macht sich dann als dünne Staubschicht auf Autos und Fensterscheiben bemerkbar.

Weitaus dramatischer ist die Wirkung in den direkt an die Sahara angrenzenden Gebieten, der Sahelzone. Das arabische Wort Sahel bedeutet soviel wie Ufer – damit ist allerdings allerdings nicht der Saum eines Gewässers gemeint, sondern der Rand der Sahara.

Ein Teil des Sahel ist der Senegal. Um ein typisches Dorf in diesem Land reihen sich Ackerparzellen, die man vor dem Vieh mit Zäunen schützt. Zahlreiche Bäume dienen als Schattenspender, Holz- und Obstbaumlieferanten. Hinzu kommen unbebaute Felder, die für eine gewisse Zeit brachliegen. Betrachtet man ein solches Dorf während der Trockenzeit, erscheint es einheitlich öde, weil dann auch die Gartenparzellen nicht bewirtschaftet werden können und die Landschaft mit einem beige-orangenen Schleier überzogen ist.

Ursache dieses Schleiers ist der Harmattan, ein Wind aus der Sahara, dessen Kraft genügt, um feine Stäube und manchmal sogar Sandkörner aufzuwirbeln und über Hunderte von Kilometern zu transportieren. Wie in vielen tropischen Regionen sind die Partikel aufgrund der Eisenoxide ockerfarben.

In der Trockenzeit und vor allem in ihren letzten Monaten April und Mai steigen die Temperaturen stark an und erreichen am Tag über 35 °C. Herrscht dann auch noch der Harmattan, ist die Luft mit Staub geschwängert und außerdem elektrostatisch aufgeladen. Während einer solchen Periode breiten sich Krankheiten wie die Meningitis aus, die zu wahren Epidemien werden können, wenn der Wind mehrere Tage oder sogar mehrere Wochen anhält. Der Harmattan fegt regelmäßig über die Sahelzone hinweg. Weil in den letzten

△ *Wenn der Harmattan aus der Sahara über Senegal niedergeht, hüllt er alles in einen beige-orangen Schleier. Das betroffene Dorf liegt nördlich der Hauptstadt Dakar und befindet sich auf 15° nördlicher Breite, also an der nördlichen Grenze der tropischen Klimazone in Westafrika.*

Touristen besuchen die Stadt Khajuraho im Inneren Indiens vor allem wegen eines Tempels mit Skulpturen, die als meisterhafte Darstellungen der indischen Liebeskunst gelten. Wer jedoch Pech hat, den trifft hier der Monsunregen, der innerhalb kurzer Zeit für Abkühlung sorgt. ▷

Eine Trocken- und eine Regenzeit

Üblicherweise spricht man von einem „tropischen Klima", wenn die Niederschläge so häufig sind, daß landwirtschaftlich genutzte Flächen ohne künstliche Bewässerung auskommen. Eine weitere Bedingung ist, daß sich Regenzeiten und Trockenperioden abwechseln. Die Regenzeit liegt in den Sommermonaten: zwischen Juni und September auf der nördlichen Hemisphäre und zwischen Oktober und Februar auf der südlichen Halbkugel. Tropische Klimate findet man in den Breiten der Wendekreise. Im Westen der Kontinente liegen sie weiter im Süden und im Osten weiter nördlich.

Die Hitze entsteht durch die nahezu senkrechte Sonneneinstrahlung in den niederen Breiten. Die Temperatur liegt hier in allen Monaten bei mehr als 18 °C. Ursache des steten Wechsels zwischen Regen- und Trockenzeit ist eine Änderung der Luftzirkulation.

Im Winter liegen die tropischen Regionen auf den Wendekreisen unter Hochdruckgebieten, den Antizyklonen. Dort zirkuliert die Luft gewöhnlich in der Atmosphäre von oben nach unten. Die fallenden Luftmassen verhindern die Wolkenbildung und Regen, da Feuchte nur bei aufsteigender und dann abkühlender Luft kondensiert.

Im Sommer treten anstelle der Antizyklone Tiefdruckgebiete, die mit der Erddrehung das Aufkommen von wasserdampfgesättigten Strömungen begünstigen, da sie über warmen Meeren zirkulieren. Manche überqueren den Äquator und gelangen im Sommer in die andere Hemisphäre; dann bezeichnet man sie als Monsune.

Jahrzehnten die Bevölkerung drastisch angewachsen ist – im Senegal liegt das Bevölkerungswachstum bei 3% pro Jahr –, betreibt man heute dank künstlicher Bewässerung auch Ackerbau in Regionen, die früher Nomaden vorbehalten waren. Die natürliche Vegetation ist zerstört, über große Flächen hinweg erstrecken sich nun ausgelaugte Böden.

Da eine Reihe von trockenen Jahren der Ausweitung des Ackerbaus folgte, wird das Problem der trockenen Winde wie des Harmattan noch verschärft. Dünen, die lange Zeit durch Pflanzen verankert geblieben waren, geraten nun in Bewegung, und der Sand rückt immer weiter vor: dieses Phänomen wird als Desertifikation bezeichnet. Die Verwüstung bedroht weite Flächen der Sahelzone und ist eindeutig auf Veränderungen durch den Menschen und nicht auf eine Änderung des Klimas zurückzuführen. Die Folgen sind Dürre- und Hungerkatastrophen, zuletzt beispielsweise 1994 in einigen Teilen Äthiopiens. ■

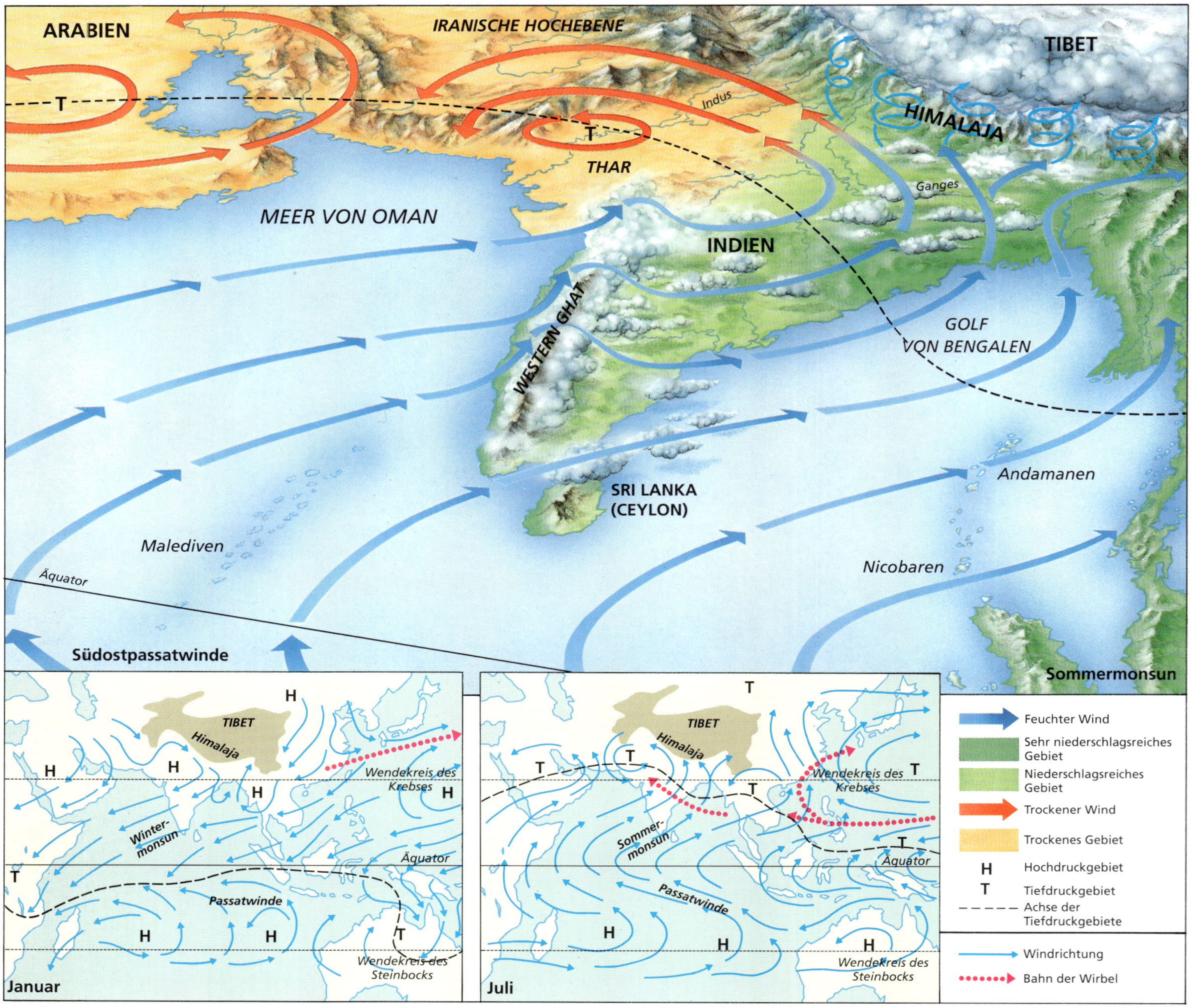

Volle Reisschüsseln nur dank des Tropenregens

An Julitagen ist es in Khajuraho, einem der beliebtesten Touristenziele in Indien, extrem heiß. Die Tropennacht bricht früh und rasch herein, heftige und plötzlich niedergehende Regengüsse verändern dann jäh das Gesicht der Stadt: Straßen, durch die sich eben noch eine dichte und bunte Menge schob, leeren sich. Jeder läuft nach Hause oder nutzt die Rikschas, die zweirädrigen, zu Fuß oder mit dem Fahrrad gezogenen Wagen, die auch bei strömendem Regen noch fahren. Die Rikschawallah, die Rikschafahrer, sind darauf angewiesen, ihrem dürftigen Tagesverdienst noch ein oder zwei Rupien hinzuzufügen.

Nur wenige Menschen harren in den Abendstunden noch unter den Ständen der Teeverkäufer aus, die es in den indischen Städten zu Hunderten gibt. Der Tee wird stets mit Milch gereicht, manchmal auch mit Gewürzen, wodurch er zuweilen einen für unseren Gaumen erstaunlichen Geschmack erhält.

Der Regen und der Einbruch der Dunkelheit lassen die Temperatur rasch sinken. Wenn man sich nicht bereits bei den ersten Tropfen in Sicherheit bringen konnte, ist die leichte, an die Hitze des Tages angepaßte Kleidung nun durchnäßt und klamm. Wer nicht aufpaßt, kann in den Tropen schneller einen Schnupfen bekommen als im arktischen Winter.

So bestimmt der tropische Regen in den indischen Städten in der Zeit von Juni bis September den Alltag. Er ist die Quelle des Lebens: Der Regen sichert den Nachschub für die Grundwasserschichten, welche die Städte in der Trockenzeit mit Trinkwasser versorgen. In erster Linie jedoch sichert er die Reisernte, von der das Leben der 800 Millionen Menschen in Indien abhängt. ■

Die Baumsavanne Kenias – ein Paradies für Tiere

Wer an Kenia denkt, hat automatisch Bilder vor Augen, die der amerikanische Schriftsteller Ernest Hemingway in seinen erfolgreich verfilmten Romanen beschrieb: eine Baumsavanne, in der sich Elefanten, Büffel und Löwen tummeln, sowie Massai und Jäger, die diese Wildtiere jagen. Tatsächlich haben die Staaten Ostafrikas einen bedeutenden Bestand an Raubtieren und Elefanten erhalten. Obwohl der Wildbestand in Reservaten geschützt ist, sind zahlreiche Arten durch Wilderer bedroht. Das Elfenbein läßt sich in asiatischen Ländern teuer verkaufen. Nashörner etwa werden gejagt, weil ihr Horn nach wie vor als potenzsteigerndes Mittel gilt.

Das Klima in der Baumsavanne Kenias ist selbst für Europäer gut zu ertragen, da die große Höhe der Plateaus für eine angenehme Kühle in den Abendstunden sorgt. Obwohl man sich nahe am Äquator befindet, fallen nur recht geringe Niederschlagsmengen zwischen 800 und 1000 mm pro Jahr, die über wenige Monate verteilt sind.

Die Vegetation hat sich an die relative Trokkenheit angepaßt. Die Bäume stehen weit auseinander, da ihre Wurzeln das Wasser aus einem weiten Umkreis aufnehmen müssen. Ideal angepaßt sind die Schirmakazien; ihre kleinen, beschichteten Blätter sorgen für eine nur geringe Verdunstung. Akazien können so auch längere Trockenperioden überstehen. In der Regenzeit bildet sich ein Teppich aus hohen Krautpflanzen zwischen den Bäumen, doch in der Trockenzeit ist dieser Teppich gelb und verwelkt.

Kommt es dann zu einem Buschbrand, ist die Ursache hierfür Blitzschlag oder der Mensch. So legen Massai seit jeher Brände, damit junges Gras für ihre Rinder- und Ziegenherden nachwachsen kann. Gewöhnlich ist Nahrung so üppig vorhanden, daß sowohl die Viehherden der Nomaden als auch die wildlebenden Pflanzenfresser existieren können. Unter anderem sorgen die weitläufigen Wanderungen von Tieren und Nomaden für eine Entlastung des Ökosystems. ■

Das Geheimnis des Darjeeling-Tees

Die Teepflanze benötigt Wärme und Feuchtigkeit, doch sie gedeiht besser auf eher trockenen Böden und in einem Klima, das während eines Teils des Jahres kühle Nächte aufweist. Diese Bedingungen erfüllen Regionen der tropischen Gebirge in etwa 1000 m Höhe: Tagsüber ist es hier relativ warm, nachts jedoch mitunter empfindlich kalt. Durch das Gefälle an den Berghängen kann das Wasser schnell abfließen, die Böden bleiben so weitgehend trocken.

Jahrhundertelang bauten die Bauern Tee in ihren Gärten an. Als die Europäer Asien kolonialisierten und der Verbrauch weltweit stieg, wurden Plantagen angelegt. So wachsen die Teepflanzen beispielsweise um die Stadt Darjeeling im Vorland des Himalaja auf weiten Flächen. Da die Blätter nicht zur selben Zeit reifen, müssen die Teepflückerinnen sie einzeln auswählen und ernten. Sie sammeln die gepflückten Blätter in der Hand und werfen sie dann mit einer kurzen Bewegung in ihren Tragkorb. Obwohl diese beschwerliche Arbeit Erfahrung und Sachkunde verlangt, ist sie schlecht bezahlt.

Die hochgelegenen Teeplantagen in der Nähe von Darjeeling liefern den besten Tee Indiens.

◁ *Im Winter verursachen die Antizyklone entlang den Wendekreisen Nordostwinde, die eine trockene und recht kalte Luft mit sich bringen. Der gesamte Süden und Osten Asiens erlebt dann eine Trockenzeit. Im Sommer machen die Antizyklone Tiefdruckgebieten Platz, die durch die Erwärmung der Kontinente entstehen. Die Tiefdruckgebiete sorgen für feuchte Winde aus Südwesten, die zu starken Regenfällen führen.*

Obwohl der afrikanische Staat Kenia seinen Namen nach dem Vulkan Mt. Kenya trägt, liegt das Land vor allem auf Hochebenen zwischen 1000 und 2000 m Höhe, die sich weit über Ostafrika erstrecken. Baumsavanne, die durch den Wechsel von Trocken- und Regenzeit gekennzeichnet ist, prägt hier das Bild der Landschaft. ▷

Niederschlagsrekorde

(Jahresdurchschnitt in mm)

Cherrapunji (Indien)	11 477
Monrovia (Liberia)	5 131
Moulmein (Birma)	4 820
Padang (Sumatra)	4 452
Conakry (Guinea)	4 341
Bogor (Java)	4 225
Douala (Kamerun)	4 109
Cayenne (Französisch-Guyana)	3 747
Freetown (Sierra Leone)	3 639

Die tropischen Wirbelstürme

IM AUGE DES HURRIKANS

In Amerika heißen sie Hurrikans, in Ostasien nennt man sie Taifune: die tropischen Wirbelstürme wüten in einem schmalen Gürtel links und rechts des Äquators. Wo die Zyklone mit Windgeschwindigkeiten von bis zu 400 km/h über das Land rasen, fordern sie mitunter Tausende von Opfern und richten Schäden in Milliardenhöhe an.

Wirbel der Zerstörung

Tropische Wirbelstürme kosten Jahr für Jahr Menschenleben und verursachen Milliardenschäden. Schon früh hat man daher versucht, ihre Bahn vorherzusagen. Nach dem Zweiten Weltkrieg flogen beispielsweise wagemutige Piloten in das nahezu windstille Auge der Hurrikane, um dort die nötigen Wetterdaten zu sammeln, aufgrund deren sich die Bevölkerung warnen ließ. Heute übernehmen diese Aufgabe Wettersatelliten, die aus großer Höhe die Atmosphäre der Erde beobachten. Da man die Luftströmungen an der Bewegung der Wolken erkennen und so auch ihre Geschwindigkeit messen kann, können die Wetterdienste auf diese Weise schon frühzeitig vor den Wirbelstürmen warnen.

In den Satelliten sind mehrere Sensoren installiert, mit denen man die von der Atmosphäre abgegebene Strahlung messen kann. Diese Instrumente erfassen nicht nur den sichtbaren Bereich des Lichtes, sondern auch andere Wellenlängen, unter anderem den Infrarotbereich, der Auskunft über die Temperaturen gibt. Mit Hilfe von Hochleistungsrechnern erzeugt man so Bildinformationen, die weit über einfache Fotografien hinausgehen.

Ein Beispiel liefert das Bild (rechts) des Wirbelsturms Allen, der die Endstufe seiner Entwicklung erreicht hat. Die tropischen Zyklone sind geschlossene Tiefdruckgebiete, mit einem Durchmesser von rund 700 km. Das lochartige Gebilde in der Wolkenmasse ist das sogenannte Auge des Wirbelsturms, das einen Durchmesser von einigen Dutzend Kilometern aufweisen kann. Wer sich in ihm befindet, sieht über sich einen blauen oder allenfalls nur leicht bewölkten Himmel, und von der zerstörerischen Gewalt des Wirbelsturms ist in diesem Moment nichts zu spüren.

Das Auge ist von einer Wolkenspirale umgeben, in der außerordentlich hohe Windgeschwindigkeiten herrschen, die durch die sehr niedrigen Drücke im Zentrum des Wirbelsturms erzeugt werden. Die von der Erdumdrehung abgelenkten Winde drehen gegen den Uhrzeigersinn um dieses Zentrum. Diese Ablenkung in Verbindung mit der Fliehkraft verhindert, daß die Luft ins eigentliche Zentrum des Wirbels gelangt, an dessen Rand sie zu Boden strömt. Auf diese Weise entsteht das Auge des Sturms mit blauem Himmel, da das Kondensieren der Feuchtigkeit und damit die Wolkenbildung nur in aufsteigender und dabei abkühlender Luft möglich sind.

△
Der tropische Wirbelsturm Allen kreiste im August 1980 über dem Golf von Mexiko. Die vom Satelliten** Tiros-N **übertragenen Daten zeigen das Auge des Wirbelsturms, in dem es fast windstill ist. Das turbulente Gebilde weist auf die enormen Windgeschwindigkeiten hin.

Die Wolkenmassen der tropischen Wirbelstürme können bis in eine Höhe von mehr als 10 000 m aufsteigen. Die mit ihnen verbundenen heftigen Winde erreichen Windgeschwindigkeiten von bis zu 400 Stundenkilometern über eine Breite von mehr als 100 Kilometern und haben eine verheerende Wirkung. ■

Morne-à-l'Eau – mit dem Schrecken davongekommen

Wie in allen tropischen Gegenden, die von Wirbelstürmen heimgesucht werden, überwachen auch in Guadeloupe die Meteorologen der Wetterwarten ständig die Ozeane, um die Wirbelstürme schon im Entstehen auszumachen. Doch selbst wenn die Ankunft eines Wirbelsturms mehrere Tage im voraus angekündigt wird, weiß man immer noch nicht, wie heftig er ist und welchen Weg er genau nehmen wird. Zur Sicherheit wird die Bevölkerung gewarnt und aus den bedrohten Gebieten evakuiert; Schiffe laufen aus den Häfen aus oder werden fester vertäut. Die Bewohner

△
Als der Wirbelsturm „Hugo" im Oktober 1989 die Antillen verwüstete, hatte die kleine Stadt Morne-à-l'Eau im Zentrum des tiefgelegenen Teils von Guadeloupe Glück im Unglück. In Küstennähe und auf der Nachbarinsel Martinique entstanden dagegen schwere Schäden.

verbarrikadieren ihre Häuser, wobei alle hoffen, daß das Zentrum des Wirbelsturms in weiter Entfernung vorbeiziehen möge. Häufig werden diese Hoffnungen jedoch enttäuscht. Die Wettervorhersage kündet dann das unausweichliche Eintreffen des Wirbelsturms an. Auf dem Meer überschlagen sich die Wellen, und der Himmel färbt sich in Richtung des aufziehenden Sturms tiefschwarz. Der Wind erreicht rasch eine extrem hohe Geschwindigkeit und kann mit Leichtigkeit Dächer abdecken oder Fensterscheiben eindrücken. Zugleich prasseln auf das Gebiet sintflutartige Regengüsse herab, die in der Nähe großer Gewässer häufig zu Flutkatastrophen führen.

Da Basse-Terre der flachste Teil von Guadeloupe ist, können Wirbelstürme hier ungehindert wüten. Glücklicherweise leben die Einwohner von Morne-à-l'Eau in großer Entfernung von der Küste, und so blieben sie von allzu schweren Sturmschäden verschont, als sich der schwere Hurrikan „Hugo" am Küstenstreifen austobte. Mehrere Stunden lang forderten der starke Regen und die Windböen ihren Tribut, nur einen Augenblick herrschte Ruhe, als das Auge des Hurrikans vorüberzog. Eine Schadensbilanz zeigte wenig später, daß Morne-à-l'Eau mit dem Schrecken gerade noch einmal davongekommen war.

Wesentlich für einen solch glimpflichen Verlauf sind stabil gebaute Häuser. Holzbauten und Wellblechhütten werden von einem Hurrikan ebenso fortgerissen, wie er Bäume entwurzeln kann. So kamen in Japan nach dem Zweiten Weltkrieg innerhalb von 25 Jahren durch Wirbelstürme 13 745 Menschen ums Leben, mehr als eine halbe Million Häuser wurde von den Stürmen zerstört. Die Erdbeben im selben Zeitraum forderten nur halb so viele Todesopfer und nur ein Fünftel an Gebäudeschäden. ■

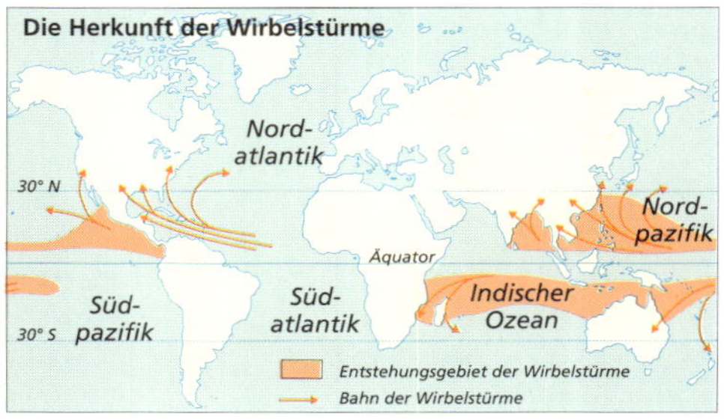

Tropische Wirbelstürme bilden sich an warmen Stellen bei einer Wassertemperatur von mindestens 27 °C, wo die Verdunstung stark ist. Da die Winde am Äquator nicht abgelenkt werden, entstehen die Wirbel nur in höheren Breitengraden.

Ungeheure Energiemengen

Tropische Zyklone entstehen nur dort, wo genügend Feuchtigkeit vorhanden ist. Diese liefert die Wärme, die dem Wirbel seine hohe Geschwindigkeit verleiht und die nötig ist, daß er Niederschlag abgeben kann. Geburtsorte der Wirbelstürme sind deshalb schmale Zonen außerhalb von 5° Entfernung vom Äquator, wo das Meerwasser an der Oberfläche wärmer als 27 °C ist. Am Äquator selbst können keine Wirbelstürme entstehen, da hier die ablenkende Kraft durch die Erdrotation, die Coriolis-Kraft, nahezu Null ist. Die Wirbel verlaufen auf der Südhalbkugel im Uhrzeigersinn, auf der Nordhalbkugel in entgegengesetzter Richtung, da die Ablenkung durch die Erdrotation dies- und jenseits des Äquators in entgegengesetzter Richtung verläuft.

Charakteristisch für tropische Wirbelstürme sind Zentren mit niedrigem Luftdruck, der unter 950 hPa (Hektopascal) sinken kann – der durchschnittliche Druck in Meereshöhe beträgt 1015 hPa. In das Tiefdruckzentrum strömen heftige Winde mit Geschwindigkeiten von mehr als 200 km/h. Die mitgerissene Luft, die sich dem Tiefdruckgebiet nähert, bewegt sich rasch nach oben, der Wasserdampf kondensiert, und es bilden sich mächtige Wolken, aus denen sich sintflutartige Regenfälle ergießen.

Die Wirbelstürme sind besonders heftig, weil sie selbstverstärkende Mechanismen haben. Kondensiert feuchte Luft, setzt sie die Energie frei, die das Wasser im Ozean langsam verdunsten ließ. Ein Wirbelsturm verfügt so über die gespeicherte Energie von mehreren Atombomben.

△
Die Stadt Ormoc an der Küste der Philippineninsel Leyte liegt auf 11° nördlicher Breite und damit in der Bahn der tropischen Wirbelstürme. Schwere Schäden an den oft nicht sehr solide gebauten Holzhäusern sind die Folge.

Das Damoklesschwert der Taifune über den Philippinen

Die Städte auf den Philippinen haben wie alle Ballungszentren in der Dritten Welt Stadtviertel mit instabilen Häusern, die aus zufällig zusammengetragenen Materialien errichtet wurden und in denen der ärmste Teil der Bevölkerung lebt. Diese Viertel entwickeln sich vor allem dort, wo der Mittelstand oder die Reichen nicht wohnen wollen: an steilen Hängen oder in tiefgelegenen, sumpfigen Gegenden.

Wenn hier ein tropischer Wirbelsturm wütet, werden die dem Meer am nächsten gelegenen Regionen nicht nur durch den Wind und den Regen bedroht, sondern auch durch das Meer. Weil das Wasser durch den Wind in Richtung Küste gedrückt wird, steigt der Wasserspiegel am Ende einer Bucht dramatisch an – katastrophale Überschwemmungen sind die Folge. Die Schäden durch tropische Wirbelstürme treffen die Ärmsten der Bevölkerung besonders schwer, weil deren Holzbauten, die zumeist in der Nähe der Küste stehen, dem Angriff der Elemente nicht standhalten können. Da eine Fluchtmöglichkeit – selbst für den Fall einer rechtzeitigen Warnung – nur selten besteht, bleibt den Menschen häufig keine andere Chance, als schlicht abzuwarten, bis der Taifun vorübergezogen ist. Viele kommen deshalb in den Fluten, die der Sturm verursacht, ums Leben.

Ursache der Überschwemmungen durch tropische Wirbelstürme sind neben den Winden mit durchschnittlichen Geschwindigkeiten von über 120 Stundenkilometern auch die hohen Niederschlagsmengen, die sie erzeugen. So hat man auf den Philippinen nach einem Taifun festgestellt, daß dabei mehr als 2000 mm Regen pro Tag auf die Inseln niedergegangen sind. Da es sich bei den tropischen Zyklonen um extreme Tiefdruckgebiete handelt, können sie außerdem allein schon durch den niedrigen Luftdruck ein Ansteigen des Meeresspiegels verursachen. ■

Der furchtbarste Wirbelsturm dieses Jahrhunderts entstand in der Bucht von Bengalen und wütete im November 1970 in Bangladesch und Indien. Die Zahl der Todesopfer wurde von den Behörden mit 148 116 angegeben. Anderen Quellen zufolge kamen im übervölkerten Gangesdelta jedoch über 1 000 000 Menschen ums Leben.

Ein ausgeprägtes Tiefdruckgebiet zieht warme und feuchte Luft an, die dann in Spiralen um das Tiefdruckgebiet kreist. Dabei wird eine Geschwindigkeit von mehr als 100 km/h erreicht. Durch das Aufsteigen kühlt sich die Luft ab, und es bilden sich über 10 000 m dicke Wolken, aus denen sich starke Regenfälle lösen. Im Zentrum der Spirale weht kein Wind, hier im Auge des Wirbelsturms ist der Himmel nur leicht bewölkt. Der tropische Zyklon bewegt sich an einem Tag über mehrere hundert Kilometer fort und wird von den Höhenwinden gesteuert.

▽

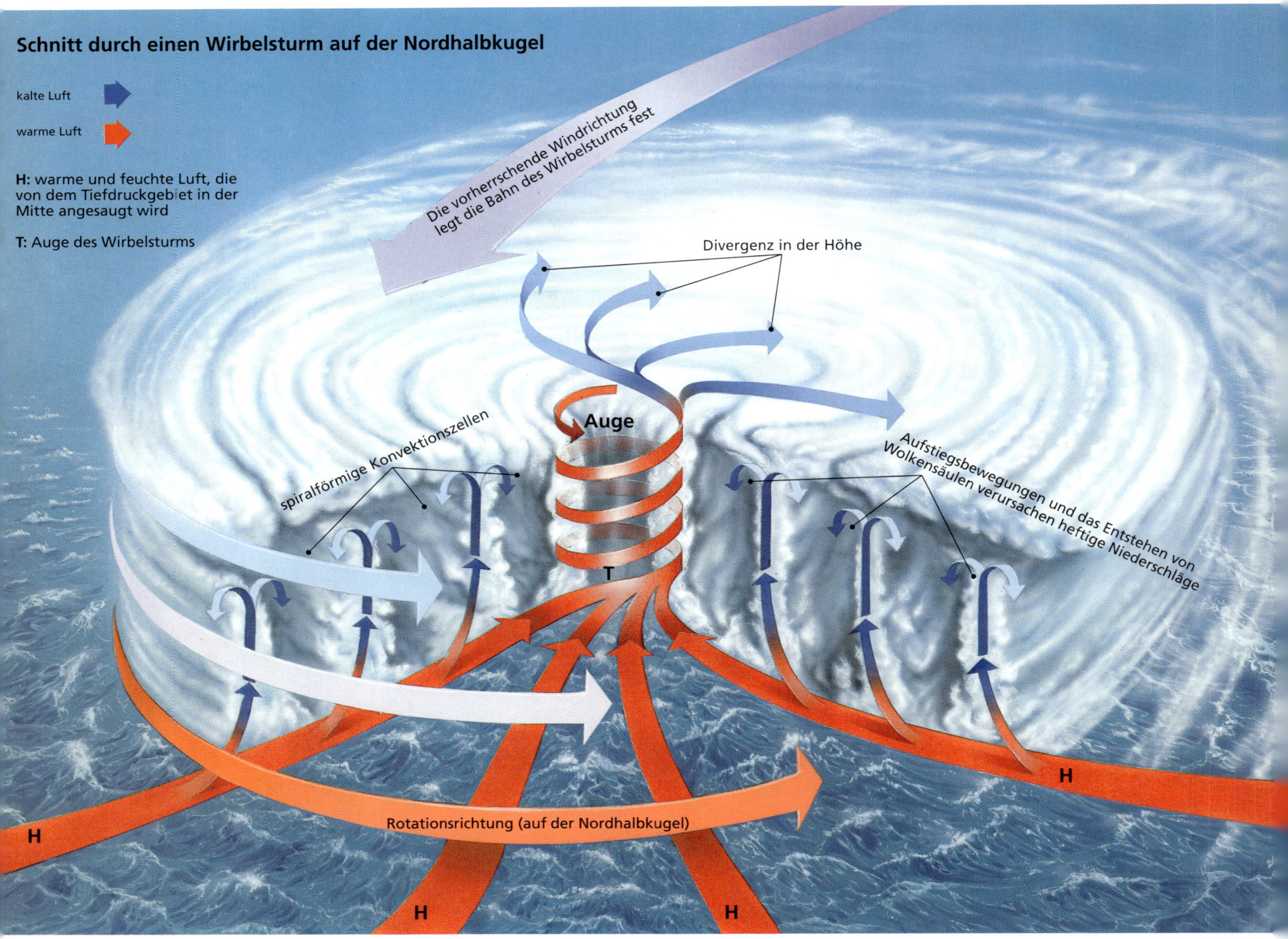

Die ariden Klimazonen
WO WASSER GOLD WERT IST

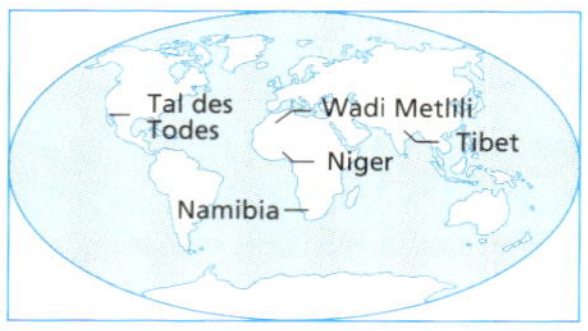

Trockene Klimagebiete bedecken weltweit ungefähr ein Drittel der Landmasse. Niederschläge sind äußerst selten, dafür aber sehr heftig. In diesen Wüstenzonen überleben nur angepaßte Tiere und Pflanzen. Tagsüber brennt die Sonne gnadenlos vom Himmel, doch in der Nacht gehen die Temperaturen oft bis auf den Gefrierpunkt zurück.

Heißer Sandwind im Niger

Im Niger weht der Harmattan, ein heftiger trockener Wind. Er ist von jeher gefürchtet, weil er enorme Mengen an Staub und Sand aufwirbelt und dann tagelang den Himmel verdunkelt. Wenn der Harmattan bläst, ist es nahezu unmöglich, sich im Freien aufzuhalten oder gar eine Überlandreise anzutreten.

Um sich vor dem Sandwind zu schützen, tragen die Tuareg den *litham*, einen Schleier, der die größte Hitze abhält und zugleich böse Geister fernhalten soll. Die stolzen Tuareg, die „Fürsten der Wüste", ziehen mit Karawanen durch die Sahara. Die einhöckrigen Dromedare tragen Datteln und Stoffe aus dem Norden in Richtung Süden. Dort, im Gebiet des Flusses Niger, tauschen die Tuareg die Waren gegen Salz ein, bevor sie sich auf den beschwerlichen Rückweg machen. An das harte Leben in der Wüste sind die Dromedare gut angepaßt. In ihrem Höcker speichern sie Fett, das sie in kargen Zeiten als eiserne Ration benutzen. Gegen die Hitze schützt sie ihr dickes Fell, und bei einem Sandsturm können sie ihre Nüstern fest verschließen.

Wie in allen ariden Zonen sind die Menschen im Niger stets auf der Suche nach Wasser und Nahrung, weshalb man in der Wüste meist nur Nomadenvölker antrifft. Dabei ist es unerheblich, ob diese von der Viehzucht leben oder sich von Pflanzen und Früchten ernähren – mit ihrer Umgebung sind die Menschen der Wüste vollkommen vertraut.

So leben in Australien und in der südafrikanischen Kalahari die Eingeborenen in Gruppen, die eßbare Pflanzen sammeln und kleine Wildtiere jagen. Einen augenscheinlich verdorrten Stengel erkennen sie auf ihren Wanderungen als lebenswichtige Wasserquelle: Unter dem Stengel verbirgt sich vielleicht ein großes Wurzelgeflecht, das viel Feuchtigkeit enthalten und so den Durst löschen kann.

In den semiariden Gebieten Afrikas, Asiens und Arabiens sind die Hirten mit ihren Herden ständig auf der Suche nach gutem Weideland. Die Peuls in Westafrika zum Beispiel

Keine Wolke am Himmel

Merkmal trockener oder arider Klimazonen sind unzureichende Niederschläge, die nur eine spärliche Vegetation erlauben. Als Ursache der geringen Regenfälle kommen Hochdruckgebiete oder hohe Gebirgsketten in Frage. In den gemäßigten Breiten Amerikas und Asiens stoppen Gebirgsketten den Transport feuchter Luftmassen, so daß in ihrem Regenschatten Wüsten mit kalten und trockenen Wintern entstehen. Über den Wendekreisen dagegen liegen meist stabile Hochdruckgebiete, die ein Aufsteigen der Luft verhindern und somit auch die Bildung von Wolken, die Regen spenden könnten.

Wenn im Jahresmittel weniger als 100 mm Niederschlag fallen, spricht man von einem vollariden Klima. Von semiaridem Klima ist dann die Rede, wenn im Lauf eines Jahres die durchschnittliche Verdunstung höher ist als der Niederschlag. Vor allem in den vollariden Gebieten regnet es zwar äußerst selten, doch die Niederschläge sind dann sehr heftig und verursachen meist starke Hochwasser, verbunden mit erheblicher Bodenerosion. In der Sahara und auf der arabischen Halbinsel sowie in den Wüsten entlang den Küsten können Jahre vergehen, ohne daß ein einziger Tropfen Regen fällt.

Ein markanter Unterschied zwischen den Wüsten im Inneren der Kontinente und denjenigen entlang den Küsten besteht in der Luftfeuchtigkeit. In den erstgenannten ist die Luft sehr trocken, und Flora und Fauna müssen für ihre Entwicklung und Vermehrung lange auf Regen warten. Auch in den Küstenwüsten regnet es so gut wie nie, trotzdem ist die Luft hier wesentlich feuchter. Vor allem morgens ist es oft neblig, weil sich die Luft über der kalten Meeresströmung abkühlt, die an all diesen Wüsten vorbeifließt. Oberhalb dieser kühlen Schicht wird die Luft jedoch durch Hochdruckgebiete stabilisiert, so daß kein Regen fällt.

Mit Gewalt fegt der Harmattan über das kleine Lager der Tuareg im Niger hinweg und verdunkelt den Himmel. Frauen und Kinder schützen sich mehr schlecht als recht vor Staub und Sand, die der trockene Nordostwind aufwirbelt. ▷

Das Wüstenrelief

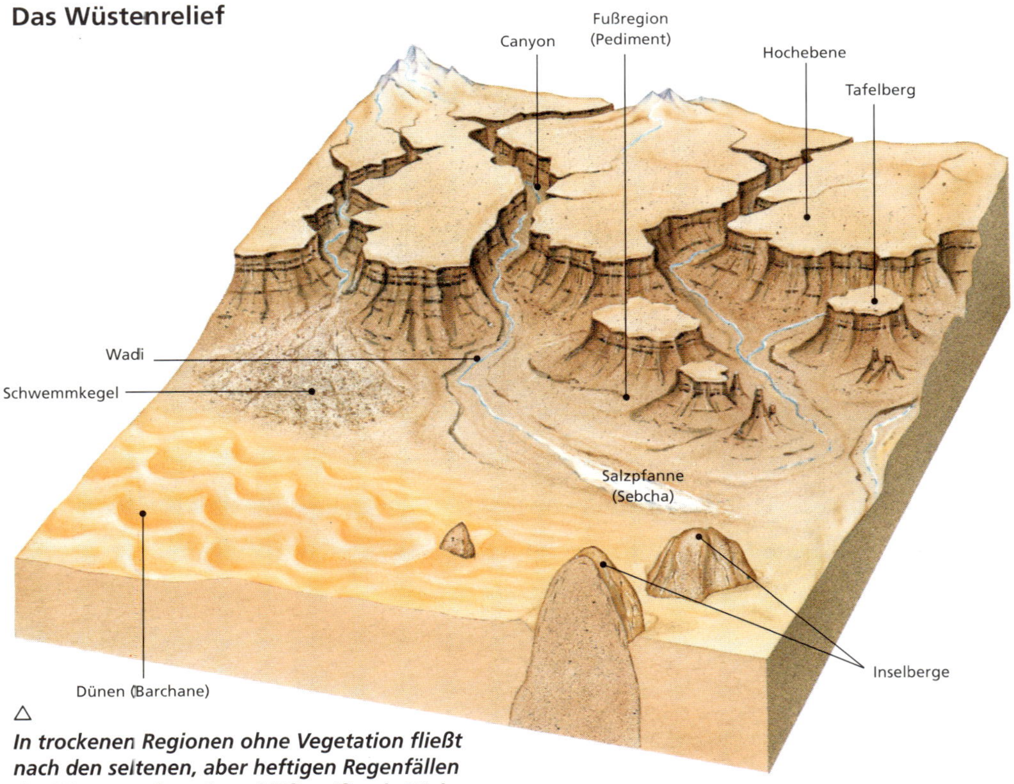

△
In trockenen Regionen ohne Vegetation fließt nach den seltenen, aber heftigen Regenfällen das Wasser sofort ab und läßt reißende Bäche entstehen. Diese schwemmen Bodenpartikel fort und graben tiefe Canyons in die Landschaft, so daß ein markantes Relief entsteht. Der Wind trägt dazu bei, Gesteine freizulegen, und bildet aus dem angehäuften Sand Dünen. Das von der Hochfläche ablaufende Wasser formt die geneigten Flächen am Fuß der Hochebene.

leben inmitten ihrer Herden und ziehen mit diesen dauernd umher. Das Vieh sichert den Hauptbestandteil der Ernährung: Käse und Milch. Zudem liefert es die Rohstoffe zum Anfertigen von Zelten und Kleidung.

Das freie Umherziehen in den weiträumigen Landschaften war schon immer ein wesentlicher Bestandteil der Nomadenkultur. Doch seit Mitte des 20. Jahrhunderts bekommen auch die Nomaden die Folgen der Moderne zu spüren: Lastwagen und Flugzeuge ersetzen nach und nach ihre Karawanen, und die oft willkürlich gezogenen Staatsgrenzen behindern ihre Routen. Viele Nomaden werden zur Seßhaftigkeit gezwungen. Wer Glück hat, findet ein Auskommen als Hilfsarbeiter oder Kleinbauer. Doch die meisten vegetieren in den verarmten Außenbezirken der großen Städte am Rand der Wüste. ■

Kalte Pilgerroute durch Westtibet

Der Berg Kailash im Himalaja gilt nach der buddhistischen Lehre als Achse der Welt und wird deshalb von vielen Pilgern besucht. Um zu dem heiligen Berg zu gelangen, müssen die Gläubigen die weitläufige Wüstenregion in Westtibet durchqueren. Hier ragen die Berggipfel der Himalajakette bis in eine Höhe von 6000 m empor und halten so den vom Indischen Ozean kommenden Monsunregen ab. Da dieses Gebiet sehr weit vom Meer entfernt liegt, sind die ankommenden Luftmassen meist trocken, und deshalb ist der Himmel oft vollkommen wolkenlos.

Den Widrigkeiten dieses Lebensraumes sind die Pilger das ganze Jahr über ausgesetzt. Die Trockenheit kann hier genauso ausgeprägt sein wie in den heißen Wüsten der Tropen. Die seltenen Regenfälle gehen im Sommer nieder, wenn eine ungeheure Hitze herrscht und das Wasser rasch wieder verdunstet. An Wasser mangelt es ständig. Nur am Fuß der größten Bergmassive fließen kleinere Schmelzwasserbäche, und hier liegen vereinzelte Rastplätze entlang der Pilgerrouten. Sehr unangenehm sind auch die Winter: Im Unterschied zu den tropischen Wüsten sinkt das Thermometer hier häufig auf eisige Temperaturen von weniger als –10 °C ab. ■

Staubwüsten in den USA – Früchte des Zorns

Das Tal des Todes in Kalifornien liegt 85 m unter dem Meeresspiegel. Es ist nicht nur der tiefste Punkt Nordamerikas, sondern auch eine der kleinsten Wüsten der Welt. Ihren Namen erhielt sie 1849, als Goldgräber das Tal durchqueren wollten. Da es kein Wasser gab, starben alle an der Hitze – im Sommer klettert die Temperatur leicht auf 50 °C.

In den 20er Jahren des 20. Jahrhunderts machte den Amerikanern eine andere Form der Trockenwüste zu schaffen. Die fruchtbaren Böden des mittleren Westens waren durch die rücksichtslose Bewirtschaftung des Landes ausgelaugt worden. Zwei Jahre Trockenheit reichten aus, um die weiten Ebenen in einen riesigen Staubkessel, den *dust bowl*, zu verwandeln. Die Vegetation verschwand, und ein verhängnisvoller Teufelskreis begann. Um den Rückgang der Preise für die landwirtschaftlichen Erzeugnisse auszugleichen, intensivierten die Farmer die Landwirtschaft. Viehzüchter vergrößerten die Herden, das Land wurde mit Traktoren umgepflügt, die Winderosion nahm zu. Die eintretende Versteppung zwang die kleineren Farmer zur Aufgabe der Höfe. Ihre Geschichte hat John Steinbeck in seinem Roman *Früchte des Zorns* beschrieben. ■

Zahlreiche Luftspiegelungen narrten 1798 die Armee von Napoleon Bonaparte in Ägypten. Es wird erzählt, daß die Soldaten durch die Landschaften, die sich kopfüber zeigten, sowie durch Tiere, die aus dem Nichts auftauchten, völlig verwirrt waren. Durch verschwindende Seen und sich in Bäume verwandelnde Grashalme in Panik versetzt, fielen die Soldaten auf die Knie und beteten um ihr Seelenheil, denn sie fürchteten, daß das Ende der Welt unmittelbar bevorstünde. Nur ein Offizier behielt kühlen Kopf angesichts der eigenartigen Phänomene: Es handelte sich um den Mathematiker Gaspard Monge, der als erster eine wissenschaftliche Erklärung für das Auftreten einer Fata Morgana hatte.

△
Im Tal des Todes in Kalifornien bekommt der Boden durch die große Hitze zahlreiche Risse, in die Regenwasser eindringt. Die Salzkristalle im Boden saugen sich voll, schwellen an und bilden deutlich sichtbare Konkretionen, die mit zunehmender Trockenheit wieder verschwinden.

Vier Pilger wandern in Tibet um den im Hintergrund sichtbaren Berg Gurlha herum und dann weiter zur heiligen Stätte am Berg Kailash, der 100 km weiter nördlich liegt. Die Pilgerreise ist anstrengend: im Sommer herrschen Trockenheit und Hitze, im Winter eisige Temperaturen.
▽

Hochwasser im Trockental des Wadi Metlili

In der westlichen Großen Erg in Algerien regnet es selten, doch wenn es einmal dazu kommt, öffnet der Himmel sämtliche Schleusen. Das Wadi Metlili, sonst ein ausgetrocknetes Tal, ist in kürzester Zeit überschwemmt, nachdem eine Flutwelle schlammigen Wassers über ihn hereingebrochen ist. Jetzt kann niemand meht das Tal durchqueren, und die Dorfbewohner müssen warten, bis das Hochwasser wieder abgeflossen ist. Oft fordert die Flut sogar Menschenleben.

△
In einem Dorf des Mzab in der Großen Erg ist das Wadi Metlili durch heftige Regenfälle plötzlich angeschwollen. Das reißende braune Wasser macht ein Durchqueren des Tales unmöglich.

Solche Unglücksfälle treten in Wüsten mit ihren extremen Klimaten immer wieder auf. Wo sonst trockene Hitze und staubige Sandstürme herrschen, führen die nicht vorhersagbaren Niederschläge schnell zu Katastrophen. Plötzlich prasseln heftige Regengüsse auf den Boden, der austrocknet und von keiner Pflanzendecke geschützt ist. Die dadurch bedingte Erosion ist stark, in kurzer Zeit werden große Mengen an Boden fortgeschwemmt. Das mit Erde vermischte Wasser schießt durch die Wadis, zerstört Brücken und Häuser.

Vor allem in den stärker bevölkerten semiariden Regionen wirken sich solche Überschwemmungen verheerend aus. So zerstörte

Die Luftspiegelung oder Fata Morgana

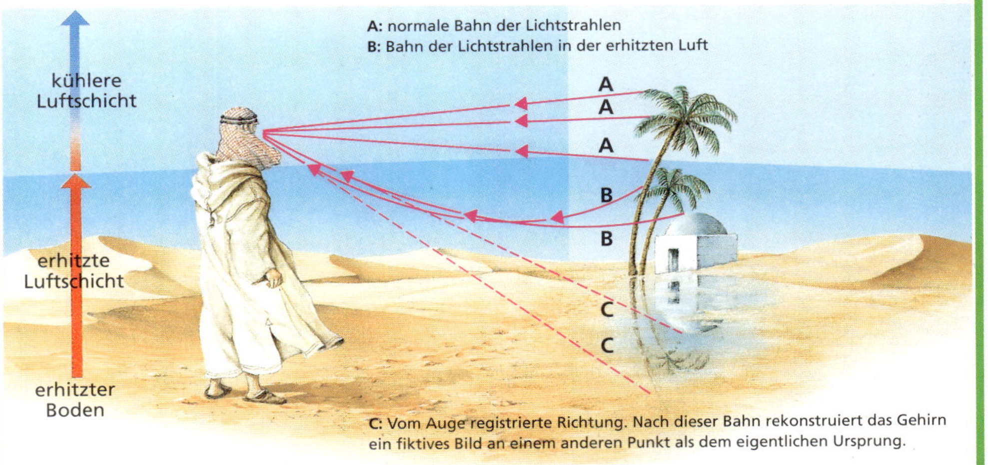

Die Luftspiegelung ist eine Sinnestäuschung: in Bodennähe bildet sich eine heiße Luftschicht, welche die Lichtstrahlen ablenkt, wodurch dem Auge ein falsches Bild zugespielt wird.

Anfang 1983 ein Schlammstrom die Stadt Chosica in Peru, wobei mehr als 120 Menschen ums Leben kamen.

In den Tropen und Subtropen sind die jahreszeitlichen Unterschiede zwar wenig ausgeprägt, doch die im Landesinnern liegenden Wüsten kennen extreme Temperaturunterschiede zwischen Tag und Nacht. Meist klettern die Werte tagsüber auf mehr als 25 °C im Schatten, in den Wüsten Afrikas und Arabiens erreichen sie häufig auch 40 °C. Nach Sonnenuntergang fällt das Thermometer manchmal innerhalb von Stunden um 30 °C, und es können sogar Fröste auftreten. Ursache der großen Temperaturunterschiede ist die fehlende Bewölkung. Am Tag heizen die Sonnenstrahlen deshalb den Boden stark auf, doch in der Nacht kann die eingestrahlte Wärme ungehindert in die Atmosphäre entweichen. ■

Die Überlebenskünstler in der Namib-Wüste

Ein kurzes Gewitter war ausreichend, um die Namib-Wüste mit wildwachsenden Blumen zu verschönern. Diese Wüste ist zweifellos eines der größten Wunder auf der Erde. Sie erstreckt sich mehr als 1500 km von Norden nach Süden und grenzt an Angola und Südafrika. Es handelt sich um eine sogenannte Küstenwüste, die ihre Existenz dem kalten Benguelastrom verdankt.

Nach einem Regenguß grünt und blüht es hier sehr rasch, weil die Pflanzenwurzeln dem Boden auch den kleinsten Tropfen Feuchtigkeit entziehen. Erstaunlich ist, wie unregelmäßige und heftige Regenfälle, die andernorts zu Katastrophen führen, die Namib-Wüste zum Leben erwecken: innerhalb kurzer Zeit richten sich verdorrte Gräser auf, aus dem Sand sprießen Blumen und entfalten ihre Blüten. Alle diese Pflanzen sind xerophil, das heißt, an die Trockenheit angepaßt. Häufig sind sie klein und haben derbe, mit Wachs beschichtete Blätter. Die meisten Arten sind in der Lage, große Wasserreserven zu speichern.

In der Namib-Wüste, in der weniger als 50 mm Niederschlag im Jahr fallen, gibt es auch Gewächse, die man sonst nirgendwo findet und die keinen Regen brauchen, um zu wachsen. Dies gilt etwa für die Welwitschia *(Welwitschia mirabilis = W. bainesii)*. Ihrem kurzen, knolligen Stamm entspringen nur zwei bandförmige Blätter, die aber meterlang werden und ständig nachwachsen. Auf diesen Blättern bilden die Küstennebel, die manchmal bis zu 80 km ins Landesinnere eindringen, kleine Wassertröpfchen. Es dauert 25 Jahre, bis eine Welwitschia blüht, dafür erreicht sie auch ein Alter von mehreren hundert Jahren. In der Namib-Wüste findet man auch *Cissus macropus*, die zwar wie eine Kaktee aussieht, botanisch aber mit der Rebe verwandt ist. Wasser speichert diese Pflanze in ihrem dicken Stamm, den eine blasse, reflektierende Rinde vor Überhitzung schützt.

Um in der heißen Wüste zu überleben, die zu den trockensten Gebieten der Erde zählt, mußte auch die Tierwelt Einfallsreichtum an den Tag legen. Der Pillendreher oder Skarabäus beispielsweise setzt sich früh am Morgen mit dem Kopf nach unten auf die Spitze einer Düne und hält seinen Rücken in den feuchten Nebel, der von der Küste kommt. Der Wasserdampf kondensiert auf dem kalten Körper des Käfers, und das Insekt läßt die Tautröpfchen in seinen Mund kullern. Ein ähnliches Verhalten zeigt die Sandviper. Die Schlange rollt sich auf den Dünen zusammen und leckt dann die Wassertröpfchen ab, die der Nebel auf ihrer kalten Haut abgesetzt hat.

Eine andere Erfindung hat der Löffelhund *(Otocyon megalotis)* gemacht: Ihm dienen seine riesigen Ohren als Kühlfläche, um Körperwärme abzugeben. Das Kap-Borstenhörnchen *(Xerus inauris)* dagegen benutzt seinen buschigen Schwanz als Schutzschirm gegen die sengenden Sonnenstrahlen.

In der Namib-Wüste leben noch zahlreiche andere Arten, die sich in bemerkenswerter Weise an diesen besonderen Lebensraum angepaßt haben. Meist handelt es sich um kleine Tiere, die wenig Wasser brauchen: Eidechsen, Käfer, Termiten, Wespen, Spinnen ... Größere Tiere, beispielsweise Gemsen und Ziegen, wagen sich nur dann in die Trockenwüste vor, wenn diese nach den seltenen Regenfällen vorübergehend ergrünt. ■

Im Herzen des riesigen Namib-Naukluft-Parks in Namibia, der mitten in der Wüste eine Fläche von 50 000 km² bedeckt, liegt – von bis zu 400 m hohen Dünen umgeben – der Kessel von Sossusvlei. Nach einem Gewitter bietet sich hier ein erstaunliches Schauspiel: auf den Sandflächen der Namib-Wüste, die zu den trockensten Gebieten der Erde zählt, sprießen nach einem plötzlichen, aber kurzen Regen wie aus dem Nichts heraus Gräser und Wildblumen. ▽

Die gemäßigten Klimazonen

BESTÄNDIGER WECHSEL

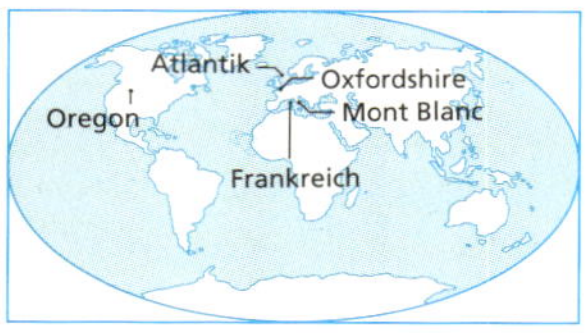

In den mittleren Breiten herrscht auf der Westseite der Kontinente ein gemäßigtes Klima. Nur selten fallen heftige Niederschläge, die Winter sind mild, und im Sommer scheint oft wochenlang die Sonne. Doch vor Wetterlaunen sind auch diese Gebiete nicht sicher, denn immer wieder kommt es zu Stürmen oder Trockenperioden.

△ *Landschaft um Schloß Blenheim in der südenglischen Grafschaft Oxfordshire: im Winter (oben) bedeckt manchmal Schnee die eintönigen Weiten unter dem meist wolkenverhangenen Himmel. Zu Beginn des Herbstes (rechts) zeugt das tiefe und satte Grün von einem feuchten Sommer.* ▷

Hoch und Tief im Lauf des Jahres

In den mittleren Breitengraden herrscht in all jenen Regionen ein gemäßigtes Klima, die sich im Westen der Kontinente befinden. Ihr ausgeglichenes Klima beruht zum einen auf der geographischen Lage dieser Regionen in der Mitte zwischen den Polen und dem Äquator, zum anderen auch auf den ozeanischen Westwinden, die in diesen Breiten vorherrschen.

Weil sich die großen Meere im Vergleich zum Festland nur langsam erwärmen oder abkühlen, ändert sich ihre Wassertemperatur im Lauf des Jahres nur wenig. Die Luft über den Ozeanen ist im Winter mild, im Sommer eher kühl. In den gemäßigten Breiten treffen Luftmassen mit unterschiedlichen Temperaturen aufeinander: Kaltluft von den Polen, Warmluft aus den Tropen. Beim Zusammentreffen steigen die Luftmassen auf, und es bilden sich lebhafte Tiefdruckgebiete. Diese verlagern sich mit den vorherrschenden Westwinden in Richtung Osten. Über dem Atlantik etwa entstehen Tiefs häufig südlich von Island, bevor sie an die Küsten Europas gelangen. Sie dauern nur wenige Tage an und sind im Winter für das regnerische und windige Wetter verantwortlich.

Im Sommer, wenn die Temperaturdifferenz zwischen den Polargebieten und den Tropen weniger ausgeprägt ist, sind die Tiefdruckgebiete nicht so aktiv. Statt dessen bauen sich subtropische Hochdruckgebiete auf – etwa über den Azoren. Wenn sie in die gemäßigten Breiten gelangen, bescheren sie uns schöne Sommertage.

Oxfordshire – ganzjährig vom Golfstrom beheizt

Der herbstliche Himmel über England ist blau und nur von wenigen Wolken durchzogen. Im milden Licht der Sonne leuchten die Bäume und Sträucher, deren Laub sich langsam gelb färbt. Die sanften Hügel von Oxfordshire überzieht noch ein sattes Grün, ein Anzeichen dafür, daß es ein regenreicher Sommer war. In der flachgewellten Ebene, die man vom Park des Schlosses Blenheim aus überblicken kann, haben die Farmer ihre mit Weizen, Kartoffeln und Kohl bestellten Felder abgeerntet. Auf den trockeneren Hängen ist das Gras schon gelb geworden, bald werden von den wenigen Bäumen und Sträuchern die ersten Blätter fallen…

Der Winter hat inzwischen Einzug gehalten, ein Hauch von Schnee überzieht die englische Landschaft. Die dunklen Konturen der Ufer des kleinen Flusses Evenlode und der alleinstehenden Eichen heben sich vom Weiß des Bodens ab. Der Himmel ist fahlgrau und neblig, im Hintergrund geht er allmählich in die Landschaft über.

Die Natur scheint wie ausgestorben, wirkt trübe und erstarrt. Kalte, feuchte Luft dringt bis auf die Knochen und lädt dazu ein, es sich vor einem wärmenden Kaminfeuer gemütlich zu machen. Doch der wenige Schnee wird nicht lange liegenbleiben. Die Winde aus Osten und Norden, die ihn gebracht haben, werden bald wieder den vorherrschenden Westwinden weichen. Diese bringen Regen mit sich und mildes Wetter, das den Schnee rasch schmelzen läßt.

Sollte wider Erwarten noch mehr Schnee fallen, was hin und wieder geschieht, wird der Verkehr in Oxfordshire vorübergehend zum Erliegen kommen. Nur wenige Gemeinden im Süden und Westen Großbritanniens besitzen einen Schneepflug. Statt dessen vertrauen sie lieber auf den milden Golfstrom, der wie eine

Warmwasserheizung für behagliche Wintertemperaturen auf dem Inselreich sorgt.

Um das Jahr 1000 wuchsen in der Gegend von Schloß Blenheim dichte Wälder, in denen sich Damwild tummelte. Um ein Jagdrevier für die angelsächsischen Könige zu schaffen, hat man damals das ganze Gebiet eingezäunt. Doch die vielen Rehe und Hirsche weideten die jungen Triebe ab, so daß keine neuen Bäume mehr hochkamen und der Wald verkümmerte. Im 17. und 18. Jahrhundert veränderte der Mensch die Landschaft weiter: Gärtner schufen die weitläufigen Grünanlagen, welche die Herrensitze noch heute umgeben. Ein Beispiel dafür ist der Park von Schloß Blenheim, wo Winston Churchill geboren und beigesetzt wurde. ■

Steigungsregen in Oregon

In der warmen Jahreszeit ist die Kaskadenkette im US-Bundesstaat Oregon, die zu den Rocky Mountains gehört, ein Paradies für Naturliebhaber. Wer vorsichtig durch die Nadelwälder pirscht, kann Bibern beim Bau ihrer Dämme zuschauen. Oft ist nur der Gesang

Dichter Nadelwald bedeckt die Ausläufer der Kaskadenkette nahe von Medford im Süden des US-Bundesstaates Oregon. Da die feuchten Wolken an den Gebirgshängen abregnen, gedeiht der Wald prächtig. Auf abgeholzten Flächen wachsen Birken, Erlen und Espen, die sich im Herbst verfärben und dann ihr Laub abwerfen. ▷

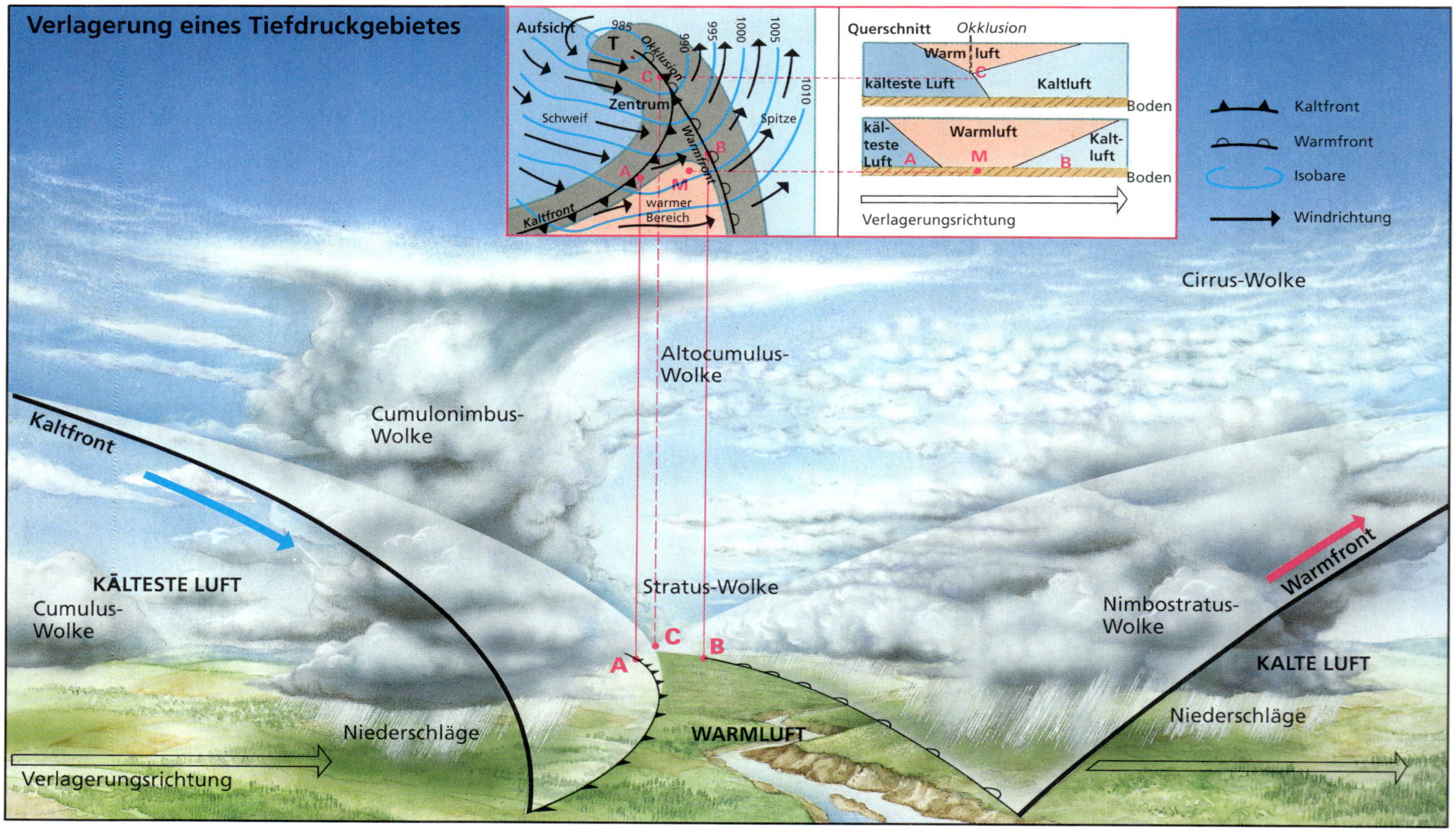

von Vögeln zu hören, ab und zu auch der Flügelschlag eines davonflatternden Falken oder das Rascheln von Blättern, wenn ein Hase durch das Unterholz davonhoppelt.

Doch die Idylle trügt – plötzlich kreischt in der Nähe eine Motorsäge auf, und ein Baum stürzt mit häßlichem Krachen zu Boden. Bald wird der Wanderer wieder auf Straßen treffen, über die schwere, mit Holz beladene Lastwagen donnern und daran erinnern, daß diese Wälder intensiv genutzt werden.

Die langen und geraden Stämme der Douglastannen kommen in große Sägewerke, wo man sie zu Bauholz verarbeitet. Dieses wird zum Teil nach Japan verkauft. Der Export nach Fernost geht über Portland, die größte Hafenstadt des Bundesstaates. Große Mengen an Holz gehen ferner in die Papierfabriken Oregons, die auch die großen Wasservorräte der Region nutzen.

Reines Wasser und üppiger Wald – diese beiden Schätze der Natur sind eine Folge des sehr feuchten, gemäßigten Klimas der nordamerikanischen Westküste. Die vom Pazifik kommenden feuchten Luftmassen müssen aufsteigen, sobald sie an die Kaskadenkette gelangen. Dieser Aufstieg der Westwinde ist um so zwingender, als das Gebirge in Nord-Süd-Richtung verläuft und bis auf 3745 m ansteigt. Häufig fallen im Jahresdurchschnitt mehr als 1500 mm Niederschlag. Im Sommer hat der Regen eine Atempause, winters legt sich eine dicke Schneeschicht über das Land.

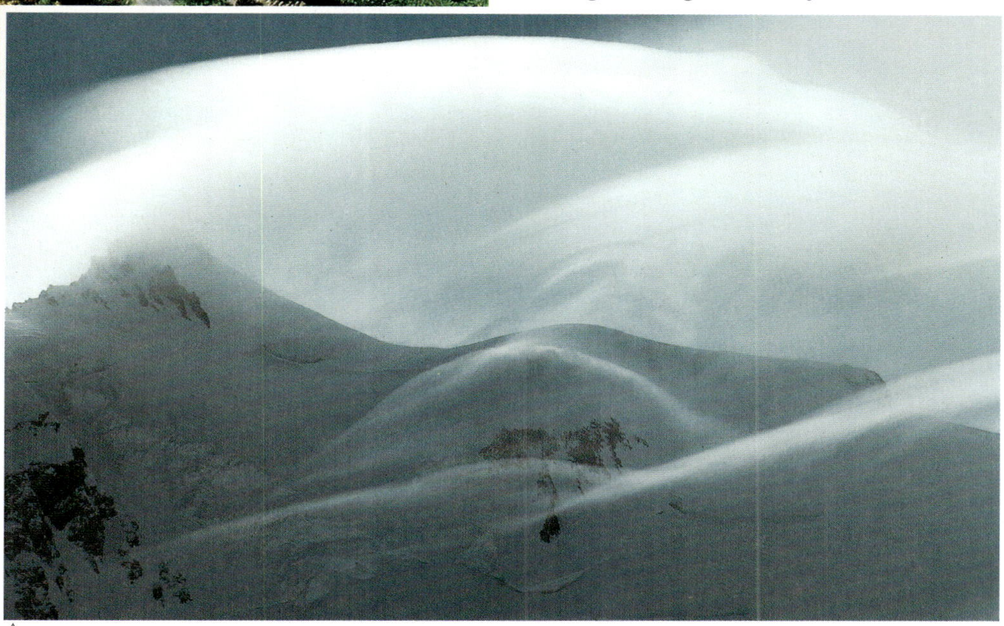

△
Eine transparente Wolke über dem Mont Maudit (4465 m) im Mont-Blanc-Massiv. Solche Wolken entstehen bei Westwind und wandern im Bereich der Gipfel von Westen nach Osten. In den Alpen gelten sie als sehr zuverlässiges Schlechtwetterzeichen. An ihrem linsenförmigen Aussehen sind sie leicht zu erkennen.

◁ *Auf der Nordhalbkugel drehen sich die Winde in einem Tiefdruckgebiet gegen den Uhrzeigersinn. Dadurch gelangt die von den Polen kommende Kaltluft zunächst nach Westen und die aus den Tropen stammende Warmluft nach Osten. Treffen die unterschiedlich warmen Luftmassen aufeinander, steigen sie entlang ihrer Fronten auf. Im Zentrum eines Tiefdruckgebiets prallen Kalt- und Warmluftfronten zusammen.*

Wenn sich die feuchte Luft an den Kämmen der Kaskadenkette abgeregnet hat, fällt sie im Osten des Gebirges trocken wieder nach unten. Die nun selten gewordenen Niederschläge lassen nur noch eine Kraut- und Buschsteppe wachsen, die sich deutlich von den fetten Weiden des Westens unterscheidet.

Dieses Phänomen gleicht stark den Vorgängen, die man im Süden Chiles beobachten kann. Dort bilden die Anden eine Barriere, welche die feuchten Luftmassen zum Aufsteigen zwingt und so Niederschläge herbeiführt. In Patagonien, im Osten der Anden, herrscht dementsprechend Trockenheit. ■

Der Föhn

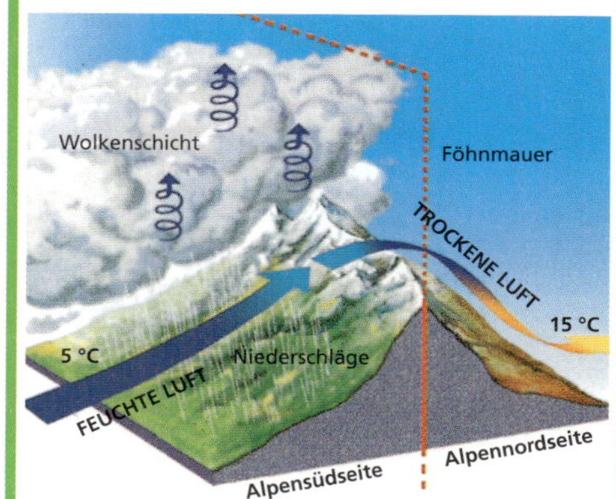

Der warme und trockene Föhnwind ist auf der Nordseite der Alpen gut bekannt, München gilt geradezu als Föhnstadt. Obwohl der Föhn warme Luft und einen klaren Himmel mit sich bringt, fürchten ihn viele Menschen, weil er bei ihnen Kopfschmerzen hervorruft.

Föhn entsteht, wenn feuchte Luft aus der Poebene auf der Alpensüdseite aufsteigt. Dabei kühlt sie sich ab, der in ihr enthaltene Wasserdampf kondensiert, bildet Wolken und führt zu heftigen Niederschlägen, die sich noch auf der Alpensüdseite abregnen. Über dem Alpenkamm baut sich eine Föhnmauer auf, an der die Wolken schlagartig enden. Nördlich dieser Föhnmauer fällt die nun trockene Luft wieder talwärts, wird dichter und erwärmt sich dabei stark.

In den Rocky Mountains gibt es einen entsprechenden Wind, den Chinook. 1988 war er der Schrecken der Olympischen Winterspiele von Calgary, weil er überraschend den Schnee schmelzen ließ.

Eine Wolke als Warnzeichen über dem Mont Maudit

Eine Schneefahne treibt über die Gipfel nach Osten, die aufgehende Sonne wirkt kalt, der blasse Himmel ist grün. Über dem Mont Blanc und seinem Nachbarn, dem Mont Maudit, schwebt ein merkwürdiger Schleier, eine fast transparente Wolke, die sich von Westen nach Osten erstreckt. Sie ist ein deutliches Zeichen, daß Westwinde aufziehen und in wenigen Stunden Schlechtwetterwolken und Stürme heranführen werden.

Die zu einer Gipfeltour aufgebrochenen Bergsteiger müssen jetzt schleunigst die nächste Schutzhütte aufsuchen. Der Rückweg wird beschwerlich. Die Alpinisten kämpfen gegen heftige Windböen, die immer wieder Schnee aufwirbeln und das Balancieren über die schmalen Grate erschweren. In den Felswänden heult der Wind – eine gespenstische Atmosphäre, die sich verstärkt, als die umliegenden Gipfel allmählich im Wolkenschleier verschwinden und jegliche Orientierungspunkte verlorengehen. Die Gefahr wächst, von den Wolken verschluckt zu werden und endlos im

Kreis umherzuirren. Nur wenige Stunden zuvor war noch herrliches Wetter, und der Aufstieg zum Gipfel des Mont Maudit versprach, schön zu werden. Die Wettervorhersage hatte den Wetterumschwung erst für später angekündigt. Daß er jetzt früher als erwartet eintrat, ist in dieser Region aber nicht ungewöhnlich. Das Massiv des Mont Blanc ist sozusagen der äußerste Vorposten der Westalpen und bekommt deshalb die vom Atlantik aufziehenden Stürme mit voller Wucht zu spüren. Zum Glück bilden sich vor einem Unwetter jene zarten Wolken, die sich wie ein Schleier auf das Gipfelmassiv legen – ein deutliches Warnzeichen für die Bergsteiger.

Natürlich gibt es solche Wolken nicht nur in den Alpen. Trifft der Wind auf eine große Gebirgskette, die sich ihm quer in den Weg stellt, so steigt er gezwungenermaßen auf. Doch bevor er auf der anderen Gebirgsseite wieder ins Tal abfällt, vollführt er einen wilden Tanz über dem Gipfel. Die Ablenkung der Windbahn durch das Relief ist sehr kompliziert. Wenn die Luftmassen den höchsten Grat überwunden haben, geraten sie in eine Reihe von vertikalen Schwingungen, die bis in eine Höhe von 20 km reichen. Dabei bilden sich über den Gipfeln die typischen transparenten, linsenförmigen Wolken, die man auch als orographische Wolken bezeichnet. ■

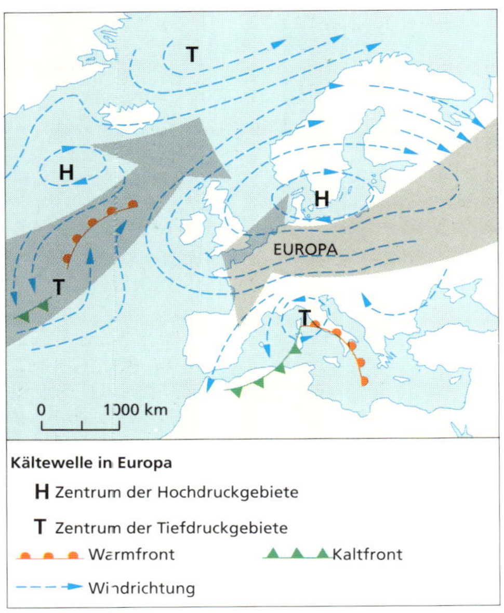

△
Wenn sich im Winter eine große Hochdruckzone über Nordeuropa bildet, werden dadurch die aus dem Westen anrückenden Tiefdruckgebiete nach Norden abgedrängt. An der Südflanke des stabilen Hochs strömt Ostwind aus Rußland nach Mitteleuropa. Diese Festlandluft bringt für ganz Europa südlich von Skandinavien kaltes Wetter, das meist aber sonnig und trocken ist.

Sturmtief über dem Atlantik

Der Februar 1990 ging in die Archive der europäischen Wetterdienste als ein besonderer Monat ein. Fünf große Stürme haben damals die Küsten Nord- und Mitteleuropas heimgesucht und große Sach- und Personenschäden verursacht. In Frankreich appellierte gegen Ende des stürmischen Monats der Umweltminister an die Bevölkerung, Balkone und Terrassen abzuräumen, alle Türen fest zu verschließen und sich nicht in der Nähe großer Glasscheiben aufzuhalten.

Nach einer lang andauernden Hochdruckwetterlage, bei der es in Westeuropa warm war, hatte sich das Hochdruckgebiet ab dem 22. Januar in Richtung der Azoren verlagert, und über dem Norden des Atlantiks und Europas bildete sich ein starkes Tiefdruckgebiet. Die Polarluft, die nun von Grönland aus nach Süden strömte, traf dort auf wärmere Luftschichten. Der Temperaturunterschied hatte äußerst stürmische Westwinde zur Folge, deren Spitzengeschwindigkeiten entlang der Küste 170 km/h und im Landesinnern 150 km/h betrugen. Die Bilanz allein des Sturmes zwischen dem 26. Februar und dem 1. März ist erschütternd: allein in Nordwesteuropa gab es 40 Todesopfer und zahlreiche Verletzte sowie umgeknickte Strom- und Telefonmasten, abgedeckte Dächer, blockierte Straßen und Wege, Tausende umgestürzter Bäume …

In Wales brach ein Damm, und in kurzer Zeit stand die Stadt Tywyn völlig unter Wasser. Zahlreiche Küstenregionen wurden überschwemmt, weil der Sturm ausgerechnet zu einer Zeit hoher Flutstände losgebrochen war. Auf dem Meer hatte das schwere Unwetter zahlreiche Schiffe in Seenot versetzt.

Doch diese Stürme waren lange nicht so heftig wie jener Orkan vom Oktober 1987, der mit Windgeschwindigkeiten von mehr als 200 km/h über Westeuropa raste. Einer der schlimmsten Stürme, die vom Nordatlantik kamen, war 1953 über die Nordseeküsten Englands und der Niederlande hereingebrochen. Er verwüstete und überschwemmte nicht nur weite Landstriche, sondern forderte in Holland mehr als 1800 Menschenleben. Als Konsequenz daraus entwickelten die Niederländer den sogenannten Deltaplan zum Schutz ihrer bedrohten Küsten.

Bei dem verheerenden Sturm von 1953 hatte ein ausgeprägtes Tiefdruckgebiet durch seine Sogwirkung einen Anstieg des Meeresspiegels im östlichen Atlantik bewirkt. Von Westwinden angetrieben, schwappte die dadurch entstandene Sturmwelle dann auf die europäischen Küsten zu. ■

Ein gewaltiger Sturm führte zur größten Katastrophe in der Geschichte des Segelsports. Im August 1979 nahmen 57 Boote an der internationalen Fastnet-Regatta teil, die alle zwei Jahre in der Irischen See ausgetragen wird. Als sich die Konkurrenten schon weit vor der Küste befanden, kam ein Orkan der Windstärke 12 auf. Die 15 m hohen Wellen brachten alle Boote vom Kurs ab. Die traurige Bilanz: 23 Segelschiffe sanken, 15 Menschen ertranken im stürmischen Meer. Ohne das rasche Eingreifen der Rettungstrupps, insbesondere der Hubschrauberstaffel der britischen Marine, wäre es noch schlimmer gekommen. Den Bergungsmannschaften gelang es, 136 Segler vor dem Ertrinken zu retten.

△ *Ein typischer Sturm über dem Atlantik tobt sich hier vor der französischen Küste des Finistère aus. Windgeschwindigkeiten von 170 km/h sind dabei nicht selten. 1990 etwa wütete ein solcher Sturm vom 26. Februar bis zum 1. März und brachte zahlreiche Schiffe in Seenot. Selbst auf dem Festland wurden 40 Menschen ein Opfer des Unwetters; die meisten wurden von Gegenständen erschlagen, die der Wind mit sich riß.*

◁ *Solche Wolken des Typs* cumulus humilis *kennzeichnen die schönen Sommertage in ganz Westeuropa wie etwa hier in Frankreich. Sie sind an ihrer bauschigen Form gut zu erkennen. Die von der Sonne beschienene Oberseite erscheint strahlend weiß, während die abgeplattete Wolkenunterseite dunkel ist. Die Cumuluswolken kommen im Tagesverlauf auf, bringen keinen Regen und verschwinden gegen Abend.*

Der Delta-Plan

Der Südwesten der Niederlande, der unter dem Meeresspiegel der Nordsee liegt, ist seit langem eingedeicht und in Polder aufgeteilt. Trotz der Dämme ist dieses Gebiet ständig von Sturmfluten bedroht. Der verheerende Sturm von 1953, der 1800 Menschenleben forderte, veranlaßte die Regierung, den sogenannten Delta-Plan aufzulegen. Dieser sah vor, daß die Meeresarme der Schelde, des Rheins und der Maas mit zehn Staudämmen verschlossen werden, um die Gefahren einer Überschwemmung zu mindern. Die riesigen Bauwerke beendeten auch die Isolation der Inseln im Mündungsbereich der drei Flüsse, da auf ihnen Straßen verlaufen. Doch die Austernzüchter, deren Austernbänke hinter den Stauwerken liegen, sahen sich in ihrer Existenz bedroht. Die Dämme halten das Salzwasser der Nordsee fern und reichern das Süßwasser der Flüsse an, so daß keine Austern mehr wachsen können. Um dieses Problem zu umgehen, riegelten die Ingenieure die östliche Schelde durch ein Stauwerk mit beweglichen Wehren ab. Diese sogenannten Schütze schließen sich bei Sturmgefahr innerhalb kurzer Zeit.

Das Stauwehr in der Schelde ruht auf 65 Betonpfeilern und ist mit 62 Schützen ausgerüstet.

Stabiles Hochdrucksystem über Mitteleuropa

Ein rotes Klatschmohnfeld bis an den Horizont, darüber ein leuchtendblauer Himmel, durchsetzt von weißen Schönwetterwolken – so intensiv kann sich in den gemäßigten Breiten das Bild des Sommers darbieten. Jetzt ist nicht nur die Zeit der Getreideernte, sondern auch die der Ferien, in denen man verträumt in die Sonne blinzelt und dem Spiel der Schäfchenwolken zuschaut.

Daß in unseren Breitengraden im Sommer die sonnigen und warmen Tage vorherrschen, hängt mit dem häufigen Auftreten von stabilen Hochdruckgebieten zusammen, die von den Azoren kommen. Wenn während der langen Sommertage die Sonne den Boden in Mitteleuropa aufheizt, steigt die erwärmte Luft nach oben. Dabei bilden sich watteartige Schönwetter- oder Cumuluswolken. Doch die aufsteigende Luft wird durch das großflächige Hochdruckgebiet abgebremst. Die Folge: Die Cumuluswolken können sich nicht stark genug entwickeln, um Niederschläge hervorzubringen, und lösen sich am Abend wieder auf.

Dauert diese Wetterlage längere Zeit an und blockiert ein Hochdruckgebiet wochenlang das Vorüberziehen eines regnerischen Tiefs, kann eine gravierende Trockenheit auftreten, die sogar Bäume verdorren läßt. Durch die langen, niederschlagsfreien Hitzeperioden bekommt der Boden auf den Feldern tiefe Risse und trocknet aus, so daß die Pflanzen nicht mehr wachsen können. Wasserkraftwerke müssen ihre Stromproduktion drosseln, wenn in Stauanlagen der Pegel sinkt. Auch die Trinkwasserversorgung ist in manchen Regionen gefährdet. Heikel wird es schließlich, wenn das Grundwasser mit Pestiziden und Stickstoffdünger verunreinigt ist und deren Konzentration durch die Trockenheit ansteigt.

Hinweise auf lange Dürreperioden finden sich in den Geschichtsarchiven seit dem Mittelalter. 1540 etwa sank der Wasserstand des Rheins so tief, daß man ihn zu Fuß durchqueren konnte. 1666 wurde die Schiffahrt auf der Themse eingestellt, und diese Trockenheit begünstigte den Großbrand von London.

Seit über einem Jahrhundert messen Meteorologen kontinuierlich die Niederschlagsmengen und erhalten auf diese Weise einen exakten Überblick. In jüngerer Zeit gab es in Europa auffällige Trockenperioden in den Jahren 1921, 1949, 1976 sowie von 1988 bis 1990 und 1995. Im langjährigen Mittel freilich sind diese nicht häufiger als in der Vergangenheit. ■

Die Atmosphäre

Die Erde ist von Gasen und Partikeln umgeben, die eine bewegliche Hülle bilden. Innerhalb dieser Hülle ruft die Sonnenstrahlung Bewegungen und Lichterscheinungen hervor. In der eigentlichen Atmosphäre, die eine Dicke von etwa 100 km hat, haben sich Gase angereichert, die das Leben auf der Erde beeinflussen. Eine der auffälligsten Folgen der Bewegungen in der Atmosphäre ist das Entstehen von Wolken.

Je weiter man sich vom All aus der Erde nähert, desto dichter wird die Materie und desto unterschiedlicher reagiert sie auf die kurzwellige Sonnenstrahlung. In einer Höhe zwischen 500 und 300 km können die Partikel leuchten und dabei die sogenannten Polarlichter erzeugen. In einer Höhe von etwa 200 km gibt es schon so viele Moleküle, daß eindringende Meteoroiden beim Aufprall zerstört werden können. In der eigentlichen Atmosphäre werden die Sonnenstrahlen teilweise absorbiert, wodurch sich die Schichten in 50 km Höhe beträchtlich erwärmen. In diesen Höhen zersetzt das energiereiche UV-Licht der Sonne den Sauerstoff, aus dem sich dann große Ozonmoleküle bilden. Die Ozonschicht hindert einen Teil der ultravioletten Strahlung daran, bis zur Erdoberfläche vorzudringen.

Ein Teil des Sonnenlichtes wird von den Wolken reflektiert, doch der Hauptteil der Strahlen gelangt bis auf die Erde und erwärmt sie. Die

Die Wärmeenergie der Sonnenstrahlen und die Erdrotation bewirken innerhalb der Atmosphäre unterschiedliche Drücke und geordnete Luftströme. Diese verlaufen im Sommer und Winter unterschiedlich, symmetrisch sind sie nur über den Ozeanen.

▽

Die Zirkulation der Atmosphäre

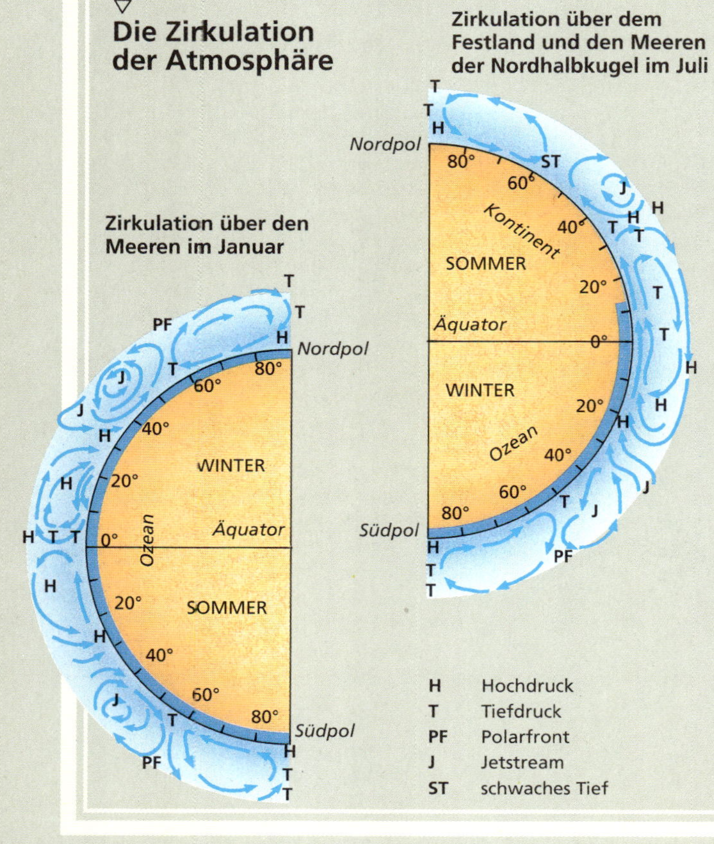

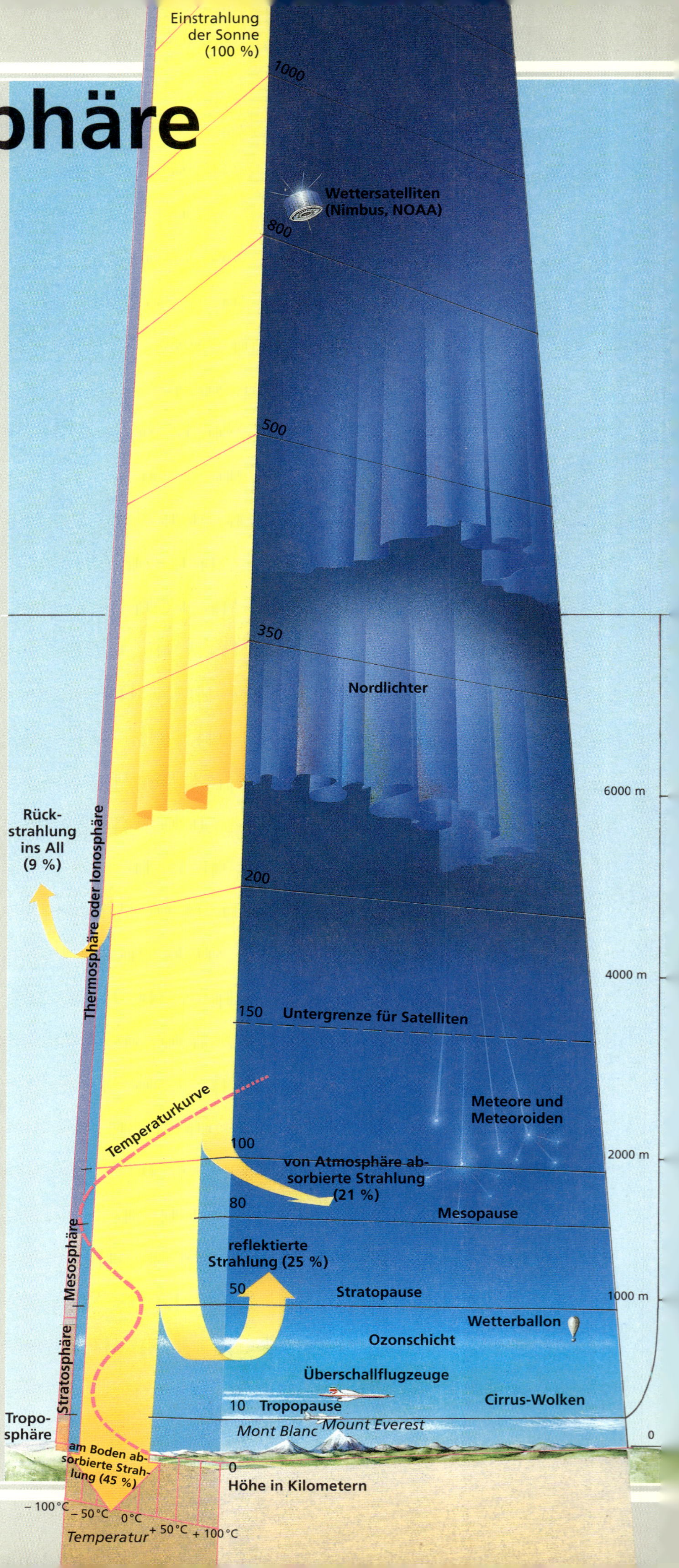

Die Wettervorhersage basiert auf weltweit gesammelten Daten

◁ *Im Wetterhäuschen verbergen sich Thermo- und Hygrometer. Das Pluviometer im Hintergrund zeichnet die Niederschlagsmengen auf.*

Leistungsfähige Rechner verarbeiten die von Bodenstationen, Wetterballonen und Satelliten gesammelten Meßwerte zu einer Prognose. ▽

Für die Landwirtschaft, den Flugverkehr und die Schiffahrt ist eine möglichst genaue Wettervorhersage unerläßlich. Auf der ganzen Erde sammeln Wissenschaftler in Tausenden von Wetterstationen meteorologische Daten. Zu den wichtigsten Meßgeräten gehören die mit Radiosonden ausgerüsteten Wetterballons sowie die Wettersatelliten. Unter Leitung der Weltorganisation für Meteorologie in Genf werden die Daten weltweit ausgetauscht und in zahlreiche Karten übertragen. Mit Hilfe dieser Karten lassen sich die Luftbewegungen in der Atmosphäre vorhersagen. Immer häufiger nutzen die Wetterforscher auch mathematische Formeln, welche die Strömungen in der Atmosphäre beschreiben. Diese Gleichungen werden dann von leistungsfähigen Supercomputern verarbeitet. Da die Atmosphäre ein komplexes System darstellt, das geringste Unterschiede erheblich verstärkt, ist eine Vorhersage über mehr als zehn Tage sehr schwierig.

Erde ihrerseits gibt eine langwellige Wärmestrahlung an das Weltall ab.

Die Wolken sind Ansammlungen von Wasser- oder Eispartikeln, die in der Luft schweben. Sie entstehen durch das Kondensieren von Wasserdampf, wenn die Luft aufsteigt und sich dabei abkühlt. Geht diese Aufstiegsbewegung mit mäßiger Geschwindigkeit vor sich, so entstehen wie in der linken Hälfte der Abbildung flache Wolken. Diese verändern ihr Aussehen, je nachdem, ob sie in niedrigen Höhen aus Wasser oder in großen Höhen aus Eis bestehen. Ein schneller Aufstieg der Luft führt zu einer vertikalen Wolkenbildung, ein Beispiel dafür sind die mächtigen Türme der Cumulonimbus-Wolken.

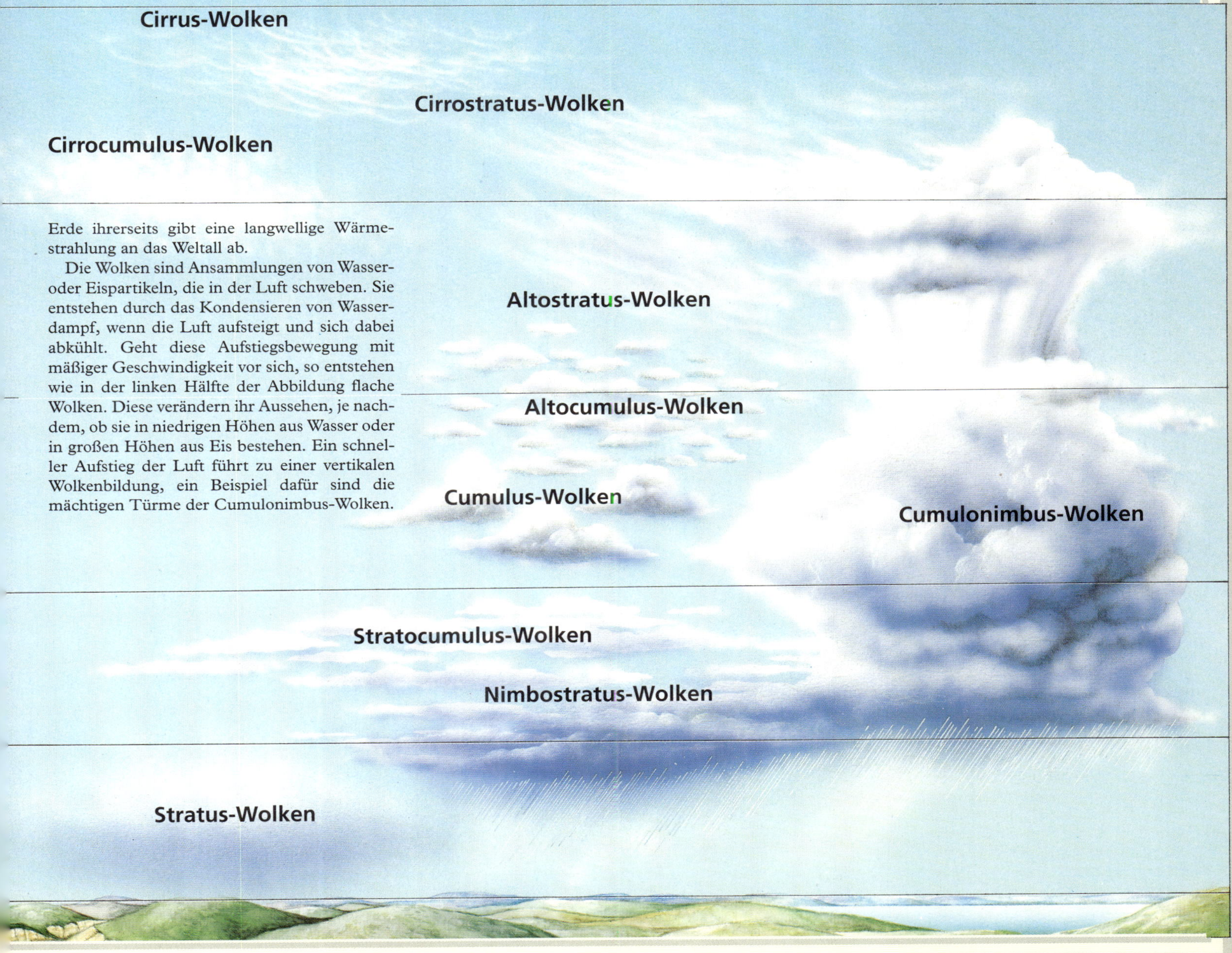

Nebel, Dunst und Wassertröpfchen

FEHLENDER DURCHBLICK

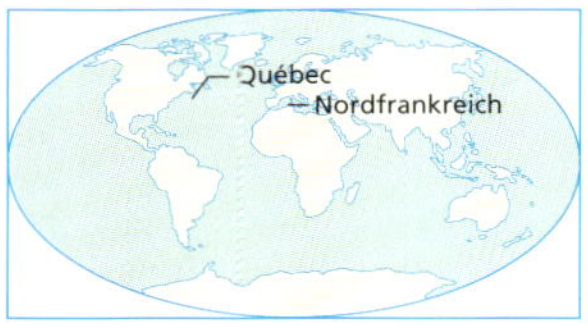

Nebel gibt es nahezu überall auf der Welt – am häufigsten in Neufundland, wo sich die himmlischen Wattebäusche an durchschnittlich 120 Tagen pro Jahr über das Land legen. Nebel entsteht, wenn der in der Luft enthaltene Wasserdampf kondensiert und feine Tröpfchen bildet. Sobald aber die Sonne scheint, lösen sich die weißen Schwaden auf.

Nebel über dem Wasser des Saint Maurice

Wer mit dem Flugzeug über die kanadische Provinz Québec hinwegfliegt, sieht an manchen Tagen eine märchenhafte Landschaft unter sich liegen. Zwischen Wäldern, die sich bis zum Horizont erstrecken, wallt dichter Nebel. Das Foto oben wurde beim Überqueren des Flusses Saint Maurice aufgenommen, von dem weiße Nebelschwaden aufsteigen.

So wie hier bedeckt Nebel oft einen Fluß oder einen See, wenn Luft über das Wasser hinwegströmt, die kälter ist als das Wasser. Die Luft erwärmt sich und kann mehr Feuchtigkeit aufnehmen. Über dem Wasser bildet sich eine geschlossene Nebelbank, die aber nicht allzu dicht ist. Diese Art von Nebel bezeichnet man auch als Advektionsnebel. In Küstengebieten kommt er recht häufig vor, wenn im Winter die warme, feuchte Meeresluft das kältere Festland erreicht.

Das Auftreten von Nebel kann auch mit kalten Meeresströmungen zusammenhängen. Im Osten von Kanada bringen beispielsweise der Sankt-Lorenz-Strom und der Labradorstrom eisiges Wasser in die Meeresgebiete südlich von Neufundland. Dort trifft das kalte Wasser mit dem wärmeren Golfstrom zusammen, so daß sich besonders häufig Nebel bildet. Den von Stürmen geplagten Neufundlandfischern erschwert er die Arbeit zusätzlich, vor allem im Winter, wenn er Rauhreif bildet. ■

Inversionswetterlage über der Stadt

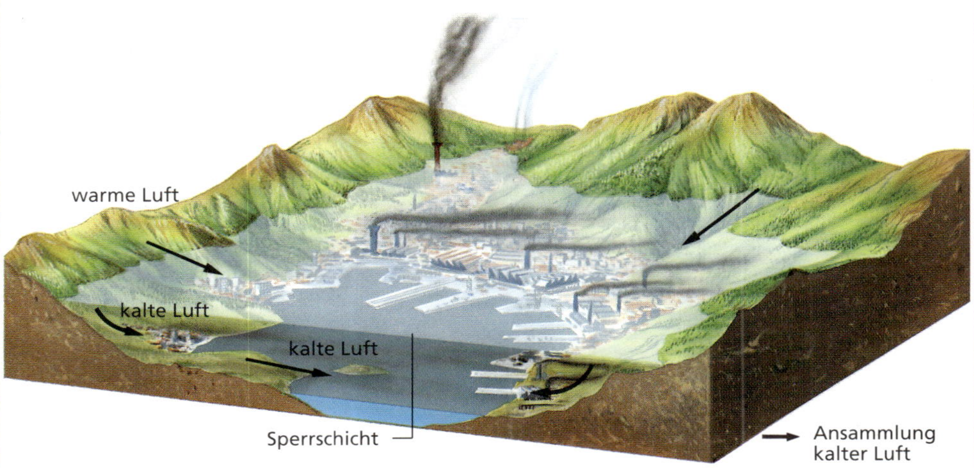

Vor allem im Winter verliert der Boden in der Nacht viel Wärme. Beim Kontakt mit der Erde kühlt auch die Luft ab, wird immer dichter und sammelt sich in Tälern. Obwohl die Temperatur normalerweise mit der Höhe abnimmt, werden die tiefsten Werte dann in bodennahen Luftschichten gemessen – man spricht von einer Inversionswetterlage. Dabei ist in der Atmosphäre kein vertikaler Luftaustausch mehr möglich. Dann reichern sich die aus Auspuffen und Schornsteinen stammenden Schadstoffe in der Luft an.

◁ *Nebelschwaden über dem Fluß Saint Maurice bei Trois-Rivières in Québec. Kalte und trockene Luft aus der Umgebung hat sich beim Kontakt mit dem Fluß erwärmt und mit Feuchtigkeit angereichert. Wenn die Luft aufsteigt und dabei wieder etwas abkühlt, kondensiert der Wasserdampf: Über dem Fluß entstehen Nebelbänke.*

Winterlicher Morgennebel im Departement Ain in Frankreich. Nachts ist die Erde abgekühlt. Bei Tagesanbruch kondensiert der Wasserdampf der Luft, die mit dem Boden in Kontakt gerät, und bildet Nebel. Die feuchten Auen entlang der Pappeln begünstigen das Entstehen der Nebelschwaden, die sich im Lauf des Tages auflösen. ▽

Strahlungsnebel schützen Bäume vor Frost

„Im Talgrund zieht weißer Nebel auf, der sich am Rand auflöst, schwebt und sich ausbreitet.“ So beschrieb die französische Schriftstellerin Sidonie Colette ein Phänomen, das man überall auf der Welt beobachten kann.

Ein Wintermorgen auf dem Land. Nach Verlassen des Hauses nimmt man den Weg, der aus dem Dorf hinausführt, und schon am Ortsrand beginnt der Nebel. In den Wiesen verhüllt er die Obstbäume und näher am Wasser die Pappeln. Unten am Bach verschluckt er alle Konturen, und wenn man sich umschaut, sieht das Dorf gespenstisch aus.

Bei der Rückkehr von diesem Spaziergang durch eine mit Watte gefüllte Welt ist der Nebel am Dorfrand verschwunden. Dort ist es ein bißchen wärmer als in der Umgebung, und schon dieser geringe Temperaturunterschied hat ausgereicht, die weißen Schwaden aufzulösen. Weil eine Änderung des Reliefs oder der Pflanzendecke meist mit einer minimalen Temperaturschwankung einhergeht, breitet sich Nebel dieser Art nie großflächig aus. Er kann ganz plötzlich auftauchen und genauso schnell wieder verschwinden. Gefährlich ist er vor allem für Autofahrer.

Doch der Nebel hat auch sein Gutes: Er schützt vor Frost. Wie ein Schirm leitet er die nachts vom Boden abgestrahlte Wärme wieder an die Erde zurück und begrenzt so paradoxerweise die Abkühlung, obwohl er selbst durch Abkühlung entstanden ist. Diesen Wärmeschutzeffekt kann man in Obstplantagen oder Weinbergen ausnutzen, um die Pflanzen vor Frost zu schützen. Man erzeugt einfach künstlichen Nebel, indem man Rauch über die Pflanzen bläst, an dem dann der Wasserdampf der Luft kondensieren kann. ■

Die verschiedenen Nebelarten

△
Steht feuchte Luft über der Bodenoberfläche und kühlt diese sich ab, weil sie ihre Wärme in die Atmosphäre abstrahlt, dann kondensiert der Wasserdampf. Die entstandenen Nebelschwaden lösen sich jedoch in der Sonne rasch auf.

△
Vom Meer kommende feuchte Luft kühlt beim Kontakt mit dem kälteren Festland ab. Der in ihr enthaltene Wasserdampf kondensiert zu feinen Tröpfchen und bildet Nebel. Da dieser auf der horizontalen Bewegung der Luft beruht, spricht man vom sogenannten Advektionsnebel.

Der Nebel – eine Wolke bis auf den Boden

Nebel ist eigentlich eine bis an den Boden reichende Wolke aus feinsten Wassertröpfchen. Von Nebel spricht man dann, wenn die Konzentration der Wassertröpfchen die Sichtweite auf 1000 m reduziert, Dunst liegt vor, wenn die Sicht bis 5000 m reicht. Nebel entsteht, wenn sich Luft abkühlt und dabei der Wasserdampf kondensiert. Ursache der Abkühlung kann die nachts sinkende Bodentemperatur sein, dann spricht man von Strahlungsnebel. Doch Nebel kann sich auch bei der Ankunft – oder Advektion – warmer Luft auf kaltem Boden bilden; dies gilt auch, wenn umgekehrt kalte Luft auf einen warmen Untergrund trifft. In allen Fällen muß sich die Luft leicht bewegen. Steht sie still, bildet der Wasserdampf Tau oder Rauhreif. Ist sie zu stark bewegt, kommt es nicht zu der Abkühlung, die für das Kondensieren notwendig ist. Nebel verschwindet auf natürliche Weise, sobald sich die Luft erwärmt oder stark bewegt wird. Sind die Nebelschwaden nicht sehr dick, lösen sie sich völlig auf, andernfalls können sie aufsteigen und Stratuswolken entwickeln.

Tornados und Windhosen

HIMMLISCHE WIRBEL

Fachleute nennen sie „Tromben". Meist bestehen sie nur wenige Minuten lang, doch diese kurze Zeitspanne genügt den Tornados und Windhosen für ihr zerstörerisches Werk. Sie reißen alles mit, was sich ihnen in den Weg stellt. Betroffen sind vor allem die Vereinigten Staaten, doch gelegentlich treten Tromben auch in Mitteleuropa auf.

Die drei Windhosen vor Martha's Vineyard

Die helle Windhose über dem Meer, die das Foto der gegenüberliegenden Seite zeigt, wirkt harmlos im Vergleich zum nebenstehend abgebildeten, dunklen Tornado. Doch ihr Aussehen täuscht über ihre Gefährlichkeit hinweg – Segelboote und kleinere Schiffe geraten bei einer Begegnung mit ihr schnell in Seenot.

Wind- oder Wasserhosen entstehen wie ein Tornado dann, wenn ein Gewitter mit heftigen Winden aus der Troposphäre zusammentrifft. Beide bilden sich, wenn ein großer Temperaturunterschied zwischen den feuchtwarmen unteren Luftschichten und der sehr kalten Luft in etwa 10 km Höhe herrscht. Steigt die warme Luft rasch auf, kühlt sie sich in der Höhe ab. Dabei kondensiert der in ihr enthaltene Wasserdampf zu Tröpfchen, aus denen die Wolkenwirbel entstehen.

Manchmal bilden sich mehrere Windhosen nacheinander. Dies war am 19. August 1896 vor der Küste des US-Bundesstaates Massachusetts der Fall. Auf der Ferieninsel Martha's Vineyard sahen Tausende von Sommergästen ein grandioses, 40minütiges Schauspiel der Natur. Gegen 12.45 Uhr war über der Meerenge von Nantucket eine Windhose entstanden, die sich nach etwa 12 Minuten plötzlich auflöste. Kurz vor 13 Uhr zog ein neuer dunkler Wolkenschlauch auf, der größer war als der vorangegangene. Um 13.18 Uhr löste auch er sich auf, doch schon zwei Minuten später erschien eine dritte Windhose vor den verblüfften Augenzeugen. Nach weiteren fünf Minuten flachten die Winde ab, und auch die dritte Windhose verschwand. Darüber waren vor allem die Seeleute des vor der Küste liegenden Schoners *Avalon* froh, die ständig in Gefahr waren, in diese Wirbelstürme zu geraten.

Die Windgeschwindigkeit in einem Tornado oder einer Windhose kann man nur selten messen, die Meteorologen müssen sich meist auf Schätzungen beschränken. Eine an der Universität von Chicago aufgestellte Skala unterscheidet drei Typen von Windhosen: schwache mit Windgeschwindigkeiten zwischen 1 und 3 km pro Minute, die selten den Boden erreichen, mittlere mit 3 bis 5,5 km pro Minute, die bis zum Boden reichen, und schließlich starke mit mehr als 5,5 km pro Minute, die sich nur über dem Land bilden. ■

△
Diese gut erkennbare Wasserhose läßt Gischtwolken aufsteigen. Windhosen dieses Typs bestehen nur kurze Zeit, können jedoch Segelbooten und kleinen Schiffen gefährlich werden.

◁ ***Dieser Tornado fegte am 13. Mai 1989 über den Mittleren Westen der USA hinweg. Die Farbe der Wirbelstürme schwankt zwischen dunkelgrau und schmutzigweiß: sie hängt von der Art der angesaugten Stäube und Sande ab. Den hier abgebildeten Tornado haben die Tonböden Oklahomas dunkelgrau gefärbt.***

Tornados verwüsten den Mittleren Westen

Die gefürchteten Tornados treten auf der ganzen Welt zwischen dem 20. und 60. Breitengrad auf. Am stärksten und häufigsten sind sie jedoch in Nordamerika. In den Vereinigten Staaten zählt man jährlich zwischen 800 und 1200 solcher Ereignisse, und 3 % von ihnen sind sehr heftig. Das Foto links zeigt einen Tornado, der im Mai 1989 über den Mittleren Westen raste und sich mit dunklem Staub vollsog. Neben Oklahoma, Kansas und Nebraska gehört auch der Norden von Texas zu den häufig heimgesuchten Regionen.

Im Frühjahr, insbesondere im April, sind die Tornados hier sehr stark und rufen dementsprechend auch große Sach- und Personenschäden hervor. So fallen jedes Jahr mehrere Menschen den vorüberziehenden Wirbelstürmen zum Opfer, wobei ihre Zahl von Jahr zu Jahr stark schwankt. 1974 registrierten die Meteorologen im Mittleren Westen innerhalb von zwei Tagen 150 Tornados, die über mehrere Bundesstaaten hinwegwirbelten und 392 Menschenleben forderten. Die Sachschäden betrugen rund 1 Milliarde Dollar.

Ursache der gewalttätigen Wirbelstürme ist die tropische Meeresluft, die sich im Frühjahr vom Golf von Mexiko aus ins Zentrum der Vereinigten Staaten bewegt. Über diesem warmen Luftpolster zirkuliert eisige und trockene Luft aus den Polarregionen. Die große Temperaturdifferenz zwischen den beiden Luftmassen bewirkt eine instabile und gewittrige Atmosphäre, die das Entstehen von Tornados begünstigt. Unter ähnlichen Bedingungen bilden sich kleine Wirbelstürme auch in anderen gemäßigten Zonen der Erde, etwa in Australien, Europa, Japan und Südafrika. ■

Die Überlebenden eines Tornados erzählen oft unglaubliche Geschichten. So auch die Texaner Al und Bill. Die beiden Freunde wurden am 9. April 1947 durch ein beunruhigendes Grollen vor der Haustür aufgeschreckt. Neugierig gingen sie hinaus – und sahen sich einem Tornado gegenüber. Der Wirbelwind riß nicht nur die Haustüre aus den Angeln, sondern erfaßte innerhalb von Sekunden auch Al und Bill. Die beiden machten eine unvergeßliche „Flugreise" über die Bäume, bevor sie nach 60 m unsanft auf der Erde landeten. Bill wurde so heftig in einen Drahtzaun geschleudert, daß er darin hängenblieb. Nachdem ihn Al befreit hatte, stemmten sich die beiden gemeinsam gegen den Wind, um zum Haus zurückzugelangen. Dort erwartete sie der nächste Schrecken: Das Haus war weggeblasen, nur ein Sofa stand noch da, auf dem völlig verschreckt Als Frau und Kinder kauerten.

Prinzip eines Tornados

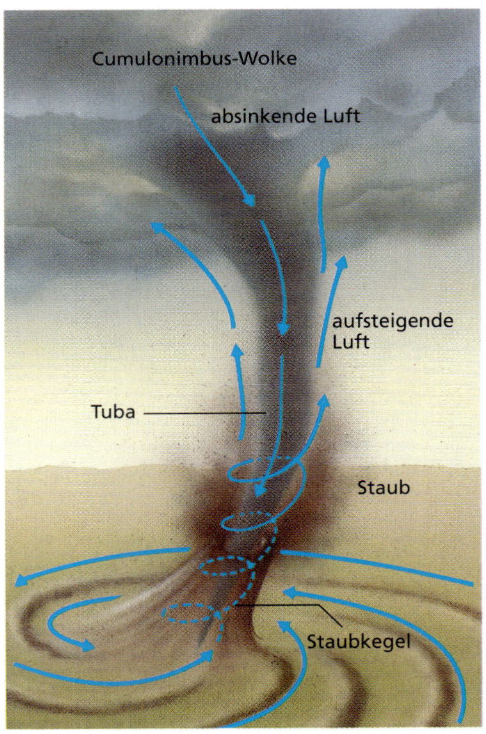

In den am Boden stark erwärmten Luftmassen können sich Wirbel bilden, die aufsteigen und Staub, Sand oder Wasser ansaugen. Oft richten Tornados erhebliche Sachschäden an und fordern Menschenleben. Der genaue Mechanismus ihrer Entstehung ist noch nicht völlig erforscht.

Große und kleine Tromben

Der Begriff Trombe bezeichnet einen Luftwirbel mit einer vertikalen Achse. Über dem Festland auftretende Tromben heißen je nach Stärke Tornado oder Windhose. Wasserhosen bilden sich über dem Meer. Bei allen drei Erscheinungen handelt es sich um sogenannte Großtromben.

Tornados kommen vor allem im Mittleren Westen der USA vor, wo sie mit einer Geschwindigkeit von 60 km/h über das Land ziehen und eine mehrere hundert Meter breite Spur der Zerstörung hinter sich lassen.

Bei einem Tornado senkt sich aus der dunklen Wolkendecke ein rüsselartiger Wolkenschlauch zur Erde, der sich in Bodennähe wie ein umgestülpter Trichter ausweitet und als Tuba bezeichnet wird. Sein Durchmesser schwankt zwischen wenigen Metern bis zu mehreren hundert Metern, seine Höhe reicht von einigen hundert Metern bis zu mehreren Kilometern. In Mitteleuropa gibt es ähnliche Erscheinungen. Sie sind kleiner als Tornados, richten aber ebenfalls großen Sachschaden an. Einer der schlimmsten Wirbelstürme zog am 10. Juli 1968 abends von der Oberrheinebene aus 27 km weit über den Nordschwarzwald und beschädigte in der Stadt Pforzheim rund 1750 Häuser.

Ursache der Großtromben ist das Zusammentreffen feuchtwarmer Luft mit einer kalten Gewitterfront. Die starken Temperatur- und Feuchtigkeitsunterschiede gleichen sich aus. Dies geschieht durch den typischen Wolkenschlauch, in dessen Zentrum kalte Höhenluft nach unten fällt, während die Wände des Schlauches aus spiralförmig aufsteigender Warmluft bestehen. Der obere Bereich des Wolkenschlauches ist mit Wassertropfen gefüllt, der untere mit Sand und Staub. Kleinere Tromben von mehreren Metern Höhe bezeichnet man als Sand- oder Staubteufel.

Die mediterranen Klimazonen

IM LICHT DES SÜDENS

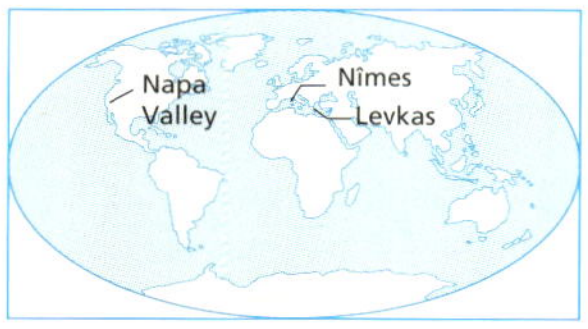

Jedes Jahr lockt die Sonne Millionen von Urlaubern in die Mittelmeerländer. Doch die heißen Sommer setzen der Vegetation in diesen Gebieten sehr zu – ohne Bewässerung überleben in der extremen Trockenheit nur die an das Klima angepaßten Pflanzen. Im Winter hingegen führen starke Regenfälle häufig zu Überschwemmungen.

Die Ionischen Inseln – von der Sonne verwöhnt

Landete Odysseus, als er seine lange Reise an der Westküste Griechenlands beendete, auf dem heutigen Ithaka oder auf der Insel Levkas? Historiker streiten sich darüber noch immer, doch eigentlich ist diese Frage zweitrangig. Der auf dem Meer umherirrende Held fand auf den Ionischen Inseln sein Königreich wieder, und wenn dies im Sommer geschah, dann hat die Sonne bestimmt genauso intensiv geschienen wie heute.

Wie über den gesamten Mittelmeerraum spannt sich während der heißen Sommer auch über Levkas ein strahlendblauer Himmel, den nur selten eine Regenwolke trübt. Die weißen Häuser reflektieren einen Teil des hellen Sonnenlichtes, so daß es im Inneren in den heißen Stunden des Tages kühl bleibt. Dann genießen die Bewohner ihre Mittagsruhe, und nur das Zirpen der Grillen ist zu hören. Touristen können auf Levkas in die bewegte Geschichte der Insel eintauchen und griechische, türkische oder venezianische Ruinen besichtigen. Ein Spaziergang auf den von Zypressen, Oliven- und Orangenbäumen gesäumten Wegen lohnt ebenso wie das Erklimmen der Hügel, auf denen Weizen und Reben wachsen und wilder Majoran duftet.

Das Meer lindert mit seinen Brisen die sommerliche Hitze, im Winter schützt es die Ionischen Inseln vor Kältewellen. Das griechische Festland dagegen ist den trockenen und heißen Winden ausgesetzt, die von den Ebenen des Balkans kommen und für eine erdrückende Hitze sorgen. ■

Kalifornien – viel Wein und wenig Wasser

Eine Autostunde nördlich von San Francisco erstreckt sich das 40 km lange Napa Valley. Seinen Namen hat dieses Tal vom indianischen Wort *napa*, das soviel wie „Land des Überflusses" bedeutet. In der Tat ist es ein fruchtbarer Landstrich mit mehr als 10 000 ha Weinbergfläche. Zusammen mit dem benachbarten Sonomatal bildet es das Hauptanbaugebiet der kalifornischen Spitzenweine. Diese halten in Preis und Qualität mit ihren franzö-

△
Das Napa Valley nördlich von San Francisco verdankt seine Entwicklung als Weinbaugebiet dem günstigen Klima, das den Anbau vieler Rebsorten erlaubt. Der Kontrast zwischen dem grünen Tal und den trockenen Hängen zeigt, welche Bedeutung die Bewässerung hier hat.

◁ ***Strahlendblauer Himmel über der Insel Levkas, die vor der Westküste Griechenlands im Ionischen Meer liegt. Zu den typischen Landschaftselementen dieser Mittelmeerregionen gehören die weißen, ziegelgedeckten Häuser und die schlanken Zypressen ebenso wie die von Terrassenfeldbau geprägten Hänge mit Obstbäumen.***

sischen Konkurrenten problemlos mit. Dank der langen, warmen und trockenen Sommer sowie einer intensiven Bewässerung können die kalifornischen Farmer auch zahlreiche andere Früchte anbauen. Hier wachsen nicht nur Pfirsiche, Aprikosen, Pflaumen, Trauben, Zitrusfrüchte, Datteln, Nüsse und Gemüse, sondern auch Baumwolle und Reis. Ohne die zum Teil schon im letzten Jahrhundert von Goldwäschern gebauten Bewässerungsanlagen würde sich dagegen eine kakteenreiche Macchia, der Chaparral, ausbreiten.

Das Bewässerungswasser stammt aus dem Grundwasser und aus den Flüssen, die von der Sierra Nevada herabfließen. An dieser parallel zur Küste verlaufenden und bis 4000 m hohen Bergkette regnen sich die feuchten Luftmassen des Pazifiks ab. Vor allem im Winter fallen ergiebige Niederschläge.

Trotzdem ist das Wasser in Kalifornien knapp. Außer der modernen Landwirtschaft gehen auch Industriebetriebe verschwenderisch damit um. Zu den Großverbrauchern gehören ferner die Städte, in denen viele Häuser über ihren eigenen Swimmingpool verfügen. Seit 1988 hat Kalifornien eine Reihe extrem trockener Sommer erlebt. Dadurch verschärfte sich nicht nur das Wasserproblem, auch die Zahl der Waldbrände nahm zu. ■

Tiefdruckgebiete über Europa

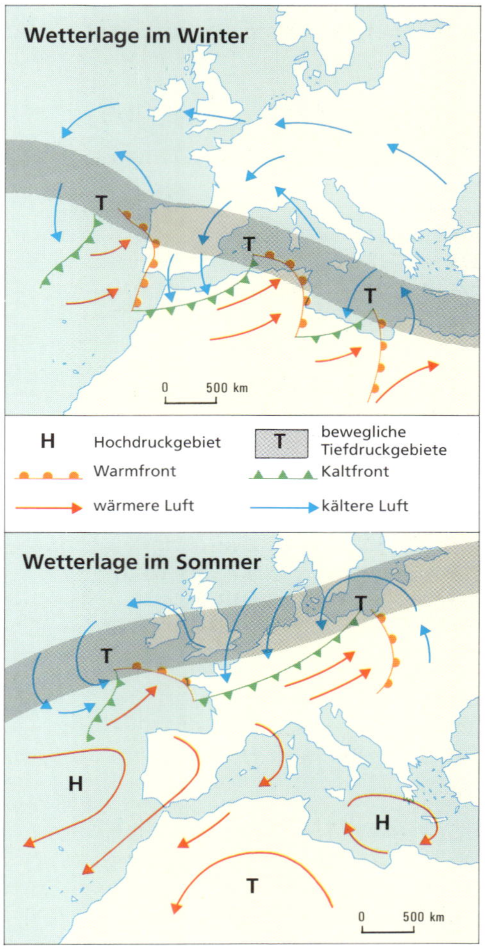

△
Im Winter ziehen Tiefdruckgebiete von Westen her über den Mittelmeerraum und bringen ergiebige Niederschläge nach Südeuropa. Um die Tiefdruckgebiete kreisen warme und kalte Luftmassen, die aufsteigen und sich schließlich abregnen. Im Sommer dagegen verlagern sich die Tiefdruckgebiete nach Nordeuropa und haben deshalb über dem Mittelmeer keinen Einfluß.

△
Die Stadtmitte von Nîmes im Departement Gard nach den außergewöhnlich starken Regenfällen des 3. Oktober 1988. Durchschnittlich alle zehn Jahre gibt es eine solche Überschwemmung. Die Ursache dafür ist nicht nur in den seltenen, heftigen Niederschlägen zu suchen, sondern auch in der besonderen Topographie der Stadt.

Hochwasseralarm in Nîmes

Am 3. Oktober 1988 lösen die Behörden des südfranzösischen Departements Gard genau um 9.45 Uhr Hochwasseralarm aus. Seit Tagesanbruch hat der Himmel seine Schleusen geöffnet. Schwere Wolkenbrüche gehen auf die Stadt Nîmes und ihr Umland nieder und verwandeln die Straßen in reißende Bäche. Zehn Personen ertrinken, 50 werden verletzt, die Sachschäden sind beträchtlich.

Das Unwetter kam nicht unerwartet, denn schon seit zwei Tagen waren über Südfrankreich unterschiedliche Luftmassen aufeinandergeprallt. Aus Nordeuropa einströmende Kaltluft hatte die feuchtwarme Luft der Mittelmeerküste nach oben gehoben, wodurch bis in 11 km Höhe wasserreiche Cumulonimbuswolken entstanden waren.

Neben der meteorologischen Ursache gab es auch einige andere Faktoren, die zur Katastrophe beitrugen. So waren im Umland von Nîmes die Böden wegen der Regenfälle aus den Vortagen bereits mit Wasser gesättigt und konnten keine weiteren Niederschläge speichern. Und im Stadtgebiet von Nîmes ist wie in allen größeren Städten der Boden durch Straßen und Gebäude weitgehend versiegelt, so daß der Regen hier überhaupt nicht versickern kann, sondern oberflächlich abfließt.

Verschärft wird das Hochwasserproblem durch die besondere Topographie: Nîmes ist von Rinnen durchzogen, die das Regenwasser der umliegenden Hügel sammeln und die im Stadtzentrum zusammenlaufen. Dort münden sie in den kleinen Fluß Vistre, der dadurch sehr schnell über seine Ufer tritt. ■

Trockene Sommer dank stabiler Hochdruckgebiete

Zwischen dem 30. und 40. Breitengrad herrscht an den Westseiten der Kontinente mediterranes Klima – und daher haben Kalifornien, der Südwesten Australiens, die südafrikanische Kapprovinz und Zentralchile das gleiche Klima wie der Mittelmeerraum. Alle Regionen liegen zwischen den gemäßigten Zonen und den Tropen.

In der kalten Jahreszeit erreichen Tiefdruckgebiete aus den gemäßigten Breiten das Mittelmeer und erneuern sich dort. Die mit ihnen einhergehende Kaltluft erwärmt sich über dem Meer und steigt rasch nach oben, wodurch es zu starken Niederschlägen kommt. In der warmen Jahreszeit befinden sich die Tiefdruckgebiete weiter nördlich, und das Mittelmeer liegt meist unter dem Einfluß subtropischer Hochdruckgebiete, die von den Azoren kommen. In den Hochdruckgebieten herrscht ein hoher atmosphärischer Druck, bei dem die Luft die Tendenz hat, zum Boden abzusinken. Weil sie sich dabei erwärmt und ausdehnt, kann sie mehr Wassermoleküle aufnehmen, weshalb es im Sommer überwiegend trocken ist. Kühlt sich die Luft im Herbst und Winter wieder ab, zieht sie sich zusammen und scheidet Wassermoleküle als Regentröpfchen aus.

Innerhalb der mediterranen Klimazone gibt es starke Temperaturunterschiede. Die Winter sind mild, nur im Norden des Mittelmeerbeckens kann es zu außergewöhnlicher Kälte kommen. Im Sommer ist es mit Ausnahme der Küsten heiß, häufig klettert das Thermometer auf 40 °C.

Olivenhaine wachsen rund ums Mittelmeer.

Alte Kulturpflanze mit Symbolkraft

Bei den alten Griechen und Römern war der Öl- oder Olivenbaum *(Olea europaea)* Sinnbild der Fruchtbarkeit und Symbol für Frieden und Ruhm. Die Menschen des Altertums benutzten aus Oliven gepreßtes Öl nicht nur in der Küche, sondern auch als Brennstoff für Lampen. Nach dem Bad rieben sie ihre Haut damit ein, um sie glatt und geschmeidig zu halten. Auch bei religiösen Riten spielte das Olivenöl eine Rolle.

In der Türkei pflanzte man im Altertum die Ölbäume nur an den Küsten der Ägäis. Im Landesinnern war die Frostgefahr im Winter für einen rentablen Anbau zu groß. Von den küstennahen Standorten aus konnten die Oliven und das Öl leicht nach Westen und Kleinasien verschifft werden.

Noch heute erntet man im Mittelmeergebiet Oliven zu Beginn des Winters häufig von Hand, um so eine erstklassige Ware zu erhalten. Eine schnellere Methode besteht darin, auf die Zweige zu schlagen und die Früchte in große, auf dem Boden ausgebreitete Netze fallen zu lassen.

Blitze und Gewitter

DER HIMMEL SPEIT FEUER

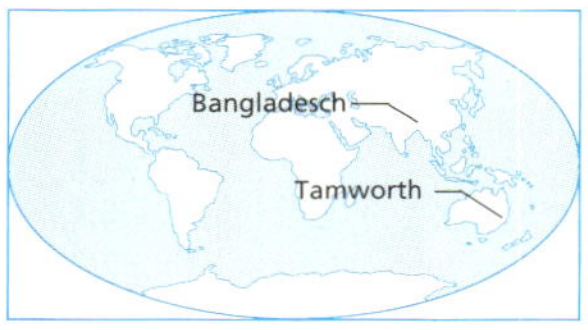

Gewitter zählen zu den spektakulärsten Schauspielen in der Atmosphäre. In vielen Mythologien symbolisieren sie den Zorn der Götter, doch heute weiß man, daß ihre Ursache in sehr heftigen Aufstiegsbewegungen warmer Luftmassen liegt. In unseren Breiten blitzt und donnert es meist im Sommer, in den Tropen das ganze Jahr über.

◁ ***Die Lichter der Stadt Tamworth im australischen Bundesstaat Neusüdwales erscheinen blaß im Vergleich zu den Blitzen. Die Elektrizität entlädt sich zwischen der Unterseite einer mächtigen Wolke und den Berggipfeln, die sich vor den Rottönen des Sonnenuntergangs abzeichnen.***

Aufstieg und Fall der Luftmassen

Gewitter entstehen, wenn große Luftmassen in sogenannten Luftschläuchen rasch aufsteigen. Der physikalische Grund für dieses Aufstreben: Warme Luft hat stets die Tendenz, nach oben zu streben, weil sie leichter ist als die Umgebung. In der Atmosphäre klettern die am Boden stark erwärmten Luftmassen bis in eine Höhe von 10 oder 15 km. In den mittleren Breitengraden wie bei uns geschieht dies über dem Festland normalerweise nur im Sommer, meist gegen Ende des Nachmittages. In den Tropen dagegen ist dies ganzjährig der Fall. Mit zunehmender Höhe kühlt sich die aufsteigende Luft ab und kondensiert. Dabei entstehen Wassertropfen und Eiskristalle – am Himmel ziehen dunkle Wolken auf. Die Wasser- und Eispartikel laden sich durch die heftigen Bewegungen elektrisch auf, was zu Blitzen im Inneren der Wolke führen kann. Mit der Zeit kommt es dann auch zu elektrischen Entladungen zwischen der Wolkenbasis und der Erde. Die durch aufsteigende Warmluft lange Zeit in der Höhe gehaltenen Wasser- und Eispartikel verbinden sich und werden immer größer. Schließlich sind sie so schwer, daß sie als heftige Regengüsse oder Hagelschauer auf die Erde prasseln.

Hochspannung am Himmel

Ständig toben auf der Erde etwa 1800 Gewitter, jede Sekunde zucken weltweit rund hundert Blitze nieder. Zwei von drei Gewittern allerdings ereignen sich in den Tropen, in unseren Breiten kommt es durchschnittlich nur an 20 Tagen im Jahr zu einem Gewitter. Trotzdem geht über Deutschland jährlich mehr als eine Million Blitze nieder. Die Wahrscheinlichkeit, vom Blitz getroffen zu werden, ist viermal größer als ein Hauptgewinn im Lotto.

Ursache für die gewaltigen Energien, die bei Blitzen frei werden, ist der Transport von elektrischer Ladung durch Wassertropfen und Eispartikel. Baut sich eine Gewitterwolke auf, entsteht durch die aufsteigende warme Luft eine Art Kamin, der Luft von allen Seiten ansaugt. Im Inneren der Wolke wird diese Luft dann mit einer Geschwindigkeit von bis zu 100 km/h nach oben geblasen. In ungefähr 6000 m Höhe aber liegen die Temperaturen bei minus 15 °C, so daß sich Eiskristalle bilden. Diese stürzen nun abwärts und lösen sich in den unteren Warmluftschichten wieder auf. Die feuchtwarme Luft steigt erneut nach oben, und das Spiel beginnt wieder von vorne. Bei diesem Auf und Ab entstehen riesige Spannungsunterschiede: die Oberseite einer Wolke lädt sich dabei meist positiv auf, die Unterseite dagegen negativ.

Dadurch aber baut sich auch zwischen der Wolke und der Erde langsam eine Spannung auf. Wenn sie etwa 100 Millionen Volt erreicht hat, entlädt sie sich als Blitz, wobei der genaue Mechanismus noch ungeklärt ist. Die sichtbare Phase eines Blitzes dauert nur wenige Millisekunden. Deshalb kann man mit einer Fotokamera bei einer Belichtungszeit von einigen hundertstel Sekunden oftmals mehrere Blitze einfangen. Das elektrische Feld in einer Gewitterwolke ist so stark, daß es die Wassertropfen zurückhalten kann. Erst wenn es sich nach mehreren Blitzen abgeschwächt hat, setzt der Regen ein. ■

Die Gewitterwolke Cumulonimbus

Den ganzen Tag über schien die Sonne auf die Oberfläche des Meeres. Weil es an diesem schönen Sommertag nahezu windstill war, stagnierte die Luft über dem erwärmten Wasser und heizte sich direkt über dessen Oberfläche stark auf. Doch am Ende des Nachmittages ist der Himmel plötzlich bedeckt, und es sind dicke schwarze Wolken aufgezogen …

Das Aussehen des abgebildeten dunklen Wolkenberges läßt ahnen, wie solche Cumulonimbus-Wolken entstehen. Ihre flache Basis auf der rechten Bildhälfte ist relativ dünn; sie liegt in einer Höhe, in der die Temperatur der aufsteigenden Luft tief genug sinkt, damit der Wasserdampf kondensieren kann. Auf der linken Bildhälfte sieht die Wolkenspitze wie ein Blumenkohl aus und zeigt den Verlauf der Aufwärtsbewegung. Weiter oben in der Mitte kann die Luft nicht weiter aufsteigen und bewegt sich horizontal weiter. Dabei bilden sich die schwärzlichen Wolkenbänder, die unzählige Regentropfen enthalten.

Die Wolke enthält kleine Eispartikel und Wassertröpfchen, die in der Luft schweben. Weil sie sich rasch fortbewegen, verbinden sie sich zu dicken Regentropfen oder Hagelkörnern, die durch die Schwerkraft schließlich in heftigen Schauern zur Erde fallen. Die starken Niederschläge reißen Luft aus den oberen und kalten Schichten mit sich und kühlen so den Boden rasch ab. Die Verdunstungskälte des Regens und das Schmelzen der eisigen Hagelkörner verstärken diesen Prozeß der Abkühlung am Ende eines heißen Tages. ■

Der doppelte Regenbogen

Die untenstehende Zeichnung zeigt, wie Sonnenstrahlen von zwei Regentropfen abgelenkt werden (A, A', B, B'). Dadurch erkennt der Betrachter zwei Lichtbündel, die ihm als Haupt- und Nebenbogen erscheinen. Diese beiden Himmelserscheinungen bestehen aus Bändern, deren Farben in dem einen Bogen von Violett nach Rot reichen, im anderen Bogen ist es umgekehrt.

Die vergrößerte Zeichnung eines Wassertropfens verdeutlicht die beiden Fälle. In Zeichnung a geht ein Lichtstrahl durch den Punkt R1, wo er durch die Brechung abgelenkt wird. Auf der Innenseite des Tropfens wird er in R'1 reflektiert und tritt nach einer erneuten Brechung in R2 wieder aus und bildet so den Hauptregenbogen. In Zeichnung b wird ein Lichtstrahl des Nebenbogens zweimal in R'1 und R'2 reflektiert. Da nicht alle Spektralfarben, aus denen sich das weiße Licht zusammensetzt, die gleiche Lichtbrechung erfahren, ist ein Regenbogen eigentlich ein Nebeneinander von mehreren Bögen verschiedener Farben.

Regenbogen (Mitte) und Nebenbogen (links)

a Strahlengang des Hauptbogens

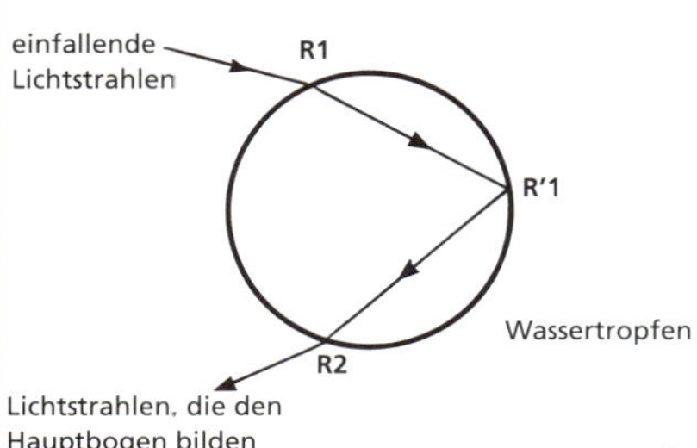

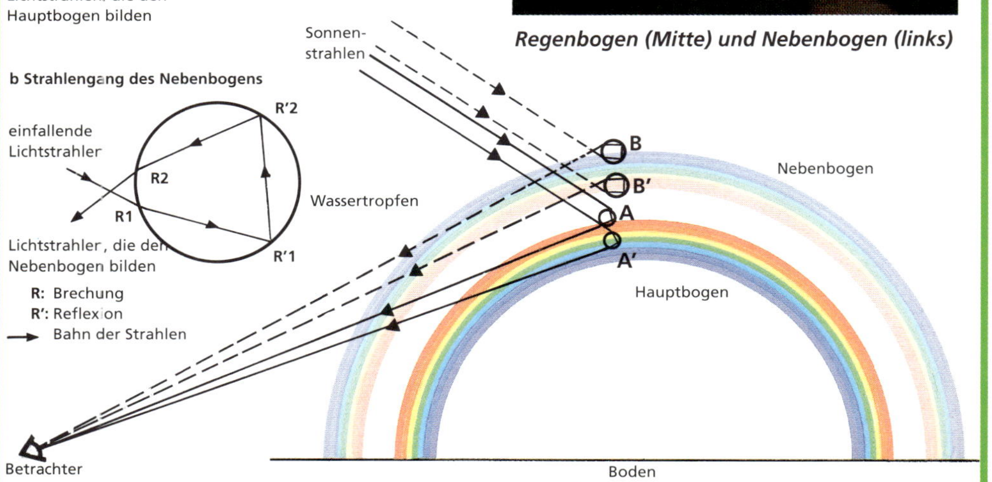

△ *Sommernachmittag über dem Meer: Eine dicke Wolke bildet sich in einem Kamin von 7 km Durchmesser und einer Höhe von über 10 km. Wolken, die sich derart auftürmen, bezeichnet man als Cumulonimbus, was „Haufen- oder Quellwolke" bedeutet. Ihre schwarze Farbe kontrastiert mit dem Himmel und den helleren Wolken, auf die noch die Sonne scheint.*

Die schwersten Hagelkörner fielen bei einem heftigen Gewitter vom Himmel, das am 14. April 1986 über Bangladesch niederging. Manche der riesigen Hagelkörner wogen 1 kg! Um diese Eisblöcke in der Luft zu halten und die Schwerkraft auszugleichen, mußte die Luft mit einer Geschwindigkeit von 160 km/h aufsteigen.

Vor dem bedrohlich schwarzen Gewitterhimmel erscheint das helle Licht, in das die Sonne das kleine Alpendorf taucht, geradezu unwirklich. ▷

Die heftige Erwärmung am Boden verstärkt die Aufwärtsbewegung der Luftmassen, die bis in Höhen von 9000 m aufsteigen können. Beim Abkühlen in der Höhe kondensieren Wassertröpfchen aus, und eine vertikal ausgerichtete Cumulonimbus-Wolke entsteht. In ihr kommt es durch Reibung zu elektrischen Aufladungen, die sich schlagartig als Blitze entladen.
▽

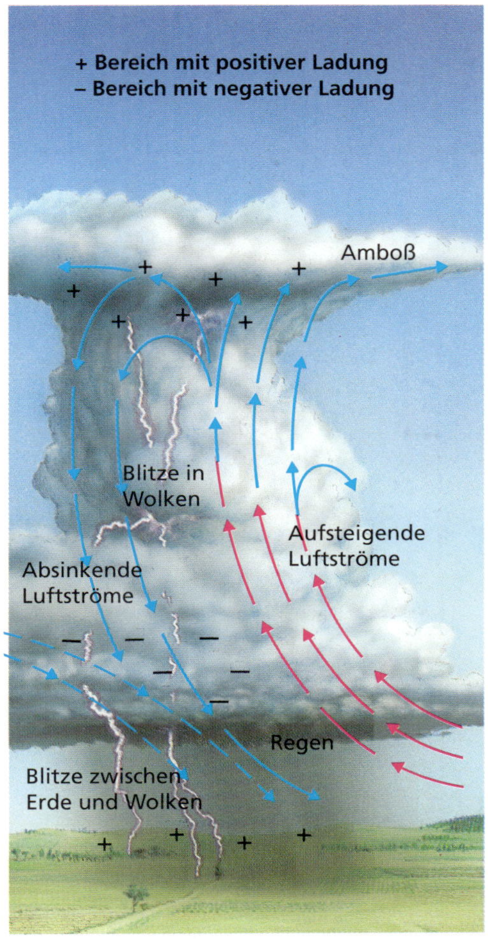

Drohendes Blau am Himmel

Gestochen scharf wirkt die links gezeigte Landschaft. Klar und eindrucksvoll zeichnen sich in der hügeligen Gegend Häuser, Kirche, Wiesen und Felder und die kahlen Bäume ab. Im dunklen Hintergrund kann man gerade noch die Ausläufer der Alpen erkennen. Die dunkelblaue Farbe des Himmels stammt von einer Cumulonimbus-Wolke.

Die im Vordergrund sichtbare Aufhellung entsteht durch einen der absinkenden Luftströme, die sich am Rand der Gewitterwolken bilden. Die bereits niedergegangenen Regenfälle haben die Luft von jeglichen schwebenden Staubteilchen gereinigt – und deshalb erstrahlt die Landschaft in frischen Farben. Verstärkt wird der räumliche Eindruck durch die bereits tiefstehende Sonne, deren Licht die Schatten länger werden läßt. Landschaften, die wie hier am Rand mächtiger Gebirgsmassive liegen, werden besonders häufig von Gewittern heimgesucht, weil die Luft an den Bergen schnell nach oben steigt. ■

Das kalte Kontinentalklima

PERMAFROST UND PINGOS

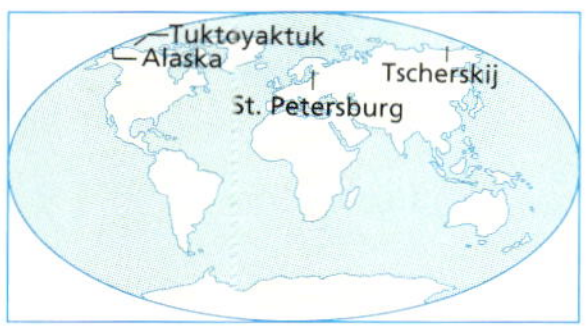

Im kalten kontinentalen Klima sind die Winter meist sehr lang und kalt, die Sommer dagegen kurz, heiß und feucht. Nach acht Monaten Dauerfrost schmilzt der Schnee und hinterläßt eine sumpfige Landschaft. Den Pflanzen bleibt wenig Zeit, um zu wachsen und sich zu vermehren, denn bald legt sich wieder eisige Kälte über das Land.

△ ***Eisgang auf der Newa bei Sankt Petersburg: Auf der Palastbrücke haben sich Schaulustige versammelt, die beobachten, mit welcher Macht das Wasser riesige Eisschollen in Richtung Ostsee schiebt. Im Winter 1996/97 legte eine anhaltende strenge Frostperiode auch in Mitteleuropa weitgehend die Schiffahrt lahm.***

Eisgang auf der Newa in Sankt Petersburg

Der strenge Winter in Sankt Petersburg geht langsam zu Ende, und die Temperaturen steigen von Tag zu Tag ein bißchen weiter an. Den Passanten, die am Ufer der Newa entlangspazieren oder die alte Palastbrücke überqueren, bietet sich ein faszinierendes Schauspiel: der Eisgang, den die Bewohner der geschichtsträchtigen russischen Stadt in jedem Frühjahr sehnsüchtig erwarten.

Nach langen Monaten des Erstarrtseins bricht das Eis nun mit dumpfem Grollen auf und kommt in Bewegung. Von gurgelndem Wasser umgeben, treiben weiße Blöcke langsam flußabwärts in die nahe Ostsee. Große Schollen prallen zusammen und schieben sich übereinander. Sie türmen sich auf, tauchen in den Fluß hinab und kommen wieder nach oben, drehen sich wie ein Karussell, bevor sie an die steinernen Brückenpfeiler gedrückt werden und krachend auseinanderbersten.

Den Spaziergängern bietet dieses Eisballett in der 1703 von Peter dem Großen gegründeten Stadt ein grandioses Schauspiel im Anblick der Peter-und-Pauls-Festung, die zu Beginn des 18. Jh. erbaut wurde und in deren Kerkern der Zarewitsch Alexej, Dostojewskij, Bakunin, die ersten Bolschewisten, Gorki und viele andere geschmachtet haben.

Noch imposantere Eisgänge kann man weiter im Osten Rußlands erleben, nämlich an den mächtigen Strömen Sibiriens – dem Ob, dem Jenissei und der Lena. Am Oberlauf der Flüsse, also im relativ warmen Süden Sibiriens, bricht das Eis ab Mitte April auf. Im Norden, in der Nähe des polaren Eismeeres, in das die Flüsse münden, ist dies erst Anfang Juni der Fall, und dann sind diese Regionen unpassierbar. Riesige, vom noch vereisten Fluß blockierte Eisschollen schieben sich an die Ufer, zersplittern oder bilden Türme, die mit lautem Krachen auseinanderbrechen. Die Sträucher am Ufer sind gegen die Eisschollen machtlos und werden mitgerissen. Das Wasser, das keinen Weg mehr flußabwärts findet, tritt über die Ufer und überschwemmt die weiten Flußauen. Und wenn dann noch die oberen Bodenschichten auftauen, verwandeln sich die Auen in große Sumpfgebiete. ■

liegt. Dort beträgt die Durchschnittstemperatur für wenigstens einen Monat im Jahr +10 °C, so daß die Nadelgewächse oder Koniferen dominieren. In der Taiga ist es jedoch nicht so kalt wie in der Tundra der Polarregionen, wo sich nur noch eine spärliche Vegetationsschicht aus Moosen und Flechten entwickeln kann.

Die Sommer in Alaska sind recht kurz, es gibt nur einen frostfreien Monat. Trotzdem kann man während dreier Monate sonnige und warme Tage erleben. Wegen der hohen Breitengrade sind die Sommertage sehr lang, so daß die Pflanzen rasch wieder aufleben, ein wenig wachsen und Reserven bilden, bevor die nächste kalte Jahreszeit hereinbricht.

Die Bewohner des nördlichsten US-Bundesstaates haben trotz der langen Winter den Humor nicht verloren. In Alaska, erzählen sie, gibt es vier Jahreszeiten – Juni, Juli, August und Winter. Die unendlichen Weiten des Landes inspirierten den amerikanischen Schriftsteller Jack London zu seinem berühmten Roman „Wolfsblut“. Alaska war und ist das Land der Abenteurer. Während des Goldrausches kamen Goldsucher entlang des Klondike und des Yukon und zogen bis zum Beringmeer. Die hartnäckigen Glücksritter suchten selbst im Winter nach Gold und tauten den gefrorenen Boden mit Dampfmaschinen auf. Doch nur wenige von ihnen wurden wirklich reich, viele erfroren und verhungerten, noch bevor sie im „gelobten Land“ ankamen.

Auch heute führen nur wenige Straßen durch die Weiten Alaskas. Von der Nord- bis zur Südküste durchquert eine 1284 km lange Ölpipeline das Land; streckenweise wurde sie auf Stelzen erbaut, weil der Boden im Winter gefroren und im Sommer sumpfig ist. Inzwischen kommen neue Pioniere in den hohen Norden: neben Holzfällern, Jägern, Anglern und Touristen auch die Geologen und Bohrmannschaften der Erdölkonzerne. ■

◁ ***Der Denali-Nationalpark in Alaska: Im Herbst verfärbt sich die Vegetation intensiv. Die Region liegt jenseits von 60° nördlicher Breite. Um die dort herrschenden starken Fröste im Winter auszuhalten, geben die Pflanzen vor der kalten Jahreszeit viel Wasser ab. Dadurch wird der Zellsaft konzentrierter und kann nicht gefrieren.***

Glücksritter in Alaska

Der kurze Sommer in Alaska ist vorüber. Bäume und Sträucher haben sich wie hier im Denali-Nationalpark in buntes Laub gehüllt. Inmitten des grandiosen Nationalparks liegt Nordamerikas höchste Erhebung, der 6194 m hohe Mount McKinley, dessen indianischer Name Denali lautet. Die sanften Hügel der weiten Landschaft sind in warme Farbtöne getaucht, die den Herbst ankündigen: das Gelbrot der Blaubeersträucher und des Heidekrauts, das Goldgelb der Birken und Pappeln und das Dunkelrot der Zwergweiden. Nur die Fichten behalten ihre dunkelgrünen Nadeln.

Diese Mischung aus Laub- und Nadelgehölzen erinnert daran, daß wir uns in der Nähe der Taiga befinden, die weiter südlich

Vom Hunde- zum Motorschlitten

Mit dem Motorschlitten durch Kanada

Während der langen und schneereichen Winter im Norden Kanadas ist das Vorwärtskommen schwierig. Die früheren Eskimos und die nordamerikanischen Indianer konnten sich mit ihren Hundeschlitten aber ohne weiteres fortbewegen. Wenn sie zur Jagd oder auf Fischfang gingen, zogen zehn Huskies den hölzernen Schlitten. Dieser war ein zuverlässiges Transportmittel, das an die hohe Schneedecke optimal angepaßt war. Doch heute hat sich im hohen Norden vieles verändert. Motorschlitten ersetzen die Hundegespanne, und die moderne Technik hat die dortigen traditionellen Kulturen stark aus dem Gleichgewicht gebracht.

Kreisrunde Pingos im hohen Norden Kanadas

△ *Ein Pingo oder Eisvulkan auf der kanadischen Halbinsel Tuktoyaktuk in den Northwest Territories: der Pingo hat eine Höhe von 50 m und einen Durchmesser von 500 m. Eisvulkane sind typisch für Regionen mit Dauerfrostboden.*

Das Bild der Tundra im hohen Norden Kanadas wird in den beiden Sommermonaten lediglich von zwei Farben beherrscht: dem Blau des Wassers und dem Grün der Flechten und Moose. Das Relief der Landschaft am Rand des polaren Eismeeres läßt sich genauso einfach beschreiben: Hier ist alles flach.

Während der Würmzeit, der letzten großen Eiszeit vor rund 30 000 Jahren, hat eine mächtige Eiskappe den Gesteinssockel abgeschliffen und eingeebnet. Das heute sichtbare Erbe aus dieser Zeit sind Tausende von Seen und Flüssen, die nahezu die Hälfte der Northwest Territories bedecken, der nördlichsten aller kanadischen Provinzen.

Beim Blick über die karge, flache Landschaft erkennt man hin und wieder Unebenheiten, die das monotone Relief unterbrechen. Dazu zählt auch der kleine Krater nahe der Flußmündung des Mackenzie, der auf dem oben abgebildeten Foto zu sehen ist. So putzig er aussieht, so fröhlich klingt auch sein Name: Geologen bezeichnen ihn als Pingo.

Die runden Pingos oder Eishügel entstehen auf dem ständig gefrorenen Boden oder Permafrost. Der je nach Region bis zu mehrere hundert Meter dicke Permafrost hat sich seit der Würmeiszeit überall dort gehalten, wo die Jahresdurchschnittstemperatur unter dem Gefrierpunkt liegt. Er ist undurchlässig, so daß die Niederschläge nicht im Boden versickern können, sondern zahlreiche Bäche und Flüsse bilden. Stellenweise aber kann ein Teil des Wassers in die oberste Bodenschicht eindringen. Im Winter gefriert das Wasser und bildet eine große Eislinse. Diese wölbt sich auf und hebt die darüberliegende dünne Bodendecke an. Wenn sie im Sommer wieder abschmilzt, bricht die dünne Bodenschicht ein und bildet eine flache Schüssel. Im Lauf der Zeit wiederholt sich dieser Prozeß immer wieder, und ein Pingo entsteht.

Im Sommer taut auch der Permafrost an seiner Oberfläche auf, und es bildet sich ein schwammiger und schmieriger Boden, den Geologen als Mollisol bezeichnen. Auf diesem Untergrund haben die Moose und Flechten nur zwei Monate Zeit zum Wachsen und Vermehren, bevor sie wieder für zehn Monate mit Schnee und Eis bedeckt sind. ■

Wie ein Pingo wächst

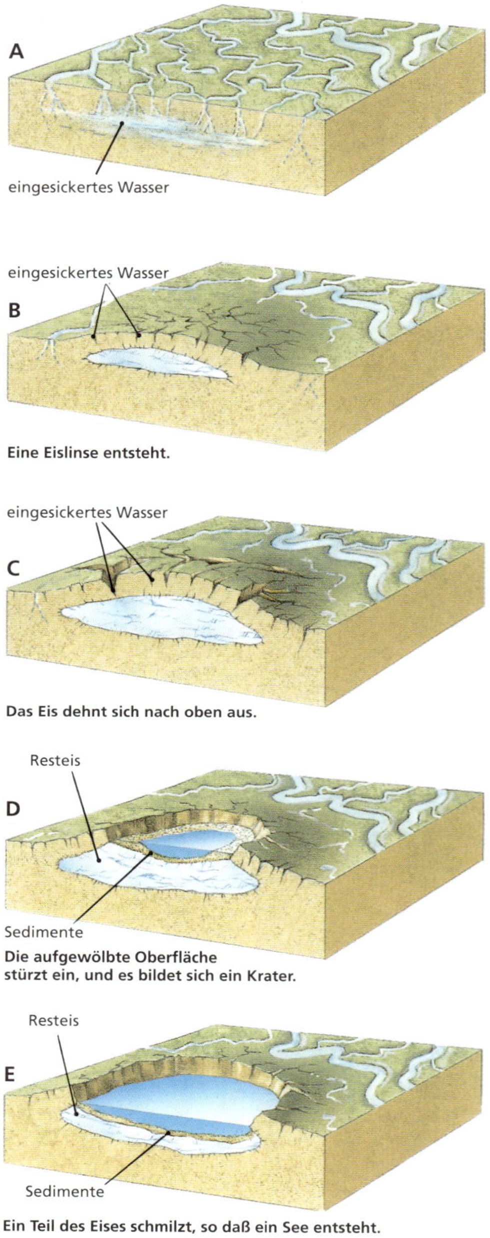

Pingos oder Eisvulkane sind Hügel, die man in Regionen antrifft, in denen der Boden in der Tiefe ständig gefroren ist. Wasser versickert nur in der Oberflächenschicht und gefriert zu einer Eislinse, die den darüberliegenden Boden verformt. Schließlich bricht die Oberfläche auf. Es entsteht ein Krater, in dem sich ein See bildet.

△
Ein fahler Wintertag in Tscherskij jenseits des Polarkreises im Nordwesten Sibiriens. Durch ihre Lage auf dem eurasischen Kontinent und den hohen Breitengraden bricht diese Region viele Rekorde. Hier ist der Temperaturunterschied zwischen Sommer und Winter weltweit am größten, und nur in der Antarktis herrschen noch tiefere Durchschnittstemperaturen.

Dämmerlicht und eisige Kälte in Nordsibirien

Tscherskij liegt an der Kolymskaja nahe dem arktischen Eismeer und ist ein strategisch wichtiger Ort im Nordosten von Sibirien, dem Land des Permafrostes, des ständig gefrorenen Bodens. Um die Stadt herum erstrecken sich große Sumpfgebiete, die im Winter gefroren sind. Oft zieht Nebel auf und legt gespenstische Schleier über die Tundra. Im Winter, wenn die Sonne für einige Zeit tief über dem Horizont steht, ist der diesige Himmel dann einige Stunden lang rötlich gefärbt.

Im Januar taucht die Sonne nicht mehr hinter dem Horizont auf, und lediglich ein fahles Dämmerlicht erhellt die Straßen. Trotz des langen Winters fällt in diesem Teil Sibiriens nur wenig Schnee, doch er bedeckt den Boden mehr als acht Monate lang, und die Temperatur kann bis auf −70 °C absinken. Für die Bewohner von Tscherskij bedeutet dies, daß sie im Lauf des Jahres Temperaturunterschiede von 90 °C ertragen müssen, denn an langen Sommertagen klettert das Thermometer auf +20 °C und mehr.

Eine alte russische Sage erzählt, daß Gott die Erschaffung der Welt in Sibirien beendet habe. Aus einem großen Sack habe er die Bodenschätze ausgeleert und sei von diesen so entzückt gewesen, daß er sie unter dem Eis und den Sümpfen vergrub, damit sie nicht so leicht zugänglich wären.

Doch als Zar Alexander III. im Jahr 1891 den Bau der Transsibirischen Eisenbahn anordnete, geschah dies auch, um die unermeßlichen Bodenschätze im Osten seines Reiches zu nutzen. Mit dem Bau der Eisenbahn förderte der Zar die Besiedelung Sibiriens mit Russen, die dort ihre Bauernhütten, die *Isbas*, errichteten. Diese einfachen Holzhäuser stehen wie die modernen Betonbauten fast alle auf Pfählen, die in den gefrorenen Boden gerammt werden. Stünden sie direkt auf der Erde, so würde ihre Wärme den Boden aufweichen, und die Gebäude würden immer tiefer in den Untergrund einsinken. Wie weich der Boden während der kurzen Sommer ist, wenn seine obere Schicht auftaut, zeigen die geneigten Strommasten auf dem Foto oben. ■

Ostwärts ins Reich der kontinentalen Kälte

Entfernt man sich in den mittleren Breitengraden vom Westen der Kontinente, so nimmt der Einfluß der ozeanischen regenreichen Westwinde ebenso ab wie die Heizwirkung der warmen Meeresströme – etwa des Golfstroms. Je weiter man nach Osten vordringt, um so tiefer gelangt man ins Reich kontinentaler Kälte.

Im Winter reflektiert der verschneite Boden die schwache Sonneneinstrahlung und kühlt langsam aus. Auch die bodennahe Luft kühlt sich stark ab, wird dadurch sehr dicht und erzeugt großräumige Hochdruckgebiete, die für einen langen und äußerst kalten Winter sorgen.

Kälterekorde verzeichnet man im Nordosten Sibiriens, denn hier kommt neben der großen Entfernung zur atlantischen Küste auch die Auswirkung der hohen Breitengrade hinzu. Mit Durchschnittstemperaturen im Januar von −7 °C und Kältespitzen von −70 °C ist es in diesen Regionen ebenso kalt wie im Zentrum der Antarktis. Wegen der stabilen Hochdruckgebiete kommt es aber selten zu Niederschlägen, so daß sich nur eine dünne Schneedecke bildet. Regenreicher sind die Ostküsten der Kontinente, weil dort die Luft feuchter ist.

Die Schneeschmelze beginnt in den kontinentalen Klimagebieten zwischen April und Juni, und kurz danach bricht der Sommer geradezu explosionsartig aus. Von Schnee und Eis befreit, kann der Boden die energiereichen Sonnenstrahlen aufnehmen. Seine Temperatur steigt rasch an, und auch die Atmosphäre erwärmt sich. Das winterliche Hoch löst sich auf und läßt nun Tiefdruckstörungen aus dem Westen heranziehen und Gewitter niedergehen.

Eisige Kunstwerke im Norden Chinas

Der Winter in Harbin, der Hauptstadt von Heilongjiang, der nördlichsten Provinz Chinas, ist lang und streng, hat aber durchaus seinen Reiz. Denn jedes Jahr feiern die Bewohner der Stadt ab dem 5. Januar das Eis-und-Schnee-Fest. Dabei machen sie sich die außergewöhnlich tiefen Temperaturen zunutze: −40 °C sind in dieser Gegend keine Seltenheit. Einheimische Künstler bearbeiten mit Säge, Messer, Hobel und Meißel große Eisblöcke, die sie aus dem Fluß Songhua Jiang geschnitten haben. Die Blöcke werden zurechtgehauen und zusammengesetzt, wobei sich die Künstler von Volkssagen, Märchen und Bauwerken des alten China inspirieren lassen. Im Zhaolin-Park können die Besucher dann die prächtigen Kristallpaläste, Märchenlandschaften, durchsichtigen Tiere und Menschengestalten bewundern, die bei Anbruch der Dunkelheit mit bunten Laternen farbenfroh beleuchtet werden.

Immer schön „cool" bleiben auf der Eisbrücke

Die polaren Klimazonen

AM RAND DES EWIGEN EISES

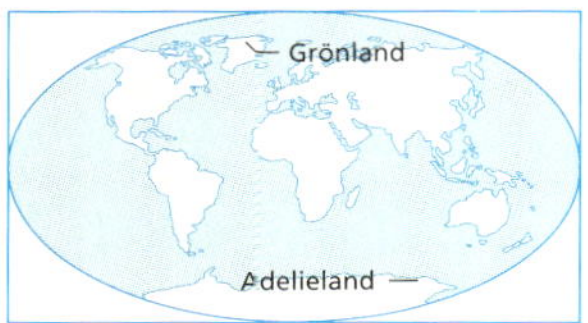

Kälte ist das vorherrschende Merkmal der Klimazonen in den hohen Breiten. Die Meere sind von Packeis bedeckt, aber auch große Landflächen – etwa Grönland im Norden oder die Antarktis im Süden – überzieht ganzjährig eine Eiskruste. Am Rand dieser unwirtlichen Welt beginnt auf dem Festland Eurasiens und Amerikas die Tundra.

△
Eine Tundralandschaft auf der Insel Traill, die zu Grönland gehört. Im Winter legt sich eine dicke Schneedecke über das Land, doch im Sommer erscheint eine niedere Vegetation. Dann überragen die baumwollartigen weißen Büschel des Wollgrases die grünen Moose und Flechten.

Stechmückenplage in der Tundra

Am Rand der Polargebiete erstreckt sich die Tundra. Typisch ist sie vor allem für den hohen Norden Amerikas und Eurasiens. Hier herrscht das ganze Jahr über ein rauhes Klima. Zwar schmilzt im Sommer der Schnee, doch die frostfreie Zeit dauert nur vier oder fünf Monate. Die durchschnittlichen Tagestemperaturen klettern lediglich in zwei oder drei Monaten auf mehr als +10 °C. Meist fallen auch nur wenig Niederschläge. Die winterliche Schneedecke ist kaum einen halben Meter dick, die Regenfälle im Sommer sind selten und wenig ergiebig. Unter diesen Bedingungen können keine Bäume wachsen, und deshalb findet sich in der Tundra nur eine niedrige Strauchvegetation. Im Frühsommer erblühen die einjährigen Pflanzen, ansonsten gibt es wenige Farbtupfer in der Landschaft. Charakteristisch ist ein dicker Teppich aus Moosen und Flechten.

Die tieferliegenden Bodenschichten bleiben das ganze Jahr über gefroren. Deshalb können selbst die wenigen Niederschläge nicht versickern, und die Tundra ist mit Teichen und Sümpfen durchsetzt, an denen Myriaden von Stechmücken umherschwirren und den Menschen das Leben schwer machen. Außer den Inuit in Nordamerika und Grönland, den Aleuten in Alaska und den Samen in Nordskandinavien leben nur wenige Menschen dauerhaft in der Tundra. Doch im hohen Norden gibt es viele Bodenschätze und deshalb immer mehr Siedlungen mit Minenarbeitern. Und wegen ihrer strategischen Bedeutung verfügen die Polarregionen auch über eine Reihe von Militärstützpunkten. ■

Der kurze Weg durch die Nordostpassage

Das französische Polarschiff Astrolabe

Drei Monate lang können die Schiffe im Sommer an der Nordküste Sibiriens entlangfahren – vorausgesetzt, ein Eisbrecher legt eine Fahrrinne frei. Die Nordostpassage war von 1922 an der sowjetischen Flotte vorbehalten gewesen, doch seit der Auflösung der Sowjetunion zeichnet sich eine Öffnung für die internationale Schifffahrt ab. Der Weg von London nach Tokio beträgt auf dieser Strecke 14 500 km gegenüber 22 000 km durch den Suezkanal. Das französische Forschungsschiff *Astrolabe* hat zwischen dem 27. Juli und dem 1. September 1991 eine Fahrt von Le Havre nach Japan unternommen. Begleitet wurde die *Astrolabe* von einem russischen Eisbrecher. Bei der Navigation verließ sich der Kapitän unter anderem auf den europäischen Satelliten *ERS1*, der kurz zuvor ins All geschossen worden war.

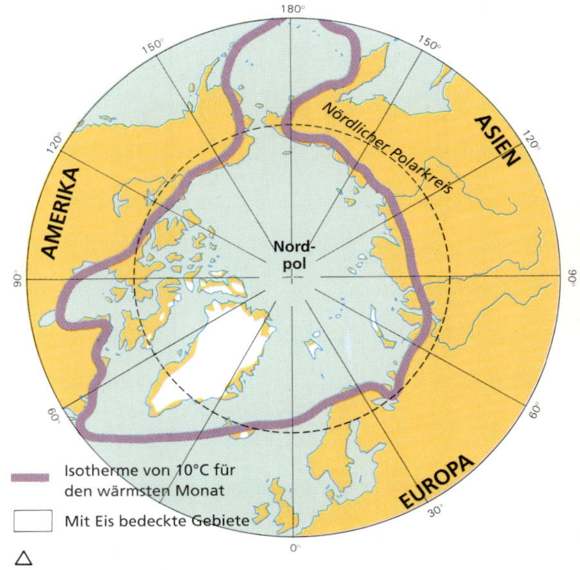

△
Rings um die Polargebiete ist es ganzjährig kalt. Die Grafik zeigt die 10 °C-Isotherme der nördlichen Hemisphäre. Zwischen dieser Linie und dem Pol bleibt die Temperatur auch im wärmsten Monat unter 10 °C, so etwa in Grönland und Nordkanada. Deutlich zu erkennen ist der Einfluß des warmen Golfstromes: Vor dem skandinavischen Schild und den britischen Inseln ist die 10 °C-Isotherme nach Norden verschoben.

Kaiserpinguine – soziale Bewohner der Antarktis

Nur wenige Tiere können unter den extremen klimatischen Bedingungen der Polargebiete überleben. Die hier fotografierten Kaiserpinguine zum Beispiel leben im Adelieland am Rand der Antarktis sowie auf einigen davorliegenden Inseln. Sie ernähren sich von Fischen und sind erstaunlich unempfindlich gegen die eisige Kälte. Wird diese durch die heftigen Winde noch beißender, drängen sich die Pinguine dicht zusammen und wärmen sich gegenseitig. Damit nicht immer dieselben an vorderster Front stehen müssen und dort direkt dem eisigen Nordostwind ausgesetzt sind, wechseln sich die Tiere in dieser Position nacheinander ab.

Wegen der stabilen Hochdruckgebiete ist die Luft über den Polargebieten meist ruhig. Doch wenn aus niedrigen Breitengraden ein Tiefdruckgebiet eindringt, kann es zu furchtbaren Schneestürmen kommen. ■

Kaiserpinguine sind gute Schwimmer und hervorragende Taucher. Im Adelieland in der Antarktis bilden sie große Kolonien, was besonders von Vorteil ist, wenn die Tiere einen Schneesturm über sich ergehen lassen müssen.

Lange Nächte und Tage an den Polen

Jenseits der beiden Polarkreise, die auf einer Breite von 66° 33' liegen, sind die Sommertage und die Winternächte besonders lang. Genau an den Polen ist es im Sommer sechs Monate lang hell und im Winter sechs Monate lang dunkel – das Jahr besteht gewissermaßen nur aus einem Tag und einer Nacht.

Selbst wenn in den Polargebieten die Sonne aufgeht, bleibt sie nur flach über dem Horizont stehen. Daher ist die Zufuhr an Strahlungsenergie im Lauf eines Jahres nur sehr gering – und dementsprechend herrscht hier immer große Kälte.

Auf der großen und geschlossenen Eiskappe der Antarktis sowie der Gletscherdecke Grönlands fallen die Temperaturen im Winter auf eisige Rekordwerte. Am 21. Juli 1983, also mitten im südlichen Winter, maßen die Wissenschaftler der russischen Forschungsstation Wostok in der Antarktis einen Wert von −89,2 °C. Die Durchschnittstemperatur am Südpol beträgt im Juli −59 °C, im Polarsommer dagegen wird es immerhin 0 °C warm.

Am Rand der Polargebiete ändert sich die Ausdehnung des Packeises im Jahresverlauf, was auf Satellitenfotos gut zu erkennen ist. Im Winter beträgt die Eisfläche auf der Südhalbkugel 18 Millionen km², auf der Nordhalbkugel liegt sie bei 12 Millionen km². Sommers schrumpft das Eis in der südlichen Hemisphäre auf 4 Millionen km² und auf 8 Millionen km² in der Arktis.

Die Polarlichter

PRÄCHTIGE LICHTSPIELE

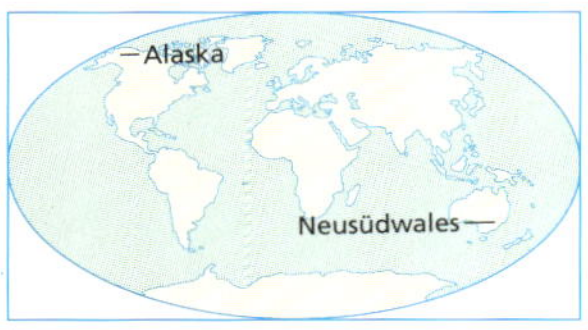

Der abwechslungsreiche Farbenreigen des Polarlichtes in den hohen Breitengraden begeistert jeden, der Zeuge dieses eindrucksvollen Schauspiels wird. Auch Robert Scott, einer der Entdecker des Südpols, berichtet in einer Tagebuchnotiz vom Juni 1911 von den „hellen, flimmernden Bogen und Bändern" und „aufblitzenden Lichtgarben".

Polarlichter im hohen Norden

Von dieser Erscheinung ist jeder fasziniert – egal, ober er sie zum ersten Mal sieht oder bereits kennt. Wenn im Norden Skandinaviens oder Alaskas der nächtliche Winterhimmel farbenprächtig flimmert, dann leuchtet wieder einmal das Polarlicht. Über dem Kopf des Beobachters ziehen für einige Stunden Lichtbänder und -vorhänge am Firmament vorüber. Ein grandioses Schauspiel der Natur, dessen einzelne Akte wie im Theater einer bestimmten Reihenfolge unterliegen. Je nach Stärke des Polarlichtes schweben schlichte, grünliche Farbbänder am Himmel, wie sie auf dem Foto zu sehen sind. Die eigenartige Leuchterscheinung kann die Form einer großen Girlande ebenso annehmen wie die eines weitschwingenden Lichtvorhangs, der mitunter zartrosa gesäumt ist. Gelegentlich bilden sich auch helle wolkenartige Flecken am nächtlichen Himmel.

Polarlichter gibt es nicht nur im Norden, wo sie Nordlicht oder *Aurora borealis* heißen. Sie treten auch in antarktischen Regionen auf, wo man sie Südlicht oder *Aurora australis* nennt. Die Lichtbänder erstrecken sich über Tausende von Kilometern in Ost-West-Richtung, sind jedoch nur einige hundert Meter breit.

Ihre Position am Himmel behalten sie weitgehend bei, während sich die Erde unter ihnen weiterdreht. Polarlichter treten im Umkreis der magnetischen Pole auf, vor allem in zwei mehreren hundert Kilometer breiten, ringförmigen Gürteln, die sich in höheren Breiten um den Erdball ziehen. In Zeiten, in denen der Sonnenwind nur schwach weht, schrumpfen die sogenannten Polarlichtovale. Wenn der Strom der elektrisch geladenen Teilchen jedoch anschwillt und in der Magnetosphäre einen Magnetsturm auslöst, verbreitern sich die Polarlichtgürtel sehr rasch, im Extremfall sogar bis in die Tropen. ■

◁ *Polarlichter am Nachthimmel über den Nadelwäldern Alaskas. Sie können so hell leuchten wie der Vollmond, aber auch nur wie das schwache Licht der Milchstraße schimmern. Oft beobachtet man blaßgrüne Farbtöne, die auf Sauerstoffatome in 100 km Höhe zurückgehen.*

Die Erde verhält sich wie ein Magnet, dessen Feld unseren Planeten in den höchsten Stockwerken der Atmosphäre, der Magnetosphäre, wie ein Schutzschild umschließt. Auf der zur Sonne zeigenden Seite drückt der Sonnenwind den Schild eng an die Erde, auf der gegenüberliegenden Nachtseite geht die Magnetosphäre in einen stromlinienförmigen, viele Millionen Kilometer langen Schweif über. Innerhalb der Magnetosphäre umgeben zwei torusförmige Strahlungsgürtel die Erde, in denen elektrisch geladene Teilchen aus dem Sonnenwind zwischen dem magnetischen Nord- und Südpol hin- und herpendeln. Über dem Äquator liegen die beiden Strahlungsgürtel in Höhen zwischen 1000 und 25 000 km, an den Polen nähern sie sich entlang den magnetischen Kraftlinien der Erde. An diesen Stellen dringen die Teilchen des Sonnenwindes wie durch zwei Trichter in die Atmosphäre ein. Dort geben sie Energie an die Gasatome ab und regen diese zum Leuchten an. ▽

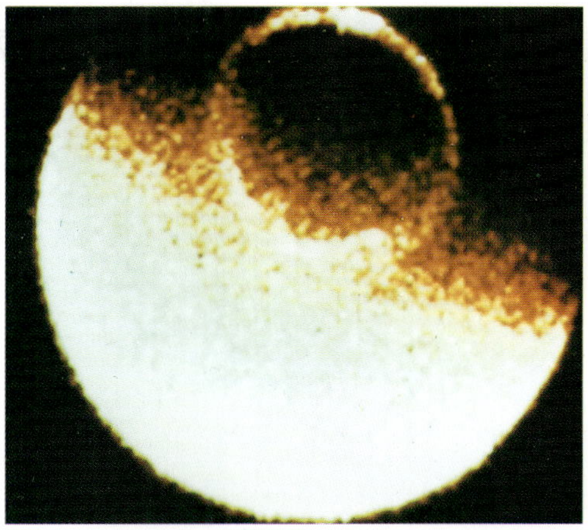

Das Satellitenfoto (oben) zeigt das nördliche Polarlichtoval aus einer Höhe von 22 000 km. Unten ist es als Skizze dargestellt.

Die Magnetosphäre: ein Band, das im Sonnenwind länger wird

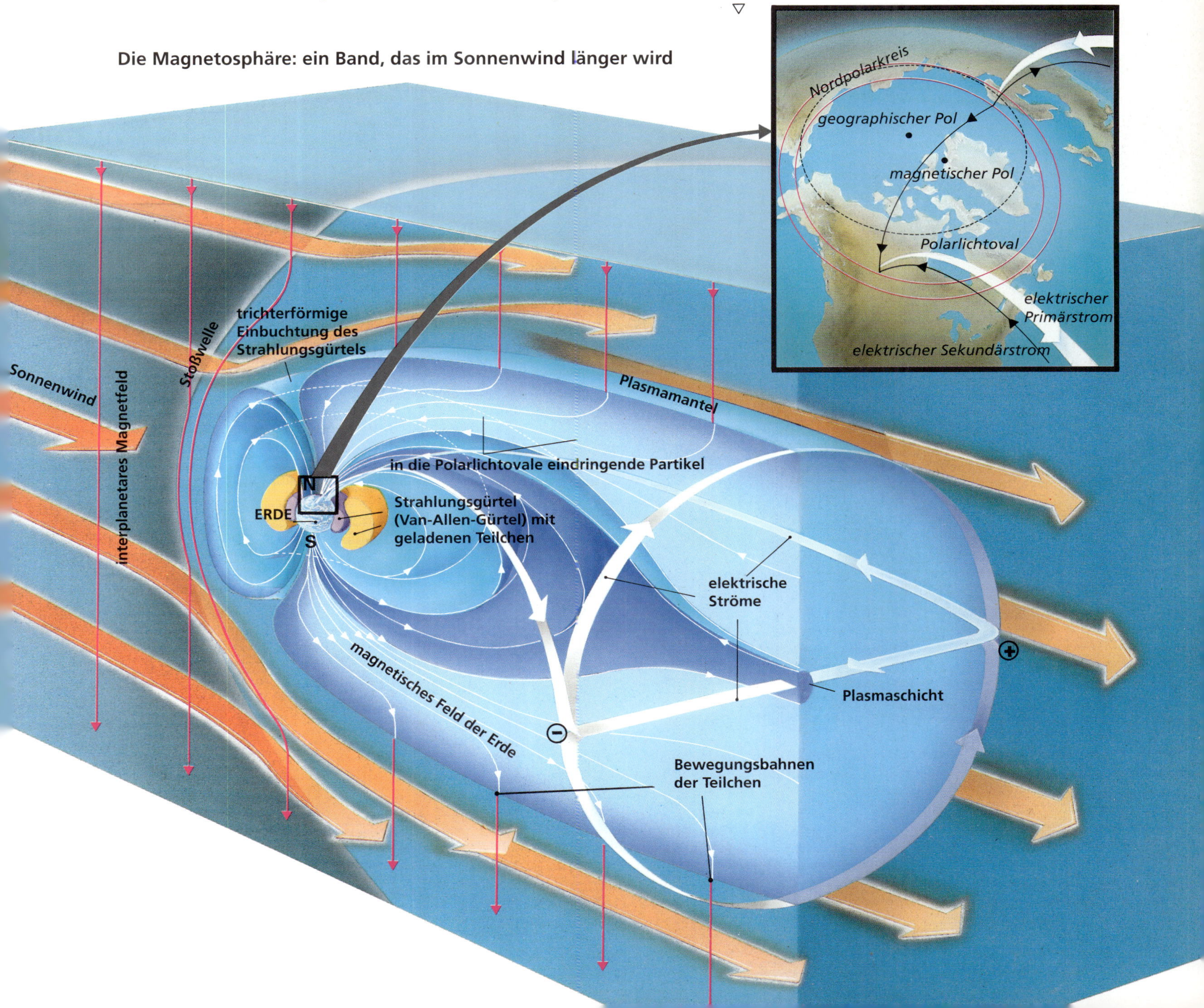

Tanz der Götter in Südaustralien

Im Mittelmeergebiet ist das Polarlicht selten zu sehen. Doch wenn dies der Fall ist, ruft das nächtliche Leuchten mitunter große Aufregung hervor. Als im Jahr 37 ein besonders intensives Polarlicht den Himmel über Rom rötlich färbte, glaubten die Römer, die nahegelegene Hafenstadt Ostia stünde in Flammen. Die Aborigines in Australien dagegen staunen kaum über diesen „Tanz der Götter" am Himmel. Zum einen sind für sie alle Dinge in der Natur beseelt, zum anderen bekommen sie Polarlichter öfter zu sehen als die Bewohner des Mittelmeergebietes.

Die in der Nacht aufflackernden Polarlichter haben nichts mit dem heraufziehenden Tag zu tun, sondern entstehen durch das Eindringen elektrisch geladener Teilchen aus dem All in die oberen Schichten der Atmosphäre.

Die unterschiedlichen Farben der Polarlichter hängen davon ab, mit welchen neutralen oder ionisierten Atomen und Molekülen in der Atmosphäre die aus dem Weltraum eindringenden Partikel zusammenstoßen.

Je nach Wucht des Aufpralls und nach Höhe der durcheinandergewirbelten Gasschichten senden Sauerstoffatome ein grünlichgelbes Licht aus, in großer Höhe – wie hier auf dem Foto – gelegentlich auch einen rötlichen Farbton. Ionisierte Stickstoffmoleküle leuchten violett und blau, neutrale dagegen rosa. Wasserstoff ruft ein Rot am Himmel hervor, das mit dem bloßen Auge aber schwer von den Rottönen des Sauerstoffes zu unterscheiden ist. Um die Farben und damit die Wellenlängen eines Polarlichtes zu bestimmen, untersuchen Forscher das Licht spektroskopisch. ■

◁ ***Südliches Polarlicht über dem Nachthimmel von Neusüdwales, Australien: die Sterne lassen dieses Schauspiel noch magischer erscheinen.***

Gewitter in der Magnetosphäre

Vor gut 2000 Jahren beschrieben die Schriftsteller der Antike bereits jenes auffällige Flimmern, das manchmal den Nachthimmel über dem Mittelmeer und dem Nordatlantik erhellt. Fünfzehn Jahrhunderte später bezeichnete Galileo Galilei diese Phänomene als *aurora borealis*, als Nordlicht. Auch Chinesen, Engländer, Russen und Skandinavier beobachteten das Leuchten und nannten es Feuerdrachen, Wunder Gottes oder auch den Zorn des Buddha.

Astronomen, Physiker und Mathematiker rätselten lange über die Ursache. Handelte es sich um einen Regenbogen, der durch die Luftbewegung entsteht? Oder war es ein Streulicht der Sonne? 1731 schrieb der Franzose J. de Mairan in einer Abhandlung für die Akademie der Wissenschaften: „Man sollte meinen, daß die Atmosphäre der Sonne in den unteren Bereich der Erdatmosphäre drängt." Dies war ein erstaunlich visionärer Satz, denn im 19. Jahrhundert entdeckten Wissenschaftler den Zusammenhang zwischen den Eruptionen auf der Sonne und den über Europa erscheinenden Polarlichtern. Dann fanden sie, daß deren unterschiedliche Farben von der Art der beteiligten Atome abhängen. Schließlich formulierte man die Hypothese der „solaren Korpuskelstrahlen", die auf das Magnetfeld der Erde auftreffen. Doch die genaue Beschreibung dieses Feldes und damit die Erklärung der Polarlichter ergab sich erst aus einer großangelegten, weltweiten Beobachtungskampagne der oberen Atmosphäre, die von 1957 bis 1958 in den Polarregionen durchgeführt wurde.

Heute wissen wir, daß die Erde von einer gashaltigen, nach oben zu immer dünneren Atmosphäre umgeben ist, die aus Atomen und neutralen Molekülen wie Stickstoff oder Sauerstoff besteht. Danach folgt als weitere Schale die Ionosphäre. Bevor dahinter der eigentliche interplanetare Raum beginnt, erstreckt sich ein Bereich, der dem Einfluß des Magnetfeldes der Erde unterliegt – die sogenannte Magnetosphäre.

Durch den interplanetaren Raum weht der Sonnenwind, ein Fluß aus elektrisch geladenen Protonen und Elektronen, den die Sonne abgibt. Die Magnetosphäre bildet ein Hindernis für den Sonnenwind, der mit voller Wucht auf diese Sphäre auftrifft. Der aus Teilchen bestehende Sonnenwind bildet selbst ein interplanetares Magnetfeld, das etwa 10 000 mal schwächer ist als das Magnetfeld der Erde. Unter bestimmten Bedingungen verbinden sich die Feldlinien des Erdmagnetfeldes mit denen des interplanetaren Feldes. Die in die Magnetosphäre eindringenden Partikel verlaufen an der Oberfläche des magnetosphärischen Schweifes und wandern dabei allmählich zu der neutralen Schicht.

Diese Zirkulation erzeugt starke elektrische Ströme. Wie ein sich aufladender Generator speichert der Schweif der Magnetosphäre dabei große Mengen an Energie. Dann bricht plötzlich ein „Gewitter in der Magnetosphäre" los. Die Magnetfeldlinien schleudern die elektrisch geladenen Gaspartikel ins All zurück und treiben gleichzeitig andere Partikel auf die Polarregionen der Erde zu.

Je nach ihrer Energie und ihrem Aufprallwinkel tauchen viele dieser Teilchen weit genug in die Atmosphäre ein, um in etwa 100 km Höhe auf Atome und Moleküle zu treffen. Diese werden durch den Zusammenprall energetisch angeregt und senden dann ein Licht aus – das Polarlicht.

Strahlströme der oberen Atmosphäre

EILTRANSPORT AM HIMMEL

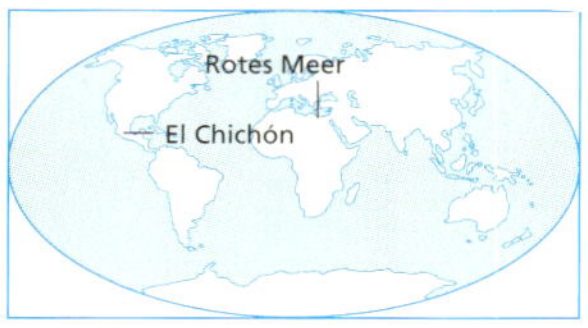

Über den Subtropen wehen in Höhen zwischen 8 und 15 km permanent Winde mit Geschwindigkeiten von mehr als 400 km/h. Diese schnellen „Jetstreams" beeinflussen das Klima, denn sie trennen tropische und polare Luftmassen voneinander, und nach Vulkanausbrüchen verfrachten sie den in der Luft schwebenden Staub um die Erde.

Vulkanausbrüche bringen das Klima durcheinander

Zwischen den Wendekreisen wehen die Passatwinde über dem Festland und den Meeren beständig aus Nordost und Südost in Richtung Westen. In Höhen von 8 bis 15 km dagegen dominiert der Jetstream. Er weht mit Geschwindigkeiten von mehr als 400 km/h über den Subtropen konstant von West nach Ost.

Sowohl der Passat als auch der Jetstream können in der Atmosphäre schwebende Teilchen rund um die Erde verteilen. Dies gilt zum Beispiel für die bei einem Vulkanausbruch in die Luft geschleuderten Aschen und Aerosole. Die groben Aschenteilchen werden vom Regen relativ rasch aus der Luft ausgewaschen. Aerosole, wie etwa Schwefelsäure, schweben dagegen monatelang in der Atmosphäre – sie bestehen aus feinstverteilten Flüssigkeiten oder Partikeln, die ein hundertstel bis ein millionstel Millimeter groß sind.

Die Aerosole verhindern, daß ein Teil der Sonnenstrahlen bis zur Erdoberfläche gelangt. In den Monaten nach sehr starken Vulkanausbrüchen kommt es deshalb zu einem leichten Temperaturrückgang an der Erdoberfläche, wie dies etwa beim Vulkan El Chichón der Fall war, der 1982 im Süden von Mexiko ausgebrochen ist. Bereits im 18. Jh. hatte Benjamin Franklin diesen Zusammenhang vermutet. Seit etwa 30 Jahren verfolgen Klimaforscher den Weg der Aerosole in der oberen Atmosphäre mittels Satelliten und Ballonsonden.

Nach dem Ausbruch des El Chichón am 4. April 1982 wurden die Aerosole von den Winden zunächst rasch nach Westen verfrachtet, bevor sie sich im Lauf der Jahre 1982 und 1983 auf der gesamten nördlichen Hemisphäre bis in die Arktis verteilten. Zwar betrug die Abkühlung in den unteren Schichten der Atmosphäre im Durchschnitt weniger als 1 °C, doch die normale Zirkulation der Luftströme war über ein Jahr erheblich gestört. ■

Wie nach dem Ausbruch des Vulkans El Chichón am 4. April 1982 Staub und Gase um den ganzen Erdball transportiert wurden

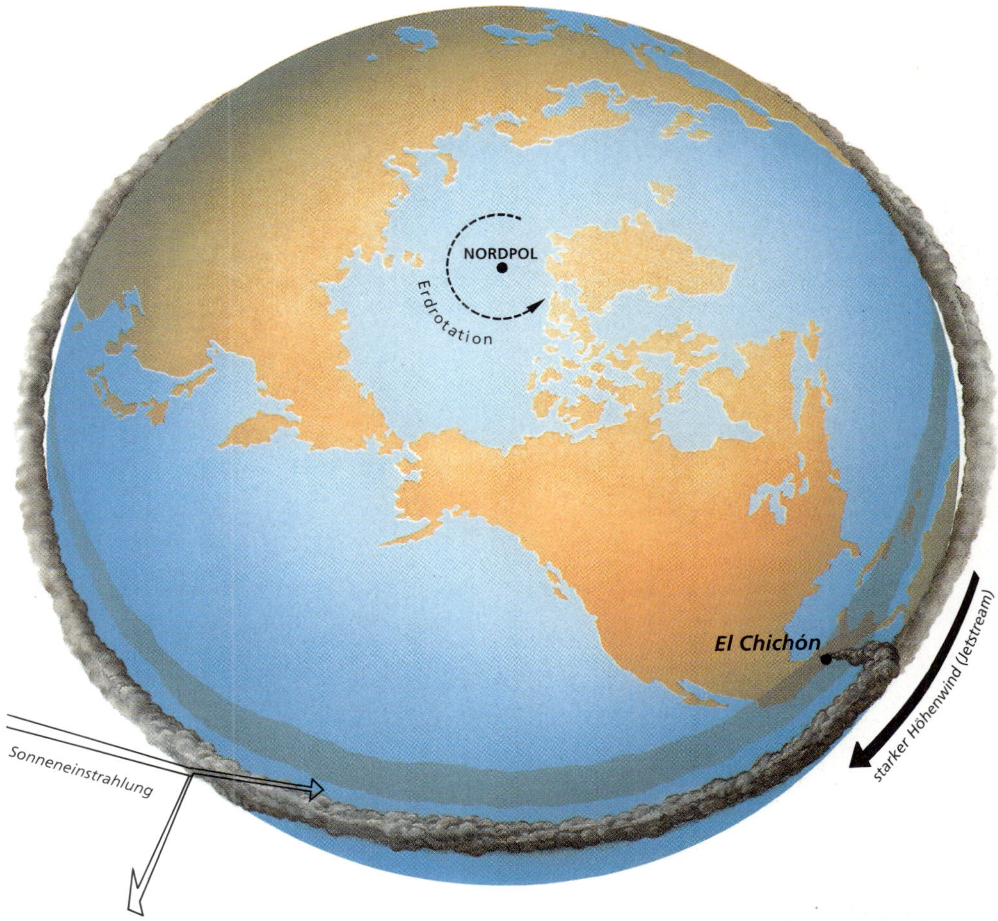

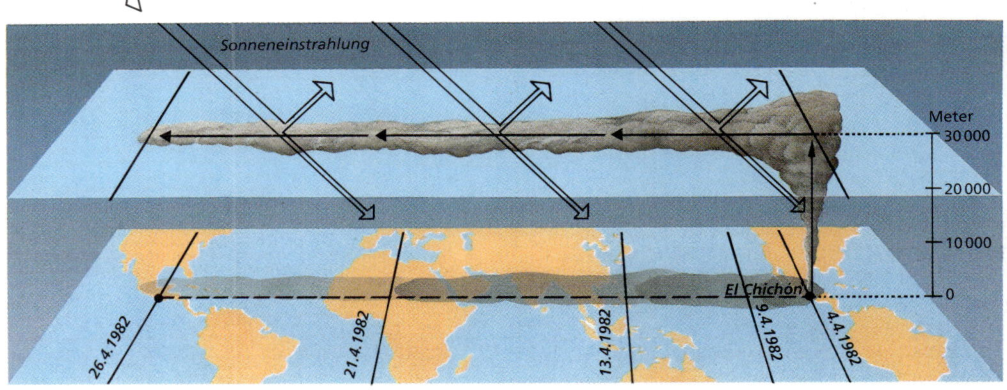

Im April 1982 hatten sich die Aschen und Gase des mexikanischen Vulkans El Chichón in mehreren Schichten in einer Höhe zwischen 18 und 35 km Höhe verteilt. Einige Monate später waren die Aerosole über der gesamten Nordhalbkugel verbreitet. Sie behinderten die Sonneneinstrahlung und waren so teilweise mitverantwortlich für die kühle Witterung im Jahr 1983. ▷

△ *1966 wurde dieses Foto von einem Satelliten aufgenommen; es zeigt ein langes und dünnes Wolkenband über Arabien, dem Roten Meer und der ägyptischen Wüste. Das Band kennzeichnet die Untergrenze des Jetstreams, und der klare Verlauf ist ein Zeichen dafür, daß der Wind eine Geschwindigkeit von mindestens 200 km/h hat.*

Jetstream schützte Tokio

Im November 1944 flogen US-amerikanische Militärflugzeuge in Richtung Tokio, um die japanische Hauptstadt zu bombardieren. Als sie in einer Höhe von 8000 m über der Metropole angekommen waren, klinkten die Piloten ihre Bomben aus, doch diese verfehlten ihr Ziel. Der Grund dafür stellte sich erst später heraus: Die tatsächliche Geschwindigkeit der Flugzeuge lag um 140 km/h über der geplanten. Dies brachte Wetterforscher auf die Spur eines Luftstromes, der in großer Höhe über den Subtropen weht: der Strahlstrom, besser bekannt als Jetstream.

Seit Ende des Zweiten Weltkrieges ist es Wissenschaftlern gelungen, die Winde in den oberen Stockwerken der Atmosphäre besser zu verstehen. So hängt der Jetstream eng mit den Luftmassen zusammen, die über den tropischen Regionen von Westen nach Osten absinken. Seine Achse, an der die Geschwindigkeit am höchsten ist, hat die Form einer abgeflachten Röhre. Auf den Aufnahmen von Wettersatelliten zeigt sie sich häufig als ein schmales, gut sichtbares Wolkenband.

In großen Höhen ist die Luft sehr viel dünner als in Bodennähe, und die Auswirkungen der Reibung an der Erdoberfläche sind sehr schwach. Der Jetstream hat häufig eine Geschwindigkeit von mehr als 150 km/h, seine Spitzengeschwindigkeit liegt gar bei 400 km/h. Weht er sehr stark, so nimmt der subtropische Höhenwind einen geradlinigen Verlauf und trennt dabei die tropischen von den polaren Luftmassen, so daß es nur zu einem geringen Luftaustausch zwischen Norden und Süden kommt. In diesem Fall überwiegt in den gemäßigten Breiten die westliche Luftströmung, bei der die über den Ozeanen mit Feuchtigkeit angereicherten Luftmassen Regen heranführen. Wenn die Geschwindigkeit des Jetstreams abnimmt, beschreibt er von oben betrachtet eine große Wellenbewegung. Dadurch werden kalte Tiefdruckgebiete in Richtung Tropen abgedrängt, und warme Hochdruckgebiete können nordwärts in die gemäßigten Breiten ziehen. Dabei kommt es zu einem umfangreichen Austausch zwischen den unteren und oberen Luftschichten, die normale Westströmung ist unterbunden, und für mehrere Tage herrscht schönes Wetter. ■

In der oberen Troposphäre

Die ungleiche Verteilung der von der Sonne zugeführten Energie teilt unseren Planeten in drei Zonen ein: Eine dieser Zonen hat einen Energieüberschuß und erstreckt sich entlang des Äquators zwischen 30° nördlicher sowie 30° südlicher Breite. Die beiden Zonen in den höheren Breitengraden haben dagegen ein Energiedefizit. Weil sich die unterschiedlichen Energiepotentiale ausgleichen, kommt es zwischen den Zonen zu einem Energieaustausch durch die großen Luft- und Meeresströmungen.

In der unteren Atmosphärenschicht, der Troposphäre, lenken das Relief und die Temperaturunterschiede an der Erdoberfläche die Winde ab und bremsen sie. Am oberen Rand der Troposphäre – der Tropopause – und in den darüberliegenden Luftschichten ist die Verteilung der Winde einfacher und konstanter. Dies zeigt die Bewegung der Wolken, an der die Richtung der Höhenwinde gut zu erkennen ist. Die hohen, oft hellleuchtenden Wolken bilden gerade oder wellenförmige Linien über eine Strecke von mehreren tausend Kilometern. Diese lassen Rückschlüsse auf die Intensität der Jetstreams zu. Die Höhenwinde verändern sich nämlich im Lauf eines Jahres. Der subtropische Jetstream zum Beispiel weht von Westen nach Osten und tritt im Winter auf 30° Breite in einer Höhe zwischen 11 und 14 km auf, im Sommer dagegen auf 45° Breite in einer Höhe von 10 bis 12 km. Am heftigsten bläst er in der kalten Jahreszeit. Wenn er sich sommers aber in Richtung der Pole verlagert, nimmt seine Durchschnittsgeschwindigkeit beträchtlich ab.

Wetterdaten vom Ballon

Täglich lassen rund um die Erde 800 bis 900 Wetterstationen jeweils zwei bis vier Höhenballons in die Atmosphäre aufsteigen. An den mit Wasserstoff oder Helium gefüllten Ballons hängen kleine Meßapparate und Funksender. Während des Aufstiegs durch die verschiedenen Luftschichten registrieren die Meßgeräte den Luftdruck, die Luftfeuchtigkeit und die Windgeschwindigkeit. Der Radiosender funkt die Daten an die Bodenstation, von dort aus werden sie an die Wettervorhersagezentren übermittelt.

Der Physiker J. A. Charles führte 1783 von einem Heißluftballon aus die ersten Messungen in der Höhe durch. 1898 entdeckte L. Teisserenc de Bort mit einer Ballonsonde die Stratosphäre, und 1947 wies C. G. Rossby die Existenz des Jetstreams nach. Die modernen Höhenballone haben erheblich zur Erforschung der Atmosphäre und zur Sicherheit der Luftfahrt beigetragen.

Ein Ballon vor dem Start in die Stratosphäre

Vom Wind gestaltete Landschaften

DAS WERK DES ÄOLUS

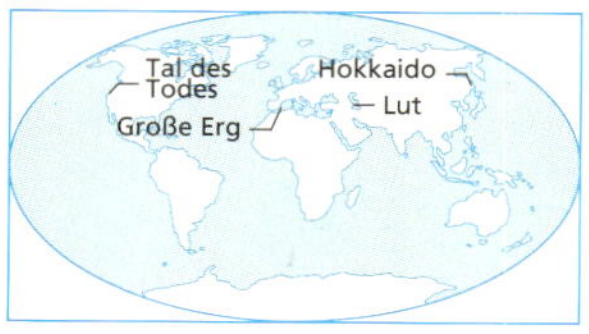

Wie das Wasser formt auch der Wind die Landschaft. Vor allem in Wüsten, wo die schützende Pflanzendecke meist fehlt, spielen Luftströme eine große Rolle. Sie erodieren hohe Gebirgsstöcke und häufen riesige Sanddünen auf. Frühere Völker verehrten Windgötter wie Äolus, ohne deren Hilfe sie nicht übers Meer segeln konnten.

△ ***Typische Landschaft der östlichen Großen Erg in der algerischen Sahara: Im Hintergrund erhebt sich eine Kette hoher Dünen, durch deren Flanken sich sogenannte Barchanstreifen ziehen. Auf der Dünenkette im Vordergrund sind waschbrettartige Rillen zu erkennen. Zwischen den Dünen erstreckt sich eine sandige Ebene.***

Die Dünen der Großen Erg – vom Winde verweht

Mit dem arabischen Wort Erg bezeichnen die Geographen Dünenfelder, die eine typische Landschaftsform der Wüsten sind. An der Grenze zwischen Algerien und Tunesien bedecken sie eine Fläche von 80000 km^2. Hier liegt die östliche Große Erg. Diese Dünenlandschaft ist ein gutes Beispiel dafür, wie die enormen Sandmassen streng in verschiedenen Formen angeordnet sind. In den größten Ergs kann sich diese Anordnung von Abschnitt zu Abschnitt ändern.

In der Großen Erg bilden die Sanddünen lange Ketten, die sich über viele Kilometer hinziehen und von breiten Längsfurchen begrenzt werden. Sind diese mit Sand bedeckt, so bezeichnen die Chamba-Nomaden sie als Feidsch. Ist ihr Boden dagegen steinig, heißen sie Gassi. Die kilometerlangen Sandketten setzen sich aus hohen, pyramidenförmigen Dünen zusammen, die untereinander verbunden sind. Diese sogenannten Ghourddünen sind stabil und manchmal mehr als 200 m hoch. Von ihrer Spitze aus laufen die Barchangürtel auseinander, die den beweglichen Teil des Dünengebildes darstellen. Auf den sanft abfallenden Flanken weht der Wind den Sand zu asymmetrischen Wellen zusammen, die sich langsam in Windrichtung verlagern.

Die regelmäßige Struktur der großen Dünenmassive zeigt, daß diese einen langen und komplexen Werdegang hinter sich haben. Die östliche Große Erg entstand aus riesigen Mengen von Schwemmsanden oder Alluvionen, die sich im großen Kessel der algerisch-tunesischen Wüste ablagerten. Am Ende des Tertiärs führten noch Flüsse aus umliegenden Gebirgen wie dem Hoggar und dem Tassili N'Ajjer in diese Senke. Als sich das Klima im Quartär erwärmte und die Flüsse zu Trockentälern oder Wadis wurden, übernahm der Wind die Rolle des Wassers. Im Lauf einer Entwicklung, die sich über mehr als zwei Millionen Jahre hinzog, hat er die Schwemmsande zu den mächtigen Dünengürteln der östlichen Großen Erg angehäuft. ■

Permanenter Wind sorgt für bizarre Wuchsformen

Steter Tropfen höhlt den Stein – und steter Wind macht Bäume krumm. Letzteres gilt vor allem für die Küstengebiete und Hochgebirge. Auf der japanischen Insel Hokkaido zum Beispiel ruft der ständige und starke Wind bizarre Wuchsformen hervor: Das Foto unten zeigt einen Baum mit typischer Flaggenform.

Der permanente Winddruck führt dazu, daß sich die jungen Pflanzen während ihrer Hauptwachstumsphase in Windrichtung biegen. Wenn sie dann mit zunehmendem Alter verholzen, bleibt die gekrümmte Form erhalten. Durch das nahe Meer ist die Vegetation zudem der salzigen Gischt ausgesetzt. Wird durch den ständigen Beschuß mit Sandkörnern das weiche Rindengewebe verletzt, kann Salzwasser eindringen, so daß die jungen Triebe im Extremfall absterben.

Zwergwuchs ist eine andere Form der Anpassung, welche die Vegetation dem Wind gegenüber entwickelt hat. So sind im Gebirge die Bäume in den Höhenlagen deutlich kleiner als in den Tälern. Nahe der Baumgrenze bilden Holzgewächse wie Kiefern oder Weiden meist nur noch niedrige Sträucher aus, und die krautigen Pflanzen wachsen dicht über dem Boden in dicken Polstern, über die der Wind hinwegstreichen kann. ■

Merkwürdige Steinpilze im Tal des Todes

Zu den merkwürdigsten Formen, die sich in einer Wüstenlandschaft finden, gehören pilzförmige Steine. Entstanden sind sie durch eine spezielle Form der Winderosion, die sogenannte Korrasion. Wenn der Wind Sandkörner aus hartem Quarz mit sich führt, kann er im Lauf der Zeit selbst die härtesten Gesteine erodieren. Jeder, der schon einmal in der Wüste war, kennt den unangenehmen Beschuß durch Sandkörner, die der Wind vor sich hertreibt. Im Extremfall schmirgelt dieses natürliche Sandstrahlgebläse innerhalb weniger Stunden den Lack eines Autos ab.

Die größte Reibung besteht in einer Höhe zwischen 1 m und 1,50 m. So hoch springen nämlich die Sandkörner, wenn der Wind sie von einem Punkt zum nächsten bläst. Geologen bezeichnen solche sukzessiven Sprünge auf harten Gesteinsoberflächen als Saltation. In Höhen unterhalb 1 m läßt die Bewegung der Sandkörner nach, weil sich in Bodennähe die Windgeschwindigkeit verringert. Die vertikale Verteilung der Windgeschwindigkeiten hat zur Folge, daß die springenden Quarzkörner unterschiedlich viel Energie mit sich führen. Dadurch aber erodieren sie einen frei stehenden Felsblock unterschiedlich stark, so daß aus diesem ein „Steinpilz“ entsteht. ■

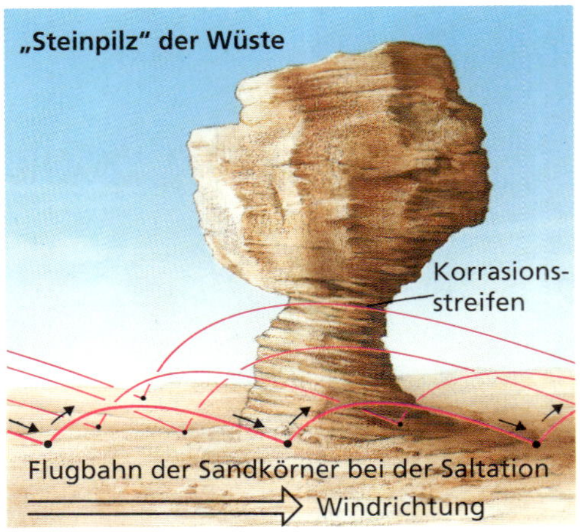

△ *Der Wind löst einzelne Sandkörner vom Boden und schleudert sie zunächst steil nach oben, bevor sie durch die Erdanziehungskraft in einem langen Bogen auf den Boden zurückfallen. Dieses Springen der Sandkörner heißt Saltation.*

Ständiger Beschuß durch Sandkörner hat diesen pilzförmigen Stein entstehen lassen. Er steht im Tal des Todes in der Wüste von Nevada, USA. ▷

Vom Wind gebeugte Bäume auf der japanischen Insel Hokkaido: am stärksten gekrümmt ist das frei stehende Exemplar, die Bäume im Wald sind durch die Vorposten am Waldrand geschützt. ▽

Christoph Kolumbus war guter Dinge, als am 3. August 1492 die von ihm angeführten Karavellen *Santa Maria*, *Pinta* und *Niña* aus dem spanischen Hafen Palos ausliefen. Sein Ziel war das ferne Asien, von dem man im Abendland seit den abenteuerlichen Reisen des Marco Polo träumte. Kolumbus wollte Ostasien erreichen, indem er immer westwärts segelte. Doch anstatt geradeaus nach Westen zu halten, richtete er seinen Kurs zunächst nach Süden zu den Kanarischen Inseln, um von dort aus ins offene Meer zu starten. Dem portugiesischen Seefahrer war nämlich bekannt, daß man mit Hilfe der Nordostwinde an der afrikanischen Küste entlangsegeln konnte.

Er hoffte, daß seine Schiffe in diesen Breiten von starken Winden nach Westen getrieben würden. Seine Intuition sollte sich als richtig erweisen. Nach 35 Tagen landeten die drei Schiffe an einer kleinen Insel, die er San Salvador nannte und als Vorposten Asiens ansah. Auf der Suche nach dem Festland segelte der kleine Konvoi mehrere Wochen lang vergeblich in der Karibik umher. Schließlich beschloß Kolumbus, nach Europa zurückzukehren. Um nicht gegen die Ostwinde ankämpfen zu müssen, die ihn hergetragen hatten, steuerte er zunächst nach Norden. Auch hier trieb ihn die Hoffnung, dort einen günstigen Wind zu finden. Erneut erwies sich dies als richtig: Starke Westwinde brachten ihn nach Portugal zurück. Neben den neuen Ländern in Übersee hat Christoph Kolumbus so eines der größten Luftzirkulationssysteme der Erde entdeckt – die Passatwinde.

***Die Schiffe* Santa Maria, Pinta *und* Niña**
▽

Sandstrahlgebläse der Natur

Dieser schwarze Diorit von der Antarktis stammt ursprünglich aus einem Vulkan. Der Wind hat ihn am Strand glattgeschliffen.

Die Sandstürme in den Wüsten schleifen die Gesteine stark ab. In vegetationsarmen und trockenen Landschaften beginnt die Erosion bei einer Windgeschwindigkeit von 4 bis 5 m/s. Gefördert wird sie durch die großen Mengen an abgelagertem Sand. Der Wind kann die Sandkörner als Schleifmittel mit sich führen und damit nicht nur einzelne Felsblöcke, sondern auch ganze Gebirgshänge abschleifen.

Das beeindruckendste Beispiel für diese Wirkung des Windes sind die in Facetten geschliffenen und feinpolierten Steine. Man findet sie in den heißen Wüsten und in den Wüsten der hohen Breitengrade. Bei dem oben abgebildeten schwarzen Stein handelt es sich um einen feinkörnigen vulkanischen Diorit. Er stammt von einem Strand in der Antarktis, der unablässig dem Wind ausgesetzt ist.

Die Yardangs in der Wüste Lut

An eine unwirtliche Mondlandschaft erinnert die Gegend, die das Foto rechts zeigt. Sie liegt inmitten eines großen Kessels in der Wüste Lut im Südosten des Iran. Die länglichen Hügel erreichen eine Höhe von 70 bis 80 m und erstrecken sich manchmal über eine Länge von mehr als 1 km. Der ständige Wind hat zur Folge, daß sich die Hügel parallel anordnen und an einem Ende wesentlich schmäler sind als am anderen. Geologen bezeichnen sie als Kalut oder Yardang.

Zwischen den Hügeln liegen breite Korridore, in denen sich vom Wind geformte, trichterförmige Senken befinden. An manchen Stellen verraten bloßgelegte Salzkrusten, daß die Senken zeitweise von salzigen Wasserschichten bedeckt sind, die rasch verdunsten.

Die Erosion ist hier stark ausgeprägt, weil der Wind eine Formation angreift, die relativ weich ist, da sie aus Tonen und Schlämmen besteht, die sich vor mehreren Millionen Jahren bei Hochwassern abgesetzt haben. Mit dem wärmer werdenden Klima bekam der Boden Trockenrisse, die der Wind zu tiefen Furchen erweiterte. Das weichere Material wurde rasch abgetragen, und nur die härteren Bereiche blieben in Form der Hügel stehen.

Die in Fallrichtung verlaufenden Rillen auf den Hängen der langgestreckten Yardangs gehen auf das oberflächlich abfließende Regenwasser zurück. In dieser ariden Klimazone kommt es äußerst selten zu Niederschlägen. Diese sind dann aber so heftig, daß das Wasser in Sturzbächen die Hänge hinabschießt und sich in den Boden eingräbt. ■

Langgestreckte Yardangs durchziehen einen großen Kessel in der iranischen Wüste Lut. Die kahlen Hügel entstanden durch Winderosion weicher Bodenschichten aus Ton und Schlamm. ▷

Frische Brise für Windkraftanlagen

◁ *Windkraftanlage in der Mojave-Wüste, USA*

Die Nutzung der Windenergie hat ihren Ursprung in jenen Regionen, in denen die Menschen wegen des trockenen Klimas nicht auf Wasserkraft als Energiequelle zurückgreifen konnten. Die Windmühlen beispielsweise stammen aus dem Nahen Osten, von wo die ersten Kreuzfahrer sie mit nach Europa brachten. Lange Zeit waren Windmühlen ein malerischer Bestandteil der Küstengebiete, doch heute sind sie in Europa nahezu verschwunden. Die letzten Exemplare an der Nord- und Ostsee dienen meist nur noch als Museum.

Trotzdem befindet sich die Windenergie im Aufwind. Statt Mühlräder treiben die Windräder nun Stromgeneratoren an. Weit verbreitet sind sie in den Vereinigten Staaten, Australien und Neuseeland. Auch in Deutschland wächst die Zahl der Windkraftanlagen: 1995 erzeugten sie fast 1000 Megawatt – genug, um eine Stadt wie Aachen ein Jahr lang mit Strom zu versorgen.

Wo die Winde wehen

Wind entsteht, wenn Luft aus einem Hochdruckgebiet in ein Tiefdruckgebiet fließt – Motor der Luftströmung ist also ein Druckunterschied. Dieses einfache Prinzip erklärt die großen Zirkulationssysteme in der Atmosphäre. In den mittleren Breitengraden wehen in der Regel starke Westwinde. In den niederen Breiten dagegen dominieren Ostwinde – die Passate. Die ständig wehenden Luftströme haben zur Zeit der Segelschiffahrt eine wesentliche Rolle gespielt, ohne sie wären die Entdeckungs- und Handelsreisen in überseeische Gebiete unmöglich gewesen.

Dieses weltumspannende Windsystem wird durch die große Landmasse Asiens erheblich gestört. Im Winter lenkt das Hochdruckgebiet über Sibirien kalte und trockene Luft nach Südostasien. Im Sommer saugt das aufgeheizte Tief über Zentralasien warme und feuchte Meeresluft aus dem Pazifik und dem Indischen Ozean an. Dieses jahreszeitliche Pendeln der Luftmassen entlang der Meridiane hat an der Ostseite Asiens den Monsun zur Folge.

Zu diesen globalen Luftströmungen gesellen sich noch regionale Winde. So führen in Südfrankreich Störungen über dem Mittelmeerraum zum Mistral in der Provence und zur Tramontana im Languedoc. Die Bora in Dalmatien gehört ebenso zu den regionalen Windsystemen wie der Schirokko in Nordafrika und der Khamsin in Ägypten. Darüber hinaus entwickeln sich in Gebirgen trockene und warme Fallwinde wie etwa der Föhn in den Alpen, der Chinook in den Rocky Mountains oder der Zonda in den Anden.

Wie eine Nebkha und eine Dünensichel entstehen

△
Eine Nebkha oder Kupste ist eine kleine Düne, die einen halben bis mehrere Meter hoch wird. Sie besteht aus feinen, vom Wind transportierten Sanden, die sich vor einem Grasbüschel oder einem Strauch abgelagert haben. Stirbt die Pflanze ab, ist die kleine Düne ungeschützt dem Wind ausgesetzt, der sie rasch wieder abträgt.

△
Die halbmondförmige Sicheldüne aus Sand und Ton entsteht am Rand einer flachen Salzpfanne, die man als Sebcha bezeichnet. Die feinen Bodenpartikel in der Sebcha sind durch Salzkristalle miteinander verklebt. Werden sie vom Wind verweht, bleiben sie im umliegenden Schott an Pflanzen hängen und formen im Lauf der Zeit die Dünensichel. Bei den Pflanzen, die im Schott wachsen und ihn begrenzen, handelt es sich um Halophyten, also um salztolerante Gewächse. Je tiefer der Dauerwind die Sebcha aushöhlt, desto höher wird die Dünensichel.

Die Klimazonen der Erde

Die energiereichen Strahlen, die von der Sonne auf die Erde gelangen und diejenigen, die von der Erde und der Atmosphäre selbst abgegeben werden, stehen weltweit im Gleichgewicht. Sie beeinflussen sowohl die Temperaturen auf der Erdoberfläche als auch in der Lufthülle, die den Erdball umgibt. Weil sich in den hohen Breiten im Lauf eines Jahres der Einfallwinkel der Sonnenstrahlen stark ändert, kommt es zu jahreszeitlichen Temperaturschwankungen. Die Schwankungen spielen eine große Rolle für die Verteilung der Klimazonen auf der Erde. Diese Verteilung wird aber auch durch die mächtigen globalen Windsysteme beeinflußt, die in der Atmosphäre zirkulieren.

Wir leben in einer Welt voller elektromagnetischer Strahlen. Je nach ihrer Wellenlänge sind sie sichtbar oder unsichtbar. Die von der Sonne ankommende Strahlung beispielsweise besteht aus dem sichtbaren Bereich des Sonnenlichtes sowie dem unsichtbaren UV-Licht und der Infrarotstrahlung. Diese ist für den Menschen zwar ebenfalls unsichtbar, aber wir können sie als Wärmestrahlung spüren.

Die Erde erhält von der Sonne einen Strom kurzwelliger Strahlen (A), von denen aber die Wolken und die Erdoberfläche einen Teil reflektieren (B). Der verbleibende Anteil wird vom Erdboden absorbiert (C), während ein kleiner Bruchteil die Atmosphäre direkt erwärmt (D). Die Erde gibt ihrerseits Strahlen mit großer Wellenlänge ab, die Infrarot- oder Wärmestrahlen. Ein geringer Teil von ihnen durchdringt die Atmosphäre und kehrt ins Weltall zurück (I), während ein sehr großer Teil der Strahlungsenergie die Atmosphäre erwärmt (II). Diese wiederum gibt langwellige Strahlung an die Erde (III) und in den Weltraum (IV) ab. Die Atmosphäre unterliegt zudem der Wärmestrahlung, die sie direkt von der Erdoberfläche erhält (V).

Im Verlauf eines Jahres geben die Erdoberfläche und die Atmosphäre genausoviel Energie ab, wie sie selbst aufnehmen. Ihre Energiebilanz ist also ausgeglichen. Die Atmosphäre erhält beispielsweise 370 W/m² durch Infrarotstrahlen von der Erde (II), 68 durch kurzwellige Sonnenstrahlung (D)

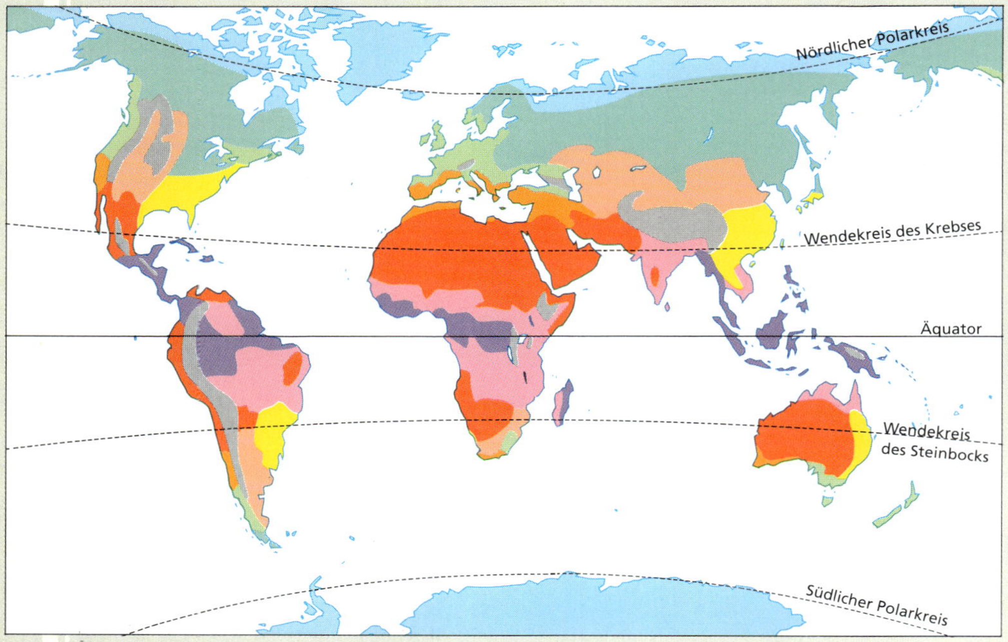

Karte	Klima	Wichtigste Merkmale		Nieder-schläge
		Sommer	Winter	
(violett)	äquatoriales Klima	das ganze Jahr über warm und regnerisch		über 1500 mm
(rosa)	tropisches Klima	warm und regnerisch	warm und trocken	500 bis 1500 mm
(rot)	arides oder trocken-warmes Klima	warm und trocken	mild und trocken	10 bis 500 mm
(lachsfarben)	arides oder trocken-kaltes Klima	warm und trocken	kalt und trocken	10 bis 500 mm
(hellgrün)	kühlgemäßigtes oder ozeanisches Klima	mild und regnerisch	mild und regnerisch	500 bis 1000 mm
(orange)	gemäßigtes mediterranes Klima	warm und trocken	mild und regnerisch	300 bis 1000 mm
(gelb)	warmgemäßigtes Klima	warm und regnerisch	kühl und trocken	1000 bis 1500 mm
(graugrün)	„kontinentales" kaltes Klima	warm und regnerisch	kalt bis sehr kalt und trocken	300 bis 1000 mm
(hellblau)	polares Klima	geringe Erwärmung	kalt bis sehr kalt und trocken	20 bis 500 mm
(grau)	Gebirgsklima	sehr unterschiedlich, häufig kühl	sehr unterschiedlich, häufig kalt	bis über 2000 mm

△ ◁ ***Die Klimazonen der Erde lassen sich mittels der Merkmale ihrer verschiedenen Jahreszeiten definieren. Ihre Verteilung unterliegt stark der Zufuhr an Sonnenenergie, die sich je nach Breitengrad ändert. Auch die Zirkulation in der Atmosphäre hat einen Einfluß. Durch die warmen und kalten Luftmassen und die ungleiche Verteilung der Niederschläge bilden sich auf denselben Breitengraden unterschiedliche Klimazonen aus.***

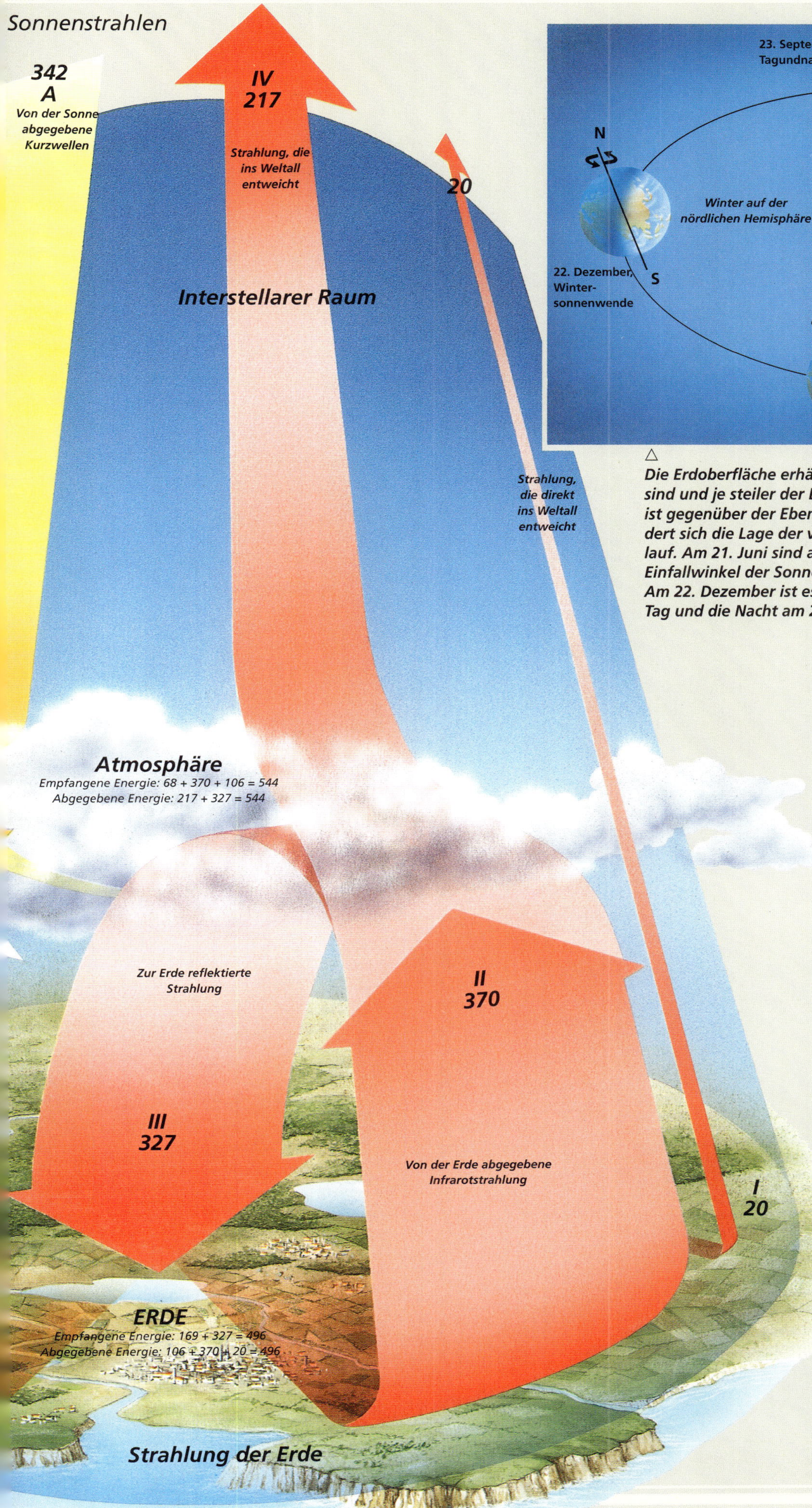

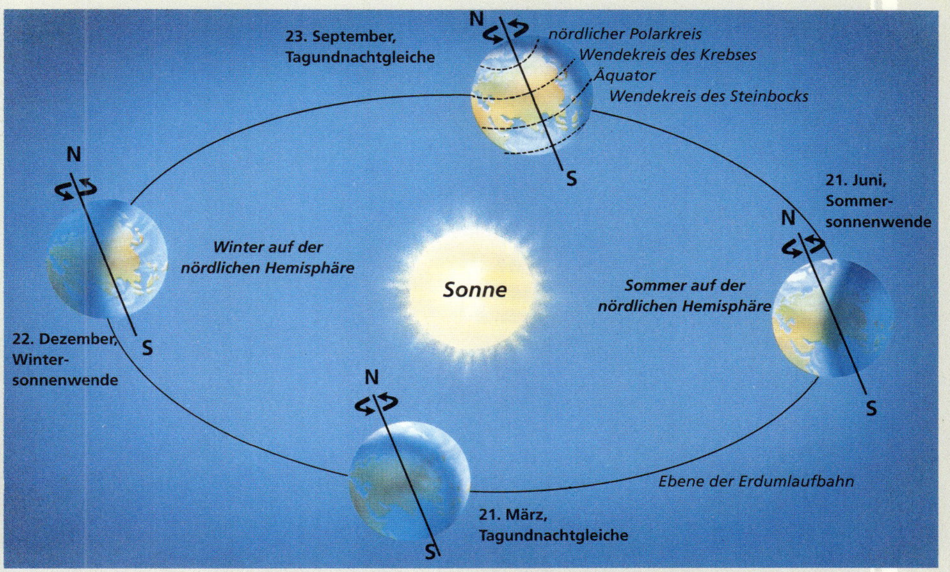

△
Die Erdoberfläche erhält um so mehr Sonnenenergie, je länger die Tage sind und je steiler der Einfallwinkel der Sonnenstrahlen ist. Die Erdachse ist gegenüber der Ebene der Erdumlaufbahn leicht geneigt. Dadurch ändert sich die Lage der von der Sonne beschienenen Region im Jahresverlauf. Am 21. Juni sind auf der Nordhalbkugel die Tage länger und der Einfallwinkel der Sonnenstrahlen senkrechter als auf der Südhalbkugel. Am 22. Dezember ist es genau umgekehrt. Auf der ganzen Erde sind der Tag und die Nacht am 21. März und am 23. September gleich lang.

und 106 durch von der Erde abgegebene Wärmestrahlung (V). Dies ergibt zusammen 544 W/m². Genau dieselbe Energiemenge gibt die Atmosphäre wieder ab: 217 W/m² in den Weltraum (IV) und 327 an die Erde (III).

Dadurch ergibt sich eine Reihe energetischer Gleichgewichtszustände, bei denen die Temperaturen auf allen Stufen mehr oder weniger konstant bleiben.

Weil die Atmosphäre einen großen Teil der Wärmestrahlung, die sie von der Erdoberfläche erhält, wieder an die Erde abgibt, erreicht diese relativ hohe Temperaturen. Die Atmosphäre übt die gleiche Wirkung wie das Glas eines Treibhauses aus – sie läßt sichtbares Licht passieren, hält aber Wärmestrahlung zurück. Diese Fähigkeit bezeichnet man als natürlichen Treibhauseffekt, ohne ihn wären die Temperaturen auf der Erde um rund 30 °C niedriger.

Der Treibhauseffekt beruht auf Gasen wie Kohlendioxid, Methan und Lachgas, die zusammen mit dem Wasserdampf die Strahlen absorbieren. Der Mensch aber verändert durch seine Tätigkeit die natürliche Zusammensetzung der Atmosphäre: beim Verbrennen von Kohle, Öl und Benzin gelangt Kohlendioxid in die Atmosphäre und verstärkt dort den Treibhauseffekt. Ein weiteres vom Menschen verursachtes Treibhausgas sind die Fluorchlorkohlenwasserstoffe (FCKW). Durch den Anstieg anthropogener Treibhausgase kommt es zu einem Anstieg der Temperaturen. Dieser beträgt zwar nur wenige °C, doch er wird voraussichtlich zu erheblichen Klimaänderungen führen.

GLOSSAR

A

Abgrusung
Das Abtragen freistehenden Gesteins durch einen Zerfall der Oberfläche in kleinste Bestandteile, der Grus.

Abrasion
Erosionsphänomen, bei dem Gesteinsmaterial an der Küste durch die Brandungswellen abgeschliffen und abgetragen wird.

Abraum
Gestein und Erz, das beim Abbau über oder unter Tage anfällt, aber von den Bergleuten nicht verwertet werden kann.

Achat
Ausbildung von feinstkristallinem Quarz vor allem in den Blasenhohlräumen von Ergußgesteinen als sogenannte Achatmandeln, die im Innern häufig große Quarzkristalle enthalten.

Advektion
Zustrom von Luftmassen, die sich in waagrechter Richtung bewegen.

Äquinoktium, siehe *Tagundnachtgleiche*

Aerosol
Feste oder flüssige, in der Atmosphäre schwebende Partikel, etwa die von einem Vulkan ausgestoßenen Ascheteilchen.

Akkretionskeil
Entsteht in der Subduktionszone, in der eine Erdplatte unter eine andere abtaucht. Der Keil besteht aus übereinandergeschichteten, ozeanischen Sedimentgesteinen, die nicht in den Graben hinabgezogen werden.

Algen- oder Riffkamm
Höchster Teil eines Korallenriffs an der Spitze des äußeren Abhangs, hinter dem die ruhigere Lagune liegt.

Alkalisch
Ein alkalisches Gestein enthält viel Natrium und Kalium. Es reagiert basisch.

Allochtone Sedimente
Ablagerungen, die durch Erdbewegungen von der Stelle, an der sie ursprünglich abgelagert wurden, zu einem entfernt gelegenen Ort verfrachtet wurden. Beispiel hierfür sind Überschiebungsdecken (Zeichnung S. 102).

Alluvionen
Lockeres, abgelagertes Material, das sich aus Wasserläufen und Seen absetzt und aus Geröll, Sand oder Lehm besteht.

Alter Sockel
Mehrere hundert Millionen Jahre altes, kristallines Gestein, das häufig aus dem Erdaltertum (Paläozoikum) oder dem Präkambrium stammt und so die Basis der alten Kontinente bildet.

Altocumulus-Wolke
Weiße oder graue, oft linsenförmige Wolkenbank oder -schicht in mittlerer Höhe, meist um 4000 m (Zeichnungen S. 264 und 269).

Altostratus-Wolke
Graue Schleierwolke in mittlerer Höhe (zwischen 3000 und 4000 m), die Nieselregen mit sich bringt (Zeichnung S. 269).

Amboß
Oberteil einer Cumulonimbus-Wolke, die sich amboßförmig ausbreitet und glatt, zerrissen oder streifig aussieht (Zeichnung S. 279).

Amethyst
Violette Spielart des Quarzes, deren Kristalle häufig in Gesteinshohlräumen, den Geoden, anzutreffen sind (Zeichnung S. 135).

Andesit
An der Oberfläche ausgetretenes, magmatisches Gestein, im allgemeinen hellviolett-grau gefärbt. Benannt nach den Anden. Die häufig explosiven, andesitischen Vulkane entstehen vor allem an Subduktionszonen und auf Inselbogen.

Andosol
Boden, der sich auf vulkanischem Gestein bildet.

Anschwemmungsterrasse
Fläche, welche die Überschwemmungsebene eines Tals überragt; sie ist Teil eines früheren Flußbetts, das aufgegeben wurde, als sich der Fluß tiefer eingrub (Zeichnung S. 151).

Antiklinale
Faltenstruktur mit nach unten auseinanderlaufenden Schenkeln. Liegen die jüngeren Schichten oben, spricht man von einem geologischen Sattel (Zeichnungen S. 235 und 236).

Antizyklon
Hochdruckzone. Manche der ständig vorhandenen Hochdruckgebiete tragen den Namen der Region, in der sie vorkommen, etwa das Azorenhoch, das Sibirische Hoch oder die subtropische Hochdruckrinne.

Appalachenrelief
Oberflächenstruktur, die in einem eingeebneten Faltengebirge entsteht, wenn dessen hartes Gestein freigelegt wird und sich infolge weiterer Erosion Kämme bilden.

Aquamarin
Durchsichtiger blaugrüner Edelstein, der zur Gruppe der Berylle gehört; man findet ihn in magmatischen Gesteinen (Zeichnung S. 135).

Arid
Bezeichnung für ein Klima, bei dem die Verdunstung größer ist als der Niederschlag.

Asche
Feinkörniges Gesteinsmaterial aus Magma, das bei großen Vulkanausbrüchen bis in die Stratosphäre geblasen wird und dann die Erde mehrfach umrunden kann.

Asthenosphäre
Teil des oberen Erdmantels unterhalb der Lithosphäre. Aufgrund der hier herrschenden hohen Temperaturen ist die Asthenosphäre plastisch und weist sogenannte Konvektionsströme auf.

Atmosphäre
Lufthülle, die die Erde umgibt. Sie wird in die Schichten Troposphäre, Stratosphäre, Mesosphäre und Ionosphäre unterteilt (Zeichnungen S. 268–269 und 296–297).

Atoll
Ringförmiges Korallenriff, das eine Lagune umschließt, die Verbindung zum Meer hat.

Auge des Wirbelsturms
Windstille und wolkenfreie Zone inmitten eines Wirbelsturms (Zeichnung S. 258).

Aurora australis, siehe Polarlicht

Aurora borealis, siehe Polarlicht

Ausliegerberg
Auch Zeugenberg genannt; einzelnstehender Berg mit harter Deckschicht über weicheren Gesteinen. Häufig findet man Ausliegerberge im Vorland einer Hochfläche (z. B. Schwäbische Alb); sie markieren die frühere Ausdehnung der Hochfläche (Zeichnungen S. 166 und 186).

Austral
Veralteter Begriff für die Südhalbkugel der Erde.

Autochtone Sedimente
Sedimentgesteine, die sich noch immer an dem Ort befinden, an dem sie abgelagert wurden, im Gegensatz zum *allochtonen Sedimentgestein*, das durch Erdbewegungen verlagert wurde (Zeichnung S. 102).

B

Badlands
Eigentlich Region in South Dakota, Begriff wird aber auch allgemein für tonige oder mergelige Hänge verwendet, in denen abfließendes Wasser tiefe Schmelzwasserrinnen bildet.

Ballonsonde
Freiballon mit meteorologischen Meßinstrumenten zur Untersuchung der Wettersituation in der oberen Atmosphäre.

Barchan oder Sicheldüne
Freie, sichelförmige Wanderdüne, deren Wölbung dem Wind zugekehrt ist (Zeichnung S. 260).

Barium
Silbrigweißes Metall, das u. a. mit Schwefelsäure in untermeerischen hydrothermalen Quellen eine Sulfatverbindung eingeht.

Barrancos
Tiefe Furchen, die durch abfließendes Wasser an einem jungen Vulkankegel entstehen und ein dichtes, strahlenförmiges Netz bilden.

Barriereriff
Dammartiges Riff, das parallel zur Küste verläuft und eine langgestreckte Bucht (Lagune) zwischen sich und der Küste begrenzt.

Baryt
Natürliches, häufig vorkommendes Bariumsulfat, das insbesondere im Muttergestein hydrothermaler Metallvorkommen zu finden ist. Die durchsichtigen Kristalle sind oft durch Verunreinigungen gelb, braun oder rot gefärbt.

Basalt
Grauschwarzes magmatisches Effusivgestein, aus dem die flüssigen Lavaströme bestehen. Die aus der Tiefe stammenden Basaltgesteine sind typisch für untermeerischen Vulkanismus.

Basaltorgeln
Zu großen Prismen geformte Basaltlaven, die sich durch Schrumpfungsrisse beim Abkühlen gebildet haben.

Batholith
Großes Tiefengesteinsmassiv, das bei der Kristallisation von Magma in der Tiefe entstanden ist.

Bauxit
Rötliches Sedimentgestein, das Tonerde, Eisenoxide und Kieselerde enthält; aus Bauxiterz wird Aluminium gewonnen.

Beaufort-Skala
Skala zur Messung der Windgeschwindigkeit. Sie reicht von Stufe 0 (Windstille) bis 12 (Orkanstärke). Die Stufen geben die Auswirkungen oder Schäden an, die der Wind verursacht.

Benthal-Organismen
Auf dem Grund von Meeren oder Seen lebende Wasserorganismen.

Bergkristall
Farbloser Quarzkristall, der in Gesteinszwischenräumen (Geoden) von kristallinen Gesteinen auftritt (Zeichnung S. 135).

Bernstein
Gelbbraunes fossiles Harz, das in jüngeren Sedimenten gefunden wird. Häufig enthält es eingeschlossene Insekten und Pflanzenreste.

Beryll
Mineral aus Aluminiumsilikat und Beryllium, das in metamorphen Gesteinen vorkommt; manche Sorten haben Edelsteinqualität und sind sehr begehrt, beispielsweise Smaragd oder Aquamarin (Zeichnung S. 135).

Bimsstein
Vulkanisches, nicht sehr dichtes Gestein aus nichtkristallisiertem Magma, das mit kleinen (Gas-)Blasen durchsetzt ist und schwimmt.

Blast
Starke Druckwelle, die bei einem explosiven Vulkanausbruch Gase und feine Partikel seitlich ausstößt und sich die Hänge des Vulkans hinabwälzt.

Blattverwerfung
Verwerfung zweier Gesteinspakete, die durch die horizontale Verschiebung zweier Erdplatten entstanden ist.

Bleiglanz
Natürliches Bleisulfid, wobei Blei das vorherrschende Mineral ist. Heißt auch Galenit.

Blizzard
Aus Nordamerika stammende Bezeichnung für Schneesturm; heftige kalte Winde, die von der Hudson Bay südwärts wehen, heißen „Norther".

Boden
Oberer Teil einer Formation, der aus der Umformung des darunterliegenden Gesteins (Muttergestein) sowie durch den Einfluß verschiedener physikalischer, chemischer und biologischer Prozesse entstanden ist (Zeichnung S. 194–195).

Bora, siehe *Föhn*

Bore
Gezeitenwelle, die in das Mündungsgebiet eines Flusses eindringt und dessen Wasser zurückdrängt.

Boreal
Kalt-gemäßigte Nadelwaldzone der Nordhalbkugel.

Brandungszone
Strandnahe Zone, in der sich die Wellen brechen.

Braunerde
Verbreiteter Bodentyp des gemäßigten Klimas. Humusstoffe und Eisenhydroxide färben die oberen Schichten dunkel- bis schwarzbraun.

Braunkohle
Erdgeschichtlich junge Kohle mit geringem Brennwert und hohem Schwefelanteil.

Breitengrad
Winkel, der durch die Senkrechte eines bestimmten Ortes und der Äquatorebene gebildet wird. Die Breitengrade werden ausgehend vom Äquator (niedere Breitengrade) bis zu den Polen (hohe Breitengrade) gemessen. Man spricht auf der nördlichen Hemisphäre von nördlichen und auf der südlichen Hemisphäre von südlichen Breitengraden.

Brekzie, siehe *Konglomerat*

C

Calciumcarbonat, siehe *Kalziumkarbonat*

Caldera
Mehr oder weniger kreisförmiger Krater mit senkrechten Rändern, dessen Durchmesser in der Regel mehrere Kilometer beträgt. Eine Caldera entsteht durch den Einsturz des Vulkanzentrums, nachdem sich die Magmakammer durch Eruptionen geleert hat (Zeichnung S. 65).

Canyon
Tiefes und enges Tal mit steilen Hängen, das in durchlässigen Sedimentformationen (Kalkstein, Sandstein) von einem Fluß ausgefräst wurde. Canyons kommen häufig in Karstlandschaften vor (Zeichnungen S. 166 und 260).

Cay
Insel aus Korallensand, die auf großen Korallenbänken flach aus dem Meer ragt.

Chamsin
Heißer, mit Sand befrachteter Südwind in Ägypten, der mit dem Schirokko vergleichbar ist.

Chaparral
Immergrüne Strauchvegetation in Kalifornien, die an die Trockenheit gut angepaßt ist.

Chemische Verwitterung
Teilweise oder völlige Zersetzung eines Gesteins durch chemische Umwandlung seiner Minerale.

Chinook, siehe *Föhn*

Cirrocumulus-Wolke
Wolke in mehr als 6000 m Höhe, die kleine weiße Flocken in Reihen, Bänken oder Schichten bildet (Zeichnung S. 269).

Cirrostratus-Wolke
Wolke in mehr als 6000 m Höhe, die dünne und weißliche Schleier mit glattem oder ausgefranstem Rand bildet (Zeichnung S. 269).

Cirrus-Wolke
Wolke in 6000–10 000 m Höhe, die sehr dünne weiße Fäden oder schmale Bänder bildet und aus Eisplättchen oder -nadeln besteht (Zeichnung S. 269).

Corioliskraft
Kraft, die infolge der Erdrotation Winde und Meeresströmungen auf der Nordhalbkugel nach rechts und auf der Südhalbkugel nach links ablenkt.

Cumulonimbus-Wolke
Große und dichte, sehr hochreichende Wolke in Form eines hohen Turms. Ihr oberer Teil ist stets abgeflacht und wie ein Amboß verbreitert; die Basis ist oft sehr dunkel. Diese Wolke bringt Gewitter- oder Hagelschauer (Zeichnungen S. 264, 269, 273 und 279).

Cumulus-Wolke
Dichte Wolke mit deutlich abgesetzten Rändern in Form eines Hügels oder einer Kuppe. Wird sie von der Sonne beschienen, ist sie strahlend weiß, nur ihre Unterseite ist relativ dunkel. Die nicht sehr hohen und abgeflachten *Cumulus humilis* werden auch als Schönwetterwolken bezeichnet (Zeichnungen S. 264 und 269).

C-14-Methode
Altersbestimmung kohlenstoffhaltiger Objekte, die auch als Radiokarbonmethode bezeichnet wird. Die Messung beruht auf der Halbwertszeit des Kohlenstoff-14-Isotops, die bei 5700 Jahren liegt. Es wird ebenso wie das stabile Kohlenstoff-12 von Pflanzen aus der Atmosphäre aufgenommen. Mit der Zeit sinkt der Anteil von C-14 aufgrund des radioaktiven Zerfalls. Die vorhandene Restmenge ist so zugleich ein Zeitmaß.

D

Deckenüberschiebung
Kollidieren zwei Erdplatten miteinander und formen dabei junge Gebirge wie die Alpen, wird Gestein nach oben über anderes geschoben. Solche Decken können mehrere hundert Kilometer weit verlagert worden sein.

Depression, siehe *Tiefdruckgebiet*

Desertifikation
Ausweitung der Wüste auf zuvor fruchtbare Böden, etwa durch Sandverwehung, Grundwassersenkung, Versalzung usw.

Detritisches Gestein
Gestein, das mindestens zur Hälfte aus dem Schutt lockerer, verfestigter oder kohärenter Gesteine besteht.

Diaklase
Kluft in einem harten Gestein, die in Sedimentgesteinen meist senkrecht zu den Schichtflächen und in kristallinem Gestein gekrümmt verläuft, so daß beim Zerfall des Gesteins oft kugelige Formen begünstigt werden.

Diamant
Das härteste bekannte Mineral, eine meist farblose Modifikation des Kohlenstoffs, bei der die Atome in Gitter- und nicht in Schichtstruktur angeordnet sind; man findet Diamanten in Vulkanschloten sehr alter Gesteine (Zeichnung S. 134).

Diatomeen
Einzellige Algen, die von einer kieselsäurehaltigen Schale umgeben sind.

Diffluenz
Verzweigung eines Wasserlaufs in mehrere Arme, die nicht wieder zusammenfließen, zum Beispiel bei einem Delta (Zeichnung S. 225).

Diorit
Körniges magmatisches Gestein, das in der Tiefe kristallisiert ist und weißlich-grüne oder schwärzliche Einschlüsse enthält.

Doldrums
Englischer Ausdruck für „Flaute"; damit werden auch die „Kalmen" bezeichnet, die windarme Zone der äquatorialen Tiefdruckrinne.

Doline
Durch Lösung des Untergrundgesteins entstandene, geschlossene Senke in einem Karstgebirge.

Dolomit
Gestein mit mehr als 50 % Bitterspat (Kalzium- und Magnesiumkarbonat); der Name leitet sich von dem französischen Geologen Dolomieu ab.

Drumlin
Stromlinienförmig abgerundete Hügel, deren Rücken aus Moränenmaterial besteht; sie bilden

sich, wenn Gletscher in ansteigendem Gelände ältere Moränenablagerungen überlaufen.

Düne
Sandanhäufung durch Wind, die wenige, aber auch bis über hundert Meter hoch sein kann. *Binnendünen* finden sich in Wüstenregionen; *Küstendünen* entstehen durch den Transport von Sand an den Stränden.

Dünensichel
Wulst aus feinem Sand oder Ton, der an der dem Wind abgekehrten Seite einer Sebcha entsteht und von Pflanzen besiedelt wird. Man findet sie in den ariden Regionen (Zeichnung S. 295).

Dynamische Tiefdruckgebiete
Eine Reihe von Tiefdruckgebieten, die sich regelmäßig in den gemäßigten Zonen bilden, wo sie sich von Westen nach Osten verlagern. Im Sommer verläuft ihre Bahn etwas weiter nördlich und im Winter weiter südlich (Zeichnungen S. 266 und 275).

E

Einebnungsfläche
Weitläufige, relativ flache Landschaft, die infolge des Abschleifens eines Gebirges durch Erosion entstanden ist.

Einsturzbecken, siehe *Graben*

Eisberg
Scholle gefrorenen Süßwassers, die sich von der Stirnseite eines Gletschers in den Polarmeeren abgelöst hat.

Eisenhydroxid
Verbindung aus Eisen, Sauerstoff und Wasserstoff, die Gesteine und Erden gelb-rot oder dunkelbraun färbt.

Eisenionen
Eisenatome, die Elektronen abgegeben haben und beim Eingehen einer Verbindung Eisensalze unterschiedlicher Färbung bilden können.

Eisgang
Bezeichnet in kalten Regionen das Auftauen der zugefrorenen Wasserläufe im Frühjahr, wodurch das Eis aufbricht (Eisaufbruch) und starkes Hochwasser mit Eisschollen auslöst.

Eiskrepp
Eiskristalle aus Meerwasser, die miteinander verschmolzen sind und mehr oder weniger kreisförmige Eisstücke mit erhöhtem Rand bilden. Sie werden zu Packeis, wenn die Eisstücke ihrerseits miteinander verschmelzen.

Eisprobe
Zylindrischer Eisbohrkern, der aus der Tiefe des polaren Eises entnommen wird. Die Analyse solcher Bohrkerne läßt auf die Klimabedingungen schließen, die in der Vergangenheit herrschten.

Eiszeit
Zeitraum, in dem kaltes Klima die Ausbreitung und das Anwachsen von Gletschern und Inlandeis begünstigte und in dem der Meeresspiegel aufgrund des im Eis gebundenen Wassers sank (marine Regression). Die letzte Eiszeit endete vor rund 10 000 Jahren.

Elektron
Negativ geladenes Elementarteilchen, das Bestandteil aller Atome ist.

El Niño
In unregelmäßigen Abständen auftretende Verschiebung der Meeresströmung vor der Westküste Südamerikas; El Niño sorgt nicht nur in Peru und Ecuador für starke Unwetter, sondern beeinflußt das Klima offenbar weltweit.

Endogen
Bezeichnet den Ursprung von Gesteinen, Flüssigkeiten oder Gasen aus dem Erdinneren.

Endorheismus
Bezeichnung für Wasserläufe, die nicht ins Meer münden, sondern deren Wasser verdunstet oder in einen See ohne Abfluß einströmt.

Entgasung
Austritt von Gasen bei einem Vulkanausbruch, wodurch in der Regel Lava ausgestoßen wird.

Epizentrum
Punkt an der Bodenoberfläche in der Senkrechten über dem Erdbebenherd (Hypozentrum).

Erdaltertum
Geologisches Zeitalter, das auch Paläozoikum genannt wird. Das Erdaltertum liegt zwischen dem darauffolgenden Mesozoikum und dem vorhergehenden Präkambrium und erstreckte sich von 570 bis 225 Millionen Jahren.

Erdbeben
Heftige Erschütterungen, die sich in der Erdkruste ereignen und ihren Ursprung in großer Tiefe im Erdbebenherd haben (Zeichnungen S. 88, 89, 95, 98, 116 und 117).

Erdbebenherd, siehe *Hypozentrum*

Erdfließen, siehe *Solifluktion*

Erdkruste
Oberster Teil der Erde. In der *Kontinentalkruste* sind die Granite, in der *ozeanischen Kruste* die Basalte vorherrschend (Zeichnung S. 63).

Erdmittelalter
Geologisches Zeitalter, das auch als Mesozoikum bezeichnet wird und zwischen dem jüngeren Neozoikum und dem älteren Paläozoikum liegt. Das Erdmittelalter erstreckte sich von 225 bis 65 Millionen Jahren.

Erdpyramiden
Heterogene Sedimentsäulen, die durch Auswaschung entstehen und häufig in Moränen vorkommen. Sie werden von Steinen auf ihrer Spitze vor der Erosion durch Regen geschützt (Zeichnung S. 179).

Erdrutsch
Massives, schnelles Abrutschen von Geröll und Lockermaterial an Hängen (Zeichnung S. 147).

Erdwärme, siehe *Geothermie* bzw. *Geothermisches Feld*

Erg
Dünenfeld in der Sahara.

Erosion
Sämtliche Prozesse, die die Erdoberfläche abtragen oder verändern. Es gibt mechanische Erosionsfaktoren wie Wasser, Frost und Wind, chemische Faktoren wie die Verwitterung und die biologische Erosion durch das Einwirken von Tieren und Pflanzen. Die wichtigsten mechanischen Erosionsfaktoren sind Wasser (Regenwasser, Flüsse) und Eis. Bei der *Winderosion* trägt der Wind den Boden ab; als *differentielle Erosion* bezeichnet man das ungleichmäßige Abtragen eines Gebirges aufgrund der unterschiedlichen Härte der dort vorkommenden Gesteine; die *Karsterosion* zeigt sich in Kalkgestein.

Etesien
Nord- und Nordostwinde im östlichen Mittelmeerraum.

Evaporit
Sedimentgestein, das sich bei der Verdunstung von Meerwasser aus ursprünglich darin gelösten Mineralien bildet. Es besteht meist aus Gips und Steinsalz.

F

Falten
Gefaltete Gesteinsschichten auf beiden Seiten einer Achse. Nach oben weisen diese Schichten eine konvexe Form auf, die Antiklinale,die auch als geologischer Sattel bezeichnet wird. Nach unten zu ist die Form konkav, die Synklinale, auch als Mulde benannt (Zeichnung S. 102). Je nach Neigungswinkel unterscheidet man zwischen verschiedenen Falten.

Feldspat
Wesentliches Mineral in den meisten magmatischen und metamorphen Gesteinen, das in Form von Plättchen oder Prismen vorliegt, die einige Zentimeter groß sein können und weiß oder grau, manchmal rosa oder grün gefärbt sind.

Feuerstein
Silikatgestein biochemischer Herkunft, das sich in den Kalkschichten bildet. Feuersteine bilden unregelmäßige Konkretionen, die man als Flintknollen bezeichnet.

Findling
Bisweilen sehr großer Fels oder Stein, der von einem Gletscher mitgeführt und in großer Entfernung von seinem Ursprungsort abgelagert wurde. Findlinge werden auch als erratische Blöcke bezeichnet.

Firnschnee
Mehrjähriger, durch mehrfaches Schmelzen und Wiedergefrieren körnig gewordener Schnee, der bei fortschreitender Verfestigung zu Firneis und schließlich zu Gletschereis wird (Zeichnung S. 157).

Fjord
Von einem Gletscher ausgefurchtes Trogtal, das nach dem Abschmelzen des Gletschers vom Meer überflutet wurde.

Flaches Tief
Großer Bereich der Atmosphäre mit wenig ausgeprägten Druckschwankungen zwischen Hoch- und Tiefdruckzonen.

Flutwelle
Rascher und heftiger Anstieg des Meeresspiegels unter dem Einfluß von Sturmwellen in Verbindung mit der Flut oder durch riesige Wellen aufgrund eines Erd- oder Seebebens bzw. eines Vulkanausbruchs (Tsunami).

Föhn
Alpenländische Bezeichnung für einen Wind, der aus einem Gebirge talwärts weht (Fallwind) und sich durch die Abwärtsbewegung erwärmt. Die Bora in Dalmatien, der Chinook der Rocky Mountains, der Schirokko in Nordafrika und der Zonda der argentinischen Anden sind dem Föhn vergleichbar (Zeichnung S. 265).

Foraminiferen
Einzellige Mikroorganismen im Meer aus dem Stamm der Urtierchen (Protozoa), die eine Kalkschale besitzen.

Front
Grenzfläche zweier verschiedener Luftmassen. Die *Warmfront* ist die Gleitfläche, auf der sich die Warmluft über die vor ihr liegende Kaltluft schiebt; an der *Kaltfront* schiebt sich kalte Luft unter die vor ihr liegende warme Luft und verdrängt diese nach oben. Bei der *Okklusion* wird die Warmluft in einem Tief vollständig durch die nachfolgende Kaltluft in die Höhe gedrängt: Warm- und Kaltfront fallen auf diese Weise schließlich zusammen. (Zeichnung S. 264).

Frostsprengung
Aufbrechen der Gesteine durch Frost. Der Druck entsteht durch das unterschiedliche Volumen von Wasser und Eis.

Fumarole
Austrittsstelle von heißen Gasen und Wasserdampf in einem Vulkangebiet.

Fußfläche
Ebene Fläche mit leichtem Gefälle, in der Regel am Fuß eines Berges. Man spricht von Erosionsfläche, wenn sie in weiches Gestein eingeschnitten ist, und von Fußregionen in den Ozeanen am Kontinentalabhang, an denen sich Sedimente ablagern.

G

Gabbro
Grünschwarzes, weißgeflecktes kristallines Gestein mit der gleichen Zusammensetzung wie Basalt, das jedoch langsam in der Tiefe kristallisiert und nicht an die Oberfläche gedrungen ist.

Garrigue
Sekundäre Strauch- und Buschvegetation der Küstenregionen im Mittelmeerraum.

Geodätische Messung
Bestimmung der Form der Erde.

Geographische Pole
Punkte der Erde an den äußersten Enden der Erdumdrehungsachse.

Geothermie
Wärme der Erde und die von ihr gelieferte thermische Energie (Zeichnung S. 86). Ursache sind die Restwärme, die noch seit der Entstehung der Erde vorhanden ist, sowie der Zerfall radioaktiver Elemente.

Geothermischer Strom
Innerer Wärmestrom der Erde aufgrund dort auftretender nuklearer, physikalischer oder chemischer Prozesse.

Geothermische Tiefenstufe
Anstieg der Temperatur in Abhängigkeit von der Tiefe: Ein Temperaturanstieg von 1 °C entspricht durchschnittlich einer Tiefenzunahme von 33 m, pro 100 m Tiefe nimmt die Temperatur also im Mittel um 3 °C zu.

Geothermisches Feld
Bereich, in dem sich die unterirdische Wärme konzentriert (Zeichnung S. 86). Ursache ist meist eine Magmakammer oder eine Anomalie im Erdmantel.

Geysir
Warmwasserquelle, die in mehr oder weniger regelmäßigen Zeitabständen sprudelt, wenn der Dampfdruck einen bestimmten Schwellenwert in der Tiefe überschreitet (Zeichnung S. 84).

Geysirit
Gestein, das um das Spritzloch eines Geysirs herum als Sinterbildung abgelagert wird und vorwiegend aus Kieselerde besteht. Geysirit wird auch als Kieselsinter bezeichnet.

Ghourddüne
Pyramidenförmige Düne, die durch Wind gebildet wird, der in vergleichbarer Stärke aus wechselnden Richtungen weht.

Gips
Salzgestein (Evaporit), im wesentlichen aus wasserhaltigem und kristallisiertem Kalziumsulfat; durch Erhitzen entsteht gebrannter Gips.

Gipshut
Deckschicht aus Gips über Salzstöcken.

Gleitverschiebung
Relative horizontale Verlagerung der beiden Ränder einer Verwerfung (Zeichnung S. 95).

Gletscher
Eismasse auf dem Kontinent *(Inlandeis)*, auf einer Hochebene liegende oder in ein Tal abfließende Eismasse *(Talgletscher)*. Ein *Hanggletscher* endet oberhalb des Tales, zu dem er hinabfließt. Die *Obermoräne* kann das Eis eines Gletschers verdecken (Zeichnung S. 157).

Gletschermoräne
Ablagerungen, die von einem Gletscher transportiert oder mitgerissen wurden oder als Geröll heruntergefallen sind. Moränen sind ein Gemisch aus Geröllen und Felsblöcken unterschiedlicher Größe. Man unterscheidet die *Seitenmoränen* am Gletscherrand, die *Mittelmoränen*, die beim Zusammenfließen zweier Gletscher aus deren *Seitenmoränen* entstehen, die *Grundmoränen*, die mit dem Gletscherbett in Berührung stehen, und die *Stirn-* oder *Endmoränen*, die vor dem Gletscher hergeschoben werden (Zeichnung S. 157).

Gletscherriegel
Gesteinsformation in einem Gletschertal zwischen zwei tiefliegenden Abschnitten, auch am Ende eines Kars oder zwischen Karen.

Gletscherschliff
Gestein, auf dem die Schleifspuren und Riefen zu sehen sind, die ein Gletscher hinterlassen hat; gelegentlich findet man Gestein mit regelrecht „gekräuselter" Oberfläche.

Gletschersee
See, der eine Übertiefung eines Gletschers bedeckt und der durch einen Riegel oder durch abgelagertes Moränenmaterial abgeschlossen ist.

Gletschertal
U-förmiges Tal mit flachem Grund und steilen Hängen, das durch eine Gletscherzunge entstand. Man bezeichnet diese Talform auch als Trogtal.

Gletschervorland
Bereich vor einem Gletscher, in den das Schmelzwasser fließt (Zeichnung S. 157). Man bezeichnet diesen Bereich auch als proglaziären Rand.

Glimmer
Schwarzes und glänzendes Mineral, das sich blättrig ablöst und in magmatischen und metamorphen Gesteinen häufig vorkommt.

Glutwolke
Große Menge an heißen Gasen mit glühender Asche und kleinen Lavafetzen, die bei einem heftigen Vulkanausbruch ausgestoßen werden und mit großer Geschwindigkeit die Hänge eines Vulkans herabfließen.

Gneis
Metamorphes, blättriges Gestein, bei dem Schichten von sehr dunklem Glimmer mit helleren Feldspat- und Quarzschichten abwechseln.

Golfstrom
Warme, kräftige Meeresströmung im Nordatlantik, die an der amerikanischen Ostküste aus dem Floridastrom entsteht und nach der Vereinigung mit dem Nordäquatorialstrom und dem Kubastrom mächtiger wird. Im Norden trifft der Golfstrom auf den kalten Labradorstrom. Das warme Wasser des Golfstroms fließt nach Nordosten bis an die europäischen Küsten (Zeichnung S. 210–211).

Gondwana
Nach einer zentralindischen Landschaft benannter Urkontinent der Erde aus dem Erdaltertum (Paläozoikum).

Graben
Langgestrecktes Becken mit flachem Boden und steilen Wänden, entstanden durch das Einbrechen einer kuppelförmigen Aufwölbung oder das Aufbrechen des Geländes zwischen zwei parallel verlaufenden Verwerfungen. Häufig gekoppelt an *Rifts* (Zeichnung S. 236).

Granat
Braunrotes Mineral, das aus Silikaten besteht und in metamorphen Gesteinen vorkommt; manche Sorten gehören zu den Edelsteinen (Zeichnungen S. 134–135).

Granit
Kristallines Gestein, das aus Quarz, Glimmer und Feldspat besteht. Das magmatische Gestein ist in der Tiefe kristallisiert. Ein *Intrusivgranit* stammt aus Magma, das tiefliegende Formationen durchquert hat, in denen es kristallisierte.

Granitgrus
Grober, manchmal mit Ton umhüllter Sand des Granits, der aus der Verwitterung dieses kristallinen Gesteins entsteht.

Grundmoräne
Unter dem Eis mitgeführte Gletscherablagerungen, die beim Rückzug eines Gletschers liegengeblieben sind. Sie bestehen aus Tonen, Sanden und Steinen, die im Gegensatz zu Flußsedimenten schlecht gerundet sind und Kratzer an der Oberfläche aufweisen.

Grundwasser
Wasser, das manchmal in sehr großer Tiefe in den durchlässigen Bodenschichten zirkuliert (wasserführende Schicht). Dieses Wasser nimmt mineralische Salze auf, die es in dem durchströmten Gestein löst (Zeichnungen S. 80, 84 und 86).

Guano
Kot von Vögeln oder Fledermäusen, der sehr reich an Phosphaten und Nitraten ist und als natürlicher Dünger genutzt werden kann.

H

Harmattan
Extrem trockener Nordostwind in Westafrika; er kommt aus der Sahara und weht vorwiegend von Ende November bis Mitte März.

Härte
Nach der Mohsschen Härteskala wird jedes Mineral entsprechend seiner Härte klassifiziert. Dabei hat Talk die Härte 1, Feldspat die Härte 6, Quarz die Härte 7 und Diamant die Härte 10. Zum Vergleich: Quarz kann Glas ritzen.

Harter Erdkern, siehe *Kern*

Heiße Quelle, siehe *Thermalquelle*

Heißer Fleck, siehe *Hot spot*

Hektopascal
Maßeinheit für den Luftdruck, welche die alte Einheit Millibar (mbar) ersetzt hat. Die Abkürzung lautet hPa. 1 hPa entspricht 1 mbar und etwa 0,75 mm auf der Quecksilbersäule. Der Normalluftdruck beträgt 1013,25 hPa.

Herzynische Kette
Abgeleitet vom „Harz"-Gebirge; alte Faltengebirgskette, die im Erdaltertum zwischen Devon und Perm in Europa und Nordamerika entstand.

Hoa
Polynesischer Begriff für eine seichte Furt oberhalb eines Korallenschilds zwischen der Lagune eines Atolls und dem Ozean.

Horizont
Bodenschicht, die besondere gemeinsame Merkmale hinsichtlich ihrer Zusammensetzung, ihrer Textur und ihrer Farbe aufweist. Ein Boden setzt sich aus mehreren Horizonten zusammen.

Horizontalverschiebung, siehe *Verwerfung*

Horst
Eine erhöht liegende, von Verwerfungen begrenzte Platte zwischen zwei abgesunkenen Platten (Zeichnung S. 236).

Hot spot
Instabile Zone mit Kontakt zum Erdkern und Erdmantel, durch die Magma aufsteigt. Das Magma gelangt bis zur Kruste, durchdringt diese und bildet einen Vulkan oder erhitzt die Erdkruste an dieser Stelle. Da Hot spots mehr oder weniger ortsfest sind, reihen sich die entstehenden Vulkane durch die Bewegung der Platten, die einen Hot spot passieren, kettenförmig aneinander (Zeichnungen S. 55 und 57).

Hurrikan
Name für tropische Wirbelstürme an der Ostküste der USA, in Mittelamerika und in der Karibik.

Hydromagmatische Eruption, siehe *Vulkanausbruch*

Hydrothermale Fluide
Heiße Lösungen und Gase in der Erde, die Klüfte und Poren in den Gesteinen durchdringen und dabei Minerale ablagern.

Hydrothermale Oase
Bereich um eine untermeerische hydrothermale Quelle, in dem Tiere leben.

Hydrothermales Feld
Bereich, in dem sich die unterirdische Wärme konzentriert und in dem ein Wasserkreislauf Thermalquellen und Geysire entstehen läßt.

Hydrothermale Zirkulation
Zirkulation des warmen Grundwassers, das Metallsalze enthält, in einem Vulkangebiet (Zeichnungen S. 80 und 201). Siehe auch Hydrothermales Feld.

Hypozentrum
Ursprungsort bzw. Herd eines Erdbebens (Zeichnung S. 95).

I

Ignimbrit
Gestein, das von einer vulkanischen Glutwolke so erhitzt worden ist, daß die Glasanteile geschmolzen sind und das Lockermaterial miteinander verkittet haben.

Inlandeis
Mächtiger und ausgedehnter Eispanzer, der weite Flächen des Festlands bedeckt. Dies gilt vor allem für Grönland und die Antarktis.

Innertropische Konvergenz
Kontaktlinie zwischen den nördlichen und den südlichen Passatwinden, die etwa in Höhe des Äquators verläuft. Hier steigt die von den Wendekreisen herannahende Luft nach oben (Zeichnung S. 250).

Inselberg
Einzelnstehender Berg oder Felsen, der der Erosion des ihn umgebenden, weicheren Gesteins widerstanden hat. Ein Inselberg kann einige Dutzend bis zu 500 m hoch sein. Viele Inselberge ragen unvermittelt aus den Ebenen von Wüstenregionen empor (Zeichnung S. 260).

Inselbogen
Vulkanischer Archipel in Bogenform, der aus dem Wulst an manchen Tiefseegräben oberhalb der Zonen entsteht, in denen eine lithosphärische Platte unter eine andere abtaucht. Vom Meer in Richtung Festland gesehen, unterscheidet man einen *äußeren Bogen*, der nicht vulkanischen Ursprungs und nicht immer vorhanden ist, einen vulkanischen *inneren Bogen* und ein *Randmeer* (Zeichnung S. 110).

Insolationsverwitterung
Aufbrechen der Gesteine durch Temperaturschwankungen.

Intrusivgestein
Magmatisches Gestein, das in tiefliegende Schichten eingedrungen ist, in denen es auskristallisiert (Zeichnung S. 161).

Intrusivmassiv
Gesteinsmassiv, das in flüssigem Zustand unterhalb der Obergrenze der Erdrinde eingelagert wurde, wo es sich verfestigte (Zeichnung S. 129).

Ionosphäre
Obere Atmosphärenschicht, die von etwa 80 km bis 1000 km Höhe reicht. In dieser Schicht befinden sich sehr viele durch die Sonnenstrahlung elektrisch geladene Teilchen (Zeichnung S. 268).

Isoseismische Linie
Auf einer Karte verbindet diese Linie die Punkte miteinander, an denen die Auswirkungen eines Erdbebens gleich stark sind.

Isostasie
Sehr langsame, vertikale Bewegungen der Erdkruste, welche die Dichte ihrer verschiedenen Teile wieder ausgleicht; so führte etwa das Schmelzen der großen Gletscher im Quartär dazu, daß sich Skandinavien langsam hob.

Isotherme
Diese Kurve verbindet auf einer Karte alle Punkte, an denen die gleiche Durchschnittstemperatur herrscht (z. B. 0-°C-Januar-Isotherme).

J

Jetstream
Auch Strahlstrom genannt: eine in den mittleren Breiten auftretende, starke westliche Luftströmung in der Höhe der Tropopause (8–15 km), deren Höchstgeschwindigkeit 400 km/h erreichen oder sogar übersteigen kann (Zeichnung S. 289). Piloten nutzen den Jetstream in West-Ost-Richtung, um Treibstoff zu sparen.

K

Kaledonische Kette
Frühere Faltengebirgskette, die im frühen Erdaltertum vor etwa 550–400 Millionen Jahren in Skandinavien, Schottland, Irland und in einem Teil der Appalachen entstand. Der Name leitet sich aus dem lateinischen Namen Caledonia für Schottland ab.

Kalkstein
Sedimentgestein, das mindestens zur Hälfte aus Kalziumkarbonat besteht. Die Kalksteine werden durch die Anhäufung von kalkhaltigen Sedimenten, von Skeletten oder Schalen von Organismen am Meeresboden gebildet oder entstehen durch chemische Ausfällungen.

Kalziumkarbonat
Mineral, das aus der Verbindung von Kohlensäure und Kalzium entsteht; es ist der Hauptbestandteil der Schalen zahlreicher Organismen und von Kalkstein (Zeichnung S. 247). Kohlensäurehaltiges Wasser oder Huminsäuren können die Verbindung wieder lösen.

Kar
Aushöhlung am Fuß der Kämme im Gebirge; sie enthält oder enthielt Firnschnee und ist das Nährgebiet eines Gletschers.

Karren
Fläche mit Rillen oder Rinnen, die einige Zentimeter bis 1 m tief sein können. Die Rillen und Rinnen entstehen, weil kohlendioxidhaltiges Wasser kalkhaltiges Gestein gelöst hat.

Karst
Eine Formation, die durch die physikalische und chemische Wirkung von Wasser auf Kalkgestein entsteht. Typische Karstmerkmale sind Dolinen, Schlundlöcher, Höhlen und Karren. Der Name leitet sich von der gleichnamigen slowenischen Hochebene ab.

Kartreppe
Eine Reihe von übertieften Becken in einem Gletschertal, oft von Felsenriegeln getrennt.

Kern
Zentraler Teil der Erde, der aus zwei verschachtelten Halbkugeln besteht: dem *inneren Kern* im Zentrum in einer Tiefe zwischen 6371 km (Erdzentrum) und 5100 km, der fast völlig aus Eisen besteht, und dem *äußeren Kern* in einer Tiefe zwischen 5100 km und 2900 km (Zeichnungen S. 57 und S. 63).

Kernbohrung
Geologische Bohrung, bei der stets eine zylindrische Materialprobe der jeweiligen Gesteinsformation nach oben gezogen wird, um sie zu untersuchen.

Kieselerde
Besteht aus Siliziumoxid, einem grauen oder braunen Mineral, das in sehr großen Mengen in der Erdkruste vorkommt. Es gibt kristalline Formen (Quarz, Chalzedon, Opal) und *Silikate* (Mika, Glimmer, Feldspate).

Kieselsäureanhydrid, siehe *Kieselerde*

Kieselsinter, siehe *Geysirit*

Kimberlit
Magmatisches Gestein, das rund 3 Milliarden Jahre alt ist und Diamanten enthalten kann.

Kollision
Zusammenrücken von Lithosphärenplatten, wodurch zwei Festlandmassen aneinanderstoßen und ein Ozean geschlossen wird. Die Kollision hat die Bildung von Gebirgen zur Folge (Zeichnung S. 120).

Kondensation
Übergang von Wasserdampf in flüssiges Wasser. Dieses Phänomen tritt bei der Abkühlung der Luft je nach ihrer Sättigung mit Wasserdampf und ihrem Gehalt an Kondensationskernen, beispielsweise Staubkörnern, auf. In der Luftmasse tauchen dann Wolken, Nebel oder Dunst auf; auf einer Fläche bildet sich Tau, Reif oder Rauhreif.

Konglomerat
Gestein, das aus eckigen *(Brekzien)* oder runden *(Puddingstein)* Bestandteilen besteht, die durch Silizium- oder Kalksteinkitt zusammengehalten werden (Zeichnung S. 179).

Konkretion
Zusammenballung von mineralischen oder metallischen Salzen um einen Kern oder auf einer Fläche. Konkretionen bilden sich in der Umgebung von thermomineralischen Quellen und Geysiren sowie am Meeresgrund.

Kontinentalrand
Randbereich eines Kontinents, der die Verbindung zum Meeresgrund darstellt. An einem *aktiven Kontinentalrand* taucht eine ozeanische Platte unter eine kontinentale Platte ab (Subduktion); bei einem *passiven Kontinentalrand* liegt der Übergang zwischen ozeanischer und kontinentaler Platte auf derselben Lithosphärenplatte.

Kontinentalschelf
Teil des Kontinentalsockels; Küste mit schwachem Gefälle zwischen dem eigentlichen Kontinentalrand und dem steiler abfallenden Meeresboden. Stellenweise ist dieser von untermeerischen Canyons zerfurcht (Zeichnung S. 246).

Kontinentalsockel
Unter Wasser liegender Ausläufer der Kontinente zwischen Meeresspiegel und knapp 200 m Tiefe (Zeichnung S. 246).

Kontinentalverschiebung
Die Theorie der Kontinentalverschiebung wurde von Alfred Wegener Anfang des Jahrhunderts aufgestellt. Sie besagt, daß die Kontinente wie Flöße auf einem dichteren und zähflüssigeren Untergrund im Erdinnern treiben. Seine Theorie erklärte die Trennung der Kontinente, die früher in einem einzigen Kontinent, Pangäa, vereint waren. Die Theorie der Plattentektonik hat diesen Gedanken aufgenommen und weiterentwickelt (Zeichnung S. 62).

Korallen
Kleine, koloniebildende Organismen, die die Korallenriffe aufbauen.

Korallenblock
Kleine Erhebung oberhalb eines Korallenriffs, die breiter und weniger erhöht als eine Zinne ist und an der Wasseroberfläche auftauchen kann (Zeichnung S. 228).

Korallenriff
Untermeerisches oder kaum auftauchendes Gebilde in tropischen Meeren, das von Organismen wie Riffkorallen und Algen gebildet wird. Je nach Form und Lage zur Küste unterscheidet man das *Atoll*, ein ringförmiges Riff, das *Saumriff* am Rand einer Küste und das *Barriereriff*, das von der Küste durch eine Lagune getrennt wird (Zeichnung S. 228).

Korallenschild
Hochliegender Meeresboden mit flacher Oberfläche aus Korallen. Zum offenen Meer hin ist diese Fläche durch den äußeren Abhang des Korallenriffs begrenzt (Zeichnung S. 228).

Korrasionsstreifen
Geradlinige Spuren im Gestein, die durch Sandkörner beim Abschleifen (Korrasion) durch Wind entstanden (Zeichnung S. 292).

Kreide
Weiches, weißes und poröses Kalkgestein, das hauptsächlich aus Skeletten planktonischer Mikroorganismen, den Foraminiferen, besteht.

Kristallines Gestein
Gestein, das aus mit bloßem Auge sichtbaren Kristallen besteht. Es handelt sich um magmatisches Gestein wie Granit, das langsam in der Tiefe kristallisiert ist.

Küstendrift
Strömung an der Küste, wobei sich die Wellen schräg zur Küste brechen; sie führt Stoffe am Ufer mit sich (Zeichnungen S. 213 und 219).

Küstengebirge
Auch Kordillere genannt; lange Gebirgskette, entstanden durch die Hebung von Gesteinspaketen des alten Sockels und mächtiger Sedimentschichten aus jüngerer Zeit, die auf dem Sockel lagern. Die Gebirgskette ist durch das Abtauchen einer ozeanischen Platte unter eine Festlandplatte entstanden. Bei dieser Subduktion drang magmatisches Material nach oben und bildete Vulkane. Ein großer Teil der Berge besteht deshalb aus hohen Vulkanen.

Küstenstreifen
Eine Sand- und Geröllanhäufung, die ein Küstenstrom gebildet hat, der parallel zum Küstenverlauf ausgerichtet ist (Zeichnungen S. 219 und 225).

L

Lagune
Wasserfläche, die von einem ringförmigen Korallenriff umgeben oder zwischen der Küste und einem Barriereriff eingeschlossen ist (Zeichnung S. 228).

Lahars
Schlammströme aus vulkanischem Material, die aus Blöcken, Asche, Luft und Wasser bestehen und auf den steilen Hängen der Vulkane Geschwindigkeiten bis zu 100 km/h erreichen können. Diese Ströme sind ebenso verheerend wie die Vulkanausbrüche selbst (Karte S. 69).

Laterit
Ockerfarbener oder roter Boden in den Tropen, der viel Eisen- und Aluminiumoxide enthält, die zu Konkretionen, dem sogenannten Lateritpanzer, verhärten können.

Laurasia
Großkontinent, der vor 350 Millionen Jahren zusammen mit Gondwana zum Superkontinent Pangäa verschmolz.

Lava
Magma, das an die Oberfläche gelangt; das Material wird in geschmolzener (700–1200 °C), flüssiger oder pastenartiger Form bei Vulkanausbrüchen ausgestoßen. Die relativ breiartigen Magmen erstarren zumeist zu hellem Gestein, etwa zu Andesiten. Flüssigere Lava verfestigt sich langsam zu dunklem Basalt.

Lava wird in unterschiedliche Formen eingeteilt: flache *Fladenlava; Pahoehoe* oder *Stricklava*, die ineinander verschlungene Wülste bildet; *Brockenlava*, deren unregelmäßige Oberfläche mit Nadeln und Brocken übersät ist; *Kissen*- oder *Pillowlava*, die am Meeresboden ausgestoßen wird und zu kissenartigen Formen erstarrt; schließlich die *Prismenlava*, die lange, orgelpfeifenartige *Basaltsäulen* bilden kann.

Lavasee
Heiße Lava, die sich ständig in einem Krater befindet und durch Konvektionsbewegungen aufgerührt wird.

Lithogenese
Umwandlung von lockeren Sedimentstoffen zu festem Gestein (Zeichnung S. 160).

Lithosol
Rohboden mit nur dünner Humusschicht auf dem Ausgangsgestein (Zeichnung S. 194).

Lithosphäre
Äußere Hülle der Erde, die aus der Erdkruste und dem oberen Erdmantel besteht und an ihrer Unterseite von der Asthenosphäre begrenzt wird. Unter den Ozeanen ist sie ungefähr 70 km dick *(ozeanische Lithosphäre)*, unter dem Festland rund 150 km *(kontinentale Lithosphäre)*. Sie ist in mehrere Platten aufgeteilt, die durch schmale Bereiche voneinander getrennt sind, an denen Deformationen in Verbindung mit Erdbeben oder Vulkantätigkeit auftreten (Zeichnung S. 57).

Löß
Vom Wind verfrachtetes Sedimentmaterial, das aus feinen Quarz-, Ton- und Kalkpartikeln besteht und fruchtbare Böden bildet.

Luftmasse
Strömende oder „stehende" Luftmenge mit bestimmter Temperatur, Feuchtigkeit und Druck, die sich in diesen Merkmalen von den angrenzenden Luftmengen klar unterscheidet und von diesen durch Fronten getrennt ist. Luftmassen können sich über Millionen von Quadratkilometern erstrecken und mehrere Kilometer Höhe erreichen.

M

Maar
See in einer früheren Caldera oder einem Explosionskrater.

Macchie
Die buschartige, dichte Vegetation bestimmter Landstriche des Mittelmeergebiets.

Magma
Aufgeschmolzenes Gestein, das mit gasförmigen Elementen gesättigt ist und aus dem Erdmantel stammt – durch ihre Verfestigung entstehen magmatische Gesteine. Je nach Zusammensetzung unterscheidet man *basaltisches Magma*, das wenig Kieselsäure enthält, flüssig ist und eine ähnliche chemische Zusammensetzung wie Basaltgestein hat, sowie *andesitisches Magma*, das mehr Kieselsäure, Natrium, Kalium enthält und zähflüssiger und sehr gasreich ist.

Magmagesteine
Gesteine aus verfestigtem Magma, das aus den tiefen Schichten der Erdrinde stammt.

Magmakammer
Hohlraum in der Erdkruste, in dem sich aufsteigendes Magma ansammelt und häufig einen Vulkanausbruch auslöst. Eine Magmakammer kann während eines bestimmten Zeitraums auftreten oder – an Schwachstellen in der Erdkruste – dauerhaft vorkommen.

Magmasäule
Mit heißem Magma gefüllte „Röhre", die vom unteren Teil des Erdmantels aufsteigt und an der Oberfläche die Vulkane speist, nachdem sie die Lithosphäre durchquert hat (Zeichnung S. 55).

Magnetische Anomalie
Unterschied zwischen dem durchschnittlichen Magnetfeld einer bestimmten Region und demjenigen, das an einem Ort innerhalb dieser Region gemessen wird. Die magnetischen Anomalien im Atlantik ermöglichten zum Beispiel eine Rekonstruktion der Kontinentalverschiebung während der Erdgeschichte.

Magnetische Pole
Punkte, an denen sich die Magnetachse der Erde und die Erdoberfläche schneiden. Sie liegen etwas von den geographischen Polen entfernt (Zeichnung S. 287).

Magnetisches Feld
Bereich, in dem magnetische Kräfte wirken. Das *magnetische Feld der Erde* verläuft durch eine Achse, deren Pole nicht mit den geographischen Polen übereinstimmen. Es gibt auch ein *Magnetfeld der Sonne* sowie das *interplanetare Magnetfeld*, das von dem in Richtung Erde wehenden Sonnenwind erzeugt wird (Zeichnung S. 287).

Magnetosphäre
Bereich, der dem Einfluß des erdmagnetischen Feldes unterliegt und die Erde umgibt.

Magnetsturm
Durch den Sonnenwind ausgelöste Störung im Magnetfeld der Erde.

Manganknolle
Runde, mineralische Konkretion, die sich am Meeresboden absetzt. Enthält große Mengen an Metalloxiden und -hydroxiden, insbesondere des Eisens und Mangans.

Mangrovenwald
Typischer Wald der tropischen Gezeitenküsten, an deren Rand überwiegend Mangrovenbäume wachsen; sie bilden Stelzwurzeln und senkrecht nach oben wachsende Luftwurzeln aus.

Mantel
Mittlere Schicht der Erde zwischen der Erdkruste und dem Kern. Ihre Unterseite befindet sich in etwa 2900 km Tiefe. Beim Mantel unterscheidet man den *oberen Erdmantel*, der bis in 700 km Tiefe reicht und dessen oberer Teil die starre Unterseite der Lithosphäre bildet, sowie den darunterliegenden *unteren Mantel*, der bis zum Kern reicht (Zeichnungen S. 57 und 63).

Marmor
Metamorphes Gestein, entstanden aus Kalkstein oder Dolomit und umgewandelt durch Einwirkung von Druck oder Temperatur.

Meeresströmung
Vom Wind und der Erddrehung verursachte Verlagerung von Wassermassen in den Meeren über unterschiedliche Entfernungen hinweg. Je nach Temperatur spricht man von *kalten* oder *warmen Strömungen*; je nach ihrer Position klassifiziert man sie auch als *Oberflächen-* oder *Tiefenströmung* sowie als *Küstenströmung* entlang den Küsten oder als *Randströmung* am Fuß des Kontinentalabhangs (Zeichnungen S. 210–211).

Megawatt (MW)
Einheit für Leistung, entspricht 1 Million Watt.

Mélange
Gesteinsfragmente, die beim Abtauchen einer Erdplatte unter eine andere entstehen (Zeichnung S. 61).

Mercalli-Skala
Skala zur Messung der Stärke eines Erdbebens; die Einteilung in die Stufen I bis XII erfolgt je nach den Schäden, die das Beben verursacht hat.

Mesa
Hochebene, die durch eine von der Erosion freigelegte Basalttafel gebildet wird. Der aus dem Spanischen stammende Begriff wird zuweilen auch für andere Hochebenen verwendet.

Mesopause
Grenzzone der Atmosphäre zwischen der Mesosphäre und der darüberliegenden Thermosphäre (Zeichnung S. 268).

Mesosphäre
Schicht der Atmosphäre zwischen der Stratosphäre und der auch als Ionosphäre bezeichneten Thermosphäre (Zeichnung S. 268).

Metamorphe Gesteine, siehe *Metamorphose*

Metamorphose
In der Tiefe stattfindende Umwandlung von festem Sediment- oder Eruptivgestein als Folge eines starken Anstiegs der Temperatur und des Drucks. Die Metamorphose führt zur Kristallisierung neuer Minerale und zu einer neuen Textur des Gesteins, dabei entstehen zum Beispiel kristalline Schiefer, Gneis oder Marmor (Zeichnung S. 160–161).

Meteorit
Mehr oder weniger kugelförmiges Materieteilchen aus dem All.

Mikrofalten
Kleine Falten im Gestein mit einer Größe von einem Millimeter bis zu einem Zentimeter.

Mistral
Heftiger, kalter und trockener Wind, der im Rhônetal in Frankreich aus nördlicher Richtung zum Golf von Lion weht und dabei auch die Provence überquert.

Mittelozeanische Rücken
Aneinandergereihte, untermeerische Erhebungen entlang einer Achse, von der aus sich Basaltlava ausbreitet. In den langsam wachsenden ozeanischen Rücken bildet sich entlang dieser Achse ein Zuggraben, in den schnell wachsenden Rücken wie beispielsweise im Ostpazifik dagegen eine Erhöhung. Die mittelozeanischen Rücken können Zehntausende von Kilometern lang und mehrere hundert Kilometer breit sein. Mitunter erreichen sie in Inseln wie Island die Erdoberfläche (Karten und Zeichnungen S. 48, 49, 62–63 und 247).

Mofette
Austrittsöffnung von Gasen vulkanischen Ursprungs an der Erdoberfläche.

Mollisol
Permafrostboden, der im Sommer an seiner Oberfläche auftaut; er ist mit Schmelzwasser getränkt und bildet einen schmierigen Boden.

Monsun
Jahreszeitlich bedingter Wind in den tropischen Regionen, insbesondere in Südasien, der abwechselnd vom Festland zum Meer (trockener *Wintermonsun*) und vom Meer zum Festland (feuchter *Sommermonsun*) weht. Eine der Ursachen ist die Speicherfähigkeit der Meere, die in den Wintermonaten Wärme abgeben.

Moräne
Von Gletschern oft über weite Strecken transportiertes und abgelagertes Gesteinsmaterial, das nach Abschmelzen des Eises in vielfältigen Formen zurückbleibt („Moränenlandschaft"). Je nach der Lage am Gletscher unterscheidet man *Grund-, End-, Mittel-* und *Seitenmoränen*.

MW, siehe *Megawatt*

N

Nachbeben
Sekundäres, meist leichteres Erdbeben, das nach dem Hauptbeben auftritt.

Nagelfluh
Abgerundete Schottersteine in den Alpen und im Alpenvorland, die durch kalk- oder kieselsäurehaltiges Bindemittel zu einem harten Konglomerat verbacken sind.

Natron
Natürliches Natriumkarbonat, das sich in Vulkangebieten durch Auswaschung alkalihaltiger Lava abgelagert hat.

Nebel
Konzentration feiner Wassertröpfchen, die – häufig in Bodennähe – in der Luft schweben. *Advektionsnebel* beruht auf der Zufuhr feuchter Luft über eine kältere Fläche; *Strahlungsnebel* entsteht durch die Kondensation bei Kontakt mit dem Boden, der durch die nächtliche Abstrahlung abkühlt (Zeichnung S. 271).

Nebkha
Arabisches Wort für eine Initialdüne, auch Kupste genannt; sie bildet sich hinter einem Grasbüschel oder einem Busch (Zeichnung S. 295).

Nehrung
Durch die Küstendrift angehäufte Sande oder Gerölle, die sich in Form eines geschwungenen Gürtels ablagern, der weitgehend parallel zur Küste verläuft und eine Bucht fast oder ganz einschließen kann.

Neigung
Das „Fallen" oder die Abweichung der geologischen Schichten von der Horizontalen.

Nimbostratus-Wolken
Wolken, die eine graue Schicht bilden, welche die Sonne verdeckt und aus der anhaltende Niederschläge (Regen oder Schnee) fallen können (Zeichnungen S. 264 und 269).

Nordlicht, siehe *Polarlicht*

O

Okklusion
Allmähliches Anheben einer warmen Luftmasse, die ursprünglich die Erdoberfläche bedeckt hat, aber von einer nachfolgenden Kaltfront eingeholt und nach oben gedrückt wurde (Zeichnung S. 264).

Olivin
Mineral aus Magnesium- und Eisensilikat, Bestandteil der Peridotite im oberen Erdmantel (Zeichnung S. 135).

Opal
Transparentes und irisierendes Mineral, das aus kleinen Kristallen hydratisierter Kieselerde besteht und in den Sedimentgesteinen vorkommt. Den blutroten *Feueropal* findet man in den Gebieten der hydrothermalen Zirkulation (Zeichnung S. 135).

Ophiolithe
Gestein aus der ozeanischen Lithosphäre (Kruste oder Mantel), das beim Zusammenstoß zweier Kontinente (Plattentektonik) auf das Festland geschoben wird und sich dort häufig in einer Gebirgskette befindet.

Orographische Wolke
Wolke, die an Hindernissen, beispielsweise an einem Berggipfel, auskondensiert.

Ozeanische Gesteine
Gesteine aus einer früheren ozeanischen Kruste.

Ozon
Aus drei Sauerstoffatomen bestehendes Gas, das ultraviolette Strahlen absorbiert.

Ozonschicht
Mit Ozonmolekülen angereicherte Schicht in der Erdatmosphäre, die einen großen Teil der ultravioletten Sonnenstrahlung absorbiert. Durch den Einfluß von Luftschadstoffen (FCKW) wird die Ozonschicht zunehmend zerstört (Ozonloch), so daß verstärkt UV-Strahlung auf die Erdoberfläche vordringt, was zu einem erhöhten Hautkrebsrisiko führt (Zeichnung S. 268).

P

Packeis
Gefrorenes Meerwasser in den Polargebieten.

Pahoehoe
Hawaiianische Bezeichnung für strangförmige Lavaströme (Stricklava).

Pangäa
Riesiger Kontinent, der vor 350 Millionen Jahren aus den beiden Großkontinenten Laurasia und Gondwana entstand und vor 200 Millionen Jahren langsam wieder auseinanderbrach.

Passatwinde
Stetig wehende Ostwinde in den Subtropen. Auf der Nordhalbkugel kommen sie vorwiegend aus Nordost und werden deshalb Nordostpassate genannt. Die auf der Südhalbkugel aus Südost wehenden Winde heißen Südostpassat (Zeichnung S. 250).

Pediment
In ariden Regionen vorkommende lokale Erosionsfläche mit leichtem Gefälle, die sich in harten und massiven Gesteinen ausbildet (Zeichnung S. 260).

Pelagial-Organismen
Die im freien Wasser des Meeres und der stehenden Gewässer vorkommenden Lebewesen.

Peridotit
Magmatisches Gestein, das im oberen Erdmantel vorkommt und durch Gebirgsbildungsprozesse nach oben gedrückt werden kann. Es besteht hauptsächlich aus Olivin und hat in der Regel eine olivgrüne bis schwarzgrüne Farbe.

Permafrost
Tiefe, ständig gefrorene Bodenschicht in den kalten Regionen, etwa in Sibirien und Alaska, die mehrere Meter tief reicht.

Pillowlava
Lava aus untermeerischen Vulkanausbrüchen, die beim Abkühlen im Meerwasser eine charakteristische Kissenform ausbildet (Zeichnung S. 201).

Pilzfelsen
Stein, dessen Basis durch die Erosion schmaler geworden ist als die Spitze. Beispiele hierfür findet man in den Wüsten, wo der Wind Sand mit sich führt und so die Basis der Felsen abschleift (Zeichnung S. 292), oder auch an den Küsten der warmen Meere, wo die Wellen derartige Steine formen.

Pingo
Hügel in den sehr kalten Regionen, der aus einer in der Tiefe geformten Eislinse entsteht. Diese bildet sich durch das Einsickern von Wasser in einen porösen Boden. Wenn sich das Klima erwärmt, schmilzt das Eis und hinterläßt einen Kessel, der von einem Wulst umgeben ist. In diesem Kessel kann sich ein See bilden (Zeichnung S. 282).

Plankton
Gesamtheit der tierischen (Zooplankton) und pflanzlichen (Phytoplankton) Mikroorganismen, die im freien Wasser der Ozeane und der Binnengewässer schweben.

Plasma
Fluid aus gasförmigen Molekülen, Ionen und Elektronen, das sich durch seine Eigenschaften von den natürlichen Gasen unterscheidet (Zeichnung S. 287).

Plattentektonik
Theorie, nach der die äußere Schicht der Erde, die sogenannte Lithosphäre, aus starren Platten besteht, die auf der zähflüssigen Asthenosphäre schwimmen und so die Kontinentaldrift hervorrufen (Zeichnung S. 62).

Playa
Boden einer abflußlosen geschlossenen Senke, in der sich Schwemmaterial ansammelt und zeitweise Salzseen entstehen können.

Plutone
Tiefengesteinskörper, die aus Magma entstanden sind, das in der Erdkruste aufgestiegen ist und vor Erreichen der Oberfläche langsam erkaltete und kristallisierte.

Plutonite
In der Tiefe der Erdkruste entstandene grobkörnige, kompakte Gesteine wie Granit, deren Kristalle keine bevorzugte Richtung aufweisen.

Podsol
Saurer Bodentyp mit einem ausgebleichten Horizont, aus dem Tonminerale, Humus und Eisen ausgewaschen sind (Zeichnung S. 194).

Polarkreise
Gedachte Linien, die den Breitenkreisen der Erde bei 66,5° nördlicher bzw. südlicher Breite entsprechen. Sie umschließen polwärts ein Gebiet, in dem es jeweils länger als 24 Stunden Tag oder Nacht sein kann.

Polarlicht
Durch den Sonnenwind hervorgerufene Leuchterscheinungen am Nachthimmel der Polarregionen der Arktis *(Aurea borealis)* und der Antarktis *(Aurea australis)*. Mitunter auch in mittleren Breiten zu sehen.

Polarlichtoval
Ringförmiger, mehrere hundert Kilometer breiter Polarlichtgürtel, der sich um einen Magnetpol der Erde erstreckt (Zeichnung S. 287).

Puddingstein, siehe *Konglomerat*

Pyroklastische Gesteine, siehe *Pyroklastite*

Pyroklastite
Magmatisches Gesteinsmaterial, das von Vulkanen ausgeworfen wird und neben Aschen vor allem aus Lavafetzen und Tuffsteinen besteht.

Pyroxengruppe
Eisen- und magnesiumhaltige Minerale in magmatischen und metamorphen Gesteinen.

Q

Quartär
Jüngste geologische Periode, die vor ungefähr zwei Millionen Jahren begann und bis heute andauert.

Quarz
Mineral aus kristallisierter Kieselerde (SiO_2) und Bestandteil zahlreicher Gesteine und Sande.

Quarzit
Extrem hartes Gestein mit einem sehr hohen Anteil an Quarz. Es entsteht durch die Umformung von Sandstein, dessen Körner von kieselsäurehaltigem Kitt zusammengehalten werden.

R

Radioaktivität
Eigenschaft mancher chemischer Elemente, ohne äußere Energiezufuhr elektromagnetische Strahlung auszusenden, zu zerfallen und sich dabei in andere Elemente umzuwandeln.

Radiolarienschlamm
Tiefseesediment, das 2 % des Meeresbodens bedeckt und aus den Kieselskeletten der Rädertierchen, der Radiolarien, besteht. Vor allem in früheren Epochen der Erdgeschichte waren die Organismen so zahlreich, daß sie mit ihren Skelettresten Kieselschiefer bilden konnten.

Randkluft
Schmaler und tiefer Spalt zwischen Firnschnee und einer Felswand (Zeichnung S. 157).

Randmeer
Meer, das zwischen einem Inselbogen und einem Kontinent liegt.

Randstufe
Stirnseite einer Hochebene. Gebildet wird sie durch eine harte Gesteinsschicht, die in einer Abfolge geneigter Sedimentschichten über einer weicheren Formation liegt (Zeichnung S. 186).

Reflexion
Die Rückstrahlung elektromagnetischer Wellen – zum Beispiel von Licht – von einer Oberfläche (Zeichnung S. 278).

Refraktion
Richtungsänderung eines Lichtstrahls, wenn dieser von einem Medium in ein anderes übergeht, etwa von Luft in Wasser (Zeichnung S. 278).

Rhyolith
Helles magmatisches Effusivgestein mit der gleichen mineralogischen Zusammensetzung wie Granit. Die Rhyolithe bilden auf dem Festland meist Kuppen, bei den Inselbögen treten sie zusammen mit den Andesiten auf.

Ria
Überflutetes, küstenparalleles Flußtal; bildet eine meist langgestreckte Bucht, die manchmal verzweigt ist (Zeichnung S. 240).

Richter-Skala
Skala zur Messung der Magnitude eines Erdbebens, erlaubt Aussagen über die bei dem Beben freigesetzte Energie.

Riffkorallen
Kleine, auch als Steinkorallen bezeichnete Organismen mit Kalkskelett aus dem Stamm der Nesseltiere, die in den warmen Meeren leben und die Korallenriffe bilden.

Rift
Längliche Senke, die mehrere hundert oder tausend Kilometer lang sein kann. Es kann sich um ein *Kontinentalrift* handeln, das einen geologischen Graben wie beispielsweise das ostafrikanische Rift bildet, oder um ein *ozeanisches Rift*, wo es auf der Achse eines aktiven mittelozeanischen Rückens zu Vulkantätigkeit kommt (Zeichnungen S. 47, 48 und 49).

Ring of fire
Bezeichnung für den pazifischen „Feuergürtel", der sich aus rund 300 aktiven Vulkanen zusammensetzt und rund um den Pazifik entlang der Küsten Asiens und Amerikas liegt.

Rubin
Transparenter hellroter Edelstein, der eine durch Chrom gefärbte Varietät des Aluminiumoxids Korund darstellt und vorwiegend in metamorphen Gesteinen vorkommt (Zeichnung S. 134).

S

Salar
Aus dem Spanischen: Synonym für Sebcha oder Salzpfanne (Zeichnungen S. 260, 295).

Saltation
Sprungartige Bewegung eines vom Wind mitgeführten Sandkorns (Zeichnung S. 292).

Salzkonkretionen
In den ariden Zonen durch Verdunstung angereicherte Salzkristalle, die bei Regen aufquellen und körnig werden.

Salzstock
Salzstöcke, die auch als Diapire bezeichnet werden, entstehen, weil Salz aufgrund seiner Plastizität und relativ geringen Dichte nach oben steigt und dabei andere Schichten aufwölbt. Ein Salzstock hat deshalb häufig die Struktur eines Pilzes. Zugleich entstehen bei dem Aufwölben Faltenstrukturen, in denen sich unter anderem Erdöl und Erdgas sammeln kann.

Sandstein
Sedimentgestein, das in der Regel aus Quarzkörnern besteht, die durch Ton, Kalkzement oder Kieselsäure miteinander verkittet und mehr oder weniger erosionsbeständig sind (Zeichnung S. 166).

Saphir
Transparenter, in der Regel blauer Edelstein, der eine durch Eisen und Titan gefärbte Varietät des Aluminiumoxids Korund darstellt und überwiegend in metamorphen Gesteinen vorkommt (Zeichnung S. 134).

Savanne
Landschaftsform der tropischen Regionen mit hohen krautigen Pflanzen, vorwiegend Süßgräsern. In der Baumsavanne stehen vereinzelte Bäume.

Schäre
Kleine buckelartige Insel, die vom Inlandeis während der Eiszeiten überschliffen wurde. Man findet sie vor allem in den Küstengebieten Skandinaviens.

Schelf
Flachseebereich, der bis in eine Wassertiefe von rund 200 m reicht. Der Schelf wird von den Geologen zum Kontinent gerechnet und umrahmt diesen als Gürtel.

Schichtvulkan, siehe *Stratovulkan*

Schiefer
Sedimentgestein, das durch starkes Zusammenpressen und Entwässern eines Tongesteins entsteht und regelmäßige, mehr oder weniger dicke blättrige Schichten ausbildet.

Schild
Kontinentaler Kern aus präkambrischen Gesteinen, die im Lauf von Milliarden Jahren durch Gebirgsbildung zusammengeschweißt wurden. Schilde sind tektonisch weitgehend stabil.

Schill
Zerbrochene Schalenreste von Muscheln und Krebstieren, die sich vor allem in der Flachsee und im Küstenbereich ansammeln und dort sogar Gesteine bilden können.

Schirokko
Sehr heißer und trockener Wind aus der Sahara, der nordwärts zur afrikanischen Mittelmeerküste und nach Sizilien weht.

Schlacke
Lavafragmente, die bei einem Vulkanausbruch ausgeworfen werden und eine gezackte, mit Spitzen durchsetzte Oberfläche haben.

Schlammströme, siehe *Lahars*

Schlick
Lockere, sehr feinkörnige Gesteinsmehle, die sich am Grund von Flüssen, Seen, Lagunen und im Küstenbereich abgelagert haben.

Schneegrenze
Die untere Grenze des Bereichs, in dem auch im Sommer der Schnee nicht völlig verschwindet.

Schott
Der in den ariden Regionen vorkommende Bereich um die Sebcha; in der Regel mit einer spärlichen, an salzige Böden angepaßten Pflanzendecke bewachsen (Zeichnung S. 295).

Schutthalde
Anhäufung von scharfkantigem Gesteinsschutt, der sich am Fuß eines Abhangs abgelagert hat.

Schuttkegel
Anhäufung von Steinen, die sich aus einem Gebirgsbach ablagern, wenn dieser in ein größeres Tal mit geringerem Gefälle mündet, so daß er sie nicht weiter mit sich führen kann.

Schwarzerde
Dunkler, sehr fruchtbarer Boden mit einem mächtigen Humushorizont (Zeichnung S. 195).

Schwarze Raucher
Schlote auf dem Meeresgrund, aus denen bis zu 350 °C heiße Wasserfontänen austreten. Ihre dunkle Farbe stammt von Sulfiden, die beim Vermischen des heißen Wassers mit dem kalten Meerwasser ausgefällt werden (Zeichnung S. 201)

Schwefel
In natürlichem Zustand zitronengelbes Element, das man häufig im Bereich von Fumarolen und Thermalquellen findet.

Schwefeldioxid
Gasförmige Verbindung aus Schwefel und Sauerstoff (SO_2), die mit der Feuchtigkeit der Luft zu Schwefelsäure reagieren kann.

Schwefelwasserstoff
Gasförmige Verbindung aus Wasserstoff und Schwefel (H_2S). Das stark nach fauligen Eiern riechende Gas ist farblos und giftig.

Schwemmkegel
Kegelförmige Anhäufung von Lockermaterial (Kies, Sand oder Lehm), das ein Wasserlauf am Fuß eines Hangs abgelagert hat (Zeichnungen S. 151, 260).

Scrub
Dornige Buschvegetation der tropischen, semiariden Regionen.

Sebcha
Geschlossene, vegetationslose Senke; wegen der Anreicherung von Salzen und Tonmineralen ist der Boden während der Trockenzeit hart und rissig. Bei Niederschlägen füllt sich die Sebcha mit Regen oder wird von salzigem, an die Oberfläche steigendem Grundwasser überflutet (Zeichnung S. 295).

Sedimente
Bezeichnet im allgemeinen Ablagerungen von organischem und anorganischem Material am Grund von Meeren und Binnengewässern. Das

abgelagerte Material stammt von Lebewesen und verwitterten Gesteinen (Zeichnung S. 161).

Sedimentgesteine
Sekundärgesteine, die aus Sedimenten entstanden sind. Sie setzen sich in übereinanderliegenden Lagen oder Schichten ab und werden je nach ihrer Herkunft eingeteilt in klastische Sedimente (Sandsteine, Konglomerate), chemische Sedimente (Dolomit, Kalksteine) sowie organogene Sedimente (Kohle, Korallenkalk); (Zeichnung S. 161).

Seifen
Lagerstätten wertvoller Minerale, die sich in Flüssen und an bestimmten Stränden angereichert haben. Insbesondere Diamanten und Gold werden in solchen Seifen abgebaut.

Seismik, siehe *Seismologie*

Seismische Wellen
Schwingungen aufgrund eines Erdbebens, die sich vom Bebenherd aus in Form von Wellen über die Erdkugel mit unterschiedlichen Geschwindigkeiten fortpflanzen. Man unterscheidet *gebrochene Wellen* und *reflektierte Wellen*, die quer durch die Erde laufen, sowie *Oberflächenwellen*, die sich auf der Oberfläche ausbreiten (Zeichnungen S. 89 und 117).

Seismologie
Wissenschaft von den Erdbeben.

Serpentinit
Relativ weiches, grünes Gestein mit hellen oder dunklen Flecken, dessen Oberfläche an Schlangenhaut erinnert. Es entsteht durch die Einwirkungen hoher Drücke und Temperaturen aus bestimmten magmatischen Gesteinen.

Serra
Portugiesisches Wort für eine Gebirgskette.

Siderit
Hellgelbes bis hellbraunes Eisenkarbonat in den metallhaltigen Flözen, eines der wichtigsten Eisenerzmineralien.

Silikatgestein
Sedimentgestein, das mindestens 50 % Kieselerde (SiO_2) enthält.

Smaragd
Transparenter grüner Edelstein aus der Gruppe der Berylle, der in metamorphen Gesteinen vorkommt (Zeichnung S. 135).

Solfataren
Bis zu 200 °C heiße Wasserdampfquellen, aus denen auch gasförmiger Schwefelwasserstoff (H_2S) austritt. Gelangt dieser mit dem Luftsauerstoff in Kontakt, lagert sich rings um die Solfataren Schwefel ab.

Solifluktion
Kriechende Bewegung einer schlammigen Bodenschicht, die sich von ihrem Untergrund abgelöst hat, auf einem Hang. Ursache solcher Erdbewegungen können starke Niederschläge oder das Auftauen von Eis im Boden sein (Zeichnung S. 147).

Sonnenwende
Auf der Nordhalbkugel ist die *Sommersonnenwende* der Moment im Jahr, an dem die Sonne den höchsten Punkt über dem Horizont erreicht; dann findet auf der südlichen Hemisphäre die *Wintersonnenwende* statt. Bei der Wintersonnenwende auf der Nordhalbkugel ist es genau umgekehrt. Die Sommersonnenwende kennzeichnet auf der Nordhalbkugel den längsten Tag des Jahres (21. 6.), die Wintersonnenwende den kürzesten Tag (22. 12.); (Zeichnung S. 297).

Sonnenwind
Strom von Partikeln (Protonen, Alphateilchen und Elektronen), der mit Geschwindigkeiten von 400 km/s von der Sonnenoberfläche entweicht und beim Eintritt in die Erdatmosphäre Leuchterscheinungen (Polarlichter) hervorruft.

Spinell
Bläuliches Mineral aus Magnesium-Aluminiumoxid, das sich im Erdmantel und in bestimmten metamorphen Gesteinen bildet.

Stalagmit, Stalaktit
Tropfsteine aus kristallisiertem Kalkspat, die von der Decke einer Höhle herabhängen (Stalaktiten) oder vom Boden aufragen (Stalagmiten).

Steinringe
In den kalten Regionen auftretende, kreisförmige Anordnung von Steinen auf dem Boden, die ihre Ursache im Wechsel zwischen Frost und Auftauen hat.

Steinsalz
In der Erde auskristallisiertes Natriumchlorid (NaCl), zählt zu den Evaporiten.

Strahlstrom, siehe *Jetstream*

Stratifikation
Schichtenbildung von Sedimenten durch zeitlich aufeinanderfolgende Ablagerung verschiedener, klar unterscheidbarer Schichten.

Stratigraphie
Geologischer Wissenschaftszweig, der den Evolutionsablauf bei Tieren und Pflanzen sowie alle Schichten und geologischen Ereignisse ordnet und so eine Zeitskala für die Erdgeschichte erarbeitet.

Stratocumulus-Wolken
Graue Wolken in Höhen bis zu 2000 m, die ausgedehnte Bänke oder Schichten bilden und gelegentliche, begrenzte Niederschläge bringen (Zeichnung S. 269).

Stratopause
Grenze zwischen der Stratosphäre und der Mesosphäre; oberhalb dieser Grenzschicht sinkt die Temperatur wieder ab (Zeichnung S. 268).

Stratosphäre
Bereich der Atmosphäre zwischen Tropopause und Stratopause, in dem die Temperatur mit der Höhe zunimmt (Zeichnung S. 268).

Stratovulkan
Vulkan, dessen Kegel aus abwechselnden Schichten von Lavaströmen und Ablagerungen von Aschen und Lapilli (erbsen- bis nußgroßen Steinchen) besteht.

Stratus-Wolken
Graue, einheitliche Wolken, die Höhen von maximal 2000 m erreichen, aber auch bis auf den Boden absinken können. Aus diesen nebelähnlichen Wolken können Sprühregen oder Graupelschauer fallen (Zeichnungen S. 264 und 269).

Stromatolithen
Knollige Gebilde aus Karbonaten, die durch die Aktivität von Blaualgen entstanden sind. Stromatolithen zählen zu den ersten Spuren des Lebens auf der Erde. Sie haben eine entscheidende Rolle bei der Produktion der Sauerstoffatmosphäre gespielt.

Strombolianischer Vulkan
Schichtvulkan mit regelmäßigem Kegel, der abwechselnd aus Laven und Vulkanauswürfen besteht. Der Begriff stammt von dem Vulkan Stromboli in Italien.

Sturmflut
Übermäßiges Ansteigen des Meeresspiegels aufgrund eines Tiefdrucks in Verbindung mit heftigem Wind und steigender Flut.

Subduktion
Abtauchen einer lithosphärischen Platte unter eine andere (Zeichnungen S. 61 und 115).

Submarine Sedimentfächer
Anhäufung von Sedimenten in Form breiter Kegel unter dem Meeresspiegel an der Mündung großer Flüsse, die vom Kontinentalsockel bis zur Tiefsee-Ebene reichen (Zeichnung S. 199).

Subrosion
Unterirdische Ablaugung von Salzen durch Grundwasser, als deren Folge sich die Erdoberfläche senkt und es zu Gebäudeschäden kommen kann.

Sulfid
Chemische Verbindung von Schwefel und einem Metall.

Suspensionsstrom
Von Flüssen im Mündungsbereich abgelagertes Sedimentmaterial, das von den Küstenströmen zu den untermeerischen Canyons weitertransportiert wird.

Synklinale
Falte im Gestein, deren konkave Krümmung nach oben gerichtet ist, so daß eine geologische Mulde entsteht (Zeichnungen S. 235 und 236).

T

Tafoni
Runde Höhlung mit einem Durchmesser zwischen mehreren Dezimetern und mehreren Metern, die durch die Erosion in kristallinem Gestein oder in Sandstein in den trockenen Klimaten und an manchen Küsten entstanden ist.

Tagundnachtgleiche
Zeitpunkt des Jahres, an dem die Sonne den Scheitelpunkt über dem Äquator überquert und die Tage und Nächte in den gemäßigten Zonen gleich lang sind. Die Frühjahrstagundnachtgleiche der Nordhalbkugel entspricht der Herbsttagundnachtgleiche der Südhalbkugel (Zeichnung S. 297).

Taifun
Name für tropische Wirbelstürme in Ostasien, mit häufig verheerenden Folgen für die Bevölkerung und den Schiffsverkehr.

Taiga
Mit borealem Nadelwald bewachsene Region südlich der Tundra. Die Taiga bildet einen fast durchgehenden Gürtel im Norden von Eurasien und Amerika.

Taubes Gestein
Begriff aus der Bergmannssprache, mit dem ein Gestein bezeichnet wird, in dem Salz, Kohle, Erze oder Metalle nicht mehr gewinnbringend abgebaut werden.

Tektonik
Lehre vom Bau der Erdkruste und den dort wirkenden Kräften und Bewegungen; beschreibt insbesondere die Entstehung und Veränderung der tektonischen Platten.

Tektonische Platte
Starre und zerbrechliche Scholle der Lithosphäre. Die einzelnen, die Erdoberfläche bedeckenden und die Lithosphäre bildenden Platten werden durch Rifts, Subduktionszonen oder Verwerfungen getrennt (Karte S. 62).

Tektonische Senke, siehe *Graben*

Tertiär
Abschnitt der Erdgeschichte, der von 65 Millionen Jahren bis vor etwa 2 Millionen Jahren andauerte. Unter anderem bildeten sich in diesem Zeitraum junge Gebirge wie die Alpen und der Himalaya.

Tethys
Ein Urozean, der vom Erdaltertum bis zum Tertiär die Erde umspannte und ursprünglich Afrika, Europa und Indien vom asiatischen Kontinent trennte. An seinen einstigen Plattengrenzen haben sich heutige Gebirge wie die Alpen oder der Himalaja entwickelt. Das Mittelmeer und das Schwarze Meer sind Reste der Tethys (Zeichnung S.125).

Thermalquellen
Quellen deren Wassertemperatur höher ist als die Temperatur des Oberflächenwassers. Versickern Niederschläge in durchlässigen Bodenschichten, erwärmt sich das Sickerwasser mit zunehmender Tiefe. Das warme Wasser hat ein hohes Lösungsvermögen und reichert sich deshalb mit Mineralsalzen an. In sogenannten hydrothermalen Quellen, die sich vorwiegend in vulkanreichen Regionen finden, steigt es an die Oberfläche (Zeichnung S. 80).

Thermische Inversion
Temperaturumkehr: Im Gegensatz zu normalen Wetterlagen steigt bei einer Inversionswetterlage die Temperatur mit zunehmender Höhe an, so daß sich die kältesten Luftschichten dicht über dem Boden befinden und dort liegenbleiben (Zeichnung S. 271).

Thermosphäre, siehe *Ionosphäre*

Tiefdruckgebiet
Zone mit niedrigem Luftdruck; wie bei der Darstellung von Hochdruckgebieten wird die Ausdehnung eines Tiefdruckgebiets auf der Wetterkarte durch eine Reihe konzentrischer Linien mit demselben Druck angezeigt, die Isobare genannt werden.

Tiefsee-Ebenen
Weitgestreckte horizontale Flächen in den Ozeanen in einer Tiefe zwischen 4000 und 5000 m (Zeichnung S. 246–247).

Tiefseegraben
Sehr tiefe (5000–1 000 m) und mehrere tausend Kilometer lange Senke am Rand mancher Kontinente oder vulkanischer Archipele (Zeichnung S. 110, Karte S. 115). Entstehung vor allem durch das Abtauchen einer ozeanischen Platte unter einen Festlandsbereich. Häufig verläuft parallel dazu ein Vulkangürtel.

Tiefseehügel
Reliefs mit mehreren hundert Metern Höhe entlang der mittelozeanischen Rücken, die von feinen Ablagerungen bedeckt sind.

Tillit
Bezeichnung für eine fossile Grundmoräne, die durch Geschiebemergel mit gekritzten Geröllen gekennzeichnet ist.

Tombolo
Durch Anschwemmung entstandene Sandbank, die als natürlicher Damm eine Insel mit dem Festland verbindet (Zeichnung S. 219).

Ton
Sehr feinkörniges mineralisches Sediment, das bei der Aufnahme von Wasser plastisch wird.

Topas
Halbedelstein, mit Fluor angereichertes Aluminiumsilikat, dessen Farbe von gelb bis blau variieren kann und das in den Vulkangesteinen vorkommt (Zeichnung S. 135).

Tornado
Kleinräumiger Luftwirbel mit hoher Energie und Windgeschwindigkeiten von bis zu 450 Kilometern pro Stunde. Ähnliche Phänomene sind Wind- und Wasserhosen.

Tramontana
Ein dem Mistral vergleichbarer kalter, trockener Nordwind am Rand des Mittelmeers zwischen der Rhône und den Pyrenäen.

Transformverwerfung
Grenzlinie zwischen zwei lithosphärischen Platten, die horizontal aneinander vorbeigleiten.

Transgression
Vordringen des Meeres bzw. langsames Absinken von Flachküsten, so daß das Meer bei Sturmfluten weite Teile des Landes überspülen und wegreißen kann. Ursache für die Transgression kann neben einer tektonischen Senkung auch ein Ansteigen des Meeresspiegels sein, wie es etwa nach der letzten Eiszeit geschah.

Travertin
Kalkablagerung aus grauen oder gelblichen Konkretionen, die durch das Ausfällen von Kalziumkarbonat in Karstquellen oder kleinen, seichten Wasserläufen entstehen. Dieses Gestein wird auch als Kalksteintuff oder Süßwasserkalk bezeichnet.

Treibhauseffekt
Der Treibhauseffekt entsteht dadurch, daß die Atmosphäre einen Teil der Energie, die die Erde abstrahlt, in Form von Infrarotstrahlen wieder an die Erde zurückstreut, so daß die Temperatur der Atmosphäre allmählich ansteigt.

Tremor
Vibrationen in der Erde, die bei einem Vulkanausbruch durch den Aufstieg des Magmas entstehen.

Trockenriß
Schrumpfriß, der entsteht, wenn wasserhaltige Tonsedimente austrocknen. Die Flächen sind nach innen gewölbt.

Trockental
Ehemaliges Flußtal, das heute kein Oberflächenwasser mehr führt; kommt häufig in Karstregionen und Wüsten (Wadi) vor.

Trogtal, siehe *Gletschertal*

Tropische Wendekreise
Parallellinien des Äquators um die Erde auf 23,5° nördlicher bzw. südlicher Breite, auf deren Zenit sich die Sonne zum Zeitpunkt der Sonnenwenden befindet. Auf der Nordhalbkugel wird dieser Breitengrad Wendekreis des Krebses genannt, auf der Südhalbkugel heißt er Wendekreis des Steinbocks.

Tropopause
Stufe der Atmosphäre zwischen der Troposphäre und der Stratosphäre; oberhalb der Tropopause steigen die Temperaturen wieder an (Zeichnung S. 268).

Troposphäre
Unterer Teil der Atmosphäre bis in eine Höhe von etwa 10 km. Bis in eine Höhe von 2–3 km gibt es hier zahlreiche Wirbel, die von den Reliefs und der Vegetation verursacht werden. Die Temperaturen nehmen hier von der Erdoberfläche bis zur Tropopause ab (Zeichnung S. 268).

Tsunami
Sich auf der Oberfläche des Meeres ausbreitende Welle, die sich an der Küste zu Riesenbrechern „aufschaukelt"; Ursache sind häufig schwere Seebeben, deren Epizentrum weit vor der betroffenen Küste liegt (Zeichnung S. 216).

Türkis
Halbedelstein mit himmelblauer bis blaugrüner Farbe. Es handelt sich um ein Kupfer- und Aluminiumsulfat, das sich in bestimmten Sedimentgesteinen bildet (Zeichnung S. 134).

Tuff
Verfestigte vulkanische Auswurfsprodukte, insbesondere Aschen, die verschiedene Korngrößen enthalten können. Vulkanische Tuffe können geschichtet und ungeschichtet sein.

Tundra
Landschaftsform mit vielfältigen Flechten und Moosen sowie Zwergsträuchern, erstreckt sich insbesondere zwischen den Polarzonen der Nordhalbkugel und den Nadelwäldern der südlich anschließenden Taiga.

Turbidite
Sedimentmassen am Meeresgrund, die von Küstenströmungen verfrachtet und umgewälzt werden. Die zuoberst abgelagerten feinen Partikel schweben im Wasser und ergießen sich als Trübestrom in die Tiefsee.

Turmalin
Verschiedenfarbiges Mineral in Form von Prismen, Säulen oder Nadeln, das häufig in den magmatischen und metamorphen Gesteinen vorkommt (Zeichnung S. 135).

U

Überschiebung
Anormale Überlagerung zweier Formationskomplexe in Gebieten, in denen Kompressionskräfte wirken, im allgemeinen an einer inversen Verwerfung (Zeichnung S. 102).

Überschiebungsdecke
Komplex von geologischen Schichten, die bei starken Faltungen verlagert wurden, oder allochtone Schichten, die einen autochtonen Komplex bedecken, von dem sie ursprünglich sehr weit entfernt waren (Zeichnung S. 102).

Uferdamm
Anhäufung von Schwemmaterial an den Ufern eines Flußlaufs, häufig nach jahreszeitlich bedingten Überschwemmungen.

Untermeerische Lawine
Plötzliches Absinken einer großen, mit Wasser durchtränkten Sedimentmasse im Meer zum Fuß

des Kontinentalabhangs oder auf den Grund eines untermeerischen Canyons. Untermeerische Lawinen werden an Land häufig erst bemerkt, wenn sie im Wasser verlaufende Telefonkabel oder Pipelines zerstören.

Untermeerischer Canyon
Lange talförmige Senke im Meer, die in den Festlandsockel eingegraben ist (Zeichnung S. 199).

V

Verwerfung
Bruch der Erdkruste, bei dem sich zwei Erdschollen gegeneinander verschieben, die von dem Bruch getrennt sind. Eine noch wirkende oder vor kurzem noch spürbare Verwerfung heißt *aktive Verwerfung*. Je nach der Art der Verschiebung spricht man von *normaler Verwerfung, inverser Verwerfung* oder von *Horizontalverschiebung*. Verwerfungen können Gesteine mitunter um mehrere hundert Meter verschieben (Zeichnungen S. 98 und 99).

Vulkan
Relief, das durch die Anhäufung von Vulkangestein entstanden ist und manchmal einen Kegel ausbildet. Die verschiedenen Typen der Vulkane stehen in Zusammenhang mit der Eruptionsweise und der Art der vulkanischen Auswürfe. Ein *Schildvulkan* hat einen abgeflachten und sehr ausgedehnten Kegel, der sich aus sehr flüssigen basaltischen Lavaströmen geformt hat. Ein *Vulkankegel* besteht aus den vulkanischen Auswürfen, mit denen sich die Laven vermischen. Je nach Art der Vulkantätigkeit oder auch je nach Standort spricht man von *aktiven Vulkanen* (Zeichnung S. 61), *erloschenen Vulkanen* und *untermeerischen Vulkanen* (Zeichnungen S. 45 und 46).

Vulkanaschen
Lavafragmente kleiner Korngröße (unter 2 mm), die bei einem Vulkanausbruch ausgestoßen werden und mit dem Wind rund um die Erde verfrachtet werden können (Zeichnung S. 289).

Vulkanausbruch
Ausstoß von Lava, Aschen und Blöcken aus einer Magmakammer durch Spalten oder durch einen Schlot. Man unterscheidet je nach Eruptionsart die *effusiven Ausbrüche*, bei denen vorwiegend Lava in Form von Strömen oder Fladen austritt, die *explosiven Eruptionen*, die vor allem Aschen, Schlacke und vulkanische Bomben emporschleudern. *Phreatische Eruptionen* ereignen sich, wenn über 100 °C heiße Grundwasserschichten explosionsartig freigesetzt werden, weil die darüberliegende undurchlässige Gesteinsdecke bricht – der Wasserdampf schleudert in diesem Fall Brocken alten Gesteins und keine Lava heraus. Ferner gibt es die *magmatischen Eruptionen*, die durch das Magma in einer tiefliegenden Magmakammer entstehen, und die *hydromagmatischen Eruptionen*, bei denen magmatische und phreatische Eruptionstypen zusammen auftreten (Zeichnungen S. 88–89).

Vulkangesteine
Die von einem Vulkan ausgestoßenen Magmagesteine, deren Korngröße von feiner Asche bis zu riesigen Blöcken mit der Größe eines Hochhauses reichen kann.

Vulkanischer Bogen
Innerer Teil eines Inselbogens.

Vulkanische Bombe
In der Regel lanzenförmiger Lavablock, der zähflüssig von einem Vulkan ausgestoßen wird; sein Volumen kann zwischen einem Liter und einem Kubikmeter liegen.

Vulkanische Gase
Die von den Vulkanen ausgestoßenen Gase bestehen aus Wasserdampf, Kohlendioxid, Wasserstoff, Kohlenmonoxid, Schwefeldioxid, Schwefelwasserstoff und verschiedenen Edelgasen. Sie werden aus den Gasen des Magmas gebildet, den *magmatischen Gasen*, und vermischen sich beim Ausbruch mit Luftsauerstoff und Wasserdampf.

Vulkanische Schlammströme,
siehe *Lahar*

Vulkanischer Tuff
Weiches Gestein, das durch kleine, verfestigte Lavaauswürfe entsteht.

Vulkankegel
Kegelförmiges Relief, das durch gleichmäßige Vulkanauswürfe oder die Lavaströme um den Ausbruchsschlot herum entsteht. Je nach seiner Zusammensetzung spricht man von einem *Aschenkegel* oder einem *Schlackenkegel*.

Vulkankuppe
Lavamassen, die zu zähflüssig sind, um abzufließen, und die sich oberhalb der Öffnung, aus der sie herausgeschleudert wurden, anhäufen. Die nadelförmige Vulkankuppe des Mont Pelée vor seinem Ausbruch hat dieser Art Kuppe den Namen *peleanische Kuppe* gegeben.

Vulkannadel
Ehemaliger Vulkankamin, der sich mit Magma gefüllt hat. Dieses erstarrte zu einem harten Gestein, das von der Erosion aus den umgebenden weicheren Gesteinen herausgearbeitet wurde.

W

Wadi
Arabische Bezeichnung für einen zeitweiligen Wasserlauf in einem Trockental in ariden Regionen.

Warven
Dünne Sedimentschichten aus Tonen, die in manchen Seen während der Eiszeit abgelagert wurden. Die blättrige und abwechselnd helle und dunkle Struktur ermöglicht die Datierung verschiedener glazialer Perioden.

Wasserführende Schicht
Sämtliche porösen und durchlässigen Bodenformationen, deren Zwischenräume mit Wasser gefüllt sind und die über einer undurchlässigen Schicht liegen (Zeichnung S. 80).

Weiße Raucher
Auf den Tiefseerücken liegende Warmwasserquellen, deren gelöste Salze beim Kontakt mit dem Meerwasser einen weißlichen Niederschlag bilden.

Wendekreis,
siehe *tropische Wendekreise*

Windkanter
Gesteinsbruchstück, das durch Windschliff einen oder mehrere Kanten erhalten hat. Gewöhnlich findet man Windkanter nur in vegetationsarmen Gebieten, zum Beispiel in Kälte- und Wärmewüsten oder an Meeresküsten.

Windschliff
Erosion durch den mit Sandkörnern beladenen Wind in den Wüstengebieten, wird auch als Korrasion bezeichnet (Zeichnung S. 292).

Wollsackverwitterung
Erosionsform, die vor allem bei Granit, gelegentlich auch bei Gneisen und Sandsteinen auftritt und als schwach gerundete kissenartige Blöcke in Erscheinung tritt. Die Verwitterung orientiert sich dabei an den Quer- und Längsklüften im Gestein.

Wüstenlack
Schwarze, glänzende Oberflächenschicht auf Gesteinen in den Wüstenregionen, die sich durch die in großer Menge vorhandenen Eisen- und Mangansalze gebildet hat.

X

Xerophile Pflanze
Pflanze, die sich mittels physiologischer oder morphologischer Veränderungen an ständige Trockenheit, Wassermangel und Salzüberschuß (daher der Name!) angepaßt hat.

Y

Yardangs
Längliche, bis zu 80 m hohe Hügel in Wüstenregionen, die aus Tonen oder Sanden bestehen und durch den ständigen Wind parallel ausgerichtet sind.

Z

Zementationszone
Bereich, der sich unterhalb der Oxidationszone von Erzlagerstätten bildet und in dem sich die gelösten Minerale aus der Bodenzone niederschlagen. Zu den Zementationserzen gehören unter anderem gediegenes Gold und Silber.

Zeolith
Mineral aus Silikaten, das in Vulkangesteinen vorkommt (Zeichnung S. 135).

Zeugenberg
Auch als Insel- oder Ausliegerberg bezeichnete Erhebung, die als Überrest einer einstmals ausgedehnten Gesteinsformation allein inmitten einer Landschaft steht. Zeugenberge finden sich häufig am Rand langsam zurückweichender Schichtstufenlandschaften (Zeichnung S. 166).

Zinne
Steiler, zerklüfteter Felsen. Eine Korallenzinne oder ein Korallenbuckel ist eine in einer Lagune liegende Spitze aus Korallen (Zeichnung S. 228).

Zonda
Trockener Wind in Argentinien, der von den Anden herunterweht und mit dem Föhn der Alpen vergleichbar ist.

Zyklon
Tropischer Wirbelsturm, an dessen Rand sehr hohe Windgeschwindigkeiten mit zerstörerischen Kräften auftreten, während es im sogenannten Auge oder Zentrum des Sturms nahezu windstill ist.

REGISTER DER SACHBEGRIFFE

normale Ziffern (999) = gewöhnlicher Eintrag des Stichworts
fettgedruckte Ziffern (**999**) = ausführliche Erläuterung des Stichworts
kursive Ziffern (*999*) = Stichwort in Bildlegende
Ziffern mit * (999*) = Stichwort im Kasten

A

B

C

D

E

F

M

N

O

PQ

R

S

T

UV

W

YZ

REGISTER DER ORTE UND REGIONEN

normale Ziffern (999) = gewöhnlicher Eintrag des Stichworts
fettgedruckte Ziffern (**999**) = ausführliche Erläuterung des Stichworts
kursive Ziffern (*999*) = Stichwort in Bildlegende
Ziffern mit * (999*) = Stichwort im Kasten

B = Berg, Gebirge
F = Fluß
V = Vulkan
W = Wüste

A

B

C

D

E

L

M

N

O

U

V

W

Y

Z

BILDNACHWEIS

Abkürzungen: o = oben; m = Mitte; u = unten; l = links; r = rechts.

Umschlagfotos: Umschlagvorderseite: Photri/Mauritius
Umschlagvorder- und Rückseite Hintergrund: Heinz Koch/IFA Bilderteam

Fotos im Innenteil: 6 o: Fovea/ESA/PLI; 6 m: Explorer/K. Krafft; 7 o: Cedri/S. Marmounier; 7 u: ANA/G. Deichmann; 8: Hoa-Qui/M. Jozon; 9: Diaf/Pratt-Pries; 10/11: Fovea/ESA/PLI; 12 o: Cedri/J. M. Gauthier; 12 u: Polar and Mountain Picture Library/J. Lang; 12/13, 14 l: Fovea/Sequoia/F. Barbagallo; 14/15: Altitude/G. Delavault; 16/17: Gamma/E. Sampers; 17 o: ANA/J. Rey; 17 u: Top/R. Mazin; 18/19 o: A. Martin; 18/19 u, 19 or: Diaf/Pratt-Pries; 19 ur: The Image Bank/J. W. Barnagan; 20/21: Diaf/IFA-Bilderteam; 22 l: Top/R. Tixador; 22/23 o: ABPL/D. Balfour; 22/23 u: Diaf/R. Bouquet; 23 r: Explorer/P. Tétrel; 24 l: The Image Bank/J. P. Pleuchot; 24/25 o: J. de Visser; 24/25 u: Explorer/A. Thomas; 25 r: Explorer/J. P. Ferrero; 26/27: Stock Image/J. Boorman; 27 r: Top/P. Hinous; 28 ol: Explorer/K. Krafft; 28 u: Explorer/Trapman; 28/29: Cedri/F. Joly; 30 ol: Rapho/G. Gerster; 30 ul: Hoa-Qui/M. Ascant; 30/31: Bios/A. Pons; 31 ul: Rapho/G. Gerster; 31 r: Explorer/A. Thomas; 32/33: Einhoult Features/J. du Boisberranger; 34 l: Explorer/Ribieras; 34/35 o: Rapho/G. Gerster; 34/35 u: Odyssey/N. Viloteau; 35 ur: Explorer/Ribieras; 36/37: Altitude/A. Compost; 37 o: P. Godard; 37 u: The Image Bank/H. Carmichael; 38 ol: The Image Bank/G. A. Rossi; 38 u: Cedri/G. Sioen; 38/39: Explorer/G. Boutin; 39: Explorer/R. Harding; 40/41: Diaf/E. Guillemot; 41 ur: Top/J. Ducange; 42/43: Explorer/K. Krafft; 44: Sygma/P. Vauthey; 45: Ifremer; 46: Sygma/P. Vauthey; 47: M. Pigneres; 48: Air and Space/NASA; 49: Jacana/S. de Wilde; 50, 51 : Explorer/K. Krafft; 52: Cedri/K. Muller; 52/53 o: Explorer/K. Krafft; 53 u: Sygma/F. Origlia; 54/55: Explorer/K. Krafft; 55 or: Ifremer; 56: Explorer/K. Krafft; 57 o: Sygma/J. Cachero; 57 u: Rapho/L. Boireau; 58: Rapho/M. Yamashita; 59 l: Figaro Magazine; 59 r: Explorer/K. Krafft; 60 u: Cosmos/SPL/S. Lowtner; 60/61 o: P. Vincent; 61 o: S. Held; 63 ur: Explorer/K. Krafft; 64: Explorer/A. Thomas; 65 or: Cedri/K. Muller; 65 ul: Cedri/E. A. Lapied; 66/67 u: Rapho/G. Gerster; 67 o: C. Monteath; 68: J. C. Thouret; 69 ol: Sygma/R. Taylor; 69 mr, 70 ol, 70 ur: Explorer/K. Krafft; 71: J. C. Sabroux; 72 ur: Explorer/K. Krafft; 72/73 o: Fovea/P. Desgraupes; 73 u: Explorer/L. Girard; 74: J. C. Sabroux; 75: Rapho/Black Star/P. Turnley; 76 ul: Hoa-Qui/D. Noirot; 76/77 u: Explorer/K. Krafft; 77 or: Diaphor/Photo Bank; 78 ul: S. Held; 78/79 u: Cedri/G. Sioen; 79 or: Explorer/C. Boisvieux; 80 ml: Magnum/I. Berry; 80/81: Cedri/G. Sioen; 81 or, 82 or: Explorer/K. Krafft; 82 ur: Cedri/C. Sappa; 83: Cedri/B. Morandi; 84: Explorer/J. P. Ferrero; 85: Explorer/K. Krafft; 86/87 u: Bruce Coleman; 87 ol, 87 u: J. C. Sabroux; 88: R. Benard; 89 ol, 89 or: J. L. Cheminée; 90/91: Cedri/S. Marmounier; 92: P. Taponnier; 93 ul: J. C. Ringenbach; 93 r: S. Held; 94 ol: P. Taponnier; 94 ur: Y. Gellie; 96: Altitude/Y. Arthus-Bertrand; 97: Spot Image; 98, 98/99: R. Armijo; 100: Cosmos/SPL; 101: Explorer/CNES/Spot Image; 102/103: Bios/J. P. Delobelle; 104 o: F. Michel; 104/105 u: R. Lacassin; 105 r: R. und S. Michaud; 106 o: R. Lacassin; 106 u: Cedri/S. Marmounier; 107: ANA/J. Mounicq; 108 u: Diaf/P. Benaich; 108/109 o: Diaf/E. Guillemot; 109 ur: G. dagli Orti; 111: Cedri/G. Sioen; 112 ml: Jacana/F. Schreider; 112/113 o: Mahuzier; 112/113 u: Top/J. Ducange; 114 or: Explorer/K. Krafft; 114 ul: Cedri/G. Sioen; 115: Fovea/W. Kähler; 116 o: National Earthquake Information Service; 116 m: Sipa Press/Farnood; 116 u: Sygma/L'Illustration; 117 ol: Sipa Press; 117 or: Cosmos/Yoav; 117 mr: Rapho/Lockman; 117 ul: Keystone/L'Illustration; 118/119: Sipa Sport/P. Tournaire; 119 or: C. Charles; 120: P. Tournaire; 121: NASA; 122: Rapho/R. de Seynes; 123 ol, 123 u: R. de Lacassin; 124: B. Meyer; 126 o: S. Held; 126 u: J. P. Avouac; 127: Rapho/R. Everts; 128 o: Dite/NASA; 128/129 u: Bruce Coleman; 129 r: Explorer/J. Brun; 130/131: Ernoult Features/C. Quentier; 131 or: Rapho/C. Fleurent; 132 ul(1): Jacana/P. Pilloud; 132 ul(2): Bios/Barthelemy; 132 ul(3): Jacana/R. Volot; 133: Photographic Resources/Burkhart; 134: Sipa Press/G. Buthaud; 136/137: ANA/G. Deichmann; 138: R. Coque; 139 o: Diaf/J. P. Garcin; 139 u: Jacana/F. Depalle; 140: Hoa-Qui/M. Renaudeau; 141 o: Cedri/S. Gutierrez; 141 ur: Fovea/Sequoia/D. Ryan; 142 ol: Hoa-Qui/J. Paoli; 142/143, 143 um: Speleo Projects/U. Widmer/H. R. Ballmann; 144: R. Coque; 145 l: M. Keraudren-Aymonin; 145 r: Explorer/C. Boisvieux; 146, 147: R. Coque; 148 o: Polar and Mountain Picture Library/Kim Westerskov; 148 u: R. und S. Michaud; 149: Explorer/M. Guillou; 150: J. de Visser; 152 u: Altitude/J. Wark; 152/153 o: Cedri/G. Sioen; 153 mr: B. Bomer; 154 o: Cedri/S. Gutierrez; 154 u: Raid Gauloise/Sygma/S. Compoint; 155: Rapho/H. Gritscher; 156 o: Pix/de Richemond; 156 ul: Sygma; 157 om: J. Demangeot; 158 ul: C. Charles; 158 mr: Rapho/M. Serraillier; 158/159 o: F. Michel; 159 ur: R. Vivian; 160 o: Cedri/C. Sappa; 160 u: ANA/V. Gippenreiter; 161 or: Pix/M. Marcou; 161 ur: T. Joly; 162 l: B. Coque-Delhuille; 162/163 u: Explorer/A. Thomas; 163 or: Rapho/F. Le Diascorn; 164: Explorer/S. Cordier; 165 o: Hoa-Qui/C. Pavard; 165 u: Explorer/B. Guiter; 166/167: Explorer/P. Vernier; 167 ur: IFA-Bilderteam/Jetter; 168: Explorer/F. Gohler; 169: Bruce Coleman/G. Dore; 170 u: C. Munoz-Yague; 170/171 o: Top/J. N. Reichel; 171 ur: Explorer/E. Valli; 172: Access/G. P. L. du Plessis; 173: Explorer/Noailles; 174 or: B. Coque-Delhuille; 174/175 u: R. Estall; 175 or: T. Joly; 176 o: R. Coque; 176 ul: RMN/H. Lewandowski; 176/177 u: Cedri/G. Sioen; 178 ml: Rapho/Sarval; 178 ur: Rapho/F. Le Diascorn; 179: Explorer/J. H: Lelièvre; 180/181, 181 o: Rapho/L. Boireau; 182 or: Rapho/Deshayes; 182 u: Explorer/K. Krafft; 183: Rapho/R. Michaud; 184: Bruce Coleman/P. Degginger; 185: Hoa-Qui/C. Valentin; 186: Rapho/G. Gerster; 187: Explorer/A. Thomas; 188 o: Cedri/A. Pinsard; 188 u: B. Coque-Delhuille; 189: Pix/M. Détrez; 190 o: Cosmos/J. Azel; 190/191 u: J. Casanova; 191 ur: Cosmos; 192: J. Thibiéroz; 193 m: Helga Lade Fotoagentur/E. Bergmann; 193 ul: J. Thibiéroz; 194 or: E. Roose; 194 um: Top/G. Gleitz; 195 or: Altitude/J. Wark; 196/197: Hoa-Qui/M. Jozon; 198: Scope/J. D. Sudres; 199 or: Scorpio; 200 o: A. Iatzoura; 200 m: IFP/Cemagref/Ch. Ravenne; 200 u: Bios/M. Gunther; 201 ur: J. L. Cheminée; 202 o, 202 u: Ifremer; 202/203: National Geophysical Data Center; 204 o: J. L. Cheminée; 204 u: Ifremer; 205: Rapho/G. Gerster; 206/207: Explorer/L. Y. Loirat; 207 or: Scorpio Films/Minosa; 208, 208/209: R. Estall; 209 ur: Altitude; 212: Vandystadt/S. Cazenave; 213 m: Fovea/C. Purcell; 214 ol: Hoa-Qui/M. Huet; 214 u: Vandystadt/S. Cazenave; 215: Sygma/Baldev; 216 ol: Sipa Press/W. Boche; 217: Hoa-Qui/C. Pavard; 218: Altitude/Y. Arthus-Bertrand; 219 o: Fovea/G. Arici; 220 ol: Jacana/Varin-Visage; 220/221 u: Hoa-Qui/Denis-Huot; 221 or: Hoa-Qui/M. Ascani; 222 ol: NASA; 222 u: Vandystadt/J. P. Lenfant; 223: ANA/L. Weisman; 224 o: Explorer/CNES/Dist. Spot Image; 224 ul: Sunset/G. Lacz; 226 u: Marina-Cedri/C. Rives; 226/227 m: Jacana/S. de Wilde; 227 r: Hoa-Qui/E. Valentin; 228 l: Top/B. Hermann; 228 or: Cedri/C. Rives; 229 o: Top/J. Ducange; 229 ur: Sotheby's; 230: Bios/Seitre; 231: Diaf/Ph. Kérébel; 232 o: Bios/Seitre; 232 u: Explorer/A. Autenzio; 233: Rapho/M. Serraillier; 234: Explorer/G. Boutin; 235: Hoa-Qui/M. Huet; 236/237: Diaf/Pratt-Pries; 237 or: Cedri/G. Sioen; 237 ur: The Granger Collection, New York; 238: Polar and Mountain Picture Library/C. Protton; 239 l: ANA/T. Domico; 239 r: NASA; 240: C. Février; 240/241: ANA/J. Bravo; 242: Diaf/Ph. Kérébel; 243, 244/245 o: Colin Monteath; 245 m: Diaf/Ph. Kérébel; 245 or: CNRS/LGGE/R. Delmas; 246: Cedri/C. Rives; 247 ml: Jacana/H. Chaumeton; 247 mr: M. C. Janin; 247 ul: Ifremer; 247 ur: M. C. Janin; 248/249: Diaf/Pratt-Pries; 250: Fovea/ESA/PLI; 251 o: Jacana/S. Cordier; 251 u: Bios/G. Renson; 252: Explorer/F. Gohier; 253 o: Hoa-Qui/Arpaillage; 253 m: Fovea/B. Perousse; 255 o: Diaf/J. C. Pironon; 255 u: Altitude/Y. Arthus-Bertrand; 256/257: Cosmos/SPL; 257 o: Rapho/Gamazo; 257 ur: Sipa Press/C. Aral; 259: Cosmos/P. Carmichael; 260/261: V. Durand-Dastès; 261 ol: Explorer/F. Gohier; 261 or: Explorer/A. Bordes; 262: Hoa-Qui/C. Farhi; 263: Fovea/Oxford Scientific Film; 264/265: Cedri/D. Belden; 265: Explorer/M. Koene; 266 u: Explorer/J. P. Navicet; 266/267 o: Sipa Press/Ventou; 267 r: KLM Aerocarto; 270: Explorer/F. Jourdan; 270/271: Diaf/Chanut; 272: Explorer/Bluestein; 273: Rapho/Sosin; 274/275, 275 o: Cedri/G. Sioen; 276 o: Sipa Press; 276 u: Bios/C. Thouvenin; 277: Cosmos/SPL; 278: Diaf/IFA-Bilderteam; 278/279: Explorer/J. P. Nacivet; 279: Pix/R. Hemon; 280: ANA/N. Rachmanov; 281 o: Bios; 281 u: Cedri/R. André; 282: Harald Sund; 283 o: Rapho/J. de Visser; 283 u: Explorer/L. Girard; 284: Explorer/S. Cordier; 285 o: Sipa Press/J. Saint-Roch; 285 u: Bios; 286: Cosmos/J. L. Warden; 287: Air and Space/NASA; 288: Cosmos/SPL; 290 o: Dite/NASA; 290 u: CNES/Toulouse; 291: Diaf/J. P. Garcin; 292/293: Explorer/F. Gohier; 293 o: Jacana/D. Huot; 293 u: Explorer/J. P. Courau; 294 o: SRD/J. P. Germain; 294 u: Explorer/A. Thomas; 294/295: R. Coque; 297 l: Explorer/Ph. Roy; 297 r: Explorer/A. Félix.

Legenden zu den Fotografien der Kapitel-Aufmacherseiten:

Seite 10/11: *Die Erde in einer Aufnahme des Satelliten* Meteosat
Seite 42/43: *Lavafontänen aus dem Vulkan Nyamuragira in Zaire*
Seite 90/91: *Landschaft im Queyras-Massiv in den französischen Alpen*
Seite 136/137: *Ayers Rock im Northern Territory, Australien – ein Monolith aus rotem Sandstein*
Seite 196/197: *Eine riesige Baumkoralle, die von Fahnenbarschen* (Anthias squamipinnis) *bevölkert wird*